EUL VERLAG

Personalmanagement in kleinen und mittleren Unternehmen

Jahrbuch der KMU-Forschung und -Praxis 2012
in der Edition „Kleine und mittlere Unternehmen“

herausgegeben von

Univ.-Prof. Dr. Jörn-Axel Meyer

Deutsches Institut für kleine und mittlere Unternehmen

EUL VERLAG

Bibliografische Information der Deutschen Nationalbibliothek

Die Deutsche Nationalbibliothek verzeichnet diese Publikation in der Deutschen Nationalbibliografie; detaillierte bibliografische Daten sind im Internet über <http://dnb.d-nb.de> abrufbar.

ISBN 978-3-8441-0146-1
1. Auflage Juni 2012

Umschlag-Entwurf: Bruno Schachtner, Dachau

JOSEF EUL VERLAG GmbH
Brandsberg 6
D-53797 Lohmar
Tel.: +49 (0) 22 05 / 90 10 6-6
Fax: +49 (0) 22 05 / 90 10 6-88
E-Mail: info@eul-verlag.de
http://www.eul-verlag.de

Bei der Herstellung unserer Bücher möchten wir die Umwelt schonen. Dieses Buch ist daher auf säurefreiem, 100% chlorfrei gebleichtem, alterungsbeständigem Papier nach DIN 6738 gedruckt.

Vorwort

Das vorliegende Jahrbuch der KMU-Forschung ist nunmehr der 13. Band einer Reihe von Sammelbänden zur wirtschaftswissenschaftlichen Forschung zu kleinen und mittleren Unternehmen (KMU). Eine Existenzberechtigung für ein Jahrbuch der KMU-Forschung und -Praxis lässt sich somit allein schon aus dem Erfolg der Reihe heraus begründen. Gleichwohl finden sich zwei weitere zentrale Gründe:

So ist der erste Grund die übergroße Bedeutung der kleinen und mittleren Unternehmen – nicht nur – für die deutsche Wirtschaft und damit auch für die betriebswirtschaftliche Forschung. Die Wirtschaft im deutschsprachigen Raum ist von kleinen und mittleren Unternehmen geprägt. Allein in Deutschland werden – je nach Abgrenzung – über 99% der Unternehmen dieser Gruppe zugerechnet. Die gesamtwirtschaftlichen Beschäftigten- und Auszubildendenzahlen wie auch die Wertschöpfung werden zum überwiegenden Teil von KMU und nicht von großen Unternehmen bestimmt. Dies hat aber offensichtlich in der deutschsprachigen Hochschullandschaft nur einen begrenzten institutionellen Niederschlag gefunden. Zwar wächst die Zahl der mittelstands- und familienunternehmensorientierten Forschungsinstitutionen im deutschsprachigen Raum stetig, aber von den etwa 1000 deutschen BWL-Lehrstühlen an Universitäten sind immer noch nur etwa vier bis fünf Dutzend zu finden, die explizit auf Gründung, Handwerk, Gewerbe oder Mittelstand ausgerichtet sind. Ein Jahrbuch soll und kann deren Forschungsleistung mehr Beachtung verschaffen.

Ein zweiter Grund ist die erfreulich steigende Zahl von Forschungsbeiträgen zu kleinen und mittleren Unternehmen in den letzten Jahren, die nicht nur von der o. g. zunehmenden Zahl spezifischer Forschungseinrichtungen getragen wird. Vielmehr finden sich auch bei den auf einzelne Disziplinen der BWL ausgerichteten Lehrstühlen (z. B. für Marketing, Finanzierung, Personal) steigendes Interesse und zunehmende Forschungstätigkeiten, die sich im Rahmen ihrer spezifischen Forschung den Besonderheiten von KMU widmen.

Die Beiträge zur KMU-Forschung sind daher breit über Institutionen und Fachgebiete gestreut und können kaum an wenigen Quellen festgemacht werden. Hierin ist auch der Bedarf für ein Jahrbuch zu sehen. Es soll die Beiträge sammeln und so einen Überblick über den Stand der Forschung geben. Durch die zentrale Sammlung der Beiträge soll für eine größere Gruppe von Lesern der Zugang erleichtert und der Transfer in die Praxis beschleunigt werden. Gleichzeitig legt die Sammlung der Forschungsaktivitäten Trends und Schwerpunkte (nicht nur) im deutschsprachigen Raum offen.

Damit wären wir bei der Zielgruppe des Jahrbuches: Ein Transfer in die Praxis kann nur dann stattfinden, wenn die Beiträge nicht nur den wissenschaftlichen Leser (Wissenschaftler, Studenten) ansprechen und von ihm verstanden werden. Vielmehr sollen die Beiträge dem Leser aus der Praxis, der Führungskraft im Mittelstand, dem Assistenten der Geschäftsführung und dem Berater eines KMU Anregungen und neues Know-how vermitteln, sein Interesse wecken und ihn zur Umsetzung im eigenen bzw. dem betreuten Unternehmen anregen. Daher bieten die Beiträge im Jahrbuch ein breites Spektrum von sehr wissenschaftlichen Überlegungen bis hin zu konkreten praktischen Handlungsanweisungen.

KMU-Forschung stellt einen Querschnitt durch alle wirtschaftswissenschaftlichen Teildisziplinen dar. Daher erscheint es wenig sinnvoll, nun kreuz und quer sämtliche Beiträge, die sich mit kleinen und mittleren Unternehmen befassen, in einem Band zusammenzustellen. Auch wenn gerade von Mitarbeitern aus KMU ein breites Betätigungs- und Interessenfeld erwartet wird, so sollte doch eine Lektüre wie diese nicht alles und jedes auf einmal präsentieren. Der Leser wird vielmehr eine gewisse Konzentration und Vollständigkeit in einem Teilgebiet erwarten. Daher erscheint es sinnvoll, die Forschungsbeiträge nach diesen Teildisziplinen zu bündeln und somit jedem Band ein eigenes Leitthema zu geben.

Der erste Band des Jahrbuches der KMU-Forschung erschien in 2000 mit dem Titel „Marketing in KMU", es folgten 2001 „Innovationsmanagement in KMU", 2002 „New Economy" und 2003 „Unternehmensbewertung und Basel II in KMU". In 2004 entstand der Band mit dem Thema „Kooperationen von KMU in Europa". 2005 bis 2011 folgten „Wissens- und Informationsmanagement in KMU", „Kleine und mittlere Unternehmen in neuen Märkten", „Planung in KMU", „Management-Kompetenz in KMU" und „Management-Instrumente in kleinen und mittleren Unternehmen" sowie „Strategien von kleinen und mittleren Unternehmen" und „Nachhaltigkeit in kleinen und mittleren Unternehmen". Mit dem diesjährigen Band (2012) wird das Thema „Personalmanagement in kleinen und mittleren Unternehmen" diskutiert.

Dem Leser wird zunächst ein kurzer Einstieg ins Thema gegeben und ein Überblick über die Beiträge im Jahrbuch präsentiert. Es schließen sich die Beiträge an, zusammengefasst nach inhaltlichen Kriterien und leitenden Problemfeldern. Mit den Beiträgen in Summe wird dem Leser schon ein breiter Literaturüberblick gegeben. Jenseits der in den Beiträgen genannten Quellen findet sich zudem am Ende des Buches eine kurze ergänzende Übersicht über Literatur aus den vergangenen Jahren. Für denjenigen Leser, der sich einen schnellen Überblick über die Beiträge verschaffen will, sind am Ende des Jahrbuches Zusammenfassungen in englischer und deutscher Sprache abgedruckt. Dort ist auch ein Autorenverzeichnis zu finden.

Es bleibt nunmehr der Dank an die vielen Autoren für ihre Beiträge und Kooperationsbereitschaft. Dank gilt auch dem Josef Eul Verlag für die kooperative Zusammenarbeit bei der Entstehung des Buches. Ebenso sei an dieser Stelle den Reviewern/Gutachtern gedankt, die die Beiträge zügig und kompetent bewertet und auch Verbesserungsvorschläge gegeben haben.
Der Herausgeber beendet sein Vorwort mit einem Call-For-Papers für das nächste, das 14. Jahrbuch der KMU-Forschung und -Praxis (zum Jahre 2013 geplant), das ein ebenso interessantes wie aktuelles Leitthema tragen soll: Kommunikation kleiner und mittlerer Unternehmen.

Berlin, im Mai 2012

Jörn-Axel Meyer

CALL FOR PAPERS

zum

Jahrbuch der KMU-Forschung und -Praxis 2013

Leitthema: Kommunikation kleiner und mittlerer Unternehmen

Erwünscht sind Vorschläge für wissenschaftliche Beiträge, die sich mit dem Thema „Kommunikation kleiner und mittlerer Unternehmen" befassen. Dazu zählen betriebswirtschaftliche Beiträge, die sich mit der Kommunikation von KMU innerhalb des Betriebes (interne Kommunikation) und dem Umfeld (Marktkommunikation) auseinandersetzen. Hierzu sei ausdrücklich auf Fragen der internationalen Kommunikation, des Managements von Transparenz und Glaubwürdigkeit, der Kommunikation im Internet und in sozialen Netzwerken, aber auch auf die Ethik in der Kommunikation hingewiesen. Die Besonderheiten von kleinen und mittleren Unternehmen müssen dabei im Mittelpunkt der Ausführungen stehen.

Nur Beiträge mit für Forschung und Praxis beachtlichen, neuen empirischen oder theoretischen Befunden, die wissenschaftlich fundiert sind, werden angenommen.

Zunächst sind Themenvorschläge bis zum 01. September 2012 an den Herausgeber, Univ.-Prof. Dr. Jörn-Axel Meyer, Deutsches Institut für kleine und mittlere Unternehmen (www.dikmu.de, jahrbuch@dikmu.de), Knesebeckstrasse 33/34, 10623 Berlin zu richten.

Ein Autorenmerkblatt wird nach Entscheidung über das Thema zugesandt. Die Beiträge sind nach positivem Bescheid dann bis zum Jahresende 2012 einzureichen. Sie werden anschliessend in einem mehrstufigen Double-Blind-Review-Verfahren begutachtet.

Begleitwort zum KMU-Jahrbuch

Die Schriftenreihe zu kleinen und mittleren Unternehmen

Die Wirtschaft (nicht nur) im deutschsprachigen Raum wird von kleinen und mittleren Unternehmen (KMU) dominiert. Über 99% der deutschen Unternehmen können der Gruppe der KMU zugeordnet werden. 70% aller Arbeitsplätze finden sich hier. KMU schaffen etwa drei Viertel aller neuen Arbeitsplätze – mehr Stellen als sie abbauen.

KMU-Forschung findet sich in allen wirtschaftswissenschaftlichen Teildisziplinen wieder. Somit sind auch die wissenschaftlichen Beiträge zu KMU breit über Institutionen und Fachgebiete gestreut.

Seit 1999 gibt es die Edition KMU, die im Vahlen-Verlag begann und im Josef Eul Verlag weitergeführt wird. Mit der KMU-Reihe soll ein Signal für Forschung und Lehre wie auch für Wissenschaftler und Autoren gegeben werden, sich mehr mit der Gruppe der kleinen und mittleren Unternehmen zu befassen. Die Schriften der KMU-Reihe richten sich nicht nur an Wissenschaftler, sondern besonders an Praktiker aus KMU, die einen Transfer von neuen Erkenntnissen und Erfahrungen aus der Forschung und anderen Unternehmen erhalten wollen. Die Reihe wird mit Periodika, wie dem Jahrbuch für KMU, mit Lexika, Lehr- und Praktikerbüchern, Sammelbänden und Monographien Zug um Zug erweitert.

Der vorliegende 13. Band

Das vorliegende Buch ist ein weiterer Baustein dieser Reihe. Sie stellt eine Begleitung der – nicht nur – deutschsprachigen Forschung zu kleinen und mittleren Unternehmen dar. Dabei erfreut sich die Reihe eines stetig wachsenden Interesses auch bei den Autoren: Die Zahl der Bewerber je Jahr hat sich seit Beginn der Reihe im Jahre 2000 versechsfacht.

Begutachtetes Auswahlverfahren der Beiträge

Die eingereichten Beiträge werden nicht nur durch den Herausgeber begutachtet, sondern seit dem Jahr 2008 auch einem Double-Blind-Begutachtungsverfahren mit versierten „Reviewern“ unterzogen.

Univ.-Professor Dr. Jörn-Axel Meyer
Herausgeber der KMU-Edition und wissenschaftlicher Direktor des
Deutschen Instituts für kleine und mittlere Unternehmen, Berlin

Es sei hier darauf hingewiesen: Wird in den Beiträgen für jegliche Begriffe die männliche Schreibweise gewählt, so geschieht dies aus Gründen der Einfachheit und besseren Lesbarkeit des Textes und soll keine jedwede benachteiligende Absicht oder Wirkung zeigen.

Inhaltsverzeichnis

Vorwort V

Begleitwort VIII

Inhaltsverzeichnis IX

Abkürzungsverzeichnis XIII

Teil 1: Einführung ins Jahrbuch 1

Jörn-Axel Meyer
Personalmanagement in kleinen und mittleren Unternehmen – Überblick über das Jahrbuch der KMU-Forschung und -Praxis 2012 3

Teil 2: Bedingungen und Strategien des Personalmanagements in KMU 11

Thomas Behrends
Die Unternehmensgröße als Determinante des Person-Organization-Fit – Eine empirische Analyse 13

Thorsten Jochims
Auswirkungen der Arbeitsbeziehung auf das Personalmanagement in KMU – Eine empirische Analyse 39

Susan Espig und Silke Geithner
„Die Letzten machen geschlossen das Licht aus…" – Ostdeutsche KMU in der demografischen Falle? 69

Victoria Büsch, Michael Brusch und Nils Britze
Entwicklung von Personalstrategien für eine verlängerte Lebensarbeitszeit in KMU zur Kompensation der Auswirkungen des demografischen Wandels 93

Christina Stadler und Torsten M. Kühlmann
Strategisches Personalmanagement in strukturschwachen Regionen: Unternehmenskooperation als Instrument für mittelständische Unternehmen 111

Teil 3: Beschaffung und Bindung von Mitarbeitern in KMU 129

Tim Weitzel, Andreas Eckhardt, Sven Laumer und Alexander von Stetten
Personalbeschaffung im deutschen Mittelstand – Eine empirische Analyse des Status quo 131

Henriette von der Leyen, Janina Müller und Ludwig Theuvsen
Die Arbeitsplatzwahl von Saisonarbeitskräften – Implikationen für das Personalmanagement in KMU 159

Robert Wagner, Maximilian Wolf und Thomas Zwick
Strategien der Gewinnung von Auszubildenden zum Verbleib in KMU angesichts des demografischen Wandels – Erkenntnisse auf Basis einer empirischen Erhebung im Handwerk 183

Frank Striewe, Markus G. Schwering und Alexander Knickmeier
Regionale Personalstrategien für kleine und mittlere Unternehmen gegen den Fachkräftemangel – Empirische Befunde zur Berufs- und Studienwahl von Schülern der Sekundarstufe II 201

Rudolf Ergenzinger, Cornelia Caprano und Anja Huber
Employer Branding in Schweizer KMU – Ergebnisse einer empirischen Untersuchung zu wahrgenommener Bedeutung und Grundverständnis 219

Jan-Klaus Tänzler, Detlef Keese und Annegret Hauer
Mitarbeiterbindung in mittleren Unternehmen mit und ohne Familieneinfluss 243

Teil 4: Personalentwicklung in KMU 275

Denise Ewerlin und Stefan Süß
Talent Management in KMU und Großunternehmen im Vergleich: Ergebnisse einer empirischen Untersuchung 277

Sandra Wolf
Die Rolle der sozialen Unterstützung bei der Weiterbildung des akademischen Personals in KMU 295

René Leicht und Lena Werner
Ausbildung und Fachkräftesicherung in Migrantenunternehmen 317

Peter C. Lorson, Friedemann W. Nerdinger und Manuela Schneider
Personalentwicklungscontrolling in mittelständischen Unternehmen 341

Teil 5: Aktuelle Einzelfragen und Schnittstellen des Personalmanagements in KMU 365

Regina W. Schröder
Einsatz von Informationsmärkten zum Monitoring der Mitarbeiterzufriedenheit in kleinen und mittelständischen Unternehmen 367

Matija D. Mayer-Fiedrich und Olaf Schnier
Vorstandsvergütung in börsennotierten KMU 385

Andreas Oehler, Henrik Schalkowski und Stefan Wendt
Personal- und Risikomanagement in KMU – Ein Ansatz zur Integration 407

Stephanie Rabbe und Christoph Kolbeck
Das Erfolgspotenzial von Nachfolgebewusstsein im Personalmanagement von Familienunternehmen – Implikationen für zukunftsfähige Nachfolgestrategien 419

Michael Schlese und Florian Schramm
Kennzahlengestütztes Benchmarking für das Personalmanagement in KMU 433

Teil 6: Bibliothek zu Personalmanagement in KMU 467

Anja Schulz
Personalmanagement in kleinen und mittleren Unternehmen – Ein Literaturüberblick 469

Teil 7: Zusammenfassungen und Abstracts 479

Autorenverzeichnis 501

Abkürzungsverzeichnis

Abb.	Abbildung
Aufl.	Auflage
BGB	Bürgerliches Gesetzbuch
bzw.	beziehungsweise
d. h.	das heißt
DBW	Die Betriebswirtschaft
Diss.	Dissertation
et al.	und andere
etc.	et cetera
EU	Europäische Union
f.	folgende (Seite)
ff.	fortfolgende (Seiten)
fortgef.	fortgeführt
ggf.	gegebenenfalls
ggü.	gegenüber
Habil.	Habilitationsschrift
Hrsg.	Herausgeber
i. A. a.	in Anlehnung an
i. d. R.	in der Regel
i. e. S.	im engeren Sinne
i. S. d.	im Sinne des
i. S. v.	im Sinne von
i. V. m.	in Verbindung mit
i. w. S.	im weiteren Sinne
IGA	Internationales Gewerbearchiv
IHK	Industrie- und Handelskammer
insb.	insbesondere
Kap.	Kapitel
KMU	Kleine und mittlere Unternehmen
Marketing ZFP	Marketing Zeitschrift für Forschung und Praxis
Nr.	Nummer
o. g.	oben genannte(r)
OHG	offene Handelsgesellschaft
PPP	Public-Privat-Partnership
QM	Qualitätsmanagement
S.	Seite
s.	siehe
s. a.	siehe auch
s. o.	siehe oben
s. u.	siehe unten

sog.	sogenannte(r)
sogn.	sogenannte(n)
Sp.	Spalte
Tab.	Tabelle
u. a.	unter anderem
u. E.	unseres Erachtens
usw.	und so weiter
u. U.	unter Umständen
u. v. m.	und viele(s) mehr
v. H.	vom Hundert
vgl.	vergleiche
vs.	versus
z. B.	zum Beispiel
z. T.	zum Teil
ZfB	Zeitschrift für Betriebswirtschaft
ZfbF	Zeitschrift für betriebswirtschaftliche Forschung

Teil 1:
Einführung ins Jahrbuch

Personalmanagement in kleinen und mittleren Unternehmen – Überblick über das Jahrbuch der KMU-Forschung und -Praxis 2012

Jörn-Axel Meyer

Das Leitthema des vorliegenden, dreizehnten Jahrbuches der KMU-Forschung und -Praxis ist „Personalmanagement in kleinen und mittleren Unternehmen". Damit wird ein Aufgabenfeld in KMU aufgegriffen, das zwar schon seit jeher Aufmerksamkeit in der wissenschaftlichen Literatur erfahren hat, doch durch den nunmehr deutlich sichtbaren demographischen Wandel und den sich daraus ergebenden Mangel an Fachkräften einen neuen Schub in der Bedeutung für Forschung und Praxis erlangt hat (u. a. Deller et al. 2008).

Prinzipiell sind die Aufgaben des Personalmanagements in KMU von denen in großen Unternehmen nicht verschieden. Sie umfassen jenseits der quantitativen und qualitativen Personalplanung, -führung und -verwaltung die operativen Aufgaben der Personalbeschaffung, -kontrolle, -entwicklung, -freisetzung und -vergütung sowie die Personalkommunikation. Allerdings finden sich in praxi für das Personalmanagement in KMU typische Rahmenbedingungen, die von denen in Großunternehmen abweichen (u. a. Hamel 2006, Habitzl 2006, Stelzer-Rothe 2002, Studer 2012). Allein aus der per se geringeren Unternehmensgröße und -komplexität sowie Mitarbeiterzahl in KMU ergeben sich typische, ggü. Großunternehmen abweichende Bedingungen:

- Die Ressourcen für die Personalarbeit in KMU sind ggü. Großunternehmen begrenzt: Dies ist nicht nur in geringeren finanziellen Mitteln (z. B. für Personalfördermaßnahmen /Mitarbeiterentwicklung, Weiterbildung und die Arbeit begleitende Services) und in der geringeren Bereitschaft für externe Personalberatung oder in einer zu geringen Größe z. B. für einen Betriebskindergarten zu erkennen, sondern auch in mangelnder Fachkompetenz, insbesondere in der Personalbeschaffung oder zu juristischen Fragen der Personalbetreuung. Services der Personalentwicklung werden daher kaum innerhalb des Unternehmens angeboten, sondern – wenn überhaupt – extern eingekauft. Der Mangel an Kenntnissen in KMU ist zudem ein Grund für die ggü. Großunternehmen signifikant geringere Mitarbeitererfolgs- und -kapitalbeteiligung (Meyer 2009). Aus gleichem Grunde orientiert sich die Entgeltbemessung tendenziell mehr an tarifvertraglichen Vorgaben und Branchenstandards, als dass individuelle Vereinbarungen ausgehandelt werden.
- Weiter besteht per Gesetz kein oder geringerer gewerkschaftlicher Einfluss als in Großunternehmen. Dieser kann in KMU nur durch eine größere Nähe der Mitarbeiter zur Geschäftsführung und eine direktere Beteiligung der Mitarbeiter an Entscheidungen (aufgrund der größenbedingten breiteren Aufgabenspanne und geringen Organisationstiefe) kompensiert werden (u. a. Hamel 2006).
- Nicht zuletzt erschwert eine geringere und regional begrenzte Bekanntheit von KMU in der Öffentlichkeit und bei potenziellen Bewerbern die Beschaffung von neuen Mitarbei-

tern, insbesondere von Hochschulabsolventen aus anderen Regionen und Ländern. KMU erhalten zudem weniger Initiativbewerbungen als große, bekannte Unternehmen.

Ist das Unternehmen inhabergeführt oder die Fremdgeschäftsführung patriachalisch eingestellt, so nennt die Literatur weitere Besonderheiten für die Personalarbeit, die in KMU beobachtet werden können (u. a. Hamel 2006):

- Es kann bei der Geschäftsführung eine wachsende Furcht vor organisatorischer Verselbständigung beobachtet werden, je umfangreicher Personalarbeit und Mitarbeiterbeteiligung sind. Auch sind in solchen KMU häufig eine Ablehnung von Betriebsräten und geringe Dialogbereitschaft des Inhabers mit den Mitarbeitern in formalen Personalfragen anzutreffen. Personale Entscheidungen bis hin zum Betriebsklima werden in solchen Betrieben durch die Inhaberunternehmer bzw. die Geschäftsführung dominiert.
- In diesem Sinne stellen Entscheidungen über die Unternehmensnachfolge in hohem Maße auch eine Festlegung des Personalmanagements für den gesamten Betrieb dar.
- Ein patriachalisches Verhalten geht zudem tendenziell mit dem Umstand einher, dass kontinuierlich erbrachte oder formal festgeschriebene Sozialleistungen durch freiwillige Einzelmaßnahmen z. B. in guten Geschäftsjahren oder individuell für einzelne Mitarbeiter (z. B. Unternehmer steht einem Mitarbeiter in schwieriger Zeit bei) ersetzt werden.
- In Familienunternehmen dürfte zudem noch der Einfluss der Familienmitglieder auf die Geschäftsführung und ihre Personalentscheidungen zu beachten sein (Domayer 1997).

Alle diese vermehrt in KMU anzutreffenden Besonderheiten für die Personalarbeit in KMU stehen einem systematischen, strategischen Personalmanagement, so wie es die wirtschaftswissenschaftliche Lehre beschreibt, entgegen. Stattdessen sind Adhoc- und fallweise Bauchentscheidungen zu beobachten, wie auch das Fehlen von formalen Stellenbeschreibungen und Trainee-Programmen. Interne Schulungen werden i. d. R. durch einzelne externe Weiterbildungsangebote ersetzt, personalindividuelle Entwicklungs- oder Karrierepläne fehlen zumeist und branchentypische Standardlösungen werden betriebs- und sachindividuellen Vereinbarungen mit den Mitarbeitern (z. B. zu Vergütung, Arbeitszeiten) vorgezogen. Personalmanagement wird so zur Personalverwaltung reduziert, u. U. sogar bis hin zum einfachen Lohnbüro (Stock-Homburg 2008).

Zwei Entwicklungen der letzten Jahre sind jedoch dazu geeignet, KMU zu zwingen, sich zu einem systematischeren und somit auch professionelleren Personalmanagement hin zu verändern: Internationalisierung und demographischer Wandel/Fachkräftemangel.

- Auch wenn die Begriffe Internationalisierung und Globalisierung gerne als populäre Schlagworte in der Kritik an der weltweiten Wirtschaftsentwicklung missbraucht werden, so sind sie doch Synonyme für einen unumstößlichen Trend zur weiteren internationalen Vernetzung wirtschaftlicher Prozesse und eine zunehmende Standortungebundenheit von Unternehmen, was nicht mehr nur Großbetriebe oder mittelständische Unternehmen in global ausgerichteten Branchen betrifft. Vielmehr treten in den letzten Jahren immer mehr kleine Unternehmen und Freiberufler auf die internationale Bühne, deren bisherige Marktorientierung eher lokal und regional war. Wallau (2007) beziffert die Zahl deutscher KMU, die pro Jahr erstmals international aktiv werden, auf etwa 50.000. Mit der Internationalisierung der Unternehmen muss auch ihre Personalarbeit langfristiger, strategischer und fachkompetenter werden. Das jeweilige Unternehmen konkurriert nun mit anderen internationalen Unternehmen um geeignete Mitarbeiter. Mitarbeiter können und müssen daher auch international gesucht werden. Sie müssen für das internationale Parkett und die Arbeit mit und in fremden Kulturen vorbereitet, qualifiziert werden. Die internationale Orientierung macht wiederum das Unternehmen für ambitionierte Bewerber interessant und führt zu einer – quantitativ wie auch qualitativ – neuen Bewerberlage für die KMU.

- Der demographische Wandel in Deutschland hin zu einem wachsenden Anteil älterer Menschen an der Bevölkerung ist offensichtlich und unbestritten. Daraus wird ein Fachkräftemangel prognostiziert, da mit der sinkenden Zahl junger Mitbürger auch das Angebot qualifizierter Arbeitskräfte zurückgeht. Schätzungen aus den letzten Jahren prognostizieren bis zu 6,5 Mio. fehlende Arbeitskräfte für die kommenden ein bis zwei Jahrzehnte (u. a. vbw 2008, BA 2011, McKinsey 2011).

  Die Studien und ihre Schätzungen werden allerdings als überzogen und nicht fundiert kritisiert (u. a. Bosbach/Korff 2011, Endres 2011, Brenke 2010). Dennoch scheint Fachkräftemangel zumindest in ausgewählten Branchen in Deutschland kein Prognosegespinst mehr zu sein. Etwa 3/4 der deutschen Unternehmen beklagen bereits heute einen Mangel im Fachkräfteangebot, der gerade in den technischen Berufen besonders groß zu sein scheint (CHRIST 2011). BDI und BDA bezifferten schon 2009 die Zahl der unbesetzten Stellen in den MINT-Berufen mit 60.000, das entspricht einem kompletten Jahresbedarf an neuen Mitarbeitern in der deutschen Industrie (BDI/BDA 2009).

  Die Lösungsvorschläge reichen von der Förderung älterer oder durch Nachqualifikation aufgewerteter Mitarbeiter und der forcierten Rückkehr von Frauen ins Berufsleben, über die Rekrutierung von Fachkräften aus dem Ausland bis hin zur Senkung der Fachanforderungen für die Ausübung der Berufe und die Substitution wissenschaftlicher Vorbildung durch Praxiserfahrung (z. B. für den Zugang zu Hochschulen oder zur Promotion) sowie die Akkreditierung weiterer, auch kommerzieller Bildungseinrichtungen für die Vergabe geschützter Grade und Abschlüsse.

  Diesen Forderungen ist eines gemein: Der Mangel soll dadurch behoben werden, dass möglichst viele Menschen zu Fachkräften werden, indem ihnen möglichst schnell und leicht Abschlüsse und Grade zuteil werden sowie die unkonditionierte Durchlässigkeit im Bildungssystem verbessert wird. Das kann allerdings dazu führen, dass sich den Unternehmen Bewerber mit Titeln, Graden und Abschlüssen anbieten, die zwar Fachkompetenzen verheißen mögen, die dahinter stehende Ausbildung aber diese Erwartungen nicht erfüllen kann. So kommt es zu einem „qualitativen Fachkräftemangel", bei dem nicht der Mangel in der Zahl der Bewerber, sondern im Mangel geeigneter Kandidaten besteht.

Beide Entwicklungen zeigen auf, dass Unternehmen, die ihre Personalarbeit bislang – wie oben ausgeführt – eher planlos und bedarfsorientiert erfüllten, nunmehr zu Schritten hin zu einem systematischen und strategischen Personalmanagement gezwungen sind:

Die vorhandene Kompetenz im Unternehmen muss gehalten werden …

… durch die Einführung eines Wissensmanagements, mit dem die Kompetenz auch bei Weggang von Mitarbeitern im Unternehmen gehalten werden kann. Hierauf wurde in einem früheren Jahrbuch bereits eingegangen, Wege für KMU wurden aufgezeigt (Meyer 2005).

… durch die Bindung von Mitarbeitern über innovative Vergütungssysteme und die Einführung von Mitarbeiterbeteiligungsmodellen, sowohl in Form einer Erfolgs- als auch Kapitalbeteiligung (Meyer 2009).

… durch die Arbeit begleitende Services wie z. B. betriebliches Gesundheitsmanagement, Weiterbildungsangebote oder Betriebskindergärten. Da diese Maßnahmen vielfach das einzelne KMU überfordern würden, sind kooperative, genossenschaftliche Servicemodelle mit anderen Unternehmen anzustreben.

… durch eine Steigerung der Flexibilität der Beschäftigung in quantitativer und qualitativer Form, z. B. durch flexible Arbeitszeitmodelle, Home Offices, Sabaticals, Work-Life-Balance- und Silver-Worker-Modelle, durch strategische Kompetenz- und Karriere- sowie Fort- und Weiterbildungsplanung. Hierzu sei auf die folgenden Beiträge im vorliegenden Jahrbuch, insbesondere auf den Beitrag zum Talent Management in Teil 4 hingewiesen.

Das Bemühen um neue, qualifizierte Mitarbeiter als Kompetenzträger muss verstärkt werden. Dies ist gerade für KMU durch die typischerweise ggü. Großunternehmen geringere und eher regionale Bekanntheit der Unternehmen schwierig. Innovative Wege hierzu sind …

… der Aufbau eines Employer Brandings, wie es in den Beiträgen in Teil 3 des vorliegenden Jahrbuches ausgeführt wird.

… die Nutzung des Internets und insbesondere von sozialen Netzwerken für Suche und Ansprache von geeigneten Bewerbern sowie für die Bekanntmachung des Unternehmens in geeigneten Kreisen im Internet (Communities) (dazu u. a. CHRIST 2011).

… die Schaffung eines Beirates aus Experten als langfristige Quelle für zusätzliche Kompetenz und Begleitung des Unternehmens (dazu u. a. Kormann 2009, Klein 2005).

Alles dies sind Forderungen an das Personalmanagement in KMU, die auch in den folgenden Beiträgen des Jahrbuches aufgegriffen werden. Die Beiträge sind in diesem Jahr in drei zentralen Themengruppen sowie in einer Gruppe von Einzelfragen des Personalmanagements in KMU zusammengefasst:

- In Teil 2 des Jahrbuches – Bedingungen und Strategien des Personalmanagements in KMU – werden diejenigen Beiträge zusammengestellt, die sich den spezifischen Bedingungen der Personalarbeit in KMU und der Konsequenz eines strategischen Personalmanagements nähern. Behrends vergleicht zunächst die personalpolitischen Anreize zwischen Großunternehmen und KMU, Jochims analysiert den Einfluss von – primär informellen – Arbeitsbeziehungen auf die Ausgestaltung des Personalmanagements in KMU, während Espig und Geithner unternehmensübergreifend Bedingungen der Personalarbeit in (ostdeutschen) KMU besonders im Lichte des bereits oben hervorgehobenen „Problems" des demographischen Wandels und des wachsenden Fachkräftemangels beleuchten. Büsch, Brusch und Britze sowie Stadler und Kühlmann knüpfen daran an und geben Implikationen für ein strategisches Personalmanagement in KMU.

Die Beiträge in den darauf folgenden Teilen 3 bis 5 greifen die in den o. g. Beiträgen aufgeworfenen Fragen auf und geben Antworten für Teilaufgaben des Personalmanagements:

- Teil 3 – Beschaffung und Bindung von Mitarbeitern in KMU – subsumiert diejenigen Beiträge, die diese Antworten im Kontext der Beschaffung und Bindung von Mitarbeitern geben. Während sich die Autoren Weitzel, Eckhardt, Laumer und von Stetten grundsätzlich der Personalbeschaffung in KMU widmen, rückt mit den dann folgenden Beiträgen von Wagner, Wolf und Zwick, von Striewe, Schwering und Knickmeier sowie im Beitrag der Autoren von der Leyen, Müller und Theuvsen der demographische Wandel und damit verbunden der Fachkräftemangel in den Vordergrund der Analyse und der Vorschläge. Darauf setzen die Beiträge zum Employer Branding der Autoren Ergenzinger, Caprano und Huber auf. Tänzler, Keese und Hauer runden das Themenfeld mit ihrer Sicht auf die Mitarbeiterbindung insbesondere in Familienunternehmen ab.

- Teil 4 – Personalentwicklung in KMU – konzentriert sich in gleicher Weise wie Teil 3 auf ein Teilgebiet des Personalmanagements. Während Ewerlin und Süß mit Talent Management eine übergreifende Sicht wählen, konzentrieren sich die Autoren Wolf auf der einen sowie Leicht und Werner auf der anderen Seite auf die Aus- und Weiterbildung, in letzterem Falle mit besonderer Berücksichtigung von Migrantenunternehmen. Lorson, Nerdinger und Schneider schließen diesen Teil des Jahrbuches mit ihrer Analyse des Controllings in der Personalentwicklung ab.

- Teil 5 – Aktuelle Einzelfragen und Schnittstellen des Personalmanagements in KMU – ist ein Sammelbecken für zwar isolierte, aber nicht minder aktuelle und wichtige Fragen zum Personalmanagement in KMU. Sie bewegen sich zudem an Schnittstellen zu anderen Managementaufgaben in KMU. Der Beitrag von Schröder knüpft thematisch an den vorherigen Teil 4 an, da ein Monitoring der Mitarbeiterzufriedenheit durch das Streben nach Bindung und Entwicklung des Personals motiviert sein kann. Ebenso ist die Frage der Vorstandsvergütung in börsennotierten KMU, die die Autoren Mayer-Friedrich und Schnier stellen, auch eine Frage der Personalbindung. Die Autoren Oehler, Schalkowski und Wendt (Personal- und Risikomanagement), ebenso Rabbe und Kolbeck (Nachfolge) sowie Schlese und Schramm (Benchmarking) zeigen hingegen Schnittstellen und Instrumente auf, die das Leitthema Personalmanagement in KMU in Gänze mit befundreichen Beiträgen abrunden.

Teil 6 – Bibliothek zum Personalmanagement in KMU – besteht in gewohnter Weise in einem Literaturüberblick. Der Beitrag wird dieses Jahr wiederum von Anja Schulz beigesteuert. Teil 7 gibt – ebenso wie in den Vorjahren – in übersichtlicher Form die Zusammenfassungen der Beiträge in deutscher und englischer Sprache wieder.

Literatur

- BA – Bundesagentur für Arbeit (Hrsg.) (2011), Perspektive 2025: Fachkräfte für Deutschland, Nürnberg.
- BDI/BDA – Bundesverband der Deutschen Industrie und Bundesverband der Deutschen Arbeitgeberverbände (2009), Pressemitteilung vom 20. Juli 2009, Berlin.
- Bosbach, G., Korff, J. J. (2011), Wer hat Angst vor der Killerstatistik?, Spiegel Online vom 12. Oktober 2011.
- Brenke, K. (2010), Fachkräftemangel kurzfristig noch nicht in Sicht, Wochenbericht des DIW, Nr. 46, S. 2ff.
- CHRIST – Center of Human Resource Information Systems (Hrsg.) (2011), Recruting-Trends im Mittelstand 2012, Bamberg u. a..
- Deller, J., Kern, S., Hausmann, E., Diederichs, Y. (2008), Personalmanagement im demografischen Wandel, Heidelberg.
- Domayer, E. (1997), Personalmanagement in Familienunternehmen, Hernstein Thema, Nr. 1, S.133-142.
- Endres, A. (2011), Die missverständliche Zahl der 6,5 Millionen, Die Zeit vom 18. Mai 2011, Hamburg.
- Habitzl, G. (2006), Personalmanagement in kleinen und mittleren Unternehmen, Arbeits- und SozialrechtsKartei Nr. 10, Wien.
- Hamel, W. (2006), Personalwirtschaft, in: Pfohl, H.-C. (Hrsg.), Betriebswirtschaftslehre der kleinen und mittleren Unternehmen, 4. Auflage, Berlin, S.233-260.
- Klein, S. (2005), Beiräte in Familienunternehmen – Zwischen Beratung und Kontrolle, Zeitschrift für KMU und Entrepreneurship, Nr. 2, S. 122 – 141.
- Kormann, H. (2009), Beiräte in der Verantwortung – Aufsicht und Rat in Familienunternehmen, Berlin.
- McKinsey (Hrsg.) (2011), Wettbewerbsfaktor Fachkräfte – Strategien für Deutschlands Unternehmen, Berlin 2011.
- Meyer, J.-A. (Hrsg.) (2005), Wissens- und Informationsmanagement in KMU – Jahrbuch der KMU-Forschung und -Praxis 2005, Lohmar.
- Meyer, J.-A. (2009), Mitarbeiterbeteiligung in KMU – State of the Art, Meinungen und Bewertung, Lohmar.
- Schindler, U., Brunn, S. (2002), Personalmanagement in KMU, Studienbrief 2-089-0008, Brandenburg u. a..
- Stelzer-Rothe, T. (Hrsg.) (2002), Personal-Management für den Mittelstand, Heidelberg.
- Stock-Homburg, R. (2008), Personalmanagement. Theorien – Konzepte – Instrumente, Wiesbaden.

- Studer, J. (2012), Personalmanagement für den Mittelstand – Ein Leitfaden für KMU, 4. Auflage, Mur-Bern.
- vbw – Vereinigung der Bayerischen Wirtschaft (Hrsg.) (2008), Arbeitslandschaft 2030, München.
- Wallau, F. (2007), Internationalisierung des deutschen Mittelstands – Bedeutung und Umfang, Bonn.

Teil 2:
Bedingungen und Strategien des Personalmanagements in KMU

Die Unternehmensgröße als Determinante des Person-Organization-Fit – Eine empirische Analyse

Thomas Behrends

1 Einleitung

Im Lichte des sich gegenwärtig vollziehenden demografischen Wandels gilt der Mangel an qualifizierten Fach- und Führungskräften als eine der wesentlichen zukünftigen Herausforderungen für das betriebliche Personalmanagement. Insbesondere unter dem Label „Employer Branding" (Schuhmacher/Geschwill 2009, Stotz/Wedel 2009, Stritzke 2010) werden daher aktuell wieder verstärkt Konzepte und Maßnahmen eines auf die besonderen Spezifika der relevanten Arbeitsmärkte abgestimmten Personalmarketings zur Handhabung dieses (sich abzeichnenden) Arbeitskräftemangels diskutiert. Gerade kleine und mittlere Betriebe weisen in dieser Hinsicht z. T. erhebliche strukturelle Defizite gegenüber ihrer großbetrieblichen Konkurrenz auf – verfügen Sie doch oftmals weder über eine entsprechende (überregionale) Bekanntheit, noch über die für die Ausarbeitung und Umsetzung eines strategischen Personalmarketings erforderlichen Ressourcen. Umso bedeutsamer erscheint es demzufolge, dass KMU a) die spezifischen Vorzüge der von ihnen angebotenen Arbeitsplätze identifizieren und diese b) gezielt insbesondere gegenüber solchen Arbeitnehmern kommunizieren, die die „typischen" Charakteristika mittelständischer Arbeitswelten als besonders attraktiv empfinden.

Aus wissenschaftlicher Perspektive stellt sich in diesem Zusammenhang zunächst ganz allgemein die Frage, ob bzw. inwieweit das Teilnahme- und Leistungsverhalten von (bereits beschäftigten, aber auch potentiellen) Mitarbeitern überhaupt einer Beeinflussung durch größenspezifische Unternehmenscharakteristika unterliegt. Erste Hinweise auf einen solchen Zusammenhang lassen sich bereits den empirischen Befunden verschiedener repräsentativer Studien zur Ausgestaltung des betrieblichen Personalmanagements entnehmen (vgl. die Übersicht bei Behrends/ Martin 2006).

Diese belegen insbesondere im Bereich der materiellen Anreize ein mehr oder minder deutliches strukturelles Defizit kleiner und mittlerer Betriebe gegenüber Großunternehmen: So zahlen größere Unternehmen nicht nur höhere Löhne, sie bieten ihren Mitarbeitern in aller Regel auch umfangreichere Zusatzleistungen (wie etwa Sozialleistungen, Altersvorsorge etc.), eine höhere Arbeitsplatzsicherheit sowie bessere Weiterbildungs- und Aufstiegsmöglichkeiten. Um nun der These entgegen zu treten, dass dementsprechend in kleineren Unternehmen tendenziell leistungsschwächere bzw. weniger leistungsbereite Mitarbeiter tätig seien als in Großunternehmen, wird oftmals die Auffassung vertreten, dass KMU auf ihre sich hier andeutende Benachteiligung im Wettbewerb um qualifizierte Arbeitskräfte üblicherweise mit einem anderen „Mix" von Anreizen reagieren, ihren Beschäftigten also – gewissermaßen zum Ausgleich – andere, vor allem auch immaterielle Anreize bieten, über die wiederum größere Unternehmen nicht bzw. nicht in demselben Maße verfügen.[1]

Zusammenfassend betrachtet haben die bislang vorliegenden empirischen Studien zur o. a. „Kompensationsthese“ allerdings kaum eindeutige Ergebnisse bzgl. der Überlegenheit kleinerer bzw. mittlerer Unternehmen im Bereich aufgabenbezogener und sozialer Anreize zutage gefördert (Behrends 2007, Curran/Stanworth 1981, Kay/Suprinovic/Werner 2010, Werner 2004). Dies mag zunächst und ganz wesentlich darin begründet sein, dass die Betriebsgröße eben nur eine relativ grobe Determinante des Unternehmensverhaltens darstellt.[2] Neben dem schwachen Zusammenhang zwischen der Größe und der (quasi)objektiven Beschaffenheit immaterieller Anreize, bietet sich aber prinzipiell auch noch eine alternative, motivationstheoretisch begründete Lesart der skizzierten Befundlage:

Da die arbeitnehmerseitige Beurteilung betrieblicher Anreize schließlich stets davon abhängig ist, wie diese von den Beschäftigten - vor dem Hintergrund ihrer individuellen Ansprüche und Bedürfnisse - subjektiv bewertet werden, erscheint es naheliegend, dass auch den größenspezifischen Besonderheiten betrieblicher Anreizportfolios von unterschiedlichen Arbeitnehmern eine unterschiedlich hohe Attraktivität beigemessen wird.

Die sich hieraus ergebende Frage nach möglichen strukturellen Unterschieden in der Bedürfnis- und Präferenzstruktur von Arbeitnehmern aus KMU und Großunternehmen bildet den Ausgangspunkt des vorliegenden Beitrags. Auf der Grundlage der theoretischen Argumentationsfigur des „Person-Organization Fit“-Konzepts werden zunächst solche individuellen arbeitsbezogenen Präferenzen und Orientierungen identifiziert, die prinzipiell in einer engen Beziehung zu wesentlichen größenabhängigen Handlungsvoraussetzungen des Unternehmensverhaltens stehen. Darauf aufbauend erfolgt anschließend (anhand einer explorativen Studie unter kaufmännischen Angestellten in Klein, Mittel- und Großunternehmen) eine empirische Überprüfung der Frage, inwieweit die spezifische Ausprägung dieser Präferenzen und Orientierungen einen - größenabhängigen - Einfluss auf das Teilnahme- und Leistungsverhalten der Beschäftigten entfaltet.

2 Theorie

Das Ausmaß der (wahrgenommenen) Arbeitgeberattraktivität wird maßgeblich durch die Art und den Umfang der jeweiligen Anreize bestimmt, welche den Beschäftigten (bzw. potentiellen BewerberInnen) von Unternehmensseite als Gegenleistung für ihre Arbeitsleistung offeriert werden. Neben der - aus ökonomischer Sicht zentralen - Gewährung materieller Anreize (Löhne und Gehälter, geldwerte Zusatzleistungen) spielen hierbei stets auch verschiedene Arten immaterieller Anreize eine bedeutsame Rolle für die Entfaltung der durch die Gestaltung der betrieblichen Anreizpolitik intendierten Motivations- und Bindungskräfte.

Der hier skizzierte, grundsätzliche Zusammenhang zwischen betrieblichem Anreizangebot und Arbeitgeberattraktivität gilt dabei zunächst einmal für alle Unternehmen – völlig unabhängig von ihrer Größe. Beschäftigungsverhältnisse sind „Tauschbeziehungen“: Um sich dauerhaft im Wettbewerb auf dem Arbeitsmarkt zu behaupten, sehen sich kleine und mittelständische Betriebe ebenso wie ihre großbetriebliche Konkurrenz der Herausforderung gegenüber, die Befriedigung ihrer Nachfrage nach qualifizierten Beschäftigten über eine Bereitstellung entsprechender „Gegenleistungen“ abzusichern. Im Hinblick auf die hier interessierende Forschungsfrage gilt es daher in einem ersten Schritt zu erörtern, inwiefern denn überhaupt ein systematischer Zusammenhang zwischen Unternehmensgröße und der spezifischen (also größenabhängigen) Beschaffenheit betrieblicher Anreizportfolios angenommen werden kann.

2.1 Unternehmensgröße und betriebliche Anreizstrukturen

Obgleich die Unternehmensgröße - als eine bedeutsame Erklärungsdeterminante des Unternehmensverhaltens - zwar prinzipiell das „argumentative Fundament" einer speziellen BWL der Klein- und Mittelbetriebe markiert, wird in der einschlägigen Literatur zumeist von einer lediglich mittelbar verhaltensprägenden Wirkung der Größe selbst (gemessen zumeist als „Zahl der Beschäftigten") ausgegangen. Betrachtet werden für gewöhnlich grundlegende organisationale Handlungsvoraussetzungen, denen auf der einen Seite eine elementare Bedeutung für die zu analysierenden Aspekte des betrieblichen Geschehens beigemessen werden kann, deren jeweilige Beschaffenheit aber zugleich auch einem größen- bzw. wachstumsbedingten Wandel unterliegt.

Im Folgenden sollen insbesondere drei derartige Handlungsvoraussetzungen näher betrachtet werden: Die Ressourcenausstattung, die Komplexität und der betriebliche Sozialcharakter. Jede dieser Erklärungsgrößen entspringt einem eigenständigen organisationstheoretischen Paradigma und ist zugleich eng mit der Betriebsgröße verwoben (Behrends/Martin 2006). Die systematische Anbindung unserer Überlegungen an unterschiedliche Theorieperspektiven erlaubt es dabei, verschiedene grundlegende Facetten organisationaler Anreizstrukturen zu integrieren und einer größenspezifischen Analyse zu unterziehen.

Ressourcenausstattung und materielle Anreize

Das Ressourcen-Konzept bildet einen zentralen Argumentationsbaustein ökonomisch ausgelegter Sozial- und Organisationstheorien. Diesen zufolge determinieren die im Unternehmen verfügbaren materiellen, zeitlichen und personellen Ressourcen maßgeblich den organisationalen Handlungs- und Gestaltungsspielraum und bilden so die Grundlage nachhaltiger Wettbewerbsvorteile (vgl. hierzu beispielhaft die Argumentation des „resource based view" bei Barney 1991; Grant 1991; Wernerfelt 1984, für eine personalwirtschaftliche Betrachtung vgl. Colbert 2004; Wright et al. 2001; Lado/Wilson 1994).

Bezogen auf die Ausgestaltung der betrieblichen Anreiz- bzw. Personalpolitik kommt dabei insbesondere der materiellen Ressourcenausstattung eine fundamentale Bedeutung zu: Je umfangreicher die verfügbaren finanziellen Mittel eines Unternehmens, desto eher ist es in der Lage, auch seinen Beschäftigten (bzw. potentiellen Bewerbern) entsprechende materielle Anreize – in erster Linie attraktive Löhne und Gehälter, aber z. B. auch Aufstiegs- und Karriereperspektiven - zu offerieren und so seine Wettbewerbsposition auf dem Arbeitsmarkt zu verbessern.

Sowohl die einschlägige Literatur im Bereich der KMU-Forschung als auch die Befunde groß angelegter Repräsentativstudien deuten im Zusammenhang mit der Gewährung materieller Anreize auf ein strukturelles Defizit mittelständischer Unternehmen hin: Größere Unternehmen zahlen in aller Regel nicht nur höhere Löhne, sie bieten ihren Mitarbeitern auch umfangreichere geldwerte Zusatzleistungen (vgl. hierzu etwa die Auswertungen des sozioökonomischen Panels oder auch die Statistiken der Arbeitskostenstatistik bei Behrends/Martin 2006).

Komplexität und tätigkeitsbezogene Anreize

Im Lichte der systemtheoretisch fundierten Organisationsforschung besteht eine (wenn nicht die) zentrale Herausforderung, der sich Unternehmen im Zuge ihres fortschreitenden Größenwachstums gegenübersehen darin, die zunehmende Komplexität der bestehenden Umweltbezüge durch die interne Generierung entsprechend komplexer interner Strukturen und Prozesse auf ein handhabbares Maß zu reduzieren (Blau 1970, Lawrence/Lorsch 1967, grundlegend auch Luhmann 1996). Je größer (hier: je komplexer) also ein Unternehmen, desto eher bedarf es zum einen besonderer Institutionen und Strukturen (z. B. entsprechender Fachabteilungen), die darauf spezialisiert sind, unterschiedliche Ausschnitte der Systemumwelt zu bearbeiten (Scott 1986, Ford/ Slocum 1977, Daft/ Bradshaw 1980), zum anderen müssen aber auch hierarchische Strukturen und bürokratische Verfahrensregeln etabliert werden, die eine effiziente Koordination der funktional differenzierten Teilsysteme gewährleisten.

Die hier skizzierte, größenbedingte Zunahme funktionaler Differenzierung und bürokratischer Regulierung/ Standardisierung organisationaler Prozesse und Strukturen zeitigt unmittelbare Auswirkungen auf einen zweiten wesentlichen Bereich betrieblicher Anreize, die sich vornehmlich auf (mehr oder weniger) motivierende Aspekte der Arbeitstätigkeit selbst beziehen.

So belegen die zahlreichen Befunde der organisationsbezogenen Motivationsforschung recht anschaulich, dass die spezifische Beschaffenheit verschiedener, psychologisch relevanter Merkmale der Arbeits- und Aufgabenorganisation (z. B. die individuelle Handlungs- und Entscheidungsautonomie, die Aufgabenvielfalt oder auch die wahrgenommene Bedeutsamkeit der Aufgabe etc.) einen erheblichen Einfluss auf das unterschiedlichen Arbeitsplätzen innewohnende „intrinsische Motivationspotential“ entfaltet (vgl. Brass 1981, Hackman/Lawler 1971, Hackman/Oldham 1976). Das jeweilige Anreiz-/ Motivationspotential einer Arbeitstätigkeit resultiert dabei nicht nur aus dem konkreten Aufgabenprofil des individuellen Arbeitsplatzes, sondern wird auch durch dessen spezifische (strukturelle) Verortung innerhalb des komplexen sozialen Organisationsgefüges geprägt.

Wie oben bereits angedeutet, sind größere Unternehmen zum Zwecke der effizienten Koordination ihrer arbeitsteiligen Leistungserstellung in zunehmendem Maße auf funktional und hierarchisch ausdifferenzierte Strukturen angewiesen (Krämer 2009). Angesichts dieses Wandels der betrieblichen Arbeits- und Aufgabenorganisation ist auch ein größenspezifischer Einfluss auf die Beschaffenheit der beschriebenen, intrinsisch motivierenden Tätigkeitsmerkmale zu erwarten:

So reduziert zum einen der Zuwachs fachlicher Spezialisierung, bürokratischer Standardisierung und hierarchischer Zwänge in aller Regel die mit einzelnen Arbeitsplätzen verbundene Aufgabenvielfalt und Handlungsautonomie. Darüber hinaus fällt es Beschäftigten innerhalb von komplexeren Organisationsstrukturen – eben aufgrund des hohen Grades an Arbeitsteiligkeit und Aufgabenspezialisierung – tendenziell schwerer, in ihren individuellen Leistungsanstrengungen einen wesentlichen Beitrag zum übergeordneten Unternehmenserfolg zu erkennen. Die systemtheoretisch fundierte Annahme einer mit zunehmender Unternehmensgröße fortschreitenden Komplexität und formalen Regulierung organisationaler Handlungsstrukturen deutet demnach auf einen strukturellen Vorsprung kleiner und mittelständischer Unternehmen bei der Gewährung tätigkeitsbezogener Anreize hin.

Sozialcharakter und soziale Anreize

Aus der Perspektive einer primär verhaltenswissenschaftlich fundierten Personal- und Organisationsforschung rücken schließlich einige lebensweltliche Eigenheiten des mittelständischen Arbeitsalltags in den Mittelpunkt der Betrachtung. So spiegelt sich das eben beschriebene geringere Ausmaß funktionaler und hierarchischer Differenzierung und die daraus resultierende „Überschaubarkeit" kleinerer Unternehmen beinahe zwangsläufig auch in einer vergleichsweise unmittelbaren Wechselseitigkeit der innerbetrieblichen Kooperationszusammenhänge sowie einer deutlich geringeren sozialen und lebensweltlichen Distanz sowohl zwischen Mitarbeitern aus unterschiedlichen Unternehmensbereichen als auch zwischen Angehörigen unterschiedlicher hierarchischer Ebenen wider (vgl. beispielhaft die Arbeiten von Kotthoff/Reindl 1990, Manz 1993, Matlay 1999, Ritchie 1993). Insgesamt erscheint somit die sich hier andeutende größenbedingte Prägung des betrieblichen Sozialcharakters von KMU durch eine – im Vergleich zu Großunternehmen - gesteigerte Bedeutung des persönlichen Elements bei der Ausgestaltung der Arbeits- bzw. Arbeitgeber-Arbeitnehmer-Beziehungen gekennzeichnet (Behrends/Martin 2006).

Der „lebensweltlichen Qualität" betrieblicher Arbeitswirklichkeiten wohnt wiederum eine eigenständige Anreizwirkung inne, die sich vor allem auf die sozialen Grundbedürfnisse der Beschäftigten richtet: So gewährleisten die sich aus den betrieblichen Arbeitszusammenhängen konstituierenden sozialen Beziehungen unter den Mitarbeitern eines Unternehmens nicht bloß einen (mehr oder weniger) reibungslosen und effizienten Verlauf der arbeitsteiligen Leistungserstellung. Über das Erleben gelungener professioneller Zusammenarbeit, das Erfahren von Anerkennung oder Unterstützung durch Vorgesetzte und Kollegen o. ä. bildet die betriebliche Lebenswelt für viele Arbeitnehmer zugleich einen wichtigen Bezugspunkt zur Befriedigung ihrer elementaren persönlichen und sozialen Bedürfnisse (wie Wertschätzung, Status, Zugehörigkeit, Anerkennung, Bestätigung etc.). Die überschaubaren Strukturen, das damit zusammenhängende geringere Ausmaß bürokratischer Regulierung sowie der geringere Hierarchisierungsgrad vieler kleiner und auch mittlerer Betriebe – kurz. der besondere „Sozialcharakter" mittelständischer Unternehmen – bietet dabei einen vergleichsweise günstigen Rahmen für den direkten Kontakt (und die Etablierung persönlicher Beziehungen) zwischen Mitarbeitern und Unternehmensleitung sowie eine weitreichende und unmittelbare Partizipation der Mitarbeiter an organisationalen Entscheidungsprozessen.

Zusammenfassung

Zusammenfassend lässt sich somit zunächst festhalten, dass sich der hier vorgenommenen Diskussion wesentlicher Handlungsvoraussetzungen mittelständischer bzw. großer Unternehmen erste grundlegende Hinweise auf eine größenspezifische Prägung organisationaler Anreizportfolios entnehmen lassen. Während sich im Bereich der materiellen (geldwerten) Anreize – aufgrund der zumeist überlegenen Ressourcenausstattung – ein struktureller Vorteil von Großbetrieben gegenüber KMU beobachten lässt, bieten ihre weniger ausdifferenzierten und formalisierten Strukturen sowie die vergleichsweise geringe soziale Distanz zwischen den organisationalen Akteuren gerade kleineren Unternehmen eine vergleichsweise günstige Ausgangsposition für die strukturelle Verankerung aufgabenbezogener und sozialer Anreize.

Es scheint an dieser Stelle allerdings angeraten, die Tragfähigkeit dieser sich (auch) in unseren Einlassungen andeutenden „Kompensationsthese“ bzgl. des Zusammenhangs zwischen der Unternehmensgröße und der Beschaffenheit betrieblicher Anreizstrukturen zumindest ein Stück weit zu relativieren. Die Vorstellung, dass große Unternehmen zwar höhere Löhne zahlen, Klein- und Mittelbetriebe ihren Beschäftigten dafür aber abwechslungsreichere, verantwortungsvollere Tätigkeiten und ein angenehmeres soziales Klima böten, mag zwar im Einklang mit gängigen (und sowohl in der Praxis als durchaus auch in Teilen der wissenschaftlichen Literatur verbreiteten) Klischees bzgl. der „typischen“ Beschaffenheit großbetrieblicher bzw. mittelständischer Arbeitswirklichkeiten stehen (vgl. auch Krämer 2009).

Indes, durch die empirische Befundlage erfährt diese Annahme keine verlässliche Bestätigung. So lässt zwar einerseits das Gros der einschlägigen empirischen Studien keinerlei Zusammenhang zwischen Unternehmensgröße und etwa der Mitarbeiterzufriedenheit (als einem bedeutsamen Indikator erfolgreicher Anreizgestaltung) erkennen, was ja - angesichts der besseren Verdienstmöglichkeiten in Großunternehmen - auf eine gewisse „Kompensationswirkung“ anderer, immaterieller Anreizarten in KMU hindeuten würde. Andererseits zeichnen aber Untersuchungen, die sich einem Vergleich tätigkeitsbezogener oder sozialer Anreize in Unternehmen unterschiedlicher Größe widmen, ein insgesamt bestenfalls diffuses Bild (Behrends 2007, Werner 2004, Wagner 1997).

Dies ist im Grunde aber auch wenig überraschend. So handelt es sich bei der Unternehmensgröße zunächst zweifellos um eine ausgesprochen „grobe“ Einflussdeterminante, die weder die enorme Heterogenität innerhalb der Gruppe der KMU angemessen abzubilden noch das personalwirtschaftliche Geschehen in seiner ganzen Reichhaltigkeit hinreichend zu erklären vermag. Dies gilt ganz offensichtlich auch für den Zusammenhang zwischen Größe und betrieblicher Anreizstruktur: Denn die hier von uns skizzierten Größeneffekte deuten in erster Linie lediglich auf das Vorhandensein (größenbedingt) mehr oder weniger günstiger Ausgangsvoraussetzungen für die Bereitstellung materieller bzw. immaterieller Anreize hin. Dessen ungeachtet handelt es sich bei der Etablierung organisationaler Anreizstrukturen um eine unternehmerische Gestaltungsaufgabe, die stets und ganz wesentlich auch durch eine Reihe von betriebsspezifischen Gegebenheiten geprägt wird, die oftmals kaum (bis gar nicht) mit der Größe des Unternehmens zusammenhängen.

So bietet etwa die angesprochene „Persönlichkeit“ des sozialen Miteinanders in KMU zweifelsohne ein fruchtbares Fundament für die Befriedigung sozialer Bedürfnisse bis hin zur Etablierung einer „gemeinschaftlichen Sozialordnung“ (Barrett 1999, Kotthoff/Reindl 1990, Ram 1999). Angesichts des geringen Verbreitungsgrades von Betriebsräten oder anderen Institutionen der betrieblichen Mitbestimmung eröffnet sie prinzipiell aber auch vergleichsweise günstige Möglichkeiten z. B. für das unbeschränkte Ausleben eines autokratischen Führungsstils durch den Gründer/ Unternehmer, das sich dann wiederum in einem schlechten sozialen Klima und wenig motivierenden Arbeitsbedingungen niederschlagen dürfte (zu einer kritischen Sicht auf die Arbeitsbedingungen in KMU vgl. Goss 1988, Curran/ Stanworth 1981).

Ganz ähnlich verhält es sich mit der größenabhängigen Generierung tätigkeitsbezogener Anreize. Auch hier ergibt sich aus den tendenziell übersichtlicheren, weniger differenzierten Organisationsstrukturen in KMU zwar zunächst ein „struktureller Vorteil" kleinerer und mittlerer Unternehmen. Vergegenwärtigt man sich zugleich aber die zum Teil erheblichen Anstrengungen großer Unternehmen, durch aufwändige Struktur- und Arbeitsgestaltungsmaßnahmen auch innerhalb ihrer hochspezialisierten bürokratischen Strukturen attraktive Arbeitsbedingungen und Tätigkeitsprofile zu offerieren (z. B. durch job enlargement/ enrichment, Teamarbeit, Projektorganisation, Hierarchieabbau, Dezentralisierung etc.), so zeigt sich, dass hier die angesprochenen demotivierenden Konsequenzen einer größenbedingt immer weiter fortschreitenden Arbeitsteiligkeit oftmals durchaus erkannt und aktiv angegangen werden.

Es bleibt also festzuhalten: Größe ist eben bei Weitem nicht alles. Und so naheliegend und verlockend der Rückgriff auf derart einfache Erklärungsvariablen zuweilen auch erscheinen mag, im Hinblick auf eine differenzierte Ergründung verschiedener Facetten des komplexen Organisationsverhaltens sollte der Unternehmensgröße lediglich eine eingeschränkte (und eben auch nur mittelbare) Erklärungskraft beigemessen werden.

2.2 Arbeitsbezogene Präferenzen der Beschäftigten

Ergänzend zu den hier angeführten Erklärungen, die ja im Kern auf einen fehlenden Zusammenhang zwischen der Betriebsgröße und der (quasi)objektiven Beschaffenheit immaterieller Anreize abstellen, bietet sich aber prinzipiell auch noch eine alternative, stärker motivationstheoretisch begründete Lesart der skizzierten Befundlage: So besteht eine zentrale Gemeinsamkeit der Mehrheit motivationstheoretischer Ansätze in der expliziten Berücksichtigung interindividuell unterschiedlicher Präferenzen über die Integration von subjektiven Erwartungen und/ oder Ansprüchen in die theoretische Argumentationslogik. Der hier angesprochenen Bedeutung individueller Verhaltensdispositionen muss angesichts der personalen Gebundenheit des „Produktionsfaktors Arbeit" auch im Zusammenhang mit der Analyse betrieblicher Anreizstrukturen Rechnung getragen werden.

Den verschiedenen betrieblichen Anreizen wohnt demnach keine ausschließlich objektive, generell gültige Motivationswirkung inne. Stattdessen ist die arbeitnehmerseitige Beurteilung betrieblicher Anreize stets davon abhängig, wie diese Anreize von den jeweiligen Beschäftigten - vor dem Hintergrund ihrer individuellen Ansprüche, Präferenzen und Bedürfnisse - subjektiv bewertet werden (Cable/Judge 1994 und 1996). Insofern erscheint es nur naheliegend, dass (größenbedingt) unterschiedliche Anreizstrukturen für verschiedene „Typen" von Arbeitnehmern auch eine unterschiedlich stark ausgeprägte Anziehungskraft entfalten. Demzufolge wäre beispielsweise zu erwarten, dass Arbeitnehmer mit einer ausgeprägten Karriereorientierung und/oder einem starken Bedürfnis nach materieller Sicherheit tendenziell eine Beschäftigung in großen Unternehmen bevorzugen, wohingegen etwa Personen mit einer besonderen Präferenz für abwechslungsreiche Tätigkeiten oder von bürokratischen und hierarchischen Zwängen weitgehend befreite Arbeitszusammenhänge eher in klein- bzw. mittelbetrieblichen Strukturen Befriedigung finden.

Vor dem Hintergrund dieser Überlegungen erscheint es somit denkbar, dass der fehlende empirische Zusammenhang zwischen der Unternehmensgröße und der Beschaffenheit immaterieller betrieblicher Anreize - zumindest zu einem Teil – auch auf grundlegende Unterschiede in den anreizspezifischen Präferenzen der Beschäftigten in Klein- und Mittelbetrieben bzw. Großunternehmen zurückzuführen ist. Anders ausgedrückt: Arbeitnehmer streben für gewöhnlich nach einer Beschäftigungssituation, von der Sie erwarten, dass diese ihren subjektiven Vorstellungen von einem „attraktiven Arbeitsplatz" entspricht. Angesichts der Tatsache, dass im Vorfeld des Unternehmensbeitritts aber nur sehr eingeschränkte Informationen bzgl. der Qualität gerade immaterieller Anreizkomponenten verfügbar sind, orientieren sie sich dabei oftmals an recht groben Indikatoren der Arbeitgeberattraktivität – wie beispielsweise an entsprechenden Vorerfahrungen in Betrieben vergleichbarer Größe oder auch an den verbreiteten Stereotypen bzgl. der Unterschiedlichkeit kleiner bzw. mittelständischer oder aber großbetrieblicher Unternehmenswirklichkeiten.

Diese werden – im Sinne eines „Signalling-Effekts" – vor dem Hintergrund der individuell unterschiedlichen Erwartungen und Ansprüche interpretiert und schlagen sich so in der tendenziellen Präferenz für Arbeitgeber einer bestimmten Größe nieder (zur Argumentation der Signalling-Theorie vgl. Spence 1973). Eine sich auf diese Weise entfaltende „Selektionskraft" der Unternehmensgröße (bzw. der mit ihr konnotierten größenspezifischen Anreizstrukturen) würde demnach – und durchaus im Einklang mit den vorliegenden empirischen Befunden - zu mehr oder weniger übereinstimmenden Bewertungen tatsächlich aber ausgesprochen verschiedenartiger Anreizstrukturen führen und so die zwischen KMU und Großunternehmen faktisch bestehenden Unterschiede ein Stück weit verschleiern.

Im Lichte der hier ausgeführten Überlegungen stellt sich somit die Frage, inwieweit die arbeitsbezogenen Erwartungen und Orientierungen von Arbeitnehmern einen größenspezifischen Einfluss auf ihr Teilnahme- und Leistungsverhalten entfalten (vgl. hierzu auch Kleemann 2007). Lassen sich also möglicherweise „typische" Präferenzmuster von KMU-Mitarbeitern identifizieren, die sich von denen der Beschäftigten in Großunternehmen unterscheiden?

Um es aber noch einmal klar zu stellen: Der oben diskutierte Zusammenhang zwischen Arbeitnehmerpräferenzen und Arbeitgebergröße ist nicht dazu angetan, unsere ausgangs des vorigen Abschnitts erhobenen grundsätzlichen Einwände gegen eine Überbewertung größenabhängiger Erklärungsversuche des Unternehmens- und Mitarbeiterverhaltens vollständig auszuräumen. Wenn überhaupt, so handelt es sich hierbei bestenfalls um eine weitere, ergänzende Begründung der skizzierten empirischen Befunde. Da sich hieraus aber gegebenenfalls einige weiterführende Ansatzpunkte für die Generierung und Kommunikation spezifisch mittelständischer „Arbeitgeberqualitäten" (und ihrer Zielgruppe) in der betrieblichen Praxis ergeben könnten, scheint uns eine vergleichende Analyse der entsprechenden Präferenzmuster von Beschäftigten in Klein-, Mittel- und Großunternehmen dessen ungeachtet ein lohnenswertes Unterfangen.

2.3 Person-Organization-Fit

Innerhalb der verhaltenswissenschaftlich fundierten Personal- und Organisationsforschung hat der auch unseren Ausführungen wesentlich zugrundeliegende Gedanke einer (wie auch immer gearteten) Kompatibilität zwischen grundlegenden Organisationsmerkmalen und individuellen Charakteristika von Arbeitnehmern insbesondere im Rahmen der durchaus umfänglichen „Person-Organization-Fit"-Forschung (kurz: PO-Fit) Berücksichtigung gefunden (Bretz/Judge 1994, Kristof 1996, Sekiguchi 2004). Ausgehend von der Annahme, dass eine solche „Passung" positive Auswirkungen auf dic Teilnahme- und Leistungsbereitschaft sowie das Commitment der Beschäftigten zeitigt, untersuchen die entsprechenden empirischen Studien vornehmlich die Relevanz verschiedener Personen- bzw. Persönlichkeitsattribute in unterschiedlichen Branchen und Berufsfeldern.

Perspektiven des PO-Fit

Im Hinblick auf die konzeptionelle Konkretisierung derjenigen Aspekte, denen die verschiedenen Forschungsarbeiten eine zentrale Bedeutung für die Herausbildung eines solchen PO-Fit beimessen, lassen sich zunächst drei grundlegende „Fit-Perspektiven" voneinander abgrenzen (Kristof 1996): Den größten Raum nehmen in diesem Zusammenhang Studien ein, die dem so genannten „Supplementary Fit" zuzurechnen sind. Hier bestimmt sich die jeweilige Ausprägung des PO-Fits in erster Linie anhand der (mehr oder weniger großen) Übereinstimmung der spezifischen, organisationskulturell verankerten Unternehmenswerte mit den individuellen Werthaltungen der Beschäftigten. Stärker ökonomisch bzw. tauschtheoretisch argumentieren demgegenüber Arbeiten aus dem Bereich der so genannten „Complementary Fit"-Perspektive.

Ihre Vertreter gehen daher davon aus, dass das Vorliegen komplementärer Angebots- und Nachfragestrukturen den maßgeblichen Bezugspunkt einer Passung zwischen Organisation und Beschäftigten darstellt. So ergeben sich einerseits aus den verschiedenen Arbeitsplätzen jeweils bestimmte fachliche (und überfachliche) Anforderungen, denen die Mitarbeiter ihrerseits durch das „Angebot" entsprechender Qualifikationen und Fähigkeiten gerecht werden müssen („demands-abilities Fit"). Andererseits – und diese dritte Perspektive erscheint uns mit Blick auf die hier vorliegende Fragestellung besonders relevant – richten auch die Beschäftigten (oder Bewerber) entsprechend ihrer persönlichen Präferenzen bestimmte Erwartungen bzgl. der ihnen für ihre Arbeitsleistung offerierten Gegenleistungen an ihren (potentiellen) Arbeitgeber („needs-supplies Fit"). Ein hohes Maß an PO-Fit (mit all seinen positiven Konsequenzen) ist gemäß dieser Argumentation also maßgeblich an eine Kongruenz der unternehmensseitig angebotenen Anreize mit den arbeitsbezogenen Präferenzen der Mitarbeiter geknüpft.

Entstehung von PO-Fit

Im Hinblick auf die Frage nach den Entstehungshintergründen einer entsprechenden Passung zwischen Organisationen und ihren Mitarbeitern haben wir bislang vornehmlich auf das individuelle Entscheidungshandeln der Beschäftigten verwiesen. Man mag nun mit Recht einwenden, dass eine solche Betrachtung – ungeachtet des sich im Zuge der demographischen Entwicklung vollziehenden Wandels der Angebots- und Nachfragestruktur auf dem Arbeitsmarkt – ein unangemessen einseitiges und voluntaristisches Bild des Zustandekommens von Beschäftigungsverhältnissen zeichnet. Wir wollen daher unsere bislang akteurszentrierte Erklärung um eine Argumentationsfigur ergänzen, die auch das „organisationsseitige Pendant" der angesprochenen Selektionskraft organisationaler Anreizstrukturen thematisiert. Als theoretischer Bezugspunkt dient uns dabei der „ASA-Framework" (Schneider 1987, Schneider/Goldstein/Smith 1995). Den Kern dieses Bezugsrahmens bildet die These, dass Organisationen (bzw. ihre Belegschaften) im Laufe ihrer Entwicklung einer fortschreitenden Homogenisierung ausgesetzt sind. Anders, als etwa die einschlägigen Ansätze aus dem Bereich der Organisationskulturforschung, begründen die Autoren ihre These aber nicht bloß über eine sich im Laufe der betrieblichen Sozialisation sukzessive vollziehende Anpassung individueller Verhaltensdispositionen, sondern vor allem auch über die Wirksamkeit organisationaler Selektions- und Anreizmechanismen.

Lediglich der erste Mechanismus – Attraction - bezieht sich dabei auf die oben bereits angesprochene individuell unterschiedliche Attraktivität verschiedener Berufe, Tätigkeiten und Organisationen. Arbeitnehmer streben grundsätzlich nach einem Arbeitsplatz, der zu ihren persönlichen Vorstellungen und Präferenzen passt (Holland, 1985, Tom 1971, Vroom 1966). Selection, der zweite Mechanismus, thematisiert hingegen die organisationalen Selektionsprozesse.

Unternehmen bevorzugen bei der Personalrekrutierung solche Bewerber, deren Ziele, Werte und Präferenzen eine hohe Kompatibilität mit den organisationalen Normen und Werten aufweisen. Der dritte Mechanismus (Attrition oder Abstoßung) ergibt sich schließlich auf der Grundlage der im Zuge der Organisationsmitgliedschaft gemachten Erfahrungen. Arbeitnehmer, die sich auf Dauer nicht in das betriebliche Sozialgefüge eingliedern können bzw. wollen, erhalten weniger soziale Unterstützung, erleben mehr Enttäuschungen, Konflikte etc. und stoßen häufiger auf demotivierende Widerstände bzw. Ablehnung. Sie werden daher - freiwillig oder gezwungenermaßen - das Unternehmen wieder verlassen.

Während also die psychologischen Motivationstheorien in erster Linie am individuellen Entscheidungsverhalten der Beschäftigten ansetzen, lenkt die Argumentation der ASA-Theorie den Blick vor allem auch auf die überindividuellen Selektionsmechanismen und -kräfte in Organisationen. Obgleich der ASA-Bezugsrahmen ursprünglich aus der Perspektive des „Supplementary Fit" heraus argumentiert, erlauben die skizzierten Wirkungszusammenhänge doch auch einen Brückenschlag zu dem uns vornehmlich interessierenden „needs-supplies Fit": Denn das angesprochene organisationale Normen- und Wertesystem findet nicht zuletzt auch in der spezifischen Ausgestaltung der betrieblichen Anreizstrukturen seinen Ausdruck. Aus dem Zusammenwirken von unternehmens(größen)spezifischen Handlungsvoraussetzungen und organisationskulturellen Charakteristika resultiert gewissermaßen ein „motivationales Anforderungsprofil", dessen normativer Kraft sich das einzelne Organisationsmitglied auf Dauer kaum entziehen kann – es sei denn durch „Flucht aus dem Feld".

2.4 Zusammenfassung

Beflügelt durch aktuelle gesellschaftliche bzw. ökonomische Entwicklungen sehen sich mittelständische Betriebe zunehmend der Herausforderung gegenüber, dem sich absehbar verstärkenden Fach- und Führungskräftemangel über eine (selbst)bewusste Gestaltung und Kommunikation ihrer Arbeitgeberqualitäten zu begegnen, um sich so auch gegen ihre großbetriebliche Konkurrenz im Wettbewerb auf dem Arbeitsmarkt zu behaupten. Der damit einhergehende Appell, KMU mögen sich im Zuge der Konzipierung entsprechender „Employer Branding"-Strategien insbesondere auf ihre spezifischen Stärken und Vorzüge konzentrieren

(Dietz 2011), klingt zwar zunächst plausibel, bedarf aber mithin einer weitergehenden Erörterung der Frage, a) worin denn eigentlich die größenbedingten Charakteristika mittelständischer Arbeitswirklichkeiten zu sehen sind und b) für welche Arbeitnehmer aus diesen Besonderheiten tatsächlich eine gewisse Vorzugswürdigkeit mittelständisch geprägter Anstellungsverhältnisse resultieren könnte.

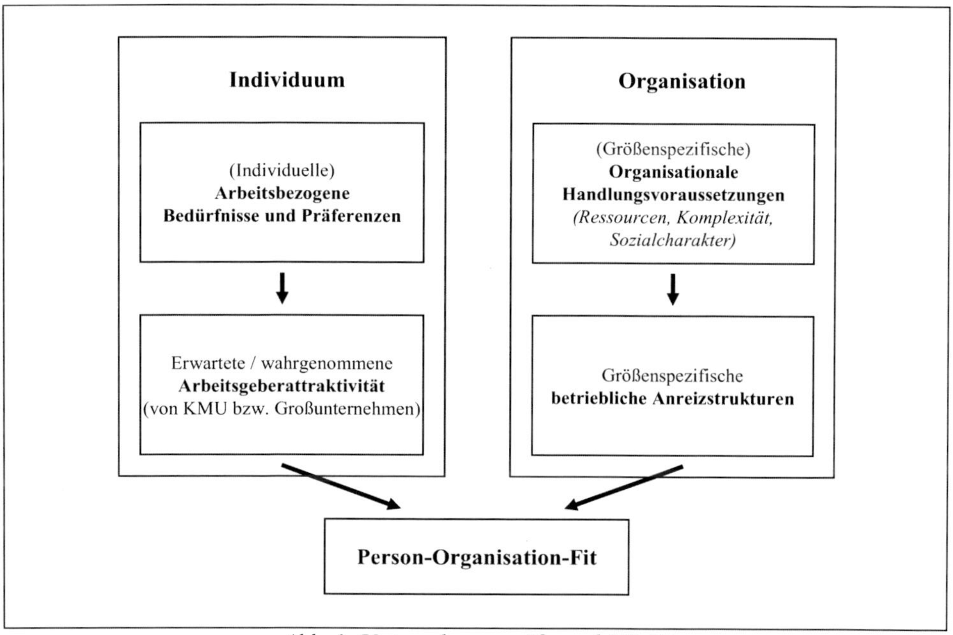

Abb. 1: Unternehmensgröße und PO-Fit

Die Befunde einschlägiger empirischer Studien zeichnen in diesem Zusammenhang zunächst ein eher ernüchterndes Bild: Als nachhaltig reliabel erweist sich hier lediglich der stabil positive Zusammenhang zwischen der Organisationsgröße und den (im Durchschnitt) besseren Verdienstmöglichkeiten der Beschäftigten in Großunternehmen. Nennenswerte Größeneffekte im Hinblick auf eine oftmals unterstellte Überlegenheit von KMU im Bereich der immateriellen Anreizgewährung lassen sich demgegenüber lediglich in vereinzelten Studien, keineswegs aber durchgängig identifizieren (Behrends 2007, Kay/Suprinovic/Werner 2010, Wagner 1997). Dies deutet zunächst darauf hin, dass die Beschaffenheit immaterieller Anreize nicht als eine zwangsläufige Folge der (größenbedingt unterschiedlichen) Handlungsvoraussetzungen von KMU bzw. Großunternehmen interpretiert werden kann, sondern in erster Linie ein Ergebnis der individuellen personalpolitischen Intelligenz des jeweiligen Unternehmens darstellt.

Neben der (durchaus bedeutsamen) Einsicht in die Notwendigkeit einer aktiven betrieblichen Anreizpolitik lässt sich die Diskussion um eine mögliche größenspezifische Prägung betrieblicher Anreizstrukturen im Lichte motivations- bzw. bedürfnistheoretischer Überlegungen aber auch noch um einen zweiten, wenngleich weniger „durchschlagenden" Wirkungszusammenhang ergänzen. So erscheint es in Anlehnung an die Argumentation der „Person Organization-Fit"-Forschung denkbar, dass die aus den (vermeintlichen?) Besonderheiten kleiner und mittlerer Betriebe hervorgehenden Erwartungen und Vorstellungen bzgl. eines „typisch mittelständischen Anreizportfolios" eine gewisse Selektionskraft für die Beschäftigten entfalten, indem sie bei diesen – je nach individuellen Bedürfnisstruktur - eine Präferenz entweder für kleine bzw. mittelständische oder aber eher für großbetriebliche Arbeitgeber entstehen lassen.

Abbildung 1 fasst den hier skizzierten, allgemeinen Zusammenhang zwischen den individuellen arbeitsbezogenen Präferenzen und den (größenbedingt) unterschiedlichen Anreizstrukturen von KMU und Großunternehmen noch einmal zusammen. Seine tiefergehende empirische Überprüfung steht im Mittelpunkt unserer explorativen empirischen Studie.

3 Empirie

Ausgehend von den bislang angestellten theoretischen Überlegungen werden im Folgenden einige wesentliche Befunde einer explorativen Vergleichsstudie vorgestellt, deren Zielsetzung darin bestand, die oben ausgeführte These eines „größenspezifischen Person Organization-Fits" einer ersten empirischen Überprüfung zu unterziehen. Die vorliegenden Untersuchungsergebnisse entstammen einer Online-Befragung unter abhängig beschäftigten Arbeitnehmern aus kaufmännischen Berufen (n=306).

Diese berufsspezifische Eingrenzung der Stichprobe erfolgte dabei mit dem Ziel, einen verzerrenden Einfluss der in Teilen durchaus unterschiedlichen arbeitsbezogenen Präferenzen von Angehörigen unterschiedlicher Berufsgruppen auf ein Minimum zu reduzieren. Um zudem auch eine möglichst große Vielfalt betrieblicher Arbeitswirklichkeiten zu erfassen und somit eine Überlagerung des hier vornehmlich interessierenden Größeneffekts aufgrund der Wirksamkeit der (im Rahmen der PO-Fit-Forschung zumeist betrachteten) unternehmenskulturellen Charakteristika der jeweiligen arbeitgebenden Organisationen zu minimieren, wurde darüber hinaus eine Beschränkung auf maximal fünf Befragungsteilnehmer pro Untersuchungsbetrieb vorgenommen.[3]

Größe des arbeitgebenden Unternehmens	Häufigkeit	Prozent
Kleinbetriebe (bis 49 Beschäftigte)	58	19
Mittelbetriebe (50 bis 249 Beschäftigte)	47	15,4
Großunternehmen (250 und mehr Beschäftigte)	201	65,6
Gesamt	**306**	**100**

Tab. 1: Unternehmensgröße und Stichprobenverteilung

Tabelle 2 gibt einen Überblick über die demographische Zusammensetzung der Stichprobe. Die überwiegende Mehrheit der Befragten arbeitet in einem Vollzeitarbeitsverhältnis, und nahezu alle verfügen über eine qualifizierte Berufsausbildung. Die Betriebszugehörigkeitsdauer lag bei knapp zwei Drittel der Befragten bei drei oder mehr Jahren.

Position	Mittleres Management: Angestellte (Vollzeit): Angestellte (Teilzeit):	16,6 % 71,0 % 12,4 %
Ausbildung	Hochschulabschluss: Meister/ Fachschule: Lehre:	42,7 % 10,7 % 45,9 %
Geschlecht	Frauen: Männer:	52,1 % 47,9 %
Alter	Bis 29 Jahre: 30 bis 49 Jahre: 50 Jahre und älter:	48,9 % 41,7 % 9,4 %

Tab. 2: Demographische Merkmale der Stichprobe

3.1 Untersuchungsthesen und -variablen

Im Einklang mit den in Abschnitt 2.1 angestellten Überlegungen zu den Auswirkungen der unterschiedlichen organisationalen Handlungsvoraussetzungen von KMU und Großunternehmen auf die (größenbedingte) Beschaffenheit betrieblicher Anreizstrukturen orientiert sich die Konkretisierung unserer zentralen Untersuchungsthese maßgeblich an den drei dort unterschiedenen Anreizkategorien (materielle, tätigkeitsbezogene und soziale Anreize). Dementsprechend unterstellen wir mit Blick auf die Herausbildung eines größenspezifischen PO-Fits, dass Arbeitnehmer mit einer ausgeprägt materiellen Orientierung ihre Bedürfnisse eher in großen Unternehmen befriedigen können, wohingegen die Anreizstrukturen kleiner und mittlerer Betriebe vornehmlich von Beschäftigten mit einer Präferenz für soziale oder auch tätigkeitsbezogenen Anreize als attraktiv empfunden werden dürften. Berücksichtigt man zudem die in ähnlicher Form auch im ASA-Framework vorfindliche Unterscheidung a) eines „Selektionseffektes" sowie b) eines „Bindungseffektes" organisationaler (hier: Anreiz-)Strukturen, so lassen sich zunächst die folgenden sechs Untersuchungshypothesen formulieren:

Selektionseffekte

H-S1 (Materielle Anreize): Beschäftigte mit einer Präferenz für materielle Anreize arbeiten häufiger in Großunternehmen als in KMU.

H-S2 (Tätigkeitsbezogene Anreize): Beschäftigte mit einer Präferenz für tätigkeitsbezogene Anreize arbeiten häufiger in KMU als in Großunternehmen.

H-S3 (Soziale Anreize): Beschäftigte mit einer Präferenz für soziale Anreize arbeiten häufiger in KMU als in Großunternehmen.

Bindungseffekte

H-B1 (Materielle Anreize): Eine Präferenz für materielle Anreize fördert das affektive Commitment der Beschäftigten eher in Großunternehmen als in KMU.

H-B2 (Tätigkeitsbezogene Anreize): Eine Präferenz für tätigkeitsbezogene Anreize fördert das affektive Commitment der Beschäftigten eher in KMU als in Großunternehmen.

H-B3 (Soziale Anreize): Eine Präferenz für soziale Anreize fördert das affektive Commitment der Beschäftigten eher in KMU als in Großunternehmen.

Operationalisierung der Untersuchungsvariablen

Neben einigen soziodemografischen Daten sowie allgemeinen Angaben zum arbeitgebenden Unternehmen beinhaltete der eingesetzte Fragebogen vornehmlich Skalen und Items zur Erfassung verschiedener arbeitsbezogener Orientierungen bzw. Präferenzen sowie zur Zufriedenheit und zum affektiven Commitment der Beschäftigten. Die Messung der unterschiedlichen Variablen erfolgte dabei mit Hilfe geprüfter und in der Persönlichkeits- bzw. Personal- und Organisationsforschung bewährter Skalen (wobei die vorgegebenen Antwortoptionen weitgehend einheitlich auf 5-stufige-Likert-Skalen angepasst wurden). So wurde zur Abfrage der arbeitsbezogenen Präferenzen zunächst auf die Skala „Wichtigkeit verschiedener Berufsmerkmale“ aus der Allgemeinen Bevölkerungsumfrage der Sozialwissenschaften (ALLBUS) zurückgegriffen und die subjektive Wichtigkeit von insgesamt zehn verschiedenen Arbeits- bzw. Arbeitsplatzmerkmalen (acht Originalitems, ein modifiziertes Item, ein Ergänzungsitem) abgefragt. Darüber hinaus wurde mit der materiellen Orientierung, der Karriere- und der Machtmotivation auch noch eine Reihe von einschlägigen Persönlichkeitsmerkmalen erhoben, denen im Hinblick auf die Beschaffenheit der arbeitsbezogenen Präferenzen der Beschäftigten ein entsprechender Einfluss unterstellt werden kann (vgl. Tabelle 3).

Merkmal	Messung	Cronbachs Alpha
Arbeitsbezogene Präferenzen	ALLBUS-Skala „Wichtigkeit verschiedener Berufsmerkmale“ (ZA & ZUMA 2006), 10 Items, davon 8 Originalitems, ein mod. Item, ein Ergänzungsitem „Fairer Vorgesetzter“.	-
Materielle Orientierung	Skala „Arbeit als Mittel der Existenzsicherung“ (Fischer/ Kohr 2006), drei Items.	0,78
Karriere-motivation	Skala „Karriereorientierung“ (Hippler/ Krüger 2006), drei Items.	0,61
Macht-motivation	Skala „Führung“, Subskala aus der Skala „Machtmotivation“ von Schmidt/ Frieze (1997), drei Items.	0,74
Konkurrenz-orientierung	Skala „Solidarität am Arbeitsplatz“ (Flodell/ Strümpel/ Pawlowsky 2006), drei Items.	0,62
Arbeitszufriedenheit	Arbeitsbeschreibungsbogen (ABB) von Neuberger/Allerbeck (1978), neun Items zu Teilaspekten sowie ein Item zur Gesamtzufriedenheit	-
Commitment (Emotionale Bindung)	Skala „Affektives Commitment Organisation“, Subskala der Skala „Verbundenheit und Identifikation mit der Organisation“ (Felfe/ Six/ Schmook/ Knorz 2001), 3 Items. Sowie ergänzend ein Item des „Organizational Commitment Questionnaire“ (OCQ) von Mowday/ Steers/ Porter (1979) bzw. Maier/ Woschée 2002	0,83

Tab. 3: Operationalisierung der Untersuchungsvariablen

Zur Überprüfung einer Persönlichkeitsdisposition, der schließlich im Hinblick auf den besonderen Sozialcharakter mittelständischer Unternehmen eine gewisse Komplementarität beigemessen werden kann – und die wir im Folgenden (etwas unscharf) als Konkurrenzorientierung bezeichnen wollen – erschienen uns am ehesten drei ausgewählte Items der Skala „Solidarität am Arbeitsplatz" geeignet (vgl. Flodell/ Strümpel/ Pawlowsky 2006).[4]

Zur Überprüfung des o. a. „Bindungseffekts" wurden schließlich mit der „Arbeitszufriedenheit", vor allem aber mit dem „Affektiven Commitment" der Beschäftigten zwei bewährte Konstrukte der arbeits- und organisationspsychologischen Forschung im Rahmen der Befragung erhoben.

3.2 Untersuchungsergebnisse

Unternehmensgröße, Handlungsvoraussetzungen und betriebliche Anreize

Im Folgenden wollen wir zunächst anhand ausgewählter Indikatoren überprüfen, inwieweit die von uns in Abschnitt 2.1 angestellten Überlegungen zum Zusammenhang zwischen der Unternehmensgröße (bzw. den größenbedingt unterschiedlichen Handlungsvoraussetzungen) und der Beschaffenheit betrieblicher Anreizstrukturen durch die Befunde unserer Erhebung tatsächlich Bestätigung erfahren.

Im Hinblick auf die Gewährung materieller Anreize deutet sich auch für die vorliegende Stichprobe – ähnlich wie in den eingangs erwähnten Repräsentativstudien – eine gewisse Überlegenheit großer Unternehmen an. So korreliert das (in Klassen) abgefragte Netto-Monatseinkommen signifikant positiv mit der Unternehmensgröße (vgl. Tabelle 4). Gleiches gilt – wenig überraschend – auch für die Zahl der im Unternehmen vorfindlichen Hierarchieebenen (ebenfalls in Klassen erhoben), der zwar keine unmittelbaren Hinweise auf das Angebot tätigkeitsbezogener Anreize zu entnehmen sind, die aber zumindest doch einen groben Indikator für die Komplexität (den „Spezialisierungsgrad") organisationaler Strukturen und die Kleinteiligkeit der betrieblichen Arbeitsteilung darstellt. Die Überprüfung der Qualität sozialer Anreize erfolgte anhand einer aus vier Items zu wesentlichen Aspekten der betrieblichen Sozialordnung bestehenden Skala „Sozialklima" (Identifikation der Mitarbeiter, Konfliktintensität zwischen Unternehmensleitung und Beschäftigten, Kollegialität der bereichsübergreifenden Zusammenarbeit sowie Bedeutung der formalen Hierarchie im Unternehmen). Auch hier kann die signifikant negative Korrelation zwischen Unternehmensgröße und Sozialklima zumindest für die vorliegende Stichprobe als Hinweis auf den vermuteten Vorsprung kleinerer Unternehmen bei der Gewährung sozialer Anreize interpretiert werden (Tabelle 4).

Korrelation zwischen Unternehmensgröße und... (n = 306)	
Netto-Monatseinkommen (in Klassen)	0,21**
Hierarchieebenen (in Klassen)	0,64**
Sozialklima	-0,20**

Tab. 4: Unternehmensgröße und Anreizindikatoren
*(** Die Korrelation ist auf dem Niveau von 0,01 (2-seitig) signifikant)*

Arbeitsbezogene Orientierungen und Präferenzen

Bevor wir uns in den folgenden Abschnitten einer näheren Analyse des unterstellten größenspezifischen Person Organization-Fits widmen, seien an dieser Stelle zunächst noch einige grundlegenden deskriptiven Statistiken zu den im Zuge der Untersuchung erfassten Präferenzen der befragten Arbeitnehmer sowie zu den erhobenen „Erfolgsindikatoren" betrieblicher Anreizgestaltung (Zufriedenheit und Commitment) übersichtsartig wiedergegeben (vgl. Tabelle 5).

Bei der Betrachtung der arbeitsbezogenen Präferenzen fällt zunächst auf, dass neben der großen Bedeutung, die die befragten Arbeitnehmer vor allem einem fairen Vorgesetzten, aber auch der Arbeitsplatzsicherheit einräumen, im Wesentlichen eine Höherbewertung der verschiedenen tätigkeitsbezogenen Anreize (Selbständigkeit, Verantwortung, interessante Tätigkeit) gegenüber den eher geldwerten Anreizkategorien (hohes Einkommen und auch gute Aufstiegsmöglichkeiten) zu beobachten ist. Wie nicht anders zu erwarten, zeigt sich zudem ein enger Zusammenhang zwischen den erhobenen Persönlichkeitsorientierungen und den artikulierten Arbeitsplatzpräferenzen: So korreliert etwa die angegebene Präferenz für ein hohes Einkommen stark und signifikant mit der materiellen Orientierung (r = 0,45**), ein ausgeprägtes Interesse an guten Aufstiegsmöglichkeiten wiederum hängt vergleichsweise eng sowohl mit der Karriere- als auch mit der Machtmotivation der Befragten zusammen (0,45** bzw. 0,31**). Und schließlich finden sich auch zwischen der erhobenen Konkurrenzorientierung und der Einkommens- bzw. Aufstiegspräferenz signifikant positive Korrelationen (0,17** bzw. 0,14*).

Arbeitsbezogene Präferenzen (n = 306)	**Mittelwert**	**Standard-abweichung**
1. Fairer Vorgesetzter	4,51	0,66
2. Selbständiges Arbeiten	4,37	0,69
3. Interessante Tätigkeit	4,36	0,68
4. Sicherer Arbeitsplatz	4,19	0,89
5. Hohe Verantwortung	3,96	0,80
6. Soziale Kontakte bei der Arbeit	3,93	0,91
7. Hohes Einkommen	3,76	0,72
8. Gute Aufstiegsmöglichkeiten	3,65	0,96
9. Sozialer Status	3,45	0,91
10. Work-/Life-Balance	3,07	0,91

Tab. 5: Arbeitsbezogene Präferenzen (Deskriptive Statistik)

In Tabelle 6 finden sich abschließend noch einige grundlegende Angaben zur Arbeitszufriedenheit sowie zum affektiven Commitment. Dabei fallen vor allem drei Werte ins Auge: So zeigen sich zum einen – unabhängig von den individuellen Präferenzen - signifikante Korrelationen sowohl zwischen der Unternehmensgröße und der Lohn- bzw. Entwicklungszufriedenheit der Beschäftigten. Diese Befunde lassen sich somit als weitere Hinweise auf die Überlegenheit größerer Unternehmen bei der Gewährung materieller Anreize interpretieren. Interessanterweise schlägt sich die diesbzgl. höhere Zufriedenheit von Arbeitnehmern in größeren Unternehmen aber dennoch nicht in einem Zusammenhang zwischen der Unternehmensgröße und der Gesamtzufriedenheit der Befragten wider. Der in unserer Stichprobe zutage tretende Vorsprung kleinerer bzw. mittelständischer Betriebe im Hinblick auf das soziale Klima im Unternehmen (vgl. Tabelle 4) findet schließlich auch in der zwar nicht besonders hohen, aber doch signifikanten Korrelation zwischen der Unternehmensgröße und der emotionalen Bindung der Beschäftigten an ihren Arbeitgeber seinen Widerhall.

(n = 306)	**Mittelwert**	**Standard-abweichung**	**Korrelation mit U-Größe**
Affektives Commitment	3,34	0,90	**-0,16****
Arbeitszufriedenheit	3,48	0,67	0,07
Lohnzufriedenheit	3,24	1,04	**0,15****
Zufriedenheit mit Entwicklungsmöglichkeiten	3,20	1,12	**0,18****

Tab. 6: Arbeitszufriedenheit und Commitment
*(** Die Korrelation ist auf dem Niveau von 0,01 (2-seitig) signifikant)*

3.2.1 PO-Fit (Selektionseffekte)

Als nächstes wollen wir nun den Blick auf den ersten zentralen Wirkungsmechanismus, der gemäß der einschlägigen Literatur für die Herausbildung eines (hier: größenspezifischen) Person Organization-Fit verantwortlich zeichnet, richten: Der so genannte „Selektionseffekt" unterstellt, dass die subjektive Bewertung und Auswahl eines „attraktiven" Arbeitgebers bzw. Arbeitsplatzes von den individuellen Präferenzen der Beschäftigten geprägt wird.[5] Im Einklang mit den voranstehenden Überlegungen zum Zusammenhang zwischen Unternehmensgröße und Anreizangebot wäre daher zu erwarten, dass Personen mit einer ausgeprägten materiellen Orientierung vornehmlich in größeren Unternehmen anzutreffen sind, wohingegen eine Präferenz für soziale und in Teilen auch für tätigkeitsbezogene Anreize häufiger bei Beschäftigten in mittelständischen Betrieben gegeben sein sollte.

Die in Tabelle 7 wiedergegebenen Befunde bestätigen dies zumindest in Teilen. Zwar lassen sich weder für die verschiedenen tätigkeitsbezogenen noch für die abgefragten sozialen Präferenzen („soziale Kontakte", „fairer Vorgesetzter") nennenswerte Größeneffekte ermitteln. Wohl aber finden sich für die Einkommens- und auch für die Aufstiegspräferenz der Beschäftigten die erwarteten, signifikant positiven Korrelationen mit der Unternehmensgröße.[6]

Korrelation zwischen Unternehmensgröße und... (n = 306)	
Wichtigkeit „Hohes Einkommen“	**0,16****
Wichtigkeit „Gute Aufstiegsmöglichkeiten“	**0,18****
Wichtigkeit „Interessante Tätigkeit“	0,02
Wichtigkeit „Selbständiges Arbeiten“	0,01
Wichtigkeit „Hohe Verantwortung“	0,03
Wichtigkeit „Soziale Kontakte“	0,05
Wichtigkeit „Fairer Vorgesetzter“	-0,01

Tab. 7: Unternehmensgröße und arbeitsbezogene Präferenzen
*(** Die Korrelation ist auf dem Niveau von 0,01 (2-seitig) signifikant)*

Recht anschaulich lässt sich der hier skizzierte Selektionseffekt auch noch einmal in Abbildung 2 erkennen: Während der Anteil der Beschäftigten mit einer ausgeprägten Präferenz für ein hohes Einkommen von kleineren über mittlere zu größeren Unternehmen sukzessive ansteigt, lassen sich im Falle der Aufstiegspräferenz primär Unterschiede zwischen mittelständischen und Großunternehmen identifizieren: Nicht einmal die Hälfte der KMU-Mitarbeiter weist ein solchermaßen starkes Interesse an beruflichem Aufstieg auf, in Großunternehmen hingegen sind es annähernd zwei Drittel.

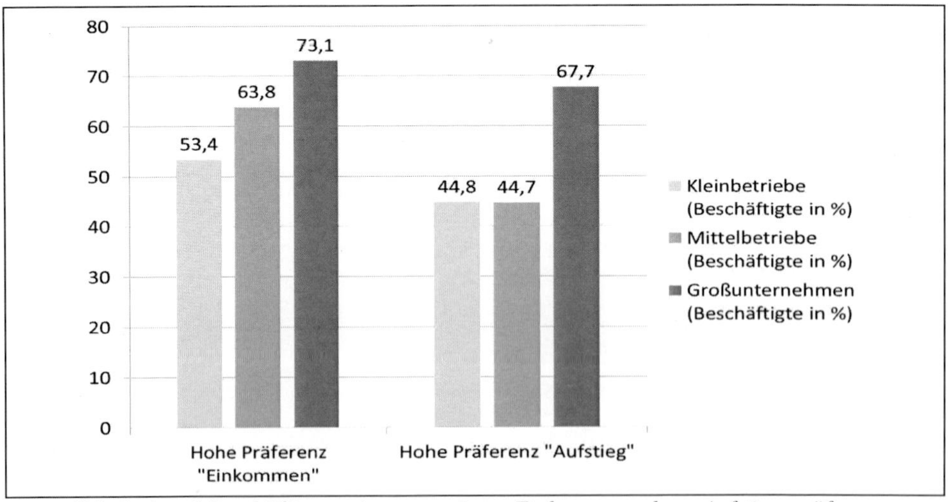

Abb. 2: Anteil Beschäftigter mit ausgeprägter Einkommens- bzw. Aufstiegspräferenz nach Unternehmensgrößenklassen

3.2.2 PO-Fit (Bindungseffekte)

In einem zweiten Analyseschritt wollen wir uns nunmehr der Frage zuwenden, inwieweit sich eine mögliche „Passung" zwischen betrieblichem Anreizangebot und individuellen arbeitsbezogenen Präferenzen auch in einer verstärkten emotionalen Verbundenheit der Beschäftigten gegenüber ihrem jeweiligen Arbeitgeber („affektives Commitment") widerspiegelt. Die Tabellen 8 und 9 geben einen Überblick darüber, welche Präferenzen und Orientierungen, bei den befragten Arbeitnehmern in Großunternehmen bzw. KMU einen signifikanten Zusammenhang zum affektiven Commitment aufweisen. Diesbezüglich lassen sich durch aus einige erwähnenswerte Unterschiede identifizieren.

Dabei zeigt sich, dass innerhalb von Großunternehmen die von uns bislang betrachteten Anreizpräferenzen nahezu keinerlei nennenswerte Zusammenhänge zur Mitarbeiterbindung aufweisen (vgl. hierzu auch Tabelle 9). Stattdessen deuten die Befunde der vorliegenden Studie darauf hin, dass großbetriebliche Beschäftigungsverhältnisse in erster Linie bei Arbeitnehmern mit einem ausgeprägten Bedürfnis nach Arbeitsplatzsicherheit eine Bindungswirkung entfalten (r = 0,26**). Demgegenüber sehen Mitarbeiter, die einem ausgewogenen Verhältnis von Beruf und Privatleben einen hohen Stellenwert beimessen, ihre Vorstellungen von einem attraktiven Arbeitsplatz in Großunternehmen oftmals nur unzureichend verwirklicht (r = 0,18**).

Korrelation zwischen affektivem Commitment und...		
	Großunternehmen (n=201)	**KMU** (n=105)
Präferenz „Sicherer Arbeitsplatz"	**0,26****	0,08
Präferenz „Work-/Life-Balance"	**-0,18****	-0,08
Präferenz „Fairer Vorgesetzter"	**-0,15***	0,02

Tab. 8: Commitment und arbeitsbezogene Präferenzen in Großunternehmen
(Die Korrelation ist auf dem Niveau von 0,05 (2-seitig) signifikant)*
*(** Die Korrelation ist auf dem Niveau von 0,01 (2-seitig) signifikant)*

Zu deutlich anderen Ergebnissen gelangt demgegenüber die Analyse möglicher Bindungseffekte unter den Beschäftigten in Klein- und Mittelbetrieben. So lässt sich zunächst einmal feststellen, dass in dieser Gruppe weder die Präferenz für Arbeitsplatzsicherheit noch für Work/Life-Balance überhaupt einen signifikanten Einfluss auf das Commitment entfalten. Stattdessen korreliert hier das affektive Commitment durchweg mit solchen Präferenzen, die sich unmittelbar auf das konkrete Arbeitserleben beziehen. Im Einklang mit den in Abschnitt 3.1 formulierten Hypothesen beeinflussen dabei Präferenzen für tätigkeitsbezogene bzw. soziale Anreize die emotionale Bindung der KMU-Mitarbeiter an ihren Arbeitgeber signifikant positiv, wohingegen die materielle Orientierung erwartungsgemäß einen negativen Zusammenhang zum Commitment aufweist.

Korrelation zwischen affektivem Commitment und...		
	Großunternehmen (n=201)	**KMU** (n=105)
Präferenz „Hohe Verantwortung"	0,07	**0,30****
Präferenz „Soziale Kontakte"	0,09	**0,22***
Präferenz „Selbständiges Arbeiten"	0,14	**0,19***
Materielle Orientierung	-0,05	**-0,20***

Tab. 9: Commitment und arbeitsbezogene Präferenzen in KMU
(Die Korrelation ist auf dem Niveau von 0,05 (2-seitig) signifikant)*
*(** Die Korrelation ist auf dem Niveau von 0,01 (2-seitig) signifikant)*

4 Zusammenfassung und Fazit

Zusammenfassend kann festgehalten werden, dass sich der hier vorliegenden Studie zum Zusammenhang zwischen arbeitsbezogenen Mitarbeiter-Präferenzen und dem unterschiedlichen Anreizangebot von mittelständischen bzw. großen Unternehmen einige erste Hinweise auf die Wirksamkeit eines größenspezifischen „Person Organization-Fits" entnehmen lassen (vgl. auch die Übersicht in Tabelle 10).

Selektionseffekte	
H-S1 (Materielle Anreize): Beschäftigte mit einer Präferenz für materielle Anreize arbeiten häufiger in Großunternehmen als in KMU.	Bestätigt
H-S2 (Tätigkeitsbezogene Anreize): Beschäftigte mit einer Präferenz für tätigkeitsbezogene Anreize arbeiten häufiger in KMU als in Großunternehmen.	Nicht bestätigt
H-S3 (Soziale Anreize): Beschäftigte mit einer Präferenz für soziale Anreize arbeiten häufiger in KMU als in Großunternehmen.	Nicht bestätigt
Bindungseffekte	
H-B1 (Materielle Anreize): Eine Präferenz für materielle Anreize fördert das affektive Commitment der Beschäftigten eher in Großunternehmen als in KMU.	Teilweise bestätigt
H-B2 (Tätigkeitsbezogene Anreize): Eine Präferenz für tätigkeitsbezogene Anreize fördert das affektive Commitment der Beschäftigten eher in KMU als in Großunternehmen.	Bestätigt
H-B3 (Soziale Anreize): Eine Präferenz für soziale Anreize fördert das affektive Commitment der Beschäftigten eher in KMU als in Großunternehmen.	Teilweise bestätigt

Tab. 10: Ergebnisse der Hypothesenprüfung

So deuten die ermittelten Zusammenhänge zum einen darauf hin, dass der Vorsprung großer Unternehmen im Bereich der materiellen Anreize insbesondere die Teilnahmeentscheidungen von Arbeitnehmern mit einer ausgeprägten Einkommens- bzw. Karrierepräferenz positiv beeinflusst. Im Hinblick auf die anschließend betrachteten „Bindungseffekte" zeigt sich dann jedoch, dass die verbesserten Möglichkeiten der materiellen Bedürfnisbefriedigung in Großunternehmen keineswegs auch zu einer verstärkten emotionalen Bindung der Beschäftigten an ihren Arbeitgeber führen.[7]

Ein vergleichbarer „Selektionseffekt" zugunsten mittelständischer Unternehmen etwa im Bereich der tätigkeitsbezogenen oder auch sozialen Anreize konnte hingegen nicht beobachtet werden. Allerdings deuten die signifikanten Korrelationen insbesondere zwischen den Präferenzen für motivierende Arbeitsaufgaben (verantwortungsvolle Tätigkeit, Autonomie) und dem affektiven Commitment darauf hin, dass die Arbeitswirklichkeiten vieler mittelständischer Unternehmen gerade von in starkem Maße auch intrinsisch motivierten Arbeitnehmern durchaus als attraktiv erlebt werden – und somit deren emotionale Bindung an ihren Arbeitgeber positiv beeinflussen.

Bevor wir uns nun abschließend der Frage zuwenden, ob bzw. inwieweit sich aus den hier präsentierten Befunden für die Gruppe kleiner bzw. mittlerer Betriebe einige praktische Implikationen ableiten lassen, erscheint es an dieser Stelle angeraten, noch einmal ausdrücklich auf die Limitationen unserer Studie hinzuweisen. So sollten die ermittelten Korrelationen etwa nicht darüber hinwegtäuschen, dass die Befundlage insgesamt noch nicht als verlässlicher Beleg für die Existenz bedeutsamer struktureller Unterschiede zwischen Arbeitnehmern in KMU bzw. Großunternehmen hinreicht. Auch dürfen die Ergebnisse nicht darüber hinwegtäuschen, dass etwa die Etablierung motivierender Arbeitsbedingungen oder eines von den Beschäftigten als persönlich und vertrauensvoll empfundenen sozialen Klimas keine „logischen Konsequenzen" einer geringeren Unternehmensgröße darstellen. Derartige Vorzüge sind –ungeachtet ihrer oftmals günstigen Voraussetzungen – auch in KMU stets das Ergebnis einer entsprechenden Ausgestaltung der betrieblichen Personalpolitik. Die Tatsache schließlich, dass zumeist lediglich die erhobenen arbeitsbezogenen Präferenzen, nicht aber die stabileren, mit diesen jeweils (theoretisch ebenso wie empirisch) korrespondierenden Persönlichkeitsorientierungen einen Zusammenhang zur Unternehmensgröße aufweisen, deuten zudem darauf hin, dass die subjektiven Bewertungen betrieblicher Anreize in nicht unerheblichem Maße auch als Ausdruck eines betriebs(größen)spezifischen Sozialisationsprozesses interpretiert werden können.[8]

Dessen ungeachtet lassen sich unserer Studie doch auch für den interessierten KMU-Praktiker zumindest zwei weiterführende Hinweise entnehmen. So bestätigt sich zum einen, dass mittelständische Unternehmen grundsätzlich durchaus über entsprechende Voraussetzungen und Möglichkeiten verfügen, um ihre (bereits beschäftigten sowie potentiellen) Mitarbeiter durch attraktive Arbeitsplätze längerfristig an sich zu binden. Hierzu müssen sie sich die besonderen Stärken ihrer „mittelständischer Arbeitswelten" (ihre geringere Komplexität, das persönlichere Miteinander) zunutze machen, um ihren Beschäftigten beispielsweise durch entsprechende arbeitsorganisatorische Gestaltungsmaßnahmen abwechslungsreiche und eigenverantwortliche Aufgaben bieten zu können. Zugleich erscheint es gerade für KMU aber zukünftig auch geboten, ihre spezifischen Vorzüge als Arbeitgeber im Rahmen einer aktiven betrieblichen Rekrutierungspolitik offensiv zu kommunizieren und gezielt solche Arbeitnehmer anzusprechen und auszuwählen, deren persönliche Erwartungen und Präferenzen mit den charakteristischen Gegebenheiten mittelständischer Unternehmen korrespondieren.

Literatur

- Barney, J.B. (1991): Firm resources and sustained competitive advantage, in: Journal of Management, Vol. 17, 99-120.
- Barrett, R. (1999): Industrial Relations in Small Firms: The Case of the Australian Information Industry, Employee Relations, Vol. 21, No. 3, 311–324.
- Behrends, T. (2007): Anreizstrukturen im Mittelstand - ein empirischer Vergleich zwischen KMU und Großunternehmen, in: ZfB (Zeitschrift für Betriebswirtschaftslehre), Special Issue 6/2007 "Empirische Studien zum Management in mittelständischen Unternehmen", 21-52.
- Behrends, T., Martin, A. (2006): Personalarbeit in Klein- und Mittelbetrieben – Empirische Befunde und Ansatzpunkte zu ihrer theoretischen Erklärung, in: Zeitschrift für KMU und Entrepreneurship, Heft 1, 25-49.
- Blau, P.M. (1970): A Formal Theory of Differentiation in Organizations. American Sociological Review 35, S. 201-218.
- Brass, D.J. (1981): Structural relationships, job characteristics and worker satisfaction and performance, in: Administrative Science Quarterly, Vol. 26, (1981), 331-318.
- Bretz, R. B., Judge, T. A. (1994): Person-organization fit and the theory of work adjustment: Implications for satisfaction, tenure, and career success, in: Journal of Vocational Behavior, 44, S. 32-54.
- Cable, D. M., Judge, T. A. (1994): Pay preferences and job search decisions: A person-organization fit perspective, in: Personnel Psychology, 47, S. 317-348.
- Cable, D. M., Judge, T. A. (1996): Person-organization fit, job choice decisions, and organizational entry, in: Organizational Behavior and Human Decision Processes, 67, S. 294-311.
- Colbert, B.A. (2004): The Complex Resource-Based View: Implications for Theory and Practice in Strategic Human Resource Management, in: Academy of Management Review, Vol. 29, No. 3, 341-358.
- Curran, J., Stanworth, J. (1981): A New Look at Job Satisfaction in the Small Firm, in: Human Relations, Vol. 34, No. 5, 343-365
- Daft, R., Bradshaw, P. (1980): The process of organizational subdivision: two models, in: Administrative Science Quarterly, Vol. 25, No. 3, 441-456.
- Dietz, M. (2011) Fachkräfte händeringend gesucht: Finanzierbares Employer Branding für den Mittelstand, in: wissensmanagement, 8,11, S. 24-26.
- Felfe, J., Six B., Schmook, R., Knorz, C. (2001). Commitment in neuen Arbeitsformen, Universität Halle, Unveröffentlichter Bericht.

- Fischer, A.,Kohr, H (2006) a., in: Glöckner-Rist, A. (Hrsg.): ZUMA-Informationssystem, Elektronisches Handbuch sozialwissenschaftlicher Erhebungsinstrumente, ZIS Version 10.00, Mannheim.
- Flodell, C., Strümpel, B., Pawlowsky, P. (2006): Solidarität am Arbeitsplatz, in: Glöckner-Rist, A. (Hrsg.): ZUMA-Informationssystem, Elektronisches Handbuch sozialwissenschaftlicher Erhebungsinstrumente, ZIS Version 10.00. Mannheim.
- Ford, J. D., Slocum, J.W. (1977): Size, Technology, Environment, and the Structure of Organizations, in: Academy of Management Review, Vol. 2, No. 4, 561-575.
- Goss, D. (1988): Social harmony and the small firm – a reappraisal, in: Sociological Review, Vol. 36, No. 1, 114-132.
- Grant, R.M. (1991): The resource-based theory of competitive advantage, in: California Management Review, Vol. 33, No. 3, 114-135.
- Hackman, J. R., Lawler, E.E (1971): Employee reactions to job characteristics, in: Journal of Applied Psychology, Vol. 55, 259-286.
- Hackman, J. R., Oldham, G.R. (1976): Motivation through the design of work: Test of a theory, in: Organizational Behavior and Human Performance, Vol. 16, 250-279.
- Hippler, G., Krüger, K. (2006): „Leistungsorientierung von Angestellten“, in: Glöckner-Rist, A. (Hrsg.): ZUMA-Informationssystem, Elektronisches Hand-buch sozialwissenschaftlicher Erhebungsinstrumente, ZIS Version 10.00, Mannheim.
- Holland, J.L. (1985): Making vocational choices: A theory of careers, Englewood Cliffs.
- Kay, R., Suprinovic, O., Werner, A. (2010): Deckung des Fachkräftebedarfs in kleinen und mittleren Unternehmen: Situationsanalysen und Handlungsempfehlungen, in: Institut für Mittelstandsforschung Bonn (Hrsg.): IfM-Materialien Nr. 200.
- Kleemann, D. (2007): Unternehmensgröße und Mitarbeitertypus - Betriebsgrößenabhängige Determinanten des Person-Organization Fit, Hamburg.
- Kotthoff, H., Reindl, J. (1990): Die soziale Welt kleiner Betriebe. Göttingen.
- Krämer, W. (2009): Personalführung und Organisation im Wandel, in: Schauf, M. (Hrsg.): Unternehmensführung im Mittelstand. München, 2. Aufl., 2009, S. 195-237.
- Kristof, A. L. (1996): Person-Organization Fit: An Integrative Review of its Conceptualizations, Measurement, and Implications. In: Personnel Psychology, Vol. 49, S. 1-49.
- Lado, A.A., Wilson, M.C. (1994). Human resource systems and sustained competitive advantage: A competency-based perspective, in: Academy of Management Review, Vol. 19, No. 4, 699-727.
- Lawrence, J.D., Lorsch, J.W. (1967): Organization and Environment: Managing Differentiation and Integration, Boston.
- Luhmann, N. (1996): Soziale Systeme. 6. Aufl. Frankfurt,M.

- Maier, G. W., Woschée, R.-M. (2002): Die affektive Bindung an das Unternehmen: Psychometrische Überprüfung einer deutschsprachigen Fassung des Organizational Commitment Questionnaire (OCQ) von Porter und Smith (1970), in: Zeitschrift für Arbeits- und Organisationspsychologie, 46 (3), 126–136.
- Manz, T. (1993): Schöne neue Kleinbetriebswelt? Perspektiven kleiner und mittlerer Betriebe im industriellen Wandel, Berlin.
- Matlay, H. (1999): Employee Relations in Small Firms: A Micro-Business. Perspective, in: Employee Relations, Vol. 21, No. 3, 285-295.
- Mowday, R. T., Steers, R.M., Porter, L.W. (1979): The Measurement of Organizational Commitment, in: Journal of Vocational Behavior, 14, 224-247.
- Neuberger, O., Allerbeck, M. (1975): Messung und Analyse von Arbeitszufriedenheit, Bern.
- Ritchie, J. (1993): Strategies for human resource management: challenges in smaller and entrepreneurial organisations, in: Harrison, R. (Hrsg.): Human Resource Management, Wokingham, 111-135.
- Schmidt, L. C., Frieze, I.H. (1997): A mediational model of power, affiliation and achievement motives and power involvement, in: Journal of Business and Psychology, 4, 425-446.
- Schneider, B. (1987): The people make the place, in: Personnel Psychology, 40, 437-453.
- Schneider, B., Goldstein, H.W., Smith, D.B. (1995): The ASA Framework: An Update, in: Personnel Psychology, 48, 747-779.
- Schumacher, F., Geschwill, R. (2009): Employer Branding. Human Resources Management für die Unternehmensführung, Wiesbaden.
- Scott, W. R. (1986): Grundlagen der Organisationstheorie, Frankfurt.
- Sekiguchi, T. (2004): Person-organization fit and person-job fit in employee selection: A review of the literature, in: Osaka Keidai Ronshu, 54 (6), S. 179-196.
- Spence, M. (1973): Job Market Signalling, in: Quarterly Journal of Economics, 87, 355-374.
- Stotz, W., Wedel, A. (2009): Employer Branding. Mit Strategie zum bevorzugten Arbeitgeber, München.
- Stritzke, C. (2010): Marktorientiertes Personalmanagement durch Employer Branding, Wiesbaden.
- Tom, V. R. (1971): The role of personality and organizational images in the recruiting process, in: Organizational Behavior and Human Performance, 6, 573-592.
- Vroom, V. R. (1966): Organizational choice: A study of pre- and post-decision processes, in: Organizational Behavior and Human Performance, 1, 212-226.

- Wagner, J. (1997): Firm Size and Job Quality: A Survey of the Evidence from. Germany, in: Small Business Economics 9, S. 411-425.
- Werner, A. (2004): Arbeitsbedingungen in KMU - Besser oder schlechter als ihr Ruf?, in: Institut für Mittelstandsforschung Bonn (Hrsg.): Jahrbuch zur Mittelstandsforschung 2004, Wiesbaden, 1-20.
- Wernerfeldt, B. (1984): A Resource-based View of the Firm, in: Strategic Management Journal, No. 5, 171-180.
- Wright, P. M., Dunford, B. B., Snell, S. A. (2001): Human resources and the resource based view of the firm, in: Journal of Management, Vol. 27, 701-721.
- ZA & ZUMA (2006): Wichtigkeit verschiedener Berufsmerkmale (ALLBUS), in: Glöckner-Rist, A. (Hrsg.): ZUMA-Informationssystem, Elektronisches Handbuch sozialwissenschaftlicher Erhebungsinstrumente, ZIS Version 10.00. Mannheim.

Anmerkungen:

[1] So mögen kleinere Unternehmen - aufgrund ihrer besseren Überschaubarkeit und geringeren Aufgabenspezialisierung - grundsätzlich über vergleichsweise günstige Ausgangsvoraussetzungen verfügen, um ihren Mitarbeitern etwa ein abwechslungsreiches Arbeitsumfeld zu bieten und diese auch an wichtigen betrieblichen Entscheidungsprozessen partizipieren zu lassen. Die unmittelbare Wechselseitigkeit der innerbetrieblichen Kooperationszusammenhänge erleichtert darüber hinaus den unmittelbaren persönlichen Kontakt unter den Beschäftigten und kann so der Herausbildung einer die innerbetriebliche Verständigung beeinträchtigenden sozialen und lebensweltlichen Distanz zwischen Angehörigen unterschiedlicher Unternehmensbereiche und/oder hierarchischer Ebenen entgegenwirken.

[2] So sind größenspezifische Erklärungsansätze kaum in der Lage, die spezifische Beschaffenheit des personalwirtschaftlich relevanten Geschehens in Unternehmen angemessen zu be-gründen, und sie vernachlässigen zudem auch die enorme Heterogenität innerhalb der Gruppe der KMU selbst. Darüber hinaus beschreiben die für die Herausbildung der „typischen KMU-Stärken" üblicherweise als ursächlich angeführten Merkmale mittelständischer Unternehmen genau genommen lediglich grundlegende Gestaltungspotentiale.

[3] Die Erhebung der Daten erfolgte im Rahmen eines universitären Forschungsseminars an der Leuphana Universität Lüneburg. Pro Untersuchungsbetrieb wurden jeweils die Angaben von maximal fünf Beschäftigten berücksichtigt. Um einer Verfälschung der Daten entgegen zu wirken, wurde zudem an jeden Probanden ein personalisierter Log-In mit Passwort versandt.

[4] Diese Items beziehen sich zwar im Kern auf die Frage, inwiefern die Befragten ihre Arbeitswelt als durch „anonyme Konkurrenz" oder aber durch „kollegiale Solidarität" gekennzeichnet empfinden. Ihre Beantwortung kann aber zumindest indirekt als Ausdruck einer Präferenz für durch persönliche Nähe und Verbundenheit geprägte Arbeitszusammenhänge interpretiert werden.

[5] Unterstellt man, dass auch Unternehmen bei der Auswahl neuer Mitarbeiter bevorzugt solche Arbeitnehmer einstellen, von denen sie annehmen, dass deren Erwartungen durch das betriebliche Anreizangebot angemessen befriedigt werden können, so ist davon auszugehen,

dass der skizzierte „Selektionseffekt“ auch durch die organisationalen Auswahlprozesse und -kriterien weiter verstärkt wird.

[6] Zwischen den ebenfalls erhobenen Persönlichkeitsorientierungen und der Unternehmensgröße ließen sich keinerlei nennenswerte direkte Korrelationen ermitteln (einzige Ausnahme: Karriereorientierung (r = 0,12*).

[7] Aufgrund der ökonomisch begründeten Motivlagen der betreffenden Mitarbeiter dürfte deren mögliche Bindung an ihren jeweiligen Arbeitgeber wohl eher auf einem „kalkulativen Commitment“ basieren.

[8] So ist etwa gut vorstellbar, dass Beschäftigte in Unternehmens, in denen beispielsweise „Karriere“ oder auch „Einkommen“ als wesentliche (und somit erstrebenswerte) Indikatoren des individuellen Erfolgs betrachtet und kommuniziert werden, im Laufe der Zeit auch ihre eigenen Präferenzmuster an die herrschenden betrieblichen Normen anpassen.

Auswirkungen der Arbeitsbeziehung auf das Personalmanagement in KMU – Eine empirische Analyse

Thorsten Jochims

1 Problemstellung und Zielsetzung

Kleine und mittelständische Unternehmen arbeiten und planen anders als Großunternehmen (vgl. u. a. Leitner 2001, Martin 2006, Mugler 1998, Pleitner 1986). Auch die strategische Personalarbeit ist unterschiedlich gestaltet (vgl. Behrends/Jochims 2006). Personalarbeit im Mittelstand ist allerdings kein Zufallsprodukt, sondern folgt bestimmten Mustern. Lassen sich derartige Muster (ihre Bestimmungsgründe) identifizieren und näher beschreiben, könnten aktuelle Praktiken der Unternehmen besser erklärt werden und zukünftige Tendenzen könnten ergründet werden. Ziel der vorliegenden Arbeit ist es, anhand fundierter theoretischer Aussagen bedeutende Determinanten der Personalpolitik und somit auch der Personalarbeit in KMU zu identifizieren und zu beschreiben.

Untersucht werden konkrete Personalpraktiken. Da nach meiner Vorstellung alle Praktiken neben situativen Faktoren (Arbeitsmarkt, Unternehmensstrategie usw.) auch bestimmten Grundkräften folgen (vgl. Tsui et al. 1995), müssen die einzeln zu beobachtenden Maßnahmen in eine gemeinsame Richtung weisen. Natürlich kann eine derartige Personalpolitik nicht alle Faktoren der Personalarbeit determinieren, dennoch werden die Einzelmaßnahmen zumindest in dieselbe „Himmelsrichtung“ laufen.

Neben der Identifikation zentraler Wirkkräfte ist daher ihre verhaltens lenkende Kraft auf einzelne Personalpraktiken zu untersuchen. Da im Einzelfall ein situativer Faktor die strategische Komponente überstrahlen kann, werden in der vorliegenden Studie zahlreiche Personalpraktiken der Unternehmen analysiert, um ein umfassendes Bild zu erhalten. Ein Unternehmen, das z. B. auf die Personalauswahlstrategie des Muddling through setzt (vgl. Windolf 1983), kann bei Fachkräftemangel neben der Auswahl über das Arbeitsamt durchaus auch innovative Praktiken verfolgen, ohne die eigentliche Strategie zu ändern. Weiterhin sollten in Studien zu dem genannten Themengebiet viele Unternehmen untersucht werden, um zeitlich befristete aber stark wirkende situative Faktoren in den Wirkungszusammenhängen auszuschließen. Eine andauernde wirtschaftliche Krise kann ein Unternehmen in allen Bereichen der Personalarbeit vorübergehend zu anderen Maßnahmen zwingen. Ein Unternehmen, das auf Integration der Mitarbeiter setzt und viel investiert, kann in der Krise gezwungen sein, viele diesbezügliche Maßnahmen einzustellen.

In der vorliegenden Studie werden daher zunächst die Zusammenhänge von Personalpolitik und Personalpraktiken in mittelständischen Unternehmen beschrieben. Danach wird eine empirische Studie vorgestellt, die typische Themenfelder der Personalarbeit und deren aktuelle und zukünftige Anwendung in KMU abfragt, um dann die Zusammenhänge der personalpolitischen Orientierungsmuster und der konkreten Personalarbeit genauer zu beschreiben und zu erklären. Als theoretisches Fundament der Untersuchung wird auf Aussagen der Anreiz-Beitrags-Theorie zurückgegriffen.

2 Personalpolitik und Arbeitsbeziehung

Die Personalpolitik bzw. personalrelevante Handlungsmuster entstehen nach meiner Auffassung als „gemäßigter Voluntarismus" (vgl. Kirsch 2001, S. 112) und nicht durch Diktat der Unternehmensleitung. Auch ist die Personalpolitik kein Zufallsprodukt, sondern vollzieht sich zumeist in der Auseinandersetzung verschiedener Interessenträger (vgl. Martin 2001, S. 130). „Personalpolitik ist nicht das Handlungsprogramm „der" Unternehmung, sondern das „emergente" Muster, das aus den vielen einzelnen personalbezogenen Entscheidungen im Unternehmen gewebt wird" (Martin 1996, S. 4). Personalpolitik ist dabei mehr als die Summe der personalbezogenen Einzelentscheidungen. Personalpolitik folgt einem Muster und verläuft nicht willkürlich. Ansonsten wäre die zu beobachtende Personalarbeit in Unternehmen eine zufällige Gemengelage ohne gemeinsame Richtung. Die Kräfte, die zur Herausbildung bestimmter Muster führen, werden später noch behandelt. Von Bedeutung ist zudem, dass die Kräfte Handlungen im Unternehmen in eine gemeinsame Richtung lenken, nicht aber vorbestimmen, da die genaue Ausprägung einzelner personalwirtschaftlicher Instrumente, Maßnahmen und Praktiken vielen Einwirkungen unterliegt. Die Personalpolitik eines Unternehmens lässt sich daher nicht allein über die Auszählung und Einordnung einzelner Instrumente bestimmen. Es ist zudem häufig nicht entscheidend, welche Instrumente ein Unternehmen einsetzt, sondern warum. Personalpolitik und einzelne personalpolitische Praktiken unterliegen neben ökonomischen Faktoren vor allem Selektionsprozessen und Selektionsfaktoren, die sich aus der Logik des Miteinanders der beteiligten Akteure ergeben (soziale Selektionsprozesse). Neben ökonomischen Erklärungsansätzen (vgl. Backes-Gellner/Lazear/Wolff 2001) müssen somit weitere Erklärungsansätze betrachtet werden (vgl. Stacey et al. 2000).

In diesem Zusammenhang soll noch kurz die Studie von Kotthoff/Reindl (1990) erwähnt werden, in der in 50 Fallstudien die Entstehungshintergründe und Wirkungsweisen der „betrieblichen Sozialordnung" in mittelständischen Industriebetrieben untersucht wurden (vgl. hierzu auch Behrends/Jochims 2006). Neben den sozialen Kräften haben auch situative Gegebenheiten Einfluss auf die Sozialordnung (Personalpolitik), wodurch sich zahlreiche unterschiedliche Typen herausbilden. Die Autoren stellen in ihren abschließenden Erläuterungen insbesondere die Gemeinschaft als prägendes Merkmal der Sozialordnung in KMU heraus (vgl. Kotthoff/Reindl 1990, S. 354 ff.). Gerade in mittelständischen Unternehmen lassen sich dem nach neben ökonomischen vor allem soziale Bestimmungsfaktoren als Determinanten der Ausprägung einer Personalpolitik ausmachen. „Was immer ein Arbeitsverhältnis sonst sein mag, es ist auf jeden Fall und nicht zuletzt eine soziale Beziehung." (Martin 2006, S. 148). Nach Martin (1998, S. 155) ergeben sich bei der Betrachtung von Personalpolitik folgende Anforderungen:

- Die Erklärung der Personalpolitik sollte von fundierten Annahmen über das soziale Verhalten ausgehen.
- Personalpolitik lässt sich nur verstehen, wenn man sie als Ausdruck der Beziehungen zwischen Arbeitgebern und Arbeitnehmern versteht.

- Personalpolitik befasst sich mit der Regulierung des sozialen Verhaltens.
- Die Entscheidungsforschung betont den Prozesscharakter des organisationalen Geschehens. Zur Erklärung der Personalpolitik ist es notwendig, diese Perspektive zu erweitern. Wichtiger als einzelne Entscheidungen sind grundlegende Entscheidungsstrukturen.

3 Theorie

Die Arbeitsbeziehung oder auch Personalpolitik wird gesehen als komplexes mehrseitiges Tauschverhältnis der Akteure der Organisation. Allein die Befriedigung aller Akteure kann die Stabilität und somit das Überleben der Organisation gewährleisten. Gleichzeitig müssen die Interessen der Akteure nicht nur befriedigt, sondern auch in eine gemeinsame Richtung koordiniert werden, um den Organisationszweck erfüllen zu können. Da in komplexen sozialen Beziehungen die dauerhafte Übereinstimmung der Interessenlagen ausgeschlossen werden kann, muss insbesondere der Ausgleich der unterschiedlichen Positionen betrachtet werden. Allein die Frage nach der Verteilung von Ressourcen und Macht ist konfliktreich. Aus diesem Grunde greifen Erklärungen auf Basis rein ökonomisch geprägter Ansätze zu kurz, da diese sich zu einseitig auf die Transaktionsvorteile und somit der Interessen der Arbeitgeber beziehen. Ein derartiger Ansatz kann zwar einzelne Absichten und Taktiken der Arbeitgeber entlarven oder beschreiben, das Zustandekommen einer stabilen Beziehung gelingt allerdings nur über Einbeziehung der Interessen der Arbeitnehmer.

Ein Erklärungsansatz, der sich sowohl mit den Interessen der Arbeitgeber als auch mit denen der Arbeitnehmer auseinandersetzt, ist die Anreiz-Beitrags-Theorie nach Barnard (1938, Weiterentwicklung durch March/Simon 1958). Gemäß den zentralen Aussagen der Autoren ist das Fortbestehen der Organisation stets prekär und der Bestand der Organisation kann allein durch die Sicherung des fragilen Gleichgewichts erhalten werden. Organisationen sind kooperative Systeme, die von der Kooperation aller Mitglieder abhängen. Die Teilnehmer der Organisation müssen relevante Beiträge leisten, damit die Ziele, der Organisationszweck erfüllt werden kann. Um die Beiträge zu sichern, müssen die Teilnehmer von der Organisation Anreize erhalten. Da die Kooperationsbereitschaft der Akteure für die Zukunft abgesichert werden soll, rückt die Frage nach der Befriedigung der Erwartungen der Akteure in den Vordergrund. Wenn die Organisation die Erwartungen nicht erfüllen kann, werden die Akteure ihre Beiträge reduzieren und die Organisation evtl. gar zerfallen. Andererseits gelingt die Bereitstellung der Anreize nur, wenn die Akteure ausreichend gute Beiträge leisten. Die Anreiz-Beitrags-Theorie betont die Abhängigkeit der Arbeitgeber und Arbeitnehmer sowie weiterer Anspruchsgruppen voneinander und beschreibt die Notwendigkeit der Vermittlung der Interessen unterschiedlicher Anspruchsgruppen. Ein Systemgleichgewicht ist zwar der Idealzustand, nicht aber der Dauerzustand. Es wird immer wieder zu Abweichungen vom Gleichgewicht kommen. Das System Organisation ist lebendig und verursacht ständige Anpassungsleistungen und Ausgleichshandlungen. Der ideale Dauerzustand von Anreizen wird nicht bestehen. Arbeitgeber handeln nutzenmaximierend und werden nicht unnötig hohe Anreize bereitstellen. Die Höhe der geforderten Beiträge wird ebenfalls variieren und die Arbeitnehmer werden ihr Anspruchsniveau anpassen.

Derartige Bestimmungsleistungen der Beziehung verursachen Konflikte und Spannungen. Entscheidend für die Funktionsfähigkeit der Organisation ist dann, ob, und in welcher Form, die Mitarbeiter Erhöhungen der Beitragsleistungen akzeptieren werden, wenn nicht zugleich die Anreize erhöht werden. In der Anreiz-Beitrags-Theorie wird in dem Zusammenhang die „Indifferenzzone" genannt, die eine Art „Pufferzone" darstellt, innerhalb dessen Schwankungen der Beitragsleistungen oder Anreize noch toleriert werden (sowohl von den Arbeitgebern als auch Arbeitnehmern). Die Arbeitnehmer können z. B. in einer Wirtschaftskrise weiter ihre Beiträge leisten, obwohl die Anreize zurückgehen. Oder die Arbeitgeber tolerieren eine temporäre Minderung der Beiträge (z. B. Leistungsrückgang zur Weihnachtszeit) ohne die Anreize zu reduzieren. Je größer die Indifferenzzone, desto stabiler ist die Beziehung, Schwankungen des Gleichgewichtszustandes werden nicht zur akuten Bedrohung der Beziehung. Die Fähigkeit der Organisation, den Gleichgewichtszustand immer wieder zeitnah herzustellen, erhöht zudem die Stabilität und somit die Leistungsfähigkeit der Organisation. Weitere Erklärungsansätze der Personalpolitik in Organisationen finden sich u. a. bei Martin (1996).

Die folgende Abbildung zeigt die Weiterentwicklung der Anreiz-Beitrags-Theorie durch Martin/Bartscher-Finzer auf die Entstehung der Personalpolitik:

Anreize der Organisation Anspruchsniveau	Beiträge für die Organisation Identifikationsniveau
Attraktivität	Kredit
ZUFRIEDENHEIT	ENGAGEMENT
Anreize der Organisation Anreize alternativer Organisationen	Beiträge für die Organisation Beiträge für alternative Organisationen
Abhängigkeit (anreizbezogen)	Attraktivität (beitragsbezogen)
Anreize alternativer Organisationen Anspruchsniveau Attraktivität der Alternative	Beiträge für alternative Organisationen Identifikationsniveau Kredit der Alternative

Abb. 1: Anreize und Beiträge: Individuelle Wirkungen und Beziehungsmerkmale (nach Martin/Bartscher-Finzer 1998)

Auf der Anreizseite wird die Attraktivität der Anreize über die Zufriedenheit der Mitarbeiter bestimmt. Liegen die Anreize der Organisation über dem Anspruchsniveau der Mitarbeiter, ist die Situation attraktiv für den Mitarbeiter. Die Attraktivität der Anreize ergibt sich zudem aus den möglichen Anreizen alternativer Organisationen. Sind die Alternativen hoch, steigt auch das Anspruchsniveau und ein bestehender Zustand an Anreizen wird als unattraktiver empfunden. Ähnlich sieht es auf der Beitragsseite aus. Das Verhältnis der Identifikation der Mitarbeiter mit dem Unternehmen (ihre Beitragsbereitschaft) zu den Anforderungen an die Beitragsleistungen seitens der Unternehmen zeigt sich im Engagement der Mitarbeiter. Liegt das Identifikationsniveau über den von der Organisation geforderten Beiträgen, gewähren die Mitarbeiter der Organisation einen Kredit. Sie würden bei Bedarf mehr leisten. Das Identifikationsniveau hängt wiederum von der Situation in alternativen Organisationen ab.

Trotz der getrennten Betrachtung von Anspruchsniveau und Identifikationsniveau, von Zufriedenheit und Engagement, wirken beide nicht isoliert voneinander. Dennoch erscheint eine getrennte Betrachtung sinnvoll, um Unterschiede im Verhalten der Akteure klarer herauszuarbeiten. Der besondere Vorteil der Betrachtung der Anreiz-BeitragsTheorie in der Version nach Martin/Bartscher-Finzer besteht darin, dass gerade über die Bildung der Beziehungsmuster sowohl ökonomische als auch soziologische/psychologische Ansätze wie eingangs gefordert in die Erklärung der Personalarbeit einbezogen werden.

3.1 Determinanten der Personalpolitik

Nach Martin/Bartscher-Finzer sind die Art der Beitragsleistung (auch Komplexität der Beiträge) und die soziale Distanz die entscheidenden Determinanten zur Herausbildung der Personalpolitik. Die Art der Beitragsleistung ist Ausdruck der Sachlogik der Organisation und die soziale Distanz Ausdruck der Soziallogik. Im vorliegenden Aufsatz steht die Komplexität der Beitragsleistung für ökonomische Kräfte in der Organisation und die soziale Distanz für soziale Kräfte. Es geht (wie vorab beschrieben) um Ökonomie und Soziales, Aufgabe und Beziehung. Komplexe, hoch verzahnte Aufgaben erfordern andere Fähigkeiten der Mitarbeiter als einfache Tätigkeiten, die keiner Abstimmung bedürfen. Bei zunehmender Aufgabenkomplexität steigen zudem die Kontrollkosten für die Arbeitgeber.

3.1.1 Art der Beitragsleistung

Diese Determinante definieren Martin/Bartscher-Finzer nach der Art der Aufgabe (Strukturiertheit, Schwierigkeit) und der Art der Beiträge (Qualität und Abgrenzbarkeit). In gewisser Weise erfolgt ein Bezug auf transaktionskostentheoretische Überlegungen. Ist die individuelle Leistungszurechnung schwierig und das firmenspezifische Wissen hoch, ist nach Williamson (1981 und 1984) eine andere personalpolitische Ausrichtung nötig als bei einfacher Leistungszurechnung. Über die Betrachtung der Komplexität der Arbeitsgestaltung wird ökonomischen Notwendigkeiten entsprochen. Eine hoch komplexe Tätigkeit mit vielen Schnittstellen zu anderen Aufgaben erfordert andere Fähigkeiten an die Mitarbeiter, andere Kontrollinstrumente und Anreize. Eine komplexe Tätigkeit erfordert häufig hohe Selbstbestimmungsleistungen der Mitarbeiter. Sie müssen mehr Verantwortung übernehmen und benötigen Autonomie, wodurch die Kontrollmöglichkeiten der Arbeitgeber begrenzt werden.

Martin/Bartscher-Finzer (1998, S. 130) stellen in diesem Zusammenhang zwei Hypothesen vor, die kurz erläutert werden sollen:

- Hypothese 1: Je komplexer die Arbeitsleistungen der Arbeitnehmer sind, desto geringer ist das Ausmaß der Regulierung der Beitragsleistung.

- Hypothese 2: Je komplexer die Arbeitsleistungen der Arbeitnehmer sind, desto größeres Gewicht erhalten immaterielle Anreizformen.

Komplexe Beitragsleistungen lassen sich kaum formal festlegen. Daher fehlen auch objektive Bewertungsmaßstäbe. Eine technische Kontrolle (vgl. Edwards 1981) wird fast unmöglich und die Organisation ist „gezwungen“, die Mitarbeiter mehr zu integrieren, um die Einsatzbereitschaft zu fördern. Loyalität zum Unternehmen lässt sich am besten über immaterielle Anreize sichern. Komplexe Beitragsleistungen erhöhen auch die Bedeutung und das Machtpotenzial der Mitarbeiter, da der Erfolg des Unternehmens zunehmend von der Leistung der Mitarbeiter abhängt. Sie verfügen über mehr betriebsspezifisches Wissen und sind nicht leicht austauschbar. Verhaltensregulierung über Fremdkontrolle und über mögliche Sanktionen scheiden fast ganz aus. Die Unternehmen müssen vermehrt auf Selbstabstimmung und Mitarbeitermotivation setzen, um die Leistungen zu koordinieren. Eine hierfür erforderliche intrinsische Motivation lässt sich durch materielle Anreize nur sehr bedingt fördern (vgl. Herzberg et al. 1959).

3.1.2 Soziale Distanz

Martin/Bartscher-Finzer nehmen bei der Betrachtung der sozialen Distanz eine eher soziologische Perspektive ein. Sie definieren die soziale Distanz über den „sozialen Status", „Arbeiterbewusstsein" und „Berufsbild" oder auch „Klassenbewusstsein" (1998, S. 131 f.). Die soziale Distanz unterscheidet sich demnach auch je nach Betrachtung der Arbeitnehmergruppe innerhalb einer Organisation (Manager haben stets eine geringere Distanz zum Arbeitgeber), nach Branche oder nach regionaler Einbindung (städtischer vs. ländlicher Standort). Die soziale Distanz „bezeichnet den Unterschied im Selbstverständnis und in der sozialen Position der Arbeitspartner". (ebd. S. 132). Bedeutend ist die Identifikation mit dem Unternehmen. Eine geringe soziale Distanz zeigt sich daher in gemeinsamen Zielen von Arbeitgebern und Arbeitnehmern.

Auch Kotthoff/Reindl nennen die „Gemeinschaft" als prägendes Element vieler mittelständischer Unternehmen, die eine gemeinschaftliche Sozialordnung aufweisen (im Gegensatz zur instrumentalistischen Ordnung). Charakteristisch für diesen Typus ist eine soziale Verbundenheit von Arbeitgeber und Arbeitnehmer. Die Partner sehen den Betrieb als gemeinsames Projekt, man bezieht sich aufeinander und bemüht sich um Integration. Dem Arbeitgeber ist der Mitarbeiter nicht allein als Arbeitskraft, sondern als Mensch wichtig. Beide Seiten arbeiten immer wieder gegenseitig an der Beziehung und achten auf Wechselseitigkeit (vgl. Kotthoff/Reindl 1990, S. 354 ff.).

Neben der soziologischen Perspektive kommt in dieser Betrachtung auch die psychologische Perspektive zum Vorschein. Wichtig ist nicht allein die Identifikation mit der Organisation, sondern zudem die Integration. Inwieweit binden die Arbeitgeber die Arbeitnehmer mit ein und wie weit lassen die Arbeitnehmer dies zu? Sehen die Arbeitgeber die Mitarbeiter als Partner oder als reine Arbeitskraft? Für mich ist gerade die psychologische Komponente verhaltenslenkend. Ich stimme zwar Martin/Bartscher-Finzer zu und sehe viele Motive der konkreten Einbindung von Arbeitnehmern im gemeinsamen Selbstverständnis der Akteure.

Auch Kotthoff/Reindl fanden ihren „gemeinschaftlichen Typ" vor allem in Arbeitsbeziehungen, in denen der Arbeitgeber aus demselben Arbeitsmilieu wie die Mitarbeiter stammte (zumeist hat der Arbeitgeber zunächst selbst in der Produktion mitgearbeitet und hatte handwerkliche Wurzeln). Eine soziale Distanz zeigt sich aber konkret in dem gemeinsamen Willen der Arbeitgeber und Arbeitnehmer, sich gegenseitig in die Organisation zu integrieren. Typische Merkmale sind dann die Verbundenheit und Loyalität zum Unternehmen. Der Mitarbeiter sieht sich als Teil der Gemeinschaft und möchte vom Arbeitgeber als Partner behandelt werden (Kotthoff/Reindl sprechen in diesem Zusammenhang vom „Mitunternehmer").

Eine geringe soziale Distanz bedeutet nicht, dass eine „konfliktfreie Wohlfühlgemeinschaft" herrscht. An der Beziehung muss stets gearbeitet werden, und der gemeinsame Bestimmungsprozess der Beziehung bleibt nicht ohne Konflikte. Geringe soziale Distanz nach der vorliegenden Fassung bedeutet, die Organisation als gemeinsames Projekt zu begreifen, in das sich alle Seiten aktiv einbringen. Natürlich kann die Seite der Arbeitgeber auch über ein Machtübergewicht verfügen und dieses in Konflikten entscheidungswirksam einbringen. Dennoch bleibt eine „Gleichwürdigkeit" der Mitarbeiter bestehen. Autoritäre Entscheidungen der Arbeitgeberseite werden „sozialverträglich" eingebettet und die Interessen der Mitarbeiter werden gewahrt. Ein gemeinsames Bewusstsein (nach Martin/Bartscher-Finzer) stellt in diesem Zusammenhang eine mögliche, aber keine zwingende Voraussetzung dar. Die Distanz variiert daher nicht stark zwischen einzelnen Mitarbeitergruppen in einer Organisation, sondern vielmehr zwischen Organisationen.

Auch zur sozialen Distanz stellen die Autoren zwei zentrale Hypothesen auf:

- Hypothese 1: Je größer die soziale Distanz zwischen Arbeitgebern und Arbeitnehmern ist, desto größer ist das Ausmaß der Regulierung der Beitragsleistungen.
- Hypothese 2: Je größer die soziale Distanz zwischen Arbeitgebern und Arbeitnehmern ist, desto größeres Gewicht erhalten materielle Anreizformen.

Die Erklärung der Hypothesen ist plausibel. Wenn das Selbstverständnis der Arbeitgeber und Arbeitnehmer sehr ähnlich ist, Ziele und Interessen gleich sind, wird eine Regulierung der Beitragsleistungen überflüssig und würde nur unnötige Transaktionskosten verursachen. Ist die Distanz allerdings hoch, ist es für den Arbeitgeber unsinnig, durch immaterielle Anreize die Loyalität zu fördern, da die Mitarbeiter sich mit dem Unternehmen und seinen Zielen ohnehin nicht identifizieren. Eine Leistungsbereitschaft (die Beiträge der Arbeitnehmer) lässt sich dann nur noch über materielle Anreize sichern.

Aus der psychologischen Perspektive ließen sich obige Hypothesen auch umdrehen, d. h. eine vom Arbeitgeber beeinflussbare soziale Distanz baut sich erst durch eine übertriebene Regulierung auf. Die Bereitschaft der Mitarbeiter, sich zu integrieren, wird durch den Arbeitgeber verhindert und durch zunehmendes Misstrauen gar zerstört. Arbeitgeber und Arbeitnehmer können somit – zumindest theoretisch – frei über die Höhe der sozialen Distanz und somit frei über ihre Beziehung entscheiden. Wobei grundlegende Kräfte der Beziehung sich in Verhalten und Strukturen der Organisation verankern und nicht beliebig austauschbar sind. Eine grundlegende Änderung der sozialen Distanz ist daher nur über einen langen Zeitraum möglich.

3.2 Beziehungstypen

Aufgrund der Ausprägungs- und Kombinationsmöglichkeiten der Determinanten der Personalpolitik ergeben sich nach Martin/Bartscher-Finzer folgende Muster:

	Einfache Beitragsleistungen	Komplexe Beitragsleistungen
Große soziale Distanz	**„Ökonomischer Austausch“** Anreize, Kontrolle	**„Regulierung“** Mitwirkung
Geringe soziale Distanz	**„Paternalismus“** Klimapflege	**„Sozialer Austausch“** Einbindung

Tab. 1: Personalpolitische Beziehungsmuster nach Martin/Bartscher-Finzer (1998, S. 134)

Die oben aufgeführten personalpolitischen Beziehungsmuster lassen sich aufgrund der sozialen Distanz und der Komplexität der Beitragsleistung einteilen und näher charakterisieren. Daraus ergeben sich vier Grundmuster oder Beziehungsmuster, die auch die Grundorientierung einer vorzufindenden Personalpolitik in KMU darstellen. Die vier Grundformen der Personalpolitik werden anschließend näher charakterisiert:

3.2.1 Ökonomischer Austausch

In diesem Beziehungsmuster führt die hohe soziale Distanz zu einem „selbstbezogenen Zweckhandeln“ (Martin/Bartscher-Finzer, S. 135) der Akteure. Aufgrund der fehlenden Gemeinsamkeiten mit den Zielen der Organisation und fehlender geteilter Wertvorstellungen werden die Akteure zu Einzelkämpfern, die ihren eigenen Vorteil in den Vordergrund stellen und sich wenig mit der Organisation und deren Zielen identifizieren. Eine aktive Integrationspolitik durch z. B. besondere soziale Maßnahmen wie betriebliche Sozialberatung oder gemeinsame Betriebsfeiern usw. führt zu keinem Erfolg, da die Anspruchshaltung der Arbeitnehmer in diesem Zusammenhang gering ausfällt. Aufgrund der geringen Komplexität kann der Arbeitgeber weitgehend auf aktive Integrationsmaßnahmen verzichten, weil ihm „einfache“ Kontrollmöglichkeiten zur Verfügung stehen. Die geringe Aufgabenkomplexität erlaubt Standardisierung und ein hohes Maß an technischer Kontrolle (vgl. Edwards 1981). Die Einfachheit der Beitragsleistungen erlaubt den Arbeitnehmern wiederum ein „egozentrisches Zweckhandeln“. Die Austauschobjekte der Arbeitsbeziehung lassen sich leicht definieren und jede Seite wird in harten Verhandlungen versuchen, den eigenen Nutzen zu maximieren, indem sie feste Regelungen zu ihren Gunsten erzielt. Je nach Machtsituation kann die Seite der Arbeitgeber oder der Arbeitnehmer profitieren.

Problematisch für die Arbeitgeber bleibt die Sicherung des Kredites seitens der Arbeitnehmer. Wie kann bei geringer Identifikation und Integration das Engagement der Arbeitnehmer gesichert werden? Das Engagement der Arbeitnehmer ist von Bedeutung, da auch eine ökonomisch ausgerichtete Arbeitsbeziehung grundsätzlich auf Dauer angelegt ist. Durch ein Gleichgewicht in der Austauschbeziehung nach dem Prinzip Leistung gegen Leistung kann die Beziehung zwar bestehen bleiben, die Indifferenzzone dürfte aber gering ausfallen. Bei Unterschreitung der Leistungen von einem Vertragspartner wird die Beziehung (sofern Alternativen bestehen), schnell brüchig oder löst sich auf.

Inhaltlich wird sich die Personalarbeit demnach auf die Lohnfindung und die Gestaltung der Arbeitsaktivitäten konzentrieren. Während die Arbeitnehmer ihr Augenmerk auf ihr Gehalt legen, wird der Arbeitgeber durch die Gestaltung der Arbeitsaufgaben und deren Kontrolle die Sicherung der Beitragsleistungen anstreben. Die Sicherung der Beziehung ist entweder über eine hohe Lohnpolitik möglich, oder der Arbeitgeber wird versuchen, die Alternativen der Arbeitnehmer einzuschränken (durch entsprechende Bonusprogramme oder finanzielle Beteiligung, die sich nur auszahlen, wenn der Arbeitnehmer dem Unternehmen lange treu bleibt). Natürlich können auch in diesem Beziehungstyp soziale Maßnahmen zu beobachten sein, die allerdings dazu dienen, ökonomische Härten sozial abzufedern und somit rein zweckorientiert sind (Leistungsfähigkeit soll erhalten bleiben).

3.2.2 Regulierung

Auch in diesem Beziehungsmuster dominiert aufgrund der hohen sozialen Distanz das Eigenstreben der Akteure. Die Komplexität der Beitragsleistungen verhindert aber eine einfache Kontrolle der Leistungen. Aus ökonomischer Sicht (siehe Transaktionskostenansatz) ist, insbesondere bei einem hohen Anteil an firmenspezifischem Wissen, eine beziehungsorientierte Teamorganisation vorteilhaft, denn der Arbeitgeber ist auf das Fachwissen seiner Mitarbeiter angewiesen. Bei komplexen Arbeitszusammenhängen ist häufig eine besondere Qualifikation erforderlich, die sich die Mitarbeiter erst während der Arbeitstätigkeit aneignen können. Der Arbeitnehmer verliert somit mögliche Alternativen, da das firmenspezifische Wissen nicht unbedingt am Arbeitsmarkt nachgefragt wird. Daher haben alle Akteure ein Interesse an der Gestaltung einer stabilen Arbeitsbeziehung. Der Arbeitgeber wird zunehmend gezwungen sein, die Mitarbeiter aktiv zu integrieren, um das Engagement der Mitarbeiter zu sichern. Durch die hohe Distanz zwischen Arbeitgebern und Arbeitnehmern wird die Integration nicht von allein stattfinden, sondern muss aktiv gestaltet werden. Die Parteien können immer wieder versuchen, Gemeinsamkeiten, gemeinsame Ziele und Interessen zu betonen. Vorstellbar sind u. a. starke Aktivitäten im Bereich gemeinsamer Betriebsfeiern und Veranstaltungen. Der Aufwand zur Gestaltung der Beziehung ist allerdings hoch, so dass gerade die Seite der Arbeitgeber versuchen wird, durch institutionalisierte Koordinationsprozesse Transaktionskosten einzusparen. In dieser Beziehungsform werden daher feste standardisierte Regelwerke zu finden sein, die über gemeinsame Abstimmungsprozesse entstanden sind.

3.2.3 Paternalismus

Die geringe Komplexität der Beitragsleistungen in diesem Beziehungsmuster würde ähnlich wie im ökonomischen Austausch ein einfaches Kontroll- und Sanktionssystem erlauben. Die geringe soziale Distanz einhergehend mit hoher Interessenharmonie macht ein detailliertes Kontrollsystem aber überflüssig. Die Ausrichtung an gemeinsamen Werten und Zielen sorgt für eine Koordination der Arbeitsleistungen ohne zahlreiche fremde Eingriffe. Der Kredit, den die Arbeitnehmer dem Arbeitgeber gewähren, ist ohnehin hoch und könnte durch zu viel an Regulierung nur gestört werden. Eine gemeinsame Interessenlage bedeutet allerdings keine ständige Harmonie. Unternehmenshandeln ist stets konfliktreich (u. a. im Kampf um knappe Ressourcen). Beide Vertragspartner werden in Entscheidungsprozessen stets den Blick auf das Ganze richten. Das Unternehmen als „gemeinsames Projekt“ steht weiterhin im Vordergrund des Interesses. Daher werden die Arbeitgeber ihre eventuellen Machtvorteile nur selten zu ihren Gunsten ausnutzen, um die Beziehung nicht zu gefährden.

Das Beziehungsmuster des Paternalismus weist Ähnlichkeiten zu typischen Mustern in KMU auf. Die geringe Komplexität der Beitragsleistungen ergibt sich bereits häufig durch die Unternehmensgröße. In kleineren Unternehmen gibt es weniger Hierarchien, Abteilungen und somit weniger Koordinationsaufwand. Kleinere Unternehmen haben zwar meist nicht minder anspruchsvolle Produkte, die Gestaltung der Arbeitsbeziehungen bleibt aber überschaubar. Auch die Führungsebene besteht häufig nur aus wenigen Personen, so dass die Entscheidungsprozesse im Führungskreis wenig komplex sind, insbesondere wenn das Führungsteam allein aus einer Person, dem Gründer, besteht. Abstimmungsprozesse verlaufen daher eher informell, was zudem durch die geringe soziale Distanz unterstützt wird. Häufig besteht keine Notwendigkeit ständiger Eingriffe durch Führungspersonen. Aufgrund der Interessenharmonie wird Führungshandeln nur selten erforderlich, da die Akteure ohnehin in die gleiche Richtung agieren. Sollten die Mitarbeiter von diesem Pfad gelegentlich abweichen, kann die Führungsperson aufgrund der überschaubaren Unternehmensgröße durchgreifen, ohne sich auf feste Regularien berufen zu müssen. Diese Form der Regulierung verschafft der Führungsperson einen Gewinn an Flexibilität und Effizienz, den sie nicht freiwillig durch feste Regeln beschränken wird.

Aus diesem Grunde werden in dem Beziehungsmuster des Paternalismus in der Realität typische Führungssubstitute wie institutionalisierte Mitarbeitergespräche usw. kaum zu finden sein. Eine derartige Arbeitsbeziehung bedeutet keinen Verzicht auf Führung, sondern die fehlende Notwendigkeit der Führung aufgrund der besonderen Stellung der Arbeitgeberseite. Typischerweise findet sich hier der dominante, aber fürsorgliche KMU-Unternehmer, der das Geschehen im Betrieb dominiert, jedoch nicht als „hyperaktiver Choleriker“, der stets durch die Hallen des Betriebes marschiert und seine Mitarbeiter anbrüllt, sondern eher als Person im Hintergrund, die nur zu besonderen Anlässen eingreift. Über Prozesse der betrieblichen Sozialisation ist den Mitarbeitern normalerweise genau bekannt, was von ihnen erwartet wird und die gemeinsame Interessenlage fördert unkomplizierte Abstimmungsprozesse.

Die besondere Integration der Mitarbeiter sichert die Beitragsleistungen und den Kredit der Mitarbeiter. Nutzt der Arbeitgeber seine Machtposition zu einseitig aus, gefährdet er die Integration und die Mitarbeiter entfremden sich vom Unternehmen. Um eine Art „harmonische Betriebsfamilie“ zu erhalten, wird die Seite der Arbeitgeber auf Loyalität und Betriebstreue achten. Insbesondere die Personalauswahl (sowohl der Auswalprozess als auch die ersten Arbeitsmonate) steht im Mittelpunkt der Personalarbeit. Einmal integrierte Mitarbeiter werden langfristig gehalten. Die Mitarbeiter selbst schätzen die Beschäftigungssicherheit, die ihnen geboten wird und zeigen einen hohen Stolz auf ihr Unternehmen, solange die Gemeinschaft auch vom Arbeitgeber gestützt wird.

3.2.4 Sozialer Austausch

Neben der hohen Komplexität zeichnet sich dieses Beziehungsmuster durch eine geringe soziale Distanz aus und ist somit der „Gegenpart“ zum ökonomischen Austausch. Ein sozialer Austausch ist gekennzeichnet durch wiederholte Interaktionen zwischen denselben Akteuren, zwischen denen zusätzlich eine zwischenmenschliche Beziehung von Dauer besteht (vgl. Homans 1968, S. 74 f.). Der Zweckcharakter der Organisation tritt zunehmend hinter dem Sozialcharakter zurück. Direkte Kontrollmaßnahmen der Arbeitgeber werden aufgrund der

Komplexität der Beitragsleistungen immer kostenintensiver. Dem Arbeitgeber fehlt auch häufig der Überblick über die Zusammenhänge, sodass die Bewertung einzelner Leistungen erschwert ist. Kontrolle ist aufgrund der hohen Integration und intrinsischen Motivation der Mitarbeiter kaum nötig, sofern die Einbindung der Mitarbeiter nicht gefährdet ist. Daher muss der Arbeitgeber darauf achten, die Integration der Mitarbeiter zu schützen und zu stärken. Aus diesem Grund und wegen der wichtigen Bedeutung der Mitarbeiter stehen Konzepte der Personalentwicklung im Fokus der Personalarbeit. Kontroll- und Sanktionierungsinstrumente dürften nur wenig zu finden sein.

Ein Beziehungsmuster des sozialen Austausches ist in doppelter Hinsicht auf Langfristigkeit ausgelegt. Sozialer Tausch kann zum einen nur in stabilen Beziehungen funktionieren, da ein sozialer Tausch nie ganz abgeschlossen ist. Nach Blau (1986, S. 255 ff.) funktioniert der soziale Austausch nur, wenn sich die Akteure wieder begegnen werden, bzw. wenn Reziprozität und Verlässlichkeit in der Beziehung gesichert sind. Ein Tauschpartner muss stets in Vorleistung gehen und darauf vertrauen können, dass der Partner seine Gegenleistung erfüllt. Andererseits führt das Prinzip zu hohen Verpflichtungen auf beiden Seiten und eine Beendigung der Beziehung wird zumindest moralisch schwer begründbar. In dieser Beziehung ist der psychologische Vertrag (vgl. Rousseau 1995) von besonderer Bedeutung. Gerade inoffizielle Regeln der Arbeitsbeziehung sind wichtig. Beide Seiten stellen hohe Erwartungen an den Partner. Enttäuschungen können daher auch schnell zum Abbruch der Beziehung führen. Einmal gestörtes Vertrauen lässt sich nur schwer wieder neu aufbauen. Die hohe Komplexität erfordert ökonomisch betrachtet hohe Investitionen in die Mitarbeiter, um ein firmenspezifisches Wissen aufzubauen. Damit sich die Investitionen lohnen, muss der Arbeitgeber für eine längere Verweildauer der Mitarbeiter im Unternehmen sorgen. Und auch die Mitarbeiter haben Interesse am Verbleib im Unternehmen, da für sie eine hohe Unsicherheit besteht, ob sie in vergleichbaren Unternehmen auf eine ähnlich hohe Einbindung, die ihnen wichtig ist, setzen können. Gehälter lassen sich einfach vergleichen, der Grad der sozialen Einbindung nicht. Ob ein Unternehmen eine zufrieden stellende Einbindung bietet, lässt sich erst nach einer längeren Phase der Zugehörigkeit erkennen.

Beide Seiten müssen daher intensiv an der Beziehung arbeiten. Die Bedeutung des Beziehungsaspektes erfordert immer wieder hohe Bestimmungsleistungen. Gefährdungen der Beziehung werden aufmerksam verfolgt und führen zu hohen Belastungen. Die Arbeitgeber könnten daher versucht sein, durch feste Regelungen die Beziehung abzusichern. Werden die Regeln allerdings zu einseitig durchgesetzt, könnte die Beziehung zum Typ „Regulierung" abrutschen und der hohe Kredit, den die Mitarbeiter ihrem Unternehmen gewähren, ist in Gefahr. Das Beziehungsmuster des sozialen Austausches kann daher unter den genannten Bedingungen sehr effizient sein (insbesondere in Krisenzeiten, wenn der Arbeitgeber den Kredit ausschöpfen kann). Andererseits baut die Beziehung auf Vertrauen auf und Vertrauen ist nur schwer garantierbar und muss immer wieder abgesichert werden. Transparenz und innerbetriebliche Kommunikation sind die Grundlage zum Gelingen der Beziehung.

4 Empirie

In empirischen Untersuchungen zur Personalarbeit in KMU wird sich häufig auf die Unternehmensgröße bezogen. Der Zusammenhang zwischen Unternehmensgröße und Personalarbeit in KMU wird jedoch sehr unterschiedlich interpretiert. Für eine Abhängigkeit der Personalarbeit von der Größe des Unternehmens spricht nach Martin/Behrends (2005) die zu beobachtende Tatsache, dass kleinere Unternehmen über weniger und andere Ressourcen verfügen. Die Komplexität der betrieblichen Prozesse und der „betriebliche Sozialcharakter" verändert sich mit zunehmender Unternehmensgröße. „Als Fazit lässt sich festhalten: Die betriebliche Personalarbeit wandelt sich in Abhängigkeit von der Unternehmensgröße." (Martin/Behrends 2005, S. 178). Martin/Düll (2000) stellen fest, dass mit der Unternehmensgröße die formale Planung beständig zunimmt und Dostal/Jansen (2002) können in ihrer Untersuchung einen höheren Anteil betrieblicher Weiterbildung in größeren Unternehmen im Vergleich zu KMU ausmachen.

Argumente gegen einen systematischen Zusammenhang zwischen Unternehmensgröße und der zu beobachtenden Personalarbeit liefern wiederum Martin/Behrends (2005) mit der Feststellung: „Mittelstandsökonomische Untersuchungen gehen wie selbstverständlich von der Annahme aus, dass die Betriebsgröße eine wichtige Determinante unternehmerischen Handelns sei. Man kann dies bezweifeln. Denn warum sollte sich das Verhalten von Unternehmen mit zunehmender Größe ändern? Sind nicht alle Unternehmen darauf angewiesen, Gewinne zu erwirtschaften ...?" (S. 151). Personalarbeit richtet sich demnach nicht primär nach der Anzahl der Mitarbeiter aus, sondern nach den Funktionsanforderungen. Die Situation in einem Unternehmen mit 100 Beschäftigten, die alle ähnliche Aufgaben haben und in ihren Ansprüchen homogen sind, erfordert wahrscheinlich weniger Personalarbeit als ein Unternehmen mit 50 Beschäftigten, die alle unterschiedliche Aufgaben haben und unterschiedliche Ansprüche stellen. Ab bestimmten Sprüngen in der Größe des Unternehmens steigen natürlich auch die Anforderungen an personalpolitische Maßnahmen. Die Personalarbeit ist beim Bäcker um die Ecke mit drei Mitarbeitern weniger intensiv als bei der internationalen Bäckerei-Kette mit 500 Mitarbeitern. Im zweiten Beispiel wird neben der Intensität vor allem die Standardisierung der Prozesse zunehmen. Auch die umfangreiche empirische Untersuchung von Baron/Burton/Hannan (1996) ergab, dass im Laufe des Unternehmenswachstums in den ersten Jahren nach der Gründung vor allem die formale Kontrolle und Bürokratisierung der Unternehmensprozesse zunimmt. Die Ergebnisse der Studie von Martin/Bartscher-Finzer (2006) zeigen, dass sich aus der Unternehmensgröße zwar unterschiedliche Handlungsvoraussetzungen für kleine und mittlere Unternehmen ergeben, die Effizienz der Personalarbeit bleibt jedoch unberührt von der Unternehmensgröße. Kleine und mittlere Unternehmen arbeiten daher nicht schlechter, nur anders. So können KMU z. B. häufig nur geringere Löhne zahlen, bieten dafür größere Einflussmöglichkeiten für die Mitarbeiter.

4.1 Die Studie

Die vorliegende Untersuchung fand unter dem Titel „Zukunft der Personalarbeit im Mittelstand" von März bis August 2011 statt. Aus einem Pool von 939 Betrieben wurde zunächst ein generelles Interesse der Teilnahme an der Studie erkundet, woraufhin sich 604 Unternehmen positiv äußerten. Telefonisch wurden dann die Ansprechpartner für die Studie identifiziert, um nicht Personen zu befragen, denen die entsprechenden innerbetrieblichen Kenntnisse fehlen. Die Teilnehmer der Studie hatten die Option, an einem online-Verfahren teilzunehmen, schriftlich zu antworten oder direkt am Telefon die Fragen zu beantworten. Insgesamt gingen 323 auswertbare Fragebögen am Institut für Mittelstandsforschung der Universität Lüneburg ein. Das entspricht einer erfreulichen Rücklaufquote von 34%. Unter den 323 Teilnehmern der Umfrage befanden sich 37 Geschäftsführer und 175 Personalleiter, 80% der Befragten hatte eine Betriebszugehörigkeit von mindestens drei Jahren, 58% von mehr als sechs Jahren. In der Studie wurde die Definition bzgl. KMU des Institutes für Mittelstandsforschung in Bonn übernommen (vgl. Wallau 2006). Die folgende Abbildung zeigt die Verteilung der Teilnehmer nach der Unternehmensgröße:

Größe	< 100 Mitarbeiter	100-199 Mitarbeiter	200-299 Mitarbeiter	300-399 Mitarbeiter	400-499 Mitarbeiter	> 500 Mitarbeiter
Anzahl	24	139	61	19	34	44

Tab. 2: Teilnehmer der Befragung nach Unternehmensgröße

Alle Unternehmen der Studie hatten nach Angaben der genutzten Datenbank weniger als 500 Mitarbeiter. Die Frage nach der tatsächlichen Mitarbeiterzahl in der Befragung ergab aber, dass 44 Unternehmen nach eigenen Angaben mehr als 500 Mitarbeiter haben. Da die Zahl der Mitarbeiter nur geringfügig über 500 lag, wurden diese Unternehmen nicht aus der Auswertung ausgeschlossen, später dann aber z. T. gesondert betrachtet.

Anmerkungen zur Studie:

Die wissenschaftliche Leitung der Studie lag beim Institut für Mittelstandsforschung der Universität Lüneburg. Die Durchführung der Befragung wurde maßgeblich gestützt von Frau Estelle Brüggemann im Rahmen ihrer Bachelor-Thesis. Folgende Schwerpunkte wurden mit jeweils mehreren Items auf einer 5er Skala abgefragt:

- Personalauswahl
- Personalentwicklung
- Führung und
- Leistungsorientierung
- Personalpolitk
- Statistische Daten

In der Studie wurden bewusst allgemeine Bereiche der Personalarbeit in KMU abgefragt, um einen umfassenden Einblick zu erhalten (vgl. Claaßen 2008). Neben der aktuellen Situation der Unternehmen wurde der Handlungsbedarf der Personalthemen der nächsten 3-5 Jahre erfragt (Ein ähnliches Vorgehen findet man in vielen Studien. Vgl. u. a. Bartscher 2006).

4.2 Ergebnisse

Vorab soll festgehalten werden, dass Fragen nach personalpolitischen Maßnahmen und Instrumenten immer nur Anhaltspunkte auf die vorhandene Personalpolitik geben. Wichtig ist nicht allein, welche Instrumente eingesetzt werden, sondern warum. Das „warum“ spiegelt sich in der konkreten Gestaltung der Instrumente wider. So kann eine Leistungsbeurteilung als Kontrollinstrument und zur Personalentwicklung genutzt werden. Im ersten Fall haben Mitarbeiter mit schlechter Beurteilung u. a. mit Gehaltseinbußen (variable Vergütung) oder anderen Sanktionen zu rechnen. Im zweiten Fall kann das Unternehmen die Ergebnisse nutzen, um Mitarbeiter mit schlechteren Beurteilungen intensiver zu fördern. Derartige Informationen lassen sich über großangelegte und anonyme Befragungen kaum abbilden. Schwerpunkte der Personalarbeit – insbesondere in der Gesamtbetrachtung der Ergebnisse – lassen sich aus der vorliegenden Befragung allerdings doch ableiten, müssen aber dennoch zurückhaltend interpretiert werden.

4.2.1 Allgemeine Ergebnisse der Studie

Die Identifizierung und Entwicklung von Nachwuchskräften wird von 37% der Befragten mit sehr großem Handlungsbedarf gesehen, immerhin noch weitere 45% der Befragten sehen einen großen Handlungsbedarf. Der drohende Fachkräftemangel bewegt demnach auch den Mittelstand. Dennoch pflegen nur 29% der Befragten einen regelmäßigen Kontakt zu Hochschulen. Bemerkenswert in diesem Zusammenhang ist, dass der entsprechende Wert der Unternehmen mit geringer sozialer Distanz bei dieser Frage deutlich höher liegt (auf der Skala von 1 = hoher Kontakt und 5 = kein Kontakt liegt der Mittelwert der Unternehmen mit geringer sozialer Distanz bei 2,9 und der Wert für Unternehmen mit hoher Distanz bei 3,64). Das bedeutet, dass insbesondere Unternehmen mit geringer sozialer Distanz zu ihren Mitarbeitern häufiger Kontakte zu Hochschulen pflegen. Die Komplexität der Beitragsleistung hat geringeren Einfluss auf den aufgezeigten Zusammenhang (2,65 bei geringer Komplexität und 2,88 bei hoher Komplexität). Insgesamt 76% der Unternehmen sehen großen oder sehr großen Handlungsbedarf bei der Qualifizierung der Mitarbeiter, aber nur ca. 25% führen eine Erfolgskontrolle der Weiterbildungsmaßnahmen durch (z. B. durch feste Gespräche mit Mitarbeitern). Obwohl 74% der befragten Unternehmen die Positionierung als attraktiver Arbeitgeber mit großem oder sehr großem Handlungsbedarf bewerten, nutzen die meisten Unternehmen einige ihnen zur Verfügung stehende Möglichkeiten nur sporadisch (soziale Netzwerke, Hochschulkontakte). Immerhin hat die Homepage als Mittel der Anwerbung von Personal eine große Bedeutung, wobei die Güte der jeweiligen Aufmachung nicht abgefragt wurde.

Die Ergebnisse zeigen, dass mittelständische Unternehmen vor ähnlichen Herausforderungen wie Großunternehmen stehen (z. B. Fachkräftemangel). Häufig werden typische personalpolitische Instrumente und Methoden noch weniger eingesetzt, wobei zu beachten ist, dass KMU z.T. andere Möglichkeiten wählen, um gleiche Ziele zu erreichen. So werden u. a. weniger feste Kontrollverfahren eingesetzt, da in KMU aufgrund der Größe eine direkte – nicht instrumentalisierte Kontrolle – möglich ist. Die folgende Tabelle zeigt, welchen personalwirtschaftlichen Aufgaben in den nächsten Jahren von den Mittelständlern die höchste Priorität beigemessen wird. Konkret wurden die Unternehmen nach dem größten Handlungsbedarf in den kommenden 3-5 Jahren gefragt (Anzahl der Nennungen, n = 323):

Item	sehr großer Handlungsbedarf	großer Handlungsbedarf
Identifizierung und Entwicklung von Nachwuchstalenten aus den eigenen Reihen	92	113
Anpassung der Qualifikation der Mitarbeiter an sich ständig verändernde Anforderungen	67	124
Das eigene Unternehmen als attraktiven Arbeitgeber am Arbeitsmarkt positionieren	66	120
Lern- und Veränderungsbereitschaft der Mitarbeiter für neue Technologien, Prozesse und Strukturen fördern	64	127
Die Orientierung der Mitarbeiter an der unternehmerischen Strategie und den Zielen stärken	58	138
Stärkung der Eigeninitiative und Verantwortungsübernahme der Mitarbeiter	53	136
Förderung der hierarchie- und abteilungsübergreifenden Kooperation	52	120
Leistung regelmäßig differenziert beurteilen und klares Feedback geben	49	130
Flexible Arbeitszeitsysteme einführen bzw. ausbauen	45	79
Weiterentwicklung der Führungskompetenz und Ausrichtung an einem gemeinsamen Leitbild	44	133

Tab. 3: Personalthemen in der Reihenfolge der Anzahl bei „sehr großer Handlungsbedarf" (Top Ten)

4.2.2 Unternehmensgröße

Untersucht wurde, ob es einen systematischen Zusammenhang zwischen der Größe der Unternehmen (Mitarbeiterzahl) und der Personalarbeit gibt. Die Berechnung der Korrelation ergab unter allen 38 Einzelfragen allein in der aktuellen Situation der Personalauswahl (extern und intern) drei eindeutige Zusammenhänge. Je größer die Unternehmen sind, desto verstärkt wird bei der Personalauswahl mit Berufsschulen und Universitäten kooperiert und desto verstärkt wird ein Mix unterschiedlicher Auswahlmethoden eingesetzt (Telefoninterview, Assessment Center, psychologische Verfahren, ...). Auch die strukturierte interne Auswahl von Führungskräften findet bei größeren Unternehmen mehr Beachtung. Andererseits finden selbst Instrumente wie Feedback-Gespräche oder standardisierte Leistungsbeurteilungen in größeren Unternehmen nicht häufiger Anwendung. Insbesondere die Fragen zur zukünftigen Personalarbeit korrelieren zudem nicht mit der Unternehmensgröße. In einer zweiten Analyse wurden alle Unternehmen in Größenklassen eingeteilt: 100 Mitarbeiter und weniger, 101-200 Mitarbeiter, 201-300 Mitarbeiter, 301-400 Mitarbeiter, 401-500 Mitarbeiter, 500 und mehr Mitarbeiter.

Anschließend wurden für alle Items die Mittelwerte ausgerechnet und miteinander verglichen. Allein im Vergleich der Unternehmen mit 100 Mitarbeitern und weniger und der Gruppe mit mehr als 500 Mitarbeitern ergaben sich systematische Unterschiede in der Personalarbeit. Insbesondere die aktuelle Praxis der Personalarbeit unterscheidet sich deutlich, in der zukünftigen Ausrichtung wiederum bestehen nur geringe Unterschiede. Die großen Mittelständler planen zukünftig z. B. deutlich häufiger den Einsatz flexibler Arbeitssysteme.

Weiterhin ergibt die Analyse keine nennenswerten Zusammenhänge der Unternehmensgröße und der Komplexität der Beitragsleistung oder der sozialen Distanz. In der Gruppe der befragten KMU ist in größeren Unternehmen weder die Komplexität höher, noch ist in kleinen Unternehmen die soziale Distanz besonders gering. Die Betrachtung der Unternehmensgröße (gemessen an der Mitarbeiterzahl) leistet nur einen bescheidenen Beitrag zur Erklärung der Personalarbeit in KMU. Allein bei großen Unterschieden in der Mitarbeiterzahl lassen sich einige Unterschiede ausmachen.

Ein systematischer Zusammenhang zwischen Unternehmensgröße und der Personalarbeit in KMU lässt sich in der vorliegenden Studie nicht nachweisen. Auch der Professionalisierungsgrad der Personalarbeit (Vorhandensein von Personalverantwortlichen, Personalentwicklern usw.) führt nicht zu einem systematischen Anstieg der Mitarbeiterorientierung (nicht einmal zu deutlich mehr Maßnahmen der Personalentwicklung).

4.2.3 Determinanten der Personalpolitik

In diesem Kapitel werden die Auswirkungen der Art der Beitragsleistung und der sozialen Distanz auf die Gestaltung der Personalarbeit in den betrachteten KMU untersucht. Folgende These steht dabei im Vordergrund der Analyse:

- Sowohl eine hohe Komplexität als auch eine geringe soziale Distanz führen zu einer allgemein hohen Mitarbeiterorientierung mit einer Schwerpunktbildung in der Personalentwicklung.

Zunächst ist festzuhalten, dass die Beurteilung der Aufgabenkomplexität nicht primär von der Unternehmensgröße abhängt, sondern vielmehr von der Komplexität der Umwelt. Weiterhin ergibt eine Klassifizierung in die Typen „Unternehmen mit hoher und niedriger Aufgabenkomplexität, dass die Unternehmen mit hoher Komplexität sowohl in der aktuellen als auch zukünftigen Personalarbeit höhere Mittelwerte aufweisen. Unternehmen mit hoher Komplexität betreiben höheren Aufwand in der Personalauswahl, Personalentwicklung usw. und wollen auch zukünftig mehr in diese Aufgabengebiete investieren. Eine systematischere Auswertung durch eine lineare Regressionsrechnung ergibt allerdings einen weniger starken Zusammenhang. Alle aktuellen Personalmaßnahmen hängen zwar immer noch positiv mit der Komplexität der Arbeitsaufgaben und Produkte in den Unternehmen zusammen, zumeist aber nur im wenig signifikanten Bereich. Allein die Betrachtung von zukünftigen Personalentwicklungsmaßnahmen ergibt deutlichere und signifikantere Zusammenhänge zur Komplexität. Von vier Items zur zukünftigen Personalentwicklung sind 3 Zusammenhänge auf dem Niveau von 0,01 signifikant:

- Anpassung der Qualifikation an sich verändernde Anforderungen: 0,305
- Lernbereitschaft der Mitarbeiter fördern: 0,254
- Effizienzsteigerung der Weiterbildungsmaßnahmen: 0,195

Allein die „Identifizierung und Entwicklung von Nachwuchstalenten aus den eigenen Reihen“ hängt nach der Regressionsrechnung nicht mit der Aufgabenkomplexität zusammen. Betrachtet man allerdings die Korrelation der Komplexität und der aktuellen Personalarbeit, ergeben sich systematisch positive Zusammenhänge nicht allein im Bereich der Personalentwicklung, sondern in allen abgefragten Bereichen. Einige besonders deutliche Zusammenhänge werden in der folgenden Tabelle kurz aufgelistet:

Bereich	**Item (Kurzfassung)**	**Wert**
Personalauswahl	Zusammenarbeit mit Hochschulen	0,289
	Karriereseite auf der Firmenhomepage	0,232
Personalentwicklung	Regelmäßige Potenzialbeurteilungen	0,161
	standardisierte Entwicklungsgespräche	0,170
Führung	jährliches Zielvereinbarungsgespräch	0,209
	strukturierter Auswahlprozess der Führungskräfte	0,167
Leistung	Regelmäßige Leistungsbeurteilung	0,171
	Gesundheitsmanagement	0,146

Tab. 4: Korrelationen zwischen der Aufgabenkomplexität und ausgewählten Items der Personalarbeit (Alle Korrelationen sind auf einem Niveau von 0,01 signifikant.)

Teilt man in einem weiteren Schritt die Unternehmen in die Gruppen mit geringer und hoher Distanz und vergleicht die Mittelwerte, zeigt sich, dass Unternehmen mit geringer sozialer Distanz zu ihren Mitarbeitern deutlich mehr in die Personalarbeit investieren. Die zukünftigen Aktivitäten unterscheiden sich bei den beiden Gruppen allein im Bereich der Personalentwicklung. Hier wollen die Unternehmen mit geringer Distanz deutlich mehr investieren. Alle anderen Bereiche unterscheiden sich kaum.

Die Betrachtung der Korrelationen ergibt ein zunächst überraschendes Bild. Aktuell weisen Unternehmen mit geringer Distanz deutlich mehr Aktivitäten in der Personalentwicklung auf. Zukünftig – so scheint es – wollen sie diese im Gegensatz zu Unternehmen mit hoher Komplexität aber deutlich weniger ausbauen. Unternehmen mit geringer Distanz setzen weniger auf Effizienzsteigerungen oder auf einen effektiven Rekrutierungsprozess, sondern konzentrieren sich auf die Personalentwicklung und somit auf „soziale Maßnahmen“. So werden u. a. in Unternehmen mit geringer sozialer Distanz häufig Arbeitszufriedenheitsanalysen eingesetzt. In Unternehmen mit hoher Komplexität spielen diese keine besondere Rolle. Zudem werden in den Unternehmen mit geringer Distanz deutlich häufiger gesundheitsfördernde Maßnahmen durchgeführt. In der zukünftigen Personalentwicklung ist dieser Schwerpunkt nur noch im Ansatz wiederzufinden. Wird die Beziehungspflege vernachlässigt? Zunächst kann festgehalten werden, dass Unternehmen mit geringer Distanz aktuell schon am stärksten auf Personalentwicklung setzen und zukünftige Steigerungen kaum noch möglich sind (die Zahlen der Erhebung stützen das Argument). Ein Fazit der Untersuchung könnte daher sein, dass Unternehmen mit geringer sozialer Distanz bereits deutlich höhere Aktivitäten in der Personalentwicklung zeigen und diese sogar noch weiter ausbauen wollen.

An dieser Stelle zeigt sich ein Schwachpunkt der Untersuchung. Die Fragen wurden vorab in vier Themenbereiche eingeteilt und die Themenbereiche dann einer bestimmten Personalorientierung zugeordnet (z. B. je geringer die Distanz desto größer die Aktivitäten in der Personalentwicklung). Aber nicht alle Items des Themenbereiches „Personalentwicklung" sprechen für eine besondere soziale Orientierung der Unternehmen. Personalentwicklung kann auch rein ökonomisch begründet sein und muss nicht zwangsweise mit einer hohen Mitarbeiterorientierung einhergehen. Die Auswertung der Daten zeigt zudem, dass Unternehmen mit hoher Komplexität innerhalb des Bereiches der Personalentwicklung eher auf Standardisierung Wert legen. Komplexität bedingt eher einen stärkeren Fokus auf der Kontrolle der Effektivität der Personalentwicklungsmaßnahmen, während geringe soziale Distanz verstärkt zu einer „Personenorientierung" der Personalentwicklung führt. Eine besonders hohe Mitarbeiterorientierung der Unternehmen mit geringer sozialer Distanz zeigt sich zudem in der Frage nach dem strategischen Aspekt der Personalthemen. Unternehmen mit geringer sozialer Distanz stimmen besonders der Aussage zu, dass die einzelnen Personalthemen starken Einfluss auf den zukünftigen Unternehmenserfolg haben.

Die These der Schwerpunktsetzung auf die Personalentwicklung bei Unternehmen mit geringer Distanz und hoher Komplexität kann somit überwiegend gestützt werden, sollte aber in weiteren Untersuchungen noch genauer auf die soziale Komponente der Personalentwicklung bezogen werden. Unternehmen mit geringer Distanz werden wahrscheinlich eher in den Menschen und die soziale Beziehung investieren als in die Arbeitskraft. Die vorliegenden Daten stehen im Einklang mit den theoretischen Aussagen der Anreiz-Beitrags-Theorie nach Martin/Bartscher-Finzer (1998). Zu vernachlässigen ist, dass einzelne Items nicht in einem klaren Zusammenhang stehen, da einzelne personalwirtschaftliche Maßnahmen immer von einem Grundkonzept abweichen können und werden. Entscheidend ist, ob die personalpolitischen Einzelmaßnahmen in eine gemeinsame Grundrichtung verlaufen. Die vorliegenden Daten stützen in Bezug auf die Determinanten der Personalpolitik die erläuterten Zusammenhänge.

4.2.4 Beziehungstypen der Personalpolitik

Die folgenden Betrachtungen gründen auf den Aussagen der Anreiz-Beitrags-Theorie und insbesondere in den dort vorgestellten Beziehungstypen (siehe Tabelle 1). Den Schwerpunkt der weiteren Betrachtung bilden dabei die entgegengesetzten Typen des ökonomischen und des sozialen Austausches. Die Regulierung und der Paternalismus sind Mischformen, wobei der Paternalismus besonders typisch für KMU ist. Daher werden die Daten in Bezug auf diese drei Typen untersucht. Folgende Thesen sollen zentral betrachtet werden:

- Im Beziehungsmuster des „ökonomischen Austausches" dominiert eine Leistungs- und Kontrollorientierung.
- Im Beziehungsmuster des „sozialen Austausches" dominiert eine Mitarbeiterorientierung.
- Zentrales Orientierungsmuster in KMU ist der „Paternalismus".

Die Thesen folgen der zentralen Argumentation in diesem Aufsatz, dass die Personalarbeit in KMU nicht durch deren Größe oder Branchenzugehörigkeit, sondern durch die Art der Arbeitsbeziehung geprägt wird. Wobei die Arbeitsbeziehung sich aus dem Handeln der Organisationsteilnehmer ergibt und sich strukturell verankert (vgl. Jochims 2010). Die Beziehungsgestaltung wird wesentlich durch ökonomische (Komplexität der Beitragsleistung) und soziale Kräfte (soziale Distanz) bestimmt.

Um die aufgeführten Zusammenhänge näher zu ergründen, wurden die Unternehmen im Fragebogen einerseits dazu aufgefordert, sich in die Typen „ökonomischer Austausch“, Regulierung“, „Paternalismus“ und „sozialer Austausch“ einzuordnen. Im Fragebogen wurden die Typen anhand weniger Merkmale kurz charakterisiert. Die Fragen waren derart aufgebaut, dass die Unternehmen sich nicht für einen Typen entscheiden mussten, sondern bei jedem Beziehungsmuster auf einer Skala von „trifft völlig zu“ bis „trifft gar nicht zu“ antworten konnten, welche Beschreibung am ehesten zum Charakter ihres Unternehmens passt. Auf diese Weise musste man in der späteren Analyse zwar hinnehmen, dass einige Unternehmen sich keinem Beziehungsmuster zuordnen ließen, wichtig war allerdings, dass später vor allem eindeutige Beziehungstypen ausgewertet werden konnten. Die befragten Personen, die sich nicht sicher waren, welchem Typ sie sich zuordnen sollten, wurden zu keiner Entscheidung gezwungen. Um die Einordnung der Unternehmen in die Beziehungstypen fundierter zu gestalten, hätten mehrere Vertreter der Unternehmen befragt werden müssen und zwar hauptsächlich durch umfangreiche Fallstudien (qualitative Interviews...). Leider erlaubte das Untersuchungsdesign keine derartigen Analysen und die Anonymität der Umfrage ließ kein weiteres Nachfragen zu.

Daher wurde sich bei der Analyse auf eindeutige Fälle konzentriert. Zudem konnte anhand der Zusatzfragen zur Komplexität und zur sozialen Distanz die Einordnung der Unternehmen noch in einem weiteren Schritt überprüft werden. Hat ein Unternehmen sich z. B. in den Typus des ökonomischen Austausches eingeordnet und eine gleichzeitig hohe Komplexität und geringe soziale Distanz angegeben, wurden solche Fälle (im ersten Untersuchungsschritt) aufgrund der Widersprüche im Hinblick auf die Aussagen nach Martin/Bartscher-Finzer nicht mit in die weitere Betrachtung einbezogen.

Einen Überblick der auf oben beschriebene Weise ermittelten Beziehungstypen zeigt die folgende Tabelle:

Typ	**Ökonomischer Austausch**	**Paternalismus**	**Regulierung**	**Sozialer Austausch**
Anzahl	32	92	31	60

Tab. 5: Ermittelte Beziehungstypen in der Untersuchung

Die restlichen 108 Unternehmen ließen sich nicht eindeutig zuordnen. Immerhin konnten 215 Unternehmen für die weitere Analyse ermittelt werden. Rückwirkend betrachtet lässt sich methodisch feststellen, dass sich in jeder Charakterisierung der Beziehungstypen Elemente finden, die in nahezu jedem Unternehmen anzutreffen sind. Es wurde in der Fragestellung zwar auf den strategischen Aspekt der Charakterisierung hingewiesen, dennoch können solche Überlegungen bei den Befragten untergehen. Bestimmend für den Beziehungstypen des ökonomischen Austausches in der Untersuchung ist z. B. die hohe Leistungsorientierung, die auch angegeben wurde. Leistungsorientierung ist aber Merkmal aller gewinnorientierten Unternehmen. Daher kann es nicht verwundern, dass Unternehmen, die z. B. eher zum Typus „Regulierung“ zählen, sich auch stark dem ökonomischen Austausch zuordnen.

Zur Analyse der verbliebenen Unternehmen wurden zunächst wiederum die Mittelwerte der einzelnen Typen gebildet. Weiterhin wurden wiederum Zusammenhänge durch eine Korrelations- und Regressionsanalyse ermittelt. Für ausgewählte Fragen wurden auch einfache Auszählungen durchgeführt. Als erstes wurde die Mitarbeiterorientierung als Merkmal des sozialen Austausches näher betrachtet. Mitarbeiterbefragungen können als ein Indiz für eine Mitarbeiterorientierung dienen. Während im Beziehungstyp „ökonomischer Austausch“ gerade 2 Unternehmen regelmäßig Mitarbeiterbefragungen durchführen, sind es im Typ „Paternalismus“ bereits 12 und im „sozialen Austausch“ 22. Die Ergebnisse zeigen, dass vor allem die geringe soziale Distanz sich positiv auf ein Durchführen von Mitarbeiterbefragungen auswirkt.

Interessant ist auch die Frage, mit welcher Strategie die Unternehmen dem zukünftigen Handlungsbedarf in der Personalarbeit begegnen wollen. Zunächst setzen alle Unternehmen darauf, vorhandene Mitarbeiter zu schulen, erst dann sollen neue Mitarbeiter eingestellt werden. Ein Rückgriff auf externe Anbieter oder gar ein Outsourcing einzelner Aufgaben lehnen die Mittelständler überwiegend ab. Die Ablehnung der Kooperation mit Externen ist im Typ des Paternalismus am stärksten. Der „Patriarch“ macht lieber alles selbst und vertraut Außenstehenden wenig. Die Strategie der Weiterentwicklung der vorhandenen Mitarbeiter ist beim Typ des sozialen Austausches am deutlichsten. Im Typ des ökonomischen Austauschs wird am ehesten externe Unterstützung gesucht.

Die folgende Tabelle zeigt eine Übersicht besonders zentraler Items und der entsprechenden Mittelwerte. Aufgrund der vorgenommenen Codierung der Items ist die Ausprägung der Items umso größer, je kleiner der Wert ist (ein Mittelwert von 1 ist der am höchsten mögliche Wert).

Item (Kurzfassung)	**Ökonomischer Austausch**	**Paternalismus**	**Sozialer Austausch**
Attraktiver Arbeitgeber	1,82	2,14	1,93
Kooperation mit Hochschulen	4,0	3,42	2,64
Kooperation mit Berufsschulen	3,42	2,60	2,71
Qualifikation der Mitarbeiter	2,15	2,11	1,75
Lernbereitschaft fördern	2,03	2,12	1,75
Kombinierte Lernformen	3,48	3,29	2,92
Orientierung der Mitarbeiter an der Strategie	1,88	2,05	1,84
Stärkung der Eigeninitiative der Mitarbeiter	1,91	2,11	2,0
Regelmäßige Kommunikation	2,33	2,17	1,89
Gezielt Leistungsanreize setzen	2,15	2,26	2,43
Leistung beurteilen und Feedback geben	2,06	2,38	1,95
Regelmäßige Befragung der Arbeitszufriedenheit	4,03	3,37	3,02
Gesundheitsvorsorge	3,33	2,98	2,36
Mitarbeiterorientierung/ Bedeutung der Personalthemen	2,44	2,43	2,00

Tab. 6: Zusammenhang der Beziehungstypen und ausgewählter Themen der Personalarbeit

Obwohl in der Tabelle nur ein kleiner Auszug aller Fragen wiedergegeben wurde, zeigt sich doch ein stimmiges Bild im Hinblick auf die aufgestellten Thesen. Im Typ des sozialen Austauschs überwiegen im Vergleich zu den anderen Typen vor allem der Bereich der Personalentwicklung, die allgemeine Mitarbeiterorientierung und soziale Themen wie Arbeitszufriedenheit und Gesundheitsvorsorge.

Im ökonomischen Tausch dominieren eher Personalbeurteilung, Kontrolle, sowie die Arbeitszeitgestaltung. Eine detailliertere Analyse aller Korrelationen zeigt beim Typ des ökonomischen Austausches hohe Zusammenhänge der Items, die auf ein sehr strukturiertes und geplantes Vorgehen in der Personalarbeit schließen lassen. Ziel ist demnach die „Ökonomisierung" der Personalarbeit. Das vordergründige Kosten-Nutzen-Verhältnis muss stimmen. Im Paternalismus findet sich am wenigsten ein strukturiertes Vorgehen. Es wird überwiegend auf standardisierte Beurteilungsverfahren verzichtet und aktuell liegt kein eindeutiger Schwerpunkt im Bereich der Personalentwicklung, obwohl der Wille besteht, hier aufzuholen. Die Ergebnisse passen zur Typenbeschreibung. Der Patriarch im Paternalismus würde sich aufgrund seiner Machtposition durch feste Regeln nur selbst beschränken. Er verzichtet auf ein strukturiertes Vorgehen und entscheidet nach Bedarf. Kooperationen mit Hochschulen lehnt er zwar überwiegend ab, pflegt aber einen intensiven Kontakt zu Berufsschulen. Die gefundenen Zusammenhänge im Typ des sozialen Austausches werden umso deutlicher, je stärker sich die Unternehmen dem Typ zuordnen lassen. Der Mittelwert der Mitarbeiterorientierung ist bei den Unternehmen des sozialen Austausches z. B. 2,00. Bewertet man allerdings nur die 27 Unternehmen, die sich ganz deutlich dem sozialen Austausch zuordnen lassen, steigt der Wert auf 1,44.

In eine weitere Korrelations- und Regressionsanalyse wurden wieder alle Unternehmen einbezogen, um systematische Zusammenhänge aller befragten KMU zu ermitteln. Um die Güte der Untersuchung und der Aussagen aus der Anreiz-Beitrags-Theorie zu testen, wurden zunächst die Beziehungsmuster als abhängige Variablen gesetzt und die Komplexität und soziale Distanz als unabhängige Variablen. Neben der Einordnung in die Beziehungstypen (wie vorab beschrieben) wurden auch die Determinanten der Personalpolitik (Komplexität und soziale Distanz) abgefragt. Nach der Logik der Anreiz-Beitrags-Theorie nach Martin/Bartscher-Finzer sollte die Typeneinteilung mit der Ausprägung der Determinanten stimmig sein. Zeigt sich dieser Zusammenhang auch in der Studie, ist die Güte der Aussagen über den Zusammenhang der Beziehungstypen und der Personalarbeit besonders hoch. Folgend eine Übersicht der Ergebnisse der linearen Regressionsanalyse:

Abhängige Variable	**unabhängige Variable**	**Beta**	**Signifikanz**
Ökonomischer Austausch	Aufgabenkomplexität	0,054	0,336
	Soziale Distanz	0,063	0,267
Sozialer Austausch	Aufgabenkomplexität	0,160	0,001
	Soziale Distanz	0,439	0,000
Paternalismus	Aufgabenkomplexität	0,101	0,055
	Soziale Distanz	0,353	0,000

Tab. 7: Zusammenhang der Beziehungstypen und der Determinanten der Personalpolitik

Die Ergebnisse zeigen, dass der Zusammenhang von geringer sozialer Distanz und den Beziehungsmustern nur hohe und signifikante Werte bei den Typen „Paternalismus und sozialer Austausch" aufweist. Im Typ des ökonomischen Austauschs finden sich keine Zusammenhänge zwischen sozialer Distanz bzw. Komplexität zum Beziehungsmuster. Die Typenbildung kann somit z. T. bestätigt werden. Allein der Wert der Komplexität im Typ Paternalismus erscheint etwas hoch. Ein Zusammenhang von Komplexität und dem Beziehungsmuster des Paternalismus war nicht zu erwarten, fällt allerdings auch gering aus. Im Typ des ökonomischen Austausches müsste der Zusammenhang negativ sein. Je deutlicher sich ein Unternehmen dem Typ zuordnet, desto geringer sollte z. B. die Komplexität ausfallen. Die Ergebnisse der Regressionsrechnung bestätigen den Zusammenhang nicht. Immerhin zeigt sich kein positiver Zusammenhang. Erweitert man die Analyse um die Betrachtung der Mittelwerte, bestätigen sich die erwarteten Zusammenhänge deutlich. Im Typ des ökonomischen Austausches zeigt sich generell eine geringe Komplexität bei hoher sozialer Distanz, im Paternalismus zeigt sich geringe Komplexität und geringe soziale Distanz und im sozialen Austausch geringe soziale Distanz und hohe Komplexität. Die empirischen Ergebnisse stimmen daher mit den theoretischen Überlegungen überein. Die Einteilung in die Beziehungsmuster durch die befragten Personen weist eine hohe Güte auf. Dass der systematische Zusammenhang beim Typ des ökonomischen Austausches zunächst nicht zu erkennen ist, wird durch die Betrachtung der Mittelwerte relativiert.

Die folgende Tabelle zeigt die Zusammenhänge zwischen den Beziehungsmustern und den untersuchten Personalpraktiken anhand der gerechneten Korrelationen. Aufgrund der Übersichtlichkeit wird auf Angabe der genauen Werte verzichtet und eine Stufenbildung in gering, mittel, hoch und sehr hoch vorgenommen. Bei den geplanten zukünftigen Aktivitäten ergeben die Analysen kaum nennenswerte Zusammenhänge. Allein beim Thema Personalentwicklung zeigen sich höhere Korrelationen beim Typ „Sozialer Austausch" und insbesondere beim „Paternalismus" (beide weisen eine geringe soziale Distanz auf). Dieser Befund ist etwas überraschend. Die geringe soziale Distanz lässt zwar eine verstärkte Aktivität beim Typus des Paternalismus erwarten, die geringe Komplexität jedoch nicht. Ein weiterer Blick in die Daten (geringere aktuelle Werte in der Personalentwicklung beim Paternalismus) lassen den Schluss zu, dass im Paternalismus noch wenig Personalentwicklung betrieben wird, hier jedoch der Fokus auf der zukünftigen Personalarbeit liegt. Vielleicht fehlten dem Unternehmer in diesem Muster bisher die Mittel, eine für ihn geeignete Personalentwicklung zu integrieren. Gerade der Typ „Paternalismus" zeichnet sich zumeist durch eine zentralisierte Entscheidungsfindung aus, die den Patriarchen häufig auch überfordert.

	Ökonomischer Tausch	**Sozialer Tausch**	**Pater-nalismus**
Personalauswahl zukünftig	gering	gering	gering
Personalauswahl aktuell	hoch	hoch	mittel
Personalentwicklung zukünftig	gering	mittel	hoch
Personalentwicklung aktuell	hoch	sehr hoch	hoch
Führung zukünftig	gering	gering	gering
Führung aktuell	hoch	hoch	mittel
Leistung zukünftig	gering	gering	gering
Leistung aktuell	hoch	hoch	mittel

Tab. 8: Zusammenhang der Beziehungstypen und der Schwerpunkte der Personalarbeit

In der aktuellen Personalarbeit sticht insbesondere der Typ „Sozialer Austausch“ mit durchweg hohen Zusammenhängen heraus (bei der Personalentwicklung sogar sehr hoch). Eine geringe soziale Distanz und die hohe Komplexität der Aufgabenerstellung erfordern geradezu ein enges Miteinander zwischen Arbeitgeber und Arbeitnehmer. Die Daten bestätigen den Zusammenhang deutlich. Aber auch im Muster des ökonomischen Austausches wird Wert auf Personalarbeit gelegt. Allein im Paternalismus sind die Zusammenhänge weniger deutlich.

Wie passen die Ergebnisse zu den bisherigen Analysen und den aufgestellten Thesen? Ist nicht gerade die hohe Ausprägung der Personalarbeit im ökonomischen Austausch sonderbar? Immerhin finden sich hier hohe soziale Distanz und eine geringe Komplexität. Wäre es nicht ökonomisch, an der Personalarbeit zu sparen? Die vorliegenden Daten geben keinen endgültigen Aufschluss, aber interessante Hinweise. Die detaillierte Analyse im Bereich Leistung zeigt z. B., dass im ökonomischen Austausch eine Konzentration auf die Leistungsbeurteilung, variable Vergütung und Arbeitszeitgestaltung festzustellen ist, während im sozialen Austausch die Konzentration auf Arbeitszufriedenheit liegt. „Der Ökonom“ kontrolliert die Leistung, der „Soziale“ die Zufriedenheit.

Weiterhin lässt sich sagen, dass es nicht immer wichtig ist, welches Instrument eingesetzt wird, sondern wie es gestaltet ist. Im Fragebogen wurde z. B. die Führung über Zielvereinbarungen abgefragt (im ökonomischen als auch sozialen Austausch zeigen sich deutliche Korrelationen). Nach Martin/Drees (2001) gibt es einige bedeutende Gestaltungsparameter der Zielvereinbarung. Betrachtet man den Gestaltungsparameter der Partizipation bei der Zielvereinbarung, könnte im ökonomischen Austausch der Fokus auf eine Zielvorgabe mit anschließend hoher Kontrollmöglichkeit liegen, beim sozialen Austausch hingegen könnte eine hohe partnerschaftliche Zielvereinbarung zu beobachten sein. Diese Zusammenhänge lassen sich aus den Daten leider nicht ableiten. Erste Hinweise deuten jedoch daraufhin, dass im Muster des ökonomischen Austausches zwar nicht auf Personalarbeit verzichtet, aber eindeutig andere Schwerpunkte gesetzt werden. Zudem wurden im Fragebogen nur tatsächliche Maßnahmen abgefragt, nie die Ziele, die hinter den Maßnahmen stecken. Auch in Unternehmen des ökonomischen Austausches können soziale Maßnahmen zu finden sein. Entweder, um ökonomische Härten an anderen Stellen abzufangen, oder/und um die Leistung der Mitarbeiter zu fördern. Insbesondere wenn Mitarbeiter lang und aufwendig angelernt werden müssen, rentiert sich eine rein ökonomisch motivierte Personalarbeit in diesen Beziehungstypen. Ziel ist jedoch primär die Steigerung der Leistungsfähigkeit der Mitarbeiter, nicht deren Einbindung. Im sozialen Austausch steht die Einbindung der Mitarbeiter im Vordergrund der Personalarbeit. Dass ein solches Verhalten bei hoher Komplexität und somit schwieriger individueller Leistungszurechnung langfristig auch ökonomisch ist, soll nicht bezweifelt werden, ist jedoch nicht der zentrale Bezugspunkt der Personalarbeit. Rechnet man in diesem Zusammenhang noch die lineare Regression, zeigt sich eindeutig, dass allein das Muster des Sozialen Austauschs hoch mit dem Item „Mitarbeiterorientierung“ zusammenhängt.

Die beiden Thesen dieses Kapitels können durch die vorliegenden Daten überwiegend gestützt werden. Den Beziehungstypen lassen sich unterschiedliche personalpolitische Grundorientierungen zuordnen. Weitere Differenzierungen in Folgeuntersuchungen sind aber nötig, um die Zusammenhänge und Wirkungsursachen genauer zu ergründen. Die Ergebnisse dieser Studie geben bereits Ansatzpunkte für weitere Forschungsaktivitäten.

Die dritte These ist aus Sicht der Anreiz-Beitrags-Theorie eher überraschend, da das Muster des Paternalismus eher ein „Randmuster“ ist (insbesondere nach der Weiterentwicklung der Theorie in diesem Aufsatz). Wird die soziale Distanz rein psychologisch interpretiert, können der Arbeitgeber und der Arbeitnehmer nahezu frei entscheiden, wie hoch die Distanz sein soll. Bei geringer Komplexität im Paternalismus ist eine besondere Investition in die soziale Beziehung zur Verringerung der sozialen Distanz ökonomisch betrachtet nicht notwendig. Die Beziehungspflege schafft jedoch eine größere Indifferenzzone und der Kredit, den die Arbeitnehmer dem Arbeitgeber gewähren, steigt. Die Integration der Mitarbeiter schafft Vertrauen und sichert die Langfristigkeit der Beziehung. Die Ergebnisse der vorliegenden Studie zeigen, dass das typische Bild vom deutschen Mittelstand, das bereits Kotthoff/Reindl (1990) aufgezeigt haben, Bestand hat. Wie vorab beschrieben, ist die gemeinschaftliche Sozialordnung noch prägend in KMU. Diesen – oft inhabergeführten – Unternehmen gelingt es, eine sozial funktionierende Gemeinschaft mit ihren Mitarbeitern herzustellen. Dabei greifen sie, wie vorab aufgezeigt, weniger auf typische standardisierte Instrumente der Personalarbeit zurück, sondern finden immer wieder ganz eigene Wege, ihre Mitarbeiter zu integrieren. Daher lässt sich erklären, warum die meisten Unternehmen der Studie (92) sich dem Typ „Paternalismus“ zuordnen lassen. Bereits Kotthoff/Reindl identifizieren die Gemeinschaft als dominante Sozialordnung (1990, S. 354 ff.). Auch in der vorliegenden Untersuchung findet sich in immerhin 152 von 215 Unternehmen, die sich eindeutig zuordnen ließen, eine Sozialordnung, die auf geringe Distanz beruht (71%).

5 Fazit und Ausblick

Trotz der vielen positiven Befunde der Studie bestehen auch Limitationen. Personalpolitik kann nicht über die Befragung einer Person ergründet werden, daher kann die Umfrage nur ein erster Schritt sein, der belegen soll, dass die aufgezeigten Zusammenhänge relevant sind. Die detaillierten Auswirkungen des personalpolitischen Beziehungsmusters auf die Personalarbeit in KMU lässt sich nur über umfangreiche Fallstudien ermitteln (vgl. Jochims 2010, S. 95 ff.). Ein entsprechendes Forschungsprojekt ist bereits angelaufen.

5.1 Fazit Empirie

Die Personalpolitik/Arbeitsbeziehung eines Unternehmens hat zwar einen sehr bedeutenden Einfluss auf die konkrete Personalarbeit, determiniert jedoch nicht jede einzelne Handlung oder Praktik. Die Beziehung gibt die Richtung vor, nicht jede Handlung. Daher können im alltäglichen Handeln der Unternehmen Handlungen und Instrumente zu beobachten sein, die sich nicht in ein stimmiges Bild des Beziehungstyps einordnen lassen. Störende Maßnahmen werden nicht zwingend unterlassen, sondern erfordern im weiteren Handeln – und oft an ganz anderer Stelle – Ausgleichsmaßnahmen, um die Beziehung wieder zu stabilisieren. Und insbesondere stabile Beziehungen verkraften zeitlich begrenzte Zuwiderhandlungen. Die geschilderten Umstände erschweren somit eine reine Abfrage des Beziehungstyps und des personalpolitischen Handelns in Unternehmen.

Die Einteilung in vier Beziehungstypen anhand der Anreiz-Beitrags-Theorie ist weiterhin eine fundierte, jedoch nur begrenzt detaillierte Einstufung aller Unternehmen. Als erster Ansatz zur Reduktion der Komplexität real anzufindender Beziehungstypen ist der Schritt sicherlich begründbar. Eine weitere Einteilung anhand zusätzlicher Kriterien in konkreten Untersuchungen erscheint allerdings angebracht. Wobei stets zu prüfen sein wird, ob eine Unterteilung in weitere Typen einen Erklärungsfortschritt liefert.

Methodisch wurden bereist einzelne Limitationen der Studie angesprochen. Ein erster, deutlich umfangreicher Fragebogen fiel im Pretest aufgrund der langen Beantwortungszeit durch und zwang zu einem „pragmatischeren Vorgehen". Dennoch gelang es, zentrale Thesen der Arbeit, die aus dem theoretischen Fundament der Anreiz-Beitrags-Theorie abgeleitet wurden, genauer zu beschreiben und im ersten Schritt zu stärken, um weitere Forschung anzuregen. Statistisch wurden gängige und robuste Verfahren eingesetzt, um zentrale Zusammenhänge herauszustellen. Zur Limitation quantitativer Verfahren siehe u. a. Jochims (2010) und die dort angegebene Literatur. Gerade im Bereich der Einteilung der Unternehmen in die Beziehungstypen ist ergänzende qualitative Forschung angebracht.

Problematisch könnte methodisch zudem sein, dass nur eine Person aus den Unternehmen befragt wurde, und somit auch nur eine Seite der Beziehung. Die befragten Geschäftsführer und Personalleiter sind eher als Vertreter der Arbeitgeberseite zu sehen und zu einer Beziehung gehören mindestens zwei Partner. Die Seite der Arbeitnehmer wurde nicht befragt, obwohl begründet anzunehmen ist, dass die Befragten die Beziehung realistisch einschätzen können. Ein Unternehmer im Typ „Ökonomischer Austausch" könnte jedoch aufgrund der sozialen Erwünschtheit z. B. einzelne Maßnahmen zur Verringerung der sozialen Distanz anders als die Arbeitnehmer gewichten und die Beziehung als Paternalismus bewerten. Auch wenn solche Fälle wohl die Ausnahme bleiben, ist eine Validierung der Ergebnisse durch Befragung mehrerer Personen natürlich vorteilhaft.

Zudem lassen sich durch einfache Korrelationsrechnungen keine kausalen Zusammenhänge bestätigen, sondern nur Hinweise ermitteln. Die Stärke der aufgezeigten Untersuchung liegt auch vielmehr in ihrer theoretischen Fundierung und einer ersten empirischen Überprüfung. Eine weitere Falsifikation im Sinne Poppers sollte unbedingt in weiteren Studien erfolgen (vgl. Popper 2005).

5.2 Fazit Theorie

Das Vorgehen in der Arbeit, Personalarbeit in KMU anhand der Anreiz-Beitrags-Theorie zu beleuchten, hat sich sehr bewährt. Theorien sind wie Scheinwerfer und können immer nur einen bestimmten Bereich der Wirklichkeit beleuchten, dann allerdings sehr intensiv. Dennoch konnte mittels einer Austauschtheorie, die zahlreiche motivationale Aspekte integriert, das Verhalten in Organisation (mittelständischen Unternehmen) gut erklärt werden. Auch die leichte Abänderung der Aussagen von Martin/Bartscher-Finzer in Bezug auf die soziale Distanz hat sich bewährt.

Die Konzentration auf psychologische (anstatt soziologische) Faktoren setzt den Schwerpunkt der Betrachtung mehr auf den freien Willen der Akteure, ihre Arbeitsbeziehung in ihrem Sinn zu gestalten. Natürlich wird der Wille der Akteure auch durch ihr Selbstverständnis bzgl. ihres Berufsbildes usw. mitgeprägt. Die Erweiterung der Perspektive um psychologische Faktoren trägt auch dem Umstand Rechnung, dass innerhalb eines Berufsfeldes (z. B. Banken) ganz unterschiedliche Beziehungstypen möglich und empirisch nachweisbar sind. Selbst in einer Institution wie z. B. einer Sparkassengruppe können einzelne Filialen trotz gleicher Voraussetzungen (Umfeld, Mitarbeitergruppen) unterschiedliche Beziehungstypen aufweisen, was empirisch noch zu belegen wäre. Insgesamt soll der Einbezug psychologischer Faktoren in die Erklärung der sozialen Distanz den Ansatz von Martin/Bartscher-Finzer nicht widerlegen, sondern ergänzen.

Allgemein konnten über die theoretische Fundierung der Studie die betrachteten Zusammenhänge genauer beschrieben werden. Die Ursachen des Abweichens einzelner empirischer Befunde von den theoretischen Vorüberlegungen ließen sich hinreichend erklären. Eine theoretische Fundierung empirischer Studien ist allgemein zu empfehlen, um nicht zufällige, sondern allein aussagekräftige Zusammenhänge zu ermitteln.

5.3 Gesamtfazit und Ausblick

Der deutsche Mittelstand ist in seiner Zusammensetzung sehr heterogen und wird es auch nach dieser Untersuchung bleiben. Fragt man in Studien allgemein nach Zukunftsthemen im Mittelstand, erhält man Antworten, die sich von denen in Großunternehmen in der generellen Tendenz kaum unterscheiden. Natürlich muss der Mittelständler seine Personalauswahl professionell betreiben, um auf den drohenden Fachkräftemangel zu reagieren usw. Unterschiede finden sich dann eher in der konkreten Ausgestaltung der Maßnahmen und Konzepte. Auch lässt sich feststellen, dass Mittelständler (im Durchschnitt) nicht sofort jedem Trend folgen und lieber auf erste Erfahrungen anderer Unternehmen warten. Daher spielt das Konzept der Personalauswahl über „Social Media“ eine noch untergeordnete Rolle in den Unternehmen der aufgezeigten Studie.

Häufig wird der Komplexität des Untersuchungsobjektes „Mittelstand“ durch Clusterung in unterschiedliche Größenkategorien begegnet. Teilweise werden auch qualitative Kriterien wie z. B. eine Einteilung in Familienunternehmen oder Unternehmen mit „externer Geschäftsführung“ herangezogen. In Studien wird dann die Personal- oder Unternehmensstrategie in Abhängigkeit von den genannten Variablen untersucht. Eine theoretische Fundierung fehlt häufig (vgl. Behrends/Jochims, 2006). In der vorliegenden Studie wurden mittels der Anreiz-Beitrags-Theorie die Komplexität der Aufgabengestaltung und die soziale Beziehung in den Unternehmen als zentrale Variablen definiert, die auf die Gestaltung der Personalarbeit in Unternehmen einwirken. In Anlehnung an Martin/Bartscher-Finzer wurden vier Beziehungsmuster und ihre Wirkung auf die Personalarbeit untersucht. Hierbei wurden kleine Ergänzungen in der Erklärung der sozialen Distanz vorgenommen. Als zentrales Ergebnis bleibt festzuhalten, dass sich die Variablen eignen, um Unterschiede in der Personalarbeit in KMU zu erklären. Der Erklärungsgehalt war deutlich höher als bei einer reinen Größenbetrachtung.

Die Unterscheidung nach den zentralen Variablen „Komplexität“ und „soziale Distanz“ zeigte sich zielführend. Auch die Einteilung in die Beziehungstypen erlaubte neue Einsichten. Die Unternehmen ließen sich nicht nur relativ gut in die Beziehungsmuster einteilen, den Mustern konnten deutliche Schwerpunktsetzungen in der Personalarbeit zugeordnet werden. Vor allem die Erkenntnis dieser Arbeit, dass neben ökonomischen Notwendigkeiten auch oder sogar insbesondere die soziale Beziehung zwischen Arbeitgeber und Arbeitnehmer die Gestaltung der Personalarbeit beeinflusst, ist hervorzuheben. Im Mittelstand zählt auch der Mensch, nicht nur die Arbeitskraft. Dieses Ergebnis bleibt trotz der erwähnten Restriktionen der Studie festzuhalten. Insbesondere in der zukünftigen Personalentwicklung und allgemeinen Mitarbeiterorientierung zeigten Unternehmen mit geringer sozialer Distanz die stärksten Schwerpunktsetzungen. Im Typ des ökonomischen Austausches wird zwar auch Personalentwicklung betrieben, scheinbar aber nur das aktuell Erforderliche. In sozial geprägten Beziehungsmustern wird der Mitarbeiter vorausschauend integriert, in ökonomisch geprägten Beziehungen erfolgt die Mitarbeiterorientierung nachgelagert nach Kriterien der Zweckmäßigkeit.

Soll Verhalten in KMU erklärt werden, ist es unabdingbar, einen tieferen Blick auf die soziale Beziehung zu werfen. Die vorliegende Untersuchung erlaubt einen Einblick in erste Zusammenhänge, die in weiteren Studien (auch mit anderen Methoden) noch näher und umfangreicher ergründet werden müssen.

Literatur

- Backes-Gellner, U., Lazear, E. P., Wolff, B. (2001): Personalökonomik. Stuttgart
- Barnard, C. I. (1938): The Functions of the Executive. Cambridge, Mass.
- Baron, J. N., Burton, D.M./Hannan, M.T (1996): The Road Taken: Origins and Evolution of Employment Systems in Emerging Companies. In: Industrial and Corporate Change, 5(2), 1996, S. 239-275
- Bartscher, T. (2006): Chancen für den Mittelstand. Studie Personalmanagement 2006. Haufe Akademie
- Behrends, T., Jochims, T. 2006: Personalstrategien von KMU, in: Martin, A. (Hrsg.): Managementstrategien von kleinen und mittleren Unternehmen, S. 145-175. München und Mering
- Blau, P. M. (1986): Exchange and Power in Social Life. Brunswick/London
- Claaßen, N. (2008): Handbuch des Personalmanagements in kleinen und mittleren Unternehmen. Bremen
- Dostal, W., Jansen, R. (2002): Qualifikation und Erwerbssituation in Deutschland: 20 Jahre BIBB/IAB-Erhebungen. In: Mitteilungen aus der Arbeitsmarkt- und Berufsforschung, 35, 232-253
- Herzberg, F., Mausner, B./Snyderman, B.B. (1959): Motivation to Work. New York.
- Edwards, R. (1981): Herrschaft im modernen Produktionsprozess. Frankfurt a.M.
- Homans, G. C. (1968): Elementarformen sozialen Verhaltens. Opladen
- Jochims, T. (2010): Personalpolitik in mittelständischen Unternehmen – Personalpolitische Konfigurationen und organisationale Dissonanz. München und Mering
- Kirsch, W. (2001): Die Führung von Unternehmen. München

- Leitner, K.H. (2001): Strategisches Verhalten von kleinen und mittleren Unternehmen. Wien
- Kotthoff, H. ,Reindl, J. (1990): Die soziale Welt kleiner Betriebe. Göttingen
- March, J.G., Simon, H.A. (1958): Organizations. New York, u. a.
- Martin, A. (2006): Managementstrategien von kleinen und mittleren Unternehmen. München und Mering
- Martin, A. (2001): Personal – Theorie, Politik, Gestaltung. Stuttgart
- Martin, A. (1998): Das Modell der Handlungsentlastung: Personalpolitik als Widerspiegelung von Entscheidungsstrukturen. In: Martin, A./Nienhüser, W. (Hrsg.): Personalpolitik. Wissenschaftliche Erklärung der Personalpraxis. München und Mering 1998, S. 155-194
- Martin, A. (1996): Die Erklärung der Personalpolitik. Schriften des Instituts für Mittelstandsforschung der Universität Lüneburg. Heft 5
- Martin, A., Bartscher-Finzer, S. (2006): Die Führung mittelständischer Unternehmen – Zwischen Defizit und Äquivalenz. In: Krüger, W. (Hrsg.): Praxishandbuch des Mittelstands. Ein Leitfaden für das Management mittelständischer Unternehmen. Wiesbaden 2006, S. 203-217
- Martin, A., Bartscher-Finzer, S. (1998): Die Erklärung der Personalpolitik mit Hilfe der Anreiz-Beitrags-Theorie. In: Martin, A./Nienhüser, W. (Hrsg.): Personalpolitik. Wissenschaftliche Erklärung der Personalpraxis. München und Mering, S. 113-154
- Martin, A., Behrends, T. (2005): Betriebsgrößenbedingte Unterschiede in der Personalarbeit von Unternehmen. In: Schulte, R. (Hrsg.): Ergebnisse der MittelstandsForschung, S. 151-183
- Martin, A., Drees, V. (2001): Gemeinsame Ziele – Zur Durchführung von Zielvereinbarungsgesprächen. Schriften des Instituts für Mittelstandsforschung der Universität Lüneburg. Heft 6
- Martin, A., Düll, H. (2000): Betriebliche Weiterbildung und Arbeitsmarktsituation. In: Matiaske, W. u. a. (Hrsg.): Empirische Organisations- und Entscheidungsforschung. Heidelberg, S. 81-123
- Mugler, J. (1998). Betriebswirtschaftslehre der Klein und Mittelbetriebe, 3. überarbeitete Aufl., Band 1-3. Wien/New York
- Pleitner, H. J. (1986): Aspekte einer Managementlehre für kleinere Unternehmen. Berlin/München/St. Gallen
- Popper, K. R. (2005): Logik der Forschung,. 11. Aufl., durchgesehen und ergänzt. Herausgegeben von H. Keuth. Tübingen
- Rousseau, D. (1995): Psychological Contracts in Organizations: Written and Unwritten Agreements. Thousand Oaks

- Stacey, R.D., Griffin, D., Shaw, P (2000): Complexity and Management. Fad or Radical Challenge to System Thinking. New York
- Tsui, A.S., Pearce, J. L., Hite, J.P. (1995): Choice of employee-organization relationship. In: Research in Personnel and Human Resources Management, 13, 117-151
- Wallau, F. (2006): Mittelständische Unternehmen in Deutschland. In: Schauf, M. (Hrsg.): Unternehmensführung im Mittelstand. München und Mering. S. 9-34
- Williamson, O. (1981): The Economics of Organization: The Transaction Cost Approach. In: American Journal of Sociology, 87, 548-577
- Williamson, O. (1984): Efficient Labour Organization. In: Stephen, F.H. (Hrsg.): Firms, Organization and Labour. London/Basingstoke, 87-118
- Windolf, P. (1983): Betriebliche Rekrutierungsstrategien. In: Mitteilungen aus der Arbeitsmarkt- und Berufsforschung, S. 109-121

„Die Letzten machen geschlossen das Licht aus…“ - Ostdeutsche KMU in der demografischen Falle?

Susan Espig und Silke Geithner

1 Problemaufriss

Klein- und mittelständische Unternehmen in den Neuen Bundesländern stehen bei der Bewältigung der demografischen Entwicklung vor großen Herausforderungen. Der starke Einbruch der Geburtenzahl nach 1990 um mehr als 50 Prozent sowie die Abwanderung junger qualifizierter Fachkräfte führen zu einem erheblichen Fachkräftemangel (vgl. u. a. Behr/Engel 2001, S. 260f.; Ragnitz et al. 2007, S. 5; Höhn et al. 2008, S. 16). Überdies hatten die Frühverrentungskampagnen und die Freisetzung jüngerer Beschäftigter im Zuge der Reprivatisierung der Unternehmen sowie fehlende Neueinstellungen bzw. mangelnde Rekrutierungsanstrengungen zur Folge, dass eine mittelalte homogene Altersstruktur bestehen blieb und die Belegschaften seitdem gemeinsam altern (vgl. Köchling 2000a, S. 363; Pawlowsky 2001, S. 117).

Bereits zu Beginn des neuen Jahrtausends warnten daher Michael Behr und Thomas Engel (2001) mit Bezug auf Burkart Lutz vor der demografischen Falle, in die Unternehmen geraten können, wenn sie nicht frühzeitig mittel- bis langfristige Personalstrategien zur Bewältigung der demografischen Entwicklung etablieren. Zehn Jahre später sind die Folgen der demografischen Entwicklung in den Unternehmen drastisch spürbar – im Jahr 2010 konnten 65.000 Fachkräftestellen in Ostdeutschland nicht besetzt werden (vgl. IAB Betriebspanel Ost 2010, S. 53).

Als eine weitere wesentliche Ursache des heutigen Mangels an Fachkräften kann die gering ausgeprägte personalwirtschaftliche Strategiekompetenz vieler ostdeutscher KMU gesehen werden, weil diese sich in den Nachwendezeiten vor allem mit Personalabbau beschäftigten. Nachwuchssicherung war in Zeiten des Lehrstellenmangels und hoher Arbeitslosigkeit kaum ein Thema (vgl. Behr/Engel 2001, S. 261; Pawlowsky 2001, S. 117f.). Diese unzureichende Beschäftigung der Unternehmen mit Fragen des strategischen Personalmanagements vor allem in den 1990er Jahren wirkt bis heute nach.

Im vorliegenden Beitrag zeigen wir am Beispiel der ostdeutschen Automobilzulieferindustrie, wie die Unternehmen heute die demografische Entwicklung wahrnehmen und mit welchen Maßnahmen des Personalmanagements sie darauf reagieren (können). Die ostdeutsche Automobilzulieferindustrie ist ein wichtiger, stark KMU-geprägter Industriezweig, der hochgradig abhängig von den Automobilherstellern ist. Die derzeit größten Problemfelder liegen im Bereich Personal und insbesondere der Fachkräftemangel wird als Innovationsbarriere wahrgenommen (vgl. Müller/Riedel 2008, S. 157 u. 168). Für die Zulieferer, die aufgrund ihrer KMU-Strukturen vergleichsweise über weniger finanzielle und personale Ressourcen verfügen, ergibt sich zusätzlich das Problem, dass sich Fachkräfte und Auszubildende bevorzugt bei den Automobilherstellern (OEM) bewerben. Diese Problematik setzt sich über die gesamte Zulieferkette fort. Allerdings bestehen wirtschaftlich starke Abhängigkeiten, so dass eine vorausschauende Personalplanung unternehmensübergreifend zu denken ist.

Nachfolgend analysieren wir die Ursachen der demografischen Entwicklung in Ostdeutschland und diskutieren deren Konsequenzen für klein- und mittelständische Unternehmen. Anhand einer aktuellen qualitativen Studie in der sächsischen Automobilzulieferindustrie zeigen wir, wie KMU der demografischen Entwicklung gegenüberstehen. Analysiert wurden dabei u. a. die Wahrnehmung und Bewertung der demografischen Entwicklung, der Stellenwert von „Alter" in den Unternehmen sowie der Umgang mit älteren Belegschaften, die Personalstrategie, die praktizierten Personalmanagementinstrumente und Formen der Weiterbildung sowie die vorhandenen (generationsübergreifenden) Arbeitsprozesse und -organisation. In der Untersuchung hat sich gezeigt, dass KMU den Fachkräftemangel und die Überalterung der Belegschaften zwar als Problem und große Herausforderung wahrnehmen, allerdings hat bisher nur ein geringer Anteil an Unternehmen Lösungsstrategien entwickelt. Wir zeigen daher Wege aus der demografischen Falle auf und diskutieren geeignete Maßnahmen des Personalmanagements in KMU. Dazu zählen insbesondere auch unternehmensübergreifende Aktivitäten, wie Netzwerkinitiativen sowie Fachkräfte- und Ausbildungsverbünde.

Zum Einstieg werden die Ursachen für die demografische Entwicklung unter Berücksichtigung der sich ergebenden Herausforderungen für KMU in den Neuen Bundesländern aufgezeigt. Anschließend werden die Durchführung und Auswertung der qualitativen Studie erläutert, die mit sächsischen KMU im Jahr 2010 durchgeführt wurde. Das Ziel dieser Studie war die Konzeption eines personalstrategischen Rahmenmodells und die Ableitung konkreter Handlungsempfehlungen. Diese werden im zweiten Teil des Artikels beschrieben. Unter Berücksichtigung der aktuellen demografischen Situation und der branchenspezifischen Bedürfnisse sowie der Handlungsempfehlungen aus der Studie erfolgt eine abschließende Diskussion zur Bewältigungsfähigkeit der demografischen Entwicklung sächsischer KMU.

2 Die demografische Entwicklung als Herausforderungen für KMU in den Neuen Bundesländern

2.1 Ursachen und Folgen der demografischen Entwicklung

Hinsichtlich der demografischen Entwicklung in Deutschland gibt es zwei relativ genau vorhersehbare Entwicklungen: (1) die Verkleinerung der Gesamtbevölkerung bei (2) gleichzeitigem Anstieg des Durchschnittsalters. Die Ursachen hierfür liegen in einer rückläufigen Geburtenrate seit Mitte der 1970er Jahre. Seitdem stagniert die Geburtenhäufigkeit zwischen 1,2 und 1,4 Kindern je Frau (vgl. Höhn et al. 2008, S. 12; StBA 2009, S. 24). Durch den allgemeinen Geburtenrückgang nimmt der Anteil der Kinder je Generation um ein Drittel ab, womit gleichzeitig die Zahl potenzieller Eltern zukünftiger Generationen sinkt (vgl. StBA 2009, S.13). Seit Beginn des 20. Jahrhunderts geht außerdem die Kindersterblichkeit zurück und die Menschen werden, bedingt durch die verbesserte medizinische Versorgung, immer älter. Mit der Alterung der Bevölkerung wird auf eine weitere Ursache des demografischen Wandels hingewiesen – die steigende Lebenserwartung der Menschen. Der Altersdurchschnitt in Deutschland wird im Jahr 2050 bei circa 50 Jahren liegen (vgl. StBA 2006, S. 17).

Ähnlich wie mit der Entwicklung der Gesamtbevölkerung wird es sich mit der Bevölkerung im Erwerbsalter verhalten, die wiederum ausschlaggebend für die Belegschaftsstrukturen ist. Zur Bevölkerung im Erwerbsalter zählen Menschen von 20 bis unter 65 Jahren bzw. dem aktuellen gesetzlichen Rentenalter (vgl. Dahleke 2008, S. 8). Die Entwicklung dieser Personengruppe ist nur annähernd vorhersagbar, da eine eventuelle Zu- und Abwanderung eingerechnet werden müsste, die allerdings kaum exakt prognostizierbar ist. Noch stehen die geburtenstarken Jahrgänge aus den 1950er und 1960er Jahren im Erwerbsleben; die nachrückende Generation ist dagegen zahlenmäßig viel kleiner (vgl. Dickmann 2004, S. 13). Aufgrund des übermäßigen Personalabbaus in der Gruppe der Älteren in der Nachwendezeit ist die Gruppe des mittleren Alters derzeit am stärksten vertreten und wird geschlossen altern. 1999 war noch über die Hälfte der Erwerbstätigen zwischen 30 und 49 Jahren alt (vgl. Köchling 2000b, S. 1). Diese Altersgruppe hat sich bis heute zu einem Block von „alten“ Beschäftigten entwickelt. Das heißt auch, dass diese Gruppe etwa im selben Zeitraum in Rente geht, wodurch sich die Nachwuchsproblematik verschärft und wichtiges Fach- und Erfahrungswissen verloren gehen (vgl. Buck et al. 2002, S. 49). Mit dem Ausscheiden dieser großen Gruppe Älterer aus dem Erwerbsleben ergeben sich veränderte Altersstrukturen in der Gesellschaft, die ihrerseits die Zusammensetzung des Erwerbsalters beeinflussen. Zurzeit fallen noch etwa 20 Prozent der erwerbsfähigen Menschen in die Gruppe der Jüngeren (20- unter 30- Jährige), 49 Prozent in die Gruppe der Mittleren (30- unter 50-Jährige) und 31 Prozent in die Gruppe der Älteren (50- unter 65-Jährigen). Ein bedeutender Wandel wird sich zwischen 2017 und 2024 vollziehen: Das Erwerbspersonal wird zukünftig zu 40 Prozent aus 30- bis unter 50-Jährigen und 40 Prozent 50- bis unter 65-Jährigen bestehen. Darüber hinaus wird die Generation der „Baby-Boomer“ aus den Jahren 1950 bis 1960 in diesem Zeitraum allmählich das Rentenalter erreichen und aus dem Arbeitsmarkt ausscheiden. Der kleiner werdenden Zahl nachrückender Jüngerer steht in Zukunft eine große Zahl von Beschäftigten gegenüber, die in die älteren Jahrgänge hineinwachsen. Dies führt zu einer kontinuierlichen Alterung der Belegschaften (ebd.). Das Problem der kollektiven Alterung wird besonders die neuen Bundesländer in den nächsten Jahren stark belasten. Tabelle 1 fasst die Entwicklungen der Erwerbsbevölkerung der 20- bis 65-Jährigen zusammen:

Variante: „mittlere“ Bevölkerung, Untergrenze* (in Millionen)				
Jahr	*Insgesamt (20- bis unter 65-Jährige)*	*20-30 Jahre*	*30-50 Jahre*	*50-65 Jahre*
2010**	50,0	9,9	23,5	16,4
2020	47,6	8,5	19,8	19,2
2030	42,1	7,5	18,9	15,7
2050	35,7	6,8	15,3	13,7
2060	32,5	6,1	14,6	17,9

Tab. 1: Entwicklung der Bevölkerung im Erwerbsalter von 2010 bis 2060 nach Altersgruppen (in Anlehnung an StBA 2009 und www.destatis.de [Stand: 23.06.2011]).

* *Geburtenhäufigkeit annähernd konstant bei 1,4; Lebenserwartung steigend auf 85 Jahre bei Jungen und 89,2 Jahren bei Mädchen; Wanderungssaldo bleibt bei 100.000 (vgl. StBA 2009, S. 11).*

** *Die Zahlen für 2010 wurden aus dem Bericht der 11. koordinierten Bevölkerungsvorausberechnung des StBA 2006 übernommen.*

Insgesamt wird sich die Anzahl der Menschen im Erwerbsalter verkleinern. Neusten Berechnungen des statistischen Bundesamtes zufolge befanden sich 2010 noch etwa 50,1 Millionen Menschen im Erwerbsalter. Diese Zahl wird bis 2020 auf 48 Millionen sinken. Um 2030, wenn die bis 1965 Geborenen mindestens 65 Jahre alt sind, wird der Rückgang deutlich spürbar sein und sich anschließend weiter verstärken. 2050 werden 27 Prozent weniger Menschen im Erwerbsalter sein als heute, falls jährlich 200.000 Personen zuwandern (vgl. StBA 2009, S. 17ff.). Zusätzlich zur Verringerung der Erwerbsbevölkerung steigt deren Durchschnittsalter von 40,4 auf 44 Jahre im Jahr 2020 an (vgl. Ragnitz et al. 2007, S. 33). Besonders die Gruppe potenzieller Auszubildender und Studenten im Alter von 15 bis 24 Jahren verkleinert sich bis zum Jahr 2020. Folglich verringert sich das Neuangebot qualifizierter Arbeitskräfte. Hierbei spielt der starke Geburtenrückgang nach der Wende von 1990 bis 1994 eine entscheidende Rolle. Die Neugeborenen aus dieser Zeit sind zwischen 2010 und 2013 in der Phase ihres Schulabschlusses und treten in das Erwerbsleben bzw. einem weiterführenden Bildungsweg ein.

2.2 Die Ursachen für die Entwicklung der Erwerbstätigen in den Neuen Bundesländern

In Ostdeutschland nimmt seit 1990 die Überalterung von Fach- und Führungskräften zu (vgl. Pawlowsky 2001, S. 117). Die verschärfte Situation in den neuen Bundesländern ist neben den genannten Ursachen für die Alterung und Verringerung der Bevölkerung auf spezifische regionale und wirtschaftliche Faktoren zurückzuführen. Eine entscheidende Ursache liegt dabei im Prozess der Umstrukturierung von der Planwirtschaft zur Marktwirtschaft nach der Wende. Durch die Frühverrentungskampagnen von 1990 bis 1992 gingen um die 90 Prozent der vor 1938 Geborenen in den Vorruhestand (ebd.). Insgesamt fielen im verarbeitenden Gewerbe rund drei Viertel der Arbeitsplätze weg.

In einer zweiten Welle des sozial verträglichen Personalabbaus wurden überdurchschnittlich jüngere Mitarbeiter entlassen. Dies hatte zur Folge, dass „Schrumpfbelegschaften" mit einem Altersschwerpunkt zwischen 35 und 50 Jahren entstanden, was den derzeitig hohen Anteil der älteren Mitarbeiter in den Belegschaften erklärt (vgl. Behr/Engel 2001, S. 260f.). Durch ein Überangebot an Fachkräften auf dem lokalen Arbeitsmarkt bestand wenig Bedarf, auszubilden und sich auf den externen Arbeitsmarkt zu konzentrieren (vgl. ebd., S. 261). Zusätzlich wurde das Rentenalter 1992 von 63 auf 65 Jahre angehoben, was eine längere Verweildauer im Betrieb zur Folge hatte. Dadurch wurde wiederum der Ersatzbedarf hinausgeschoben. Als Resultat dieser Strategien wurden kaum jüngere Nachwuchskräfte rekrutiert, es sei denn, wachstumsbedingte Neueinstellungen wurden notwendig (vgl. Pawlowsky 2001, S. 117). Aufgrund der demografischen Veränderung und begünstigt durch die Abwanderung aus den neuen Bundesländern haben sich heute diese lokalen Ressourcen erschöpft und aus dem Angebotsüberschuss bei den Bewerbern ist eine Lehrlingsknappheit geworden (vgl. Behr/Engel 2001, S. 264).

Nach der Grenzöffnung und Wiedervereinigung Deutschlands wanderten zwischen 1989 und 1991 rund 800.000 Personen aus Ostdeutschland ab, die meisten nach Westdeutschland. Von noch größerer Bedeutung war jedoch der Geburtenrückgang nach 1990 in Ostdeutschland: Die Zahl der jährlich geborenen Kinder in Ostdeutschland sank von 1990 bis 1994 um mehr als die Hälfte von 178.000 auf 79.000 (vgl. Pötzsch 2007, S. 8). Bedingt durch Abwanderung und einem Überschuss an Gestorbenen (987.000) reduzierte sich die Bevölkerung in Ostdeutschland insgesamt um 1,46 Millionen von 1991 bis 2004.

Im Bundesland Sachsen, auf das sich die vorliegende Studie bezieht, wird die Gesamtbevölkerung im Jahr 2025 voraussichtlich 3,6 bis 3,8 Millionen Einwohner betragen. Das sind knapp 522.000 (12,5 Prozent) Personen weniger als im Jahr 2009 (4,2 Millionen Einwohner). Trotz einer steigenden Geburtenrate wird die Zahl der Geburten von 34.000 auf 22.000 im Jahr 2025 zurückgehen, was auf die Verkleinerung der Zahl der potenziellen Mütter zurückzuführen ist. Die Sterbefälle werden hingegen von derzeit 50.000 auf 56.000 im Jahr 2025 als Folge des Alterungsprozesses steigen (vgl. StaLA 2010, S. 1). Somit übersteigt die Zahl der Gestorbenen die der Geborenen und ergibt ein Geburtendefizit von 34.500 Personen im Jahr 2025 (16.000 in 2009). Der Altersdurchschnitt der gesamten Bevölkerung Sachsens wird von derzeit 45,9 Jahre auf 49,3 Jahre bzw. 50,1 Jahre (in 2025) ansteigen. Sachsen ist bereits heute das Bundesland mit der demografisch ältesten Bevölkerung der Bundesrepublik. Ferner wird sich die altersgemäße Zusammensetzung in Sachsen bis 2025 markant verändern. Tabelle 2 fasst die Entwicklung der Bevölkerung nach Altersgruppen in Sachsens bis 2025 zusammen:

Alter in Jahren	**2010**	**2025**
	Angaben in 1000	
Unter 20	596,1 (14,4 %)	557,4 (15,3%)
20 bis 65	2513,0 (60,8%)	1932,7 (53,0%)
65 und älter	1025,8 (24,8%)	1156,6 (31,7%)
Bevölkerung gesamt	4134,9 (100%)	3646,7 (100%)

Tab. 2: Entwicklung der Bevölkerung in Sachsen bis 2025 (in Anlehnung an die 5. Regionalisierte Bevölkerungsprognose für den Freistaat Sachsen, StaLA 2010, S. 4).

Die Bevölkerung im Erwerbsalter wird in Relation zur Gesamtbevölkerung Sachsens sinken und durchschnittlich älter. Beispielsweise sinkt der Anteil der 20- bis 30-Jährigen von 12,9 Prozent in 2010 auf 8,2 Prozent in 2025. Die Gruppe mittleren Alters von 30 bis 50 Jahren reduziert sich bis 2025 um 307.000 Personen. Die Zahl der 65-Jährigen wird auf 1,2 Millionen ansteigen; das ist ein Zuwachs von 13 Prozent. Für den Arbeitsmarkt in Sachsen bedeutet das, dass am Ende des Prognosezeitraums 500.000 bis 600.000 weniger Personen im erwerbsfähigen Alter zur Verfügung stehen als bisher.

Die sächsischen KMU müssen sich nicht nur aufgrund der demografischen und wirtschaftlichen/ regionalen Entwicklungen, sondern bedingt durch typische strukturelle Merkmale dieser Unternehmensgruppe, weiteren Herausforderungen stellen.

2.3 Herausforderungen des demografischen Wandels für KMU

KMU haben in Deutschland eine große gesamtwirtschaftliche Bedeutung. Insbesondere der Mittelstand gilt als „Rückgrat der deutschen Wirtschaft“ (vgl. isw 2008, S. 121). Wird die KMU-Definition der EU-Kommission zugrunde gelegt, zählten in Deutschland im Jahr 2008 99,5 Prozent der Unternehmen mit steuerbarem Umsatz und/oder sozialversicherungspflichtigen Beschäftigten zu der Gruppe der kleinen und mittleren Unternehmen. Auf sie entfallen

36,9 Prozent aller Umsätze und 54,5 Prozent aller sozialversicherungspflichtigen Beschäftigten. Auf Grundlage der KMU-Definition der EU-Kommission machen die Kleinstunternehmen mit 91,0 Prozent den Großteil aller ansässigen Unternehmen in Sachsen wie auch im gesamten Gebiet der neuen Bundesländer aus.

Der Anteil der kleinen Unternehmen lag im Jahr 2009 bei 7,2 Prozent; der Anteil der mittleren Unternehmen bei 1,5 Prozent. Die restlichen 0,3 Prozent entfielen auf Großunternehmen mit 250 und mehr sozialversicherungspflichtigen Beschäftigten. Zum 30. September 2009 zählten 99,7 Prozent der im sächsischen Unternehmensregister erfassten Erhebungseinheiten zur Gruppe der KMU (vgl. StaLA 2009, S. 47). Das ist darauf zurückzuführen, dass zu Beginn der 1990er Jahre zahlreiche Unternehmen in den neuen Bundesländern gegründet wurden und heute noch relativ klein sind (vgl. Schöne/Voigt 2002, S. 19).

Ein Schlüsselfaktor für die Wettbewerbsfähigkeit kleiner und mittelständischer Unternehmen ist die ausreichende Zahl und Eignung von Arbeitnehmern. Das Hauptproblem bestand lange Zeit nicht im fehlenden Erwerbspersonal, sondern im Mangel an Fachkräften, die den notwendigen spezifischen Qualifikationsanforderungen genügen (ebd., S. 28f). Neben fehlenden Qualifikationen wurden viele Fachkräfte wegen ihrer fehlenden Flexibilität, Mobilität, Arbeitsbereitschaft und Motivation sowie aufgrund zu hoher Gehaltsvorstellungen von Unternehmen nicht eingestellt (ebd., S. 30). Allerdings erhöhen das mangelnde Problembewusstsein vieler Führungskräfte hinsichtlich der demografischen Entwicklung, eine geringe strategische Orientierung des Personalmanagements und eine lückenhafte Personalentwicklung das Risiko der „demografischen Falle" vieler Unternehmen in den Neuen Bundesländern (vgl. Pawlowsky 2001, S. 118). Größere Unternehmen werden weniger Probleme haben, sich den neuen Gegebenheiten anzupassen, da sie in der Regel über ausgeprägte Personalentwicklungskonzepte verfügen und als attraktiver Arbeitgeber bei Nachwuchskräften wahrgenommen werden. Kleine Unternehmen, v.a. in ländlichen strukturschwachen Regionen, werden hingegen Schwierigkeiten haben, die geeigneten Arbeitskräfte zu rekrutieren (vgl. Wächter/Sallet 2006, S. 5). Es besteht die Gefahr, dass diese nicht mehr wettbewerbsfähig sind.

Häufig fehlt in KMU eine eigenständige Personalabteilung bzw. beschränkt sich die Personalarbeit auf administrative Personalverwaltung, die von der Geschäftsleitung mit übernommen wird (vgl. Behrends/Martin 2006, S. 43). Durch das Fehlen eines strategischen Personalmanagements sind Instrumente zur Personalauswahl, Karriereplanung oder Potenzialanalysen und Personalcontrolling selten vorhanden bzw. weisen Defizite auf (vgl. Ackermann/Blumenstock 1993, S. 38ff). Ebenfalls wird Personalmarketing, wie Werbung auf Kontaktmessen oder Maßnahmen der Öffentlichkeitsarbeit, die zu einer Erhöhung des Bekanntheitsgrades als Arbeitgeber führen, nur selten wahrgenommen (ebd., S. 40). Der Personalrekrutierung kommt vor dem Hintergrund des demografischen Wandels und dem prophezeiten Fachkräftemangel jedoch eine enorme Bedeutung zu, da KMU mit Großunternehmen konkurrieren, die in der Regel durch ihre finanziellen Ressourcen und einen hohen Bekanntheitsgrad attraktiver für Bewerber sind. KMU können allerdings diesen Mangel durch ein gutes Betriebsklima, enge soziale Beziehungen und Aufgabenvielfalt kompensieren.

Verlaufshypothese →

1. Phase	*2. Phase*		*3. Phase*
1990 – 1994	1995 – 1999	ab 2000	…
Phase des Personalabbaus	**personalwirtschaftliches Moratorium**		**?**
• Strukturwandel des Beschäftigungssystems • Entstehung eines Überangebots an Arbeitskräften	• Zeit der ökonomischen Konsolidierung und personalwirtschaftlicher Latenz angesichts des Überangebots	• Erschöpfung der üppigen Qualifikationsressourcen und Herannahen der demografischen Lücke	• Impulse für Qualifikationsressourcen und zur Professionalisierung der Personalpolitik zur Abwendung der demografischen Falle • Reanimierungs- und Erschließungsstrategien des Potenzials des Arbeitsmarktes • systematische Sicherung des Nachwuchses für den Unternehmenserhalt Restrukturierungsszenario ↑
• massive Personalreduktion in mehreren Wellen • Frühverrentung des älteren und Freisetzung des jüngeren Personals • Reduzierung des Ausbildungsengagements	• Betriebskonsolidierung auf niedrigem Niveau • verlangsamte Korrektur des Personalstandes nach unten bis zur Erreichung des Abbaus von Überkapazitäten • wenig Neueinstellungen unter besonderer Berücksichtigung sozialer Kontakte • kaum Ausbildung, auch wegen günstiger Zugriffsmöglichkeiten auf den erweiterten internen Arbeitsmarkt	• fortschreitende Konsolidierung mit Auftragsspitzen • wachsende Zahl an Überstunden und Leistungsabforderung bis zur oberen Belastungsgrenze der Beschäftigten • Neueinstellungen vor allem bei Erweiterungsbedarf unter Bedingung schwindender regionaler Qualifikationsressourcen • Reaktivierung der Ausbildung, aber noch mit geringen Übernahmechancen für Lehrlinge	→ **zwei Szenarien** ↓ Szenario der demografischen Falle
↓	↓	↓	
• Entstehung gut qualifizierter, homogener Schrumpfbelegschaften mit dem Schwerpunkt auf den 35- bis 50-Jährigen	• Abschließung der Betriebe gegenüber dem Arbeitsmarkt und Institutionenvermeidung	• Auszehren der inner- und außerbetrieblichen Qualifikationssubstanz und Entfremdung gegenüber spezifischen Beschäftigtengruppen (Frauen, Jugendliche, Ausländer)	• Fortwirkung der Handlungsmuster des personalwirtschaftlichen Moratoriums • binnenzentrierte Ausschöpfungsstrategien der verbliebenen Ressourcen • Bedrohung der weiteren wirtschaftlichen Entwicklung durch Fehlen einer systematischen Sicherung des Nachwuchses

Abb. 1: Verlaufshypothese: Drei Phasen der Personalpolitik im verarbeitenden Gewerbe Ostdeutschlands (Behr/Engel 2001, S. 259)

Darüber hinaus schafft das Angebot von potenziellen Weiterentwicklungsangeboten und Aufstiegschancen Anreize für Bewerber (vgl. Dahleke 2008, S. 16). Weitere Herausforderungen resultieren aus der Alterung der Belegschaften, die mit einem veränderten Leistungs- und Entwicklungsverhalten einhergehen. Dieser Umstand wird in den meisten KMU allerdings noch nicht als Problem wahrgenommen. Jedoch ergibt sich angesichts der komprimierten Altersstrukturen ein zukünftiger Handlungsbedarf sowohl im Bereich des strategischen Personalmanagement zur Gewinnung und Bindung von Fachkräften als auch im Hinblick auf eine alternsgerechte Arbeitsgestaltung.

Der dringende Bedarf an Nachwuchskräften bei gleichzeitigem altersbedingtem Ausscheiden größerer Kontingente von Fach- und Führungskräften wird als „demografische Falle“ bezeichnet (vgl. Lutz/Wiener 1999, zit. nach Pawlowsky 2001, S. 117). Die Wahrscheinlichkeit, dass die demografische Falle eintritt, „steht und fällt mit der Strategiefähigkeit, den mobilisierbaren Handlungsressourcen sowie der Nachwuchssicherung der Unternehmen.“ (Behr/Engel 2001, S. 256). Behr/Engel (2001, S. 267) beschreiben auf Grundlage zahlreicher empirischer Untersuchungen im KMU-geprägten verarbeitenden Gewerbe in den Neuen Bundesländern verschiedene Szenarien der demografischen Entwicklung (sog. Verlaufshypothese), die unmittelbar mit den historischen Entwicklungsbedingungen nach der Wiedervereinigung zusammenhängen (vgl. nebenstehende Abbildung 1).

Die optimistische Variante der Verlaufshypothese, das Restrukturierungsszenario, sieht ein rechtzeitiges Reagieren der Unternehmen und einen systematischen Personalaufbau vor. Die pessimistische Variante, das Szenario der demografischen Falle, ist das Versäumnis der Unternehmen, Nachwuchs aufzubauen, da sie sich darauf verlassen, dass das Angebot auch zukünftig stetig hoch bleibt. Daraus könnte ein Versorgungsproblem mit Fachkräften entstehen. Das Überangebot an Fachkräften aus der Vergangenheit könnte dann paradoxerweise die Ursache für den zukünftigen Mangel sein, da die Betriebe personelle Engpässe nicht in Erwägung ziehen und eine vorausschauende Personalentwicklung und Personalplanung weniger stark forcieren (ebd., S. 256). Für KMU bedeutet das, dass sie dem demografischen Wandel insbesondere im Bereich der Personalentwicklung und -rekrutierung entgegentreten müssen. Sind die Unternehmen entsprechend gut vorbereitet und mit den notwendigen Personalmaßnahmen ausgestattet, dürfte die demografische Falle nicht oder nur in einem unbedeutenden Ausmaß eintreten.

Ziel der nachfolgend dargestellten qualitativen empirischen Untersuchung in der Automobilzulieferindustrie in Sachsen war zehn Jahre nach der Veröffentlichung der Verlaufshypothese von Behr/Engel (2001) herauszufinden, wie die Unternehmen die demografische Entwicklung wahrnehmen und ob bzw. welche Handlungsstrategien sie zur Bewältigung entwickeln und umsetzen.

3 Empirische Studie in der Automobilzulieferindustrie in Sachsen

3.1 Forschungsfragen und Vorgehen

Mit der empirischen Studie sollte der Bedarf an gezielten Maßnahmen, die sich aus den Folgen des demografischen Wandels sowie der derzeitigen Personalarbeit der Unternehmen erschließen, ermittelt werden. Dabei galt es, die Herausforderungen zu erfragen, welche sich für klein- und mittelständische Automobilzulieferer Sachsens aus der Alterung der Belegschaften sowie dem drohenden Fachkräftemangel ergeben und wie die Unternehmen angesichts ihrer Arbeits- und Personalpolitik auf diese Herausforderungen vorbereitet sind. Darüber hinaus wurden branchenspezifische Problem- und Handlungsfelder betrachtet. Das Untersuchungsinteresse bezieht sich zusammengefasst auf die folgende Frage: Inwieweit sind die klein- und mittelständischen Unternehmen der Automobilzulieferindustrie Sachsens auf die Folgen der demografischen Veränderung vorbereitet und wie können sie dem Wandel mit Maßnahmen des Personalmanagements adäquat begegnen? Dazu wurden in der empirischen Untersuchung die folgenden Themenbereiche betrachtet:

- Ausrichtung der Personalpolitik und Handlungsfelder der Personalarbeit
- Gestaltung von Kommunikation und Zusammenarbeit
- Bedeutung und Struktur von Weiterbildung
- Stellenwert von „Alter“ für das Unternehmen
- Wahrnehmung und Bewertung des demografischen Wandels

Die befragten zehn Unternehmen – drei Ingenieurdienstleister und sieben produzierende Unternehmen – sind Teil der Kette der Lieferanten, d. h. keine Finalproduzenten. Umgesetzt wurde ein qualitatives Forschungsdesign in Form von teilstandardisierten Interviews mit Geschäftsführern und Personalleitern, die einen ganzheitlichen Überblick über die Belegschaft und die Unternehmensstrukturen haben. Das Audiomaterial wurde verschriftlicht (transkribiert) und ausgewertet. Die Aussagen wurden zur Systematisierung ein verschiedene Kategorien und Subkategorien eingeteilt, aus denen abstrahierte Erkenntnisse formuliert wurden, die nachfolgend zusammenfassend dargestellt werden.

3.2 Untersuchungsergebnisse

Aus einem, dem Interview vorangestellten Kurzfragebogen zu Unternehmensdaten, wurde berechnet, dass der Altersdurchschnitt in den befragten Unternehmen 42,26 Jahre beträgt. Der niedrigste Wert liegt bei einem durchschnittlichem Alter von 37 Jahren und der höchste Wert bei 47 Jahren. Der Wert in diesem Unternehmen ist damit schon relativ hoch, d. h. ein Großteil der Mitarbeiter wird höchstwahrscheinlich in den nächsten 10 bis 15 Jahren in Rente gehen. Bei der Arbeits- und Aufgabenstruktur zeigen sich Unterschiede zwischen den produzierenden Unternehmen und den Dienstleistern. Bei den produzierenden Unternehmen sind Routineaufgaben besonders in den hierarchisch niedrigeren Ebenen ausgeprägt, wohingegen die Ingenieurdienstleister durch häufig wechselnde Projekte kaum Routine haben. Ebenfalls sind Ansätze von Job Rotation vorzufinden, um Verschleißerscheinungen bei den Mitarbeitern vorzubeugen und deren Einsatzbreite zu erhöhen. Das Prinzip ist jedoch wenig strukturiert und geplant.

(1) Ausrichtung der Personalpolitik und Handlungsfelder der Personalarbeit

Bereits in anderen Studien (z. B. Behr/Engel 2001; Schindler 2008) wurde die meist mangelhaft ausgebildete Personalstrategie in KMU als Hindernis für das zukünftige Bestehen der Unternehmen aufgeführt. Daher wurde eruiert, in welchem Umfang ein Personalmanagement in den befragten KMU vorhanden ist und wie dieses umgesetzt wird. In jedem der betrachteten Unternehmen ist mindestens eine Person (max. drei) für Personalangelegenheiten zuständig. Das sind in der Regel der Geschäftsführer und entweder ein Prokurist, ein Personalsachbearbeiter, ein Personalleiter, ein Personalreferent oder Mitarbeiter, die verantwortlich für die Gehaltsabrechnung sind. Ihre Tätigkeiten beschränken sich vorwiegend auf klassische Personalangelegenheiten, wie Lohnbuchhaltung oder Personaleinstellung und -freisetzung:

> „Das [Personalangelegenheiten, d.V.] mache ich gemeinsam mit der Geschäftsleitung, das heißt es wird über Jahre hinweg gesagt, wird die Mitarbeiterzahl gehalten, wird sie anwachsen oder muss sie abgebaut werden, das ist je nach wirtschaftlicher Situation bei uns. [...] Dementsprechend werden die Vorgaben von der Geschäftsleitung gesetzt." (Un2_PL1_03_10)

> „Ich betreue hier im Hause die Personalangelegenheiten, bin allerdings auch Assistenz der Geschäftsführung und betreue noch die Förderprojekte hier im Hause." (Un4_PL2_03_10)

Meist wird das Thema Personal nur am Rande bearbeitet. Das könnte ein Indiz für den niedrigen Stellenwert des Personalmanagements in vielen KMU sein. Die Geschäftsleitung hat einen großen Einfluss auf Personalentscheidungen. Generell haben die Geschäftsleitung und die Kunden einen bedeutenden Einfluss auf die Personalstrategie. Der Zeitraum für Personalplanung variiert von Unternehmen zu Unternehmen. In der Regel wird jedoch eher situativ entschieden. Möglicherweise ist die Kundenabhängigkeit ein Hinweis auf den begrenzten Planungszeitraum, da Kundenanforderungen nur bedingt vorhersehbar sind:

> „Die Personalstrategie ist an den Kunden angepasst, an die Verfahrenstechnik, alles was hier im Hause ist. Das heißt also, die Verfahren und alles, was die Entwicklungsabteilung uns vorgibt, was die Zukunft bringt oder auch im Marketing oder Vertriebsbereich, was wir im Hause haben an Fertigung, die Struktur des Personals, das geben die Kunden vor. Das heißt aus dieser Sache ergibt sich der Bildungsplan Qualifikation. Aber der Bildungsplan wird dann dementsprechend aufgebaut und da wird gesagt, was ist noch notwendig, was muss noch geschult werden oder es gibt generell Einstellungen. Komplett neue Berufe, das muss auch beachtet werden, da wird in diese Richtung gesucht." (Un2_PL1_03_10)

> „Unternehmerischer Weitblick – das ist wirklich so, dass wir einfach sagen: ‚Okay, in welche Richtung wollen wir uns entwickeln?‘. Und dann müssen wir natürlich entscheiden: ‚Okay, wir brauchen keine Produktionsarbeiter oder Meister, sondern wir brauchen Ingenieure, die auch Softwareentwicklung machen können.' Das ist einfach der unternehmerische Weitblick." (Un6_Gf1_03_10)

> „Nein, also das ist wirklich ganz pragmatisch, ganz operativ, ich sehe, wie sind wir aufgestellt.“ (Un9_Gf2_04_10)

Bei der Personalbedarfs- und Nachfolgeplanung fehlt eine Strategie, mit welcher der Bedarf überhaupt erst ermittelt wird. Die Unternehmer verlassen sich weitestgehend auf ihre Instinkte und den guten Kontakt zur Belegschaft und leiten daraus den Bedarf ab. Eine wichtige Rolle bei der Personalbeschaffung spielen die Informationen und Meinungen aus der Belegschaft. Über die meisten Unternehmen hinweg gibt es verschiedene Instrumente der schriftlichen Fixierung von Personalentwicklung wie bspw. Schulungspläne. Eine gewisse Grundstruktur einer Personalstrategie ist dementsprechend vorhanden. Die externe Personalbeschaffung weist hingegen Defizite auf und beschränkt sich auf herkömmliche Methoden wie Inserate in Zeitungen:

> „Personalabteilung, da gibt es eine verantwortliche Dame, die kümmert sich auch um neue Stellen, die besetzt werden müssen und Ausschreibungen. Und wir kooperieren dort immer noch mit den Arbeitsämtern sehr intensiv, aber auch mit der privaten Personalvermittlung. Über Anzeigen haben wir nicht allzu gute Erfahrungen gemacht, dort wird eine Vorauswahl getroffen logischerweise und dann die Werkleitung oder ich und ich, je nachdem wie Zeit ist, treffen dann die Entscheidungen.“ (Un9_Gf2_04_10)

Für den Großteil der Unternehmen sind für die nächsten zehn Jahre beträchtliche rentenbedingte Personalverluste zu verzeichnen. Allerdings beschränkt sich die Nachfolgeplanung auf Führungspositionen. Bei der Versorgung mit Nachwuchskräften wird eine interne Ausbildung bzw. Qualifizierung bevorzugt. Eine Herausforderung besteht dahingehend, die Nachwuchskräfte an das Unternehmen zu binden, bis diese ihre angestrebte Position einnehmen können:

> „Wir wählen ja unsere Mitarbeiter bei der Einstellung schon gezielt aus, von der Berufsbildung, die wir brauchen. Also ich würde sagen, wir tun uns unsere Facharbeiter damit heranziehen oder wenn ich mit der BA [Berufsakademie] zusammen bin, dann tue ich natürlich den Ingenieur, sage ich mal, zuschneiden lassen, der dann auch wieder tätig werden kann.“ (Un6_Gf1_03_10)

> „Problem ist es dann immer, diese zweite Generation, die ja dann noch bisschen warten muss, bis sie dann die alleinige Führungskraft wird, bis dahin dann so zu motivieren, dass wir sie auch halten können.“ (Un2_PL1_03_10).

(2) Gestaltung von Kommunikation und Zusammenarbeit

Das Thema Kommunikation und Zusammenarbeit wurde in die Befragung aufgenommen, um Formen des Informationstransfers und Möglichkeiten der Reflexion zu erschließen und um zu zeigen, inwieweit der Transfer von Wissen und Erfahrungswissen im Unternehmen sowie generationsübergreifend gewährleistet ist. Eine gewisse Transparenz von Informationen und Wissen erscheint angesichts schwindender Fachkräfte als notwendig und ist darüber hinaus förderlich für die Innovationsfähigkeit des Unternehmens (vgl. Buck et al. 2002, S. 61ff).

Die interviewten Unternehmen zeichnen sich dadurch aus, dass die interne Kommunikation über Abteilungen und Hierarchieebenen hinweg direkt und unkompliziert ist. Ein ungehinderter Informationsaustausch wird als grundlegend wichtig erachtet. Für den formellen und informellen Austausch gibt es zahlreiche Möglichkeiten, was auch in den Größenmerkmalen von KMU begründet ist:

> „Da gibt es keine Unterschiede. Wenn wir jetzt Betriebsversammlung haben, sind da alle zusammen. Es gibt da keine Unterschiede, da sitzen Ingenieure zwischen normalen Lagerarbeitern, die aber auch alle einen Facharbeiter haben, die alle eine abgeschlossene Berufsausbildung haben." (Un6_Gf1_03_10)

> „Wir versuchen, auch so ein Konzept der offenen Tür zu gestalten, also wenn wir jetzt oben wären, würden sie sehen, dass wir Glastüren haben in den neu gestalteten Bereichen [...]. Ich kann jetzt auf den Kollegen, auf den Vorgesetzten zugehen, der hat ein offenes Ohr für mich und es geht auch wirklich bis zur Geschäftsleitung hoch, also wenn ein Mitarbeiter in der Fertigung ein Thema hat, wo er sagt, da fühle ich mich beim Geschäftsleiter verstanden und das möchte ich gern mit ihm besprechen, weil ich vielleicht auch ein Problem mit meinem Vorgesetzten habe." (Un10_PL6_04_10)

Generationsübergreifender Wissenstransfer wird hingegen nicht bewusst forciert, vielmehr wird angenommen, dass sich dieser von selbst vollzieht. Die Organisation der Arbeit in altersgemischten Gruppen bietet immerhin eine optimale Voraussetzung für eine generationsübergreifende Vermittlung von Wissen. Jedoch müssen die Wissensträger bereit dafür sein, ihr Wissen an lernwillige Empfänger weiterzugeben. Die Unternehmen können hierbei gezielt intervenieren und einen Wissenstransfer anregen, der zu Vorteilen auf beiden Seiten führt:

> „[Förderung von Wissenstransfer, d.V.] Nicht bewusst, das funktioniert eigentlich ein stückweit von allein, aber bewusst wird es nicht gefördert." (Un4_PL2_03_10)

> „Das muss man halt immer wieder probieren und die Jungen müssen dann lernwillig sein, die müssen auch fragen und die Älteren müssen auch abgeben wollen. Das sind ja viele Faktoren und die Älteren müssen vielleicht auch wieder was von den Jüngeren lernen, was sie selber nicht haben. Es ist ja eine gegenseitige Sache und wenn die Gegenseitigkeit entsteht, dann kann das funktionieren, kann auch gut funktionieren, wenn sie einen haben, der gerne Wissen weitergeben will, weil ihm das Spaß macht und einen haben der gut aufnimmt." (Un3_So2_03_10)

(3) Bedeutung und Struktur von Weiterbildung

Bei immer kürzeren Innovationszyklen und schnellerem Verfall von Wissen und Fähigkeiten gewinnt eine regelmäßige Weiterbildung zunehmend an Bedeutung. Dabei gilt es, das vorhandene Personal bestmöglich zu nutzen. In der Untersuchung wurde danach gefragt, wie Weiterbildungsangebote in den Unternehmen implementiert sind, mit welcher Regelmäßigkeit diese stattfinden, über welche Kanäle zu Angeboten informiert wird und wie sich die Teilnahme über die Altersgruppen hinweg gestaltet. Weiterhin spielt die Erfassung von relevanten Daten zur Weiterbildung bei der Befragung eine Rolle. Schließlich sollten Barrieren aufgedeckt werden, die sich bei der Umsetzung der gelernten Fähigkeiten und Fertigkeiten zeigen, wobei die Barrieren in der Umsetzung Rückschlüsse auf die Angemessenheit der Qualifizierungsmaßnahmen zulassen. In Bezug auf alternde Belegschaften ist die gleichberechtigte Teilhabe an Qualifizierungen zu untersuchen.

In Hinblick auf fachliche Qualifikationen sind die Mitarbeiter in den meisten der befragten Unternehmen sehr gut aufgestellt. In interne und externe Weiterbildungen, die überwiegend fachliche Themen behandeln, wird investiert. In der Regel werden die notwendigen Qualifikationen durch die Kunden und Lieferanten vorgegeben. Schulungen, in denen Soft Skills bzw. übergreifende Kenntnisse erworben werden, sind selten oder nicht vorhanden. Angebote für Weiterbildungen werden teilweise über Aushänge oder das betriebliche Intranet veröffentlicht. Es wird jedoch vom Mitarbeiter erwartet, dass er selbst einen Bedarf für eine Qualifizierung anmeldet. Darüber hinaus werden Weiterbildungsbedarfe über Mitarbeitergespräche ermittelt oder erschließen sich aus der Weiterbildungsplanung und den Stellenbeschreibungen:

> „Wir haben einfach hervorragend fachlich besattelte Mitarbeiter. Speziell im Bereich der Elektrotechnik gibt es immer wieder Leute, wo man sagt: ‚Meine Herrn, das ist ein hervorragender Mann‘, aber der kriegt seine Power nicht auf den Boden, weil der nie was sagt, der braucht am Telefon erst mal 2 Minuten, um überhaupt warm zu werden.“ (Un1_So1_03_10)

> „Na die gesetzlich vorgeschriebenen Schulungen, die müssen sie regelmäßig machen. Die kommen auch immer in die Schulungsbedarfsplanung mit hinein und die aus den Kundenforderungen heraus. Also wir müssen bestimmte Mitarbeiter immer schulen, das ist vorgeschrieben oder Nachfolgelehrgänge, um bestimmte Qualifikationen aufzufrischen logischerweise. Aber jetzt zu sagen, aller 2 Wochen kommen die Mitarbeiter zusammen und trainieren Teamfähigkeit, das wäre zu viel verlangt.“ (Un8_PL5_04_10)

Das Alter der Beschäftigten spielt bei der Teilnahme an Qualifizierungen keine Rolle, obwohl Ältere mitunter motiviert werden müssen:

> „Wir schicken ältere Mitarbeiter genauso wie jüngere Mitarbeiter zur Qualifizierung, weil, ob der Mitarbeiter nun 20 Jahre alt ist oder 60 Jahre, die müssen beide noch die gleiche Leistung im Unternehmen bringen und haben beide den gleichen Qualifizierungsbedarf, da schicken wir beide hin.“ (Un5_PL3_03_10)

Von externen Weiterbildungen wird erwartet, dass sie einen Bezug zur täglichen Arbeitspraxis herstellen, denn die größte Barriere bei der Umsetzung von gelernten Inhalten sind fehlende Möglichkeiten der Anwendung im Betrieb. Ein weiteres Problem ist das Vergessen des Gelernten, wenn dieses nicht kontinuierlich wiederholt wird. Dafür fehlen allerdings Zeit und Geld:

> „Das müsste dann nach der Initialschulung mindestens noch 3-mal vertieft werden und dann noch 5-mal geübt werden mit dem Coach, bis sich dort eine, ich will nicht sagen Verhaltensänderung, aber sich eine Änderung einstellt […]. Die Zeit und das Geld fehlen dann im Regelfall, doch wirklich ein Jahr lang immer nebenher zu laufen

> und zu sagen: ‚Jetzt musst du‘. Macht man nicht, man macht es Initial ein Mal und hofft, dass was hängen bleibt.“ (Un1_So1_03_10)

(4) Stellenwert von „Alter“ im Unternehmen

In dieser Kategorie sollte herausgefunden werden, welche Ansichten in Bezug auf das Alter der Belegschaft existieren und wie die Leistungsfähigkeit eines älteren gegenüber einem jüngeren Mitarbeiter eingeschätzt wird. Dass Ältere bei der Teilnahme an Weiterbildungsmaßnahmen bewusst ausgeschlossen werden, konnte durch die Interviews nicht bestätigt werden. Das Thema „Alter der Beschäftigten“ hat nur eine geringe Bedeutung in den Unternehmen. Sehr wenige Interviewpartner sind der Meinung, dass eine Person ab einem bestimmten Alter als „alt“ einzustufen ist.

Als Indikatoren für einen älteren Mitarbeiter gelten eine nachlassende Leistungsfähigkeit und -bereitschaft. Es lassen sich jedoch verschiedene Stärken und Schwächen nicht für eine bestimmte Altersgruppe pauschalisieren. Manche Interviewpartner nennen Merkmale, die speziell für Jüngere und Ältere zutreffen. Die Unterschiede spielen dennoch keine Rolle – im Gegenteil – aus der Zusammenführung der Eigenschaften könnte eine nützliche Synergie entstehen:

> „Ganz ehrlich, ich würde keinen Unterschied machen, ob die alt oder jung sind. Ich habe Junge, die sind fürchterlich träge, phlegmatisch, haben Defizite. Ich habe Junge, die sind total motiviert und sind gut gebildet und sind dabei und genauso habe ich Ältere. Also ich kann es wirklich aus meiner Sicht nicht pauschaliseren. Deswegen, die richtige Mischung macht es.“ (Un9_Gf2_04_10)

Was die Arbeitsorganisation betrifft, werden Ältere ebenso in alle Tätigkeiten einbezogen, wie ihre jüngeren Kollegen. Ältere werden als wichtiges Potenzial angesehen, mit einer starken Ausprägung der traditionellen Arbeitstugenden. Allerdings gibt es meist keine Ausweicharbeitsplätze, falls ein Arbeiter nicht mehr in der Lage sein sollte, gewisse Arbeitsschritte auszuführen:

> „In der Produktion, wenn die Leute arbeiten, dann ist das echt körperliche Belastung, den ganzen Tag auf den Beinen und ich habe keine Ausweicharbeitsplätze. Kann nicht sagen, wenn einer 60 ist und nicht mehr so gut auf den Beinen, dann steck ich ihn in die und die Abteilung, habe ich nicht. Also die Leute müssen und deswegen muss ich aber auf der anderen Seite gucken, dass die gesund bleiben und da können wir Einiges tun. Einmal durch Aufklärung natürlich, das ist auch wichtig, wenn es die Leute nicht selber tun. Wir können halt begleitend Hilfestellung geben.“ (Un9_Gf2_04_10)

(5) Wahrnehmung und Bewertung des demografischen Wandels

Von besonderem Interesse waren hier die Aussagen zu Aktivitäten, die auf die Folgen der demografischen Veränderung zielen und die bereits unternommen wurden oder geplant sind. Die meisten Unternehmen beklagen die nachlassende Anzahl, Qualität und Motivation der Bewerber.

Aufgrund regionaler Nachteile und begrenzter finanzieller Mittel wird eine große Herausforderung in der Gewinnung und Bindung von Fachkräften gesehen:

> „Es [die demografische Entwicklung, d.V.] wird umso böser zuschlagen, denke ich einfach. Ich merke das jetzt schon an der Qualität der Absolventen, die nimmt deutlich ab, die Motivation nimmt ab, das Interesse am Beruf nimmt ab und die schiere absolute Anzahl nimmt ab.“ (Un1_So1_03_10)

> „Also wir haben das Problem, dass ich die ganzen Topleute nicht bezahlen kann, kann die Löhne nicht bezahlen. Auf der anderen Seite steigt der Anspruch an uns immer mehr […]. Also mir bleibt fast auch gar nichts anderes übrig, als die Leute im eigenen Lager zu entwickeln und auszubilden, weil ich kann keinen Fertigen nehmen. Das dauert viel zu lange, bis der versteht, was wir tun.“ (Un9_Gf2_04_10)

> „Ja, vor allem auch hier in der Region, wir sind sicherlich nicht die attraktivste und interessanteste Region, um da jemanden herzulocken und hier zu halten. Das ist sicherlich ein mehrschichtiges Thema.“ (Un3_So2_03_10)

Ein weiteres Problem bei der Akquise ist der Wettbewerb um Nachwuchskräfte mit anderen Bereichen der Wirtschaft, für die sich junge Bewerber bevorzugt entscheiden (z. B. Banken- und Finanzwesen). Geschlossen wird die Meinung vertreten, dass die Unternehmen selbst aktiv werden müssen und ihren Bekanntheitsgrad bereits bei Schülern erhöhen. Darüber hinaus sind Kooperationen mit verschiedenen Bildungseinrichtungen geeignet, um Fachkräfte für das eigene Unternehmen zu gewinnen. Als weitere mögliche Reaktionen auf den Fachkräftemangel werden eine erweiterte Nutzung und Aktivierung vorhandener Ressourcen in Erwägung gezogen. Um die Attraktivität des Unternehmens, trotz der bestehenden Nachteile gegenüber Großunternehmen oder andern Branchen zu erhöhen, werden die Verbesserung familienfreundlicher und gesundheitlicher Aspekte sowie die Vermittlung interessanter Inhalte und Spaß an der Arbeit genannt:

> „Das [als Unternehmen in die Schulen gehen, d.V.] machen wir schon, aber durch die demografische Entwicklung, die wir nun ja alle kennen, ist das so. Vor 5 Jahren hatten wir noch 160 Bewerbungen im Bereich Metall hier vor Ort, jetzt sind es noch 50 Bewerbungen. Also da sieht man schon, wo das hingeht, weil ja auch die anderen Bereiche und die anderen Sachen, das heißt Banken, medizinscher Bereich, die nehmen dort auch noch die Schüler weg, so dass im Metallbereich, denke ich, immer weniger zur Verfügung steht und dementsprechend ist dann auch das Problem, dass der Metallbereich sozusagen der Lochstopfer wird.“ (Un2_PL1_03_10)

> „Ja wir merken das schon, dass es schwierig wird, Berufsnachwuchs zu finden. Also die Altersstruktur, die Alterspyramide, das was jetzt so insgesamt unter demografischen Wandel durch die Medien geht, das kriegen wir auch mit, aber letztendlich ist die Konsequenz daraus, dass wir uns mehr anstrengen müssen, auch zeitiger und eher versuchen müssen, das zukünftige Personal, was wir im Unternehmen brauchen für uns zu rekrutieren.“ (Un7_PL4_03_10)

Zusammengefasst ergeben sich aus der empirischen Untersuchung in klein- und mittelständischen Unternehmen der sächsischen Automobilzulieferindustrie die folgenden Herausforderungen:

- Unternehmen haben Probleme, die passenden Nachwuchskräfte (qualitativ, quantitativ) zu finden und zu binden
- es fehlen Rekrutierungsstrategien, die über klassische Instrumente wie Anzeigen in lokalen Medien hinausgehen
- finanzielle und zeitliche Ressourcen für eine stringente und konsequente Umsetzung des Personalmanagements sind knapp
- Weiterbildungsmanagement und Wissenstransfer sind rudimentär ausgebildet, es droht die Gefahr von Wissensverlust
- die demografischen Entwicklung und ihre Folgen für den Arbeitsmarkt sind bekannt, jedoch werden noch keine bewussten Interventionen vorgenommen
- Älteren und jüngeren Beschäftigten wird gleichermaßen Leistungsfähigkeit attestiert
- steigende Bedeutung altersgerechter Arbeitsgestaltung und des Gesundheitsmanagements
- die Unternehmen nehmen sich im Vergleich zu Großunternehmen und anderen Branchen als weniger attraktiver Arbeitgeber wahr (u. a. regional abgeschieden, schlechte Anbindung an den öffentlichen Nahverkehr, geringeres Lohn- und Gehaltsniveau)
- bestehende Konzepte und Strategien des Personalmanagements werden inkonsequent und unsystematisch umgesetzt

Es lässt sich schlussfolgern, dass die interviewten KMU nicht ausreichend auf den demografischen Wandel vorbereitet sind. Dennoch konnten einige personalstrategische Ansätze identifiziert werden, auf denen weitere Maßnahmen aufbauen können. Auch das Wissen über den demografischen Wandel und die Folgen ist vorhanden, jedoch wurde dieses Thema bisher nicht mit der notwendigen Ernsthaftigkeit behandelt, so dass noch keine umfassenden Personalkonzepte eingeleitet wurden. Eine strategische Ausrichtung des Personalmanagements und die systematische Planung des Personal(entwicklungs)bedarfs sind nur rudimentär vorhanden. Nachfolgend wird daher ein Rahmenkonzept des strategischen Personalmanagements vorgestellt, dass für den Erhalt der Innovations- und Wettbewerbsfähigkeit von KMU als zentral angesehen. Zu beachten ist, dass die Anforderung darin besteht, nicht nur punktuelle Lösungen, sondern ein ganzheitliches Rahmenkonzept des demografieadäquaten Personalmanagements zu entwickeln und umzusetzen

4 Rahmenkonzept eines strategischen Personalmanagements

Bei der Entwicklung des Rahmenkonzepts und der Ableitung konkreter Instrumente in den einzelnen Handlungsfeldern wurden die Ideen der Interviewpartner sowie die bereits bestehenden Maßnahmen aus den Unternehmen aufgegriffen. Denn diese zeigen, was überhaupt in den Unternehmen möglich wäre und an welchen Stellen sinnvoll angeknüpft werden kann. Abbildung 2 veranschaulicht das Rahmenkonzept:

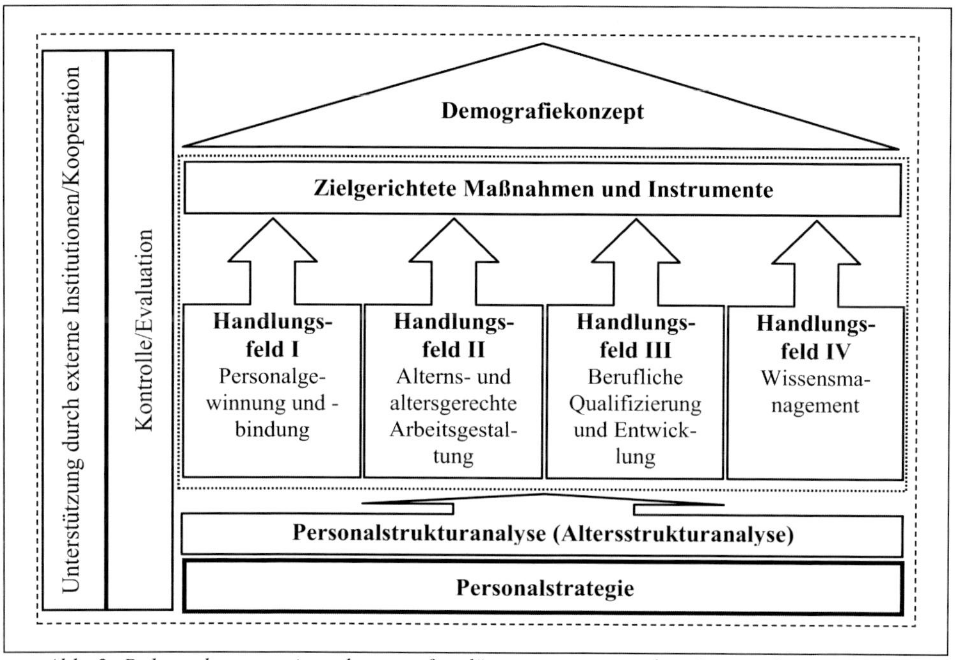

Abb. 2: Rahmenkonzept eines demografieadäquaten strategischen Personalmanagements

Im dargestellten Rahmenkonzept ist die mittel- bis langfristige Personalstrategie das Fundament, da sie Ziele definiert und damit Ausgangspunkt für alle weiteren Personalmaßnahmen und Komponenten des Rahmenkonzepts ist. Zwischen Personal- und Unternehmensstrategie bestehen dabei enge Verbindungen, so dass beide gleichzeitig und integrativ betrachtet werden müssen. Die Ermittlung der Alters- bzw. Personalstruktur in den einzelnen Bereichen des Unternehmens ist eine wichtige Grundlage für die weitere Personalplanung einschließlich der Beschaffungs- und Freisetzungsmaßnahmen sowie der Entwicklungsmaßnahmen. Demzufolge ist das zukünftig benötigte quantitative und qualitative Personalportfolio der Ausgangspunkt für die Analyse. Dieses leitet sich aus der Unternehmensstrategie und -planung ab (vgl. Adenauer 2005, S. 41). Die Altersstrukturanalyse ist ein Instrument zur Früherkennung personalstruktureller Probleme. Dabei wird der Personalbestand für einzelne Personengruppen (nach Bildungsabschluss, Status, Position und Tätigkeit, Unternehmensbereich/Abteilung) in einer bestimmten Zeitspanne fortgeschrieben. Sie bietet die Möglichkeit, derzeitige Personalstrategien zu reflektieren und Prognosen über den zukünftigen Personalbestand anzustellen (vgl. Dahleke 2008, S. 39).

Auf Grundlage der unternehmensspezifischen Personalstrategie sowie der Altersstrukturanalyse können in den vorgeschlagenen Handlungsfeldern Personalgewinnung und -bindung, alterns- und altersgerechte Arbeitsgestaltung, berufliche Qualifizierung und Entwicklung sowie Wissensmanagement zielgerichtete Maßnahmen und Instrumente abgeleitet werden. Im Rahmen dieses Beitrages können diese nur im Überblick skizziert werden; ausführlich dargestellt sind sie bei Espig (2011). Die Maßnahmen müssen so zugeschnitten sein, dass sie nach den Möglichkeiten von KMU der sächsischen Automobilzulieferindustrie eingesetzt werden können. Bestätigt durch Interviewaussagen existieren z. B. zwei Faktoren in den Unternehmen, die sich kurzfristig nicht ändern lassen und berücksichtigt werden müssen: Das sind erstens die knappen finanziellen und zeitlichen Ressourcen sowie zweitens die meist regional bedingte Abgeschiedenheit im Hinblick auf Anfahrtswege. Bei letzterem wäre denkbar, ein Abkommen mit Verkehrsverbünden zu schließen oder die Arbeitszeit so zu flexibilisieren, dass sie mit den Fahrtzeiten des öffentlichen Nahverkehrs korrespondiert.

Das erste Handlungsfeld, das sich aus dem befürchteten Mangel an Nachwuchskräften erschließt, ist „Personalgewinnung und -bindung". Maßnahmen hierbei erstrecken sich von der Erhöhung des Bekanntheitsgrades des Unternehmens auf dem externen Arbeitsmarkt (Personalmarketing) bis hin zur gezielten Ausbildung und Weiterqualifizierung innerhalb der Unternehmen (u. a. Arbeitgebermarke etablieren, Qualifizierung, Talentmanagement, Nachfolgemanagement, Erhöhung der Auszubildendenzahlen, berufliche Erstausbildung, Ausbildung in Verbünden, Fachkräftepool). Im Rahmen der Ausbildung kann ein überbetrieblicher Fachkräfteaustausch angestoßen werden (vgl. Mesaros et al. 2009, S. 34). Die Ausbildung im Verbund zielt auf Gewinnung zusätzlicher Ausbildungsplätze in KMU.

Überdies besteht die Möglichkeit einen Fachkräftepool aufzubauen, der zur Sicherung der Nachwuchskräfte dient. Sie können direkt nach der Ausbildung eingestellt und den beteiligten Unternehmen je nach Bedarf überlassen werden. Fachkräfte können dadurch mit branchenspezifischen Erfahrungen für den Einsatz im Unternehmen entwickelt werden. Bei der Erhöhung der Attraktivität des Arbeitsplatzes spielen zudem Entlohnungs- und Arbeitsbedingungen sowie Aspekte der Familienfreundlichkeit eine wichtige Rolle, um letztlich die Fachkräfte anzuwerben und zu binden (ebd., S. 33). Ebenfalls als wichtig erscheint der Ausbau der Kooperation mit Schulen und Hochschulen, um frühzeitig als potenzieller Arbeitgeber bei zukünftigen Fach- und Führungskräften wahrgenommen zu werden.

Im Handlungsfeld „alterns- und altersgerechte Arbeitsgestaltung" geht es darum, präventive Maßnahmen zu implementieren, die den Verfall der körperlichen Kräfte und physischen Leistung älterer Arbeitnehmer zumindest hinauszögern. Dafür müssen Rahmenbedingungen geschaffen werden, die die Gesundheit der Mitarbeiter schützen und gesundheitlichen Risiken vorbeugen (z. B. ergonomische Arbeitsplätze, Wechsel zwischen Tätigkeiten/Projekten, gezielte Personaleinsatzplanung). Sollten bei Älteren gesundheitliche Einschränkungen vorliegen, besteht die Möglichkeit verschiedener Arbeitsplatzkonzepte wie die Einrichtung von Schonarbeitsplätzen für Ältere mit Funktionsschwächen, die diese nicht kompensieren können. Es können ebenfalls Kompensationsarbeitsplätze zur Verfügung gestellt werden, die Kompensationsmöglichkeiten für Ältere mit körperlichen oder geistigen Funktionsschwächen bieten (vgl. Hacker 2004, S. 170).

Als interne Maßnahme zur Aufklärung über das Thema „Gesundheit" bieten sich eigeninitiativ gebildet Arbeitskreise und „Roundtable-Veranstaltungen" mit einem Vertreter einer Krankenkasse oder dem Betriebsarzt an wie sie in einem der befragten Unternehmen bereits durchgeführt werden. Weiterhin sind die lebensphasengerechte Entwicklung der Beschäftigten (z. B. Vereinbarkeit von Familie und Beruf; Zukunftsgespräche zur systematischen Weiterentwicklung von Potenzialen) und ein gutes Betriebsklima wichtig.

Im dritten Handlungsfeld „Berufliche Qualifizierung und Entwicklung“ geht es u. a. um die Gestaltung der betrieblichen Weiterbildung als Baustein zur Sicherung des Fachkräftebedarfs. Dabei bieten das arbeitsplatznahe und selbstorganisiere Lernen in (altersgemischten) Lerngruppen gute Möglichkeiten. Beispielsweise können Lerngruppen oder EDV-gestützte Lernformen (E-Learning) eingesetzt werden (vgl. Mesaros et al. 2009, S. 32). Eine lernförderliche Arbeitsgestaltung lässt sich auch durch altersgemischte Teamarbeit und regelmäßigen Tätigkeitswechsel (z. B. Job Rotation) verwirklichen (vgl. Dahleke 2008, S. 62f.). Voraussetzung für eine angemessene Personalentwicklung ist die Erfassung des Lernbedarfs anhand von Tätigkeitsbeschreibungen, Mitarbeitergesprächen sowie Kompetenzmatrizen der Beschäftigten.

In engem Zusammenhang zum dritten Handlungsfeld steht das vierte Handlungsfeld „Wissensmanagement“, welches sich mit Fragen der lernförderlichen Arbeitsgestaltung (z. B. vollständige Aufgaben- und Tätigkeitsspielräume), des Wissens- und Erfahrungstransfer zwischen jüngeren und älteren Arbeitnehmern (z. B. in altersgemischten Teams, Job Rotation, Mentorenkonzepte) beschäftigt. Durch die Arbeit in altersgemischten Teams können bspw. die jüngeren Mitarbeiter die älteren Mitarbeiter bei körperlich belastenden Tätigkeiten ablösen und die älteren Mitarbeiter können jüngere durch ihre Erfahrungen unterstützen (vgl. Buck et al. 2002, S. 73).

Der Transfer von Wissen über die Generationen hinweg ist vor dem Hintergrund des Ausscheidens großer Mitarbeitergruppen ein unverzichtbarer Faktor für den Erhalt der Leistungs- und Innovationsfähigkeit von Unternehmen (vgl. Köchling 2000b, S. 10). Beispielsweise können erfahrenere Mitarbeiter als Mentoren fungieren und ihr Wissen so an die neuen Fachkräfte weitertragen. Wichtig sind weiterhin Möglichkeiten der Wissens- und Erfahrungsdokumentation (z. B. Intranet, Blogs, Arbeitstagebuch, Wikis), die gleichzeitig der Weiterbildung der Beschäftigten dienen.

Die skizzierten Handlungsansätze dienen als Anregung zur Gestaltung von Arbeits- und Beschäftigungsbedingungen. Zentrale Forderung ist, dass die einzelnen Maßnahmen in ein Gesamtkonzept zu integrieren sind, welche auf der langfristigen Unternehmens- und Personalstrategie sowie der spezifischen Personal- bzw. Altersstrukturanalyse aufbaut. Gezielte Maßnahmen sollten bei den jungen Arbeitnehmern ansetzen und gleichwohl die Bedürfnisse Älterer berücksichtigen. Ziel ist, die Gesundheit und Arbeitsfähigkeit der Beschäftigten bis ins Rentenalter zu erhalten und einem Mangel an Fachkräften und dem Verlust von Erfahrungswissen vorzubeugen. Bei der Entwicklung und Umsetzung diverser Maßnahmen kann die Beratung durch externe Einrichtungen sowie die Kooperation mit anderen Unternehmen (im Verbund) hilfreich sein. Für die Unternehmensgruppe der KMU sind besonders eigenmotivierte (durch die Belegschaft) und innerbetriebliche Maßnahmen geeignet, da sie finanziell und zeitlich weniger aufwendig sind und eine motivierte Teilnahme der Mitarbeiter versprechen. Darüber hinaus gilt es, das Konzept sowie abgeleitete Maßnahmen regelmäßig zu überprüfen und ggf. zu modifizieren.

5 Fazit: Ostdeutsche KMU in der demografischen Falle?

Resultierend aus der Personalpolitik in den Neuen Bundesländern nach der Wende, die für die komprimierten mittelalten Belegschaften verantwortlich ist, und der demografischen Entwicklung laufen die ostdeutschen KMU Gefahr, in die demografische Falle zu „tappen". Das Szenario der demografischen Falle verweist auf den dringenden Nachwuchskräftebedarf bei gleichzeitigem altersbedingtem Ausscheiden einer großen Gruppe von Arbeitnehmern, was ein Ausbluten der Belegschaften zur Folge hat. Dem gegenüber steht ein schwindendes Arbeitskräfteangebot auf dem lokalen Arbeitsmarkt. KMU des verarbeitenden Gewerbes in Sachsen sind größtenteils gekennzeichnet von einer dichten Besetzung der mittelalten und älteren Beschäftigungsgruppen und einer geringen Besetzung der jüngeren (vgl. Schöne/Voigt 2002, S. 19). Diese Altersstrukturen könnten zukünftig zu einem enormen Personalbedarf führen, wenn für die ausscheidenden Fachkräfte kaum Ersatz zu finden ist. Daher muss in KMU der demografischen Wandel eine hohe Priorität in der Personal- und Organisationsplanung einnehmen.

Behr/Engel (2001, S. 275) zeichneten vor zehn Jahren ein eher pessimistisches Bild. Aufgrund ihrer Untersuchungen gingen sie davon aus, dass ein Drittel der Unternehmen, die positiven wirtschaftlichen Impulse nutzen und ein strategisches Personalmanagement und eine nachhaltige Personalentwicklung aufbauen (Restrukturierungsszenario). Einem weiteren Drittel bescheinigten sie gute Chancen, einen deutlichen Strategiewechsel einzuleiten. Dem letzten Drittel prognostizierten sie eine äußerst problematische Entwicklung, weil „die Hypotheken der Vergangenheit und der Konservatismus der Gegenwart so wirkmächtig [sind], dass eine Kurskorrektur sehr unwahrscheinlich ist." (ebd.). Tendenziell bestätigt sich dieser pessimistische Eindruck in unserer 2010 durchgeführten Studie, auch wenn sich im Rahmen dieser qualitativen Untersuchungen keine generalisierten Ergebnisse ableiten lassen.

Obwohl also die befragten Unternehmen die demografische Entwicklung und ihre Folgen für den Arbeitsmarkt kennen, werden bisher kaum bewusste Interventionen vorgenommen. Nur in einem einzigen der betrachteten Unternehmen wird beispielsweise eine Alters- und Personalstrukturanalyse durchgeführt. Bedingt durch den Druck des operativen Tagesgeschäfts werden zukunftsorientierte strategischen Überlegungen vernachlässigt. Es entsteht der Eindruck, dass sich die Unternehmen der Problematik der existenzbedrohenden demografischen Entwicklung zwar bewusst sind, sich aber aufgrund fehlender Ressourcen oder mangelndem Wissen hinsichtlich möglicher Bewältigungsstrategien dem Schicksal der demografischen Falle ergeben und tatsächlich gemeinsam in Rente gehen und „geschlossen das Licht ausmachen". Diese Gefahr besteht vor allem für KMU in besonders strukturschwachen Regionen in Brandenburg, Mecklenburg-Vorpommern, Sachsen und Sachsen-Anhalt.

Wollen KMU die demografische Entwicklung erfolgreich bewältigen und nicht in die demografischen Falle geraten, so müssen sie sich zweierlei Problematiken annehmen: Erstens der Sicherung des Mitarbeiterstandes in qualitativer und quantitativer Hinsicht und zweitens dem Ausscheiden einer großen Gruppe älterer Mitarbeiter. Letzteres verweist besonders auf die Weitergabe von unternehmens- und arbeitsspezifischem Wissen, damit dieses nicht verloren geht, vor allem bei Schlüsselpositionen. Da sich einschneidende Veränderungen bereits im nächsten Jahrzehnt vollziehen, sind die Unternehmen aufgefordert, zeitnah zu handeln und Strategien umzusetzen. Dabei ist es notwendig, strukturelle und institutionelle Voraussetzungen der Personalarbeit zu etablieren (Auf- und Ausbau der Personalabteilung), Personal langfristig zu planen und Instrumente zur Personalauswahl, Karriereplanung, Potenzialanalysen, Personalentwicklung und des Personalcontrollings zu etablieren – Personalarbeit kann nicht mehr einfach nur „nebenbei“ abgearbeitet werden. Der Stellenwert von Personalmanagement in KMU ist insgesamt aufzuwerten: Die Stellung der Personalarbeit in KMU muss sich hin zu einem strategisch ausgerichteten Personalmanagement verändern, das als Bestandteil der Unternehmensstrategie dafür sorgt, dass Struktur und Qualität der Belegschaft auch zukünftig zur Wettbewerbsfähigkeit des Unternehmens beitragen.

Die größte Herausforderung für die befragten Unternehmen dieser Studie besteht in der Beschaffung und Bindung der passenden Fach- und Führungskräfte. Die Erhöhung der Attraktivität und der Beschäftigungsfreundlichkeit stellen hierbei Reaktionsmöglichkeiten dar, die ebenfalls von den interviewten Unternehmen befürwortet werden. Weitere Problemfelder, die durch die Interviews erschlossen wurden, sind der Mangel an Zeit und Geld, eine unzureichende Systematik bei der Durchführung von Personalkonzepten, ein kurzfristig orientierter Planungshorizont sowie die fehlende Gestaltung eines geplanten Wissenstransfers. Es fällt auf, dass die Unternehmen ausreichend qualifizierte Generalisten suchen, jedoch im Gegensatz zu Großunternehmen nicht über die finanziellen Mittel verfügen, diese zu bezahlen. Daher muss das Bewusstsein dafür geschärft werden, dass ebenfalls Mitarbeiter in Frage kommen, die nicht über die notwendigen Qualifikationen verfügen. Sie können sich diese im Verlauf des Erwerbslebens durch entsprechende Qualifizierungsstrategien des Unternehmens noch aneignen. Darüber hinaus kann eine bestimmte Gehaltsvorstellung durch andere nicht finanzielle Anreize wie beispielsweise ein bereicherndes und kollegiales Arbeitsumfeld kompensiert werden. Als Vorteil für die Zielgruppe erweisen sich insbesondere die unkomplizierten Kommunikationsstrukturen in den befragten Unternehmen.

Das vorgeschlagene Rahmenkonzept eines demografieadäquaten strategischen Personalmanagements verweist auf Handlungsfelder, die die Bewältigungsfähigkeit der KMU in Bezug auf die demografische Entwicklung erhöhen können. Die skizzierten Handlungsfelder Personalgewinnung und -bindung, alterns- und altersgerechte Arbeitsgestaltung, berufliche Qualifizierung und Entwicklung sowie Wissensmanagement bieten Ansatzpunkte und sind unternehmensspezifisch auszugestalten. Zunächst erscheint die Umsetzung des Rahmenkonzepts umfangreich und zeitintensiv, wird sich jedoch auf langfristige Sicht auszahlen. Vor dem Hintergrund der skizzierten Herausforderung der demografischen Entwicklung ist es für Unternehmen unerlässlich, die strategische Ausrichtung und adäquate Gestaltung des Personalmanagements zu verfolgen, um den langfristigen Unternehmenserfolg nachhaltig zu sichern. Deutlich wird vor dem Hintergrund des skizzierten Szenarios der demografischen Entwicklung allerdings auch, dass die Bewältigung der demografischen Entwicklung kein allein innerbetriebliches Problem ist, sondern weite Bereiche der Politik, Wirtschaft, Bildung und Gesellschaft betreffen. Insbesondere KMU in strukturschwachen Regionen sind daher auf die regionale Zusammenarbeit mit der Politik (z. B. Stärkung der Attraktivität der Region, Ausbau der Infrastruktur) sowie mit anderen Unternehmen (z. B. Ausbildungs- und Fachkräfteverbünde) angewiesen.

Literatur

- Adenauer, S. (2005): Demografische Analyse und Strategieentwicklung in Unternehmen. Köln.
- Ackermann, K., Blumenstock, H. (1993): Personalmanagement in mittelständischen Unternehmen. Neubewertungen und Weiterentwicklungsmöglichkeiten im Lichte neuerer Forschungsergebnisse. In: Ackermann, K., Blumenstock, H. (Hrsg.) (1993): Personalmanagement in mittelständischen Unternehmen. Stuttgart, S. 3-70.
- Behr, M., Engel, T. (2001): Entwicklungsverläufe und Entwicklungsszenarien ostdeutscher Personalpolitik. Ursachen, Folgen und Risiken der personalpolitischen Stagnation. In: Pawlowsky, P., Wilkens, U. (Hrsg.) (2001): Zehn Jahre Personalarbeit in den neuen Bundesländern. Transformation und Demographie. München, Mering, S. 255-278.
- Behrends, T., Martin, A. (2006): Personalarbeit in Klein- und Mittelbetrieben. In: ZfKE, Zeitschrift für KMU und Entrepreneurship, 1/ 54, S. 25-49.
- Buck, H., Kistler, E., Mendius, H. G. (2002): Demographischer Wandel in der Arbeitswelt. Chancen für eine innovative Arbeitsgestaltung. Broschürenreihe Demographie und Erwerbsarbeit [pdf document]. URL http://www.demotrans.de/documents/ BR_DE_ BR_9.pdf, Stand: 22.08.2011.
- Dahleke, C. (2008): Demographischer Wandel in der Arbeitswelt. Herausforderungen und Handlungsansätze für Klein- und mittelständische Unternehmen. Saarbrücken.
- Dickmann, N. (2004): Grundlagen der demographischen Entwicklung. In: Institut der deutschen Wirtschaft Köln (IW) (Hrsg.) (2004): Perspektive 2050 – Ökonomik des demographischen Wandels. Köln, S. 11-33.
- Espig, S. (2011): Personalstrategische Handlungsempfehlungen für klein- und mittelständische Unternehmen der Automobilzulieferindustrie Sachsens vor dem Hintergrund der demografischen Entwicklung. Unveröffentlichte Magisterarbeit am Institut für Pädagogik und Philosophie und am Lehrstuhl für Organisation und Arbeitswissenschaften an der Technischen Universität Chemnitz.
- Hacker, W. (2004): Leistungs- und Lernfähigkeit älterer Menschen. In: Cranach, M. v., Schneider, H.-D., Ulich, E., Winkler, R. (Hrsg.). Ältere Menschen im Unternehmen. Chancen, Risiken, Modelle. Bern.
- Höhn, C., Mai, R., Micheel, F. (2008): Demographic Change in Germany. In: Hamm, I., Seitz, H., Werding, M. (Hrsg.) (2008): Demographic Change in Germany: The Economic and Fiscal Consequences, Berlin, Heidelberg, New York, S. 9-32.
- Instituts für Arbeitsmarkt- und Berufsforschung (IAB) (2010). Betriebspanel Ost. Ergebnisse der fünfzehnten Welle 2010. [pdf document]. URL http://www.bmi.bund.de/SharedDocs/Downloads/BODL/IAB/panel2010_welle.pdf?__blob=publicationFile, Stand: 30.08.2011.

- Institut für Strukturpolitik und Wirtschaftsförderung gemeinnützige Gesellschaft mbH (isw) (2008): Existenzgründung in Sachsen. Sächsischer Mittelstandsbericht 2008. Gutachten im Auftrag des Sächsischen Staatsministeriums für Wirtschaft und Arbeit. Halle.
- Köchling, A. (2000a). Betriebliche Altersstrukturen als Gestaltungsfeld der Zukunft. In: C. v. Rothkirch (Hrsg.) (2000): Altern und Arbeit. Herausforderung für Wirtschaft und Gesellschaft. Berlin, S. 362-374.
- Köchling, A. (2000b): Die Ausgangssituation. Die „demographische Falle“ – Ihre Ursachen und ihre Wirkungen auf Wirtschaft und Betriebe. In: Köchling, A., Astor, M., Fröhner, K.-D., Hartmann, E. A. , Hitzblech, T., Jasper, G., Reindl, J. (Hrsg.): Innovation und Leistung in älterwerdenden Belegschaften. München, Mering, S. 1-11.
- Lutz, B., Wiener, B. (1999): Industrielle Fachkräfte für das 21. Jahrhundert (unveröff. Materialienband II der Zusammenkunft des Steuerkreises am 15.04.1999).
- Mesaros, L., Vanselow, A., Weinkopf, C. (2009): Fachkräftemangel in KMU. Ausmaß, Ursachen und Gegenstrategien. Bonn.
- Müller, E., Riedel, R. (2008): Automobile Netzwerkkompetenz. Evaluierung der Verbundinitiative Automobilzulieferer Sachsen 2003 bis 2006 (1. Aufl.), Chemnitz: Technische Universität Chemnitz.
- Pawlowsky, P. (2001): Personalentwicklungsstrategien und die demographische Falle in den neuen Bundesländern. In: Pawlowsky, P., Wilkens, U. (Hrsg.) (2001): Zehn Jahre Personalarbeit in den neuen Bundesländern. Transformation und Demographie. München, Mering, S. 107-120.
- Pötzsch, O. (2007): Geburten in Deutschland [pdf document]. URL http://www.destatis.de/jetspeed/portal/cms/Sites/destatis/Internet/DE/Content/Publikationen/Fachveroeffentlichungen/Bevoelkerung/BroschuereGeburtenDeutschland,property=file.pdf, Stand: 29.04.2011.
- Ragnitz, J., Eichler, S., Grundig, B., et al. (2007): Die demographische Entwicklung in Ostdeutschland. Gutachten im Auftrag des Bundesministeriums für Wirtschaft und Technologie. Dresden.
- Schindler, A. (2008): Der Professionalisierungsgrad der Personalentwicklung von Unternehmen in Sachsen – empirische Erhebung. Diplomarbeit. Technische Universität Chemnitz, Fakultät Wirtschaftswissenschaften, Professur Organisation und Arbeitswissenschaft.
- Schöne, R., Voigt, J. (2002). Nachwuchsentwicklung Technik. Ergebnisse einer Iststandsanalyse zur Nachwuchsentwicklung in Mittelsachsen. Chemnitz: Technische Universität Chemnitz.
- Statistisches Bundesamt (StBA) (2006). Bevölkerung Deutschland bis 2050. 11. Koordinierte Bevölkerungsvorausberechnung [pdf document]. URL http://www.destatis.de/jetspeed/portal/cms/Sites/destatis/Internet/DE/Presse/pk/2006/Bevoelkerungsentwicklung/bevoelkerungsprojektion2050,property=file.pdf, Stand: 22.08.2011.

- Statistisches Bundesamt (StBA) (2009). Bevölkerung Deutschland bis 2060. 12. Koordinierte Bevölkerungsvorausberechnung. Begleitmaterial zur Pressekonferenz am 18. November 2009 in Berlin [pdf document]. URL http://www.destatis.de/ jetspeed/portal/cms/ Sites/destatis/Internet/DE/Presse/pk/2009/Bevoelkerung/pressebroschuere__bevoelkerungsentwicklung2009,property=file.pdf, Stand: 22.08.2011.

- Statistisches Landesamt des Freistaates Sachsen (2009). Wirtschaft in Sachsen - Ergebnisse der amtlichen Statistik 2009. Z I 2 - j/09. [pdf document]. URL http:// www.statistik.sachsen.de/download/100_Berichte-Z/Z_I_2_j09.pdf, Stand: 11.05. 2011.

- Statistisches Landesamt des Freistaates Sachsen (2010): 5. Regionalisierte Bevölkerungsprognose für den Freistaat Sachsen bis 2025. Ergebnisse [pdf document]. URL http://www.statistik.sachsen.de/bevprog/documents/Ergebnisse.pdf, Stand: 31.05. 2011

- Wächter, H., Sallet, D. (2006): Handlungsoptionen für die Personalpolitik angesichts des demographischen Wandels. In H. Wächter & D. Sallet (Hrsg.) (2006): Personalpolitik bei alternder Belegschaft. München, Mering, S. 3-10.

Entwicklung von Personalstrategien für eine verlängerte Lebensarbeitszeit in KMU zur Kompensation der Auswirkungen des demografischen Wandels

Victoria Büsch, Michael Brusch und Nils Britze

1 Einleitung

Durch den demografischen Wandel vollziehen sich nachhaltige Veränderungen auf dem Arbeitsmarkt. Zum einen nimmt die Anzahl der Erwerbspersonen ab, zum anderen steigt der Anteil der älteren im Verhältnis zu den jüngeren Beschäftigten. In einigen Branchen ist bereits jetzt ein Mangel an Arbeitskräften zu spüren. Hinzu kommt die in einem umlagefinanzierten Rentenversicherungssystem erforderliche Heraufsetzung des Renteneintrittsalters. In diesem Jahr beginnt in Deutschland die schrittweise Anhebung des Renteneintrittsalters auf 67 (Bäcker et al. 2007; BMAS 2010; Mollenhauer 2006).

Vor diesem Hintergrund ist es für Personalverantwortliche fundamental, die Bedürfnisse ihrer Mitarbeiter in Bezug auf eine verlängerte Lebensarbeitszeit zu kennen und geeignete Strategien für ältere Arbeitnehmer zu entwickeln. So wundert es nicht, dass in einer aktuellen Delphiestudie bei Praxisexperten der Personalentwicklung (Schermuly et al. 2012), neben der Individualisierung und Standardisierung von Prozessen, der demografische Wandel als wichtigste Herausforderung für die Personalentwicklung bis zum Jahr 2020 gesehen wird. Die verlängerte Lebenserwartung in Kombination mit dem hohen Anteil an kinderlosen Älteren bedeutet für die Individuen auch eine neue Sichtweise auf die Möglichkeit als auch auf die Notwendigkeit, ihre Lebensarbeitszeit auch über das Renteneintrittsalter hinaus zu verlängern. Die Faktoren, die auf Seiten der Arbeitnehmer eine Verlängerung der Lebensarbeitszeit beeinflussen können, sind allerdings bislang in Deutschland wenig erforscht, da der bisherige Untersuchungsfokus auf der Frühverrentung und deren Auswirkungen lag.

Weiterhin ist davon auszugehen, dass der demografische Wandel im Bereich der Rekrutierung gerade kleine und mittlere Unternehmen (KMU) treffen wird, da diese nur über begrenzte Möglichkeiten verfügen, Bewerber durch eine bessere Bezahlung zur Annahme einer Stelle zu motivieren (z. B. Mesaros et al. 2009). Daher stellt eine verlängerte Lebensarbeitszeit von Arbeitnehmern gerade für KMU eine Option dar, genügend Mitarbeiter vorzuhalten. Damit ergeben sich für Personalentwickler Fragen, wie beispielsweise: Welche Faktoren sind hinderlich oder förderlich für die nachhaltige Bindung ans Unternehmen bzw. welche noch nicht geborgene „Silberschätze" befinden sich im Unternehmen.

Der folgende Beitrag geht in Anlehnung an die Kontinuitätstheorie davon aus, dass Arbeitnehmer, die mit ihren Strukturen und Leistungen zufrieden sind, auch eher im Beruf verweilen wollen (Atchley 1989). Daraus folgt, dass Individuen mit hoher Motivation, hohem Commitment und hoher Leistungsfähigkeit auch länger arbeiten wollen. Hierbei wird vermutet, dass in kleineren Unternehmen, gemessen an der Beschäftigtenzahl, diese Eigenschaften stärker ausgeprägt sind als in größeren Unternehmen und daher der Wunsch auf eine verlängerte Lebensarbeitszeit entsprechend ausgeprägter ist. Im weiteren Verlauf werden daher zunächst der Weiterbeschäftigungswunsch und dessen Einflussfaktoren vorgestellt (Kapitel 2). Für die anschließende empirische Überprüfung der Vermutung wird auf eine repräsentative Befragung von 1500 Beschäftigten zurück gegriffen, die im Auftrag des Bundesinstituts für Bevölkerungsforschung durchgeführt (Kapitel 3). Den Abschluss bildet die im Fazit vorgenommene Entwicklung personalstrategischer Handlungsoptionen, bei dem eine differenzierte Untersuchung in Bezug auf die Unternehmensgröße in Zeiten des demografischen Wandels vorgenommen wird (Kapitel 4).

2 Weiterbeschäftigungswunsch und dessen Einflussfaktoren

Der demografische Wandel stellt gerade für kleine und mittlere Unternehmen eine zentrale Herausforderung dar. Zum einen werden KMU zwangsläufig durch den Rückgang der Personen im erwerbsfähigen Alter tangiert, zum anderen schränken knappe finanzielle Ressourcen Strategien im Personalmanagement oftmals ein (Hug 2008; Zientara 2009; BMAS 2010). Im Wettbewerb um Fachkräfte sind KMU daher strukturell im Nachteil, allerdings bieten KMU durch Flexibilität sowie Nähe zwischen Unternehmensführung und Beschäftigten Potenziale bei der Mitarbeiterbindung.

Die Diskussion in Deutschland zur Anhebung des Renteneintrittsalters und Fachkräftemangel hat zu einer Veränderung des Forschungsschwerpunktes geführt. Lag der Fokus früher eher auf Untersuchungen zu Frühverrentungsentscheidungen, gibt es in den letzten Jahren vermehrt Studien zur (gewünschten) Dauer der Beschäftigung (Ochel 1999; Arnds/Bonin 2003; Ebbinghaus 2005; Wang/Shultz 2010). Die Erwerbstätigkeit im Alter hat sich in Deutschland in den Jahren 2005 bis 2009 bereits erhöht. Lag sie bei den 55- unter 65-Jährigen im Jahr 2005 noch bei 45,4 % hat sich dieser Anteil im Jahr 2009 auf 55,8 erhöht (BMAS 2010). Dies ist zum Einen darauf zurückzuführen, dass die geburtenstarken Jahrgänge altern und in die höheren Altersgruppen hineinwachsen. Zum anderen hat es aber auch einen Rückgang der Arbeitslosigkeit gegeben. Allerdings ist die Erwerbstätigenquote für diese Altersgruppe nicht homogen. So liegt sie bei den 55- unter 60-Jährigen im Jahr 2009 sogar bei 69,9 % und bei den 60- unter 65-Jährigen lediglich bei 38,4 %. Es ist also ein geringer Teil, der noch über 60-Jährigen, der noch beschäftigt ist und es stellt sich die Frage, ob und unter welchen Umständen eine Weiterbeschäftigung nach Erreichen des Renteneintrittsalters gewünscht ist.

2.1 Einflussfaktoren auf den Weiterbeschäftigungswunsch von älteren Arbeitnehmern

Ein erstes zusammenhängendes Modell zu den Einflussfaktoren auf den Weiterbeschäftigungswunsch wurde von Wang et al. (2008) aufgestellt. In diesem multiplen Modell werden die folgenden vier Faktorengruppen unterschieden, die zur Erklärung des Weiterbeschäftigungswunsches herangezogen werden:

- individuelle Faktoren,
- arbeits- und organisationsbezogene Faktoren,

- familienbezogene Faktoren und
- sozioökonomische Faktoren.

Für die vorliegende Analyse sollen jeweils drei Variablen untersucht werden, die sich den individuellen bzw. den arbeits- und organisationsbezogen Faktoren zuordnen lassen. Die familienbezogenen bzw. sozioökonomischen Faktoren finden in diesem Untersuchungsansatz keine Berücksichtigung, da diese durch Personalstrategien in Unternehmen wenig beeinflusst werden können. Atchley (1989) unterscheidet in seiner Theorie zwischen einer inneren und äußeren Kontinuität beim Alterungsprozess. Bei der inneren Kontinuität geht es um das Bewahren von Einstellungen, Ideen und Fähigkeiten und bei der äußeren Kontinuität sind die Strukturen der Umwelt und der zwischenmenschlichen Beziehungen gemeint.

Diese innere Kontinuität wird hier über die individuellen Faktoren Motivation, Commitment und selbst eingeschätzte Leistungsfähigkeit abgebildet. Wir gehen davon aus, dass Individuen, die hoch motiviert im Job sind und sich mit dem Unternehmen verbunden fühlen, länger im Unternehmen verweilen wollen. Auch wird getestet, ob sich eine positive Einschätzung der eigenen (Leistungs-)fähigkeit positiv auf den Weiterbeschäftigungswunsch auswirkt. Die in der Kontinuitätstheorie von Atchley genannten Strukturen der Umwelt bzw. zwischenmenschlichen Faktoren werden in unserem Untersuchungsansatz über die arbeits- und organisationsbezogenen Faktoren Arbeitsanerkennung, Arbeitsanforderung und Führung abgebildet. Dabei gehen wir jeweils davon aus, dass eine positive Einschätzung ebenfalls positiv mit dem Weiterbeschäftigungswunsch korreliert. Im folgenden Abschnitt werden die entsprechenden Grundlagen näher erläutert.

2.2 Einflussfaktoren auf den Weiterbeschäftigungswunsch in KMU

Die Förderung der positiven Einschätzung der individuellen Faktoren scheint eine realisierbare Lösungsstrategie für KMU, die im Folgenden im Fokus der Untersuchung steht. Als übergreifende Einflussfaktoren werden Motivation, Commitment und Leistungsfähigkeit analysiert, die Auswirkungen auf den Weiterbeschäftigungswunsch von älteren Arbeitnehmern haben sollten. Motivation allgemein ergibt sich aus den Beweggründen des Verhaltens. Die Motivationstheorien versuchen, das Verhalten zu erklären, also die Motive für das Verhalten zu ermitteln (von Rosenstiel 2009). Unter Commitment wird das Gefühl der Verbundenheit, Identifikation und Zugehörigkeit verstanden, welches Mitarbeiter gegenüber ihrem Unternehmen empfinden (Felfe 2008). Die Leistungsfähigkeit bildet in Analogie zum Work Ability Index den Gesundheitszustand ab, der eine Rolle für den Weiterbeschäftigungswunsch spielen kann (Büsch et al. 2010).

2.2.1 Auswirkungen von Motivation, Commitment und Leistungsfähigkeit

Arbeitsmotivation wurde lange Zeit als Faktor zur Erhöhung des Weiterbeschäftigungswunsches vernachlässigt (Kooij et al. 2007). Neue Untersuchungen deuten allerdings darauf hin, dass Arbeitnehmer, die einen hohen Grad an Motivation aufweisen, eher bereit sind Beschäftigungsverhältnisse zu verlängern (Lord 2004; Büsch et al. 2010). Bisherige Forschungsergebnisse zeigen, dass eine zentrale Größe für den Wunsch nach Weiterbeschäftigung neben gesundheitlichen und finanziellen Aspekten gerade auch die Arbeitsmotivation ist (van Dam et al. 2009; Gobeski/Beehr 2009; Deller/Maxin 2010; Wang/Shultz 2010). Die Motivation von Beschäftigten wird zum Beispiel durch Faktoren, wie Spaß an der Arbeit oder Genugtuung, positiv beeinflusst (Lord 2004). Das heißt, mit Bezug zur Kontinuitätstheorie, dass Beschäftigte, die Freude an Ihrer Tätigkeit haben, diesen Zustand aufrecht erhalten möchten und länger dazu bereit sind, im Unternehmen zu verbleiben. Eine positive Grundeinstellung zur Beschäftigung spielt daher eine signifikante Rolle bei der Entscheidung zur Weiterbeschäftigung (Barnes et al. 2004). Eine positive Korrelation zwischen Motivation und Weiterbeschäftigungswunsch sollte sich daher auch in unserem Datensatz abbilden.

Neben der Motivation ist die Unternehmensidentifikation ein wichtiger Faktor, der den Weiterbeschäftigungswunsch tangiert (Büsch et al. 2010). Commitment beschreibt dabei die Beziehung zwischen Beschäftigten und Arbeitgebern (Becker 1960). Allen und Meyer (1990) argumentieren, dass Beschäftigte, die sich stark mit ihrem Unternehmen identifizieren, voraussichtlich am wenigsten dazu neigen, ihr Unternehmen zu verlassen. Ein hohes Commitment sollte daher auch bei älteren Beschäftigten dazu führen, das Beschäftigungsverhältnis länger aufrechterhalten werden. Bei der Erhebung des Datensatzes wurde Commitment durch ein Item zur Identifikation mit den Unternehmenszielen geprüft. Eine hohe Identifikation mit den Unternehmenszielen sollte daher positiv mit einem hohen Weiterbeschäftigungswunsch korrelieren.

Die selbsteingeschätzte Leistungsfähigkeit ist besonders bei älteren Beschäftigten von besonderer Bedeutung und häufig eine große Sorge. In einer niederländischen Studie wurden 346 Beschäftigten im Alter 50+ über ihre Motive zur Frühverrentung bzw. Verschiebung des Renteneintritts gefragt. Ein guter Gesundheitszustand hatte dabei einen positiven Einfluss auf eine verlängerte Lebensarbeitszeit (van Dam et al. 2009). Aber auch in anderen Untersuchungen wurde festgestellt, dass eine hohe Leistungsfähigkeit mit der Freude am Arbeitspatz zu verweilen korreliert (Tuomi et al. 2001, von Bonsdorff et al. 2009; Büsch et al. 2010). Diese Ergebnisse sollten sich daher auch in dem Datensatz widerspiegeln und deshalb ist davon auszugehen, dass eine hohe selbst eingeschätzte Leistungsfähigkeit mit dem Weiterbeschäftigungswunsch positiv korreliert.

2.2.2 Auswirkungen der Arbeits- und organisationsbezogenden Faktoren

Neben individuellen Faktoren nehmen in dem Modell von Wang et al. (2008) arbeits- und organisationsbezogene Faktoren eine gewichtige Rolle ein. Diese Faktoren stehen in der Arbeits- und Organisationspsychologie im Vordergrund und untersuchen zum Beispiel die Auswirkungen von Arbeitsanerkennung, Arbeitsanforderung und Führung auf die Beschäftigten. Daher soll hier untersucht werden, wie sich arbeits- und organisationsbezogene Faktoren auf die individuellen Faktoren Motivation, Commitment und Leistungsfähigkeit auswirken.

In Anlehnung an das Reward-Konstrukt von Siegrist et al. (2004) ist die latente Variable Arbeitsanerkennung aus sieben Items konstruiert. In der Literatur finden sich bislang v.a. Zusammenhänge zwischen Arbeitsanerkennung und Commitment. So fanden Plassmeier (2011) und Mathieu/Zajac (1990) heraus, dass Arbeitsanerkennung ein wichtiger Faktor ist, um das Commitment von Mitarbeitern zu erhöhen. Ebenfalls gehört Arbeitsanerkennung zu den Motivatoren in Friederick Herzbergs Zwei-Faktoren-Theorie. Arbeitsanerkennung führt demnach zu einer Erhöhung der Motivation der Beschäftigten (Kauffeld/Schermuly 2011). Zentral ist daher die Frage: Wie wirkt sich die Arbeitsanerkennung auf die individuellen Faktoren aus?

Die latente Variable Management-Leadership setzt sich aus drei Items zusammen: „Mein Vorgesetzter trifft oft nicht die richtigen Entscheidungen", „Bei wichtigen Sachen informiert mich mein Vorgesetzter ausführlich", „Mein Vorgesetzter gibt mir klare und verständliche Anweisungen". Interaktionseffekte zwischen der Führung und den individuelle Faktoren Motivation, Commitment und Leistungsfähigkeit sind bereits teilweise erforscht. Studien zufolge korreliert die Zufriedenheit mit der Führungskraft positiv mit dem Commitment der Mitarbeiter (r=0,36). Das führt dazu, dass Mitarbeiter, die mit ihrer Führungskraft zufrieden sind ein höheres Commitment aufweisen (Felfe 2009). Ebenfalls ist die Motivation von Beschäftigten eine zentrale Aufgabe der Mitarbeiterführung und sollte daher ebenfalls korrelieren. Die Förderung von Motivation wird durch Vereinbarung von Zielen, Kontrolle und Anerkennung maßgeblich beeinflusst. Darüber hinaus wirk sich Zufriedenheit mit der Führungskraft ebenfalls auf die Gesundheit der Mitarbeiter aus. So hat Felfe (2006) einen negativen Zusammenhang zwischen transformationaler Führung und Stresserleben von (-0,27) gefunden. Führung stellt damit eine wichtige Quelle für das Wohlbefinden der Beschäftigten dar. Der vorliegende Beitrag versucht daher unter anderem auch die Frage zu beantworten, wie sich Führung auf individuelle Faktoren auswirkt.

In Anlehnung an das Effort-Konstrukt von Siegrist et al. (2004) ist die latente Variable Arbeitsanforderungen aus sieben Items konstruiert. Die Auswirkungen der Arbeitsanforderungen auf die Leistungsfähigkeiten sollten dabei stark ausgeprägt sein. Biomediziner zeigen, dass der individuelle Leistungsstand sich aus unterschiedlichen Umweltbedingungen ergibt. Die stimulierende Umwelt ist sowohl das private Umfeld als auch die Arbeitswelt (Rump/Eilers 2009; Büsch et al. 2010). Alavinia et al. (2007) kommen zu ähnlichen Ergebnissen und zeigen, dass arbeitsbezogene Faktoren die größte Erklärungskraft für die Leistungsfähigkeit haben. Die Studie fragt darüber hinaus, welche Auswirkungen die Arbeitsanforderungen auf das Commitment und die Motivation haben. Die Fragestellung hierfür lautet, wie sich die Arbeitsanforderungen auf die individuellen Faktoren auswirken.

2.2.3 Auswirkungen der Unternehmensgröße

Aktuelle Studien deuten darauf hin, dass die Unternehmensgröße einen signifikanten Einfluss auf den Weiterbeschäftigungswunsch älterer Beschäftigter hat (Smeaton/McKay 2003). Smeaton und McKay haben herausgefunden, dass der Weiterbeschäftigungswunsch von Beschäftigten in Kleinstunternehmen in Großbritannien am größten war und mit steigender Beschäftigtenzahl abgenommen hat. Darüber hinaus hat Bäcker (2007) gezeigt, dass die meisten der im hohen Alter Erwerbstätigen (60+) in kleinen Unternehmen beschäftigt sind. Deshalb soll hier untersucht werden, ob der Weiterbeschäftigungswunsch in kleineren Unternehmen tatsächlich größer ist. Kleinere und mittlere Unternehmen werden hierbei entsprechend der Definition der Europäischen Kommission unterteilt (vgl. Tabelle 1).

Unternehmensgröße	Beschäftigte	Jahresumsatz	Jahresbilanz
Kleinstunternehmen	0 bis 9	bis 1 Mio. EUR	bis 1,4 Mio. EUR
Kleinunternehmen	10 bis 49	bis 9 Mio. EUR	bis 10 Mio. EUR
Mittlere Unternehmen	50 bis 249	bis 50 Mio. EUR	bis 43 Mio. EUR

Tab. 1: KMU-Definition der EU (Quelle: Europäische Kommission 2003)

Trotz dieser Erkenntnisse besteht weiterhin Bedarf, dieses Paradox zu erklären, wenn man berücksichtigt, dass KMU im Vergleich zu großen Unternehmen geringere finanzielle Mittel aufwenden, um Personalstrategien zu entwickeln (Smeaton/McKay 2003). Wichtig ist daher, die Auswirkungen der Unternehmensgröße auf individuelle sowie arbeits- und organisationsbezogenen Faktoren zu untersuchen. Die zentrale Fragestellung lautet, wie sich die Unternehmensgröße auf individuelle sowie arbeits- und organisationsbezogene Faktoren auswirkt. Es wird vermutet, dass sich Beschäftigte in KMU stark mit ihrem Unternehmen identifizieren und der enge Kontakt zur Geschäftsführung sich positiv auf die Motivation auswirkt.

3 Empirische Untersuchung

3.1 Untersuchte Stichprobe

Die Untersuchung fokussiert auf den deutschen Arbeitsmarkt. Für die empirische Überprüfung der Forschungsfragen wird eine repräsentative Befragung im Auftrag des Bundesinstituts für Bevölkerungsforschung zugrunde gelegt. Hierbei wurden im Mai 2008 insgesamt 1.500 Berufstätige (Arbeiter, Angestellte, Beamte) im Alter zwischen 55 und 64 Jahren von infratest befragt (z. B. Büsch et al. 2010). Deren Aufteilung zeigt Tabelle 2.

Charakteristikum	Prozent (n=1.500)				
Alter (Jahre)	55: 9,5	56: 17,9	57: 17,3	58: 12,9	59: 12,9
	60: 9,5	61: 7,9	62: 5,3	63: 3,8	64: 3,1
Vertragliche Wochenarbeitszeit (Stunden)	<15: 5,8		15-34: 19,6		≥35: 74,6
Berufliche Stellung	Arbeiter: 24,5		Angestellte: 63,5		Beamte: 12,0
Öffentlicher Dienst	Ja: 29,1			Nein: 70,9	

Tab. 2: Überblick über zentrale Charakteristika aller Befragten

Es zeigt sich, dass ca. 70 % der Befragten noch volle 5 Jahre bis zum Renteneinstieg haben. Der Großteil der Befragungsteilnehmer, d. h. ca. 75 %, arbeitet Vollzeit, d. h. hat eine vertragliche Wochenarbeitszeit von mindestens 35 Stunden. Die am häufigsten vertretene berufliche Stellung sind die Angestellten mit ca. 64 %, gefolgt von den Arbeitern und den Beamten mit ca. 25 und 12 %. Fast 30 % der Befragten sind im öffentlichen Dienst beschäftigt.

Aufgrund der aus Arbeitgebersicht geringeren Relevanz der geringfügig und der nur in Teilzeit Beschäftigten werden diese Befragtengruppen nicht weiter verfolgt. Darüber hinaus werden die Beamten und die im öffentlichen Dienst Tätigen aufgrund der hier untersuchten Einflussfaktoren ebenfalls nicht berücksichtigt. Dementsprechend werden für die folgenden Analysen nur Vollzeitbeschäftigte (vertragliche Wochenarbeitszeit von mindestens 35 Stunden), Arbeiter und Angestellte sowie nicht im öffentlichen Dienst Tätige herangezogen.

Damit verbleibt eine Stichprobe von 691 Probanden, deren Charakteristika Tabelle 3 zeigt. In der fokussierten Stichprobe haben somit ca. 73 % der Befragten noch volle 5 Jahre bis zum Renteneinstieg. Der Großteil der Beschäftigten, d. h. ca. 37 %, arbeitet in Großunternehmen (mit 250 und mehr Beschäftigten; vgl. auch Tabelle 1), gefolgt von ca. 27 % in mittleren (mit 50 bis 249 Beschäftigten) und ca. 26 % in kleineren Unternehmen (mit 10 bis 49 Beschäftigten); die Gruppe der Beschäftigten in Kleinstunternehmen (mit weniger als 10 Beschäftigten) umfasst ca. 10 % der Probanden. Getrennt nach den Sektoren sind 1,8 % im primären Sektor (Land- und Forstwirtschaft), 45,6 %, im sekundären Sektor (Energieversorgung und Bergbau, Baugewerbe, Industrie und verarbeitendes Gewerbe) sowie 52,6 % im tertiären Sektor (verbleibende Dienstleistungen) tätig. Das Durchschnittsalter beträgt 58,3 Jahre.

<table>
<tr><th>Charakteristikum</th><th colspan="15">Prozent (n=691)</th></tr>
<tr><td rowspan="2">Alter (Jahre)</td><td colspan="3">55: 9,8</td><td colspan="3">56: 17,7</td><td colspan="3">57: 18,8</td><td colspan="3">58: 11,9</td><td colspan="3">59: 14,3</td></tr>
<tr><td colspan="3">60: 9,1</td><td colspan="3">61: 6,5</td><td colspan="3">62: 5,2</td><td colspan="3">63: 3,6</td><td colspan="3">64: 3,0</td></tr>
<tr><td>Geschlecht</td><td colspan="7">Männlich: 65,1</td><td colspan="8">Weiblich: 34,9</td></tr>
<tr><td rowspan="2">Unternehmensgröße (Anzahl Beschäftigte)</td><td colspan="5"><10: 9,7</td><td colspan="5">10-49: 25,6</td><td colspan="5">50-99: 10,8</td></tr>
<tr><td colspan="5">100-249: 16,6</td><td colspan="5">250-499: 9,7</td><td colspan="5">≥500: 27,6</td></tr>
<tr><td rowspan="4">Branche</td><td colspan="5">Land- und Forstwirtschaft: 1,8</td><td colspan="5">Energieversorgung und Bergbau: 1,9</td><td colspan="5">Baugewerbe: 6,9</td></tr>
<tr><td colspan="5">Industrie u. verarbeitendes Gewerbe: 36,8</td><td colspan="5">Handel: 11,5</td><td colspan="5">Banken, Versicherungen etc.: 5,5</td></tr>
<tr><td colspan="5">Verkehrs- und Nachrichtenwesen: 3,6</td><td colspan="5">Hotel- und Gaststättengewerbe: 1,9</td><td colspan="5">Erziehungs- und Bildungswesen etc.: 9,6</td></tr>
<tr><td colspan="5">Öffentliche Verwaltung, Polizei etc.: 0,6</td><td colspan="5">Verbände, Kirchen etc.: 1,7</td><td colspan="5">Sonstiger Dienstleistungsbereich: 18,1</td></tr>
<tr><td>Befristeter Arbeitsvertrag</td><td colspan="7">Ja: 5,4</td><td colspan="8">Nein: 94,6</td></tr>
</table>

Tab. 3: Überblick über ausgewählte soziodemografische und berufsbezogene Charakteristika der Stichprobe

3.2 Untersuchungsergebnisse

Für den vorliegenden Beitrag werden sowohl individuelle Faktoren (vgl. auch Abschnitt 2.2.1) als auch arbeits- und organisationsbezogene Faktoren (vgl. Abschnitt 2.2.2) fokussiert.

Bei den individuellen Faktoren werden die Konstrukte Motivation, Leistungsfähigkeit und Commitment betrachtet. Motivation und Commitment wurden dabei über Single-Items, Leistungsfähigkeit über drei Items gemessen. Die arbeits- und organisationsbezogenen Faktoren wurden über die Konstrukte Führung (3 Items), Arbeitsanforderung (7 Items) und Arbeitsanerkennung (7 Items) erhoben. Ergänzt wurde dies durch die Abfrage des Weiterbeschäftigungswunsches. Tabelle 4 zeigt einen Überblick der Konstrukte unter Angabe eines Beispiel-Items, der verwendeten Skalierung, dem Cronbachs alpha der Multi-Item-Konstrukte und dem jeweiligen Konstruktmittelwert.

Konstrukt	Beispiel-Item (Skalierung)	α	M
Motivation	Meine Arbeitsmotivation ist sehr hoch. (1=„voll zutreffend“ bis 5=„überhaupt nicht zutreffend“)	–	1,553
Leistungsfähigkeit	Wie hoch schätzen Sie Ihre jetzige Leistungsfähigkeit in Bezug auf Ihre Arbeitsinhalte ein? (1=„sehr hoch“ bis 5=„sehr niedrig“)	0,652	2,183
Commitment	Ich identifiziere mich mit den Zielen meines Unternehmens. (1=„voll zutreffend“ bis 5=„überhaupt nicht zutreffend“)	–	1,501
Führung	Bei wichtigen Sachen informiert mich mein Vorgesetzter ausführlich. (1=„voll zutreffend“ bis 5=„überhaupt nicht zutreffend“)	0,668	2,395
Arbeitsanforderung	Meine Arbeit erfordert starke Konzentration. (1=„voll zutreffend“ bis 5=„überhaupt nicht zutreffend“)	0,684	2,131
Arbeitsanerkennung	Ich werde von den Kollegen wegen jeder Kleinigkeit kritisiert. (1=„voll zutreffend“ bis 5=„überhaupt nicht zutreffend“)	0,697	3,853
Weiterbeschäftigungswunsch	Wollen Sie auch nach Ihrem Renten- bzw. Ruhestandseintritt noch erwerbstätig sein, z. B. im Rahmen einer geringfügigen Beschäftigung? (1=„ja“, 2=„eher ja“, 3=„eher nein“, 4=„nein“)	–	–

Tab. 4: Informationen zur Operationalisierung der Konstrukte einschließlich Cronbachs alpha (α) und Mittelwert (M) der Stichprobe (–...keine Wertangabe möglich)

In Tabelle 5 sind zunächst die bivariaten Korrelationen aller Konstrukte widergegeben. Hierfür sowie für die folgenden Auswertungen in Tabelle 6 und 7 wird für die metrisch erhobenen Konstrukte, d. h. für alle mit Ausnahme des Weiterbeschäftigungswunsches, der Korrelationskoeffizient nach Pearson zugrunde gelegt. Für die Messung der Zusammenhänge mit dem Weiterbeschäftigungswunsch, wird der Rangkorrelationskoeffizient nach Spearman genutzt.

Konstrukt		1	2	3	4	5	6	7
1. Motivation	P	1	0,207**	0,367**	0,247**	0,075*	-0,303**	0,010
2. Leistungsfähigkeit	P		1	0,129**	0,037	0,012	-0,157**	0,085*
3. Commitment	P			1	0,214**	0,016	-0,303**	-0,004
4. Führung	P				1	-0,124**	-0,514**	-0,013
5. Arbeitsanforderung	P					1	0,219**	0,049
6. Arbeitsanerkennung	P						1	0,045
7. Weiterbeschäftigungswunsch	S							1

Tab. 5: Korrelationen nach Pearson (P) oder nach Spearman (S) der Konstrukte in der Stichprobe (...p<0,05, **...p<0,01)*

Insgesamt zeigen die Korrelationswerte in Tabelle 5 wenige starke Zusammenhänge zwischen den Konstrukten. Am stärksten (negativ) korrelieren Führung und Arbeitsanerkennung miteinander. Weiterhin zeigt sich, dass Motivation zwar jeweils signifikant, aber meist schwach (positiv) mit allen anderen Konstrukten, außer Weiterbeschäftigungswunsch, korreliert. Dieser ist nur mit Leistungsfähigkeit signifikant, aber sehr schwach (positiv) verknüpft ist. Die für Männer und Frauen getrennte Korrelationsanalyse in Tabelle 6 zeigt, dass Commitment mit Motivation und Führung mit Motivation bei Männern jeweils stärker (positiv) korrelieren, als bei Frauen. Weiterhin korreliert der Weiterbeschäftigungswunsch mit der Leistungsfähigkeit bei den Männern signifikant schwach positiv, bei den Frauen hingegen nicht signifikant schwach negativ. Ebenso sind Führung und Commitment bei Männern signifikant und bei Frauen nicht signifikant (und schwächer) verknüpft.

Konstrukt		**1**	**2**	**3**	**4**	**5**	**6**	**7**
1. Motivation	P	1	0,190**	0,271**	0,169**	0,084	-0,303**	-0,040
2. Leistungsfähigkeit	P	0,220**	1	0,103	0,075	0,055	-0,160*	-0,023
3. Commitment	P	0,416**	0,144**	1	0,104	0,036	-0,249**	0,009
4. Führung	P	0,289**	0,014	0,274**	1	-0,089	-0,500**	0,088
5. Arbeitsanforderung	P	0,063	-0,013	0,005	-0,146**	1	0,203**	0,069
6. Arbeitsanerkennung	P	-0,307**	-0,154**	-0,334**	-0,523**	0,227**	1	-0,056
7. Weiterbeschäftigungswunsch	S	0,034	0,149**	-0,010	-0,070	0,036	0,102*	1

Tab. 6: Korrelationen nach Pearson (P) bzw. Spearman (S) der Konstrukte getrennt nach Männern (untere...) und Frauen (obere Dreiecksmatrix) (...p<0,05, **...p<0,01)*

Konstrukt		**1**	**2**	**3**	**4**	**5**	**6**	**7**
1. Motivation	P	1	0,214**	0,455**	0,200**	0,122	-0,301**	0,034
2. Leistungsfähigkeit	P	0,178**	1	0,038	-0,072	0,085	-0,034	0,186**
3. Commitment	P	0,285**	0,162**	1	0,270**	0,074	-0,376**	0,001
4. Führung	P	0,271**	0,078	0,164**	1	-0,110	-0,454**	-0,046
5. Arbeitsanforderung	P	0,089	0,048	0,021	-0,108*	1	0,107	0,064
6. Arbeitsanerkennung	P	-0,285**	-0,167**	-0,234**	-0,544**	0,217**	1	0,071
7. Weiterbeschäftigungswunsch	S	-0,014	0,004	-0,024	-0,003	0,087	0,069	1

Tab. 7: Korrelationen nach Pearson (P) bzw. Spearman (S) der Konstrukte getrennt nach Angestellten (untere ...) und Arbeitern (obere Dreiecksmatrix) (...p<0,05, **...p<0,01)*

Bei den nach der beruflichen Stellung getrennt erfolgten Berechnung der Korrelation (Tabelle 7), korreliert mit dem wichtigen Weiterbeschäftigungswunsch nur die Leistungsfähigkeit signifikant, und auch nur sehr schwach. Bei den Arbeitern sind hingegen Motivation, Führung und Leistungsfähigkeit tendenziell negativ, in jedem Fall sehr schwach mit dem Weiterbeschäftigungswunsch verknüpft. Die einzig im mittleren Bereich liegende Korrelation findet sich bei den Angestellten zwischen Motivation und Commitment. Im Folgenden werden die Konstrukte nach den Unternehmensgrößen differenziert: Zunächst die Konstrukte insgesamt (vgl. Tabelle 8), anschließend nach Geschlecht (vgl. Tabelle 9) und nach beruflichem Status (vgl. Tabelle 10). Die Auswertung gibt die Mittelwerte (M) und Prozentwerte (%), die Signifikanz mit F-Wert (F) und p-Wert (p) (einer einfaktoriellen Varianzanalyse, Abweichungen bei der Umfangssumme der Teilstichproben zum Umfang der gesamten Stichprobe resultieren aus teilweise fehlenden Angaben der Unternehmensgröße) wieder. In Tabelle 11 werden dann der Einfluss des Geschlechts und der beruflichen Stellung mittels t-Test analysiert.

Unternehmensgröße			**Kleinst**	**Klein**	**Mittel**		**Groß**		**Gesamt**	
Beschäftigte			<10 (n=67)	10-49 (n=176)	50-99 (n=74)	100-249 (n=114)	250-499 (n=67)	≥500 (n=190)	F (n=691)	p
Motivation		M	1,500	1,472	1,534	1,509	1,672	1,632	1,048	0,388
Leistungsfähigkeit		M	2,241	2,217	2,115	2,234	2,244	2,101	1,475	0,196
Commitment		M	1,538	1,371	1,432	1,398	1,657	1,626	2,137	0,059
Führung		M	2,123	2,449	2,331	2,272	2,773	2,432	3,354	0,005
Arbeitsanforderung		M	2,306	2,017	1,971	2,088	2,243	2,206	3,869	0,002
Arbeitsanerkennung		M	3,899	3,834	3,757	3,87	3,756	3,934	1,017	0,407
Weiterbeschäftigungswunsch	Ja	%	30,8	28,9	38,4	19,6%	16,4	20,6	6,457	0,000
	Eher ja	%	30,8	27,2	28,8	22,3%	23,9	15,9		
	Eher nein	%	10,8	16,2	12,3	19,6%	22,4	18,5		
	Nein	%	27,7	27,7	20,5	38,4%	37,3	45,0		

Tab. 8: Mittelwerte (M) und Prozentwerte (%) der Konstrukte nach Unternehmensgrößen einschließlich F-Wert (F) und p-Wert (p)

Tabelle 8 verdeutlicht, dass der Weiterbeschäftigungswunsch bei den in mittleren Unternehmen mit 50 bis 249 Beschäftigten am größten ist, da sich ca. zwei Drittel aller Probanden (67,2 %; Summe aus Antwortkategorien „ja" und „eher ja") vorstellen könnten, länger zu arbeiten. Ähnlich verhält es sich bei Kleinstunternehmen mit bis zu 10 Beschäftigten, von denen etwas mehr als 60 Prozent (61,6 %) das Gleiche angaben. Die größten klaren Ablehner finden sich bei den Probanden aus den Großunternehmen (z. B. 45 % für Antwortkategorie „nein" bei Unternehmen mit mehr als 500 Beschäftigten). Die Analyse der absoluten Höhe der Konstruktmittelwerte in Tabelle 8 zeigt, dass die Motivation insgesamt jeweils relativ hoch, jedoch insbesondere die Arbeitsanerkennung relativ niedrig ist. Die Analyse des signifikanten Einflusses der Konstrukte für die unterschiedlichen Unternehmensgrößen zeigen weiterhin, dass sich neben dem Weiterbeschäftigungswunsch auch Führung und Arbeitsanforderung signifikant unterscheiden (und die Werte beim Commitment mit einem p-Wert von 0,059 knapp über dem Signifikanzniveau von 0,05 liegen).

Unternehmensgröße		**Kleinst**	**Klein**	**Mittel**		**Groß**		**Gesamt**	
Männer									
Beschäftigte		<10 (n=40)	10-49 (n=112)	50-99 (n=49)	100-249 (n=66)	250-499 (n=45)	≥500 (n=137)	F (n=449)	p
Motivation	M	1,650	1,536	1,5	1,5	1,711	1,686	0,904	0,478
Leistungsfähigkeit	M	2,238	2,223	2,099	2,268	2,237	2,067	1,822	0,107
Commitment	M	1,500	1,393	1,408	1,338	1,667	1,628	1,564	0,169
Führung	M	2,114	2,511	2,34	2,192	2,696	2,417	2,299	0,044
Arbeitsanforderung	M	2,298	2,041	2,006	2,182	2,222	2,242	2,275	0,046
Arbeitsanerkennung	M	3,797	3,827	3,8	3,952	3,725	3,958	1,197	0,310
Weiterbeschäftigungswunsch: Ja	%	30,8	29,1	43,8	18,8	20,0	20,6	3,678	0,003
Weiterbeschäftigungswunsch: Eher ja	%	25,6	22,7	22,9	20,3	24,4	15,4		
Weiterbeschäftigungswunsch: Eher nein	%	7,7	19,1	12,5	20,3	26,7	22,1		
Weiterbeschäftigungswunsch: Nein	%	35,9	29,1	20,8	40,6	28,9	41,9		
Frauen									
Beschäftigte		<10 (n=27)	10-49 (n=64)	50-99 (n=25)	100-249 (n=48)	250-499 (n=22)	≥500 (n=53)	F (n=239)	p
Motivation	M	1,269	1,359	1,6	1,521	1,591	1,491	0,797	0,553
Leistungsfähigkeit	M	2,247	2,206	2,147	2,188	2,258	2,189	0,113	0,989
Commitment	M	1,593	1,333	1,48	1,479	1,636	1,623	0,769	0,573
Führung	M	2,136	2,341	2,313	2,382	2,937	2,472	1,637	0,151
Arbeitsanforderung	M	2,317	1,975	1,903	1,958	2,286	2,113	1,948	0,087
Arbeitsanerkennung	M	4,049	3,846	3,674	3,758	3,82	3,873	0,751	0,586
Weiterbeschäftigungswunsch: Ja	%	30,8	28,6	28,0	20,8	9,1	20,8	3,874	0,002
Weiterbeschäftigungswunsch: Eher ja	%	38,5	34,9	40,0	25,0	22,7	17,0		
Weiterbeschäftigungswunsch: Eher nein	%	15,4	11,1	12,0	18,8	13,6	9,4		
Weiterbeschäftigungswunsch: Nein	%	15,4	25,4	20,0	35,4	54,5	52,8		

Tab. 9: Mittelwerte (M) und Prozentwerte (%) der Konstrukte nach Unternehmensgrößen einschließlich mit F-Wert (F) und p-Wert (p) für Männer und Frauen

Die gleiche Auswertung für Männer und Frauen (vgl. Tabelle 9) zeigt insbesondere bei den Frauen eine dramatische Verschiebung des Weiterbeschäftigungswunsches. Demnach sind in der Frage der Weiterbeschäftigung zwei Drittel der Frauen in allen Unternehmensgrößen mit bis zu 99 Beschäftigten eher positiv gestimmt (Antwortkategorie „ja“ und „eher ja“).

Untern.-Größe			**Kleinst**	**Klein**	**Mittel**		**Groß**		**Gesamt**	
Angestellte										
Beschäftigte			<10 (n=47)	10-49 (n=114)	50-99 (n=47)	100-249 (n=78)	250-499 (n=37)	≥500 (n=126)	F (n=449)	p
Motivation		M	1,522	1,395	1,468	1,449	1,676	1,556	1,017	0,407
Leistungs-fähigkeit		M	2,202	2,152	1,996	2,167	2,153	1,981	2,196	0,054
Commitment		M	1,622	1,298	1,277	1,273	1,595	1,587	2,976	0,012
Führung		M	2,141	2,341	2,337	2,179	2,806	2,392	2,488	0,031
Arbeitsan-forderung		M	2,432	2,146	2,103	2,141	2,471	2,314	3,545	0,004
Arbeitsan-erkennung		M	3,973	3,925	3,888	3,985	3,824	4,081	1,122	0,348
Weiterbeschäf-tigungswunsch	Ja	%	37,8	33,9	34,8	22,4	21,6	24,8	5,243	0,000
	Eher ja	%	33,3	28,6	32,6	22,4	16,2	14,4		
	Eher nein	%	13,3	12,5	13,0	23,7	21,6	14,4		
	Nein	%	15,6	25,0	19,6	31,6	40,5	46,4		
Arbeiter										
Beschäftigte			<10 (n=20)	10-49 (n=62)	50-99 (n=27)	100-249 (n=36)	250-499 (n=30)	≥500 (n=64)	F (n=239)	p
Motivation		M	1,450	1,613	1,654	1,639	1,667	1,781	0,434	0,824
Leistungs-fähigkeit		M	2,333	2,336	2,321	2,38	2,356	2,341	0,038	0,999
Commitment		M	1,350	1,508	1,704	1,667	1,733	1,703	0,609	0,693
Führung		M	2,083	2,64	2,321	2,472	2,733	2,51	1,297	0,266
Arbeitsan-forderung		M	2,011	1,78	1,741	1,972	1,962	1,995	1,266	0,279
Arbeitsan-erkennung		M	3,725	3,667	3,531	3,622	3,673	3,645	0,205	0,96
Weiterbeschäf-tigungswunsch	Ja	%	15,0	19,7	44,4	13,9	10,0	12,5	2,92	0,014
	Eher ja	%	25,0	24,6	22,2	22,2	33,3	18,8		
	Eher nein	%	5,0	23,0	11,1	11,1	23,3	26,6		
	Nein	%	55,0	32,8	22,2	52,8	33,3	42,2		

Tab. 10: Mittelwerte (M) und Prozentwerte (%)der Konstrukte nach Unternehmensgrößen einschließlich mit F-Wert (F) und p-Wert (p) für Angestellte und Arbeiter

Bei größeren Unternehmen dreht sich dieser Trend derart um, dass ab Unternehmensgrößen mit mehr als 250 Beschäftigten die klare Ablehnung einer Weiterbeschäftigung („nein") jeweils bei über 50 Prozent liegt und dies – wie bei den Männern – signifikant ist.

Für die Unterscheidung zwischen Angestellten und Arbeitern (vgl. Tabelle 10) fällt auf, dass sich die Angestellten bei größer werdenden Unternehmen zunehmend weniger eine Weiterbeschäftigung vorstellen können. Bei den Arbeitern sieht dies etwas anders aus. Hier lehnen die in Kleinstunternehmen zunächst stark ab (55 % bei Antwortkategorie „nein"), die in mittleren Unternehmen mit 50 bis 99 Beschäftigten können sich dies hingegen häufig vorstellen (44 % für „ja"). Bezüglich der Signifikanz kann diese bei beiden Gruppen für den Weiterbeschäftigungswunsch und bei den Angestellten (nicht jedoch für die Arbeiter) für Commitment, Führung und Arbeitsanforderung festgestellt werden.

Die Signifikanztests des Einflusses des Geschlechts und der beruflichen Stellung (vgl. Tabelle 11) offenbaren deutliche Unterschiede. Zwischen den Geschlechtern unterscheidet sich nur die Motivation signifikant, wobei die Frauen höher motiviert sind. Zwischen den beruflichen Stellungen zeigen sich hingegen deutlich mehr Unterschiede. Hier unterscheiden sich alle Konstrukte signifikant, wobei die Angestellten jeweils bessere bzw. positivere Werte zeigen bei Motivation, Leistungsfähigkeit, Commitment, Führung und Weiterbeschäftigungswunsch, nicht jedoch bei Arbeitsanforderung und Arbeitsanerkennung.

Merkmal		Geschlecht				Berufliche Stellung			
		Männlich (n=450)	Weiblich (n=241)	t (n=691)	p	Arbeiter (n=241)	Angestellte (n=450)	t (n=691)	p
Motivation	M	1,601	1,462	2,066	0,039	1,667	1,492	2,601	0,010
Leistungsfähigkeit	M	2,171	2,193	-0,461	0,645	2,339	2,093	5,280	0,000
Commitment	M	1,494	1,512	-0,241	0,810	1,633	1,430	2,727	0,007
Führung	M	2,399	2,403	-0,054	0,957	2,509	2,341	2,074	0,038
Arbeitsanforderung	M	2,162	2,068	1,773	0,077	1,913	2,245	-6,433	0,000
Arbeitsanerkennung	M	3,871	3,838	0,553	0,580	3,646	3,974	-5,680	0,000
Weiterbeschäftigungswunsch: Ja	%	25,7	23,9	0,472	0,637	18,3	28,8	2,948	0,003
Weiterbeschäftigungswunsch: Eher ja	%	20,5	28,6			23,3	23,4		
Weiterbeschäftigungswunsch: Eher nein	%	19,2	13,0			19,2	15,9		
Weiterbeschäftigungswunsch: Nein	%	34,5	34,5			39,2	32,0		

Tab. 11: Mittelwerte (M) und Prozentwerte (%) der Konstrukte unterschieden nach Geschlecht und beruflicher Stellung einschließlich t-Wert (t) und p-Wert (p)

4 Fazit und Handlungsempfehlungen

Es kann davon ausgegangen werden, dass der demografische Wandel im Bereich der Rekrutierung gerade KMU treffen wird, da diese nur über begrenzte Möglichkeiten verfügen, Bewerber durch eine bessere Bezahlung zur Annahme einer Stelle zu motivieren. Daher stellt eine verlängerte Lebensarbeitszeit von Arbeitnehmern gerade für KMU eine Option da, genügend Mitarbeiter vorzuhalten. Für Personalentwickler resultieren daraus Fragen wie: Welche Faktoren sind hinderlich oder förderlich für die nachhaltige Bindung ans Unternehmen bzw. welche noch nicht geborgene „Silberschätze" befinden sich im Unternehmen?

In dem vorliegenden Beitrag wurde mit der Annahme gearbeitet, dass Motivation, Commitment und Leistungsfähigkeit den Wunsch nach Weiterbeschäftigung beeinflussen. Weiterhin wurde gefragt, ob arbeits- und organisationsbezogenen Faktoren, wie Arbeitsanerkennung, Arbeitsanforderung und Führung, einen Erklärungsbeitrag liefern. Ein zentrales Erkenntnisinteresse war weiterhin, welche Rolle die Unternehmensgröße in diesem Kontext spielt.

Zur Überprüfung der Fragestellungen wurde ein Datensatz von 691 Arbeitern- und Angestellten verwendet, der Bestandteil der 2008 durchgeführten Erhebung von 1500 Beschäftigten im Alter von 55-64 Jahre ist. Diese wurden zu ihren Wünschen der Weiterbeschäftigung nach Eintritt ins Rentenalter befragt. In der vorliegenden Auswertung sind Beamte und Selbständige nicht berücksichtigt worden, da von einer Überlagerung anderer Effekte auszugehen ist, die für Arbeitgeber schwieriger zu steuern sind. Die erste Auswertung über alle 691 Arbeiter und Angestellte ohne eine Differenzierung beispielsweise nach Geschlecht oder Berufsgruppe zeigt, dass die Leistungsfähigkeit schwach signifikant mit dem Weiterbeschäftigungswunsch korreliert. Alle anderen Faktoren korrelieren nicht signifikant mit dem Weiterbeschäftigungswunsch.

Wird bei der Analyse für das Geschlecht kontrolliert, zeigt sich, dass die Leistungsfähigkeit nur bei Männern, aber dort signifikant mit dem Weiterbeschäftigungswunsch korreliert. Hierbei gilt zu berücksichtigen, dass bei einer einfachen Häufigkeitsauszählung 65,3 % der Männer, die Frage nach Weiterbeschäftigung mit „ja" oder „eher ja" beantwortet haben während es bei den Frauen lediglich 34,7 % waren. Die Größe des Unternehmens scheint auf Grundlage dieser Auswertung insofern eine Rolle zu spielen, dass je größer das Unternehmen ist, desto größer der Anteil der Frauen, die die Frage nach Weiterbeschäftigung eindeutig mit einem Nein beantworten. Dies sind bei den Kleinstunternehmen 27 % und bei den großen Unternehmen mit mehr als 500 Beschäftigten 45 %.

Im Bereich der Bindung von Frauen verfügen KMU also über einen Wettbewerbsvorteil gegenüber den größeren Unternehmen. In Konsequenz sollten Personalstrategen trotz des oben geschilderten Wettbewerbsnachteils von KMU bei der Rekrutierung ruhig verstärkt versuchen, in Bereiche des „Employer Branding" zu investieren, um dadurch ihren Bekanntheitsgrad und ihre Attraktivität gerade für weibliche Bewerber zu steigern. Zukünftige Untersuchungen in Deutschland sind aber notwendig, um weitere Faktoren zu identifizieren, die signifikant mit dem Weiterbeschäftigungswunsch bei Frauen korrelieren. In einer Studie in Australien wurde beispielsweise festgestellt, dass die Weiterbeschäftigungsbereitschaft von Frauen stärker als bei Männern von den sozialen Kontakten zu den Kolleginnen und Kollegen, Autonomie und Flexibilität bei der Arbeit abhängt.

Hingegen hat die Bedeutung der Arbeit für Männer eine größere Relevanz als für Frauen (Shacklock et al. 2009). Es empfiehlt sich für deutsche Unternehmen, die Motivlagen zum verlängerten Verweilen im eigenen Betrieb systematisch und geschlechterspezifisch zu erheben.

Aufgrund der zentralen Bedeutung der Leistungsfähigkeit für den Weiterbeschäftigungswunsch bei Männern, sollten Personalverantwortliche Strategien entwickeln, um eine hohe Leistungsfähigkeit herzustellen bzw. zu erhalten. Hier unterscheiden Bögel/Frerichs (2011) zwischen Alters- und Alternsmanagement. Während Altersmanagement eher korrektiv im hohen Alter einsetzt, verfolgt Alternsmanagement eher einen präventiven Prozessansatz. So wäre eine mögliche Maßnahme im Bereich des Altersmanagement eine Nachschulung, wohingegen der Prozessansatz eher auf karrierebegleitendes Lernen abzielen würde. Weitere Ansatzpunkte zur Steigerung der Leistungsfähigkeit bei Männern liefert die vorliegenden Studie, da die Leistungsfähigkeit der Männer stark mit Motivation, Commitment und Arbeitsanerkennung korrelieren, so dass auch hier sich Handlungsfelder für Personalstrategen auftun.

Bei der getrennten Analyse von Arbeitern und Angestellten zeigt sich, dass 65,1 % der Angestellten und lediglich 34,9 % der Arbeiter eine Weiterbeschäftigung bejahen. In Bezug auf die untersuchten Einflussgrößen ist es wieder (nur) die Leistungsfähigkeit, die bei den Arbeitern schwach positiv korreliert mit dem Weiterbeschäftigungswunsch und bei den Angestellten gibt es auch diesen Zusammenhang nicht. Da Arbeiter meist körperlich anstrengende Berufe ausüben, stet zu vermuten, dass gerade gesundheitsförderliche Maßnahmen wie bspw. ergonomische Arbeitsplätze oder rotierende Arbeitsaufgaben, die helfen einseitige Belastungen zu vermeiden, zentral sind, um Mitarbeiter möglichst lange im Beruf zu (er-)halten. Eine Empfehlung ist daher, betriebliches Gesundheitsmanagement als einen strategischen Bereich in die Personalentwicklung zu integrieren, um Beschäftigte ganzheitlich – im Sinne des Alternsmanagements – zu unterstützen.

Für die erfolgreiche strategische Personalarbeit in KMU wird es maßgebend sein, den jeweils vorhandenen demografischen, regionen- und betriebsspezifischen Handlungsbedarf zu identifizieren und für die unterschiedlichen Beteiligten im Unternehmen entsprechende Maßnahmen ab- und einzuleiten, um eine verlängerte Lebensarbeitszeit nicht nur zu ermöglichen, sondern auch zu einem Wunsch der Arbeitnehmer zu machen. Da aber gerade viele KMU nicht über die notwendigen finanziellen oder personellen Ressourcen verfügen, um sich den Herausforderungen des demografischen Wandels zu stellen, wurde inzwischen eine Vielzahl von Angeboten ins Leben gerufen. Hierzu gehört u. a. die Initiative Qualität der Arbeit (inqa), die neben einer Datenbank zur guten Praxis auch Informationen zu Fördermöglichkeiten im Bereich der Demografieberatung anbietet. In diesem Kontext wurde im Jahr 2006 auch das Demographienetzwerk (ddn) gegründet. Dabei handelt es sich um ein Netzwerk von Unternehmen für Unternehmen. Die zurzeit knapp 300 Unternehmen haben sich durch die Etablierung von regionalen Netzwerken das Ziel gesetzt, die Zugänge für KMU zu Wissen im Umgang mit dem demografischen Wandel vor Ort zu erleichtern. Die gleiche Zielsetzung verfolgt auch die Initiative Generationenmanagement im Arbeitsleben (GeniAL) der deutschen Rentenversicherung mit kostenlosen Beratungsangeboten für KMU zur Bedeutung des demografischen Wandels für das eigene Unternehmen.

Literatur

- Alavinia, S. M., van Duivenhooden, C., Burdorf, A. (2007): Influence of work-related factors and individual characteristics on work ability among Dutch construction workers. In: Scandinavian Journal of Work, Environment and Health 33 (5), S.351-357.
- Allen, N. J., Meyer, J. P. (1990): The measurement and antecedents of affective, continuance and normative commitment to the organization. In: Journal of Occupational Psychology 63 (1), S.1-18.
- Arnds, P., Bonin, H. (2003): Frühverrentung in Deutschland: Ökonomische Anreize und institutionelle Strukturen, IZA Discussion paper series No. 666.
- Atchley, R. (1989): A continuity theory of normal aging. In: The Gerontologist 29 (2), S.183-190.
- Bäcker, G., Brussig, M., Jansen, A., Knuth, M., Nordhause-Janz, J. (2007): Beschäftigungsmöglichkeiten für ältere Arbeitnehmer-, innen und Auswirkungen für ihre soziale Sicherung im Alter, Institut Arbeit und Qualifikation der Universität Duisburg-Essen.
- Barnes, H., Parry, J., Taylor, R. (2004): Working After State Pension Age: Qualitative Research. Department for Work and Pensions (DWP) Research Report No.208, London: DWP.
- Becker, H. S. (1960): Notes on the Concept of Commitment. In: The American Journal of Sociology, 66(1), S.32-40.
- Behrends,T. (2007): Anreizstrukturen im Mittelstand. In: Albach, H., Letmathe, P.: Empirische Studien zum Management in mittelständischen Unternehmen, ZfB Special Issue 6, S.21-52.
- BMAS - Bundesministerium für Arbeit und Soziales (2010): Aufbruch in die altersgerechte Arbeitswelt - Bericht der Bundesregierung gemäß §154 Abs. 4, Sechstes Sozialgesetzbuch zur Anhebung der Regelaltersgrenze auf 67 Jahre.
- Bögel, J., Frerichs, F. (2011): Qualitätssicherung in der Demographieberatung, Bundesanstalt für Arbeitsschutz und Arbeitsmedizin.
- Büsch, V., Dittrich, D., Lieberum, U. (2010): Motivation älterer Arbeitnehmer. In: Salzmann, T., Skirbekk, V., Weiberg, M. (Hrsg.): Wirtschaftspolitische Herausforderungen des demografischen Wandels, VS Verlag für Sozialwissenschaften, S.131-148.
- Deller, J., Maxin, L. (2010): Silver Work: Zum Stand beruflicher Aktivitäten im Ruhestand in Deutschland. In: Informationsdienst Altersfragen 37 (2), S.3-8.
- Ebbinghaus, B. (2005): Vom Stilllegen von Arbeit zum lebenslangen Lernen. In: MPIfG Jahrbuch 2003-2004, S.37-42.
- Europäische Kommission (2003): KMU-Definition: Empfehlung der Kommission vom 06. Mai 2003. In: Amtsblatt der Europäischen Gemeinschaft, L 124 vom 20.05.2003, S.36.

- Felfe, J. (2006):Validierung einer deutschen Version des "Multifactor Leadership Questionnaire" (MLQ Form 5 x Short). In: Zeitschrift für Arbeits und Organisationspsychologie AO 50 (2), S.61-78.
- Felfe, J. (2008): Mitarbeiterführung, Hogrefe: Göttingen.
- Gobeski, K., Beehr, T. (2009): How retirees work: predictors of different types of bridge employment. In: Journal of Organizational Behavior 30 (3), S.401-425.
- Hug, M. (2008): Fachkräftemangel im Mittelstand. Status quo, Ursachen und Strategien. Freiburg.
- Kauffeld, S, Schermuly C. C. (2011): Arbeitszufriedenheit und Arbeitsmotivation. In: Kauffeld, S.: Arbeits-, Organisations- und Personalpsychologie für Bachelor, S.179-194.
- Kooij, D, de Lange, A., Jansen, P., Dikkers, J. (2008): Older workers' motivation to continue to work: five meanings of age - A conceptual review. In: Journal of Managerial Psychology 23 (4), S.364-394.
- Lord, R. L. (2004): Empirical evaluation of classical behavioural theories with respect to the motivation of older knowledge workers, University of Alabama, Tuscaloosa, AL.
- Mathieu, J. E., Zajac, D. M. (1990): A review and meta-analysis of the antecedents, correlates, and consequences or organizational commitment. In: Psychological Bulletin 108 (2), S.171-194.
- Mertens, A., Beer, D. (2008): G.I.B. Trend. Report 2008. Ergebnisse der Betriebsbefragung NRW 2008, Bottrop.
- Mesaros, L., Vanselow, A., Weinkopf, C. (2009): Fachkräftemangel in KMU - Ausmaß, Ursachen und Gegenstrategien, Eine Literaturanalyse vom Institut Arbeit und Qualifikation Universität Duisburg-Essen, Duisburg.
- Mollenhauer, R. (2006): Rente mit 67 – Pro und Kontra. In: Deutscher Bundestag (Hrsg.): Der aktuelle Begriff 25 (6), S.15-18.
- Ochel. W. (1999): Frühverrentung: International "aus der Mode gekommen". In: ifo Schnelldienst 52, S.35-38.
- Phillipson, C., Smith, A. (2005): Extending working life: review of the research literature, Department for Work and Pensions Research Report No. 299.
- Plassmeier, S. C. (2011): Mitarbeiterbindung in Zeiten des demografischen Wandels: Altersabhängige Entstehungsbedingungen von affektivem organisationalem Commitment, Dissertation, Leuphana Universität Lüneburg.
- Rump, J., Eilers, S. (2009): Ökonomische Effekte des Age Managements. Sternenfels: Verlag Wissenschaft und Praxis.
- Schermuly, C. C., Schröder, T., Nachtwei, J., Kauffeld, S., Gläs, K. (im Druck). Die Zukunft der Personalentwicklung. In: Zeitschrift für Arbeits- und Organisationspsychologie.

- Schommers, R. C. (2010): Organisationales Commitment im Direktvertrieb unter Berücksichtigung der emotionalen Bindung an den Beruf des Direktverkäufers, LIT Verlag Münster.
- Shacklock, K., Brunetto, Y., Nelson, S. (2009): The Different Variables that Affect Older Males' and Females' Intentions to Continue Working. In: Asia Pacific Journal of Human Resources 47 (1), S.79-101.
- Siegrist, J., Starke, D., Chandola, T., Godin, I., Marmot, M., Niedhammer, I., Peter, R (2004): The measurement of Effort-Reward Imbalance at work: European comparisons. In: Social Science & Medicine 58(8), S.1483-1499.
- Smeaton, D., McKay, S. (2003): Working after State Pension Age: Quantitative Analysis. London: Department for Work and Pensions, Research Report 182.
- Tuomi, K., Huuhtanen, P., Nykyri, E., Ilmarinen, J. (2001): Promotion of Work Ability, the Quality of Work and Retirement. In: Occupational Medicine 51 (5), S.318-324.
- van Dam, K., van der Vorst, J., van der Heijden, B. (2009): Employees' Intentions to Retire Early: A Case of Planned Behavior and Anticipated Work Conditions. In: Journal of Career Development 35 (3), S.265-289.
- von Bonsdorff, M. E., Shultz, K. S., Leskinen, E, Tansky, J. (2009): The choice between retirement and bridge employment: A continuity and life course perspective. In: International Journal of Aging and Human Development, 69 (2), S.79-100.
- von Rosenstiel, L., Bögel, R. (2009): Arbeitszufriedenheit und Organisationsklima, in: von Rosenstiel, L., Regnet, E.,, Domsch, M. E. (Hrsg.): Führung von Mitarbeitern, 6. Auflage, Stuttgart, S.178-191.
- Wang, M., Zhan, Y., Liu, S., Shultz, K. S. (2008): Antecedents of bridge employment. A longitudinal Investigation. In: Journal of Applied Psychology 93 (4), S.818-830.
- Wang, M., Shultz, K. S. (2010): Employee Retirement: A Review and Recommendations for Future Investigations. In: Journal of Management 36 (1), S.172-206.
- Zientara, P. (2009): Employment of older workers in Polish SMEs: employer attitudes and perceptions, employee motivations and expectations. In: Human Resource Development International, 12(2), S.135-153.

Strategisches Personalmanagement in strukturschwachen Regionen: Unternehmenskooperation als Instrument für mittelständische Unternehmen

Christina Stadler und Torsten M. Kühlmann

1 Einleitung

Da die Bevölkerung in Deutschland in den letzten Jahren tendenziell schrumpft, stehen Unternehmen immer mehr vor den Herausforderungen des demografischen Wandels. Gemäß der Prognose des Statistischen Bundesamtes wird in Deutschland zukünftig die Anzahl der Erwerbsfähigen stark zurückgehen (vgl. Statistisches Bundesamt 2009). Demzufolge wird sich die Altersstruktur der Unternehmen mittelfristig verändern. Dies birgt demografische Risiken für die Unternehmen, denn beim gleichbleibenden Bedarf an Humanressourcen wird somit der Kampf um Fachkräfte in den Unternehmen zeitnah zunehmen. Die Mehrzahl der Beschäftigten in den deutschen Unternehmen ist derzeit in der mittleren Altersgruppe. Für die Unternehmen bedeutet dies, dass diese Mitarbeiter in 20 bis 30 Jahren im Rentneralter sind und die frei werdenden Arbeitsplätze mit jungen Nachwuchskräften aufgefüllt werden müssen. Diese werden aber voraussichtlich nicht mehr in der benötigten Zahl zur Verfügung stehen.

Vor diesem Hintergrund werden insbesondere kleinere und mittlere Unternehmen in deutlich stärkerem Maße zu strategischen Maßnahmen greifen müssen, um sich an die Folgen anzupassen (vgl. Dibbern 2008). Gerade kleineren Unternehmen wird aufgrund ihres geringen Bekanntheitsgrades der Zugang zu hochqualifizierten Fachkräften oftmals erschwert. Schon heute stehen viele Unternehmen vor dem Problem, eine hinreichende Zahl an Nachwuchskräften nicht mehr ausbilden zu können. Künftig müssen Unternehmen mit einem allgemeinen Rückgang der Schulabgänger und damit der Bewerberzahlen umgehen.

Die Entwicklung der Bevölkerung in Deutschland wird auch in Zukunft nicht anders aussehen, denn Hochrechnungen prognostizieren weiterhin eine Abnahme (vgl. Statistisches Bundesamt 2011). Allerdings schlägt der demografische Wandel insbesondere in strukturschwachen Regionen mit voller Härte zu. Diese Regionen haben nicht nur mit einer geringen Geburtenquote zu kämpfen; hinzu kommt die Abwanderung von Menschen in andere Regionen. Ein großer Teil der Abwanderungsverluste entfällt auf junge Menschen, die aber das Entwicklungspotenzial für strukturschwache Regionen darstellen und vor dem Hintergrund des zunehmenden Fachkräftemangels bedeutsam für die Wirtschaftskraft der gesamten Region sind (vgl. Prognos 2010, S. 3).

Folglich wird sich diese Entwicklung mittel- bis langfristig unweigerlich und spürbar auf die Unternehmen und deren Handlungsspielraum auswirken. Um einen strukturschwachen Standort zu stärken, sollte insbesondere die Gestaltung der menschlichen Arbeit stärker in den Vordergrund gestellt werden, und die Personalarbeit professionalisiert werden. Sich den Folgen des demografischen Wandels zu stellen, fällt mittelständischen Unternehmen vergleichsweise schwerer als den Großunternehmen. Dies liegt unter anderem daran, dass der Fachkräftemangel bei Großunternehmen ein geringes Problem darstellt als bei mittleren und kleinen Unternehmen, die bei einer Stellwiederbesetzung vergleichsweise weniger erfolgreich sind (vgl. Dercks et al. 2007; Hoffmann et al. 2008; Backes-Gellner et al. 2000; Kölling 2002; Kay et al. 2010). Aus diesem Grund erscheint es insbesondere für mittelständische Unternehmen sinnvoll, mit anderen zu kooperieren, um sich den zukünftigen Aufgaben gemeinsam zu stellen.

2 Unternehmenskooperationen im Personalmanagement

Unternehmenskooperationen und mittelständische Unternehmen

Die Bedeutung von Unternehmenskooperationen hat in den letzten Jahren stark zu genommen (van Wijk et al. 2008). Gemäß Zentes et al. (2005) bezeichnet eine Kooperation im betriebswirtschaftlichen Kontext eine Zusammenarbeit zwischen zwei oder mehr Unternehmen, die rechtlich und wirtschaftlich unabhängig sind. Mit ihr verfolgen Unternehmen den Zweck, eigene Unternehmensziele besser zu verwirklichen, indem ausgewählte Aufgaben eines Unternehmens von Kooperationspartnern gemeinsam umgesetzt werden (Meyer/Lorenzen 2002). Des Weiteren wird ein Netzwerk als eine Kooperation zwischen relativ autonomen Organisationen oder Unternehmen, die in ein Netz aus Beziehungen eingebunden sind, verstanden (Sydow 2006). Wie Sydow (2006) konstatiert, werden mit Netzwerkstrukturen „deutlich komplexere Beziehungsgeflechte assoziiert“ als es bei dem Begriff Kooperation der Fall ist. Gründe für die Komplexität sind die Zahl der Kooperationspartner, die bei Unternehmensnetzwerken typischerweise mit einer Zahl von mehr als zehn Kooperationspartnern angegeben wird (Wohlgemuth/Hess 1999) sowie die intensiven Austauschbeziehungen untereinander.

Die Beweggründe für Unternehmen, eine Kooperation einzugehen, können ganz unterschiedlich gerichtet sein. So zielen viele Motive auf finanzielle Aspekte ab, wie die Realisierung von Synergiepotenzialen, z. B. Skalen-, Verbund- oder Schwelleneffekte. Durch gemeinsame Unterstützung können aber auch Risiken minimiert werden, wie dies bei der Aufteilung von F+E- oder bei Großinvestitionen der Fall ist. Aber auch der Zugang zu Ressourcen und Märkten kann durch Kooperationen verbessert werden, zum Beispiel durch Technologie- und Wissenstransfer (vgl. Buse 1997, S. 445 ff.). Vor diesem Hintergrund verwundert es nicht, dass sich mittlerweile Kooperationen über alle Unternehmensbereiche erstrecken. Allerdings konzentrieren sich die Kooperationsbeziehungen nachwievor immer noch häufiger auf die Zulieferer und Abnehmer, die Forschung und Entwicklung sowie das Marketing (Helbich 2003).

In diesen Bereichen können schneller messbare Wettbewerbsziele erreicht werden, etwa in Form von Kostenvorteilen. Unternehmensübergreifende Zusammenarbeit im Personalbereich findet sich daher bisher wenig. Die meisten vorliegenden Fälle beziehen sich auf Personalentwicklungsverbünde (Helbich 2003). Dass bisher weniger Unternehmenskooperationen auf Ebene des Personalmanagements vorzufinden sind, liegt vermutlich unter anderem daran, dass Unternehmen von Kostenvorteilen im Gegensatz zu Differenzierungsvorteilen schneller von einer Kooperation überzeugt werden (vgl. Porter 2000). Der Erfolg eines gemeinsamen

Austauschs, der auf der Ebene des Personalmanagements ansetzt, kann per se viel seltener direkt in monetären Größen gemessen werden als dies beispielweise bei Einkaufsverbünden der Fall ist.

Kleine und mittlere Unternehmen haben, trotz ihrer immensen Präsenz in der Wirtschaft, erhebliche Wettbewerbsnachteile gegenüber Großunternehmen hinzunehmen (Bader 2010, S. 5). Aufgrund von Skaleneffekten können diese Nachteile im Alleingang nur schwerlich entgegengewirkt werden. Eine Kooperation kann für die Mittelständler ein probates Mittel zur Verbesserung ihrer Stellung gegenüber den Großunternehmen sein (Bader 2010, S. 75 f.; Staudt 1995, S. 1210).

Personalmanagement in strukturschwachen Regionen

Der demographische Wandel bezeichnet ein in den Industriestaaten bestehendes Phänomen der Überalterung der Bevölkerung bei gleichzeitig zahlenmäßigem Bevölkerungsrückgang. Die Veränderungen im Umfang und Struktur innerhalb der Bevölkerung gelten dementsprechend gleichzeitig für den Umfang als auch die Verteilung bei den Erwerbstätigen. Hinsichtlich der Belegschaft in Unternehmen kann diese Entwicklung zwei verschiedene Folgen für die Unternehmen haben: Zum einen wird das Durchschnittsalter der Belegschaft künftig ansteigen. Dies ist zum einen auf das steigende Renteneintrittsalter zurückzuführen sowie auf eine bessere gesundheitliche Versorgung, die bei den Mitarbeitern in eine längere Erwerbsfähigkeit resultiert.

Gleichzeitig führt der demographische Wandel aber auch dazu, dass die Zahl der nachrückenden Fach- und Führungskräfte bei geringeren Geburtenjahrgängen zusehends sinken wird. Die Auswirkungen des demographischen Wandels werden die strukturschwachen Regionen als Erstes zu spüren bekommen (Rohr-Zänker 1998, S. 12). Somit sind die Unternehmen strukturschwacher Regionen zukünftig stärker angehalten, präventive personalpolitische Maßnahmen einzuleiten, um zukünftig national – und vor allem auch international – wettbewerbsfähig bleiben zu können (Kay et al 2008, S. 1).

Die Akquisition von Bewerbern, die Auswahl geeigneter Mitarbeiter, ihre gezielte Qualifizierung und Motivierung sowie ihre Bindung an das Unternehmen spielen in Zeiten des demografischen Wandels eine bedeutende Rolle für den Erfolg eines Unternehmens. Aus diesem Grund sollten kleinere und mittlere Unternehmen ihrem Personalmarketing sowie ihrer Personalbindung und -entwicklung einen höheren Stellenwert zu kommen lassen, um sich den verschlechterten Marktbedingungen stellen zu können (vgl. Meißner/Becker 2007, S. 394; Rohr-Zänker 1998, S. 111).

Allerdings wird eine sachgerechte Erfüllung dieser Aufgabe in ihrer Breite in mittelständischen Unternehmen durch vorherrschende Knappheit der Ressourcen Personal und Know-how mitunter behindert. Gerade kleineren Unternehmen wird u. a. aufgrund ihres geringen Bekanntheitsgrades der Zugang zu hochqualifizierten Fachkräften oftmals erschwert. Darüber hinaus sprechen Absolventen häufig KMU gegenüber den Großunternehmen eine mangelnde Arbeitgeberattraktivität zu, sodass der Zugang zu hochqualifizierten Führungskräften dem Mittelstand häufig verwehrt bleibt (Backes-Gellner et al 2000; Behrends/Martin 2006; Meißner/Becker 2007, Kay et al. 2010).

Mit dieser Problematik sehen sich jetzt schon strukturschwache Regionen konfrontiert. Gemäß einer Studie erwarten bereits jetzt 80 % der Unternehmen, dass der demographische Wandel früher oder später Folgen für ihre Personalarbeit haben wird. Dieser Zusammenhang ist allerdings in viel stärkerem Maße im Bewusstsein der großen Unternehmen als bei kleinen Unternehmen (Kay et al. 2008, S. 53) und das, obwohl davon auszugehen ist, dass KMU stärker vom Strukturwandel betroffen sein werden. Dem Nachteil der Ressourcenknappheit kann durch unternehmensübergreifende Kooperation entgegengewirkt werden. Somit können vor allem für kleine und mittlere Unternehmen Kooperationen zu einer zentralen Voraussetzung im Wettbewerb und für deren Überleben werden (Howaldt 2004).

Erfolgsindikatoren von Kooperationen beim Personalmanagement

Erwägt ein Unternehmen, sich an einer Unternehmenskooperation zu beteiligen, stellt sich für das Unternehmen die Frage, welchen Nutzen das einzelne Unternehmen aus dieser Beteiligung zieht. In der wissenschaftlichen Forschung hat sich bisher kein einheitliches Verständnis darüber herausgebildet, wie der Erfolg von Unternehmenskooperationen gemessen werden kann (Herranz 2010). Der Erfolg einer Kooperation ist aber essentiell, um die Teilnehmer zur Mitarbeit innerhalb einer Unternehmenskooperation zu animieren und um gleichzeitig neue Kooperationspartner zu gewinnen. In den vergangenen Jahrzehnten wurde eine Reihe von Indikatoren ermittelt, die wesentlich den Erfolg von Unternehmenskooperationen messen können (Knop 2007). Die ermittelten Indikatoren der Unternehmenskooperationen können die Ebene der Kooperation, des Unternehmens oder der Mitarbeiter betreffen.

Die Schwierigkeit der Erfolgsmessung ist unter anderen damit zu begründen, dass Kooperationen aus mehreren Organisationen bestehen und sowohl die einzelnen Unternehmen eigene Ziele innerhalb der Kooperation verfolgen und gleichzeitig in der Unternehmenskooperation gemeinsam Ziele festgelegt und anvisiert werden (Herranz 2010). Aus diesem Grund sollte eine Messung des Erfolgs idealerweise auf mindestens zwei Ebenen erfolgen: auf der Ebene der Kooperation und auf der der Ebene des einzelnen Unternehmens. Zum einen muss betrachtet werden, ob das Einzelunternehmen aufgrund der Netzwerkbeteiligung effektiv arbeitet (Sydow/Windeler 1998).

Hierbei wird der Erfolg auf Einzelunternehmensebene danach beurteilt, inwiefern das Unternehmen in der Lage war, eigene Ziele durch die Zusammenarbeit in der Kooperation zu verwirklichen (Aulinger 2008; Wohlgemuth/Hess 1999). Zum anderen kann auf der Ebene der gesamten Kooperation gemessen werden, ob von der Unternehmenskooperation gemeinsam festgelegte Ziele erreicht werden konnten (Wohlgemuth/Hess 1999).

Bei einer Kooperation auf Basis des Personalmanagements sollten die Erfolgsindikatoren innerhalb der Personalarbeit des jeweiligen Unternehmens ansetzen, da es nicht vorteilhaft erscheint, den Erfolg von Unternehmenskooperationen in der Gewinn- und Verlustrechnung der beteiligten Unternehmen abzubilden. Ähnlich wie bei Forschungs- und Entwicklungsnetzwerken, deren erklärtes Ziel der Wissensaustausch zwischen den einzelnen Kooperationspartnern ist, ist es auch bei Kooperationen auf der Personalmanagementebene nicht zu erwarten, dass der Erfolg sich primär in monetär quantifizierbaren Gesichtspunkten widerspiegelt.

Da Kooperationsformen auf Ebene des Personalmanagements in der Praxis bisher eher die Ausnahmenahme bilden, interessiert im vorliegenden Fall, ob das einzelne Unternehmen, welches zu Fragen des Personalmanagements mit anderen kooperiert, zumindest einen „gefühlten" Vorteil durch die Kooperation hat (Knop 2007). Es ist davon auszugehen, dass sich die Dauer einer Kooperation nicht als Größe für eine Messung des Erfolges eignet, da es nur einen sehr groben Bezugsrahmen darstellt (Meyer/Lorenzen 2002). Wenn Erfolg als die Erreichung der von der Unternehmenskooperation angestrebten Ziele verstanden wird, dann kann man die Beurteilung der Effektivität der eingesetzten Personalmanagementinstrumente heranziehen.

3 Eigene Untersuchung

3.1 Ziel der Untersuchung

Die vorliegende Studie ist in einen quantitativen und einem qualitativen Bereich aufgegliedert. In einem ersten Schritt wurden Unternehmer und Personalleiter einer strukturschwachen Region im Hinblick auf ihre Kooperationsaktivitäten befragt. Ziel war es, quantitative Aussagen über die aktuelle Situation des Personalmanagements von Unternehmen, die in einer strukturschwachen Region tätig sind, zu machen. Zum einen sollten die aktuellen und künftigen Probleme des Personalmanagements betrachtet werden. Im Zuge dessen sollten die bestehenden Kooperationen zwischen Unternehmen ermittelt werden sowie die inhaltlichen Themenstellungen der gemeinsamen Arbeiten. Zum anderen sollten Unterschiede zwischen kooperierenden und nicht-kooperierenden Unternehmen sowie Unterschiede zwischen KMU und großen Unternehmen identifiziert werden.

In einem zweiten Schritt erfolgt eine Fallstudie. Hierbei wird ein Einblick in ein bereits bestehendes Kooperationsnetz gegeben, das sich in einer strukturschwachen Region in Fragen des Personalmanagements zusammengeschlossen hat. Da diese Unternehmenskooperation noch recht neu ist, wurde der Fokus auf die Zusammensetzung der Kooperationspartner und deren inhaltlichen Themenstellungen gelegt.

3.2 Design

Zunächst wurde ein vierseitiger Fragebogen konzipiert. Mit Probeinterviews, an denen Repräsentanten fünf verschiedener Unternehmen unterschiedlicher Größe und Branche teilnahmen, wurde der Fragebogen auf seine Verständlichkeit und Vollständigkeit getestet. Die endgültige Fassung des Fragebogens richtete sich an Geschäftsführer und Personalleiter von Unternehmen mit mehr als 30 Mitarbeitern. Kleinere Unternehmen mit weniger als 30 Mitarbeitern wurden von vornherein von der Datenerhebung ausgeschlossen, da bei sehr kleinen Unternehmen das Personalmanagement nur eine sehr untergeordnete Rolle spielt.

Die Datengewinnung erfolgte über einen schriftlichen Fragebogen, der teils offene, teils geschlossene Fragen enthielt. Am Anfang standen offene Fragen nach den gegenwärtigen und zukünftigen Herausforderungen an das Personalmanagement in der Region. Zur Erfassung der aktuellen Qualität des Personalmanagements in den Unternehmen wurde nach der Ausschöpfung verschiedener Personalmanagementinstrumente aus den Kategorien Personalbedarfsplanung, Personalwerbung, Personalauswahl, Ausbildung, Personalentwicklung, Personalabbau, Karriereentwicklung, Personalbeurteilung, Arbeitszeitgestaltung sowie Personalentgelt gefragt. Insgesamt gingen 40 Personalmanagementinstrumente in die Beurteilung ein. Die Befragten nahmen eine Selbsteinschätzung ihres Unternehmens auf einer fünfstufigen Skala vor.

Hinsichtlich der derzeitigen Kooperationsaktivitäten stellt sich bei der Operationalisierung das Problem, dass Unternehmer vielfältig miteinander kooperieren können, von einer einfachen wechselseitigen Unterstützung bis hin zu langfristig ausgerichteten Kooperationsverträgen. Davon ausgehend, dass eine Zusammenarbeit im Bereich des Personalmanagements noch eher selten der Fall ist, wurde im vorliegenden Fragebogen gefragt, ob gegenwärtig ein Austausch mit anderen Unternehmen oder Einrichtungen im Hinblick auf Themen im Personalbereich stattfindet. Darüber hinaus konnten die Unternehmen, die keiner Kooperationstätigkeit nachgingen, angeben, ob Interesse an einem Austausch in Personalfragen bestünde. Bei einem vorhandenen Austausch wurde anschließend nach den Partnern des Austausches gefragt.

3.3 Ablauf der empirischen Untersuchung

Zur Beantwortung der gestellten Fragen wurde zunächst in der Region Oberfranken, welche innerhalb Bayerns als strukturschwaches Gebiet gilt, eine Unternehmensbefragung durchgeführt. Die Region Oberfranken weist seit 1970 zum Teil einen erheblichen Bevölkerungsrückgang auf, der insbesondere durch Abwanderungen geprägt ist. Somit steht die Region Oberfranken, mehr als andere Regionen in Deutschland und insbesondere in Bayern, vor den Herausforderungen des demografischen Wandels.

Hochrechnungen prognostizieren eine Abnahme der Bevölkerungszahl in ganz Oberfranken von insgesamt 10 %, eine Abnahme der unter 45-Jährigen von bis zu 25 %, dagegen eine Zunahme der über 45-Jährigen von bis zu 35 % (vgl. Bundesamt für Bauwesen und Raumordnung). Ein großer Teil der Abwanderungsverluste entfällt auf junge Menschen, die das Entwicklungspotenzial für Oberfranken darstellen und vor dem Hintergrund des zunehmenden Fachkräftemangels bedeutsam für die Wirtschaftskraft der gesamten Region Oberfranken sind. In der Region Oberfranken hat keine Stadt mehr als 80.000 Einwohner. Tendenziell zeigt sich, dass ländliche Regionen im Gegensatz zu städtischen Regionen stärker vom demographischen Wandel betroffen sind.

Postalisch wurde der Fragebogen an 1000 Unternehmen in der Region Oberfranken versendet, von denen 252 Unternehmen geantwortet haben. Als Datenquelle diente die Hoppenstedt Firmendatenbank (Ausgabe 4/2007). Die Auswahl der angeschriebenen Unternehmen erfolgte randomisiert. Die Unternehmen hatten zwischen 30 und 9.000 Mitarbeiter und es wurden Unternehmen aller Branchen bei der Befragung berücksichtigt.

4 Empirische Untersuchung

4.1 Ergebnisse der empirischen Untersuchung

Stichprobe

21 % der befragten Unternehmen beschäftigen weniger als 50 Mitarbeiter. 48,1 % der Unternehmen hatten zwischen 50 und 199 Mitarbeiter und bei 21,4 % lag die Anzahl der Beschäftigten zwischen 200 und 599 (siehe Tab. 1). Hinsichtlich der Verteilung nach Wirtschaftszweigen dominierte mit 55,6 % das Verarbeitende Gewerbe. 15,5 % der Unternehmen gehörten dem Handel an und 9,1 % dem Baugewerbe. Zusätzlich wurde die Mitarbeiteranzahl der Personalabteilung erhoben.

So hatten etwa zwei Drittel der Unternehmen ein bis drei Mitarbeiter, die für das Personalmanagement verantwortlich waren. 24 % der Unternehmen hatten mehr als drei, aber maximal sechs Mitarbeiter im Personalbereich.

Anzahl der Mitarbeiter	**Angaben in Prozent**
≤ 49	21,0
50 – 99	30,6
100 – 199	17,5
200 – 349	13,9
350 – 599	7,5
600 – 999	5,2
≥ 1000	4,0
Gesamt	**100,0**
Wirtschaftszweig	
Verarbeitendes Gewerbe	55,6
Handel	15,5
Baugewerbe	9,1
Sonstiges	19,8
Gesamt	**100,0**
Anzahl der Personalmitarbeiter	
≤ 0,50	3,4
1,0 - 1,99	25,6
2,0 – 2,99	37,2
3,0 - 4,99	17,9
5,0 – 5,99	5,1
≥ 6,0	10,8
Gesamt	**100,0**

Tab. 1: Deskriptive Statistik der Stichprobe

Gegenwärtige und zukünftige Problemstellungen im Personalmanagement

Als Erstes wurden die Unternehmer und Personalleiter nach den gegenwärtigen und zukünftigen Problemstellungen im Personalmanagement befragt. Hierbei kristallisiert sich eine eindeutige Botschaft heraus (siehe Abbildung 1):

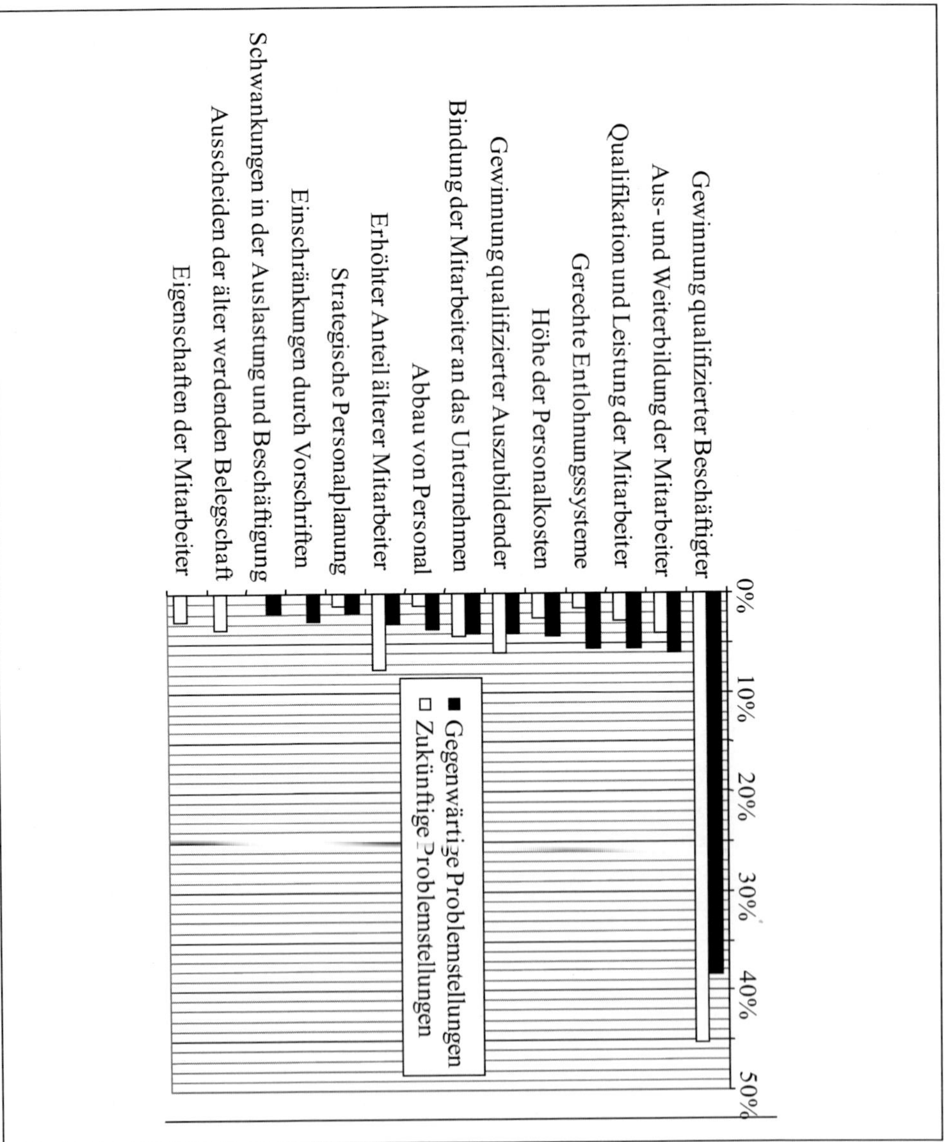

Abb. 1: Gegenwärtige und zukünftige Probleme des Personalmanagements

Die Gewinnung qualifizierter Beschäftigter steht bei den Unternehmen klar im Vordergrund. Sie ist das momentane Hauptproblem von 39 % der Befragten. Außerdem rechnen sie diesbezüglich mit einer Zuspitzung: In fünf Jahren erwarten noch 7 % mehr Betriebe als jetzt vom Fachkräftemangel betroffen zu sein. Darüber hinaus zeichnet sich eine Veränderung der Problemstellungen, mit denen die Unternehmen konfrontiert sind, ab: Während die Betriebe momentan die Aus- und Weiterbildung der Mitarbeiter sowie deren Qualifikationen und Leistungen und gerechte Entlohnung beschäftigt, sehen sie in fünf Jahren verstärkt den erhöhten Anteil älterer Mitarbeiter sowie die Gewinnung qualifizierter Auszubildender als Herausforderung an.

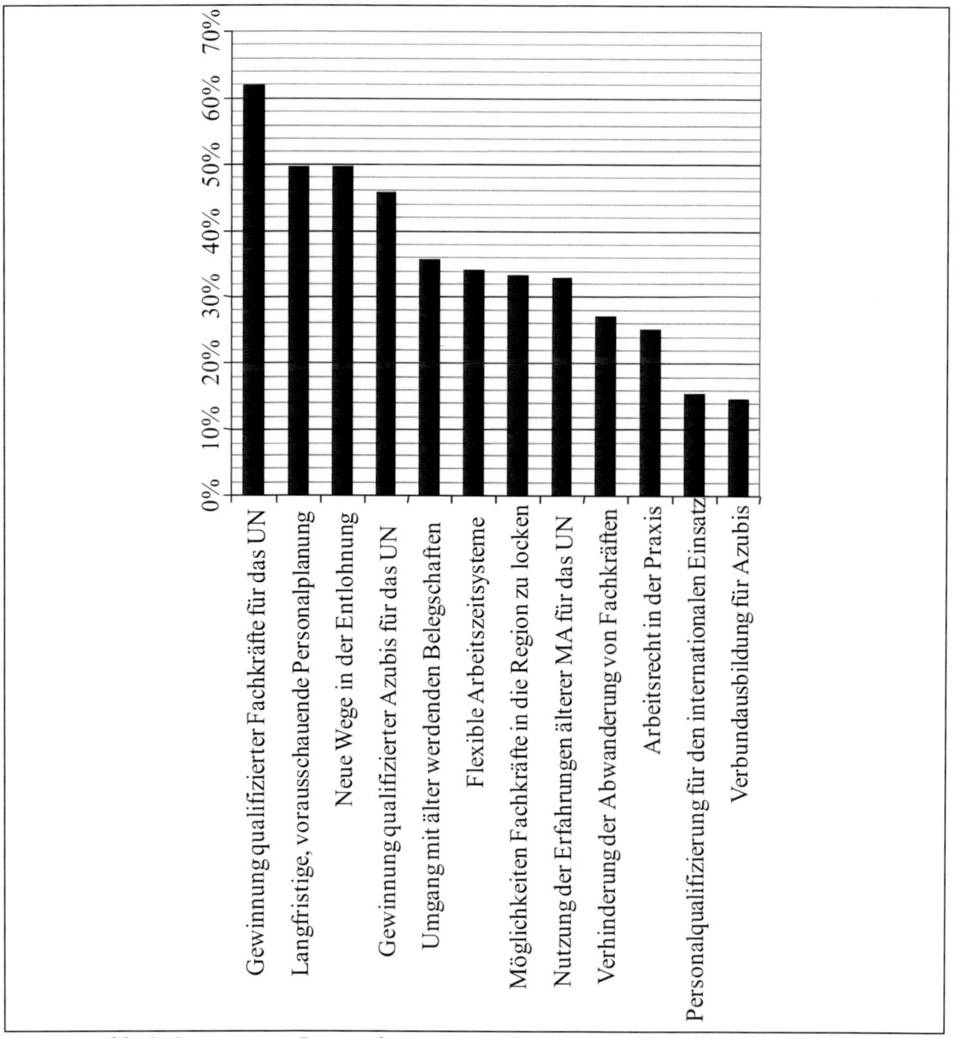

Abb. 2: Interesse an Personalmanagementthemen (Mehrfachnennung möglich)

Dieses Ergebnis zeigt, dass die befragten Unternehmen mit hoher Übereinstimmung den Fachkräftemangel als größte aktuelle und zukünftige Herausforderung im Personalmanagement wahrnehmen.

Als Nächstes wurde nach dem Interesse an Personalmanagementthemen gefragt. Die Ergebnisse dieser gestützten Antwort bekräftigen das vorherige Ergebnis und die Bedeutung des Fachkräftemangels (siehe Abbildung 2). Fast zwei Drittel der befragten Betriebe äußern Interesse an Strategien zur Gewinnung qualifizierter Fachkräfte für das Unternehmen (62 %) und fast die Hälfte an der Gewinnung qualifizierter Auszubildender (46 %). Darüber hinaus finden die Themen „Langfristige, vorausschauende Personalplanung" (50 %) und „Neue Wege in der Entlohnung" (50 %) großen Zuspruch bei den Unternehmen.

Kooperationen mit anderen Unternehmen

Da bei einer unternehmensübergreifenden Zusammenarbeit im Bereich Personalmanagement angestrebt wird, Vorteile gegenüber Einzelaktivitäten zu erzielen und die Befragung dazu diente, Informationen über Kooperationstätigkeiten im Personalbereich zu gewinnen, wurde ein Teil der Umfrage dem bereits vorhandenen wechselseitigen Austausch gewidmet.

Die Ergebnisse offenbaren, dass sich gut die Hälfte der Unternehmen bereits mit anderen Unternehmen oder Einrichtungen zu Themen im Personalbereich austauscht (57 %). Da bisher davon ausgegangen wurde, dass Unternehmenskooperationen im Personalbereich eher selten sind, ist dieses Ergebnis auffallend. Der große Anteil lässt sich allerdings daraus erklären, dass lediglich nach vorhandenem Austausch gefragt wurde, der nicht multilateral und langfristig ausgerichtet sein muss. Von den etwa 41 % der befragten Unternehmen, die sich momentan an keiner Zusammenarbeit beteiligen, gibt die Hälfte an, Interesse an einer Kooperation mit anderen Unternehmen oder Einrichtungen zu haben. Das bedeutet, dass mehr als drei Viertel der Betriebe sich im Bereich Personalmanagement entweder bereits mit anderen austauschen oder dies gerne tun würden (siehe Tabelle 2).

Austausch mit anderen Unternehmen oder Einrichtungen über Themen im Personalbereich	**Angaben in Prozent (N = 252)**
Austausch vorhanden	57,14
Kein Austausch, aber Interesse daran	20,24
Kein Austausch und kein Interesse daran	20,63
Keine Angaben	1,99

Tab.2: Austausch über Personalthemen mit anderen Unternehmen/Einrichtungen

Differenziert man die Antworten allerdings nach der Unternehmensgröße, so zeigen sich deutliche Unterschiede im Austausch (siehe Tab. 3). Bei den Unternehmen mit weniger als 50 Mitarbeitern kooperieren nur noch 47,3 % der Unternehmen. Bei den Unternehmen zwischen 50 und 349 Mitarbeitern schwankt der Anteil zwischen 51,4 % und 56,8 %. Bei Unternehmen zwischen 350 und 599 Mitarbeitern sind es dann sogar 78,9 % und bei Unternehmen mit mehr als 1000 Mitarbeitern tauscht sich jedes Unternehmen zu Personalfragen aus. Insgesamt zeigt diese Verteilung, dass mit steigender Mitarbeiterzahl die Kooperationswahrscheinlichkeit deutlich ansteigt. Das Ergebnis bestätigt die Erkenntnisse aus der Praxis. Denn obwohl es gerade die kleinen und mittleren Unternehmen sind, die von Unternehmenskooperationen insbesondere profitieren können, sind es viel häufiger die Großunternehmen, die den Austausch suchen (vgl. Buse 1997, S. 443; Fröhlich/Pichler 1988, S. 114, Henke 2003, S. 75). Betrachtet man nur die Unternehmen, die bisher keinen Austausch im Personalbereich angaben, gab es im Hinblick auf die Größe des Unternehmens keinen nennenswerten Unterschied zwischen den Unternehmen, die Interesse an einer Kooperation hätten und jenen, die dies nicht haben.

Anzahl der Mitarbeiter	**Bestehender unternehmensübergreifender Austausch**
≤ 49	47,2 %
50 – 99	51,9 %
100 – 199	56,8 %
200 – 349	51,4 %
350 – 599	78,9 %
600 – 999	95,6 %
≥ 1000	100,0 %
Gesamt	57,8 %

Tab. 3: Austausch über Personalthemen nach Unternehmensgröße

Im Hinblick auf die Kooperationspartner zeigt sich, dass die befragten Betriebe am häufigsten mit anderen Unternehmen zusammenarbeiten (66 %) (siehe Abbildung 3). Mit Verbänden oder Industrie- und Handelskammern wird ebenfalls eine Kooperation eingegangen (51 % bzw. 39 %). Die Zusammenarbeit mit Hochschulen wird lediglich von 16 % der befragten Betriebe umgesetzt. Die wenigsten Unternehmen befinden sich in einer Kooperation mit Forschungsinstituten oder Non-Profit-Organisationen (jeweils 6 %).

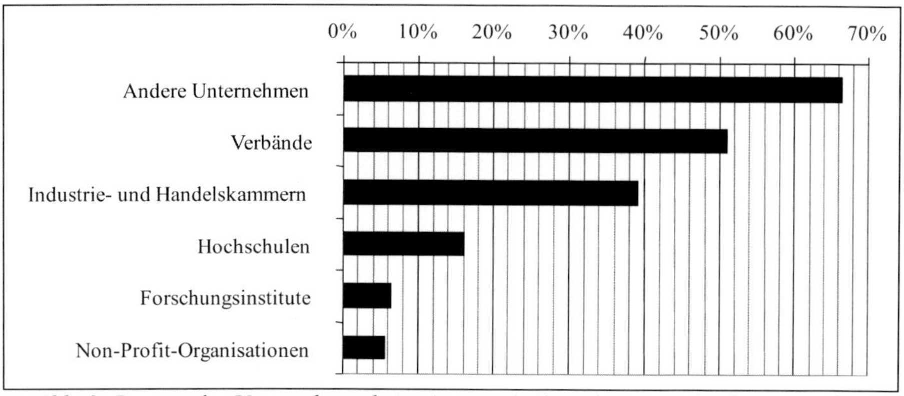

Abb. 3: Partner der Unternehmen beim Austausch über Themen in der Personalarbeit (Mehrfachnennung möglich)

Darüber hinaus wurden die Unternehmen befragt, über welche Themen sie sich mit ihren Partnern austauschen. Von den Unternehmen, die angaben, sich mit anderen im Personalbereich auszutauschen, nannten 33 % die Entlohnung, 28 % arbeitsrechtliche Themen und 24 % die Ausbildung (siehe Abbildung 4). Aber auch die Auswirkungen des demografischen Wandels spiegeln sich bereits in den Inhalten wieder. So werden die Gewinnung qualifizierter Beschäftigter (16 %), der erhöhte Anteil älterer Mitarbeiter (8 %), das strategische Personalmanagement (7 %) sowie der Fachkräfteverleih und gemeinsame Mitarbeiter (3 %) thematisiert. Beim Vergleich der Themen, hinsichtlich derer sich die Unternehmen mit anderen austauschen und den für sie aktuell interessanten Themen, fällt auf, dass die Gewinnung qualifizierter Beschäftigter und das strategische Personalmanagement, obwohl für viele Betriebe höchst interessant, lediglich von wenigen Gegenstand des Austauschs sind. Rechtliche Themen werden dagegen häufiger aufgegriffen, obwohl sie von weitaus weniger Unternehmen als interessant bezeichnet werden.

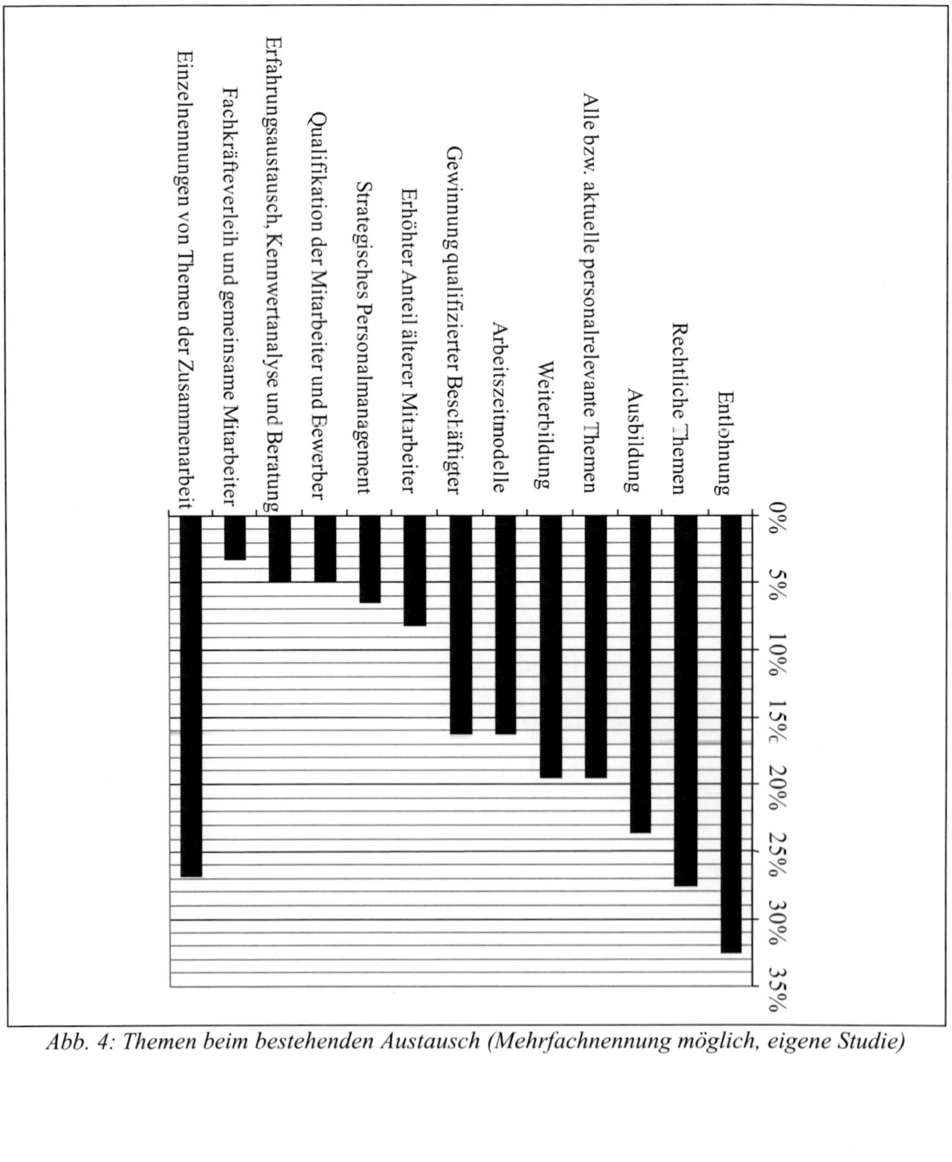

Abb. 4: Themen beim bestehenden Austausch (Mehrfachnennung möglich, eigene Studie)

Erfolge von Unternehmenskooperationen

Abschließend wurde geprüft, ob es Unterschiede zwischen den Betrieben gibt, die mit anderen Unternehmen oder Einrichtungen im Personalbereich sich austauschen und denen, die dies nicht tun. Die Unternehmen, die sich unternehmensübergreifend austauschen, berichten in acht von zehn Fällen eine bessere Ausschöpfung der Personalmanagement-Instrumente als diejenigen, die sich nicht mit anderen austauschen (vgl. Abbildung 5). Die Betrachtung der erfassten Einzelinstrumente zeigt, dass vor allem bei den Instrumenten „Flexible Arbeitszeitgestaltung", „Entlohnungssystem" und „Karriereentwicklung der Mitarbeiter" beachtliche Unterschiede auftreten. Statistisch signifikante Unterschiede liegen in zwei von zehn Fällen vor, bei der „Karriereentwicklung der Mitarbeiter" und bei „flexible Arbeitszeitgestaltung" jeweils auf dem 5 % Niveau. Dieses Ergebnis legt die Vermutung nahe, dass durch eine Zusammenarbeit das Personalmanagement verbessert werden kann.

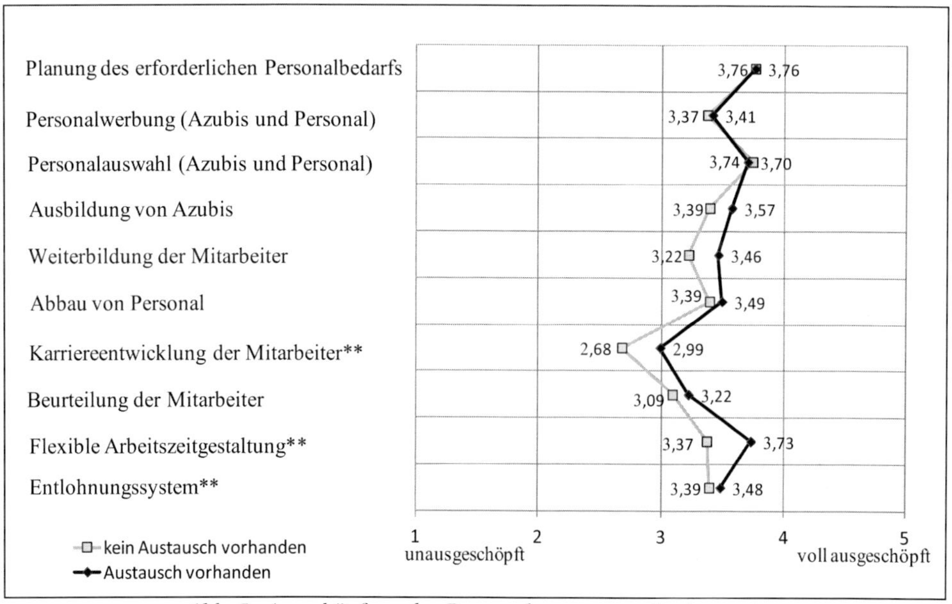

Abb. 5: Ausschöpfung der Personalmanagementinstrumente

4.2 Ergebnisse der Fallstudie

Im Jahr 2009 wurde in Oberfranken ein Unternehmensnetzwerk aufgebaut, das sich den Themen des Personalmanagements widmet. Diese Unternehmenskooperation wurde als Grundlage für eine Fallstudie genutzt, um weitere Erkenntnisse von Kooperationstätigkeiten in einer strukturschwachen Region auf Ebene des Personalmanagements zu gewinnen. Der Fokus der Fallstudie lag auf folgender Fragestellung: In welchem Umfang beteiligen sich mittelständische Unternehmen an dieser Unternehmenskooperation und zu welchen Themen tauschen sich die Unternehmen aus?

Anfang des Jahres 2009 wurde in Oberfranken ein Unternehmensnetzwerk gegründet, das Unternehmen im Personalmanagement unterstützen soll. Das Netzwerk steht Unternehmen aller Größenklassen, die sich aktiv engagieren wollen, gegen einen jährlichen Mitgliedsbeitrag offen. Betrachtet man nun die Mitgliedsunternehmen hinsichtlich ihrer Unternehmensgröße, fällt auf, dass ursprünglich lediglich zwei von zehn Unternehmen im Personalnetzwerk weniger als 250 Mitarbeiter beschäftigen (siehe Tab. 5). Zum so genannten gehobenen Mittelstand (zwischen 250 und unter 500 Mitarbeitern) gehören drei der Unternehmen, sodass die Hälfte der Kooperationsgemeinschaft die Großunternehmen stellen. Im zweiten Jahr des Netzwerkes beteiligten sich 16 Unternehmen und im dritten Jahr 26 Unternehmen. Obwohl sich die Anzahl der Unternehmen in drei Jahren mehr als verdoppelt hat, änderte sich an der Zusammensetzung nach Unternehmensgrößen wenig. Die Unternehmen der Kooperation stammen aus ganz unterschiedlichen Branchen. Hierbei waren sowohl das industrielle Gewerbe wie auch Dienstleiter für den privaten und gewerblichen Bereich beteiligt. Keines der Unternehmen stammt aus dem Handel, Baugewerbe oder der Gastronomie.

	2009 Absolut (in Prozent)	**2010** Absolut (in Prozent)	**2011** Absolut (in Prozent)
< 250 Mitarbeiter	2 (20%)	2 (12,5%)	4 (15,4%)
251 – 500 Mitarbeiter	3 (30%)	5 (31,3%)	7 (26,9%)
> 500 Mitarbeiter	5 (50%)	9 (56,3%)	14 (57,7%)
Summe	**10**	**16**	**26**

Tab. 5: Unternehmensgrößen einer oberfränkischen Unternehmenskooperation im Personalmanagement

Die Ergebnisse dieser Auswertung decken sich mit Erkenntnissen aus anderen Studien. So werden zwar oft die Vorteile von Kooperationen, insbesondere für mittelständische Unternehmen, hervorgehoben und auch empirisch belegt (Henke 2002, S. 159 ff.), dennoch zeigt die Praxis, dass es eben diese mittelständischen Unternehmen sind, die Kooperationen nur sehr zögerlich eingehen (Buse 1997, S. 444; Fröhlich/Pichler 1988, S. 114 f.).

Neben der Zusammensetzung im Hinblick auf die Unternehmensgröße der einzelnen Kooperationsunternehmen sollen in einem zweiten Schritt die Themen betrachtet werden, die innerhalb der Unternehmenskooperation bearbeitet werden. Die Themen wurden überwiegend in Form von Arbeitskreisen bearbeitet. Vom ersten zum dritten Jahr des Bestehens nahm die Anzahl der Arbeitskreise nach und nach zu. Die kooperierenden Unternehmen widmeten sich dabei folgenden Themen:

- Personalmarketing (seit dem 1. Jahr) und -beschaffung (seit dem 2. Jahr)
- Personalentwicklung (seit dem 1. Jahr)
- Gesundheitsförderung (seit dem 1. Jahr)
- Ausbildung (seit dem 2. Jahr)
- Familie und Beruf (seit dem 2. Jahr)
- CarManagement (seit dem 3. Jahr)

Im ersten Jahr der gemeinsamen Kooperation gab es Arbeitskreise zum „Personalmarketing", zur „Personalentwicklung" und zur „Gesundheitsförderung". Im zweiten Jahr wurde in dem Arbeitskreis „Personalmarketing" das Thema „Personalbeschaffung" aufgrund seines engen Themenbezugs aufgenommen. Des Weiteren entstanden die beiden Arbeitskreise „Ausbildung" sowie „Familie und Beruf". Im dritten Jahr der Kooperation kam ein weiterer Arbeitskreis mit dem Thema „CarManagement" hinzu.

Die Themenausrichtung der Arbeitskreise zeigen, dass in der eher durch Strukturschwäche geprägten Region zunächst die Themen in Angriff genommen wurden, die sich insbesondere mit der Personalbeschaffung und Personalbindung beschäftigen. Diese Arbeitskreise bestehen nun seit drei Jahren mit durchschnittlich fünf Treffen pro Jahr. Das Thema Gesundheitsförderung war von Anfang Bestandteil eines eigenen Arbeitskreises, obwohl Gesundheitsförderung in der Ausgangsbefragung nur selten als Herausforderung für das Personalmanagement genannt wurde. Da aufgrund des demographischen Wandels schon jetzt die Belegschaft immer älter wird und diese bei knappen Ressourcen langfristig arbeitsfähig sein sollte, ist es durchaus nachvollziehbar, dass sich ein Arbeitskreis zum Thema Gesundheitsförderung gebildet hat. Das Thema Vereinbarkeit von Familie und Beruf nimmt angesichts des demographischen Wandels immer mehr an Bedeutung zu. Unternehmen greifen verstärkt auf stille Reserven zu, z. B. in der stärkeren Einbindung von Frauen. Dies führt dazu, dass sich Unternehmen mit dem Thema Work-Family-Balance auseinandersetzen müssen (vgl. Kay et al. 2008, S. 24 f.). Im dritten Jahr der Kooperation wurde mit dem Thema CarManagement ein weiteres Thema aufgegriffen, das ursprünglich kein Hauptinteresse für eine Kooperation war.

Insgesamt zeigt sich, dass Unternehmen zu den Kernthemen Personalbeschaffung und -entwicklung genügend Bedarf haben, um sich darüber über einen längeren Zeitraum regelmäßig auszutauschen. Für die in der Befragung genannten Themen Entlohnung oder arbeitsrechtliche Fragen des Personalmanagements wurden – entgegen den Erkenntnissen aus der empirischen Befragung – hingegen keine speziellen Arbeitskreise gebildet.

5 Fazit und Implikationen

Insgesamt zeigen die Ergebnisse der vorliegenden empirischen Untersuchung, dass sich die Unternehmen der eher benachteiligten Regionen über einen drohenden Fachkräftemangel und einer Überalterung der Mitarbeiterstrukturen durchaus bewusst sind. Gleichzeitig wurde aufgezeigt, dass auf Unternehmensseite Interesse für Unternehmenskooperationen im Personalbereich besteht. Ein Großteil der Unternehmen tauscht sich bereits mit anderen Unternehmen, Verbänden, Kammern und Hochschulen zu Personalthemen aus. Die Hälfte der Unternehmen, die noch keiner Kooperation nachgingen, hat aber Interesse daran. Die Unternehmen, die bereits kooperieren, beurteilen die Ausschöpfung ihrer Personalmanagement-Instrumente positiver als jene, die nicht kooperieren. Somit scheint eine Beteiligung an einer Kooperation zur Personalarbeit ein probates Mittel für das Personalmanagement zu sein. Abschließend zeigen die Auswertungen der empirischen Erhebung, allerdings auch dass sich KMU seltener zu Personalthemen austauschen als große Unternehmen.

Die Ergebnisse der Fallstudie kommen zu einem ähnlichen Ergebnis. Die in drei Jahren stetig wachsende Anzahl an Mitgliedsunternehmen innerhalb des Personalnetzwerkes legt die Vermutung nahe, dass in einer strukturschwachen Region ein Bedarf an gemeinsamer Arbeit beim Personalmanagement besteht. Die Themen der Arbeitskreise zeigen, dass Fragen zur Personalgewinnung und -entwicklung sowie zu Gesundheitsfragen im Fokus der Betrachtung stehen. Wenn diese Themen erfolgreich bearbeitet werden, können die negativen Folgen des demographischen Wandels abgemildert werden. Abschließend offenbart die Verteilung der Mitgliedsunternehmen hinsichtlich der Unternehmensgrößen, dass kleinere und mittlere Unternehmen in organisierten Unternehmenskooperationen eher unterrepräsentiert sind. Obwohl eigentlich gerade KMU von einer Unternehmenskooperation profitieren können, sind es tendenziell eher Großunternehmen, die den Schritt in eine Kooperation wagen. Somit scheint es noch einiges zu tun zu geben, um KMU von den Kooperationsvorteilen zu überzeugen.

Implikationen für Forschung

In zukünftigen Studien sollte der Zusammenhang zwischen Kooperationen und Personalmanagementinstrumenten tiefergehender überprüft werden. So stellt sich unter anderem die Frage: Hat die Teilnahme an Unternehmenskooperationen einen direkten Einfluss auf die Qualität des Personalmanagements oder beteiligen sich die Unternehmen, die bereits im Personalmanagement sehr gut aufgestellt sind, eher an Unternehmenskooperationen? Möchte man die Aktivitäten der Personalabteilungen und deren Erfolge noch genauer vergleichen, so kann man Vorher-Nachher-Messungen vornehmen. Dies bietet sich beispielsweise bei den in der Fallstudie vorgestellten Mitgliedsunternehmen des Personalnetzwerks an. Innerhalb des Personalnetzwerkes kann man zusätzlich auch die Erfolge auf verschiedenen Ebenen messen, also auf der Ebene der Unternehmenskooperation, des jeweiligen Unternehmens und der Mitarbeiter.

Da sich KMU seltener an einer Unternehmenskooperation zum Personalmanagement beteiligen, können im vorliegenden Fall die Eintrittsbarrieren eruiert werden, die die Unternehmen von einer Kooperationsbeteiligung abhalten. Des Weiteren kann das Personalnetzwerk über einen längeren Zeitraum betrachtet werden. Hierbei kann sowohl die Entwicklung der inhaltlichen Themenstellung, der weitere Zuwachs oder Abgang an Mitgliedsunternehmen sowie deren Zusammensetzung hinsichtlich der Unternehmensgröße beobachtet werden. Insgesamt geben die Ergebnisse einen ersten Einblick über Kooperationsaktivitäten der KMU einer strukturschwachen Region zu Fragen des Personalmanagements.

Literatur

- Aulinger, A. (2008): Erfolgsorte, Erfolgsarten und Erfolgsträger in Verbundnetzwerken, in: Aulinger, A. (Hrsg.) (2008): Netzwerk-Evaluation.Herausforderungen und Praktiken für Verbundnetzwerke, Stuttgart, S. 73-95.
- Backes-Gellner, U., Freund, W., Kay, R., Kranzusch, P. (2000): Wettbewerbsfaktor Fachkräfte, Rekrutierungschancen und -probleme von kleinen und mittleren Unternehmen, in: Institut für Mittelstandsforschung Bonn (Hrsg.) (2000): Schriften zur Mittelstandsforschung Nr. 85 NF, Wiesbaden.
- Bader, B. (2010): Kooperation im Mittelstand. Eine Betrachtung im Lichte des deutschen und europäischen Wettbewerbsrechts, Stuttgart.

- Behrends, T., Martin, A. (2006): Personalarbeit in klein- und Mittelbetrieben – Empirische Befunde und Ansatzpunkte zu ihrer theoretischen Erklärung, in: Zeitschrift für KMU und Entrepreneurship (ZfKE), 54. Jg., Heft 1 (2006), S. 25-49.
- Buse, H. P. (1997): Kooperationen, in: Betriebswirtschaftlehre der mittel- und kleinbetriebe. Größenspezifische Probleme und Möglichkeiten zu ihrer Lösung, Hrsg. H.-C. Pfohl, 3. Aufl. Berlin, S. 441-477.
- Dercks, A., Heikaus, O., Treier, V. (2007): Kluge Köpfe – vergeblich gesucht! Fachkräftemangel in der deutschen Wirtschaft. Ergebnisse einer DIHK-Unternehmensbefragung Herbst 2007, Berlin.
- Dibbern, F. F. (2008): Mittelstand im Wandel des Wettbewerbs – Möglichkeiten und Grenzen kooperativer Unternehmensnetzwerke als strategische Option.
- Fröhlich, E., Pichler, J. H. (1988): Werte und Typen mittelständischer Unternehmen, Band 8 der Beiträge zur ganzheitlichen Wirtschafts- und Gesellschaftslehre, Berlin .
- Helbich, B. (2003): Personalentwicklungsverbund. In: K. A. Geißler, A. Orthey (Hrsg.) (2003): Handbuch Personalentwicklung (87. Erg.-Lfg. 2A.1). Köln.
- Henke, M. (2003): Strategische Kooperationen im Mittelstand. Potentiale des Coopetition-Konzeptes für kleine und mittlere Unternehmen (KMU), Sternenfels.
- Herranz, J. Jr. (2010): Network performance and coordination. A theoretical review and framework. Public Performance & Management Review, 33 (3) (2010), S. 311-341.
- Hoffmann, M., Kayser, G., Wallau, F. (2008): BDI-Mittelstandspanel: Ergebnisse der Online-Mittelstandsbefragung – Herbst 2008, Untersuchung im Auftrag des BDI, der Ernst &Young AG und der IKB Deutsche Industriebank AG, Berlin, Düsseldorf und Bonn.
- Howaldt, J. (2004): Unternehmensnetzwerke – Organisationsform der Zukunft. In: G. Gehrke (Hrsg.) (2004): Netzwerke zur Medienkompetenzentwicklung, Erfolgsfaktoren und Handlungsoptionen, Marl, S. 27-34.
- Kay, R.; Suprinovic, O.; Werner, A.(2010): Deckung des Fachkräftebedarfs in kleinen und mittleren Unternehmen. Situationsanalyse und Handlungsempfehlungen, in: Institut für Mittelstandsforschung Bonn (Hrsg.) (2010): IfM-Materialien Nr. 200, Bonn.
- Kay, R.; Kranzusch, P.; Suprinovič, O. (2008): Absatz- und Personalpolitik mittelständischer Unternehmen im Zeichen des demografischen Wandels - Herausforderungen und Reaktionen, in: Institut für Mittelstandsforschung Bonn (Hrsg.) (2008): IfM-Materialien Nr. 183, Bonn.
- Knop, R. (2007): Erfolgsfaktoren strategischer Netzwerke kleiner und mittlerer Unternehmen. Ein IT-gestützter Wegweiser zum Kooperationserfolg, Wiesbaden.
- Kölling, A. (2002): Wer sucht, der findet – oder doch nicht? – Analyse der betrieblichen Suche nach Fachkräften mit Daten des IAB Betriebspanels 2000. In: Bellmann, L., Velling, J. (Hrsg.) (2002): Arbeitsmärkte für Hochqualifizierte. BeitrAB 256, Nürnberg, S. 3-26.

- Meyer, J.-A., Lorenzen, K. (2002): Internationale Kooperationen von kleinen und mittleren Unternehmen. Dargestellt am Beispiel deutsch-dänischer Unternehmen, Lohmar.
- Meißner, A., Becker, G., (2007): Competition for Talents, in: WiSt, Heft 8(2007), S. 394-399.
- Prognos (2010): Der Zukunftsatlas 2010 – Deutschlands Regionen im Zukunftswettbewerb, Online-Ressource.
- Rohr-Zänker, R. (1998), Regionalentwicklung und Arbeitsmarkt: Zuwanderung hochqualifizierter Arbeitskräfte in strukturschwachen Regionen, Oldenburg.
- Staudt, E. et a. (1995): Kooperation als Erfolgsfaktor ostdeutscher Unternehmen. Ergebnisse einer empirischen Untersuchung zur Kooperationslandschaft in Ostdeutschland. In: Zeitschrift für Betriebswirtschaft, (1995), S. 1209-1230.
- Sydow, J. (2006): Editorial – Über Netzwerke, Allianzsysteme, Verbünde, Kooperationen und Konstellationen. In Sydow, J. (Hrsg.) (2006): Management von Netzwerkorganisationen (4., aktualisierte und erweiterte Aufl., S. 1-6), Wiesbaden.
- Sydow, J., Windeler, A. (1998): Organizing and evaluationg interfirm net-works: A structurationist perspective on network processes and effectiveness. Organization Science, 9 (3), 265-284.
- Wohlgemuth, O., Hess, T. (1999): Erfolgsbestimmung in Kooperationen: Entwicklungsstand und Perspektiven. Arbeitsberichte der Abteilung Wirtschaftsinformatik II, Universität Göttingen, Nr. 6, Göttingen.
- Van Wijk, R., Jansen, J., Lyles, M. (2008): Inter- and intra-organizational knowledge transfer: a meta-analytic review and assessment of its antecedents and consequences. Journal of Management Studies, 45 (2008), S. 830-853.
- Zentes, J., Swoboda, B., Morschett, D. (2005): Kooperationen, Allianzen und Netzwerke – Entwicklung der Forschung und Kurzabriss. In Zentes, J., Swoboda, B., Morschett, D. (Hrsg.), Kooperationen, Allianzen und Netzwerke. Grundlagen – Ansätze – Perspektiven (2., überarbeitete und erweiterte Aufl., S. 4-32) Wiesbaden.

Anmerkungen: Herzlichen Dank an Frau Dipl.-Psychologin Nadine Schoberth für die Unterstützung bei der Datenerhebung und Auswertung.

Teil 3:
Beschaffung und Bindung von Mitarbeitern in KMU

Personalbeschaffung im deutschen Mittelstand – Eine empirische Analyse des Status quo

Tim Weitzel, Andreas Eckhardt, Sven Laumer und Alexander von Stetten

1 Forschungsmotivation

„Der Mittelstand ist das Rückgrat der sozialen Marktwirtschaft" (Merkel, 2009). Das Zitat der deutschen Bundeskanzlerin stützen Daten des Bundeswirtschaftsministeriums, die zeigen, dass kleine und mittlere Betriebe 99,7 Prozent aller Unternehmen in Deutschland darstellen und fast 38 Prozent aller steuerpflichtigen Umsätze tätigen. Des Weiteren trägt der Mittelstand mit über 47 Prozent zur Nettowertschöpfung aller Unternehmen bei und bietet gut 70 Prozent der Arbeitsplätze in Deutschland an (o. A., 2010c). Nicht zuletzt aufgrund dieser hohen Bedeutung für den nationalen Arbeitsmarkt untersucht dieser Forschungsansatz das Rekrutierungsverhalten sowie Trends und Innovationen bei deutschen Mittelständlern. Hierzu werden in diesem Beitrag die größten unternehmensübergreifenden Trends und internen Schlüsselherausforderungen im Mittelstand für die Suche nach neuen Fachkräften erfasst.

Nach dem Ende der schwersten Wirtschaftskrise der Nachkriegszeit und der kräftigen Erholung der Konjunktur in Deutschland stehen Unternehmen im deutschen Mittelstand vor der nächsten großen Herausforderung. Laut Mario Ohoven, Präsident des Bundesverbands Mittelständische Wirtschaft, stellt der Fachkräftemangel ein enormes Problem für mittelständische Unternehmen dar. Speziell im Osten des Landes ist die Lage durch die Abwanderungsprozesse der vergangenen Jahre mehr als besorgniserregend. So haben Branchen wie Maschinenbau, Elektrotechnik und Gesundheit große Schwierigkeiten, ausreichend qualifizierte Fachkräfte für ihre offenen Stellen zu finden. Auch Auszubildende gibt es kaum (o. A., 2010b). Hauptursache für den Fachkräftemangel ist neben der anziehenden Konjunktur der demografische Wandel in Deutschland.

Ob industrielle Produktion, öffentliche Verwaltung oder wissenschaftliche Forschung – überall erhöht sich das Durchschnittsalter. Da einerseits Fachkräfte fehlen und andererseits das Renteneintrittsalter ansteigt, starten erste Unternehmen in der Automobilindustrie Modellprojekte, in denen die Arbeitsplätze an die Anforderungen älterer Beschäftigter angepasst werden (Fasse, 2010). Ins gleiche Horn stößt der Vorsitzende des Parlamentskreises Mittelstand, Dr. Michael Fuchs: „…um dem Fachkräftemangel zu begegnen, müssen vermehrt auch ältere Mitarbeiter beschäftigt und so länger im Unternehmen gehalten werden" (Fuchs, 2010). Als weitere Option diskutieren Politik und Wirtschaft neue Ansätze für die gezielte Zuwanderung ausländischer Fachkräfte. Bundeswirtschaftsminister Rainer Brüderle möchte in diesem Zusammenhang bis spätestens Juli 2011 ein Konzept erstellen, um die Zuwanderung ausländischer Arbeitnehmer zu fördern (o. A., 2010a). Vor dem Hintergrund dieser wirtschaftlichen Rahmenbedingungen stellt sich der vorliegende Forschungsbeitrag folgende Forschungsfrage:

Wie gestalten mittelständische Unternehmen erfolgreich ihre Personalbeschaffung?

Der Beitrag stellt dabei eine Analyse des Status quo in den Vordergrund in dem basierend auf einer empirischen Untersuchung die eingesetzten Methoden im deutschen Mittelstand und deren Wertbeitrag in den Dimensionen Zeit, Kosten und Qualität dargelegt werden. Inhaltlich ist dieser Forschungsartikel folgendermaßen aufgebaut. Im anschließenden Kapitel werden zunächst die Methodik des Forschungsansatzes und die Verteilung der Umfrageteilnehmer gemäß ihres Umsatzes dargestellt. Das anschließende Kapitel 3 befasst sich dann mit der Analyse des Personalbedarfs der mittelständischen Unternehmen.

Anschließend werden die bedeutendsten externen Trends und internen Herausforderungen im Rahmen der Personalrekrutierung im Mittelstand vorgestellt. Das folgende Kapitel beleuchtet intensiv die Top-Herausforderung des Fachkräftemangels. Schwerpunkt des Beitrages ist Kapitel 6 indem eine Analyse der existierenden Recruiting-Kanäle sowohl nach quantitativen (Anteil der geschalteten Vakanzen pro Kanal) als auch qualitativen Maßstäben (Anteil der generierten Einstellungen pro Kanal und Qualität der rekrutierten Kandidaten) dargelegt, die Situation im Bewerbungseingang in Kapitel 7 dargestellt und eine Analyse des durch IT generierten Wertbeitrags in der mittelständischen Personalrekrutierung vorgenommen wird. Kapitel 8 schließt die Ausführungen dieses Forschungsansatzes ab.

2 Forschungsmethodik und Repräsentativität der Daten

Zur Untersuchung der Trends im Mittelstand baut dieser Forschungsansatz auf einer schriftliche Fragebogenaktion auf. Im Anschluss an die Befragung wurden die hieraus gewonnenen Ergebnisse und Erkenntnisse im Rahmen mehrerer Expertengespräche weiterentwickelt und abschließend validiert.

Zur Durchführung der Fragebogenaktion wurde zunächst im Frühsommer 2010 der Datensatz von tausend Unternehmen im deutschen Mittelstand durch einen Datenbankauszug aus dem Register von Hoppenstedt beschafft. Anschließend wurde ein Dublettenabgleich innerhalb des Datensatzes vorgenommen, um sicherzustellen, dass jedes Unternehmen nur einmal kontaktiert wird. Der Datensatz umfasst 1.000 Unternehmen aus dem Mittelstand in Deutschland. Er baut auf der Mittelstands-Definition der Europäischen Union auf, wonach solche Unternehmen als kleine und mittelständische Unternehmen (KMU) aufzufassen sind, die entweder bis zu 249 Personen beschäftigen oder bis zu 50 Millionen Euro Jahresumsatz ausweisen. Im Anschluss an die Bereinigung der Datensätze wurden die Unternehmen telefonisch kontaktiert, um zum einen die mündliche Einwilligung zur Teilnahme an der empirischen Untersuchung einzuholen und zum anderen die Namen der verantwortlichen Ansprechpartner für die Personalbeschaffung zu erfragen. Schließlich wurden die identifizierten Kontakte schriftlich mit dem Fragebogen und der Bitte um Teilnahme an der Untersuchung kontaktiert. Zur Steigerung des Rücklaufs wurden die Unternehmen bei Nichtantwort innerhalb der im Anschreiben genannten Frist zuzüglich dem Ablauf einer weiteren Woche erneut angeschrieben.

Im Folgenden wird die Verteilung der befragten Unternehmen nach deren Umsatz untersucht. Für die Repräsentativitätstests wurde das aktuelle Datenbankregister von Hoppenstedt herangezogen. Insgesamt wurden 1.000 mittelständische Unternehmen mit einem Jahresumsatz zwischen zehn und 50 Mio. Euro und 50 bis 249 Mitarbeitern befragt, von denen sich 67 an der Umfrage beteiligten.

Betrachtet man die Verteilung der teilnehmenden Unternehmen nach Umsatz im rechten Diagramm in Abbildung 1, so zeigt sich, dass mit 46,6 Prozent etwas weniger als die Hälfte der Firmen in der Stichprobe im vergangenen Jahr einen Umsatz zwischen zehn und 20 Mio. Euro besaß. Knapp drei von zehn mittelständischen Unternehmen erwirtschafteten mehr als 20 und bis zu 30 Mio. Euro. 8,7 Prozent der Umfrageteilnehmer verzeichneten im vergangenen Jahr einen Umsatz von mehr als 30 und bis zu 40 Mio. Euro, und zwischen 40 und 50 Mio. Umsatz konnten 8,6 Prozent der antwortenden Unternehmen nachweisen. Der Wert der Irrtumswahrscheinlichkeit des Chi-Quadrat-Tests übersteigt mit 0,084 das üblicherweise geforderte Signifikanzniveau von 0,050, weswegen die Nullhypothese einer gleichen Verteilung in Stichprobe und Population nicht verworfen werden kann. Dieser Repräsentativitätstest über die Aussagekraft der Stichprobe in Bezug auf die Grundgesamtheit (linkes Diagramm in Abbildung 1) zeigt, dass die Stichprobe bezüglich des Kriteriums Umsatz als repräsentativ für die Grundgesamtheit der untersuchten 1.000 mittelständischen Unternehmen eingestuft werden kann.

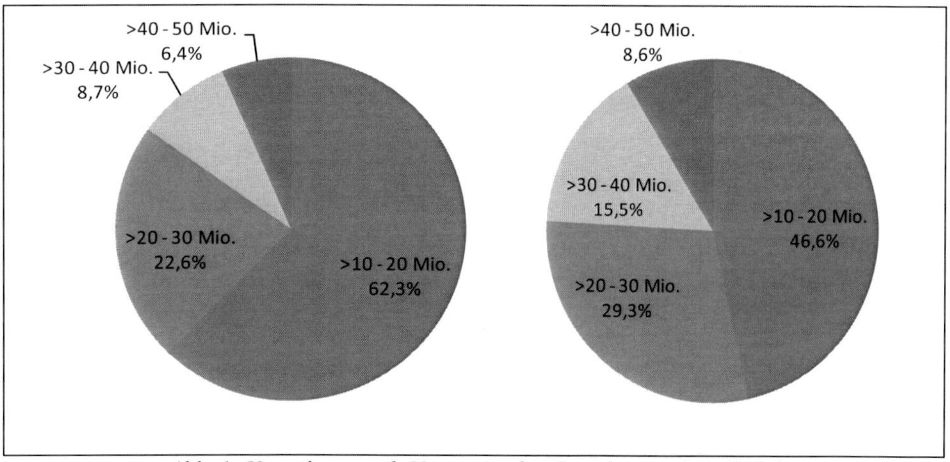

Abb. 1: Verteilung nach Umsatz in der Grundgesamtheit (links) und in der Stichprobe (rechts)

Als weiteres Kriterium für die Repräsentativität der Stichprobe wird das Kriterium Mitarbeiterzahl gewählt. Die Zuordnung der Unternehmen zu den in Abbildung 2 dargestellten Gruppen erfolgte entsprechend der Eigendarstellung der Unternehmen und deren Klassifikation im Datenbankregister von Hoppenstedt. In der erhobenen Stichprobe aus den 1.000 mittelständischen Unternehmen hat mit 36,2 Prozent der größte Teil der Unternehmen zwischen 50 und 99 Mitarbeitern. Die zweitgrößte Gruppe stellen mit 31,0 Prozent Unternehmen mit 100 bis 149 Beschäftigten. 12,1 Prozent der antwortenden Unternehmen haben zwischen 150 und 199 Mitarbeiter. Über eine Mitarbeiterzahl von 200 bis 249 verfügen 20,7 Prozent der Unternehmen in der Stichprobe. Der Wert der Irrtumswahrscheinlichkeit des Chi-Quadrat-Tests liegt mit 0,046 knapp unter dem üblicherweise geforderten Signifikanzniveau von 0,050, aufgrund einer Überrepräsentierung der Unternehmen mit 200-249 Mitarbeitern. Der Test der Stichprobe zeigt, dass sie bezüglich des Kriteriums der Mitarbeiterzahl als schwach repräsentativ für die Grundgesamtheit der untersuchten 1.000 mittelständischen Unternehmen eingestuft werden kann.

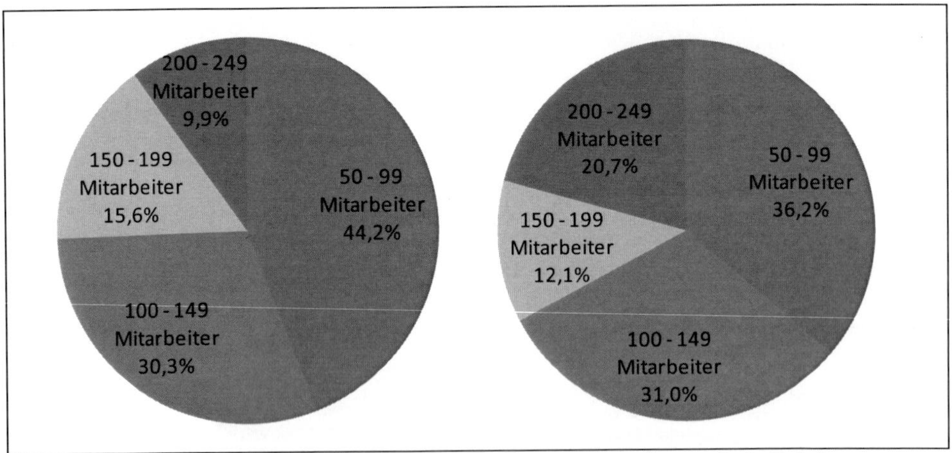

Abb. 2: Verteilung nach Mitarbeiterzahl in der Grundgesamtheit (links) und in der Stichprobe (rechts)

3 Beurteilung des Personalbedarfs

Eine Analyse der eingesetzten Methoden in der Personalbeschaffung müssen vor dem Hintergrund des tatsächlichen Personalbedarfs diskutiert werden. Aus diesem Grund thematisiert dieses Kapitel die Beurteilung des Personalbedarfs durch mittelständische Unternehmen. Die Zeichen im Mittelstand stehen dabei auf Aufschwung und Personalaufbau. Gemäß einer Studie des Deutschen Industrie- und Handelskammertages (DIHK) möchte der Mittelstand bis Jahresende bis zu hunderttausend neue Arbeitsplätze schaffen. Nach dem Krisenjahr 2009 mit vermehrtem Arbeitsplatzabbau liefert die Umfrage der DIHK jetzt ein gutes Bild: 86 Prozent aller Unternehmen mit weniger als 500 Beschäftigten wollen in den nächsten Monaten ihre Belegschaften ausbauen oder zumindest erhalten (DPA 2010). Diese Werte sind den Ergebnissen dieser Umfrage sehr ähnlich. So zeigt Abbildung 3 im linken Diagramm, dass lediglich 10,6 Prozent der befragten Unternehmen aus dem deutschen Mittelstand für das Jahr 2011 keine Vakanz erwarten. Mit 42,6 Prozent gehen mehr als vier von zehn Befragten von einer bis fünf offenen Positionen im Jahr 2011 aus. Etwas mehr als jedes zehnte Unternehmen erwartet zwischen sechs und zehn freie Stellen. Von elf bis 25 Vakanzen gehen 19,1 Prozent der befragten mittelständischen Unternehmen aus und von 26 bis 50 offenen Stellen weitere 8,5 Prozent. Zwischen 51 und 100 Vakanzen in 2011 werden von 4,3 Prozent der antwortenden Mittelständler geschätzt und mehr als 100 Vakanzen von 2,1 Prozent. Verglichen mit den Ergebnissen aus früheren Befragungen bedeutet dies eine deutlich höhere Anzahl an offenen Stellen für 2011. Insbesondere der Anteil derjenigen Unternehmen, die mehr als zehn offene Stellen angeben stieg um 10,4 Prozentpunkte von 23,6 Prozent im vergangenen Jahr auf nunmehr 34,0 Prozent. Hinsichtlich der Besetzbarkeit der für das Jahr 2011 prognostizierten Vakanzen zeigt Abbildung 3 im rechten Diagramm, dass die befragten Unternehmen davon ausgehen, dass 36,1 Prozent der offenen Stellen nur schwierig und 6,3 Prozent gar nicht zu besetzen sein werden. Diese Ergebnisse decken sich nahezu mit den Ergebnissen aus einer Vorjahresbefragung in der die Unternehmen ebenso davon ausgingen, dass 36,0 Prozent der freien Stellen nur schwierig und 3,7 Prozent gar nicht besetzt werden können.

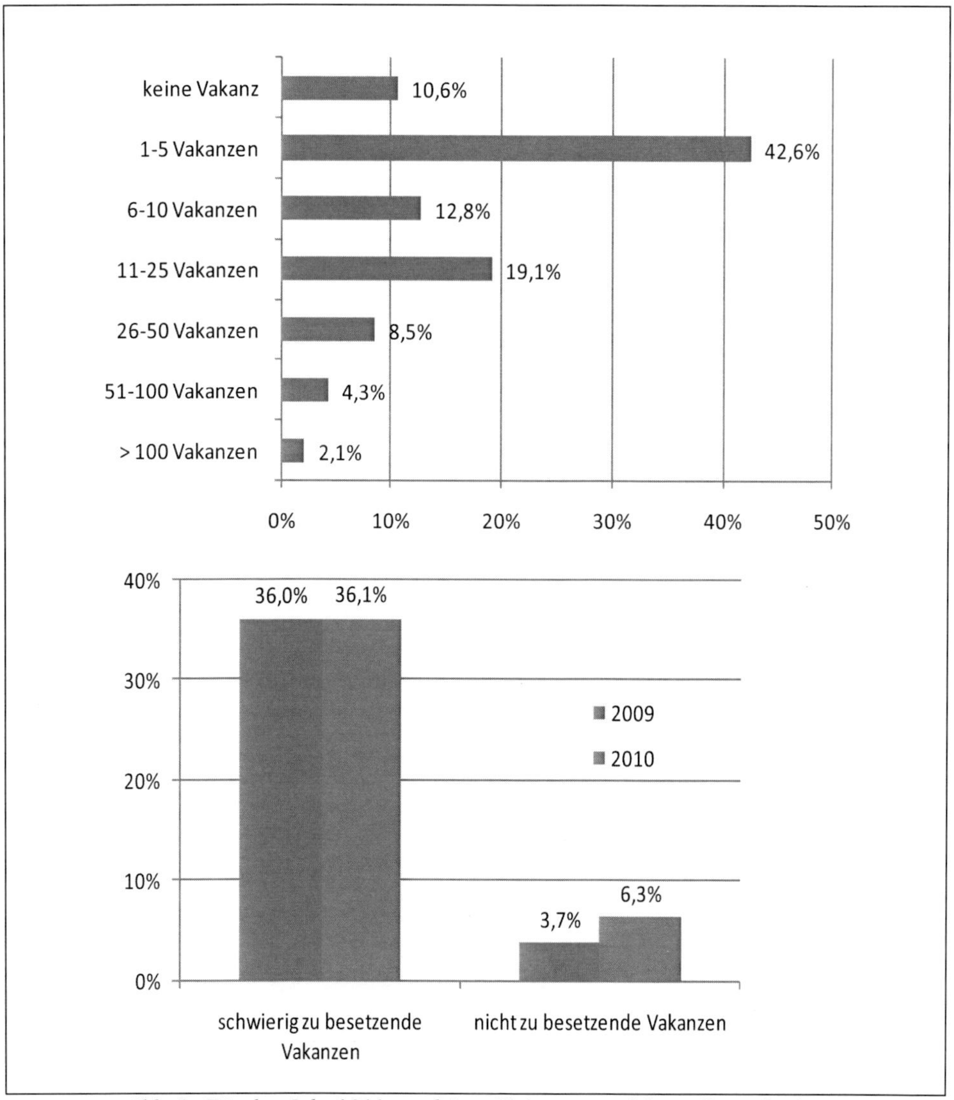

Abb. 1: Für das Jahr 2011 geschätzte Vakanzen und deren Besetzbarkeit

Die Ergebnisse dieser und anderer Umfragen zeigen: Der konjunkturelle Aufschwung ist im Mittelstand angekommen, und die Unternehmen erwarten, wieder verstärkt zu rekrutieren. Auf welchen externen Trends diese Schwierigkeiten beruhen und welchen internen Herausforderungen die Unternehmen zusätzlich bei der Stellenbesetzung begegnen, wird im Rahmen des folgenden Kapitels näher beleuchtet.

4 Trends und Herausforderungen für die Personalrekrutierung im Jahr 2011

Welche externen Bedingungen und Trends beeinflussen die mittelständischen Unternehmen im Jahr 2011 im Rahmen ihrer Personalrekrutierung, und welche internen Herausforderungen müssen in diesem Zusammenhang bewältigt werden? Zur Beantwortung dieser Fragen führten die Autoren dieses Forschungsansatzes eine mehrstufige Expertenbefragung mit insgesamt 35 erfahrenen Personalverantwortlichen im Vorfeld dieser Umfrage durch. Innerhalb dieser Befragungen wurden insgesamt 14 externe Trends sowie 15 interne Herausforderungen identifiziert. Dabei reichte die Spannbreite innerhalb der externen Trends zusätzlich zum Fachkräftemangel und zum demografischen Wandel von gesellschaftlichen Entwicklungen (z. B. Kultur- und Wertewandel, Generation Y etc.) über die Gesetzgebung (z. B. das Allgemeine Gleichbehandlungsgesetz (AGG)) bis hin zu Bildungsreformen (z. B. Bologna-Prozess und Schulreform G8) und technischen Innovationen (z. B. Social Media). Ebenso gingen klassische Personalthemen wie die geringe Bewerbermobilität, Mitarbeiterfluktuation und neue Formen der Arbeit mit in die Liste ein.

Um diesen Trends und äußeren Umweltbedingungen angemessen zu begegnen, wurden darüber hinaus 15 interne Schlüsselherausforderungen für das Personalmanagement identifiziert. Hier reicht die Liste von klassischen Personalmarketingaktivitäten (z. B. Aufbau und Entwicklung einer externen und internen Employer Brand) über die Bindung von Mitarbeitern und Kandidaten bis zu strategischen Ansätzen wie der Erhebung von Kennzahlen (Rekrutierungscontrolling), der verbesserten Sichtbarkeit des HR-Nutzenbeitrags gegenüber dem Topmanagement und dem besseren Verständnis der eigenen (Kandidaten-)Zielgruppen. Innerhalb der vorliegenden Umfrage wurden die Personalverantwortlichen von 1.000 Unternehmen im deutschen Mittelstand nach der Bedeutung der einzelnen externen Trends und internen Schlüsselherausforderungen befragt. Die Ergebnisse sind in Abbildung 4 (externe Trends) sowie in Abbildung 5 (interne Herausforderungen) dargestellt.

Abbildung 4 visualisiert, dass der derzeit wichtigste externe Recruiting Trend für die Personalbeschaffung im Mittelstand der demografische Wandel ist. Mit einem Mittelwert von 5,81 war dieser Trend aus Sicht der Befragten der wichtigste. An zweiter Stelle steht mit einem Mittelwert von 5,76 der viel diskutierte Fachkräftemangel und der daraus resultierende verstärkte Wettbewerb um hochqualifizierte Arbeitskräfte am Arbeitsmarkt („War for Talent"). Die Identifikation dieser beiden Top-Recruiting-Trends deckt sich mit der Einschätzung der Großunternehmen in Deutschland (von Stetten et al. 2011), die ebenso den demografischen Wandel und den Fachkräftemangel als die beiden wichtigsten externen Trends nennen. Auf Rang drei der bedeutendsten Trends folgen mit etwas Abstand die gesetzlichen Rahmenbedingungen (z. B. das Allgemeine Gleichbehandlungsgesetz (AGG)) mit einem Mittelwert von 5,32 vor klassischen Personalmanagementthemen wie der Mitarbeiterfluktuation auf Rang vier (Mittelwert = 4,81) und der geringen Bewerbermobilität auf Platz fünf (4,75).

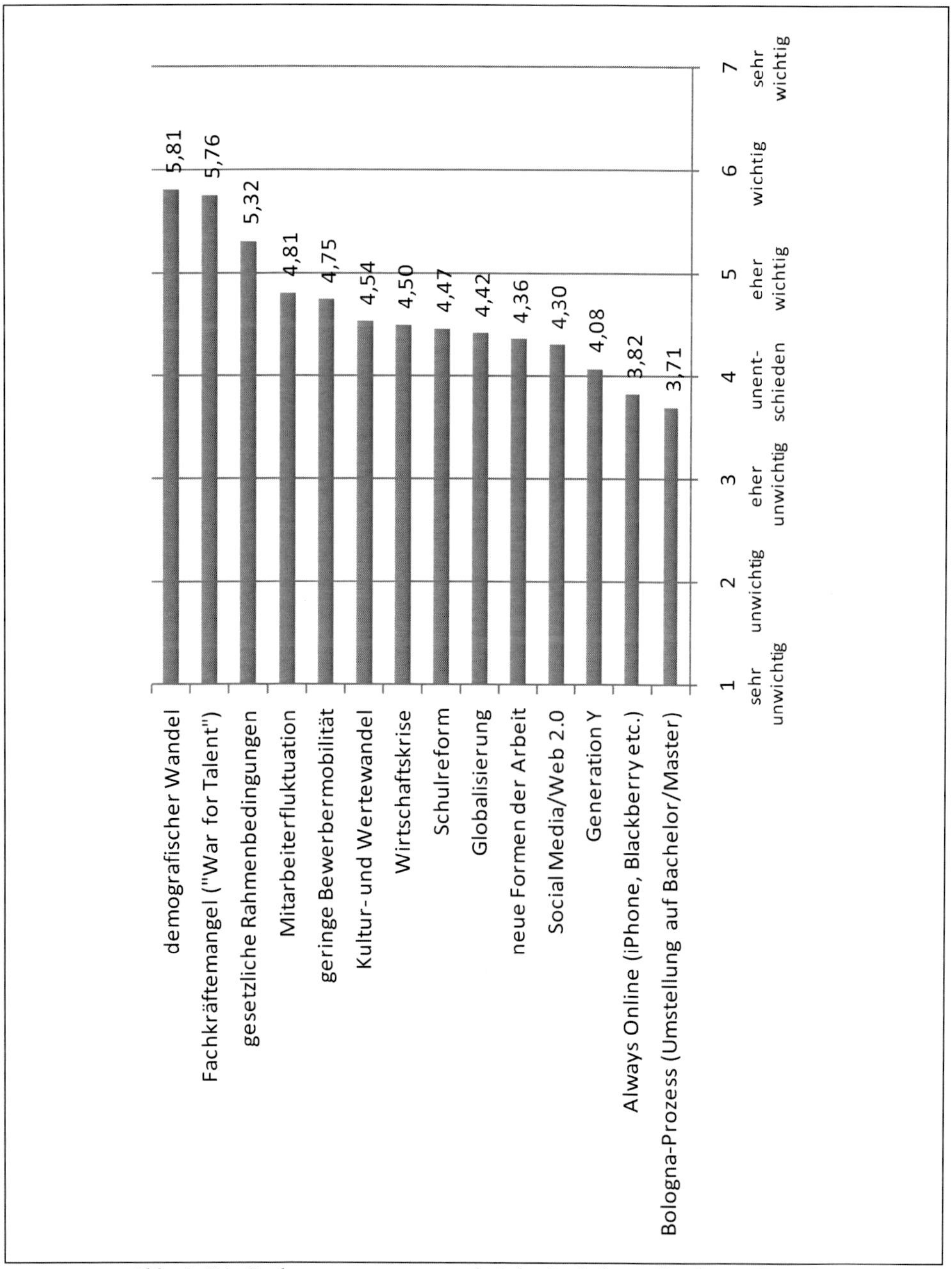

Abb. 4: Die Bedeutung externer und nicht direkt beeinflussbarer Trends für die Personalbeschaffung (Mittelwerte der Antworten der Unternehmen)

Des Weiteren zählen zu den zehn wichtigsten Trends der Kultur- und Wertewandel auf Platz sechs (4,54), die Auswirkungen der globalen Wirtschaftskrise an siebter Stelle (4,50), die Schulreform G8 auf Platz acht (4,47), die zunehmende Globalisierung an neunter Stelle (4,42) sowie neue Formen der Arbeit (z. B. Gleitzeit, Sabbatical, Telearbeit etc.) auf Platz 10 (4,36). Im Gegensatz zur Meinung der Großunternehmen (von Stetten et al. 2011), bei denen Social Media auf dem vierten Rang liegen, steht der Einsatz und das Verständnis derartiger Anwendungen im Mittelstand nur an elfter Stelle (4,3).

Bei der Bedeutung der Auswirkungen der Generation Y auf die Personalrekrutierung äußern sich die Befragten nahezu unentschieden mit einem Mittelwert von 4,08. Lediglich zwei externe Trends werden von den Personalverantwortlichen als eher unwichtig eingeschätzt: Das Phänomen „Always Online“ (mobile Geräte wie iPhone oder Blackberry) auf Platz 13 (3,82) sowie die Auswirkungen der Hochschulreform des Bologna-Prozesses und die damit einhergehende Umstellung der Diplomstudiengänge auf ein Bachelor/Master-System an letzter Stelle (3,71).

Um diesen identifizierten externen Trends angemessen zu begegnen, bestehen für die Unternehmen im deutschen Mittelstand entsprechende interne Schlüsselherausforderungen. Auf Basis der Ergebnisse dieser Umfrage zeigt Abbildung 5, dass die Bindung von bestehenden Mitarbeitern sowie die damit verbundene Entwicklung von Retention-Maßnahmen mit einem Mittelwert von 6,03 die wichtigste interne Herausforderungen für die befragten mittelständischen Unternehmen ist. An zweiter Stelle steht mit dem Aufbau eines nach innen gerichteten Arbeitgeber-Images (Mittelwert = 5,46) ebenfalls eine Maßnahme zur Bindung der bestehenden Belegschaft, um in Zeiten eines nationalen Fachkräftemangels die Fluktuation der eigenen Mitarbeiter einzudämmen. Auf Platz drei liegt mit dem Aufbau eines externen Employer Brandings eine weitere Maßnahme zur Verbesserung des eigenen Arbeitgeber-Images (5,40).

Auf den Plätzen vier (Abstimmung zwischen Personal- und Fachabteilung,5,36) und fünf (Candidate Relationship Management; 5,20) folgen zwei Herausforderungen, die für die befragten Unternehmen auch mindestens eher wichtig sind. Strategische Themen liegen auf den Plätzen sechs (Sichtbarkeit gegenüber dem Top-Management; 4,98), sieben (Implementierung und Umsetzung einer Personalmarketingstrategie; 4,91) und acht („Know your Talent“ bzw. zielgruppenspezifische Analyse und Ansprache; 4,90). An neunter Stelle stehen Zusammenarbeit und Kooperation mit Hochschulen (4,81) vor dem Einsatz von Referrals für die Rekrutierung auf Platz zehn (4,75). Es folgen die veränderten Anforderungen an den modernen Recruiter auf Platz elf (4,70) und der verantwortungsbewusste Personalabbau im Rahmen von Layoffs auf Position zwölf (4,68). Ökonomische Gesichtspunkte der Personalrekrutierung, wie das Aufzeigen des Nutzenbeitrags von Personalmarketingaktivitäten (4,60) und die Erhebung von Kennzahlen durch Rekrutierungscontrolling (4,33) liegen auf den Plätzen 13 und 14. An letzter Stelle der wichtigsten internen Herausforderungen für die Personalbeschaffung liegen das Verstehen und der Einsatz von Social-Media-Anwendungen in der Personalrekrutierung. Nichtsdestotrotz ist auch diese Herausforderung, wie alle anderen, eher wichtig als unwichtig für die Verantwortlichen in der Personalrekrutierung von mittelständischen Unternehmen.

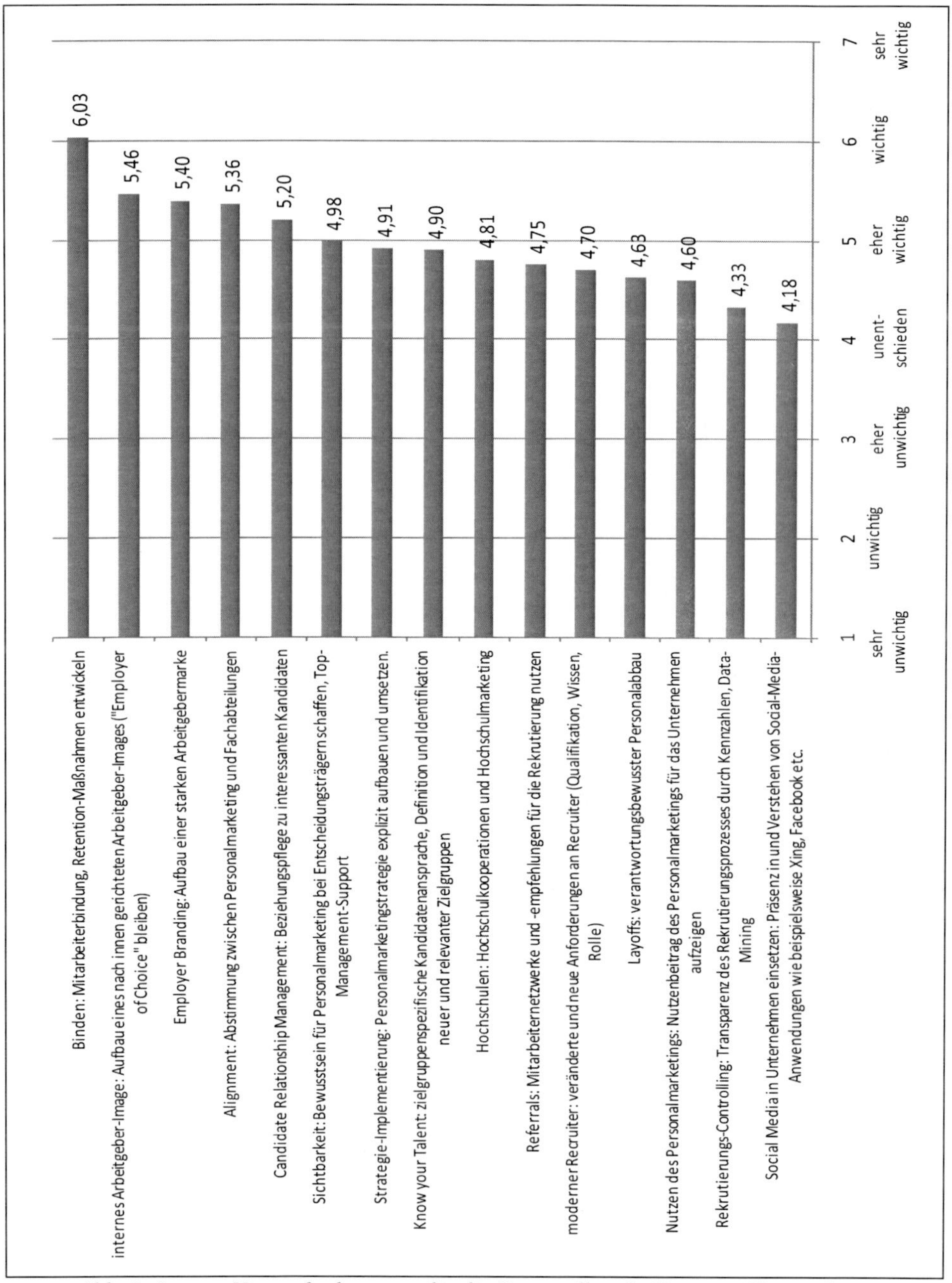

Abb. 5: Interne Herausforderungen für die Personalbeschaffung von Unternehmen (Mittelwerte der Antworten der Unternehmen)

Bindung und Motivation der bestehenden Mitarbeiterschaft sind die größten Herausforderungen für mittelständische Unternehmen in Zeiten eines demografischen Wandels sowie eines starken Fachkräftemangels auf dem deutschen Arbeitsmarkt. Zu einem besseren Verständnis wird deshalb der externe Top-Trend des Fachkräftemangels im folgenden Kapitel genauer analysiert.

5 Der Fachkräftemangel im Mittelstand

Nach Meinung von Mario Ohoven, Präsident des Bundesverbands Mittelständische Wirtschaft, verstärkt sich der Fachkräftemangel bei den mittelständischen Unternehmen wieder (o. A. 2010b). Diese Aussage wird durch die Analyse der externen Recruiting-Trends im vorangegangenen Kapitel bestätigt. Im Rahmen dieser Analyse hat sich gezeigt, dass die Unternehmen im deutschen Mittelstand wieder stark von einem Fachkräftemangel sowie von einem verschärften Wettbewerb um qualifizierte Fachkräfte ausgehen. Innerhalb dieses Kapitels wird deshalb das Phänomen des Fachkräftemangels etwas näher dahingehend betrachtet, welche Zielgruppen die mittelständischen Unternehmen als eher knapp einschätzen und welche Rekrutierungsstrategien die Unternehmen zur Lösung dieses Problems einsetzen.

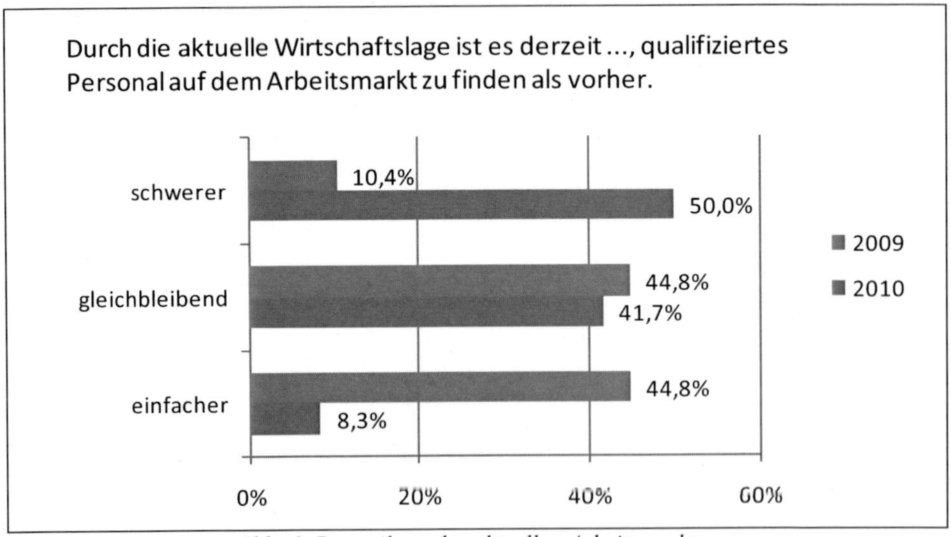

Abb. 6: Beurteilung des aktuellen Arbeitsmarktes

Vergleicht man vor dem Hintergrund der aktuellen Wirtschaftslage die derzeitige Situation auf dem deutschen Arbeitsmarkt mit der Situation im Vorjahr, so zeigt Abbildung 6, dass die befragten mittelständischen Unternehmen von einem verschärften Wettbewerb um qualifiziertes Personal ausgehen. Mit 50,0 Prozent schätzt genau die Hälfte der antwortenden Mittelständler, dass es aufgrund der aktuellen Wirtschaftslage derzeit schwerer ist, qualifiziertes Personal auf dem Arbeitsmarkt zu finden als vorher. Im Vergleich zu einer Studie im vergangenen Jahr bedeutet dies einen beachtlichen Zuwachs von 39,6 Prozentpunkten und indiziert die schwierige Lage für rekrutierende mittelständische Unternehmen auf dem deutschen Arbeitsmarkt. Von den Befragten beurteilen des Weiteren mit 41,7 Prozent etwas mehr als vier von zehn Unternehmen die Situation als gleichbleibend, was sich nahezu mit dem Wert des Vorjahres zu Zeiten der Finanzkrise deckt. Lediglich 8,3 der antwortenden Firmen geben an, dass es derzeit einfacher ist, qualifizierte Mitarbeiter zu finden als vorher. Dies entspricht einem deutlichen Rückgang um 36,5 Prozentpunkte im Vergleich zum vergangenen Jahr, als noch 44,8 Prozent von einer leichteren Rekrutierung angesichts der wirtschaftlichen Lage sprachen.

Da die Unternehmen im deutschen Mittelstand in diesem Jahr von einer erschwerten Rekrutierung ausgehen, ist es interessant zu sehen, für welche Zielgruppen die befragten Unternehmen eine Knappheit erwarten.

In der folgenden Abbildung 7 sind hierzu verschiedene Fachrichtungen und je Fachrichtung in unterschiedliche Karrierestatus dargestellt. Generell zeigt sich, dass die befragten Unternehmen für die Fachrichtung Forschung & Entwicklung die geringste Verfügbarkeit am Arbeitsmarkt sehen. So schätzen lediglich 9,8 Prozent der befragten Unternehmen, dass Hochschulabsolventen aus diesem Bereich (beispielsweise mit dem Studienfach Ingenieurswissenschaften) ausreichend verfügbar sind. Lediglich 17,5 Prozent sehen eine ausreichende Verfügbarkeit für Young Professionals (Angestellte mit weniger als vier Jahren Berufserfahrung) und 12,5 Prozent für Professionals (Angestellte mit vier und mehr Jahren Berufserfahrung) im F&E-Bereich. Für die Gruppe der Führungskräfte und Top-Manager im Bereich Forschung & Entwicklung sehen nur 5,6 Prozent eine ausreichende Verfügbarkeit auf dem externen Arbeitsmarkt. Nach dem Bereich Forschung & Entwicklung ist die Knappheit an Fachkräften im IT-Bereich am größten.

Für die Gruppe der Hochschulabsolventen mit Studienfächern wie Wirtschaftsinformatik oder Informatik gehen mit 22,7 Prozent lediglich etwas mehr als zwei von zehn Befragten von einer ausreichenden Verfügbarkeit aus. Bei Young Professionals im IT-Bereich sieht ein gutes Viertel der Befragten ein ausreichendes Angebot an adäquate Kandidaten auf dem Arbeitsmarkt, und bei Professionals sind es noch 14,6 Prozent. Die über alle Fachrichtungen hinweg betrachtet größte Knappheit sehen die mittelständischen Unternehmen für Top-Manager im IT-Bereich. Lediglich 5,3 Prozent der antwortenden Firmen sieht ein ausreichend großes Angebot an CIOs.

Die Fachrichtung mit der drittgeringsten Verfügbarkeit ist Verkauf & Vertrieb. Mit 29,2 Prozent sehen etwas weniger als drei von zehn Teilnehmern an der Umfrage ausreichend viele Hochschulabsolventen in diesem Bereich und mit 31,3 Prozent etwas mehr als drei von zehn Befragten eine ausreichende Menge an Young Professionals. Für die Gruppe der Professionals im Fachbereich Verkauf & Vertrieb gibt ein gutes Drittel der Mittelständler eine ausreichende Verfügbarkeit an, und bei den Top-Managern vertritt mit 9,8 Prozent noch fast jeder zehnte Umfrageteilnehmer diese Ansicht.

An nächster Stelle stehen Fachkräfte aus dem Bereich Produktion. Jeweils rund ein Drittel der antwortenden Unternehmen aus dem deutschen Mittelstand glauben an eine ausreichende Verfügbarkeit von Hochschulabsolventen, Young Professionals und Professionals für produktionsspezifische Tätigkeiten. 13,5 Prozent sehen darüber hinaus noch ausreichend viele Top-Manager in diesem Bereich. Bei Jobprofilen im Bereich Finanzwesen & Controlling sehen

51,1 Prozent für Hochschulabsolventen und 46,7 Prozent für Young Professionals eine ausreichende Verfügbarkeit.

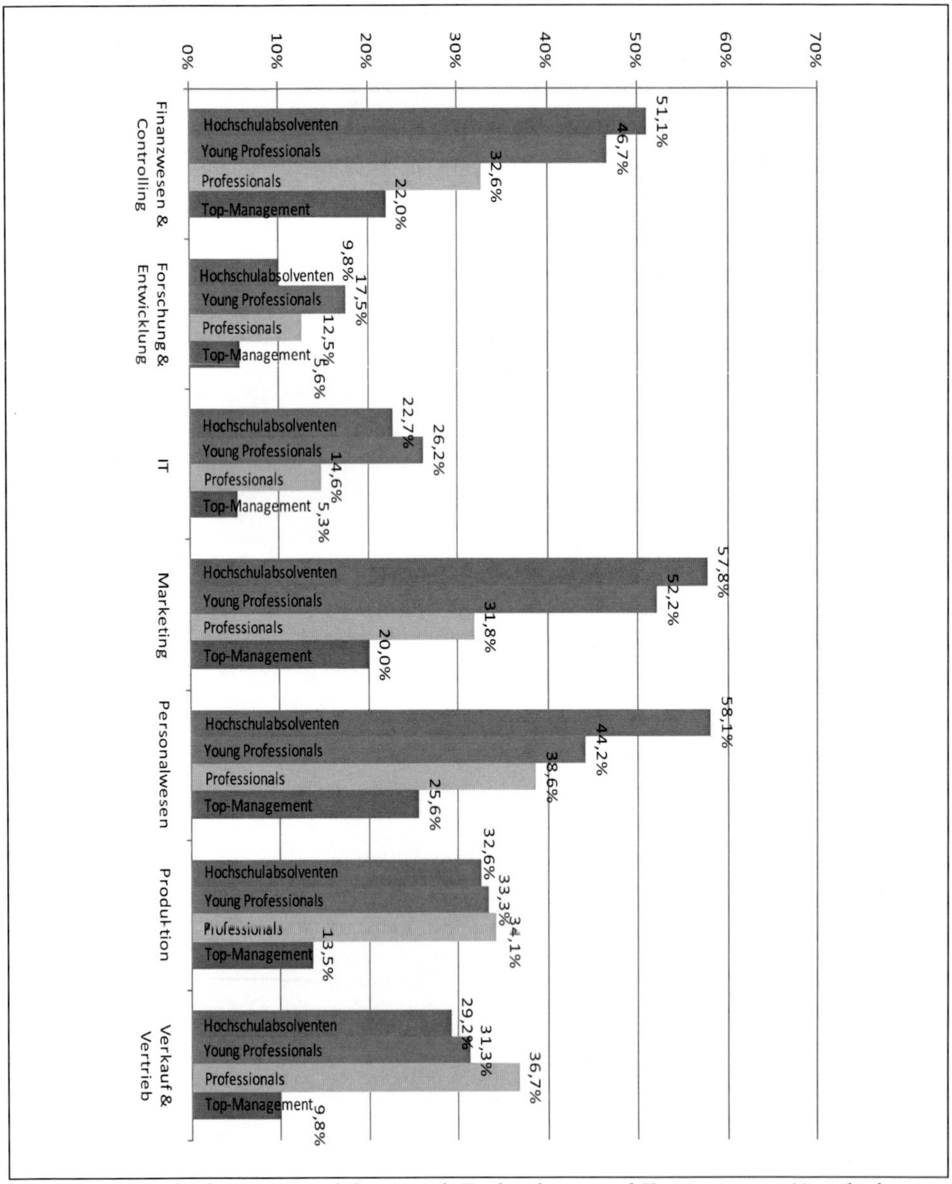

Abb. 7: Verfügbarkeit von Kandidaten nach Fachrichtung und Karrierestatus (Anteile derjenigen Unternehmen, die angeben, dass Kandidaten aus den jeweiligen Zielgruppen verfügbar oder eher verfügbar sind)

Des Weiteren gibt es nach der Meinung von knapp einem Drittel der Unternehmen ausreichend viele Professionals und laut 22 Prozent genügend Top-Manager im Bereich Finanzwesen & Controlling auf dem Arbeitsmarkt. Die beiden Fachrichtungen mit der größten Verfügbarkeit sind Marketing und Personalwesen. Im Marketing sieht mehr als die Hälfte der Umfrageteilnehmer eine ausreichende Verfügbarkeit für Hochschulabsolventen und Young Professionals. Bei Professionals schätzen 31,8 Prozent der teilnehmenden Mittelständler und im Top-Management 20 Prozent eine ausreichende Verfügbarkeit. Im Personalbereich sehen 58,1 Prozent der Mittelständler eine ausreichende Verfügbarkeit an Hochschulabsolventen und 44,2 Prozent an Young Professionals. Für die Gruppe der Professionals im Personalbereich glauben 38,6 Prozent an ein ausreichend großes Angebot an Arbeitskräften auf dem Arbeitsmarkt, und für die Gruppe der Top-Manager ist es mit 25,6 Prozent immerhin noch mehr als jeder vierte Befragte.

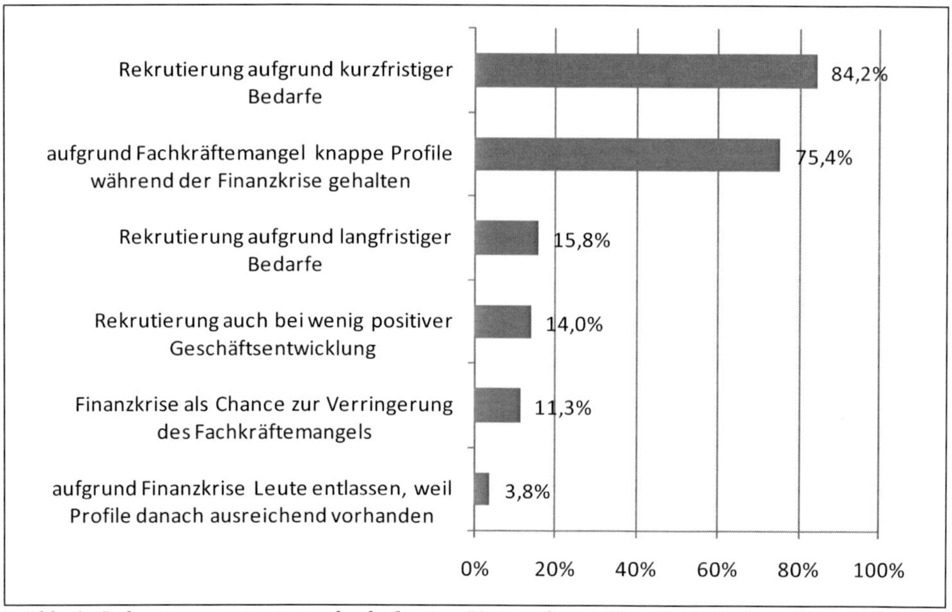

Abb. 8: Rekrutierungsstrategie der befragten Unternehmen (Anteile derjenigen Unternehmen, die den Aussage voll und ganz zustimmen, zustimmen oder eher zustimmen)

Für die Fachrichtungen Forschung & Entwicklung und IT sehen die befragten Unternehmen die größte Knappheit auf dem Arbeitsmarkt. Inwiefern die antwortenden Firmen den Fachkräftemangel bei ihren Rekrutierungsstrategien einbeziehen, ist Gegenstand der folgenden Abbildung 8. Die Ergebnisse zeigen, dass mit 84,2 Prozent die überwiegende Mehrheit der Befragten primär dann rekrutiert, wenn kurzfristig Bedarfe entstehen. Mehr als drei Viertel der Befragten versuchen, Mitarbeiter, die gemäß ihrem Profil auf dem Arbeitsmarkt nicht ausreichend verfügbar sind, trotz wirtschaftlich schwieriger Zeiten (wie beispielswiese während der zurückliegenden Finanzkrise) nicht zu entlassen. Eine Rekrutierung mit längerfristigem Zeithorizont oder trotz schlechter Geschäftsentwicklung wird hingegen lediglich von 15,8 Prozent bzw. 14 Prozent in Betracht gezogen. In Zusammenhang mit der Finanzkrise sieht nur etwas mehr als jeder zehnte Befragte eine Chance zur Verringerung des Fachkräftemangels. Lediglich 3,8 Prozent der teilnehmenden Unternehmen aus dem deutschen Mittelstand haben während der Finanzkrise aufgrund wirtschaftlicher Probleme Mitarbeiter entlassen, wobei sie der Meinung waren, dass diese Stellen nach der Krise ohne Probleme wieder besetzt werden können, falls sich der Bedarf hierfür ergibt.

Die Ausführungen zum Fachkräftemangel innerhalb dieses Kapitels haben gezeigt, dass die befragten mittelständischen Unternehmen einen verschärften Wettbewerb um hochqualifizierte Fachkräfte am Arbeitsmarkt erwarten. Speziell für alle Karrierestatus im Bereich Forschung & Entwicklung sowie IT schätzen die Umfrageteilnehmer nur eine geringe Verfügbarkeit und damit einen ausgeprägten Fachkräftemangel. Als Strategie, um keinen Mangel in schwer verfügbaren Gruppen zu haben, verzichteten mehr als drei Viertel der befragten Mittelständler auch während der Finanzkrise auf Entlassungen von Mitarbeitern mit knappen Profilen. Nur ein kleiner Teil der Befragten rekrutiert antizyklisch, sprich aufgrund langfristiger Bedarfe oder auch während einer weniger positiven Geschäftsentwicklung. Welche Kanäle die befragten Unternehmen bei einer externen Rekrutierung generell nutzen und wie sie deren Effektivität einschätzen, ist Bestandteil des folgenden Kapitels.

6 Personalbeschaffung im Mittelstand – Eine Prozessperspektive

Die Diskussion der IT-Unterstützung im Personalbeschaffungsprozess begann bereits im Jahre 1991 mit einem Artikel in der MIS Quarterly von (Palvia et al. 1992), der eine erste konzeptionelle Architektur eines Informationssystems zur Unterstützung der Personalbeschaffung vorschlug. In der deutschsprachigen Personalwirtschaftsforschung wurde in den 90er Jahren eine prozessorientierte Perspektive von Schneider (1995) und Albert (1998) eingeführt. In diesen Arbeiten wird der Prozess der Personalbeschaffung in die Teilschritte der kurzfristigen Veröffentlichung einer Vakanz, die Bearbeitung und Weiterleitung der eingehenden Bewerbung im Bewerbermanagement, die Vorselektion dieser Bewerbungen sowie die finale Bewerberselektion unterteilt. Die mit dem Prozess korrespondierende Unterstützung durch IT unterstütztet dabei gesamten Personalbeschaffungsprozess von der Meldung der Vakanz durch die Fachabteilung, über die Stellenausschreibung, dem Eingang der Bewerbung, der (Vor-) Auswahl der Kandidaten bis hin zur finalen Einstellungsabwicklung (Lee 2007; Laumer and Eckhardt 2009; Eckhardt and Laumer 2010).

Der idealtypische Ablauf der Personalbeschaffung (siehe Abbildung 9) stellt sich dabei wie folgt dar. Zunächst meldet die Fachabteilung den aktuellen Personalbedarf an die Personalabteilung und initiiert somit den Personalbeschaffungsprozess an. Anschließend erfolgt eine Abstimmung der Personalanforderungen zwischen Fach- und Personalabteilung. Anschließend kann eine Stellenanzeige auf der eigenen Webseite, in Internet-Stellenbörsen oder Printmedien veröffentlicht werden oder der Arbeitsagentur gemeldet werden. Auf eine Stellenausschreibung können sich Kandidaten mittels einer papierbasierten Bewerbung, die per Post verschickt wird, per E-Mail oder über ein Formular auf einer Webseite bewerben. Im Anschluss werden diese eingehenden Bewerbung durch die Personal- und Fachabteilung bewertet und eine Entstellungsentscheidung basierend auf mehreren Auswahlverfahren (z. B. Vorstellungsgespräch) getroffen (Lee 2007; Laumer et al. 2012).

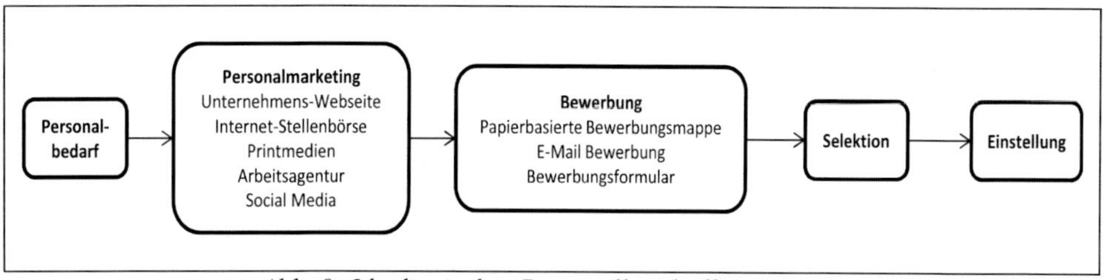

Abb. 9: Idealtypischer Personalbeschaffungsprozess

Nach der Vorstellung des klassischen Personalbeschaffungsprozesses und der korrespondieren Methodenunterstützung wird im weiteren Verlauf des Beitrages die Gestaltung des Prozesses durch deutsche mittelständischen Unternehmen dargelegt und analysiert welche Verfahren eine effektive und effiziente Gestaltung des Prozess ermöglichen.

6.1 Die externe Besetzung offener Stellen

Um im Fachkräftemangel zu bestehen, bietet sich mittelständischen Unternehmen neben der Möglichkeit, bestehende Mitarbeiter längerfristig ans Unternehmen zu binden und weiterzuentwickeln, auch die Option, auf dem externen Arbeitsmarkt neue Fachkräfte zu identifizieren und zu rekrutieren. Bevor eine tatsächliche Einstellung erfolgen kann, müssen offene Stellen zunächst in einem ersten Schritt des Rekrutierungsprozesses in den relevanten Zielgruppen beworben werden. Innerhalb dieses Prozessschritts ist die Generierung einer hohen Zahl an qualifizierten Bewerbungen das Hauptziel, um vakante Positionen möglichst kurzfristig besetzen zu können. Wie im vorherigen Kapitel in Abbildung 8 dargestellt, ist dies für 84,2 Prozent der Umfrageteilnehmer die dominante Rekrutierungsstrategie. Generell bestehen für Unternehmen in der kurzfristigen Rekrutierung zwei mögliche Vorgehensweisen, wie in Abbildung 10 visualisiert wird:

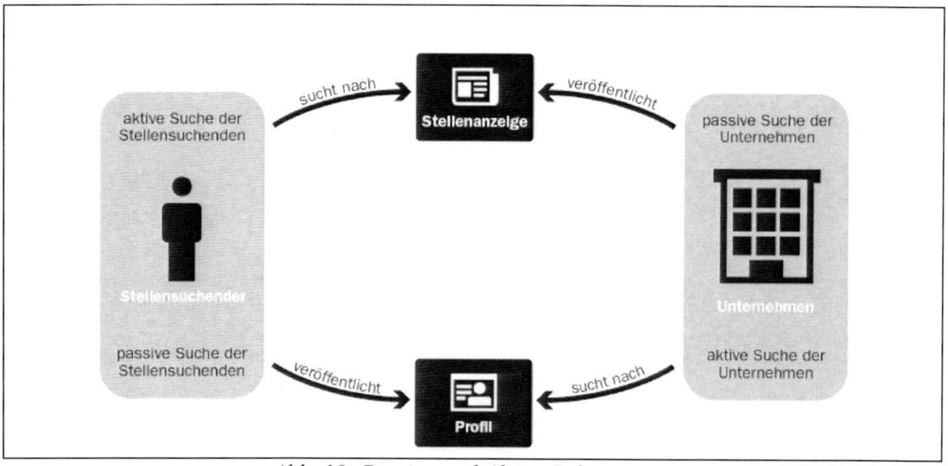

Abb. 10: Passive und Aktive Rekrutierung

- Passive Rekrutierung: Bei der passiven Rekrutierung veröffentlichen die Unternehmen ihre Vakanzen in Form von Stellenanzeigen auf ihrer eigenen Unternehmens-Webseite, in Internet-Stellenbörsen, in Printmedien oder in sonstigen Kanälen und erwarten daraufhin die Ansprache durch interessierte Kandidaten in Form einer Bewerbung.
- Aktive Rekrutierung: Im Rahmen der aktiven Rekrutierung suchen die Unternehmen selbst aktiv nach neuen Kandidaten für die offenen Positionen. Hierzu werden beispielsweise externe Lebenslaufdatenbanken von Internet-Stellenbörsen, Karrierenetzwerke wie Xing oder interne Kandidatenpools durchsucht.

Da mittelständische Unternehmen nur kleine Budgets im Rahmen des Personalmarketings zur Verfügung haben, muss die Nutzung der einzelnen aktiven und passiven Rekrutierungskanäle speziell hinsichtlich des Kosten-/Nutzen-Verhältnisses optimiert werden. Hierzu wird am Ende dieses Kapitels untersucht, inwieweit die befragten mittelständischen Unternehmen mit den Kandidaten zufrieden sind, die bereits über die einzelnen Kanäle rekrutiert wurden. Zuvor wird in Abbildung 11 die Nutzungshäufigkeit verschiedener Recruiting-Kanäle im Zeitablauf betrachtet – die Darstellung des Zeitablaufs beruht auf ähnlichen Studien, die seit 2007 jährlich durch die Autoren durchgeführt wurden – und darüber hinaus in Abbildung 12 analysiert, über welche Kanäle die Einstellungen der mittelständischen Unternehmen tatsächlich generiert werden.

Hinsichtlich der Nutzungshäufigkeit zeigt Abbildung 11, dass seit Beginn unserer Umfragen im Jahr 2007 die Unternehmens-Webseite der wichtigste Kanal zur Veröffentlichung freier Stellen in mittelständischen Unternehmen ist. Mit 55,4 Prozent wird mehr als jede zweite Vakanz über diesen Kanal kommuniziert. Im Vergleich zum vergangenen Jahr ist dieser Anteil jedoch geringer geworden, da 2009 noch 67,7 Prozent aller Vakanzen in diesem Kanal veröffentlicht wurden. Der Anteil der Vakanzen, der über Internet-Stellenbörsen kommuniziert wird, ist seit nunmehr drei Jahren konstant. So wurden in diesem Jahr, wie auch in den beiden vergangenen Jahren, rund 36 Prozent aller offenen Positionen in diesem Kanal veröffentlicht. Die Anzeigenschaltung in Printmedien hat hingegen an Bedeutung verloren. Wurde im vergangenen Jahr mit 43 Prozent aller offenen Stellen noch der insgesamt zweithöchste Anteil über diesen Kanal veröffentlicht, so ist es in diesem Jahr mit 35,1 Prozent aller Vakanzen nur noch der vierthöchste Anteil.

Einen Anstieg im Vergleich zum Vorjahr hat hingegen die Arbeitsagentur zu verzeichnen. Mit 45,5 Prozent aller Vakanzen wurden die zweitmeisten Vakanzen über diesen Kanal kommuniziert. Die steigende Anzahl von veröffentlichten Vakanzen in diesem Kanal stellt ein konjunkturelles Phänomen dar, das bereits mehrfach im Rahmen dieser Umfragen beobachtet werden konnte. Speziell in Zeiten eines verstärkten Fachkräftemangels versuchen die Unternehmen möglichst viele Kanäle zu frequentieren, wobei insbesondere bei knappen Personalmarketingbudgets wie im Mittelstand kostengünstige Kanäle, wie die staatliche Arbeitsagentur vornehmlich genutzt werden.

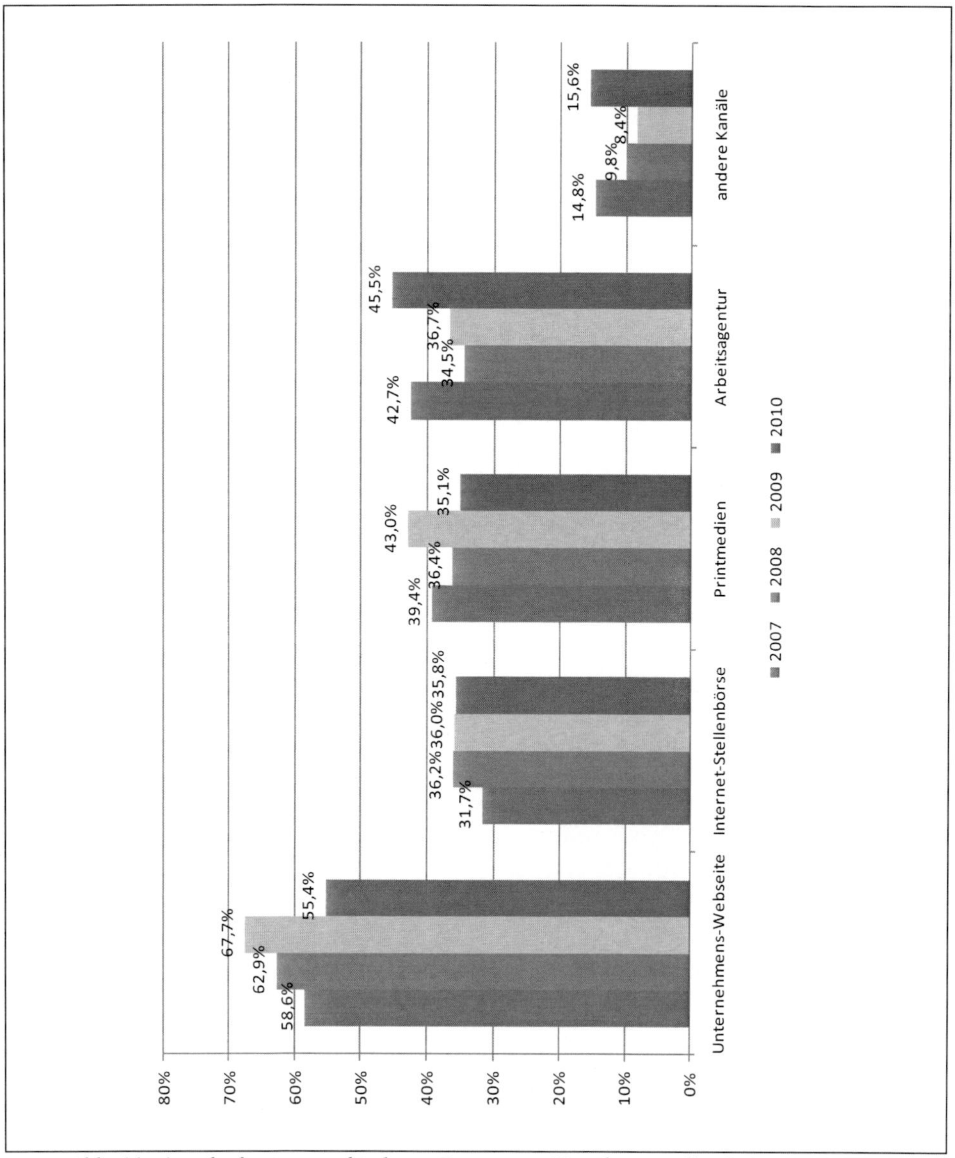

Abb. 11: Anteile der in verschiedenen Recruiting-Kanälen veröffentlichten Vakanzen im Zeitablauf (Mehrfachnennung war möglich, wenn eine offene Stelle über mehrere Kanäle kommuniziert wird.)

Mit anderen Kanälen, in denen 15,6 Prozent der Vakanzen veröffentlicht werden, sind primär Personalberatungen, Zeitarbeitsfirmen und Executive Searchern/Headhunter gemeint. Zusätzlich ergreifen manche Unternehmen auch die Möglichkeit unternehmensinterner Empfehlungen oder schalten sogar Werbespots im Radio, um offene Stellen an potenzielle Bewerber zu kommunizieren. Kaum eine Bedeutung haben Social-Media-Anwendungen wie Facebook, Twitter, Xing oder LinkedIn, da nur 3,9 Prozent aller freien Stellen in mittelständischen Unternehmen in Karrierenetzwerken wie Xing oder LinkedIn veröffentlicht werden. Facebook oder Twitter spielen in diesem Zusammenhang noch keine Rolle bei mittelständischen Unternehmen.

Jedoch zeigt sich hinsichtlich der Nutzung von Kanälen zur aktiven Suche nach Kandidaten, das bereits 11,1 Prozent der antwortenden Unternehmen angeben, in Social-Media-Anwendungen wie Xing, LinkedIn oder Facebook nach neuen potenziellen Kandidaten suchen. In Hinblick auf zukünftige Nutzung erwartet ein Viertel der Umfrageteilnehmer in Zukunft Social Media-Anwendungen zur aktiven Suche nach Kandidaten einzusetzen.

In Hinblick auf die tatsächlich generierten Einstellungen veranschaulicht Abbildung 12, dass die meisten Einstellungen im Mittelstand seit nunmehr vier Jahren auf eine Stellenanzeige im Internet, entweder auf der eigenen Unternehmens-Webseite oder in einer Internet-Stellenbörse, zurückgehen. Mit kumulierten 36,5 Prozent wurde in diesem Jahr mehr als ein Drittel der Einstellungen über das Internet generiert (Unternehmens-Webseite = 14,5 Prozent; Internet-Stellenbörse = 22,0 Prozent). Dahinter stehen, wie auch in den vergangenen Jahren, die Printmedien an zweiter Stelle. Allerdings fiel der Anteil dieses Kanals an den generierten Einstellungen binnen Jahresfrist um deutliche zehn Prozentpunkte von 37,4 auf nunmehr 27,4 Prozent. Dahinter stehen die staatliche Arbeitsagentur mit zwei von zehn Einstellungen sowie die anderen Kanäle, die sich immerhin noch für 16 Prozent aller generierten Einstellungen verantwortlich zeigen. Bei den beiden letztgenannten Kanälen ist damit der Anteil an den generierten Einstellungen im Vergleich zum Vorjahr gestiegen (Arbeitsagentur: +5,2 Prozentpunkte; andere Kanäle: +9,6 Prozentpunkte). Vor dem Hintergrund der tatsächlichen Nutzung ist es nicht verwunderlich, dass Social-Media-Anwendungen bei den generierten Einstellungen nahezu keine Rolle spielen. Weniger als ein Prozent der neuen Mitarbeiter wurden über einen derartigen Kanal gewonnen.

Insbesondere in schwierigen Zeiten am Arbeitsmarkt, wie bei dem derzeitig vorherrschenden Fachkräftemangel, ist es besonders wichtig, dass die über die einzelnen Kanäle rekrutierten Kandidaten den Wünschen und Qualitätsansprüchen des betreffenden rekrutierenden Unternehmens entsprechen. Zur Untersuchung der Effektivität der einzelnen Recruiting-Kanäle visualisiert die folgende Abbildung 13 die Zufriedenheit der Unternehmen mit den über bestimmte Recruiting-Kanäle eingestellten Kandidaten. Interessanterweise stehen hier Printmedien an erster Stelle, obwohl diese insgesamt weniger im Recruiting genutzt werden. Mehr als sieben von zehn Befragten waren mit Kandidaten, die über diesen Kanal rekrutiert wurden zufrieden oder sehr zufrieden. Dahinter folgen nahezu gleichauf Einstellungen über das persönliche Netzwerk des Verantwortlichen in der Rekrutierung oder über Empfehlungen von Mitarbeitern. Jeweils knapp zwei Drittel der antwortenden Unternehmen waren mit Neueinstellungen über einen dieser beiden Kanäle mindestens zufrieden. Dahinter steht die Unternehmens-Webseite an vierter Stelle.

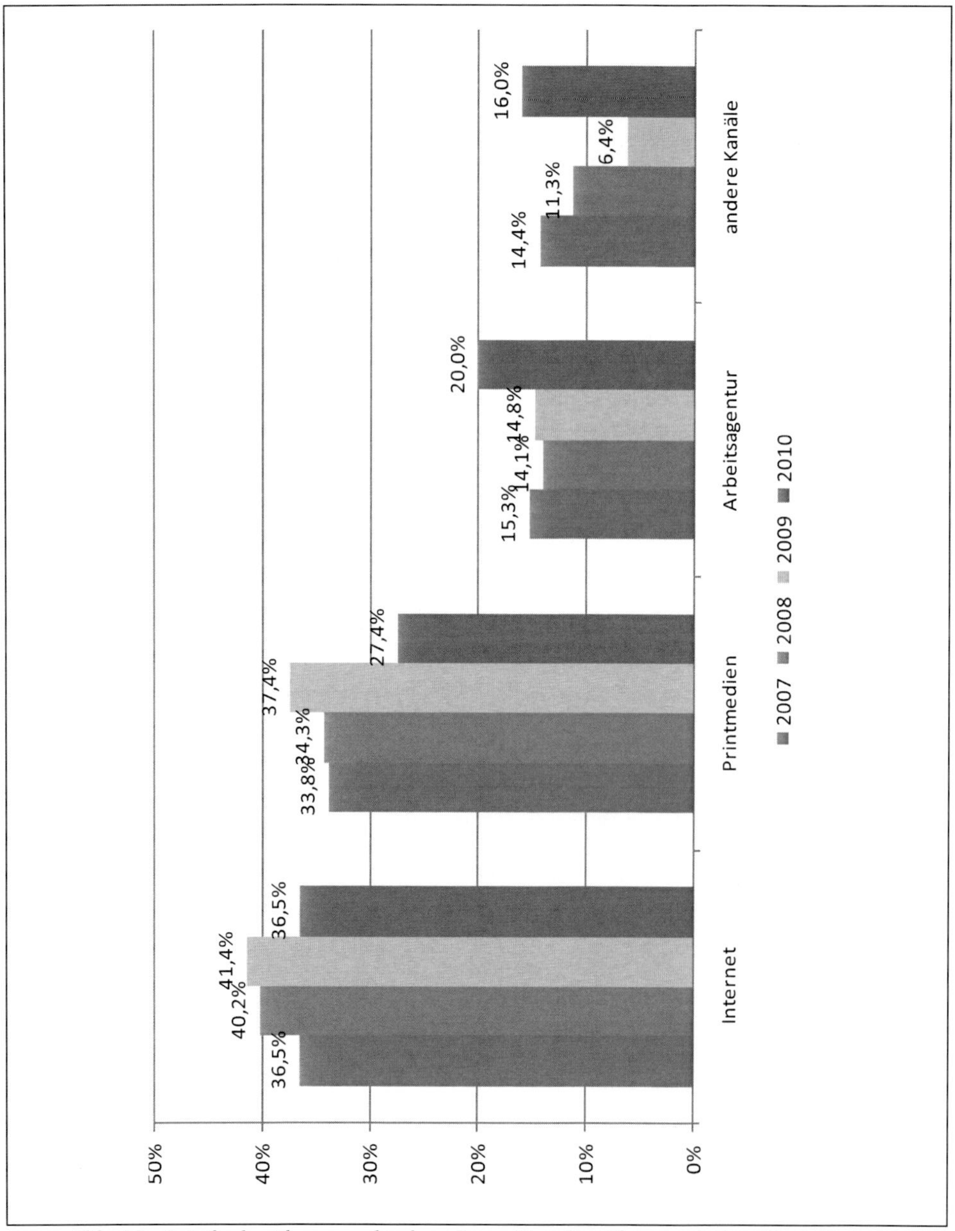

Abb. 12: Anteile der über verschiedene Recruiting-Kanäle generierten Einstellungen

Noch mehr als sechs von zehn Befragten sind mit der Qualität von Kandidaten, die über diesen Kanal ins Unternehmen gelangten, durchaus zufrieden. Selbiges gilt nach der Meinung von 53,3 Prozent auch für Kandidaten, die über Personalberatungen rekrutiert wurden und nach der Ansicht von 52,5 Prozent für Einstellungen, die über Internet-Stellenbörsen realisiert wurden. Lediglich 44,4 Prozent der Umfrageteilnehmer sind mit denjenigen Kandidaten zufrieden, die über Executive Searcher/Headhunter ins Unternehmen gelangten. Bei Zeitarbeitsfirmen liegt dieser Wert sogar nur bei 28,2 Prozent und bei der Arbeitsagentur bei 22,9 Prozent. Dass die Nutzung von Social Media in der Rekrutierung bis dato noch nicht wirklich bei den mittelständischen Unternehmen angekommen ist, zeigt die sehr geringe Zufriedenheit mit Kandidaten, die über eine derartige Anwendung rekrutiert wurden. 11,8 Prozent der antwortenden Unternehmen waren mit Kandidaten, die über ein Karrierenetzwerk eingestellt wurden, zufrieden oder sehr zufrieden. Obgleich nur ein Viertel der antwortenden mittelständischen Unternehmen Erfahrung mit der Rekrutierung über soziale Netzwerkplattformen hat, waren diese Umfrageteilnehmer bei Einstellungen über Plattformen wie beispielsweise Facebook oder StudiVZ nie mit einem der eingestellten Kandidaten zufrieden oder sehr zufrieden.

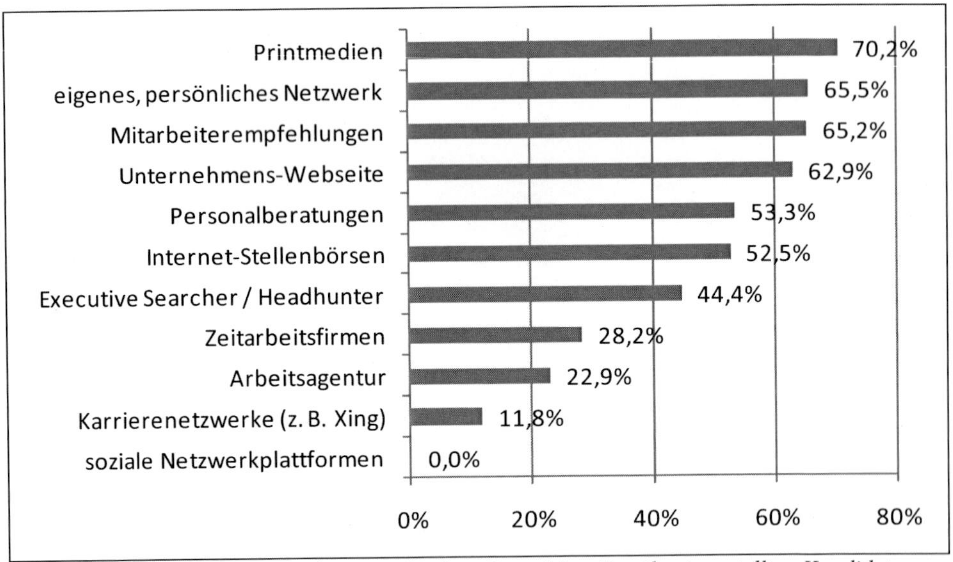

Abb. 13: Zufriedenheit mit über verschiedene Recruiting-Kanäle eingestellten Kandidaten (Anteile derjenigen Unternehmen, die zufrieden oder sehr zufrieden sind)

Bei der externen Rekrutierung von neuen Mitarbeitern dominieren wie schon seit Jahren die beiden Internet-Kanäle der Unternehmens-Webseite und der Internet-Stellenbörse. Mehr als ein Drittel der generierten Neueinstellungen gehen auf einen dieser beiden Kanäle zurück, und mehr als die Hälfte der Befragten sind mit der Qualität der über einen dieser beiden Kanäle neu eingestellten Mitarbeiter zufrieden oder sehr zufrieden. Bei Printmedien sind zwar 70,2 Prozent der antwortenden Unternehmen mit über diesen Kanal rekrutierten Kandidaten zufrieden oder sehr zufrieden, allerdings werden immer weniger Vakanzen über diesen Kanal ausgeschrieben und zudem immer weniger Einstellungen über diesen Kanal generiert. Bei den sogenannten Social Media zeigt sich, dass diese bei den befragten mittelständischen Firmen im Gegensatz zur Situation bei den Großunternehmen bis dato noch nahezu keine Rolle spielen.

6.2 Der Eingang der Bewerbung im Unternehmen

Nachdem in den vorangegangenen Abschnitt gezeigt wurde, über welche Kanäle mittelständische Unternehmen ihre Vakanzen veröffentlichen und Neueinstellungen generieren, befasst sich dieses Kapitelmit der nächsten Stufe des Rekrutierungsprozesses, der Abgabe der Bewerbung durch Kandidaten bei einem Unternehmen. Den Kandidaten stehen dabei primär drei unterschiedliche Bewerbungsformen zur Verfügung (Lee 2007):

- Die papierbasierte Bewerbungsmappe, die per Post verschickt wird,
- die E-Mail Bewerbung und
- die Bewerbung über ein standardisiertes Webformular einer Unternehmens-Webseite oder einer Internet-Stellenbörse

Der Fokus der folgenden Analyse liegt auf der Präferenz der antwortenden Unternehmen für den Bewerbungseingang und der Entwicklung des Bewerbungseingangs bei den mittelständischen Unternehmen. Abbildung 14 visualisiert zunächst die Präferenz der antwortenden Unternehmen für die genannten Bewerbungsverfahren.

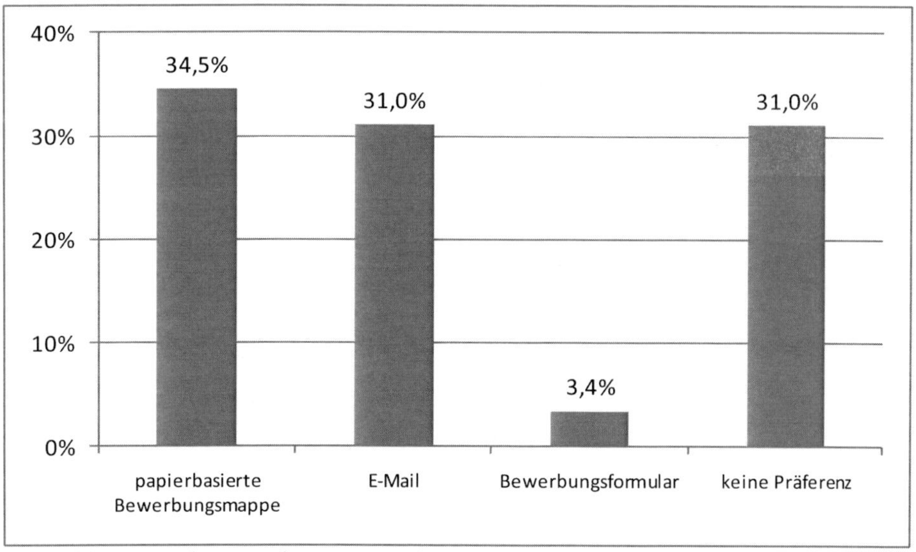

Abb. 14: Präferenzen der antwortenden Unternehmen für den Bewerbungseingang

Von den befragten Unternehmen aus dem Mittelstand präferiert mit 34,5 Prozent mehr als ein Drittel die papierbasierte Bewerbungsmappe. Drei von zehn Unternehmen wünschen sich eine E-Mail-Bewerbung. Mit der standardisierten Formularbewerbung wird die einzige Bewerbungsform, die eine medienbruchlose Weiterverarbeitung innerhalb des Unternehmens ermöglicht, lediglich von 3,4 Prozent der Befragten bevorzugt. Dies verwundert nicht, da nur 6,9 Prozent der Befragten angeben, zur Unterstützung des Bewerbungseingangs ein Bewerbermanagementsystem zu nutzen. Letztendlich äußern 31 Prozent der Teilnehmer an der

Umfrage keine Präferenz für eine bestimmte Bewerbungsform. Dies könnte durch den bereits beschriebenen Fachkräftemangel bedingt sein, der Unternehmen eher dazu anhält, bestimmte Bewerbergruppen nicht durch Festlegung auf eine bestimmte Bewerbungsform auszuschließen bzw. zu vergraulen.

Die Präferenzen der Unternehmen schlagen sich auch im tatsächlichen Bewerbungseingang nieder. So zeigt Abbildung 15, dass mit 58,6 Prozent über die Hälfte aller eingehenden Bewerbungen papierbasierte Bewerbungsmappen sind. Etwas mehr als ein Drittel der eingehenden Bewerbungen sind E-Mail-Bewerbungen und 2,8 Prozent standardisierte Formularbewerbungen. In Hinblick auf die Situation in fünf Jahren erwarten die befragten Unternehmen, dass der Anteil papierbasierter Bewerbungsmappen um 22 Prozentpunkte auf 36,6 Prozent zurückgehen wird. Bei den digitalen E-Mail- und Formularbewerbungen gehen die Umfrageteilnehmer von einem Anstieg um 21,6 Prozentpunkte auf 56,3 Prozent aller eingehenden Bewerbungen bei der E-Mail und um 2,3 Prozentpunkte auf 5,1 Prozent bei der standardisierten Formularbewerbung aus.

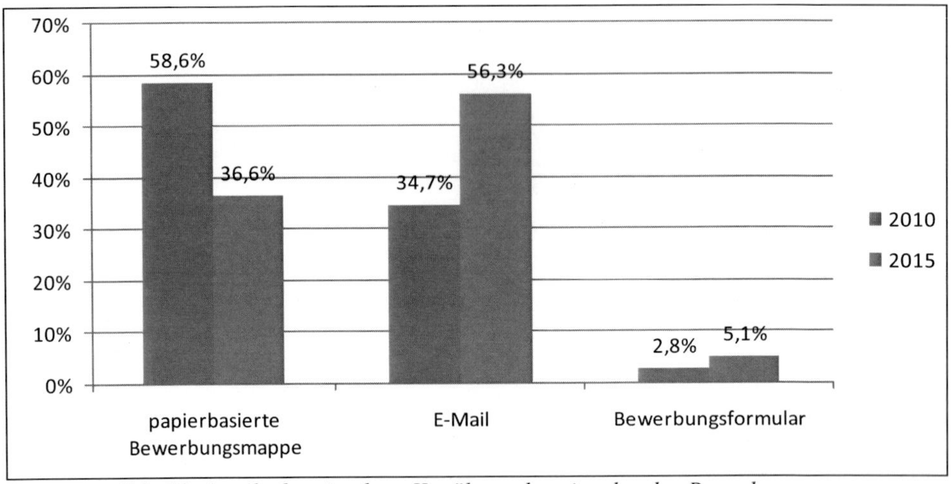

Abb. 15: Anteile der einzelnen Kanäle an den eingehenden Bewerbungen – heute und in fünf Jahren

Basierend auf diesen tatsächlichen Nutzungsdaten wird nun im abschließenden Abschnitt untersucht, inwieweit die Veränderungen der Gestaltung der Personalbeschaffung den Unternehmen einen Mehrwert in finanzieller, zeitlicher und qualitativer Hinsicht bieten.

6.3 Der Nutzenbeitrag von IT für die Personalbeschaffung

Der Ergebnisbericht der Befragung von 1.000 mittelständischen Unternehmen aus Deutschland schließt mit der Analyse des Wertbeitrags, der explizit durch den Einsatz von Informationstechnologie in der Personalbeschaffung generiert wurde. Im Fokus der Untersuchungen stehen dabei die drei Performance-Dimensionen Qualität, Zeit und Kosten.

Betrachtet man in einem ersten Schritt die zeitliche Dimension, so zeigt Abbildung 16, dass 57,6 Prozent der antwortenden mittelständischen Unternehmen in den letzten Jahren die Zeit zwischen der Identifikation einer Vakanz und der Durchführung der Einstellungsgespräche verkürzen konnten. 44,1 Prozent konnten zudem die Zeit zwischen der Identifikation einer Vakanz und dem Schalten der Anzeige sowie die Zeit zwischen der Identifikation einer Vakanz und deren Besetzung („Time-to-Hire") reduzieren. Eine Korrelationsanalyse zeigt, dass ein positiver Zusammenhang zwischen denjenigen Unternehmen besteht, die die Zeit zwischen der Identifikation einer Vakanz und dem Schalten der Stellenanzeige sowie dem Durchführen der Einstellungsgespräche reduzieren konnten und denjenigen, die die Unternehmens-Webseite häufig zur Veröffentlichung von Stellenanzeigen nutzen (Korrelationskoeffizient nach Pearson 0,243 (Signifikanzniveau 0,080) für eine Verkürzung der Zeit zwischen der Identifikation einer Vakanz und dem Schalten der Anzeige; Korrelationskoeffizient nach Pearson 0,294 (Signifikanzniveau 0,033) für eine Verkürzung der Zeit zwischen der Identifikation einer Vakanz und der Durchführung der Einstellungsgespräche). Ebenso besteht ein positiver Zusammenhang für diese beiden Zeitdimensionen mit denjenigen Unternehmen, die mehrheitlich E-Mail-Bewerbungen erhalten (Korrelationskoeffizient nach Pearson 0,295 (Signifikanzniveau 0,024) für eine Verkürzung der Zeit zwischen der Identifikation einer Vakanz und dem Schalten der Anzeige; Korrelationskoeffizient nach Pearson 0,279 (Signifikanzniveau 0,034)) für eine Verkürzung der Zeit zwischen der Identifikation einer Vakanz und der Durchführung der Einstellungsgespräche). Darüber hinaus besteht ein positiver Zusammenhang zwischen denjenigen Unternehmen, die ein Bewerbermanagementsystem einsetzen und denjenigen, die in der jüngeren Vergangenheit die Zeit bis zwischen der Identifikation einer Vakanz und der Durchführung der Einstellungsgespräche reduzieren konnten (Korrelationskoeffizient nach Pearson 0,268 (Signifikanzniveau 0,042)).

In Bezug auf die Qualitätsdimension zeigt Abbildung 16, dass 51,7 Prozent der Befragten den Anteil der erfolgreich eingestellten Wunschkandidaten in den letzten Jahren gesteigert haben. Vier von zehn Teilnehmern an der Umfrage haben die Qualität der Bewerberdaten verbessert, und 37,9 Prozent konnten die Bewerberqualität an sich verbessern. Eine Korrelationsanalyse zeigt einen positiven Zusammenhang zwischen den Unternehmen, die die Bewerberqualität sowie die Qualität der Bewerberdaten verbessern konnten und den Firmen, die die Mehrzahl ihrer Stellenanzeigen auf der Unternehmens-Webseite veröffentlichen (Korrelationskoeffizient nach Pearson 0,245 (Signifikanzniveau 0,077) für die Verbesserung .der Bewerberqualität; Korrelationskoeffizient nach Pearson 0,284 (Signifikanzniveau 0,041) für die Verbesserung der Qualität der Bewerberdaten). Eine weitere Korrelationsanalyse zeigt darüber hinaus, dass diejenigen Unternehmen, die eine Vielzahl von E-Mail-Bewerbungen erhalten in den letzten Jahren auch die Qualität der Bewerberdaten verbessern konnten (Korrelationskoeffizient nach Pearson 0,379 (Signifikanzniveau 0,004)).

Richtet man den Blick abschließend auf die Kostendimension, so ist in Abbildung 16 dargestellt, dass 33,9 Prozent der Unternehmen in der jüngeren Vergangenheit die Kosten für die interne Bearbeitung von Bewerbungen reduzieren konnten. Knapp drei von zehn Unternehmen konnten zudem die Kosten pro bearbeiteter Bewerbung reduzieren und knapp ein Viertel die Kosten im Personalmarketing (Für die Kostendimension konnte durch eine Korrelationsanalyse kein Zusammenhang evaluiert werden).

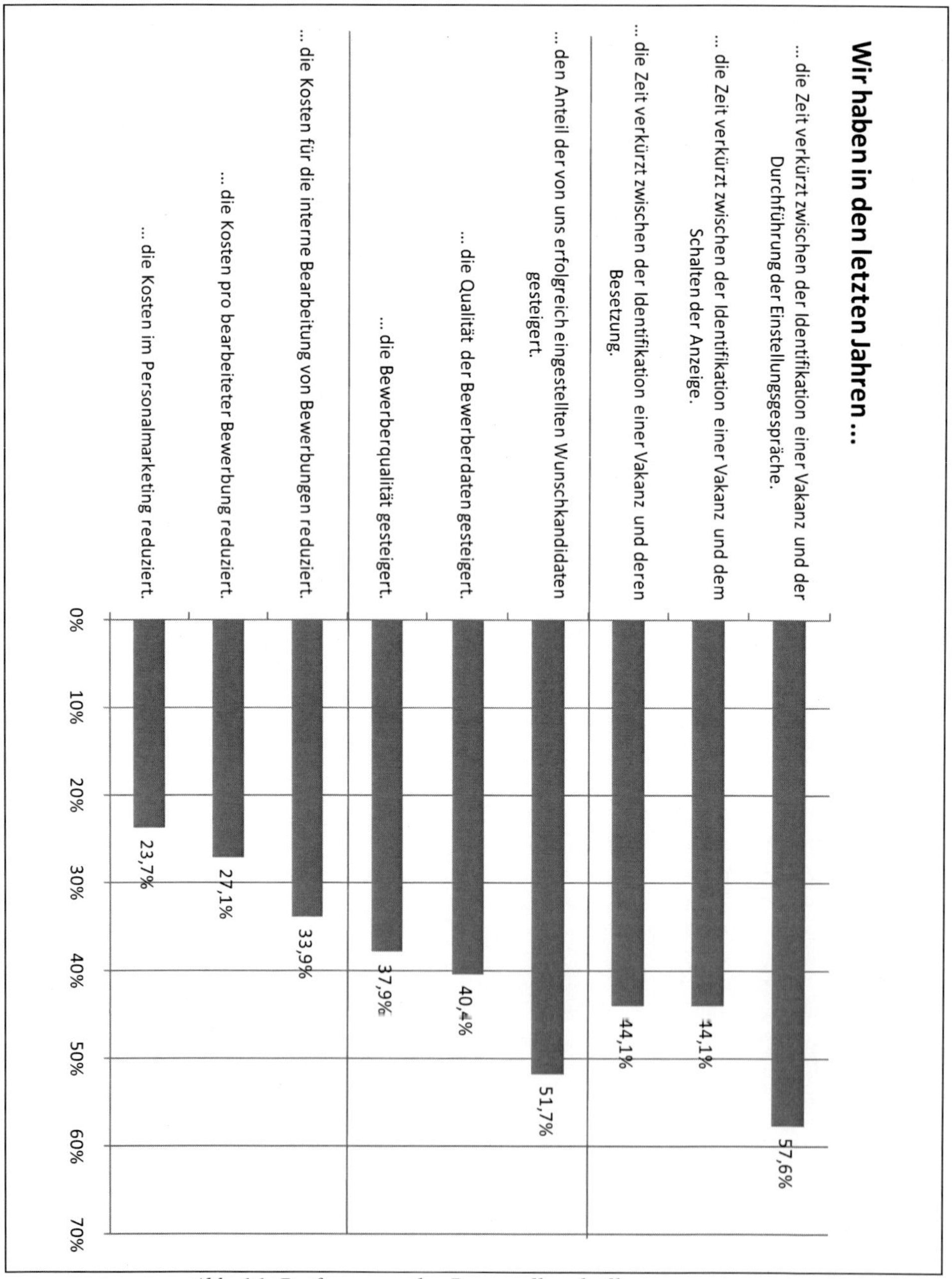

Abb. 16: Performance des Personalbeschaffungsprozesses

7 Zusammenfassung

Nach der globalen Finanzkrise in den vergangenen beiden Jahren stehen die Unternehmen aus dem deutschen Mittelstand nun vor einer neuen Herausforderung. Wie die Analysen in diesem Beitrag gezeigt haben, zählt der Fachkräftemangel zusammen mit der demographischen Entwicklung zu den beiden größten Herausforderungen für die Personalbeschaffung im deutschen Mittelstand. Die Wirtschaftskrise hat dabei den Fachkräftemangel nicht gemildert. So gibt die Hälfte der befragten 1.000 mittelständischen Unternehmen an, dass es aufgrund der aktuellen Wirtschaftslage derzeit schwerer ist, qualifizierte Fachkräfte zu finden als in der Vergangenheit. Nach Meinung der Unternehmen werden 36,1 Prozent der für das Jahr 2011 geschätzten Vakanzen nur schwer und 6,3 Prozent gar nicht besetzbar sein.

Vor diesem Hintergrund ist im Rahmen der Gestaltung der Rekrutierung ein wesentlicher Trend der vergangenen Jahre klar erkennbar. Bei der Veröffentlichung von Vakanzen und der Generierung von Einstellungen ist das Internet am wichtigsten. So wird mehr als die Hälfte der Stellenanzeigen auf der eigenen Unternehmens-Webseite veröffentlicht, und 35,8 Prozent der Vakanzen werden in Internet-Stellenbörsen ausgeschrieben. Über die beiden Internetkanäle Unternehmens-Webseite und Internet-Stellenbörse werden zusammen 36,5 Prozent aller Neueinstellungen generiert. Der Anteil der über Printmedien generierten Einstellungen ist dagegen binnen eines Jahres um zehn Prozentpunkte auf 27,4 Prozent gesunken. Die größte Zufriedenheit äußern die mittelständischen Unternehmen mit Kandidaten, die über Printmedien und die persönlichen Netzwerke der Recruiter eingestellt werden. Sehr zufrieden ist man darüber hinaus mit Kandidaten, die über Mitarbeiterempfehlungen oder die eigene Webseite neu ins Unternehmen kommen. Social-Media-Anwendungen stellen in diesem Zusammenhang eine Möglichkeit zur aktiven Kandidatensuche dar. Bis dato sucht bereits mehr als jedes zehnte mittelständische Unternehmen aktiv in Karrierenetzwerken und sozialen Netzwerkplattformen nach potenziellen neuen Mitarbeitern. Zukünftig plant dies sogar jedes vierte Unternehmen ein. Für die Veröffentlichung von Vakanzen und die Generierung von Einstellungen sind Social-Media-Anwendungen allerdings noch weitestgehend ohne Bedeutung.

Hinsichtlich des Bewerbungseingangs zeigen die Ergebnisse, dass knapp vier von zehn Bewerbungen elektronisch bei den Unternehmen eingehen. Nach wie vor erhalten die mittelständischen Unternehmen mehr papierbasierte als elektronische Bewerbungen. 58,6 Prozent der eingehenden Bewerbungen sind papierbasierte Bewerbungsmappen, 34,7 Prozent E-Mail-Bewerbungen und 2,8 Prozent standardisierte Online-Formularbewerbungen. Die Unternehmen erwarten aber, dass in den kommenden Jahren immer mehr digitale und immer weniger papierbasierten Bewerbungen bei ihnen eingehen werden.

Generell zeigen die Ergebnisse, dass E-Recruiting den Personalbeschaffungsprozess verbessert und eine weitere zunehmende Nutzung von IT-basierten Rekrutierungsmethoden auch für den Mittelstand sinnvoll ist. So gehen eine häufige Nutzung der Unternehmens-Webseite im Personalmarketing sowie ein großer Anteil an E-Mail-Bewerbungen im Bewerbungseingang mit nachhaltigen Zeiteinsparungen im Rekrutierungsprozess sowie einer Verbesserung der Bewerberdaten und der gesamten Bewerberqualität einher. Diese Verbesserungen sind notwendig, um im proklamierten „War for Talent" (Chambers, et al. 1998) als mittelständischen Unternehmen bestehen zu können.

Literatur

- Albert, G. Betriebliche Personalwirtschaft Kiehl, Ludwigshafen a. R., 1998.
- Chambers, E. G., F. Foulon, H. Handfield-Jones, S. M. Hankin and E. G. Michaels (1998). "The War for Talent." The McKinsey Quarterly 1.
- DPA (2010), DIHK rechnet mit 100.000 neuen Stellen im Mittelstand, http://www.haz.de/Nachrichten/Wirtschaft/Deutschland-Welt/DIHK-rechnet-mit-100.000-neuen-Stellen-im-Mittelstand (Abruf am 15.1.2012)
- Eckhardt, A. and S. Laumer (2010). An IT-Architecture to Align E-Recruiting and Retention Processes. Electronic Services: Concepts, Methodologies, Tools and Applications. I. R. M. Association.
- Fasse, M. (2010), Neuer Trend in der Autoindustrie, Handelsblatt Online, http://www.handelsblatt.com/unternehmen/industrie/altersarbeit-neuer-trend-in-der-autoindustrie;2681708 (Abrufdatum: 11.11.2010)
- Fuchs, M. (2010), Fragen an Dr. Michael Fuchs, http://www.abgeordnetenwatch.de /dr_michael_fuchs-575-37575--f268422.html#q268422 (Abruf am 11.11.2010)
- Laumer, S. and A. Eckhardt (2009). Help to find the Needle in a Haystack - Integrating Recommender Systems in a IT supported Staff Recruitment System. Proceedings of the 2009 ACM SIGMIS CPR Conference. Limerick, Ireland.
- Laumer, S., N. Blinn and A. Eckhardt (2012). Opening the Black Box of Outsourcing Knowledge Intensive Business Processes - A Longitudinal Case Study of Outsourcing Recruiting Activities. Proceedings of the 45th Hawaii International Conference on System Sciences (HICSS). Maui (HI).
- Lee, I. (2007). "An architecture for a next-generation holistic e-recruiting system." Commun. ACM **50**(7): 81-85.
- Merkel, A. (2009). „Mittelstand – Rückgrat der Sozialen Marktwirtschaft", http://www.bundeskanzlerin.de/nn_707282/Content/DE/Podcast/2009/2009-07-18-Video-Podcast/2009-07-18-video-podcast.html (Abrufdatum: 11.11.2010)
- o. A. (2010a). Fachkräftemangel - Brüderle will Zuzug ausländischer Arbeitnehmer fördern, Handelsblatt Online, http://www.handelsblatt.com/politik/deutschland/ fachkraeftemangel-bruederle-will-zuzug-auslaendischer-arbeitnehmer-foerdern;2681330 (Abrufdatum: 11.11.2010)
- o. A. (2010b). Interview mit Mario Ohoven: "Der Fachkräftemangel ist da", http://www.general-anzeiger-bonn.de/news/interviews/mario-ohoven-der-fachkraefte mangel-ist-da-id30373.html
- o. A. (2010c). „Politik für den Mittelstand", http://www.bmwi.de/BMWi/ Navigation/ mittelstand,did=468.html (Abrufdatum: 11.11.2010)

- Palvia, P. C., J. A. Perkins and S. M. Zeltmann (1992). "The PRISM System: A Key to Organizational Effectiveness at Federal Express Corporation." MIS Quarterly **16**(3): 277-292.

- Schneider, B. Personalbeschaffung Peter Lang Europäischer Verlag der Wissenschaften, Frankfurt a. Main, 1995.

- Strohmeier, S. Informationssysteme im Personalmanagement - Architektur - Funktionalität - Anwendung Vieweg+Teubner Verlag, Wiesbaden, 2008.

- von Stetten, A., S. Laumer, A. Eckhardt, T. Weitzel, T. A. Kaestner and F. von Westarp (2011). Recruiting Trends 2011 - Eine empirische Untersuchung mit den Top-1.000-Unternehmen aus Deutschland sowie den Top-300-Unternehmen aus den Branchen Finanzdienstleistung, IT und Öffentlicher Dienst. Bamberg, Frankfurt am Main, Germany, Centre of Human Resources Information Systems (Otto-Friedrich-Universität Bamberg, Goethe-Universität Frankfurt am Main).

Die Arbeitsplatzwahl von Saisonarbeitskräften – Implikationen für das Personalmanagement in KMU

Henriette von der Leyen, Janina Müller und Ludwig Theuvsen

1 Einleitung

Seit dem 1. Mai 2011 besteht für Arbeitnehmer aus den acht neuen EU-Mitgliedstaaten Polen, Ungarn, Tschechische Republik, Slowakische Republik, Slowenien, Lettland, Litauen und Estland (NMS-8) die volle Freizügigkeit innerhalb der Europäischen Union. Diese garantiert gemäß Art. 45 des Vertrags über die Arbeitsweise der Europäischen Union (AEUV 2010) allen EU-Bürgern die Gleichbehandlung bezüglich Beschäftigung, Entlohnung und Arbeitsbedingungen in jedem Mitgliedstaat. Deutschland stellte diese Grundfreiheit nach einer maximalen Übergangsfrist von sieben Jahren als einer der letzten EU-Staaten her. Für die erst 2007 beigetretenen Staaten Bulgarien und Rumänien gelten in Deutschland nach wie vor Übergangsbestimmungen (Bundesregierung 2011).

Vor Herstellung der vollen Arbeitnehmerfreizügigkeit konnten osteuropäische Bürger in der Regel nur unter ganz bestimmten, stark reglementierten Bedingungen zum Beispiel als Saison-, Gast- oder Grenzarbeitnehmer in Deutschland tätig werden (Untiedt et al. 2007). So durften mittel- und osteuropäische Saisonarbeitnehmer seit Anfang der 1990erJahre für eine jährlich begrenzte Dauer bestimmte Tätigkeiten in Deutschland ausüben, sofern eine Arbeitsgenehmigung durch die Zentrale Auslands- und Fachvermittlung (ZAV) erteilt wurde (Holst et al. 2008). Aus diesen Regelungen ergaben sich für die Branchen, in denen bislang bereits Arbeitskräfte aus den NMS-8 eingesetzt werden durften, große Vorteile. Die Landwirtschaft beispielsweise weist aufgrund erheblicher Arbeitsspitzen vor allem in der Erntezeit sowie arbeitsintensiven, nur begrenzt mechanisierbaren Arbeiten insbesondere auf Sonderkulturbetrieben (z. B. Spargelanbau) einen hohen Bedarf an Saisonarbeitskräften auf. Da dieser Bedarf trotz umfassender Bemühungen der regionalen Arbeitsagenturen nicht durch inländische Arbeitskräfte gedeckt werden kann, sind KMU in der Landwirtschaft seit vielen Jahren auf eine erhebliche Zuwanderung von Saisonarbeitskräften aus Mittel- und Osteuropa angewiesen(Dietz2004b). So lag die Anzahl der durch die ZAV in die Landwirtschaft vermittelten Saisonarbeiter 2010 bei 273.799, was über 95 % der gesamten Vermittlungen entspricht (ZAV 2011).

Für die bisherigen, zuletzt zu 62 % aus Polen stammenden Erntehelfer (ZAV 2011) ergeben sich durch den nun umfassenden Arbeitsmarktzugang möglicherweise sehr viel attraktivere Jobmöglichkeiten außerhalb der deutschen Landwirtschaft (Huber 2011). Dementsprechend wird sich die Konkurrenz um die Saisonarbeitskräfte aller Voraussicht nach deutlich erhöhen (vonChamier2011a), so dass polnische und andere osteuropäische Saisonarbeitskräfte nicht nur knapper, sondern auch entsprechend teurer werden dürften. So können sich aus der Arbeitnehmerfreizügigkeit Nachteile für die Landwirtschaft, jedoch Vorteile für andere Branchen, in denen Arbeitskräfte benötigt werden, ergeben (Baas et al. 2007; Wadephul 2011). In jedem Fall ergeben sich neue Anforderungen an das Personalmanagement: Während KMU in der Landwirtschaft ihre Anstrengungen in Bezug auf die Gewinnung und das Halten von (Saison-)Arbeitskräften aus den NMS-8 verstärken müssen, sollten KMU aus anderen Branchen ihre Personalbeschaffungsstrategien stärker auf diese neue Zielgruppe ausrichten.

Ziel der Studie ist es vor diesem Hintergrund, am Beispiel der Saisonarbeit Aussagen zu den Folgen des neuen Wettbewerbs um osteuropäische Arbeitskräfte zu treffen und daraus Handlungsempfehlungen für KMU abzuleiten. Dabei sind neben der Bestimmung von Ursachen der Arbeitsaufnahme im Ausland auch die Ermittlung der beliebtesten Länder und Branchen sowie weiterer Vorlieben, etwa der gewünschten Beschäftigungsdauer, Teilziele der Untersuchung. Die Studie stützt sich auf eine empirische Erhebung unter polnischen Saisonarbeitskräften, im Rahmen derer auch die bisherigen Erfahrungen mit der Saisonarbeit in Deutschland erfasst werden. Im Ergebnis sollen aus Sicht der deutschen Landwirtschaft eine Einschätzung des Abwanderungsrisikos in andere Branchen und Länder sowie einer möglichen Einstellung der Arbeitsaufnahme außerhalb des Herkunftslandes erfolgen. Aus diesen Erkenntnissen werden Schlussfolgerungen für das Personalmanagement in KMU gezogen.

2 Arbeitsplatzwahl mittel- und osteuropäischer Saisonarbeitskräfte

2.1 Theoretische Vorüberlegungen zur Arbeitsplatzwahl

Motivation und Eintrittsentscheidung

Theorien der Arbeitsmotivation erklären Wahl- und Entscheidungssituationen im beruflichen Leben; sie begründen damit auch, warum ein Individuum eine ganz bestimmte Stelle antritt (Nerdinger 1995). Die Anreiz-Beitrags-Theorie von March und Simon (1993) erscheint als Erklärungsgrundlage besonders geeignet. Sie befasst sich im Rahmen der verhaltensorientierten Personalwirtschaftslehre mit der Frage, warum eine Person dazu bereit ist, einer Organisation beizutreten und sich dort einzubringen (Scholz 2000). Bei der Gewinnung von Mitarbeitern ist demzufolge entscheidend, wie das Anreiz-Beitrags-Gleichgewicht von den potentiellen Mitarbeitern wahrgenommen wird (Theuvsen 2010). Entsprechen die Anreize, die dem Individuum durch das Unternehmen geboten werden, seinen Beiträgen zur Leistungserstellung, dann ist der Gleichgewichtszustand hergestellt und es kommt zu einer Tauschbeziehung zwischen Individuum und Unternehmen und das Individuum ist bereit, sich der Organisation anzuschließen („motivation to participate") und in ihrem Sinne zu handeln („motivation to produce"). Auf Grundlage der Anreiz-Beitrags-Theorie kann somit zwischen der Eintrittsentscheidung bzw. -motivation und der Leistungsmotivation im engeren Sinne differenziert werden (Scholz 2000; Wächter 1991) (Abbildung 1).

Bei ihrer Eintrittsentscheidung wägen die Arbeitskräfte die Angebote der verschiedenen Arbeitgeber gegeneinander ab. Mangels Informationen ist jedoch die Komplexität der Entscheidung geringer als bei der Leistungsmotivation. So hat bei der Eintrittsentscheidung der Lohn eine hohe Bedeutung, während für die Leistungsmotivation vermehrt immaterielle Anreize wie das Betriebsklima und die Qualität der Personalführung Bedeutung besitzen (Wächter1991; Heyder et al. 2009).

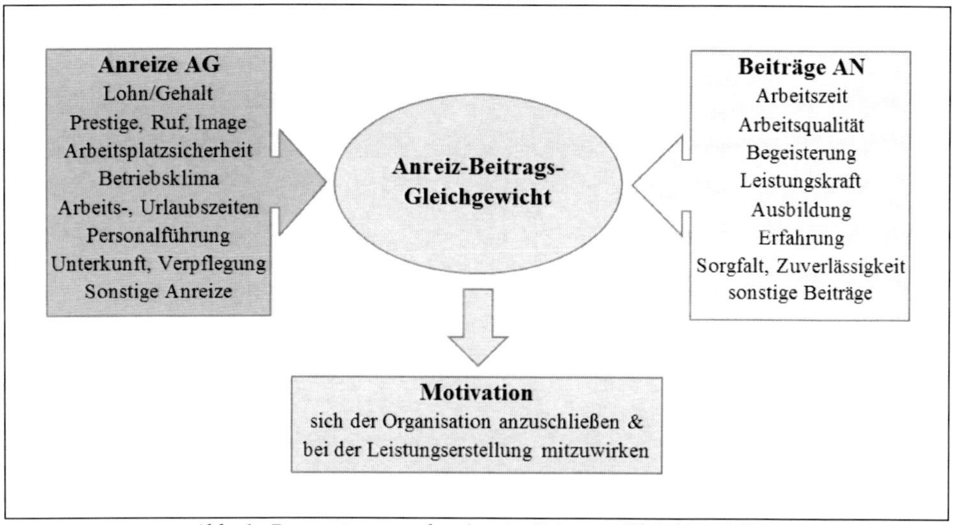

Abb. 1: Determinanten des Anreiz-Beitrags-Gleichgewichts (in Anlehnung an Chalupa 2007; Theuvsen 2010)

Im Hinblick auf die Saisonarbeitskräfte aus mittel- und osteuropäischen (MOE) Staaten ergibt sich die Besonderheit, dass sie die die Entscheidung, einen Saisonarbeitsplatz anzunehmen, in der Regel jedes Jahr neu fällen müssen und häufig bereits einer weiteren Tätigkeit im Herkunftsland nachgehen. Da viele Saisonarbeitskräfte jedoch immer wieder auf denselben, meist landwirtschaftlichen Betrieben arbeiten (Venema & Grimm 2002) oder zumindest dank ausgeprägter Netzwerke sehr genaue Kenntnisse über die potentiellen Saisonarbeitgeber besitzen (Dietz2004a), sind ihnen vielfach sowohl die materiellen als auch die immateriellen Anreize der Betriebe bekannt. Die Entscheidung für die Aufnahme einer saisonalen Tätigkeit in einem bestimmten Betrieb hängt daher keineswegs nur vom Lohn ab; vielmehr ergeben sich weitere wichtige Einflussfaktoren auf die Arbeitsplatzwahl.

Arbeitszufriedenheit und Commitment

Da viele Saisonarbeitskräfte häufig wiederholt auf denselben landwirtschaftlichen Betrieben gearbeitet und die Unternehmen enge Beziehungen zu den Arbeitskräften aufgebaut haben (Dietz 2004a), kann ein plötzliches Nichterscheinen in einem Jahr aufgrund einer anderweitigen Arbeitsaufnahme als Fluktuation aufgefasst werden. Fluktuation und Arbeitszufriedenheit sind signifikant negativ korreliert; eine höhere (niedrigere) Arbeitszufriedenheit hat eine geringere (höhere) Fluktuationswahrscheinlichkeit zur Folge (Gebert & von Rosenstiel 2002). Entsprechendes gilt für das organisationale Commitment, welches nach den Ergebnissen jüngerer Studien etwa die gleiche Bedeutung wie die Arbeitszufriedenheit für die Fluktuation bzw. Fluktuationsabsicht von Mitarbeitern hat (Felfe & Six 2006; Felser 2010; Kuckartz 2007). Während die Arbeitszufriedenheit sich vor allem auf die Gefühle und Einstellungen gegenüber der Arbeit bezieht, beschreibt das Commitment die Einstellungen gegenüber der gesamten Organisation (Weinert 2004). Ist bei einem Mitarbeiter hohes Commitment vorhanden, fühlt er sich dem Unternehmen gegenüber in verschiedener Weise verbunden und verpflichtet (Felser 2010). Hohes Commitment eines Mitarbeiters geht nicht unbedingt auch mit hoher Arbeitszufriedenheit einher (Weinert 2004); es kann aber einer Person beispielsweise dabei helfen, Unzulänglichkeiten oder Unzufriedenheit bei der Arbeit in Kauf zu nehmen (Felfe & Six 2006).

Gemäß dem in Abbildung 2 dargestellten Prozessmodell wird die Kündigungsabsicht darüber hinaus von der Arbeitsmarktlage beeinflusst. Letztere ist in zweifacher Sicht von Bedeutung, da sie nicht nur bestimmt, ob es zur Kündigungsabsicht kommt, sondern auch, ob diese Absicht tatsächlich verwirklicht wird (Gebert & von Rosenstiel 2002).Gelingt es einem Unternehmen, das Anreiz-Beitrags-Gleichgewicht herzustellen, so resultieren daraus nicht nur motivierte, sondern auch zufriedene Mitarbeiter. Auch das Commitment basiert auf spezifischen Anreizen, so dass insoweit ebenfalls das interne Anreiz-Beitrags-Gleichgewicht als Indikator betrachtet werden kann (Chalupa 2007).

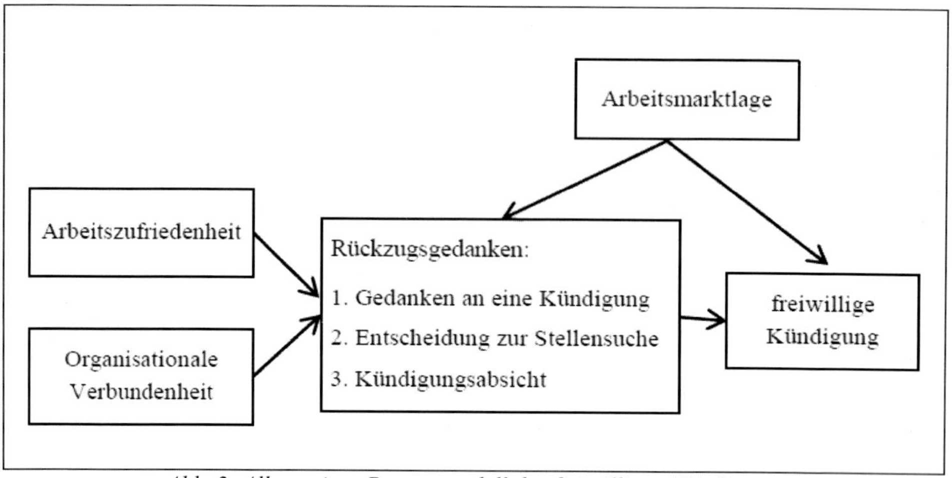

Abb. 2: Allgemeines Prozessmodell der freiwilligen Kündigung (Gebert & von Rosenstiel 2002)

Sowohl Arbeitszufriedenheit als auch Commitment werden in der vorliegenden Arbeit als multidimensional aufgefasst. Im Falle der Arbeitszufriedenheit heißt dies z. B., dass eine Saisonarbeitskraft mit der Entlohnung zufrieden, aber mit den äußeren Arbeitsbedingungen unzufrieden sein kann (von Rosenstiel 2003). Das Commitment lässt sich gemäß dem multidimensionalen Ansatz von Allen und Meyer (1990) in die drei Komponenten affektives, kalkulatorisches und normatives Commitment aufteilen. Das affektive Commitment (AOC) ist für die emotionale Bindung eines Mitarbeiters an die Organisation verantwortlich. Es umfasst auch die Identifikation und Involvierung (Weinert 2004); die Verbundenheit des Mitarbeiters basiert demnach auf seinen Wünschen und seinem Wollen (Felfe & Six 2006). Das kalkulatorische Commitment (KOC) entsteht dadurch, dass Mitarbeiter Investitionen in ihre aktuelle Arbeitsbeziehung tätigen, die sie an die jetzige Stelle binden, sowie durch einen Mangel an Alternativen (Allen & Meyer 1990; Weinert 2004). Diese Komponente der Bindung basiert folglich auf dem rationalen Kalkül, vernünftigerweise im Unternehmen zu bleiben. Normatives Commitment (NOC) wird dagegen durch das Pflichtgefühl eines Mitarbeiters, im Unternehmen bleiben zu sollen, und damit der Orientierung an einer sozialen oder ethischen Norm hervorgerufen (Felser 2010; Weinert 2004). Die drei Komponenten des organisationalen Commitment sind teilweise unabhängig voneinander, so dass auch sie unterschiedlich stark ausgeprägt sein können (Felfe & Six 2006).

Migrationstheoretische Aspekte

Neben personalwirtschaftlichen Kriterien der Arbeitsplatzwahl dürfen in Bezug auf Arbeitskräfte aus den MOE-Ländern und ihre Entscheidung, im Ausland zu arbeiten, auch migrationstheoretische Aspekte nicht unberücksichtigt bleiben. Migration ist aus ökonomischer Sicht ein Mechanismus zur Umverteilung von Arbeit (Lebhart 2002). Im Falle der Saisonarbeit handelt es sich um eine Form der – bis zur Einführung der Arbeitnehmerfreizügigkeit in Deutschland politisch stark regulierten – temporären Arbeitsmigration(Glorius 2006).Dies steht im Einklang mit der Beobachtung, dass internationale Migration generell zunehmend temporär bzw. pendelnd und somit häufig nicht mehr durch endgültige Ein- oder Auswanderung geprägt ist. In vielen Fällen ist die Abschottung der Zielländer gegen Einwanderer, zum Beispiel durch einschränkende Aufenthalts- und Arbeitsbestimmungen, eine wichtige Ursache für temporäre Migration (Glorius 2003; Kaczmarczyk & Okólski 2002). Nach Herstellung der vollen Arbeitnehmerfreizügigkeit innerhalb der EU stellt sich für Arbeitskräfte aus Mittel- und Osteuropa dagegen eher die Frage, inwieweit überhaupt ein Interesse daran besteht, langfristig zu migrieren. So entscheiden sich Migranten häufig bewusst für die temporäre Wanderung gemäß der Strategie: „Aufbrechen, um bleiben zu können". Die zu beobachtende zyklische Mobilität ist dann ein Weg, den Lebensstandard im Heimatland zu verbessern oder zu stabilisieren, ohne die soziale Struktur, in die man eingebettet ist, zu zerstören (Glorius 2003; Morokvasic 1994). Der Lebens- und Arbeitsmittelpunkt wird daher von vielen osteuropäischen Saisonarbeitskräften weiterhin bewusst im Herkunftsland belassen (Dietz 2004a).

Bislang gibt es keine umfassende Theorie der internationalen Migration, sondern lediglich eine Reihe von Teiltheorien, die sich unabhängig voneinander, oftmals sogar in unterschiedlichen Disziplinen entwickelt haben. Die einzelnen Theorien schließen sich vielfach nicht gegenseitig aus, sondern erklären unterschiedliche Aspekte der internationalen Migration (Lebhart 2002; Massey et al. 2010), die auch für die vorliegende Studie von Bedeutung sind.

Die Theorie der neoklassischen Ökonomie sieht Migrationsprozesse als das Ergebnis ökonomischer Kalküle (Düvell 2006b). Migration basiert im einfachsten Fall allein auf Lohndifferenzen zwischen Heimat- und Zielland (Belke & Hebler 2002); der Migrationsstrom versiegt, sobald sich die Löhne zwischen den Ländern angeglichen haben (Massey et al. 2010).Besser zur Erklärung der temporären Migration eignet sich die Humankapitaltheorie. Sie gibt die den neoklassischen Ansatz kennzeichnende Annahme flexibler Arbeitsmärkte mit Vollbeschäftigung auf und betrachtet die Migration auf mikroökonomischer Basis als unter Unsicherheit stattfindende Investitionsentscheidungen von Individuen. Siebe zieht dabei situative Bedingungen wie zum Beispiel das Lebensalter oder die Fähig- und Fertigkeiten von Menschen in die Betrachtung mit ein. Nach dieser Sichtweise verursacht die Migration für das Individuum sowohl Erträge als auch Kosten. Migration findet demnach statt, wenn die zukünftig erwarteten Erträge der Migration die Kosten übersteigen und der daraus resultierende Gewinn über dem möglichen Gewinn im Heimatland liegt. Die Migrationserträge werden wesentlich durch die erwartete Lohndifferenz bestimmt. Sie hängt ab von dem im Herkunfts- und im Zielland mit der jeweiligen Qualifikation erzielbaren Einkommen, multipliziert mit der Wahrscheinlichkeit, einen Arbeitsplatz zu finden. Je älter ein Arbeitnehmer ist, desto geringer sind aufgrund der geringeren noch verbleibenden Beschäftigungsdauer die von ihm erzielbaren Migrationserträge. Zu den monetären und nichtmonetären Kosten der Migration zählen Such- und Informationskosten, Reisekosten und Kosten durch Unterschiede in der Lebenshaltung. Zusätzlich entstehen Kosten durch den Verlust von ortsspezifischem Wissen sowie psychische und soziale Kosten, beispielsweise aufgrund der Trennung von Familie und Freunden (Bauer& Zimmermann 1999; Belke & Hebler 2002; Düvell2006b; Alecke&Untiedt2001).

Einen weiteren wichtigen Erklärungsbeitrag liefert die relativ junge Theorie der neuen Ökonomie der Arbeitsmigration. Hiernach werden Migrationsentscheidungen nicht durch ein Individuum alleine, sondern durch eine größere Einheit, typischerweise Familien bzw. Haushaltsverbände, getroffen. In diesen ökonomischen Kollektiven agieren die Menschen gemeinsam, wobei neben der Einkommenserhöhung auch die Risikoreduzierung ein Ziel ist(Massey et al. 2010). Letztere wird durch die Diversifizierung des Familieneinkommens erreicht, da die Einkommenserzielung auf mehrere Individuen und Orte bzw. Arbeitsmärkte aufgeteilt wird (Düvell 2006b; Siuts 2009). Je unsicherer das Einkommen im Herkunftsland ist, desto mehr Bedeutung gewinnt die Einkommensdiversifizierung (Massey et al. 2010; Steinmann 1996).

Die Theorie betrachtet darüber hinaus die relative Deprivation als Erklärungsgröße für Migration. Danach ist nicht ausschließlich das absolute Einkommensniveau des jeweiligen Haushalts entscheidend, sondern ebenso seine relative Position in seiner sozialen Referenz- bzw. Vergleichsgruppe. Eine Person migriert demnach auch, um seine relative Position im Heimatland zu verbessern oder um in eine höhere Referenzgruppe aufzusteigen (Massey et al. 2010; Stark 1991). Dementsprechend sorgen hohe Einkommensdifferenzen innerhalb des Heimatlandes für eine stärkere relative Deprivation, die höhere Migrationsraten verursacht (Bauer & Zimmermann 1999).

Die Migrationsnetzwerktheorie bewertet Verbindungen durch Netzwerke als eine Form von sozialem Kapital, welches Menschen einsetzen können, um Zugang zum ausländischen Arbeitsmarkt zu erhalten. Erreicht die Anzahl der Migranten einen kritischen Schwellenwert, reduziert die Expansion des Netzwerkes die Kosten und Risiken der Migration. Der Nutzen bzw. der Gewinn der Migration wird berechenbar und erscheint sicherer als zuvor. Aufgrund dessen wird die Migrationswahrscheinlichkeit zusätzlicher Menschen erhöht; durch die zusätzliche Migration expandiert das Netzwerk weiter. Migration hat somit einen Selbstverstärkungseffekt. Lohndifferenzen sowie Beschäftigungsquoten verlieren dagegen als Bestimmungsgrößen der Migration an Bedeutung. Diese Theorie ist dementsprechend ebenfalls in der Lage, die sektorale Segmentierung der Arbeitsmärkte erklären. In den meisten Fällen arbeiten Migranten einer bestimmten Herkunft in nur wenigen Sektoren der Volkswirtschaft. Polnische Migranten zum Beispiel verrichten häufig saisonale Erntearbeiten in der deutschen Landwirtschaft (Massey et al. 2010; Pries 2001; Han 2005).

Auch die Theorie der kumulativen Verursachung geht von einem Selbstverstärkungseffekt der Migration aus (Siuts 2009). Migration ist danach kumulativ verursacht, da jeder Migrationsakt Wandlungsprozesse in den Herkunfts- und Zielländern verursacht, so dass sich der soziale Kontext, in dem darauf folgende Migrationsentscheidungen gefällt werden, verändert. Meistwerden dadurch zusätzliche Migrationen wahrscheinlicher (Massey et al. 2010; Pries 2001).Einer der sozioökonomischen Faktoren, die von der Migration beeinflusst werden, ist unter dem Begriff „Social Labeling" bekannt. So entwickeln sich in den Zielländern durch Migration häufig typische „Immigrantenjobs", für die aufgrund dieses Stigmas keine inländischen Arbeitskräfte mehr gefunden werden können. Folglich steigt der strukturelle Bedarf an ausländischen Arbeitskräften in den entsprechenden Berufen (Massey et al. 2010). Die in der Regel vergeblichen Mühen der deutschen Arbeitsagenturen, inländische Saisonarbeitskräfte an landwirtschaftliche Betriebe zu vermitteln (Pallaske 2002), sind ein Indiz dafür, dass es sich bei der Saisonarbeit um typische „Immigrantenjobs" handelt.

Die theoretischen Vorüberlegungen verdeutlichen, dass die auf die Saisonarbeitsplatzwahl eine Fülle von Einflussfaktoren einwirken. Abbildung 3 fasst die verschiedenen Einflussfaktoren zusammen, zwischen denen vielfältige Wechselbeziehungen bestehen.

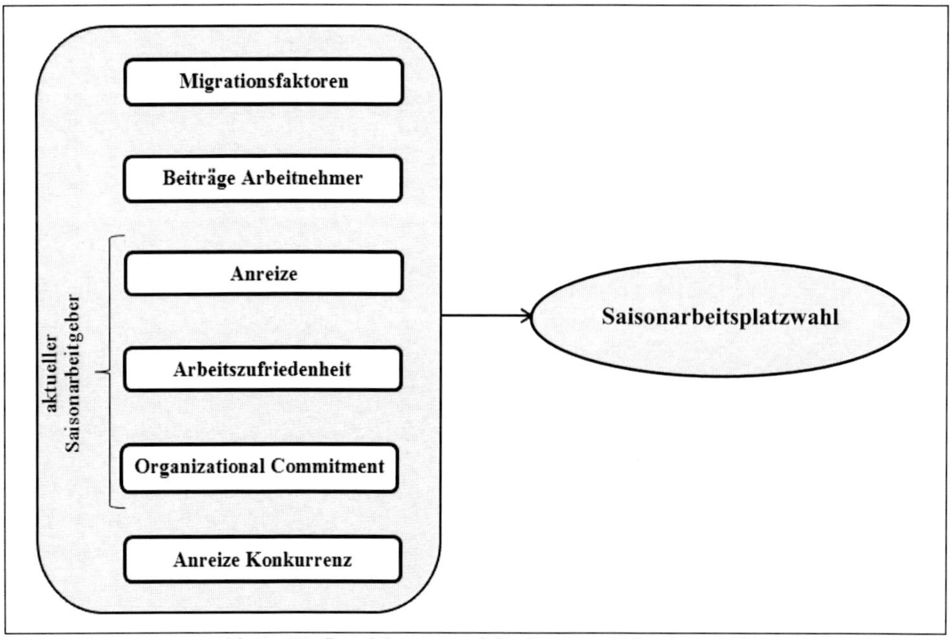

Abb. 3: Einflussfaktoren auf die Saisonarbeitsplatzwahl

2.2 Entwicklung der Saisonarbeit in ausgewählten EU-15-Ländern

Die Problematik, dass trotz zum Teil hoher Arbeitslosigkeit keine ausreichende Zahl inländischer Arbeitskräfte für die landwirtschaftlichen Saisonarbeiten zur Verfügung steht, trifft in ähnlicher Weise auf alle EU-15-Länder zu. So wurden im Jahr 2000 in der damaligen EU etwa 475.000 ausländische Saisonarbeitskräfte beschäftigt, überwiegend in Deutschland, Griechenland, Spanien, Österreich und Italien (GEOPA 2002). Betrachtet man im Jahr 2000 innerhalb der EU-15 die Gesamtzahl der Beschäftigten aus den heutigen NMS-8, dann entfielen allein 60 % auf Deutschland und 20 % auf Österreich.

Damit wird deutlich, dass die meisten anderen EU-15-Länder ihre Arbeitsmärkte seinerzeit noch sehr viel stärker abschotteten. Dies änderte sich jedoch mit der EU-Osterweiterung grundlegend, da einige EU-Mitgliedstaaten ihre Arbeitsmärkte wenig später teilweise oder sogar vollständig für Arbeitskräfte aus den NMS-8 öffneten. Bereits im Jahr 2006 „überholte" Großbritannien Deutschland und beschäftigte 36 % aller aus den NMS-8 stammenden Erwerbstätigen innerhalb der EU-15. Es folgten Deutschland mit 34,7 %, Österreich mit 7,7 %, Irland mit 7,2 % und Spanien mit 4,6 % (Untiedt et al. 2007). Die Zusammensetzung der landwirtschaftlichen Saisonarbeitskräfte in Deutschland hat sich seit der EU-Osterweiterung 2004 ebenfalls weitreichend verändert. Kamen 2004 noch 89 % der 303.353 für die Landwirtschaft zugelassenen MOE-Saisonarbeitskräfte aus Polen, waren es 2010 nur noch 62 % bei insgesamt 273.799 Genehmigungen, während bereits 34 % der Zulassungen an rumänische Saisonarbeitskräfte erteilt wurden (ZAV 2011).

Beispielhaft werden im Folgenden die wesentlichen Entwicklungen in den Ländern Großbritannien und Schweden hinsichtlich der Beschäftigung von Arbeitskräften aus den NMS-8 nach dem 1. Mai 2004 dargestellt. Neben Irland waren dies die einzigen EU-15-Länder, die Arbeitnehmern aus den NMS-8 unmittelbar mit der EU-Osterweiterung freien Arbeitsmarktzugang gewährten (Europäische Kommission 2009). Die dortigen Erfahrungen helfen, mögliche Entwicklungstendenzen in Deutschland abzuschätzen.

Großbritannien

Nachdem sich nach 2004 die Öffnung der Arbeitsmärkte innerhalb der EU-15 unterschiedlich vollzog, kam es zu einer Umlenkung der Migrationsströme aus den NMS-8 vor allem nach Großbritannien (Brücker 2005; Pohl 2007). Das Land weist eine lange Migrationshistorie zu osteuropäischen Staaten und dabei insbesondere zu Polen in der Zeit nach dem Zweiten Weltkrieg auf. Daher gilt es als sicher, dass bereits vor der EU-Osterweiterung Migrationsnetzwerke bestanden, die sich fördernd auf die Migrationsprozesse auswirkten (Untiedt et al. 2007). Weitere fördernde Ursachen waren die Größe des Landes, seine Wirtschaftskraft und die im Vergleich zu anderen Ländern geringen Sprachbarrieren (Pohl 2007). Insgesamt wurden in Großbritannien von Mai 2004 bis September 2008 fast 894.000 Arbeitserlaubnisse an NMS-8-Bürger erteilt. Davon entfielen 66 % auf Polen, 11 % auf Slowaken und 9 % auf Litauer (Home Office UK Border Agency 2008). Innerhalb kürzester Zeit siedelten sich, der großen Zahl der polnischen Einwanderer entsprechend, in den größeren Städten polnische Geschäfte und Clubs an (Düvell2006a).

Für die NMS-8-Arbeitskräfte wurden in Großbritannien überdurchschnittliche Beschäftigungsquoten festgestellt; trotz eines hohen Bildungsniveaus arbeiten sie gleichwohl überwiegend in Berufen mit geringen Qualifikationsanforderungen (Pohl 2007). Der Großteil der Beschäftigten ist zudem sehr jung; so sind 82 % zwischen 18 und 34 Jahren alt. Der mit 39 % größte Teil der NMS-8-Migranten ist im Bereich „Administration, Business and Management" beschäftigt. Überwiegend handelt es sich dabei um Arbeitskräfte, die bei privaten Arbeitsvermittlungen angestellt sind und somit in ganz unterschiedlichen Bereichen arbeiten. 19 % sind im Hotel- und Gaststättengewerbetätig, weitere 10 % arbeiten in der Landwirtschaft. Es folgen mit 7 % die Fertigungswirtschaft und mit 5 % die Lebensmittelverarbeitung. 96 % der Beschäftigten arbeiten als Vollzeitkraft. Der Stundenlohn liegt dabei für 68 % der Arbeitskräfte zwischen £ 4,50 und £ 5,99; 24 % verdienen sogar zwischen £ 6,00 und £ 7,99 (Home Office UK Border Agency 2008).

Die Datenqualität über die Migration nach Großbritannien ist insgesamt nur begrenzt belastbar. So stehen zwar dank des Worker Registration Scheme (WRS) relativ aktuelle Daten zur Verfügung. Da jedoch in Großbritannien keine Abmeldepflicht besteht, werden nur die Bruttozuflüsse an Einwanderungen registriert (Untiedt et al. 2007). Da beispielsweise von Oktober 2007 bis September 2008 62 % aller NMS-8-Migranten angaben, ihren Aufenthalt in Großbritannien auf maximal drei Monate begrenzen zu wollen, besteht Unklarheit über das tatsächliche Migrationsverhalten (Home Office UK Border Agency 2008).

Insgesamt wurden – zumindest vor der jüngsten Wirtschafts- und Finanzkrise – die Folgen der Arbeitnehmerfreizügigkeit für Großbritannien sehr positiv beurteilt. Trotzdem wurde bislang der britische Arbeitsmarkt nur mit Einschränkungen für Bulgaren und Rumänen geöffnet (Europäische Kommission2011). Anscheinend wurde die Aufnahmefähigkeit des britischen Arbeitsmarktes bei den gering qualifizierten Tätigkeiten vorerst erreicht (Pohl 2007).

Schweden

Die Folgen der ebenfalls bereits 2004 hergestellten vollen Freizügigkeit für Arbeitnehmer unterscheiden sich in Schweden grundlegend von denen in Großbritannien. So kam es in Schweden auch nach 2004 kaum zu Zuwanderungen aus den NMS-8, obwohl die Arbeitsmigranten, anders als in Großbritannien, von Beginn an Zugang zu denselben Sozialleistungen wie Schweden hatten (Düvell 2006a; Untiedt et al. 2007).

Als Ursachen für die unerwartet geringen Migrationsraten aus den NMS-8 nach Schweden werden vor allem sprachliche und kulturelle Barrieren genannt. Daran wird deutlich, dass Migration nicht ausschließlich von Lohndifferenzen, sondern auch vom Humankapital der Migranten bestimmt wird (Düvell 2006a). Vor dem Hintergrund der ausgebliebenen Migrationsströme wird verständlich, dass Schweden bereits seit dem 1. Januar 2007 auch Arbeitnehmern aus Bulgarien und Rumänien die volle Freizügigkeit gewährt (Europäische Kommission 2009).

3 Empirische Untersuchung

3.1 Durchführung und Stichprobenbeschreibung

Die Datenerhebung für diese als explorativ einzustufende quantitative Studie erfolgte mittels eines standardisierten Fragebogens in polnischer Sprache. Der Fragebogen umfasst insgesamt 53, mit nur einer Ausnahmegeschlossene Fragen. Aus Gründen der besseren Analysemöglichkeiten werden die meisten Aspekte anhand mehrerer Items auf fünfstufigen Likert-Skalen abgefragt. Darüber hinaus werden einige nominal und ordinal skalierte Fragen eingesetzt. Im Juni und Juli 2011 wurden in neun verschiedenen Betrieben insgesamt 144 polnische Saisonarbeitskräfte befragt. Für das Ausfüllen des Fragebogens benötigten die Teilnehmer in der

Regel 25 bis 30 Minuten. Jahreszeitlich bedingt wurden die meisten der befragten Saisonarbeitnehmer in der Erdbeer-, Johannisbeer- oder Spargelernte eingesetzt. Einige der befragten Saisonarbeiter führten nicht nur die direkten Erntearbeiten auf dem Feld aus, sondern waren auch in der Sortierung oder beim Spargelschälen tätig. Die Größe der teilnehmenden Betriebe unterscheidet sich deutlich. So wurden nach übereinstimmenden Angaben von Erntehelfern und Betriebsleitern in dem kleinsten Betrieb etwa 15 und in dem größten ca. 650 Saisonarbeitskräfte beschäftigt. 44 % der Befragten arbeiteten in Betrieben mit 100 bis 200 Saisonarbeitskräften. Weitere 15,6 % waren in Betrieben mit mehr als 200 Saisonarbeitern beschäftigt; die übrigen 40,4 % arbeiteten mit weniger als 100 Saisonarbeitskräften zusammen. Vier der neun teilnehmenden Betriebe liegen in Nordrhein-Westfalen, drei in Niedersachsen und jeweils einer in Schleswig-Holstein und in Brandenburg. Die Auswertung der Fragebögen erfolgte in uni- und bivariater Form mithilfe des Programms SPSS Statistics 19. Inwiefern die vorliegende Stichprobe hinsichtlich der soziodemographischen Merkmale der Grundgesamtheit der Saisonarbeiter entspricht, lässt sich aufgrund fehlender Daten nicht mit Sicherheit beantworten (BMELV 2011).

Der Anteil der männlichen Befragten liegt bei 35,5 %, der der Frauen bei 64,5 %. Die Befragten sind zwischen 18 und 61 Jahren alt; das mittlere Alter beträgt 34 Jahre. Der mit 31,3 % sehr große Anteil der unter 25jährigen ist möglicherweise auf die hohe Jugendarbeitslosigkeit in Polen zurückzuführen. Durchschnittlich wohnen im Heimatland 3,86 Personen mit 0,93 Kindern unter 18 Jahren in einem Haushalt, wobei der größte Haushalt aus 8 Personen besteht. Damit liegt die Haushaltsgröße der befragten Saisonarbeiter deutlich über dem polnischen Durchschnitt von 2,84 Personen (OECD 2008). Die Befragungsteilnehmer kommen aus allen Woiwodschaften Polens; lediglich die Woiwodschaft „Opolskie“ ist nicht vertreten. Die meisten Befragten stammen aus „Świętokrzyskie“ (23,1 %), „Małopolskie“ (12,7 %) und „Podkarpackie“ (10,4 %), die alle in Süd-Ost Polen liegen. 65,7 % der Befragten wohnen eher ländlich, nur 34,4 % leben in städtischen Räumen. Demgegenüber leben nur 39 % der polnischen Gesamtbevölkerung auf dem Land (Deutsche Botschaft Warschau 2011).

Der Bildungsstand der befragten Saisonarbeiter ist relativ gut; so haben 38,6 % Abitur und 6,8 % einen Universitätsabschluss. 20,7 % der Befragten geben an, keine Berufsausbildung zu haben. Eine Ausbildung in der Land- und Forstwirtschaft bzw. Fischerei ist mit 17,2 % am häufigsten vorzufinden. Gefragt nach der zuletzt in Polen ausgeübten Tätigkeit geben allerdings nur 11,5 % der Befragten an, in der Land- und Forstwirtschaft bzw. Fischerei gearbeitet zu haben. Es dominieren Befragungsteilnehmer, die zuletzt keine Tätigkeit ausübten(18,6 %) oder im Handel (18,6 %) oder im Baugewerbe (15,9 %)arbeiteten. Weitere 6,3 % waren zuvor im Hotel- und Gaststättengewerbe tätig. Nur 21,3 % der Befragten geben an, dass sie sich für die Saisonarbeit in Deutschland bei ihrem polnischen Arbeitgeber Urlaub nehmen mussten. Dies überrascht nicht, da insgesamt knapp die Hälfte aller Befragten in Polen selbstständig (3,6 %), Schüler/Student (12,3 %), Hausmann/Hausfrau (17,4 %), Rentner (2,9 %) oder arbeitssuchend (13,8 %) ist. Ohne Zuverdienst aus Deutschland stehen den Haushalten in der Stichprobe im Mittel monatlich netto 1.079 PLN (etwa 247 €) zur Verfügung; bei zwei Drittel der Befragten beträgt das Einkommen in Polen sogar nicht mehr als 114 € pro Monat. Dies verdeutlicht eindrucksvoll die Notwendigkeit der Arbeitsaufnahme im Ausland.

3.2 Motive und Rahmenbedingungen der Arbeit im Ausland

Schon in der Stichprobenbeschreibung wurde die finanzielle Not vieler Saisonarbeitskräfte deutlich. Diese spiegelt sich auch in den Antworten auf die geschlossene Frage, warum man zur Arbeit nach Deutschland kommt, wider (Abbildung 4).

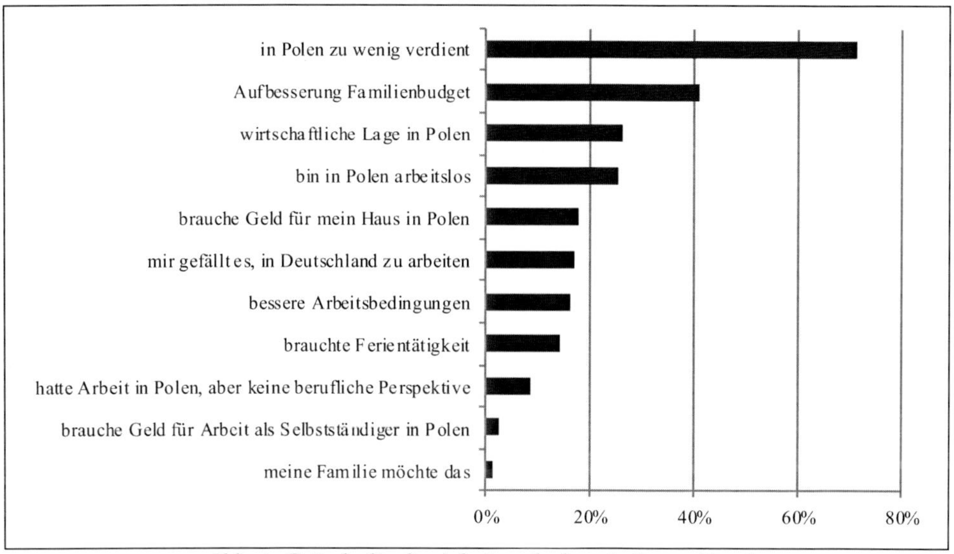

Abb. 4: Gründe für die Arbeitsaufnahme in Deutschland

Auf die Frage, ob und ggf. wo sie weiterhin im Ausland arbeiten möchten, sagen 114 Personen, weiterhin in Deutschland tätig sein zu wollen. Jeder Zweite begründet seinen Entschluss. In 74,1 % der Fälle werden vorrangig finanzielle Gründe genannt. Häufig oder sogar ausschließlich werden auch andere Ursachen aufgeführt. So geben 41,4 % die hohe Zufriedenheit mit der Arbeit, der Unterkunft, der Personalführung oder dem Betriebsklima an. 10,5 % nennen die Freundlichkeit der Deutschen und die gute Behandlung von Ausländern, 7 % die Nähe zu Polen als Gründe für den Arbeitsort Deutschland. Insgesamt wird deutlich, dass finanzielle Gründe die treibende Kraft für die Arbeitsaufnahme im Ausland sind, dass daneben aber auch Eigenschaften des Landes und des jeweiligen Arbeitgebers eine Rolle spielen.

Tabelle 1 verdeutlicht, welche Rahmenbedingungen den polnischen Arbeitskräften bei der Arbeit im Ausland wichtig sind. Ein entscheidendes Ergebnis ist, dass – obwohl die Mehrheit aller Befragten insbesondere wegen finanzieller Gründe zum Arbeiten nach Deutschland gekommen ist – ein gutes Betriebsklima hinsichtlich seiner Wichtigkeit noch vor einer attraktiven Vergütung rangiert ($p = 0{,}003$). Dies entspricht den Ergebnissen früherer Studien, denen zufolge fest angestellten Mitarbeitern in der Landwirtschaft ein gutes Betriebsklima ebenfalls wichtiger ist als die Entgeltgestaltung (z. B. von Davier 2007).Die landwirtschaftlichen Saisonarbeitgeber werden insgesamt gut beurteilt. So stimmen dem Statement „Das Betriebsklima ist sehr gut." 48 % der Befragten zu; weitere 43 % stimmen ihm sogar voll und ganz zu.

Item*	μ	σ
Gutes Betriebsklima	1,73	0,483
Attraktive Vergütung	1,58	0,529
Häufiger Kontakt zu meiner Familie nach Hause	1,44	0,675
Ruf des Arbeitgebers	1,39	0,607
Polnische Arbeitskollegen zu haben	1,14	0,811
Gemeinsam mit Freunden/Verwandten zu arbeiten	1,05	0,832
Regelmäßige Fahrten nach Hause	1,03	0,901
Vorgesetzte sollen Polnisch sprechen können	1,02	0,987
Abwechslungsreiche Tätigkeiten	0,99	0,723
Geregelte Arbeitszeiten	0,98	0,732
Ich soll die Landessprache sprechen können	0,84	0,822
Moderne Maschinen	0,83	0,837
Arbeitsfreie Tage	0,81	0,900
Betriebsfeste	0,50	0,932
Sonntags in die Kirche gehen zu können	0,39	1,046
Meinen polnischen Beruf ausüben zu können	0,32	0,792
*Skalenniveau: -2 vollkommen unwichtig bis +2 sehr wichtig		

Tab. 1: Wichtigkeit bestimmter Gegebenheiten bei der Arbeit im Ausland

Angesichts der großen Bedeutung finanzieller Motive für die Arbeitsaufnahme in Deutschland und der zu erwartenden schärferen Konkurrenz zwischen den Branchen um MOE-Saisonarbeitskräfte wurden die Befragten gebeten, den monatlichen Nettolohn anzugeben, ab dem sich für sie die Arbeitsaufnahme in Deutschland lohnt (Abbildung 5). Aufschlussreich ist, dass Frauen im Mittel signifikant ($p = 0{,}004$) niedrigere Werte nennen als Männer. So liegt der Mittelwert der Frauen nur bei $\mu = 5{,}95$ ($\sigma = 1{,}662$) auf der siebenstufigen Skala, der der Männer dagegen bei $\mu = 6{,}66$ ($\sigma = 1{,}189$).15 % der befragten Saisonarbeiter erhalten derzeit viel weniger und weitere 56 % weniger Lohn als ursprünglich erhofft. Nur 21 % aller Befragten verdienen so viel, wie sie zuvor als monatlichen Nettomindestlohn angaben.

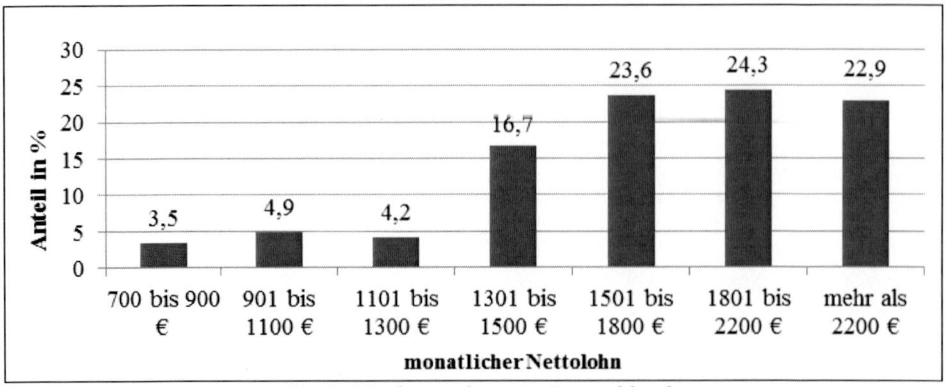

Abb. 5: Mindestverdienst in Deutschland

Als bevorzugte Entlohnungsform geben 62,1 % der Befragten den Stundenlohn an, während 32,9 % den Akkordlohn favorisieren. Die übrigen 5 % ziehen andere Entlohnungsformen vor, zum Beispiel ein monatliches Festgehalt. Frauen präferieren signifikant häufiger als Männer Akkordlohn. Befragt danach, wie wichtig ihnen bestimmte Merkmale der Unterkunft sind, werden die Items „kostengünstige Unterbringung", „Organisation der Unterkunft durch Arbeitgeber", „kurze Wege zwischen Arbeitsplatz und Unterkunft" sowie „Komfort" besonders häufig genannt. 30,5 % der Befragten waren zum Erhebungszeitpunktkostenlos untergebracht.

Die Antworten auf die Frage, wie die Befragungsteilnehmer auf ihren Saisonarbeitgeber aufmerksam geworden sind, untermauern die Bedeutung der Migrationsnetzwerke: 95 % der Befragten kamen durch Freunde, Arbeitskollegen oder ihre Familie zu ihrem Saisonarbeitsplatz. Dagegen wurden nur sehr wenige Saisonarbeiter durch polnische und kein einziger durch deutsche Ämtervermittelt. Auch das Internet und Zeitungen besitzen mit einem Anteil von insgesamt 3,4 % nur eine sehr geringe Bedeutung als Vermittlungsplattform. Ohnehin arbeitet der Großteil der Befragten bereits seit mehreren –im Mittel 5,64 (σ = 5,182) – Jahren für denselben landwirtschaftlichen Betrieb in Deutschland. Nur 23,6 % der Probanden waren 2011 erstmals in dem jeweiligen Betrieb tätig. Zudem haben 86,1 % ihren deutschen Arbeitgeber noch nie gewechselt. Trotzdem sind die psychischen bzw. sozialen Migrationskosten hoch; so klagen– wie in Abbildung 6 ersichtlich –95 % aller Befragten über Heimweh.

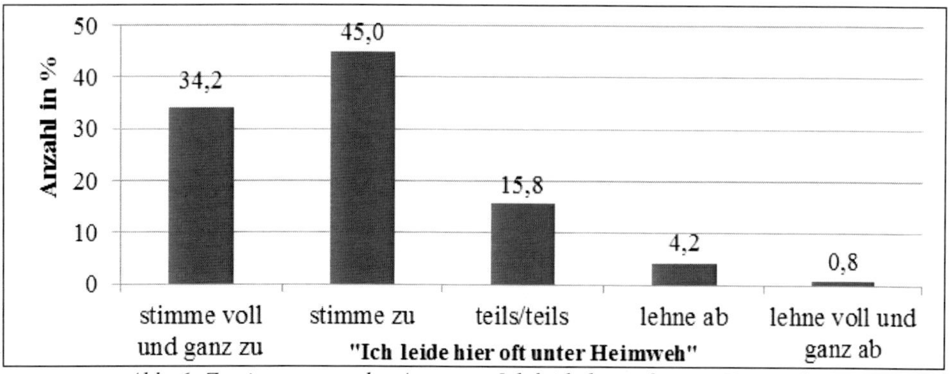

Abb. 6: Zustimmung zu der Aussage „Ich leide hier oft unter Heimweh"

3.3 Arbeitszufriedenheit, Commitment und Attraktivität ausgewählter Branchen und Länder

Arbeitszufriedenheit

Ein erfreuliches Ergebnis für die landwirtschaftlichen Arbeitgeber ist, dass 41 % der Befragten zufriedener und 14 % mit ihrem Saisonarbeitsplatz viel zufriedener als mit ihrem (letzten) polnischen Arbeitsplatz sind. Nur 6 % der Befragten sind unzufriedener. Die Umfrageteilnehmer wurden zudem gebeten, ihre Arbeitszufriedenheit insgesamt anzugeben (Skalenniveau: -2 sehr unzufrieden bis +2 sehr zufrieden). Dabei wurden sie explizit darauf hingewiesen, an alles zu denken, was für sie bei der Arbeit wichtig ist, also zum Beispiel die Vorgesetzten oder auch die Bezahlung. Zusätzlich wurde nach der Lohn- und der Unterkunftszufriedenheit gefragt (Abbildung 7). Die Arbeitszufriedenheit insgesamt ($\mu = 0,93$, $\sigma = 0,693$) korreliert höchst signifikant und auf mittlerem Niveau mit der Lohn- ($r = 0,480$) und der Unterkunftszufriedenheit ($r = 0,533$). Ein T-Test zeigt, dass die Lohn- und die Unterkunftszufriedenheit auf Betrieben mit mehr als 100 Saisonarbeitnehmern tendenziell etwas geringer ist als auf Betrieben mit weniger Saisonarbeitern; dies gilt jedoch nicht für die Arbeitszufriedenheit insgesamt. Dies verdeutlicht nochmals, dass die Arbeitszufriedenheit durch sehr viel mehr Faktoren als nur den Lohn und die Unterkunft erklärt wird.

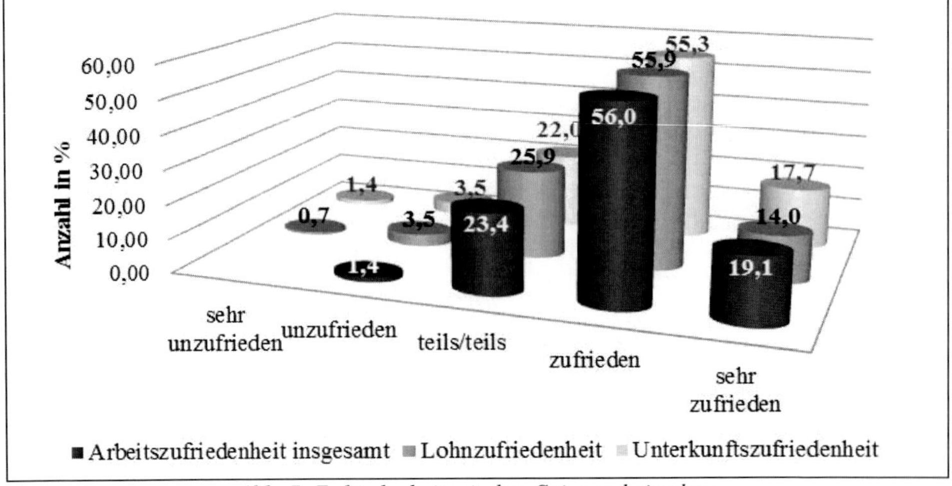

Abb. 7: Zufriedenheit mit dem Saisonarbeitsplatz

Im Hinblick auf die Arbeitszufriedenheit finden sich keine Unterschiede in Abhängigkeit von Alter, Geschlecht, Bildung oder auch der Anzahl der Jahre, in denen bereits als Saisonarbeit geleistet wird. Interessant ist jedoch, dass Befragte, die bereits in anderen EU-15-Ländern als Deutschland gearbeitet haben, einen mit $p = 0,022$ signifikant höheren Mittelwert der Arbeitszufriedenheit aufweisen als diejenigen, die bislang ausschließlich in Deutschland oder Polen gearbeitet haben. Dies unterstreicht die Wettbewerbsfähigkeit Deutschlands als Zielmarkt für MOE-Saisonarbeitskräfte.

Commitment

Das Commitment der Saisonarbeitskräfte gegenüber ihrem deutschen Arbeitgeber wurde mit Hilfe von drei Fragen ermittelt (Tabelle 2).Das erste Statement dient der Ermittlung des affektiven Commitment (AOC), die beiden anderen beziehen sich auf das kalkulatorische Commitment (KOC). Es wird deutlich, dass das AOC deutlich höher ist und im Hinblick auf das KOC zudem auch eine höhere Streuung vorhanden ist. Meist sind die Zusammenhänge zwischen AOC und Arbeitszufriedenheit recht groß (Meyer et al. 2002), was auch in dieser Untersuchung der Fall ist. Arbeitszufriedenheit und AOC weisen mit r = 0,411 auf höchst signifikantem Niveau eine mittlere Korrelation nach Pearson auf. Das AOC korreliert zudem höchst signifikant (r = 0,451) mit dem empfundenen Betriebsklima. Beide das KOC messenden Variablen korrelieren nach Spearman bzw. Pearson schwach negativ mit der Bildung und den deutschen Sprachkenntnissen. Mithilfe der partiellen Korrelation lässt sich jedoch feststellen, dass die Zusammenhänge beider KOC-Variablen mit der Bildung bei Berücksichtigung der deutschen Sprachkenntnisse als Drittvariable verloren gehen, umgekehrt dies jedoch nicht der Fall ist. Dies bedeutet, dass die Qualität der deutschen Sprachkenntnisse wichtiger ist für das KOC als die Bildung insgesamt der Befragten. Weiterhin korreliert das Alter der jeweiligen Person sowohl mit den das AOC (r = 0,303, p = 0,002) als auch den das KOC messenden Variablen (KOC 1 und Alter: r = 0,345, p = 0,000; KOC 2 und Alter: r = 0,212, p = 0,033) schwach positiv.

Die ermittelten Korrelationskoeffizienten sind im Vergleich zu anderen Studien als sehr gut zu bewerten (Koop 2004). Dieser Zusammenhang wird in der Literatur häufig damit begründet, dass mit zunehmendem Alter auch weniger alternative Beschäftigungsmöglichkeiten bestehen (Kuckartz 2007). Zudem kann mittels biseraler Korrelation ein negativer Zusammenhang zwischen der Variable KOC 2 und dem Umstand, ob eine Person bereits in einem anderen EU-15-Land als Deutschland gearbeitet hat oder nicht, ermittelt werden. Diejenigen Saisonarbeitskräfte, die auch außerhalb Deutschlands gearbeitet haben, weisen demnach ein geringeres KOC auf (r = -0,242, p = 0,015).

Statement*	**μ**	**σ**
„Ich wäre sehr froh, auch weiterhin auf diesem Betrieb zu arbeiten" (AOC)	1,05	0,797
„Sprachliche Schwierigkeiten verhindern, dass ich auf einem anderen Betrieb arbeiten kann" (KOC 1)	0,51	1,115
„Es gibt für mich kaum Alternativen zu diesem Betrieb" (KOC 2)	-0,13	1,244
*Skalenniveau: -2 lehne voll und ganz ab bis +2 stimme voll und ganz zu		

Tab. 2: Commitment der Saisonarbeitskräfte

Attraktivität ausgewählter Branchen und Länder

Die Probanden wurden gebeten, die Attraktivität verschiedener Branchen und Länder sowie die Lohnhöhe in den jeweiligen Branchen zu bewerten (Skalenniveau jeweils von -2 sehr schlecht bis +2 sehr gut) (Tabelle 3). Hinsichtlich der wahrgenommenen Attraktivität schneidet die Landwirtschaft auf den ersten Blick positiv ab, jedoch wäre eine Beschäftigung im Baugewerbe, in Landschaftsgärtnereien oder in der Alten- und Krankenpflege für viele Menschen ebenso attraktiv, wie die sich nicht signifikant unterscheidenden Mittelwerte zeigen. Wie ersichtlich, erfolgt die Beurteilung der Attraktivität einer Branche weitgehend unabhängig von der jeweiligen Einschätzung der Lohnhöhe.

So unterscheiden sich die Mittelwerte der Attraktivität einer Branche von der eingeschätzten Lohnhöhe bis auf zwei Ausnahmen bei allen Branchen überwiegend höchst signifikant. Die Ausnahmen sind das Baugewerbe sowie andere technische Berufe; dies ist als „Alarmsignal" für landwirtschaftliche Arbeitgeber zu sehen. So schneidet die Landwirtschaft bei der empfundenen Lohnhöhe nur mittelmäßig ab, während das Baugewerbe sowohl hinsichtlich seiner

Attraktivität als Arbeitgeber als auch der Lohnhöhe sehr positiv eingeschätzt wird. Im Einklang mit der aus Tabelle 3 ablesbaren, eher zurückhaltenden Bewertung der Lohnhöhen in den meisten Branchen steht das Ergebnis, dass fast 40 % der Befragten die Entlohnung bei der Saisonarbeit im Verhältnis zu anderen Branchen für zu niedrig halten; weitere 36 % finden diese Aussage zumindest teilweise zutreffend.

Branche	Empfundene Attraktivität insgesamt			Einschätzung Lohnhöhe		
	Rang	μ	σ	Rang	μ	σ
Landwirtschaft* **	1	1,03	0,676	5	0,44	0,754
Baugewerbe	2	1,02	0,693	1	1,00	0,787
Landschaftsgärtnerei* **	3	1,02	0,827	8	0,35	0,729
Alten- und Krankenpflege* **	4	0,96	0,800	6	0,43	0,801
Hauswirtschaft/private Haushalte* **	5	0,88	0,781	7	0,37	0,799
**Gebäudereinigung* **	6	0,81	0,817	4	0,53	0,757
Andere technische Berufe	7	0,70	0,838	2	0,93	0,745
**Hotel- und Gaststättengewerbe* **	8	0,69	0,853	3	0,58	0,690
Lebensmittelverarbeitung* **	9	0,59	0,714	9	0,11	0,559
Signifikanz der Unterschiede der jeweiligen Mittelwerte einer Branche: $p \leq 0{,}05$*, $p \leq 0{,}01$**, $p \leq 0{,}001$***						

Tab. 3: Einschätzung der Attraktivität und Lohnhöhe ausgewählter Branchen

Die Aussage, dass Saisonarbeit in anderen EU-Ländern attraktiver als in Deutschland sei, halten 22 % der Probanden für zutreffend oder voll und ganz zutreffend und weitere 46 % für immerhin teilweise zutreffend. Insgesamt haben bereits 27 % der befragten Saisonarbeitskräfte in einem oder mehreren anderen EU-15 Ländern als Deutschland gearbeitet. Dabei erhielten die Länder Italien und Niederlande die meisten Nennungen, gefolgt von Österreich, Großbritannien und Schweden.

Bei der Frage, wie die Attraktivität einzelner EU-15-Länder als Arbeitsort eingeschätzt wird (Skalenniveau: -2 sehr schlecht bis +2 sehr gut), weist Deutschland mit $\mu = 1{,}01$ ($\sigma = 0{,}689$) den besten Mittelwert auf, der sich von dem aller anderen genannten Länder mit Ausnahme der Niederlande ($\mu = 0{,}91$, $\sigma = 0{,}654$) höchst signifikant unterscheidet. Interessant ist, dass Deutschland tendenziell von denjenigen Personen als attraktiver bezeichnet wird, die bereits in einem anderen EU-15 Land als Deutschland gearbeitet haben. So hat diese Personengruppe einen Mittelwert von $\mu = 1{,}20$ ($\sigma = 0{,}584$), während alle Personen ohne Arbeitserfahrungen außerhalb Deutschlands oder Polens nur einen Mittelwert von $\mu = 0{,}90$ ($\sigma = 0{,}696$) aufweisen. Dieser Unterschied ist mit $p = 0{,}023$ signifikant. Für die Beschäftigung von MOE-Saisonarbeitskräften durch deutsche KMU in einem zunehmend liberalisierten EU-Arbeitsmarkt ist dies ein ermutigendes Ergebnis.

3.4 Auswirkungen der Arbeitnehmerfreizügigkeit

Um das Wissen der Saisonarbeiter über die veränderte Rechtslage bezüglich der Arbeitnehmerfreizügigkeit überprüfen zu können, wurden die Probanden gebeten anzugeben, in welchen Branchen sie glauben zukünftig in Deutschland arbeiten zu dürfen. Dabei antworten nur 30,9 % der Befragten korrekt mit „alle Branchen." 17,6 % geben an, es nicht zu wissen, und nochmals 30,9 % nennen nur eine einzige von vier möglichen Branchen. Mittelfristig ist allerdings von einer Verbesserung des Kenntnisstandes auszugehen. Unabhängig von ihrem Wissen über die Arbeitnehmerfreizügigkeit wurden die Teilnehmer gefragt, inwiefern es für sie interessant wäre, zukünftig länger als sechs aufeinander folgende Monate im Ausland zu arbeiten. Für 66 % der Probanden ist dies uninteressant. Damit bestätigt sich die Annahme von Morokvasic (1994) und Dietz (2004a), dass häufig bewusst nur temporär migriert wird, so dass der eigene Lebensmittelpunkt im Heimatland belassen werden kann. Weitere 9 % könnten sich einen Arbeitsaufenthalt im Ausland von sechs bis zwölf Monaten vorstellen; 14 % wären zu einem mehrjährigen und 12 % sogar zu einem dauerhaften Umzug ins Ausland bereit. Auffällig ist, dass diejenigen, für die längere Arbeitsaufenthalte interessant sind, weniger unter Heimweh leiden. Zudem zeigt sich, dass eher für Männer als für Frauen ein längerer Auslandsaufenthalt in Frage kommt. Die befragten Frauen leiden zwar nicht signifikant mehr unter Heimweh, können aber möglicherweise aufgrund familiärer Verpflichtungen nicht länger ihrer Heimat fernbleiben.

In einer weiteren Frage wurden die Stichprobenteilnehmer aufgefordert anzugeben, ob sie glauben, dass durch die Freizügigkeit für Arbeitnehmer mehr Polen in Deutschland arbeiten werden. Diese Frage wird von 73 % mit ja beantwortet; 36 % der Befragten geben sogar an, Polen zu kennen, die nun zum ersten Mal in Deutschland arbeiten möchten. Umso erstaunlicher wirkt daher das bereits beschriebene geringe Wissen der Probanden darüber, in welchen Branchen zukünftig in Deutschland gearbeitet werden darf. Glaubt man also der Einschätzung der Befragungsteilnehmer, sollte es trotz der durch Deutschland voll in Anspruch genommenen Übergangsfristen zur Einführung der Arbeitnehmerfreizügigkeit nach wie vor genügend potentielle Arbeitskräfte in Polen geben, die nicht bereits in andere EU-15-Länder abgewandert sind, sondern nun in Deutschland arbeiten möchten.

Weiterhin wurde in offener Form ermittelt, ab welchem monatlichen Nettolohn in Polen die jeweilige Person auf die Arbeit im Ausland verzichten würde. Der Mittelwert liegt hier bei $\mu = 3.339$ PLN (etwa764 €), wobei die Standardabweichung mit $\sigma = 1.293$ sehr hoch ist. Betrachtet man vor diesem Hintergrund nochmals das Haushaltseinkommen, welches im Mittel bei 1.079 PLN (rund 247 €) monatlich liegt, wird schnell klar, dass ein Einkommen, das die Arbeit im Ausland unattraktiv erscheinen lässt, für den Großteil der Saisonarbeitskräfte in absehbarer Zeit nicht zu erreichen sein wird und sie auch in den nächsten Jahren noch auf die Arbeit im Ausland angewiesen sein werden. Trotzdem geben 8 % der Befragten an, in Zukunft gar nicht mehr in Deutschland arbeiten zu wollen; weitere 56,6 % planen, nur nochmaximal drei Jahre zum Arbeiten nach Deutschland zu kommen. Dieses Ergebnis sollte ernst genommen werden, da es möglicherweise die Wünsche vieler Befragungsteilnehmer widerspiegelt. Eine Rolle kann auch spielen, dass die Saisonarbeit von 56 % aller Befragten als körperlich schmerzhaft empfunden wird; weitere 10 % stimmen dieser Aussage zumindest teilweise zu. Hinzu kommen noch andere nichtmonetäre Kosten, etwa das weit verbreitete Heimweh. Somit möchten die bisherigen Saisonarbeitskräfte zwar häufig nicht mehr lange in

Deutschland arbeiten, viele werden aber voraussichtlich auch noch in vier oder mehr Jahren auf zusätzliche Einkünfte angewiesen sein. Vieles spricht zugleich dafür, dass zumindest der größte Teil der Saisonarbeitnehmer nicht in andere europäische Länder abwandern wird.

In offener Form wurden die Probanden schließlich gebeten anzugeben, in welcher Branche sie zukünftig in Deutschland arbeiten werden (Abbildung 8). 72 % der Befragten äußerten sich dazu; 20 % gaben zwei oder drei Branchen an. Ob die betreffenden Personen tatsächlich in mehreren Branchen arbeiten werden, ist unklar. Möglicherweise werden sie sich am Ende für das beste Angebot entscheiden und sind derzeit noch unentschlossen.

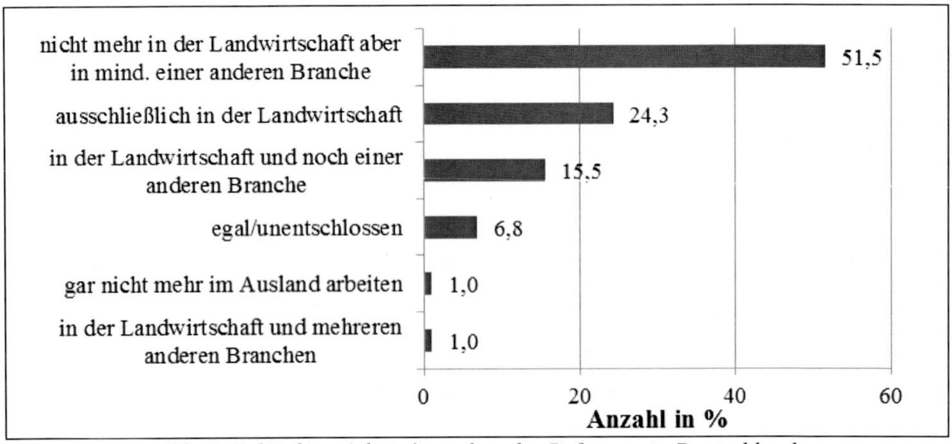

Abb. 8: Zukünftige Arbeitsbranchen der Befragten in Deutschland

Eine Herausforderung für die Landwirtschaft, die bislang die große Mehrheit aller Saisonarbeitskräfte aufgenommen hat, ist, dass nur 40,8 % der Befragten angeben, in Zukunft voraussichtlich weiterhin in dieser Branche arbeiten zu wollen. Nach der Landwirtschaft am häufigsten genannt werden das Hotel- und Gaststättengewerbe, die Baubranche sowie der Garten- und Landschaftsbau. Diese Rangfolge trifft auch auf diejenigen zu, die zukünftig ausschließlich außerhalb der Landwirtschaft arbeiten möchten. Diese Branchen werden somit mit großer Wahrscheinlichkeit zu den Gewinnern der größeren Freizügigkeit gehören. Es bleibt abzuwarten, wie sich die 28 % verhalten werden, die eine Antwort verweigerten, und ob die Befragten, die eine andere Branche als die Landwirtschaft nennen, ihre Absicht tatsächlich umsetzen werden. So verwundert es beispielsweise, dass diejenigen, die vorhaben, zukünftig im Hotel- und Gaststättengewerbe zu arbeiten, ihren Entschluss nicht schon viel eher umgesetzt haben. Schließlich bestand bereits seit 1991 in Deutschland für osteuropäische Saisonarbeiter die Möglichkeit, in dieser Branche tätig zu werden.

Auch diejenigen, die zukünftig in anderen Branchen arbeiten möchten, wollen zu 64 % nicht länger als sechs Monate am Stück und damit nicht länger, als es bereits vor Mai 2011 erlaubt war, im Ausland arbeiten. Damit unterscheidet sich diese Gruppe der Befragten in ihrer Einstellung nicht von denjenigen, die weiterhin als Saisonarbeiter in der deutschen Landwirtschaft arbeiten wollen. Folglich können diese Personen auch in anderen Branchen nur saisonal eingesetzt werden. Zudem sind zwar ihre Englisch-, nicht jedoch ihre Deutschkenntnisse signifikant besser als bei den übrigen Saisonarbeitskräften. Möglicherweise werden die größtenteils schlechten Sprachkenntnisse einer Beschäftigung in anderen Branchen als der Landwirtschaft entgegenstehen.

4 Implikationen für das Personalmanagement in KMU

Bedingt durch erhebliche Arbeitsspitzen kommt es in der Landwirtschaft alljährlich ab Vegetationsbeginn zu einem hohen Saisonarbeitskräftebedarf. Mangels in ausreichender Zahl verfügbarer inländischer Arbeitskräfte sind MOE-Arbeitskräfte insbesondere für Sonderkulturbetriebe häufig von existenzieller Bedeutung. So war die Landwirtschaft bis zur Einführung der Arbeitnehmerfreizügigkeit eine der wenigen Branchen in Deutschland, die unter bestimmten Bedingungen osteuropäische Saisonarbeitnehmer beschäftigen durfte. Daraus ergab sich für KMU in der Landwirtschaft der Vorteil, dass es zu keinem Wettbewerb um osteuropäische Arbeitskräfte mit Arbeitgebern der meisten anderen Branchen kommen konnte. Mit der EU-Osterweiterung und der mittlerweile in allen Ländern eingeführten Freizügigkeit für Arbeitnehmer aus den NMS-8 müssen sich die landwirtschaftlichen Arbeitgeber nun jedoch dem Wettbewerb um osteuropäische Arbeitskräfte stellen. Wie die empirischen Ergebnisse zeigen, besteht bei Teilen der bislang in der Landwirtschaft tätigen Saisonarbeitskräfte durchaus das Interesse, sich nach attraktiveren Arbeitsmöglichkeiten in anderen Branchen umzusehen. Das Beispiel Großbritannien macht deutlich, wie schnell sich Migrationsströme verändern können. Die ausbleibenden Migrationsströme nach Schweden wiederum belegen, dass Migration nicht allein mit Lohndifferenzen begründet werden kann. Dementsprechend müssen auch landwirtschaftliche Betriebe mehr als nur den Lohn im Auge haben, wenn sie darüber nachdenken, wie sie ihren zukünftigen Bedarf an Saisonarbeitskräften decken können.

Obwohl sie mit ihrer Arbeit, der Entlohnung sowie der Unterkunft bei ihrem bisherigen deutschen Saisonarbeitgeber zufrieden sind, gibt rund die Hälfte aller Befragten an, zukünftig in einer anderen Branche als der Landwirtschaft arbeiten zu wollen. Für die landwirtschaftlichen Arbeitgeber gilt es deshalb, die harten Arbeitsbedingungen, insbesondere die zum Teil hohen körperlichen Belastungen, die sich bei vielen Befragten z. B. in Rückenschmerzen äußern, durch geeignete technische Hilfsmittel abzumildern. Zudem sollten seitens der Arbeitgeber Maßnahmen ergriffen werden, die die negativen körperlichen Auswirkungen im Nachhinein lindern können. So könnte sich auf größeren Betrieben beispielsweise die Anlage eines Schwimmbeckens lohnen. Zudem sollten die hohen psychischen und sozialen Kosten der Aufnahme einer Tätigkeit im Ausland nach Möglichkeit reduziert werden. Die Saisonarbeitskräfte müssen sich bei ihrem deutschen Arbeitgeber wohl fühlen. Dies unterstreicht den hohen Stellenwert eines guten Betriebsklimas und der Beachtung sozialer Aspekte im Betrieb. Ein verbessertes Freizeitprogramm könnte ein Weg sein, das Betriebsklima zu verbessern und psychische und soziale Kosten zu mindern.

Als weitere Maßnahme sollte seitens landwirtschaftlicher KMU auch über eine Erhöhung der Entlohnung nachgedacht werden, da diese im Vergleich mit anderen Branchen als schlecht wahrgenommen wird. Richtschnur für die Bemessung der Entgelte sollten dabei die für Saisonarbeitskräfte erzielbaren Löhne in konkurrierenden Branchen wie dem Baugewerbe, dem Hotel- und Gaststättengewerbe und dem Garten- und Landschaftsbausein. Dabei muss das gesamte Entlohnungssystem im landwirtschaftlichen Betrieb im Auge behalten werden, um etwa den Lohnabstand zwischen ausführenden und leitenden Tätigkeiten zu wahren. Zudem sollte die Entlohnung nie isoliert, sondern ganzheitlich als Beitrag zu einem „Migrationsgewinn" für die Saisonarbeitskräfte, in dessen Berechnung auch Migrationskosten eingehen, betrachtet werden.

Für KMU in Branchen, die erst seit Herstellung der vollen Arbeitnehmerfreizügigkeit Saisonarbeitskräfte aus den NMS-8 legal beschäftigen können, sind die Aspekte, die Arbeitskräfte an ihrer Arbeit in der Landwirtschaft bemängeln, beispielsweise die erhebliche körperliche Belastung oder die als zu gering empfundene Entlohnung, Anknüpfungspunkte für die Personalgewinnung. Wenn es gelingt, potentiellen Mitarbeitern aus den NMS-8 die Vorzüge der eigenen Branche und speziell des eigenen Betriebs deutlich zu machen, eröffnet sich ein erhebliches Arbeitskräftepotential speziell für die Durchführung einfacher, saisonal anfallender Arbeiten, für die auf dem deutschen Arbeitsmarkt häufig kaum Arbeitskräfte zu finden sind.

Ein weiterer wichtiger Aspekt ist die Pflege und ggf. weitere Ausbau der Netzwerke zwischen deutschen Arbeitgebern und Saisonarbeitskräften in den NMS-8. Die vorliegende Studie macht deutlich, dass funktionierende Netzwerke die effizientesten Werkzeuge bei der Rekrutierung von Saisonarbeitskräften sind. 95 % aller befragten Saisonarbeiter kamen durch Freunde, Arbeitskollegen oder ihre Familie zu ihrem deutschen Arbeitgeber. Diese Weitervermittlungen sind für die Arbeitgeber von entscheidender Bedeutung. Gute Netzwerke verringern für die Saisonarbeiter die Kosten der Migration und lassen somit auch Lohndifferenzen weniger bedeutend werden. Betriebe, die bereits Saisonarbeitskräfte beschäftigt haben, sollten daher den Kontakt zu den Saisonarbeitern in die Heimat aufrechterhalten und weiter ausbauen. Betriebe, die bislang noch keine MOE-Saisonarbeitskräfte angeworben haben, sollten in den Aufbau entsprechender Netzwerke investieren. Da ein exzellenter Ruf der Betriebe unter den Saisonarbeitern sehr wichtig ist, damit es zu Weiterempfehlungen kommt, können entsprechende Informationsveranstaltungen ein erster Schritt auf dem Weg zum Aufbau eines entsprechenden Netzwerks sein.

Der deutsche Arbeitsmarkt wird in absehbarer Zeit durch einen erheblichen Mangel an Arbeitskräften gekennzeichnet sein. Gegenwärtig macht sich dieser Mangel bereits im Fachkräftebereich bemerkbar. Diese Problematik betrifft häufig in besonderer Weise KMU, die anders als Großunternehmen meist nicht von einer Vielzahl von Initiativbewerbungen oder ihrem hohen Bekanntheitsgrad in der Bevölkerung profitieren können. Zumindest Teile des Arbeitskräftebedarfs werden zukünftig durch temporäre Arbeitsmigration und damit durch Saisonarbeitskräfte gedeckt werden müssen. Sich auf die Herausforderungen dieses speziellen Arbeitsmarktes frühzeitig einzustellen, ist eine der Zukunftsaufgaben für das Personalmanagement in KMU.

Literatur

- AEUV (2010): konsolidierte Fassung vom 30.03.2010, veröffentlicht in: Amtsblatt der Europäischen Union(ABl.), Informationsnummer 2010/C 83/01, URL: http://eur-lex.europa.eu/LexUriServ/LexUriServ.do?uri=OJ:C:2010:083:0047:0200:DE:PDF, Abrufdatum: 27.08.2011.

- Alecke, B., Untiedt, G. (2001): Das Migrationspotential nach einer EU-Osterweiterung: Ein Überblick. Osteuropa-Wirtschaft, 46(2), S. 125-150.
- Allen, N. J., Meyer, J. P. (1990): The Measurement and Antecedents of Affective, Continuance and Normative Commitment to the Organization. Journal of Occupational Psychology, 63, S. 1-18.
- Baas, T., Brücker, H., Hönekopp, E. (2007): EU Osterweiterung: Beachtliche Gewinne für die deutsche Volkswirtschaft. IAB Kurzbericht (6), S. 1-6.
- Bauer, T. K., Zimmermann, K. F. (1999): Assessment of Possible Migration Pressure and its Labour Market Impact Following EU Enlargement to Central and Eastern Europe. IZA Research Report No. 3.
- Belke, A., Hebler, M. (2002): EU-Osterweiterung, Euro und Arbeitsmärkte. München: Oldenbourg.
- BMELV (2011):Auskunft am 11.10.2011.
- Brücker, H. (2005): EU-Osterweiterung: Übergangsfristen führen zu einer Umlenkung der Migration nach Großbritannien und Irland. Wochenbericht des DIW Berlin (22), S. 353-359.
- Bundesregierung (2011): Volle Freizügigkeit für Arbeitnehmer. http://www.bundesregierung.de/nn_1264/Content/DE/Artikel/2011/04/2011-04-27-volle-freizuegigkeit-fuer-arbeitnehmer.html, Abrufdatum: 13.09.2011.
- Chalupa, M. (2007): Motivation und Bindung von Mitarbeitern im Darwiportunismus. (C. Scholz, Hrsg.) München und Mering: Hampp Verlag.
- Deutsche Botschaft Warschau (2011): Landwirtschaft in Polen. URL: http://www.warschau.diplo.de/Vertretung/warschau/de/05/Landwirtschaft/Landwirtschaft__Pol__Seite.html, Abrufdatum 08.10.2011.
- Dietz, B. (2004a): Gibt es eine Alternative? - Zur Beschäftigung polnischer Saisonarbeitnehmer in Deutschland. Osteuropa-Institut München Working Papers (253).
- Dietz, B. (2004b): Gibt es eine Alternative? - Zur Beschäftigung polnischer Saisonarbeitnehmer in Deutschland. Osteuropa-Institut München Kurzanalysen und Informationen, S. 1-4.
- Düvell, F. (2006a): Die Entwicklung der Migration nach der EU-Erweiterung. In M. Bommes& W. Schiffauer (Hrsg.), Migrationsreport 2006: Fakten - Analysen - Perspektiven (S. 63-112). Frankfurt a. Main: Campus.
- Düvell, F. (2006b): Europäische und internationale Migration. Einführung in historische, soziologische und politische Analysen. Hamburg: Lit Verlag.
- Europäische Kommission (2009): Arbeitsmarktzugang. URL: http://ec.europa.eu/social/main.jsp?catId=466&langId=de, Abrufdatum: 26.03.2011.
- Europäische Kommission (2011): Mitgliedsländer seit 2007. URL: http://ec.europa.eu/social/main.jsp?catId=508&langId=de, Abrufdatum: 13.09.2011.

- Felfe, J.,Six, B. (2006): Die Relation von Arbeitszufriedenheit und Commitment. In L. Fischer (Hrsg.), Arbeitszufriedenheit: Konzepte und empirische Befunde (2. Aufl., S. 37-60). Göttingen: Hogrefe.
- Felser, G. (2010): Personalmarketing. Göttingen: Hogrefe.
- Gebert, D., von Rosenstiel, L. (2002): Organisationpsychologie: Person und Organisation (5. Aufl.). Stuttgart: Kohlhammer.
- GEOPA (2002): Seasonal Workers in European Agriculture: GEOPA Inquiry with the Support of the European Commission - DG Employment and Social Affairs. Brüssel.
- Glorius, B. (2003): Temporäre Migrationsprozesse am Beispiel polnischer Arbeitsemigranten in Deutschland. Hallesches Jahrbuch für Geowissenschaften, 25, S. 29-41.
- Glorius, B. (2006): Transnationale Arbeitsmigration am Beispiel polnischer Arbeitsmigranten in Deutschland. In E. Kulke, H. Monheim& P. Wittmann (Hrsg.), GrenzWerte: Tagungsbericht und wissenschaftliche Abhandlungen (S. 141-150). Trier: Deutsche Gesellschaft für Geographie.
- Han, P. (2005): Soziologie der Migration (2. Aufl.). Stuttgart: Lucius & Lucius.
- Heyder, M., von Davier, Z., Theuvsen, L. (2009): Fachkräftemangel in der Landwirtschaft: Was ist zu tun? In Deutsche Landwirtschafts-Gesellschaft (Hrsg.), Landwirtschaft 2020: Herausforderungen, Strategien, Verantwortung (S. 267-284). Frankfurt a. Main: DLG-Verlag.
- Holst, C., Hess, S., von Cramon-Taubadel, S. (2008): Betrachtungen zum Saisonarbeitskräfteangebot in der deutschen Landwirtschaft. Berichteüber die Landwirtschaft, 86, S. 361-384.
- Home Office UK Border Agency (2008): Accession Monitoring Report May 2004 - September 2008: A8 Countries. URL: http://www.nesmp.org.uk/index.php?option=com_docman&task=doc_download&gid=6&Itemid=64, Abrufdatum: 12.02.2011.
- Huber, F. (2011): Neue Regeln für Osteuropäer. DLG-Mitteilungen, 1/2011, S. 30-31.
- Kaczmarczyk, P., Okólski, M. (2002): From Net Emigration to Net Immigration - Socioeconomic Aspects of International Population Movements in Poland. In R. Rotte & P. Stein (Hrsg.), Migration Policyandthe Economy: International Experiences (S. 319-347). München: Hans-Seidel-Stiftung.
- Koop, B. (2004): Zufriedenheit und Bindung von Mitarbeitern und Kunden: integrierte Analyse und Steuerung in Unternehmen. URL: http://deposit.ddb.de/cgi-bin/dokserv?idn=974406783&dok_var=d1&dok_ext=pdf&filename=974406783.pdf, Abrufdatum: 30.07.2011
- Kuckartz, R. B. (2007): Zur betrieblichen Sozialisation von Führungsnachwuchs unter besonderer Berücksichtigung von „OrganizationalCommitment (OC)“. URL: http://deposit.fernuni-hagen.de/2227/, Abrufdatum: 26.11.2011.

- Lebhart, G. (2002): Internationale Migration: Hypothesen, Perspektiven und Theorien. Demographie Aktuell(19).
- March, J. G., Simon, H. A. (1993): Organizations. 2. Aufl., Cambridge, MA: Wiley.
- Massey, D. S., Arango, J., Hugo, G., Kouaouci, A., Pellegrino, A.,Tayler, J. E. (2010): Theories of International Migration. In: S. Vertovec (Hrsg.), Migration (S. 62-96). Oxon: Routledge.
- Meyer, J. P., Stanley, D. J., Herscovitch, L.,Topolnytsky, L. (2002): Affective, Continuance, and Normative Commitment to the Organization: A Meta-analysis of Antecedents, Correlates, and Consequences. Journal ofVocationalBehavior, 61 (1), S. 20-52.
- Morokvasic, M. (1994): Pendeln statt auswandern. Das Beispiel der Polen. In: M. Morokvasic& H. Rudolph (Hrsg.), Wanderungsraum Europa: Menschen und Grenzen in Bewegung (S. 166-187). Berlin.
- Nerdinger, F. W. (1995): Motivation und Handeln in Organisationen: Eine Einführung. Stuttgart: Kohlhammer.
- OECD (2008): Average Household Size across OECD Countries. URL: http://dx.doi.org/10.1787/421072742834, Abrufdatum: 07.10.2011.
- Pallaske, C. (2002): Migrationen aus Polen in die Bundesrepublik Deutschland in den 1980er und 1990er Jahren: Migrationsverläufe und Eingliederungsprozesse in sozialgeschichtlicher Perspektive. Münster: Waxmann Verlag.
- Pohl, C. (2007): EU-Osterweiterung und Arbeitnehmerfreizügigkeit: Erfahrungen aus Großbritannien und Implikationen für Deutschland. ifo Dresden berichtet, 5, S. 38-44.
- Pries, L. (2001): Internationale Migration. Bielefeld: Transcript.
- Scholz, C. (2000): Personalmanagement (5. Aufl.). München: Vahlen.
- Siuts, A. (2009): EU-Migration: das Emigrationsverhalten der Bewohner ost- und mitteleuropäischer Länder nach dem EU-Beitritt. Hamburg: Igel Verlag.
- Stark, O. (1991): The Migration of Labor. Cambridge und Oxford: Basil Blackwell.
- Steinmann, G. (1996): Makroökonomische Ansätze zur Erklärung von internationalen Migrationsprozessen. Allgemeines statistisches Archiv, 80(1), S. 36-49.
- Theuvsen, L. (2010): Mitarbeiter gewinnen: Die Landwirtschaft vor neuen Herausforderungen. In: Z. von Davier& L. Theuvsen (Hrsg.), Landwirtschaftliches Personalmanagement: Mitarbeiter gewinnen, führen und motivieren (S. 11-18). Frankfurt a. Main: DLG-Verlag.
- Untiedt, G. et al. (2007): Auswirkungen der EU-Erweiterung auf Wachstum und Beschäftigung in Deutschland und ausgewählten EU-Mitgliedstaaten, Projekt 33/05, Bundesministerium für Wirtschaft und Technologie, Berlin.
- Venema, M., Grimm, C. (2002): Situation der ausländischen Arbeitnehmer und ihrer Familienangehörigen in der Bundesrepublik Deutschland: Repräsentativuntersuchung 2001,

Teil B: Polnische Werkvertragsarbeitnehmer, Gastarbeitnehmer und Saisonarbeiter in der gesamten Bundesrepublik. URL: http://www.deutsche-islam-konferenz.de/cln_170/nn_443398/SharedDocs/Anlagen/DE/Migration/Downloads/Sonstige/ram-studie-2001-polen-berichts-tabellenband,templateId=raw,property=publicationFile.pdf/ram-studie-2001-polen-berichts-tabellenband.pdf. Abrufdatum: 19.07.2011.

- von Chamier, M. (2011a): Neue Regeln für Arbeitskräfte aus Osteuropa. Top Agrar, 1/2011, S. 36-38.
- von Davier, Z. (2007): Leistungsorientierte Entlohnung in der Landwirtschaft: eine empirische Analyse. Dissertation Universität Göttingen.
- von Rosenstiel, L. (2003): Grundlagen der Organisationstheorie - Basiswissen und Anwendungshinweise (5. Aufl.). Stuttgart: Schäffer-Poeschel.
- Wächter, W. (1991): Tendenzen der betrieblichen Lohnpolitik in motivationstheoretischer Sicht. In G. Schanz (Hrsg.), Handbuch Anreizsysteme (S. 195-214). Stuttgart: Schäffer-Poeschel.
- Wadephul, J. D. (2011): Eine große Chance für Deutschland. MittelstandsMagazin, 6, S. 12-13.
- Weinert, A. B. (2004): Organisations- und Personalpsychologie (5. Aufl.). Weinheim und Basel: Beltz.
- ZAV (2011): Zulassungen für osteuropäische Saisonarbeitnehmer zum deutschen Arbeitsmarkt. Auskunft am 29.08.2011.

Strategien der Gewinnung von Auszubildenden zum Verbleib in KMU angesichts des demografischen Wandels – Erkenntnisse auf Basis einer empirischen Erhebung im Handwerk

Robert Wagner, Maximilian Wolf und Thomas Zwick

1 Problemstellung

Das Handwerk als Vertreter der kleinen und mittleren Unternehmen (KMU) (vgl. Glasl/Wolf (2009): S. 151) spielt mit seinen rund 975.000 Betrieben und einem Bruttoumsatz von 464,5 Milliarden Euro im Jahr 2010 eine bedeutende wirtschaftliche Rolle in Deutschland (vgl. Zentralverband des Deutschen Handwerks (2011a)) und trägt seit jeher auch eine hohe gesellschafts- und bildungspolitische Verantwortung (vgl. Kath (1996): S. 17 f.).[i] Im Jahr 2010 erhielten 29,3% aller Auszubildenden in Deutschland eine Berufsausbildung in einem Handwerksunternehmen (vgl. Zentralverband des Deutschen Handwerks (2011b)).

Die handwerkliche Berufsausbildung sorgt zunächst dafür, dass die Handwerksbetriebe ausreichend mit Fachkräften versorgt sind und auf diese Weise ihre Produktion und Dienstleistungen an technische und wirtschaftliche Innovationen anpassen können (vgl. Kath (1996): S. 17). Handwerksbetriebe werden zusätzlich als „Facharbeiterschmiede der Nation" (vgl. Bundesministerium für Wirtschaft und Technologie (2008): S. 7) bezeichnet, da sie stets weit über den eigenen Bedarf hinaus junge Fachkräfte ausgebildet und so auch den Humankapitalbedarf anderer Wirtschaftszweige mit abgedeckt haben (vgl. z. B. Smits/Zwick (2004): S. 40). Das System der dualen Ausbildung in Deutschland ist so erfolgreich, dass es international vielfach als Vorbild für Ausbildungssysteme verwendet wurde (vgl. beispielsweise Baily et al. (1992), Bosch (2010), Harhoff/Kane (1997), Gitter/Scheuer (1997), Gospel (1998), Culpepper (1999), Hamilton/Hamilton (1999), Steedman et al. (1998) und Lehmann (2000)).

In den letzten Jahren hatten viele Handwerksunternehmen jedoch zunehmend Schwierigkeiten, ihre offenen Stellen für Fachkräfte zu besetzen. Eine Umfrage des Zentralverbands des Deutschen Handwerks (2011c, S. 3 und 11) (ZDH) bei mehr als 14.000 Handwerksunternehmen im gesamten Bundesgebiet im ersten Quartal 2011 belegt, dass 18,8% der personalsuchenden Handwerksbetriebe offene Stellen für Handwerksmeister hatten. Sogar 84,6% der personalsuchenden Handwerksbetriebe hatten offene Stellen für Auszubildende. Dieser Fachkräftemangel wird sich in Zukunft durch den demografischen Wandel weiter verstärken (vgl. Bizer/Müller (2009): S. 44). Durch die sinkenden Geburtenzahlen wird die Zahl der Jugendlichen im Ausbildungsalter von 16 bis 19 Jahre in den nächsten Jahrzehnten um mehr als 40% auf etwa 2,2 Millionen abnehmen (vgl. Statistisches Bundesamt (2006): S. 19 f.). Das Angebot an jungen Fachkräften wird darüber hinaus durch gestiegene Qualifikationsanforderungen und die allgemeinen Verknappung des Erwerbspersonenpotenzials abnehmen (vgl. Fuchs (2005): S. 34 ff. und S. 43 f.).

In Anbetracht des demografischen Wandels besteht eine mögliche Reaktionsstrategie auf den Fachkräftemangel in KMU in der verstärkten Gewinnung und Übernahme von Auszubildenden. Untersuchungen zeigen jedoch, dass KMU vielfach das bestehende Potenzial für die Gewinnung neuer Auszubildenden nicht voll ausschöpfen. Die nachhaltige Bindung der jungen Fachkräfte nach Ende der Ausbildung ist für eine Vielzahl von KMU von großer Bedeutung, um den künftigen Facharbeiterbedarf decken zu können (für das Handwerk zeigen dies beispielswiese Schempp (2008): S.9, Schwannecke (2010): S. 6 und die Deutsche Handwerkszeitung (2011): S. 8).

Eine empirische Analyse des Instituts für Mittelstandsforschung (2010) beispielsweise zeigt, dass Unternehmen mit fünf bis neun Mitarbeitern neue Auszubildende signifikant weniger häufig durch Schülerpraktika akquirieren als Unternehmen mit 250 und mehr Mitarbeitern: In der Größenklasse „5-9 Mitarbeiter" setzen 43,5% der Unternehmen, in der Größenklasse „250 und mehr" Mitarbeiter setzen 69,2% der Unternehmen Schülerpraktika ein. Der Unterschied ist dabei auf einem 5% Niveau signifikant (vgl. Kay et al. (2010): S. 52). Verschiedene Autoren haben jedoch gezeigt, dass die Dauer der Firmenzugehörigkeit von Arbeitnehmern von dem Rekrutierungsweg abhängt, durch den sie zu der Firma gekommen sind (vgl. z. B. Gannon (1971), Reid (1972), Decker/Cornelius (1979), Schwab (1982) und Moser (1992)). Bisherige Studien fokussieren nicht auf Auszubildende in KMU und beziehen auch kaum KMU-spezifische Rekrutierungswege (z. B. Schülerpraktika) in ihre Betrachtung mit ein.

Die vorliegende Untersuchung leistet einen Beitrag, um diese Forschungslücke zu schließen. Sie analysiert, welche Rekrutierungsstrategien von Handwerksunternehmen als Stellvertreter für KMU einen signifikanten Einfluss auf die Intention von Auszubildenden haben, nach Ende der Ausbildung in ihrem Ausbildungsunternehmen zu verbleiben. Die Grundlage für die Untersuchung stellt eine Primärdatenerhebung unter 1.232 Auszubildenden im bayerischen Handwerk aus dem Jahr 2009 dar. Zur Beantwortung der Forschungsfrage erklärt Kapitel 2 die Rahmenbedingungen des Übernahmeprozesses von Ausbildungsabsolventen. Basierend auf bisherigen empirischen Untersuchungen wird gezeigt, welche Rekrutierungsstrategien von KMU zur Gewinnung von Auszubildenden allgemein genutzt werden. Darüber hinaus wird dargelegt, dass die Verbleibdauer von Arbeitnehmern davon beeinflusst wird, auf welchem Weg sie von dem Unternehmen rekrutiert worden sind. Kapitel 3 beschreibt anhand von deskriptiven Statistiken die Merkmale der befragten Auszubildenden und durch welche Rekrutierungsstrategie sie zu ihrem Ausbildungsberuf gekommen sind. Kapitel 4 analysiert, welche der betrachteten Rekrutierungsstrategien einen signifikanten Einfluss auf die Intention der Auszubildenden hat, nach Abschluss der Ausbildung in ihrem Ausbildungsbetrieb bleiben zu wollen. Kapitel 5 gibt auf Basis der Ergebnisse Handlungsimplikationen für Rekrutierungsstrategien von KMU.

2 Rekrutierungsstrategien im Handwerk

2.1 Übernahme von Ausbildungsabsolventen zur Fachkräftesicherung

Die Übernahme von Ausbildungsabsolventen am Ende Ihrer Ausbildungszeit in eine reguläre Beschäftigung ist ein komplexer Prozess, der durch gesetzliche Vorgaben, betriebliche Kosten-Nutzen Überlegungen als auch durch persönliche Präferenzen der Ausbildungsabsolventen beeinflusst wird. Das Berufsbildungsgesetz (BBiG) gibt in §5 vor, dass die Ausbildungsdauer in der Regel nicht weniger als zwei und nicht mehr als drei Jahre dauern soll. Zusätzlich regelt § 21, dass das Berufsausbildungsverhältnis mit dem Ablauf der im Ausbildungsvertrag festgehaltenen Ausbildungszeit oder mit Bestehen der Abschlussprüfung endet. Nach dem Ende der Ausbildungsphase haben weder das Ausbildungsunternehmen, noch der Ausbildungsabsolvent einen rechtlichen Anspruch auf eine Fortführung des Arbeitsverhältnisses (Ausnahmen bilden tarifliche Regelungen, die vorsehen, dass alle Auszubildenden übernommen werden.

Diese Regelungen gelten natürlich nur in tarifgebundenen Unternehmen). Prinzipiell gibt es zwei Möglichkeiten für eine Weiterbeschäftigung als Facharbeiter im Ausbildungsbetrieb, als auch zwei Möglichkeiten für ein Ausscheiden aus dem Ausbildungsunternehmen. Wird der Absolvent weiterhin beschäftigt, ohne dass dies konkret vereinbart wurde, gilt das Arbeitsverhältnis auf unbestimmte Zeit als begründet (§24 BBiG). Eine weitere Möglichkeit zur Weiterbeschäftigung besteht darin, dass das Ausbildungsunternehmen dem Ausbildungsabsolventen ein Übernahmeangebot unterbreitet und der Absolvent dieses annimmt. Lehnt der Ausbildungsabsolvent das Übernahmeangebot ab oder die Firma unterbreitet kein Übernahmeangebot, scheidet der Absolvent aus dem Unternehmen aus. Die Frage ist nun, was ein Unternehmen dazu veranlasst ein Übernahmeangebot auszusprechen und was einen Auszubildenden dazu treibt ein Angebot an- oder abzulehnen.

Ausbildungsunternehmen im dualen System werden in der Literatur häufig in zwei Gruppen eingeteilt – produktivitäts- und investitionsorientierte Unternehmen (vgl. Lindley (1975) oder Mohrenweiser/Backes-Gellner (2010)). Produktivitätsorientierte Unternehmen erwirtschaften bereits während der Ausbildungszeit einen Ertrag durch die Auszubildenden, indem der produktive Beitrag der Auszubildenden zur Wertschöpfung des Unternehmens deren Ausbildungskosten mindestens kompensiert. Bei investitionsorientierten Unternehmen werden die Ausbildungskosten nicht während der Lehrzeit gedeckt. In diesem Fall sind Ausbildungsunternehmen darauf angewiesen, dass die selbst ausgebildeten Facharbeiter im Unternehmen bleiben und die entstandenen Ausbildungskosten durch deren künftige Produktivitätsbeiträge kompensiert werden (vgl. Wolter (2003): S. 2). Daher müssen investitionsorientierte Unternehmen versuchen, den Großteil Ihrer Auszubildenden zu übernehmen, um die Ausbildungskosten zu decken. Für produktivitätsorientierte Unternehmen sind Kostenaspekte der Ausbildung für die Übernahmeentscheidung hingegen irrelevant.

Die Kosten- und Nutzenerhebung des Bundesinstituts für Berufsbildung von 2007 kommt zu dem Ergebnis, dass ca. 2/3 aller Auszubildenden am Ende Ihrer Ausbildung die Kosten für Ihre Ausbildung nicht durch Ihren produktiven Beitrag kompensieren konnten und den Ausbildungsunternehmen pro Auszubildenden durchschnittlich 3.596,- € Nettokosten (die Nettokosten errechnen sich aus allen für die Ausbildung aufgewendeten Kosten abzüglich der produktiven Leistung eines Auszubildenden) entstehen (vgl. Wenzelmann et al. (2009): S. 2-4). Diese Evidenz spricht dafür, dass die meisten Unternehmen in Deutschland investitionsorientiert ausbilden und daher aus reinen Kosten-Nutzen Überlegungen heraus Ihre Auszubildenden übernehmen sollten. Allerdings würde man die Komplexität der Übernahmeentscheidung eines Unternehmens zu stark reduzieren, wenn man ausschließlich Kosten-Nutzen Überlegungen von Ausbildungsunternehmen unterstellen. Acemoglu /Pischke (1998) werfen die These auf, dass viele Unternehmen die Ausbildungsphase für das Kennenlernen der Stärken und Schwächen der Auszubildenden nutzen und versuchen am Ende der Ausbildung die besten Absolventen zu übernehmen. Tatsächlich geben 70% aller Betriebe an auszubilden, „um bei der Übernahme der Auszubildenden „die Besten" auszuwählen" (vgl. Bundesinstitut für Berufsbildung (2009): S. 240).

Wagner/Zwick (2012) finden dementsprechend Hinweise dafür, dass die Produktivität der übernommenen Auszubildenden höher ist als die Produktivität der Betriebswechsler nach der Ausbildung. Als weiteren Aspekt muss man den drohenden Fachkräftemangel durch den demographischen Wandel für die Übernahmeentscheidung berücksichtigen. 84% aller Ausbildungsunternehmen bilden aus, „um den betrieblichen Anforderungen entsprechende Nachwuchskräfte zu qualifizieren" (Bundesinstitut für Berufsbildung (2009): S. 240), was auch eine Übernahme von selbst ausgebildeten Fachkräften impliziert.

Zusammenfassend kann man festhalten, dass Ausbildungsunternehmen an einer Übernahme von Ausbildungsabsolventen interessiert sind, um Kosten der Ausbildung zu decken und um mit gut qualifizierten Facharbeitern versorgt zu werden. Wie oben bereits erwähnt, können Ausbildungsunternehmen aber lediglich ein Übernahmeangebot aussprechen und haben keinen rechtlichen Anspruch darauf, dass eine selbst ausgebildete Fachkraft im Unternehmen verbleibt. Für eine Weiterbeschäftigung des Ausbildungsabsolventen ist notwendig, dass diese(r) das Übernahmeangebot akzeptiert und im Unternehmen verbleibt.

Wagner/Wolf (2011) zeigen, dass Arbeitszufriedenheitsfaktoren die Entscheidung eines Auszubildenden das Ausbildungsunternehmen zu verlassen signifikant beeinflussen. Besonders Faktoren wie Freude an der Arbeit oder die regionale Nähe zum Arbeitgeber wirken sich positiv auf einen möglichen Verbleib im Ausbildungsunternehmen aus. Diese Ergebnisse sind ein Indikator dafür, dass ein geeignetes Portfolio an Rekrutierungsstrategien als Filter für den Übergang von Schülern in ein Ausbildungsverhältnis eingesetzt werden könnte, um ungeeignete Bewerber frühzeitig zu erkennen. Beispielsweise könnten durch Praktika diejenigen aussortiert werden, die offensichtlich keine Freude an der ausgeübten Tätigkeit empfinden und sonst entweder die Ausbildung abbrechen oder das ausbildende Unternehmen verlassen würden. Allerdings gibt es bisher keine Studie, die den direkten Zusammenhang zwischen Rekrutierungsstrategien und dem Wunsch der Auszubildenden, weiterhin im Ausbildungsbetrieb zu arbeiten, analysiert. Hierzu ist es allerdings zunächst notwendig, die wichtigsten Rekrutierungsstrategien und deren mögliche Effekte zu diskutieren.

2.2 Rekrutierungsstrategien von Ausbildungsunternehmen

Die nachfolgende Tabelle 1 gibt einen Überblick über bisherige Studien, die empirisch die Rekrutierungsstrategien von KMU aus verschiedenen Wirtschaftsbranchen untersucht haben. Es ist auffällig, dass die meisten Unternehmen auf Rekrutierungsmaßnahmen zurückgreifen, bei denen sie selbst nicht in persönliche Interaktion mit potenziellen Bewerbern treten (z. B. Stellenanzeigen in Zeitungen oder dem Internet, Vermittlung durch Arbeitsagenturen) oder auf das soziale Netzwerk ihrer Mitarbeiter zurückgreifen (Kontakte im Bekanntenkreis oder der Eltern). Beide Personalmarketingmaßnahmen sind aus Sicht der Unternehmen nachvollziehbar, da sie auf diese Weise Suchkosten für neue Bewerber einsparen können. Die persönliche Empfehlung von neuen Auszubildenden durch Mitarbeiter ist zudem für viele KMU eine wichtige Strategie, da damit bereits eine Vorselektion der Teilnehmer hinsichtlich der Passgenauigkeit ins Team einhergeht.

Studie Rekrutierungsstrategie	**Anteil befragter KMU**
Hampel et al. (2003)	
Praktikum	66,5%
Kontakte der Eltern	63,2%
Kontakte im Bekanntenkreis	33,0%
Vermittlung durch Arbeitsagenturen	51,2%
Ausbildungsmessen	13,4%
Wildung/Schaurer (2008)	
Stellenanzeigen in Zeitungen	0%
Stellenanzeigen im Internet	67%
Soziale Netzwerke im Internet	0%
Vermittlungen durch Arbeitsagenturen	67%
Kooperationen mit Berufsschulen	67%
Praktikum im Betrieb	33%
Ausbildungsmessen	0%
Rolff et al. (2010)	
Praktikum im Betrieb	52%
Kontakte im Bekanntenkreis	33%
Stellenausschreibungen	24%
Sonstiges	19%
Kay et al. (2010)	
Schülerpraktika	43,5%
Kooperationen mit Schulen	15,5%
Betriebsbesichtigungen	7,8%
Gründung/Sponsoring einer Schule	1,7%

Tab 1: Anteile unterschiedlicher Rekrutierungsstrategien in bisherigen Studien

Personalmarketingmaßnahmen, die mehr aktiven Einsatz von KMU fordern (z. B. Ausbildungsmessen, Betriebsbesichtigungen, Kooperationen mit Berufsschulen und Praktika im Betrieb), werden von weniger kleineren und mittelgroßen Unternehmen durchgeführt. Aus der Studie von Kay et al. (2010, S. 52) ist jedoch erkennbar, dass KMU im Vergleich zu größeren Unternehmen gerade bei diesen Rekrutierungsstrategien noch viel Wachstumspotenzial haben. In ihrer Studie führen 43,5% der Unternehmen mit fünf bis neun Beschäftigte Schülerpraktika durch, 15,5% verfügen über Kooperationen mit Schulen und 7,8% ermöglichen Jugendlichen Betriebsbesichtigungen. Im Vergleich dazu führen Unternehmen mit 250 und mehr Beschäftigten 69,2% Schülerpraktika durch, 46,2% verfügen über Kooperationen mit Schulen und 50,0% ermöglichen Jugendlichen Betriebsbesichtigungen. Die Unterschiede zwischen den Unternehmen aus den beiden Beschäftigtengrößenklassen sind dabei in jeder Kategorie mindestens auf dem 5% Niveau signifikant.

Auch wenn die Befragten aus verschiedenen Wirtschaftsbranchen stammen und zu verschiedenen Rekrutierungsstrategien Auskunft gegeben haben, ist zu erkennen, dass Praktika im Betrieb eine zentrale Rolle bei den Rekrutierungsstrategien spielen. Aus Sicht der Betriebe können Betriebspraktika zahlreiche Vorteile bieten. Die Unternehmen haben die Möglichkeit, die beruflichen Fertigkeiten der Jugendlichen kennenzulernen. Darüber hinaus wird im beruflichen Alltag ersichtlich, wie gut sie sich mit dem Vorgesetzten und den Kollegen verstehen und mit diesen zusammenarbeiten können. Gerade in KMU, die durch enge persönliche Bindungen zwischen Mitarbeitern und Vorgesetzten geprägt sind, erscheint die Analyse der Teamfähigkeit der Jugendlichen während ihres Praktikums wichtig.

Eine Studie des Bundesinstituts für Berufsbildung unter 9000 Auszubildenden, bei denen im Ausbildungsjahr 2001/2002 der Ausbildungsvertrag aufgelöst wurde, zeigt, dass 60% der Befragten aufgrund von Konflikten mit den Ausbildern bzw. Betriebsinhabern und 23% aufgrund von Konflikten mit Facharbeitern oder Gesellen ihren Ausbildungsvertrag gekündigt haben (vgl. http://www2.bibb.de/tools/fodb/pdf/eb_10509.pdf und http://www.bibb.de/ dokumente/pdf/betriebliche_gruende.pdf, Abruf am 16. 12.2011). Aus einer Befragung von Wagner/Wolf (2011, S. 10) im Handwerk zeigt sich dementsprechend, dass der Faktor „Verhältnis zum Vorgesetzten" einen signifikanten Einfluss auf die Wahrscheinlichkeit hat, dass Auszubildende nach Abschluss ihrer Ausbildung bei ihrem Ausbildungsunternehmen bleiben wollen.

Die Arbeiten von Decker/Cornelius (1979), Gannon (1971) und Reid (1972) machen deutlich, dass Arbeitnehmer, die durch informelle Rekrutierungswege (z. B. Empfehlungen durch Mitarbeiter) zu einem Unternehmen gekommen sind länger bleiben als solche, die auf formellen Rekrutierungswegen (z. B. Zeitungsanzeigen oder Vermittlungen durch Arbeitsagenturen) zu einem Unternehmen gekommen sind. Schwab (1982) stellt in seinen Analysen fest, dass Arbeitnehmer, die von Mitarbeitern empfohlen wurden, im Vergleich zu anderen Rekrutierungswegen (z. B. privater Vermittlungsagenturen, Zeitungsannoncen) am längsten bei ihrem Arbeitgeber verbleiben (zitiert nach Taylor/Schmidt (1983): S. 343f.).

Verknüpft man die besondere Bedeutung von Praktika als Rekrutierungsstrategie in KMU mit der erhöhten Verweildauer von Arbeitnehmern, die auf diesem Weg zu ihrem Unternehmen gekommen sind, ist zu erwarten, dass Praktika auch in der vorliegenden Untersuchung die Verbleibintention von Auszubildenden erhöhen.

3 Untersuchungsdesign und Stichprobe

Unsere Daten wurden im Jahr 2009 mittels eines Fragebogens an Auszubildende an bayerischen Berufsschulen erhoben. In Kooperation mit dem Bayerischen Kultusministerium und dem Ludwig-Fröhler-Institut wurden insgesamt 2.200 Auszubildende befragt. Der Fragebogen enthielt neben sozio-demographischen Merkmalen wie Alter, Geschlecht, Nationalität und Schulbildung auch Informationen über den Ausbildungsbetrieb sowie den Ausbildungsberuf. Die verschiedenen Ausbildungsberufe wurden in Anlehnung an den ZDH-Konjunkturbericht (vgl. http://www.zdh-statistik.de/application/stat_det.php?LID=1&ID= MDE2MTU=&cID=00317, Abruf am 27.12. 2011) in sieben Gruppen eingeteilt. Von den insgesamt 2.200 Fragebögen konnten insgesamt 1.232 für die vorliegende Studie verwendet werden. Viele Fragebögen wurden entweder nicht vollständig ausgefüllt oder wiesen Inkonsistenzen auf. Beispielsweise waren sich viele Probanden nicht über Ihre Wünsche für die Zukunft im Klaren. Einige haben unvereinbare Möglichkeiten wie „möchte im Ausbildungsbetrieb bleiben" als auch „möchte in ein Industrieunternehmen wechseln" mit identischen Ausprägungen auf der fünfstufigen Likert-Skala gewählt. Diese Fälle wurden aussortiert.

Die nachfolgende Tabelle 2 zeigt in der ersten Spalte die Verteilung der verschiedenen Merkmale in unserem Datensatz. Männer sind dabei deutlich häufiger vertreten als Frauen. Über 90% der Befragten haben entweder einen Hauptschul- oder einen Realschulabschluss. Der Großteil der Befragten arbeitet zudem in eher kleineren Unternehmen mit maximal 50 Mitarbeitern. Der Vergleich mit den Zahlen in der zweiten Spalte zeigt, dass unser Datensatz hinsichtlich der sozio-demografischen Merkmale (Ausbildungsberuf, Geschlecht und Schulbildung) Deutschland weitgehend repräsentativ abbildet. Lediglich das Ausbaugewerbe ist im Datensatz überrepräsentiert und das Lebensmittelgewerbe unterrepräsentiert.

Variable	**Anteil in Stichprobe**	**Anteil in Deutschland**
Anteil Männer	78,33%	84,98%[ii]
Anteil Deutsche	88,72%	93,13%[iii]
Kein Schulabschluss	2,44%	2,85%[iv]
Hauptschule	63,39%	54,84%
Mittlere Reife	29,71%	36,74%
Gymnasium	4,46%	5,56%
Bauhauptgewerbe	5,60%	5,20%[v]
Ausbaugewerbe	9,98%	17,00%
Handwerk für den gewerblichen Bedarf	18,43%	19,43%
KFZ-Gewerbe	35,07%	30,80%
Lebensmittelgewerbe	11,85%	6,27%
Gesundheitsgewerbe	2,84%	3,23%
Personenbezogene Dienstleistungen	16,23%	18,07%
1-4 Mitarbeiter	15,26%	55,63%
5-9 Mitarbeiter	21,92%	23,24%
10-19 Mitarbeiter	19,16%	12,36%
20-49 Mitarbeiter	19,64%	6,37%
50-100 Mitarbeiter	11,93%	
100-499 Mitarbeiter	8,36%	2,40%
+500 Mitarbeiter	3,73%	

Tab 2: Deskriptive Statistik zur Stichprobe

Für Deutschland liegt keine Statistik über die Größe von Handwerksbetrieben vor, die in der beruflichen Ausbildung tätig sind. Ersatzweise wird deshalb die letzte große Handwerkszählung des Statistischen Bundesamtes aus dem Jahr 2008 verwendet, welche die Unternehmensgröße aller Handwerksbetriebe unabhängig von ihrer Ausbildungsaktivität ausweist. Das Statistische Bundesamt (2011, S. 15 ff.) benutzt nicht die in der Untersuchung verwendeten Größenklassen. Bei dieser Zählung werden ab der Größenklasse „20-49 Beschäftigte" nur noch Betriebe mit „50 und mehr Beschäftigten" betrachtet, so dass die Darstellung der Tabelle 2 angepasst werden musste. Tabelle 2 zeigt, dass unser Datensatz die „handwerkstypische" Unternehmensgröße „5-9 Mitarbeiter" Deutschland weitgehend repräsentativ abbildet, jedoch bei den anderen Firmengrößenklassen Verzerrungen vorliegen. Die Unterschiede können teilweise dadurch erklärt werden, dass im Datensatz des Statistischen Bundesamts wie bereits erwähnt, auch Betriebe enthalten sind, die nicht ausbilden.

In einem weiteren Teil des Fragebogens wurden die Auszubildenden gefragt, was ihre Wünsche für die weitere Karriere sind. Hier konnten die Lehrlinge auf einer fünfstufigen Likert-Skala angeben, was ihre Wünsche für die weitere Karriere sind. Der Wert 1 spiegelt die Einschätzung „überhaupt nicht attraktiv“ und der Wert 5 „sehr attraktiv“ wider. Für die vorliegende Analyse steht das Statement „Weiterhin langfristig (d. h. mehr als ein Jahr) in meinem Ausbildungsbetrieb als Geselle tätig sein“ im Fokus. Dieses Item wurde in eine Dummyvariable umkodiert. Diese Dummyvariable nimmt den Wert 1 an, wenn die Auszubildenden mindestens den Wert 4 auf der fünfstufigen Likert-Skala gewählt haben und somit im Ausbildungsunternehmen bleiben möchten. Falls die Teilnehmer einen Wert von kleiner oder gleich 3 gewählt haben, nimmt die Dummyvariable den Wert 0 an. Knapp 50% aller 1.232 Auszubildenden in unserem Datensatz möchten nach dieser Definition weiterhin in ihrem Ausbildungsbetrieb arbeiten.

Zusätzlich wurden die Lehrlinge gefragt, durch was ihr Interesse am Ausbildungsberuf geweckt wurde (z. B. Internet, Schule oder Eltern). Hierbei waren Mehrfachnennungen möglich. Tabelle 3 zeigt die relative Häufigkeit der Items „Was hat das Interesse am Ausbildungsberuf geweckt?“ für die gesamte Stichprobe als auch getrennt für die Gruppe, die im Betrieb bleiben möchte und diejenigen Auszubildenden, die den Betrieb verlassen möchten.

Wodurch wurde Ihr Interesse am Ausbildungsberuf geweckt?	**Alle**	**Wollen im Ausbildungsbetrieb bleiben**	**Wollen den Ausbildungsbetrieb verlassen**
	N=1,232	N=613	N=619
Durch ein Betriebspraktikum	74,03%	79,28%	68,82%
Durch die Eltern/Verwandte	39,21%	38,34%	40,06%
Durch Freunde	21,75%	22,35%	21,16%
Durch Informationsveranstaltungen an der Schule	8,20%	8,65%	7,75%
Durch gezielte Informationen einer Handwerkskammer	4,46%	5,22%	3,72%
Durch gezielte Information des Ausbildungsbetriebs	9,74%	12,23%	7,27%
Durch das Internet	14,53%	16,31%	12,76%
Durch das Arbeitsamt	10,71%	9,46%	11,96%
Durch das Berufsinformationszentrum	10,47%	11,09%	9,86%
Sonstiges	12,01%	11,42%	12,60%

Tab. 3: Wodurch wurde das Interesse am Ausbildungsberuf geweckt?

Tabelle 3 zeigt, dass bei ca. 74% aller Probanden das Interesse am Ausbildungsberuf durch ein Betriebspraktikum geweckt wurde. Dieser Anteil ist in der Spalte der Verbleiber um über 5 Prozentpunkte höher. Auch für das Item „durch gezielte Informationen des Ausbildungsbetriebs“ gibt es erhebliche Differenzen zwischen Verbleibern und Wechslern. Bei den Verbleibern ist der Anteil derer, die sich gezielt über das Ausbildungsunternehmen informiert haben um ca. 5 Prozentpunkte höher als bei den Wechslern. Eine eher untergeordnete Rolle bei der Information über Ausbildungsberufe spielt nach unseren Daten die Handwerkskammer. Weniger als 5% aller Befragungsteilnehmer gaben an, dass ihr Interesse am Ausbildungsberuf durch Informationen der Handwerkskammer geweckt wurde.

Die Ergebnisse aus Tabelle 3 stehen in Einklang mit bisheriger Evidenz zu Rekrutierungsstrategien. Einerseits durchläuft ein Großteil aller Befragten ein Praktikum vor Beschäftigungsbeginn, was ein weiterer Beleg für die Relevanz von Praktika im Rekrutierungsportfolio eines Unternehmens ist. Andererseits zeigen die Ergebnisse, dass der Anteil der Praktika bei den Auszubildenden, die im Unternehmen verbleiben möchten, um zehn Prozentpunkte höher liegt als bei Auszubildenden, die den Betrieb verlassen möchten. Dies kann als erster Hinweis darauf gedeutet werden, dass die Art der Rekrutierung einen Effekt auf den Wunsch weiterhin langfristig im Unternehmen zu arbeiten hat. Da die Ergebnisse in Tabelle 3 jedoch rein deskriptiv sind und womöglich durch andere Faktoren, wie beispielsweise die Firmengröße oder soziodemographische Merkmale verursacht werden, wird im Folgenden eine multivariate Analyse durchgeführt um für weitere Faktoren zu kontrollieren.

4 Multivariate Analysen

Die Basis unserer multivariaten Analyse bildet ein Probit-Modell. Die zu erklärende Variable ist die oben bereits beschriebene Intention, weiterhin langfristig im Ausbildungsbetrieb zu arbeiten (y=1 wenn Wunsch weiterhin langfristig im Unternehmen zu arbeiten vorliegt, sonst y=0). Unsere Schätzspezifikation hat folgende Form:

$$P(y=1|x) = \Phi(\beta_0 + \beta'_1 \text{Rekrutierung} + \beta'_2 \text{SozDem} + \beta'_3 \text{Firma} + \beta'_4 \text{Beruf} + u)$$

Der Vektor Rekrutierung enthält alle Rekrutierungsstrategien aus Tabelle 2, der Vektor SozDem enthält die Variablen Geschlecht, Nationalität, Schulabschluss und Dummies für verschiedene Persönlichkeitsmerkmale (=Big-Five-Inventory). Das Big-Five-Inventory gehört in der Psychologie zum Standardinstrumentarium zur Messung der Persönlichkeit (Erläuterungen des Big-Five-Inventory liefern z. B. Costa/McCrae (1992) sowie Ostendorf/Angleitner (2002)). Die Variable Firma enthält Informationen über die Firmengröße des Ausbildungsunternehmens und der Vektor Beruf kontrolliert für sieben Berufsgruppen. Tabelle 4 zeigt die Ergebnisse der Analyse für zwei Modelle. In Modell 1 werden nur die Rekrutierungsstrategien als erklärende Variablen verwendet. Modell 2 berücksichtigt hingegen die vollständige Liste der verfügbaren Kontrollvariablen. Da sich die Ergebnisse beider Spezifikationen nur marginal voneinander unterscheiden, beschränken sich die folgenden Ausführungen auf Modell 2. Da die hinzugefügten Variablen keinen Einfluss auf die Koeffizienten der Rekrutierungsstrategien haben, können wir davon ausgehen, dass Zusätzlich sind diese Effekte auch robust gegenüber weiteren von uns nicht beobachtbaren erklärenden Variablen sind.

Die Ergebnisse zeigen zwei positiv signifikante Koeffizienten für Betriebspraktikum und gezielte Informationen durch das Ausbildungsunternehmen. Beide Rekrutierungsstrategien haben somit einen positiven Effekt auf den Wunsch, weiterhin langfristig im Ausbildungsbetrieb zu arbeiten. Alle anderen Rekrutierungsstrategien zeigen keine signifikanten Effekte. Des Weiteren können positive Effekte für Firmengröße sowie die Persönlichkeitsausprägung

„Gewissenhaftigkeit" und ein negativer Effekt für Abitur identifiziert werden. Da die Vermutung nahe liegt, dass die Rekrutierungsstrategien gezielte Information durch den Ausbildungsbetrieb und ein Betriebspraktikum häufig gemeinsam vorkommen, wurde in einer weiteren Spezifikation getestet, ob ein Interaktionseffekt beider Maßnahmen zusätzlichen Erklärungsgehalt liefert (im vorliegenden Datensatz haben insgesamt 911 Teilnehmer angegeben, ein Praktikum absolviert zu haben; davon haben 87 zusätzlich angegeben, auch gezielte Informationen durch das Ausbildungsunternehmen erhalten zu haben). Die Ergebnisse dieser zusätzlichen Spezifikation zeigten jedoch, dass der Interaktionseffekt aus Betriebspraktikum und Informationen durch das Ausbildungsunternehmen keinen zusätzlichen signifikanten Effekt auf den Wunsch, im Ausbildungsunternehmen zu verbleiben, hat.[vi]

Für einen zusätzlichen Robustheitscheck wurde die Variable „Übernahmeangebot" verwendet. Diese Information liegt für insgesamt 684 Befragungsteilnehmer vor und hat den Wert eins, wenn der Befragte ein Übernahmeangebot der Firma erhalten hat. Die Variable hat hingegen den Wert Null falls der Befragte der Ausbildungsfirma mitgeteilt hat, dass er die Firma nach Ausbildungsende verlassen möchte oder er ein Arbeitsangebot eines anderen Unternehmens hat. Es kann angenommen werden, dass das Vorliegen eines Übernahmeangebots einen sehr starken Effekt auf die Wahrscheinlichkeit hat, dass der Auszubildende weiterhin im Unternehmen arbeiten möchte.

Fügt man die Variable „Übernahmeentscheidung" dem Modell 2 aus Tabelle 4 als weitere erklärende Variable hinzu, zeigt sich in der Tat ein sehr starker positiver Effekt auf den Wunsch, weiterhin im Ausbildungsunternehmen zu arbeiten. Das Vorliegen eines Übernahmeangebots erhöht die Wahrscheinlichkeit, dass der Auszubildende weiterhin im Ausbildungsunternehmen arbeiten möchte um durchschnittliche 44 Prozentpunkte. Der Koeffizient der Variable gezielte Informationen durch den Ausbildungsbetrieb verliert in dieser Spezifikation seine Signifikanz, jedoch bleibt der positiv signifikante Effekt des Betriebspraktikums auf die Neigung im Betrieb zu bleiben weiterhin bestehen.

Um ein Gefühl für die ermittelten Effektstärken in Tabelle 4 zu erhalten, zeigt Tabelle 5 mit welcher Wahrscheinlichkeit ein Auszubildender im Ausbildungsbetrieb weiterarbeiten möchte, unter Berücksichtigung verschiedener Rekrutierungsstrategien. Als exemplarischen Lehrling haben wir einen deutschen, männlichen Lehrling aus dem KFZ-Gewerbe mit einem Hauptschulabschluss, der in einem Betrieb mit 5-9 Mitarbeitern beschäftigt ist ausgewählt.[vii] Die Berechnungen erfolgen auf Basis der Ergebnisse von Modell 2 aus Tabelle 4.

Um einen Ausgangswert zu ermitteln, werden zunächst alle Rekrutierungsstrategien auf Null gesetzt und nur die Charakteristiken der Referenzperson zur Ermittlung der Wahrscheinlichkeitswerte verwendet. Die so ermittelte hypothetische Wahrscheinlichkeit für eine Wechselintention beträgt ca. 26%. Unterstellt man ein Betriebspraktikum oder gezielte Informationen des Ausbildungsunternehmens als Rekrutierungsstrategie, steigt die Wahrscheinlichkeit in beiden Fällen um ca. 11 Prozentpunkte auf ca. 37%. Greifen beide Rekrutierungsstrategien simultan, steigt die Wahrscheinlichkeit, dass der Auszubildende im Ausbildungsunternehmen bleiben möchte auf über 49%.

Abh. Variable: Bleibe im Ausbildungsbetrieb	**Modell 1**	**Modell 2**
Durch ein Betriebspraktikum	0,341*** (0,086)	0,317*** (0,089)
Durch die Eltern/Verwandte	0,005 (0,075)	-0,011 (0,078)
Durch Freunde	0,053 (0,088)	0,031 (0,090)
Durch Informationsveranstaltungen an der Schule	0,042 (0,135)	0,099 (0,138)
Durch gezielte Informationen einer Handwerkskammer	0,082 (0,181)	0,078 (0,187)
Durch gezielte Information des Ausbildungsbetriebs	0,342*** (0,125)	0,301** (0,129)
Durch das Internet	0,145 (0,107)	0,103 (0,110)
Durch das Arbeitsamt	-0,137 (0,121)	-0,139 (0,124)
Durch das Berufsinformationszentrum	0,025 (0,122)	0,019 (0,124)
Sonstiges	0,018 (0,113)	0,032 (0,119)
Geschlecht	Nein	Ja
Nationalität	Nein	Ja
6 Dummies für Firmengröße	Nein	Ja
3 Dummies für den Schulabschluss	Nein	Ja
6 Dummies für Berufsgruppen	Nein	Ja
4 Dummies für Big-Five-Inventory	Nein	Ja
Konstante	-0,325*** (0,094)	-0,389 (0,356)
Anzahl der Beobachtungen	1.231	1.231

Tab. 4: Probitregression
*Standardfehler in Klammern, ***p<0,01, **p<0,05, *p<0,1*

Rekrutierungsstrategie	P(y=1|x)
Keine Rekrutierungsstrategie	26,21%
Betriebspraktikum	37,44%
Gezielte Information des Ausbildungsbetriebs	36,83%
Betriebspraktikum & Information des Ausbildungsbetriebs	49,22%

Tab. 5: Exemplarische marginale Effekte

Zusammenfassend lässt sich somit festhalten, dass ausschließlich Rekrutierungsstrategien die vom Ausbildungsunternehmen ausgehen, einen signifikanten Effekt auf den Wunsch eines Auszubildenden, weiterhin langfristig im Ausbildungsbetrieb zu arbeiten, haben. Die Strategien haben beachtliche Effekte auf die Wechselabsicht und sind daher als relevante Faktoren zu betrachten. Kritisch muss festgestellt werden, dass die vorliegenden Ergebnisse keine Kausalaussagen zulassen. Im vorliegenden Datensatz können wir nur beobachten, wie sich die Intention bei der Firma zu bleiben auf Basis der unterschiedlichen Rekrutierungsstrategien verändert, jedoch nicht das tatsächliche Verhalten der Auszubildenden am Ende der Ausbildung.

5 Implikationen

Unsere Untersuchung weist auf die Erfolgspotentiale von Betriebspraktika sowie Informationsveranstaltungen von Betrieben als Rekrutierungsstrategie in KMU hin, auf die auch in der Praxis vielfach Bezug genommen wird. Die Agentur für Arbeit München (2011, S.18) macht bei der Gestaltung von Informationsveranstaltungen von Betrieben auf Berufsorientierungsmessen aufmerksam, bei denen Betriebe und Innungen mittels „lebender Werkstätten" Handwerksberufe vorstellen. Die Jugendlichen können dabei selbst Arbeiten im jeweiligen Ausbildungsberuf ausprobieren und erleben (vgl. http://www.arbeitsagentur.de/Dienststellen/RD-BY/Muenchen/AA/Buerger/BIZ/pdf/Handwerk-erleben.pdf, Abruf 16.12.2011). Unternehmen können auf diese Weise nicht nur Informationen über den Ausbildungsberuf vermitteln, sondern auch über ihr eigenes Unternehmen informieren. Darüber hinaus können sie die praktischen Aufgaben als „Kurztest" nutzen, um besonders begabte und motivierte Jugendliche als neue Auszubildende für sich zu gewinnen.

Die Arbeitsgemeinschaft der bayerischen Handwerkskammern (2008, S. 4f.) weist seine Mitgliedsbetriebe auf die Vorteile von Betriebspraktika (z. B. Analyse der beruflichen Neigungen und Fähigkeiten der Jugendlichen oder Teamfähigkeit) hin und empfiehlt diese ausdrücklich als Rekrutierungsweg. Hinsichtlich der Anbahnung von Betriebspraktika erscheint es vorteilhaft, wenn KMU mit Schulen aus ihrer örtlichen Umgebung kooperieren. Durch ehemalige Schüler, die in den Unternehmen als Auszubildende tätig sind, entstehen persönliche Netzwerke mit den Schulen, die mit den KMU mit Vorteilen verbunden sind. Einerseits können sich die Betriebe mit diesen Auszubildenden auf Berufsinformationsmessen und Veranstaltungen der jeweiligen Schulen präsentieren. Die Schüler können in diesem Rahmen den Auszubildenden, der selbst an der Schule war, informell und „auf Augenhöhe" Fragen zum Ausbildungsberuf und –unternehmen stellen. Die Auszubildenden wirken dadurch als Multiplikator und Identifikationsfigur an ihren ehemaligen Schulen. Kooperationen mit Schulen, auf denen sich die Kinder der Betriebsinhaber befinden, bieten neben den genannten Vorteilen auch die Möglichkeit durch Betriebsbesichtigungen Aktionen wie „Eltern stellen Berufe vor" durchzuführen (vgl. Rehbold (2011): S. 8f.).

Dilger et al. (2010, S. 73ff.) geben Handlungsempfehlungen für die Gestaltung von Schülerpraktika im Handwerk. In der Vorbereitungsphase ist es hilfreich, den Schülern mit Hilfe von Aufgaben des beruflichen Alltags in den unterschiedlichen Gewerken zu helfen, ihre persönlichen Neigungen und Fertigkeiten zu entdecken. Die Aufgaben sollten dabei erfahrungsbasiert gestaltet sein. Für angehende Kraftfahrzeugmechatroniker beispielsweise könnte das Aufziehen von Reifen an einem Modell demonstriert werden. In der Durchführungsphase der Schülerpraktika stellen die Autoren fest, dass diese das gesamte Spektrum der beruflichen Anforderungen im jeweiligen Gewerk abdecken sollte. Um die Anforderungen deutlich zu machen, sollten umfangreiche Aufgaben des Handwerksberufs mit unterschiedlichen Schwierigkeitsgraden für die Jugendlichen ausgewählt und aufbereitet werden. Darüber hinaus erscheint es ratsam, dass die Jugendlichen mit unterschiedlichen Bezugspersonen (z. B. Eltern, Lehrer und Auszubildende) über ihre Erfahrungen sprechen können, um über diese intensiver nachdenken zu können und um ihre Interessen sowie persönlichen Fähigkeiten mit den Anforderungen des Ausbildungsberufes abgleichen zu können.

Eine Variante des „klassischen Betriebspraktikums" stellt die betriebliche Einstiegsqualifizierung dar. Die betriebliche Einstiegsqualifizierung wurde im Jahr 2004 im Zuge des Ausbildungspaktes gesetzlich eingeführt (vgl. Euler/Reemtsma-Theis (2010): S. 10) und ist als ein sechs- bis zwölfmonatiges Langzeitpraktikum konzipiert. Sie soll Jugendlichen, die aufgrund von Vermittlungshemmnissen (z. B. Lernbeeinträchtigungen) nicht die notwendige Ausbildungsreife aufweisen, den Übergang in eine duale Ausbildung ermöglichen. Bei der von der Agentur für Arbeit geförderten (die Agentur für Arbeit unterstützt beispielsweise Gehaltszahlrungen mit maximal 212 € pro Monat) betrieblichen Einstiegsqualifizierung haben Unternehmen die Möglichkeit, die Jugendlichen und ihre Fertigkeiten im angestrebten Ausbildungsberuf kennenzulernen (vgl. Bundesagentur für Arbeit (2011): S. 2ff.).

Für die betriebliche Einstiegsqualifizierung lassen sich mit Blick auf den Übergang der Jugendlichen in eine Ausbildung Erfolge nachweisen: Innerhalb des Förderjahres 2008/2009 befanden sich noch 64% der Teilnehmer Ende 2009/Anfang 2010 in einer Berufsausbildung (vgl. Becker et al. (2010): S. 166).

Dieser Beitrag bestätigt somit, dass Informationsveranstaltungen und vor allem Betriebspraktika Handwerksunternehmen stellvertretend für KMU die Möglichkeit bieten, passgenaue Jugendliche zu rekrutieren. Wie die Ergebnisse unserer Studie zeigen, können diese Maßnahmen dazu beitragen, selbst ausgebildete Fachkräfte nachhaltig an das Unternehmen zu binden.

Literatur

- Acemoglu, D., Pischke, J.-S. (1998): Why do firms train? Theory and Evidence, in: Quarterly Journal of Economics, 113 (1), 79-118.
- Agentur für Arbeit München (2011) (Hrsg.): BIZ Kalender – Angebote der Berufsberatung, Online: [http://www.arbeitsagentur.de/Dienststellen/RD-BY/Muenchen/AA/Buerger /BIZ/pdf/BIZ-Programm.pdf], Abruf am 16.122011.
- Arbeitsgemeinschaft der bayerischen Handwerkskammern (2008): Lehrlinge finden – Fachkräfte binden, Altötting 2008.
- Baily, M. N., Burtless, G., Litan, R. E. (1992): Growth with Equity: Economic Policymaking for the Next Century, Washington D.C. 1992.
- Becker, C., Gehrke, J., Grebe, T., Popp, S., Dietrich, H. (2010): Weiterführung der Begleitforschung zur Einstiegsqualifizierung (EQ) im Auftrag des Bundesministeriums für Arbeit und Soziales, Online: [http://doku.iab.de/externe/2010/k100722r11.pdf], Abruf am 14.12.2011.
- Bizer, K./Müller, K. (2009): Strukturwandel und Nachfragtrends im Handwerk, in: Deutsches Handwerksinstitut (Hrsg.): Dokumentation der wissenschaftlichen Tagung am 04. Dezember 2009 in Halle (Saale), Berlin 2010, S. 41-64.

- Bosch, G. (2010): The Revitalization of the Dual System of Vocational Training in Germany, in: Bosch, G./Charest, J. (Hrsg.): Vocational Training, New York und London 2010, S. 136-161.
- Bundesagentur für Arbeit (Hrsg.) (2011): Betriebliche Einstiegsqualifizierung, Online: [http://www.arbeitsagentur.de/zentraler-Content/Veroeffentlichungen/Vermittlung/EQ-Arbeitgeber.pdf], Abruf am 14.12.2011.
- Bundesinstitut für Berufsbildung (2009): Datenreport zum Berufsbildungsbericht 2009 – Informationen und Analysen zur Entwicklung der beruflichen Bildung, Bonn 2009.
- Bundesministerium für Wirtschaft und Technologie (Hrsg.) (2008): Schlaglichter der Wirtschaftspolitik, Monatsbericht Juni 2008, Online: [http://www.bmwi.de /BMWi/ Redaktion/PDF/Publikationen/Monatsbericht/schlaglichter-der-wirtschaftspolitik-06-2008, property=pdf,bereich=bmwi,sprache=de,rwb=true.pdf], Abruf 25.05.2010.
- Costa, P. T., McCrae, R. R. (1992): NEO-PI-R Professional manual, Odessa Florida 1992.
- Culpepper, P. D. (1999): The future of the high-skill equilibrium in Germany, in: Oxford Review of Economic Policy, 15 (1), S. 43-59.
- Decker, P. J., Cornelius, E. T. (1979): A note on recruiting sources and job survival rates, in: Journal of Applied Psychology, 64 (4), S. 463-464.
- Deutsche Handwerkszeitung (2011): Klappern gehört zum Handwerk, in: Deutsche Handwerkszeitung, 63 (5), S. 8.
- Dilger, B., Wenner, N., Wilms, M. (2010): Auswirkungen von Schülerpraktika im Handwerk auf die Wahl des Ausbildungsberufes – Empfehlungen für die Gestaltung von Schülerpraktika, Arbeitshefte zur berufs- und wirtschaftspädagogischen Forschung, Heft A 10, Köln 2010.
- Euler, D., Reemtsma-Theis, M. (2010): „Übergänge mit System" – Länderstudie Nordrhein-Westfalen, Online: [http://www.bertelsmann-stiftung.de/bst/de/media/xcms_bst _dms_32266_32267_2.pdf], Abruf am 14.12.2011.
- Fuchs, J. (2005): Auswirkungen des demographischen Wandels auf das Arbeitskräftepotenzial, in: Seminar für Handwerkswesen (Hrsg.): Demographischer Wandel – Auswirkungen auf das Handwerk, Duderstadt 2005, S. 25-51.
- Gannon, M. J. (1971): Sources of referral and employee turnover, in: Journal of Applied Psychology, 55 (3), S. 226-228.
- Gitter, R. J., Scheuer, M. (1997): US and German youths: unemployment and the transition from school to work, in: Monthly Labor Review, 120 (3), S. 16-20.
- Glasl, M. (2006): Handwerksbetriebe, in: Handelsblatt (Hrsg.): Wirtschaftslexikon – Das Wissen der Betriebswirtschaftslehre, Band 5, Stuttgart 2006, S. 2319-2327.
- Glasl, M., Wolf, M. (2009): Die SWOT-Analyse als Instrument zur Generierung von Erfolgspotentialen in KMU – Ein praxisnahes Instrumentarium für Handwerksunternehmen,

in: Meyer, J.-A. (Hrsg.): Management-Instrumente in kleinen und mittleren Unternehmen, Lohmar-Köln 2009, S. 151-169.

- Gospel, H. (1998): The Revival of Apprenticeship Training in Britain?, in: British Journal of Industrial Relations, 36 (3), S. 435-457.
- Hampel, J., Schneider, M., Spurk, A., Sautter, A. (2003): Nachwuchsmangel im baden-württembergischen Handwerk, Online: [http://elib.uni-stuttgart.de/opus/volltexte/ 2004/ 1815/pdf/Nachwuchshandwerk.pdf], Abruf am 27.03.2011.
- Hamilton, S. F., Hamilton, M. A. (1999): Creating new pathways to adult-hood by adapting German apprenticeship in the United States, in: Heinz, W. R. (Hrsg.): From Education to Work: Cross-National Perspectives, Cambridge 1999.
- Harhoff, D., Kane, T. J. (1997): Is the German apprenticeship system a pancea for the U.S. labour market?, in: Journal of Population Economics, 10 (2), S. 171-196.
- Kath, F. (1996): Der Stellenwert des Dualen Systems der Berufsausbildung, in: Seminar für Handwerkswesen (Hrsg.): Der Faktor Humankapital im Handwerk, Duderstadt 1997, S. 1-33.
- Kay, R., Suprinovič, O., Werner, A. (2010): Deckung des Fachkräftebedarfs in kleinen und mittleren Unternehmen – Situationsanalyse und Handlungsempfehlungen, in: IfM-Materialien, Nr. 200, Bonn 2010.
- Lehmann, W. (2000): Is Germany's Dual System Still a Model for Canadian Youth Apprenticeship Initiatives?, in: Canadian Public Policy, 26 (2), S. 225-240.
- Lindley, R. M. (1975): The Demand for Apprentice Recruits by the Engineering Industry, 1951-71, in: Scottish Journal of Political Economy, 22 (1), S. 1-24.
- Moser, K. (1995): Vergleich unterschiedlicher Wege der Gewinnung neuer Mitarbeiter, in: Zeitschrift für Arbeits- und Organisationspsychologie, 39 (3), S. 105-114.
- Ostendorf, F., Angleitner, A. (2004): NEO-Persönlichkeitsinventar nach Costa und McCrae, revidierte Form (NEO-PI-R), Göttingen 2004.
- Rehbold, R. (2011): Rahmenbedingungen für die berufliche Orientierung und den Übergang von Schule und Beruf – Ergebnisse einer Studie zur Kooperation von Realschulen und Betrieben, Online: [http://www.bwpat.de/ht2011/eb/rehbold_ws05-ht2011.pdf], Abruf am 16.12.2011.
- Reid, G. L. (1972): Job search and the effectiveness of job finding methods, in: Industrial and Labor Relations Review, 25 (4), S. 479-495.
- Rolff, K., Neumann, S., Deicke, A., Prijanto, M., Becker, D., Johns, S. (2010): Endbericht des Projekts „Ausbildungssituation im Handwerk – Befragung von Auszubildenden im zweiten Lehrjahr in handwerklichen Unternehmen im nördlichen Ruhrgebiet", Online: [http://www.iat.eu/files/endbericht_aubih_wisdom.pdf], Abruf am 10.01.2012.
- Schempp, A. C. (2008): Zukunftsforum Handwerk in Bayern – Endversion des Abschlussberichts, München 2008.

- Schwab, D. P. (1982): Organizational recruiting and the decision to participate, in: Rowland, K., Fressis, G. (Hrsg.): Personell Management: New Perspectives, Boston 1982, S. 103-128.
- Schwannecke, H. (2010): Rede-„Fachkräfte für das deutsche Handwerk-Strategien des ZDH", Online: [http://www.zdh.de/fileadmin/user_upload/themen/Handwerkspolitik/Reden_2010/16%20GS%20Niederbayern-Oberpfalz%20Fachkr%C3%A4ftesicherung.pdf], Abruf 23.07.2010.
- Smits, W./Zwick, T. (2004): Why do business service firms employ fewer apprentices?, in: International Journal of Manpower, 25 (1) 2004, S. 36-54.
- Statistisches Bundesamt (2006): Bevölkerung Deutschlands bis 2050, 11. koordinierte Bevölkerungsvorausrechnung. Online: [http://www.destatis.de/jetspeed/portal/cms/Sites/destatis/Internet/DE/Presse/pk/2006/Bevoelkerungsentwicklung/bevoelkerungsprojektion2050,property=file.pdf], Abruf 07.01.2010.
- Statistisches Bundesamt (2011): Produzierendes Gewerbe – Unternehmen, tätige Personen und Umsätze im Handwerk, Fachserie 4 Reihe 7.2, Wiesbaden 2011.
- Steedman, H., Gospel, H., Ryan, P. (1998): Apprenticeship: A Strategy For Growth, Centre for Economic Performance discussion paper, London.
- Taylor, M. S., Schmidt, D. W. (1983): A process-oriented investigation of recruitment source effectiveness, in: Personnel Psychology, 36 , S. 343-354.
- Wagner, R., Wolf, M. (2011): What drives the intentions of craft apprentices to change their employer or education, Swiss Leading House Working Paper 60.
- Wagner, R., Zwick, T. (2012): How Acid are Lemons? Adverse Selection and Signalling for Skilled Labour Market Entrants, mimeo Ludwig-Maximilians-Universität München.
- Wenzelmann, F., Schönfeld, G., Pfeiffer, H., Dionisius, R. (2009): Betriebliche Berufsausbildung: Eine lohnende Investition für die Betriebe, in: BIBB-Report 8/09, S. 1-11.
- Wagner, R./Zwick, T. (2012), How Acid are Lemons? Adverse Selection and Signalling for Skilled Labour Market Entrants, mimeo Ludwig-Maximilians-Universität München.
- Wildung, X./Schaurer, I. (2008): Lokale Ausbildungssituation und Interkulturalität in Münchner Ausbildungsbetrieben, Online: [http://www.dji.de/bibs/654_XENOS_MUC.pdf], Abruf am 13.12.2011.
- Wolter, S. (2003): Wer rechnen kann, bildet Lehrlinge aus, in: Fachzeitschrift Panorama/bbaktuell (herausgegeben von SBBK) (bbaktuell 94), Online: [http://www.panorama.ch/pdf/bba1769a.pdf], Abruf am 12.11.2011.
- Zentralverband des Deutschen Handwerks (2011a) (Hrsg.): Beschäftigte/Umsätze, Online: [http://www.zdh.de/daten-und-fakten/beschaeftigte-umsaetze.html], Abruf am 14.08. 2011.

- Zentralverband des Deutschen Handwerks (2011b) (Hrsg.): Wirtschaftlicher Stellenwert des Handwerks, Online: [http://www.zdh.de/daten-und-fakten/das-handwerk/wirtschaft licher-stellenwert-des-handwerks.html], Abruf 14.08.2011.
- Zentralverband des Deutschen Handwerks (Hrsg.) (2011c): Fachkräftesicherung im Handwerk – Ergebnisse einer Umfrage bei Handwerksunternehmen im 1. Quartal 2011, Online: [http://www.zdh.de/fileadmin/user_upload/themen/wirtschaft/sonderumfragen/I-2011-Fachkraefte/5-2-0-Bericht-Sonderumfrage-Fachkr%C3%A4ftebedarf.pdf], Abruf am 01.07.2011.

Anmerkungen

i Ein typisches Handwerksunternehmen in Deutschland hat unter 10 Mitarbeiter und verzeichnet einen Jahresumsatz von bis zu 500.000 € (vgl. Glasl (2006): S. 2321).

ii Eigene Berechnungen auf Basis des Bestands an Auszubildenden in den betrachteten Gewerken (N=192.241) am 31.12.2010 in der Bundesrepublik Deutschland (vgl. http://www.zdh-statistik.de/application/stat_det.php?LID=1&ID=MDE3OT%20E =&cID=00333, Abruf am 13.12.2011).

iii Eigene Berechnungen auf Basis des Bestands an Auszubildenden am 31.12.2010 in der Bundesrepublik Deutschland (N=19.241) (vgl. http://www.zdh-statistik.de/application /stat_det.php?LID=1&ID=MDE4NTU=&cID=00349 und http://www.zdh-statistik.de/ application/stat_det.php?LID=1&ID=MDE3O-TE=&cID=00333, Abruf am 13.12.2011).

iv Da offizielle keine Informationen zur Schulbildung innerhalb der betrachteten Berufe für den gesamten Bestand an Auszubildenden verfügbar sind, dient ersatzweise die Zahl der Neuanfänger mit Hochschulzugangsberechtigung in den untersuchten Gewerken aus dem Jahr 2010 als Vergleichsmaßstab, da anzunehmen ist, dass sie das Gesamthandwerk repräsentativ weitgehend abbildet. Die Bezugsbasis stellen dabei die Zahl der Neuanfänger in den untersuchten Gewerken dar (N=52.440) (vgl. http://www.zdh-statistik.de/ application/stat_det.php?LID=1&ID=MDE4MzQ=&cID=00338, Abruf am 13.12.2011).

v Eigene Berechnungen auf Basis des Bestands an Auszubildenden in den betrachteten Gewerken (N=192.241) am 31.12.2010 in der Bundesrepublik Deutschland (vgl. http://www.zdh-statistik.de/application/stat_det.php?LID=1&ID=MDE3OTE=&cID=00333, Abruf am 13.12.2011).

vi Diese zusätzliche Schätzspezifikation kann bei den Autoren angefordert werden.

vii Die zugrundeliegenden Merkmale wurden ausgewählt, da es sich um die häufigsten Ausprägungen in unseren Daten sind (siehe Tabelle 2).

Regionale Personalstrategien für kleine und mittlere Unternehmen gegen den Fachkräftemangel – Empirische Befunde zur Berufs- und Studienwahl von Schülern der Sekundarstufe II

Frank Striewe, Markus G. Schwering und Alexander Knickmeier

1 Kontroverse Positionen zum Fachkräftemangel – Ein Überblick

Die Wandlung der Industrie- zur Wissensgesellschaft in Verbindung mit den Veränderungen der Arbeitswelt und den stetig steigenden Anforderungen an die beruflichen Voraussetzungen lassen die Verfügbarkeit von qualifizierten Fach- und Führungskräften zu einem wesentlichen Wirtschaftsfaktor werden. Das Reservoir an aktuellen und zukünftigen Kompetenzträgern hängt von vielen Einflussfaktoren (Bevölkerungsstruktur und -entwicklung, allgemeine Schulbildung, Übergänge ins Berufsausbildungssystem etc.) ab und steht in unmittelbarem Zusammenhang mit den vorhandenen Bildungsstrukturen (Schulen, Hochschulen, Weiterbildungslandschaft) in einer Region.

Untersuchungen zu einem gegenwärtigen oder zukünftigen Fachkräftemangel fokussieren überwiegend die sogenannten MINT-Fächer (Mathematik, Informatik, Naturwissenschaften und Technik), da diese in der industriell geprägten deutschen Wirtschaft eine besonders wichtige Rolle für die Entwicklung und Innovationsfähigkeit der Unternehmen spielen. Betrachtet man die vorliegenden empirischen Ergebnisse zu den Diskussionen um einen aktuellen bzw. zukünftigen Fachkräftemangel, werden unterschiedliche Positionen deutlich:

- Auf der einen Seite finden sich Befunde, die bereits heute einen eklatanten Fachkräftemangel diagnostizieren. Insbesondere Analysen des Instituts der deutschen Wirtschaft Köln (IW) weisen auf eine bestehende große Ingenieurlücke hin. Demnach „waren im Jahr 2010 im Ingenieurberuf deutlich mehr offene Stellen als arbeitslose Personen zu verzeichnen. (...) Von Januar bis Dezember 2010 ist die gesamtwirtschaftliche Zahl der offenen Ingenieurstellen um mehr als 50 Prozent von 47.600 auf 72.000 gestiegen. Die Zahl arbeitsloser Ingenieure ist im Vergleichszeitraum um mehr als 20 Prozent von 28.400 auf 23.200 gesunken. Die Arbeitslosenquote im Ingenieurberuf lag im Jahresdurchschnitt 2010 bei 2,4 Prozent und damit auf Vollbeschäftigungsniveau. Infolge nicht zu besetzender Ingenieurstellen hat die deutsche Volkswirtschaft im Jahr 2010 einen Wertschöpfungsverlust von mindestens 3,3 Milliarden Euro erlitten". (Koppel 2011, S. 4)

- Auf der anderen Seite gibt es Befunde, die „für einen aktuell erheblichen Fachkräftemangel ... in Deutschland kaum Anzeichen ... erkennen." (Brenke 2010, S. 2) Dabei wird argumentiert, dass „... die Zahl der Ingenieurstudenten nach einer vorhergehenden Stagnation seit 2007 wieder sprunghaft angestiegen ist." (Brenke 2010, S. 8) Darüber hinaus wird angeführt, dass „... die Löhne ... bei den Fachkräften in den letzten Jahren kaum gestiegen sind" und schließlich, dass „die Zahl der erwerbslosen Fachkräfte höher (ist) als vor der Krise." (Brenke 2010, S. 2 ff.) Der Autor resümiert: „Für ein derzeit generell knappes Arbeitskräfteangebot ... lassen sich keine Belege finden. Das gilt sowohl hinsichtlich der jüngsten Entwicklung auf dem Arbeitsmarkt, der Lohnentwicklung als auch mit dem Blick auf die Ausbildungssituation. Bei den akademischen naturwissenschaftlich-technischen Berufen ist angesichts des Anstiegs der Studentenzahlen in den kommenden Jahren nicht damit zu rechnen, dass der Bedarf nicht gedeckt werden kann." (Brenke 2010, S. 13.)

Die überwiegende Zahl der Studien geht jedoch bereits heute von einem akuten und/oder insbesondere für die Zukunft absehbaren eklatanten Fachkräftemangel aus (vgl. DIHK 2010; Bundesagentur für Arbeit 2011; Ditton 2008; Prognos 2008).

Trotz dieser Diagnose lassen sich bislang nur wenige Vorschläge zu konkreten Strategien für eine nachhaltige Personalarbeit finden. Häufig vorgeschlagene Lösungen von gelockerten Zuwanderungsregelungen für ausländische Beschäftigte, Diversity-Programmen zur Förderung von Ingenieurinnen oder aufwändigen Weiterbildungsprogrammen mögen für Großunternehmen hilfreich sein, für viele KMU erweisen sich diese Maßnahmen jedoch als wenig passfähig.

Insbesondere im Bereich der Personalbeschaffung, für die viele Autoren noch immer davon ausgehen, dass „im Unterschied zu akademischen Berufen die Unternehmen bei den Facharbeiterberufen das Arbeitskräfteangebot über die Lehrstellen weitgehend selbst steuern (können)" (Brenke 2010, S. 12), gibt es bisher noch wenig beachtete Instrumente, die auch KMU die Möglichkeit bieten, das Arbeitskräfteangebot im zunehmend umkämpften akademischen Bereich anzugehen. In den vergangenen Jahren haben duale Studienangebote sowohl in der gesamtdeutschen bildungspolitischen Diskussion als auch an den Hochschulen selbst eine wachsende Bedeutung erfahren (vgl. Kottmann et al. 2008). Wesensmerkmal der dualen Studiengänge ist es, dass eine gewerblich-technische Ausbildung mit einem Studium an einer Hochschule verzahnt wird. Innerhalb von vier Jahren sind diese jungen Menschen sowohl Facharbeiter als auch Ingenieure mit Praxiserfahrung (vgl. Kottmann et al. 2009).

Es wird darüber hinaus deutlich, dass die vorliegenden Studien zum Fachkräftemangel kaum auf regionale Aspekte und Besonderheiten von KMU fokussieren. Analysiert man etwa die Rekrutierungsstrategien in Abhängigkeit von der Unternehmensgröße wird deutlich, dass Großunternehmen stärker überregional und international rekrutieren. Für kleine und mittlere Unternehmen ist die Verfügbarkeit kompetenter Ingenieure und Naturwissenschaftler im Umkreis von 50 Kilometern besonders wichtig (VDI 2007, S. 15).

In Zeiten des Ingenieurmangels zieht es insbesondere Jungingenieure zu den großen Unternehmen, was die Rekrutierungsprobleme bei den KMU verschärft. Initiativen zur Überwindung des Fachkräftemangels müssten sich angesichts dieser Zusammenhänge viel intensiver an dieser stark regionalisierten Nachfrage nach Ingenieuren und Naturwissenschaftlern orientieren.

Nachfolgend wird die Bedeutung des dualen Studiums für die Neuausrichtung der Personalstrategien von kleinen und mittleren Unternehmen herausgearbeitet. Im Zentrum des Beitrags steht die Frage, wie sich bislang brachliegende Ingenieurpotenziale für kleine und mittlere Unternehmen heben lassen und welche regionalen Angebote von KMU für künftige Fach-

und Führungskräfte attraktiv sind. Die Grundlage für die Ausführungen bildet eine Befragung von Bochumer Schülern der Sekundarstufe II (N=342). Neben einer kurzen Beschreibung des dualen Studiums werden die Chancen einer vorlaufenden Sicherung kritischer Humanressourcen im regionalen Kontext für kleine und mittlere Unternehmen diskutiert.

2 Duale Studienmodelle als ein Lösungsansatz gegen den akademischen Fachkräftemangel in KMU

Duale Studienangebote haben in den vergangenen Jahren eine wachsende Bedeutung erfahren. Dies spiegelt sich auch in empirischen Befunden wider. Das Angebot hat sich gegenüber 2010 in 2011 um 12,5 Prozent erhöht. Die für einige Varianten des dualen Studiums notwendige Beteiligung der Unternehmen hat ebenfalls um rund neun Prozent zugenommen. Die Anzahl der Studierenden ist um rund sechs Prozent gewachsen (Pieper 2011).

In Deutschland existieren derzeit (im November 2011) über 900 duale Studiengänge überwiegend in den Bereichen Betriebswirtschaft, Ingenieurwesen, Informatik und Naturwissenschaften. Sie verzahnen die betriebliche Berufsausbildung oder -praxis in einem Unternehmen mit einem Studium an einer Hochschule (BIBB o. J.). Die Anbieter dualer Bachelorstudiengänge sind vorwiegend Fachhochschulen, Duale Hochschulen (ehemals Berufsakademien des Landes Baden-Württemberg) und Berufsakademien (Netz/Völk 2010, S. 6). Von Universitäten wird dagegen nur ein Bruchteil der dualen Studiengänge angeboten.

Im Kern lassen sich vier verschiedene Formen unterscheiden:

- Ausbildungsintegrierende Studiengänge kombinieren ein Studium an einer Hochschule mit einer praktischen Berufsausbildung im Betrieb. Die praktische Qualifizierung findet im Rahmen eines regulären Ausbildungsverhältnisses nach dem Berufsbildungsgesetz (BBiG) statt. Die Ausbildung endet mit einem Abschluss der Industrie- und Handelskammer (IHK) oder der Handwerkskammer (HWK). Parallel dazu erwerben die Studierenden nach erfolgreichem Abschluss des Studiums zusätzlich den akademischen Grad des Bachelor. Zur Gruppe der ausbildungsintegrierenden Studiengänge gehören auch die ingenieurwissenschaftlich geprägten Studiengänge der sogenannten „Kooperativen Ingenieurausbildung“ (KIA).

- Praxisintegrierende Studiengänge verzahnen im Studienverlauf mehrere unterschiedlich lange Praxisphasen in einem Unternehmen. Die Studierenden verfügen in der Regel über einen Praktikumsvertrag mit einem bestimmten Kooperationsunternehmen und absolvieren dort ihre Praxisphasen. Diese Praxisphasen sind inhaltlich mit dem Studium abgestimmt und verknüpft. Die Studierenden erwerben einen Studien-, aber keinen Berufsabschluss.

- Berufsintegrierende Studiengänge ermöglichen qualifizierten Berufstätigen ein Studium an einer Hochschule parallel zu ihrer Berufstätigkeit. Bewerber für diese Studiengänge haben in der Regel bereits eine abgeschlossene Berufsausbildung und/oder mehrjährige Berufserfahrung. Dabei ist die Berufsausübung fester Bestandteil des Studiums.

- Berufsbegleitende Studiengänge zählen im engeren Sinne nicht zum dualen Studium, da die Berufsausübung kein zwingender Bestandteil des Studiums ist. Die Studierenden absolvieren neben ihrer betrieblichen (Vollzeit-)Tätigkeit ein Studium, z. B. in Form eines Abendstudiums, Teilzeitstudiums oder Fernstudiums an Hochschulen, privaten Bildungsinstituten oder Fernuniversitäten. Der Betrieb ist in der Regel hierbei nicht involviert, Studium und Berufstätigkeit laufen unverbunden nebeneinander.

Angesichts der Vielfalt an dualen Studienformen konzentriert sich unsere Untersuchung auf die Variante der ausbildungsintegrierenden Modelle, auch weil diese für bereits ausbildungsaktive KMU ohne prinzipielle Hürden umsetzbar sind. Zwar gibt es mittlerweile einige Beiträge und Studien, die die Einführung dualer Studiengänge beschreiben (vgl. Kriegesmann et al. 2008; Kottmann et al. 2009), es gibt aber unseres Wissens nach keine Befunde, die den Kenntnisstand und die Motive auf der Nachfrageseite – in diesem Fall der Schülerinnen und Schüler, die (bald) im Besitz einer Hochschulzugangsberechtigung sind – in den Blick nehmen.

3 Der regionale Fokus – Die Fachkräftesituation in Bochumer KMU

Kompetente Beschäftigte sind die Basis für eine erfolgreiche Unternehmensentwicklung. Anhand einer Vielzahl von Untersuchungen lässt sich zeigen, dass insbesondere naturwissenschaftlich-technisch ausgebildete Beschäftigte wie Ingenieure als Innovationsträger einen wichtigen Beitrag für den Erfolg von Unternehmen und Regionen leisten.

Bochum bietet mit der Ruhr-Universität und inzwischen fünf Fachhochschulen ein breites Angebot an akademischer Aus- und Weiterbildung. Zu Recht kann man von einer dichten Hochschullandschaft sprechen, die für eine Stadt in dieser Größe in Deutschland einzigartig ist. Auch mit den von der Hochschule Bochum und der Technischen Fachhochschule Georg Agricola angebotenen ingenieurwissenschaftlichen dualen Bachelorstudiengängen verfügt man über ein breites Angebot in den Bereichen Maschinenbau, Mechatronik, Elektrotechnik, Bauingenieurwesen sowie Informatik.

Trotz dieses vergleichbar großen Angebots haben mittelständische Bochumer Unternehmen des Maschinenbaus bereits heute massive Probleme, ihren Ingenieurbedarf zu decken. Betrachtet man allein die Zahl der arbeitslosen Ingenieure im Ruhrgebiet, so ist sie mit Anziehen der Konjunkturlage ab Mitte 2010 im Vergleich zum Dezember 2011 um rund 40 Prozent gesunken (Statistik Service West 2011). Der Geschäftsführer eines mittelständischen Maschinenbauunternehmens schildert die Situation folgendermaßen: „Wir haben einen Engpass an Ingenieuren. Denn wir brauchen Ingenieure nicht nur für die Entwicklung und Konstruktion, sondern auch im Vertrieb, in der Projektierung, in der Projektabwicklung und zum Teil auch im After Sales, weil wir stark erklärungsbedürftige Produkte haben. Das sind recht vielfältige Bereiche, für die wir Ingenieure suchen."

Obwohl es aktuell in der Region bereits einen hohen Bedarf an Ingenieuren gibt und sich dieser angesichts demografischer Entwicklungen im Ruhrgebiet zukünftig drastisch verschärfen wird (Eltges 2008; Strohmeier 2002), werden die Potenziale des dualen Studiums von Bochumer Unternehmen bislang kaum genutzt. Dies ist zum einen damit zu erklären, dass in vielen Unternehmen das Angebot an Dualen Studiengängen kaum bekannt ist und zum anderen darauf zurückzuführen, dass sich einige Unternehmen – trotz eines erkannten Bedarfs an

Ingenieuren – nicht in der Lage sehen, diesen berufsbezogenen und akademischen Ausbildungsgang zu koordinieren und den organisatorischen Aufwand, der mit einer Umsetzung verbunden ist, scheuen. Darüber hinaus ist zu berücksichtigen, dass auch bei potenziell Studierenden nur rudimentäre Kenntnisse über duale ausbildungsintegrierte Studiengänge vorhanden sind.

Vor diesem Hintergrund sollte im Rahmen der Untersuchung der Frage nachgegangen werden, wie duale Studienmodelle auf potenzielle Bewerber wirken, wie spezifische Vor- und Nachteile bewertet werden und wie sich somit bislang brachliegende Ingenieurpotenziale insbesondere durch KMU heben lassen.

4 Was wissen Schüler über das duale Studium? – Eine empirische Skizze von Bochumer Schülern der Sekundarstufe II

4.1 Methodisches Vorgehen und Begrenzungen

Die empirische Erhebung wurde bei der Berufsbildungsmesse Mittleres Ruhrgebiet im RuhrCongress Bochum im Rahmen einer Standbeteiligung und in enger Abstimmung mit dem Zentrum „Zukunft durch Innovation“ (ZdI) in Bochum am 16. und 17.09.2010 durchgeführt. Dabei wurden gezielt Bochumer Schülerinnen und Schüler der Sekundarstufe II angesprochen.

Die quantitative Datenerfassung erfolgte mit Hilfe eines strukturierten Fragebogens. Dieser umfasste insgesamt elf Items und war in ca. fünf bis acht Minuten zu beantworten. Neben dichotomen Antwortprofilen wurden z. B. die Fragen nach den zentralen Vor- und Nachteilen eines dualen Studiums auf einer fünfstufigen Ratingskala abgefragt. Dabei bewegten sich die einpoligen Skalen auf ordinalem Messniveau und bildeten jeweils eine geringe bzw. große Bedeutung ab.

Der Rücklauf der Fragebögen lag bei über 400, von denen 342 verwertet werden konnten. Aufgrund des Gewinnspiels – die Teilnehmer konnten einen USB-Stick gewinnen – konnte der Rücklauf als sehr gut bewertet werden. Die Stichprobe war allerdings nicht repräsentativ. Einerseits handelte es sich bei den Befragten um Schüler, von denen anzunehmen ist, dass ihre Berufsorientierung mit dem Besuch der Messe und einer entsprechenden Vorbereitung im Unterricht überdurchschnittlich hoch ist. Daneben wurden durch die vorangegangenen Informationen des ZdI über die Befragung an kooperierenden Schulen mit MINT-Schwerpunkt eher Schüler angesprochen, von denen breitere Kenntnisse über Studienmöglichkeiten im MINT-Bereich zu erwarten sind.

Darüber hinaus spricht einiges dafür, dass die Zahl der Gymnasiasten im Sample unterrepräsentiert ist. Zwar streben rund 50 Prozent der Teilnehmer ihren Sekundarstufe II-Abschluss in dieser Schulform an, allerdings waren im Schuljahr 2007/2008 3.421 Bochumer Gymnasiasten in der Sekundarstufe II gegenüber 899 auf den Gesamtschulen. Die Zahl der Schüler sonstiger Schulformen, die zu einem (Fach-)Abitur führen – wie beispielsweise Berufskollegs – lässt sich nicht aus der amtlichen Statistik ermitteln. Einen Hinweis bieten die veröffentlichten Zahlen der Schulabgänger nach Schulart und Abschluss. Demnach erlangten im Schuljahr

2006/2007 1.094 Gymnasiasten einen Abschluss, mit dem die Aufnahme eines Studiums an einer Fachhochschule möglich gewesen wäre. Im gleichen Zeitraum verließen 252 Schüler die Gesamtschulen und 150 Schüler die Waldorfschulen und Weiterbildungskollegs mit einem entsprechenden Abschluss. 402 Nicht-Gymnasiasten standen somit 1.094 Gymnasiasten gegenüber (Stadt Bochum 2008). Insgesamt nahmen 241 Männer (70,5 Prozent) und 101 Frauen (29,5 Prozent) an der Befragung teil.

Die Auswertung lieferte in dieser Form bislang einzigartige Befunde über den Kenntnisstand von Jugendlichen zum dualen Studium und deren Motivlagen, ein solches Studium anzustreben oder abzulehnen. Auch wenn die Ergebnisse lediglich einen regionalen Bezug haben, lassen sich dennoch einige Ergebnisse verallgemeinern und auf andere Regionen übertragen.

4.2 Empirische Ergebnisse: Geringe Kenntnis trotz breitem Studienangebot

Das Wissen über duale Studienangebote im Ingenieurbereich war im Sample relativ schwach ausgeprägt. Auf die Frage: „Waren Ihnen duale Studiengänge im Ingenieurbereich vor der Berufsbildungsmesse bekannt?“ antworteten etwas mehr als die Hälfte der Schüler mit ja. Die geringere Kenntnis dualer Studienangebote für Ingenieure lässt sich vermutlich darauf zurückführen, dass der Großteil dualer Studienangebote – insbesondere an privaten Hochschulen – im wirtschaftswissenschaftlichen Bereich offeriert und auch aktiv beworben wird, wohingegen staatliche Hochschulen bei der Vermarktung ihrer Studienangebote bisher selten offensiv agieren. Das Angebot Bochumer Hochschulen bezogen auf ingenieurwissenschaftliche duale Studiengänge war den Schülern weitgehend unbekannt. Lediglich rund 16 Prozent der Befragten Schülerinnen und Schüler beantworteten die Frage danach positiv. Dies untermauert den Befund des Informationsdefizits über regionale duale Studienangebote auf Seiten der Schüler.

Die Attraktivität solcher Studienmöglichkeiten machten die positiven Antworten auf die Frage „Ist ein duales Studium im Ingenieurbereich für sie interessant?“ deutlich: 178 Schüler (75,7 Prozent) und 61 Schülerinnen (64,9 Prozent) bejahten das Interesse. Auffällig war hier insbesondere der Befund, dass auch ein Großteil der Schülerinnen eine Kombination aus Berufsausbildung und Studium als attraktiv bewerteten. Differenziert man dies nach der Schulform, zeigte sich, dass ein duales Studium im Ingenieurbereich bei Gymnasiasten mit 75 Prozent gegenüber den sonstigen Schulformen der Sekundarstufe II mit rund 71 Prozent bisher etwas mehr Interesse wecken konnte.

Um die offensichtlich als interessant befundenen Studienangebote besser bewerben zu können, lohnt sich der Blick auf bestehende Informationswege. Analysiert man die Daten derjenigen Schüler, denen duale Studienangebote im Ingenieurbereich in Bochum bekannt waren, dann wird deutlich, dass sie sich in Bezug auf duale Studiengänge im Ingenieurbereich in Bochum weitgehend selbst orientierten. Ein Schüler betonte: „Die Lehrer kennen das nicht, die Leute vom Arbeitsamt kennen das nicht, meine Eltern kennen das nicht und meine Freunde auch nicht.“ Über ein Drittel der Befragten waren Bochumer Angeboten durch eine gezielte eigene Recherche auf die Spur gekommen. Immerhin über 28 Prozent gaben an, auf die Studienangebote durch die Berufsberatung der Schule aufmerksam gemacht worden zu sein. Bemerkenswert ist vor allem der Befund, dass nur etwa 18 Prozent der Schüler durch die

Hochschulen (12,2 Prozent) und Unternehmen (5,4 Prozent) – also die dualen Ausbildungsinstitutionen – über das duale Studium informiert wurden (vgl. Abb. 1). Insbesondere den im dualen Studium engagierten Unternehmen gehen eine Vielzahl potenzieller und kompetenter Bewerber verloren, weil diese keine Kenntnisse von den Angeboten der Unternehmen haben.

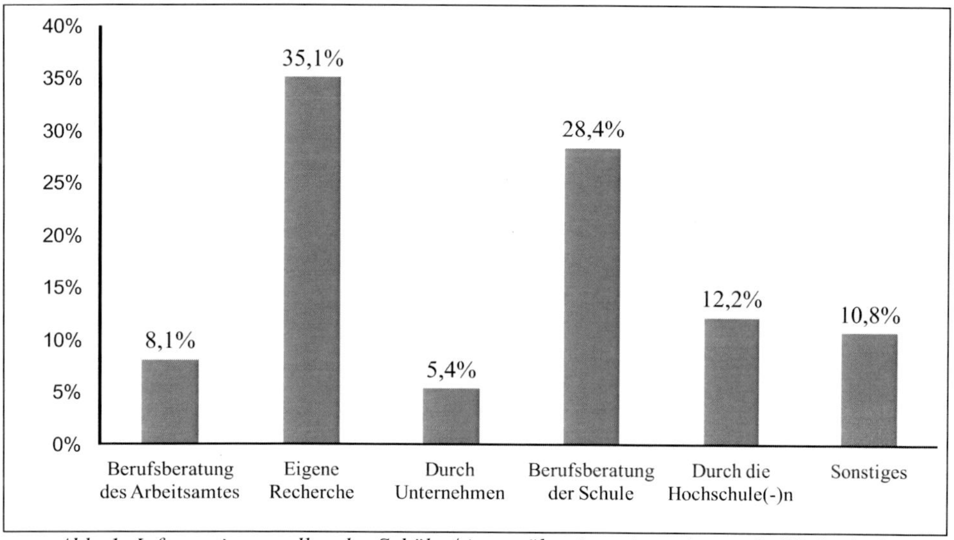

Abb. 1: Informationsquellen der Schüler/-innen über ingenieurwissenschaftliche duale Studienangebote (N=74, Mehrfachnennungen möglich)

Differenziert man diese Ergebnisse nach den Schultypen der Sekundarstufe II wird deutlich, dass die Beratung an Berufskollegs am besten abschneidet. Immerhin 50 Prozent der Berufskollegschüler bezogen dort die Informationen zu dualen Studiengängen im Ingenieurbereich. Hingegen sind es bei den Gesamtschulen knapp 37 Prozent. Schüler von Gymnasien werden nur zu etwas über einem Drittel durch die Schule informiert. Interessant ist jedoch der Befund, dass wiederum 33 Prozent der Gymnasiasten aufgrund eigener Recherchen auf das duale Studium aufmerksam wurden. Bei den Berufskollegschülern sind dies 21,4 Prozent und bei den Gesamtschülern 20,4 Prozent. Es zeigt sich, dass insbesondere von Seiten der Unternehmen, der Arbeitsagenturen sowie der Hochschulen große Entwicklungsreserven bestehen, Schülerinnen und Schüler besser über duale Studienangebote im Ingenieurbereich aufzuklären.

Im Mittelpunkt der Befragung stand die Analyse der Vor- und Nachteile eines dualen ausbildungsintegrierenden Studiums im Ingenieurbereich aus Sicht der Schüler. Bei der Frage: „Welche Bedeutung haben für Sie folgende zentrale Vorteile des dualen Studiums?“ wurde anhand der Mittelwerte deutlich, dass für das Gesamtsample die Zukunftschancen, die mit einem dualen Studium verbunden sind, höher bewertet wurden als die Vorzüge während des Studiums (vgl. Abb. 2; die Mittelwerte ergeben sich auf der Basis einer fünfstufigen Ratingskala. Das Spektrum reicht von 1 = keine Bedeutung bis 5 = sehr große Bedeutung.). So wurden die Vorteile, wie die kurze Studien-/Ausbildungsdauer, ein organisatorisch gut geregeltes Studienangebot und die große Praxisnähe, weniger wertgeschätzt als die günstige finanzielle Voraussetzung, die durch die Ausbildungsvergütung gewährleistet wird. Die höchsten Ausprägungen bei den Vorteilen zeigten sich darin, dass Schüler den Doppelabschluss (sowohl Ausbildungs- als auch Studienabschluss) und insbesondere die hervorragenden Karrierechancen als zentral bewerten.

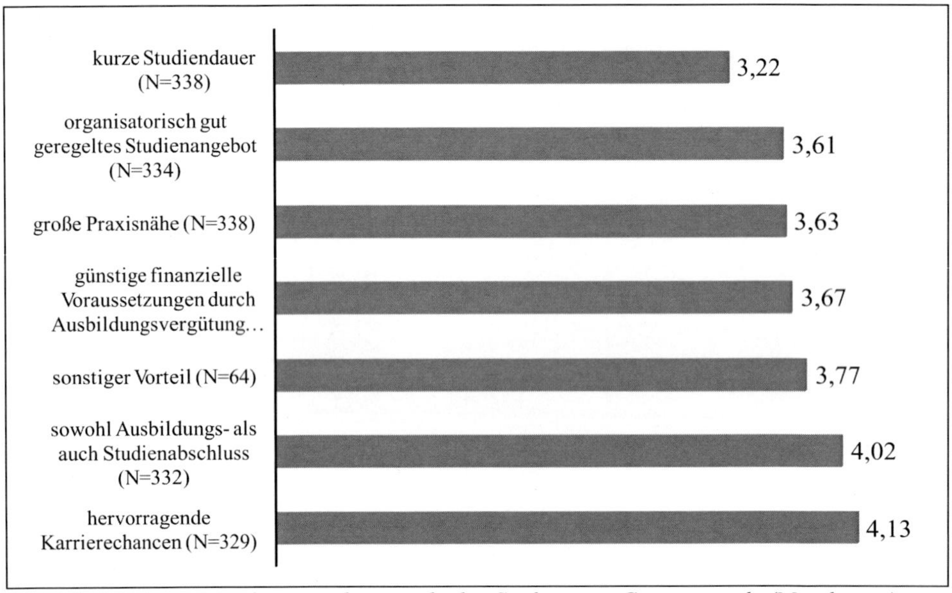

Abb. 2: Bewertung der Vorteile eines dualen Studiums im Gesamtsample (Mittelwerte)

Anhand der Mittelwerte konnte festgestellt werden, dass für die Befragten die Vorteile überwiegen. Während die Abhängigkeit vom Unternehmen aufgrund eines Ausbildungsvertrages nur geringfügig als Nachteil eingeschätzt wurde, bewerteten die Befragten die Aspekte von hohen Anforderungen durch ein gleichzeitiges Studium neben der Ausbildung sowie die geringere Freizeit durch die Arbeit im Betrieb während der Semesterferien als sehr viel höher (vgl. Abb. 3).

Insgesamt werden duale Studienmodelle von den befragten Jugendlichen als attraktives Ausbildungs- und Studienmodell wahrgenommen. Tiefergehende Befunde zur Rezeption der Vor- und Nachteile werden im Folgenden durch die Analyse unterschiedlicher Gruppen herausgearbeitet. So sollen spezifische Ansatzpunkte für die Gewinnung der jeweiligen Gruppen gefunden werden.

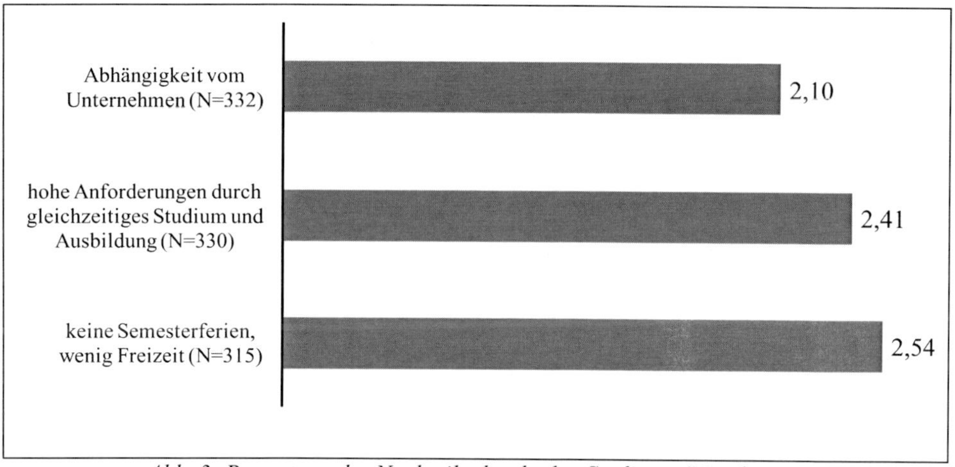

Abb. 3: Bewertung der Nachteile des dualen Studiums (Mittelwerte)

Zunächst wurden die Schülerinnen und Schüler danach unterschieden, ob sie an einem dualen Ingenieurstudium interessiert seien. Es wird dabei deutlich, dass die Vorteile des Modells relativ einheitlich bewertet werden (vgl. Abb. 4).

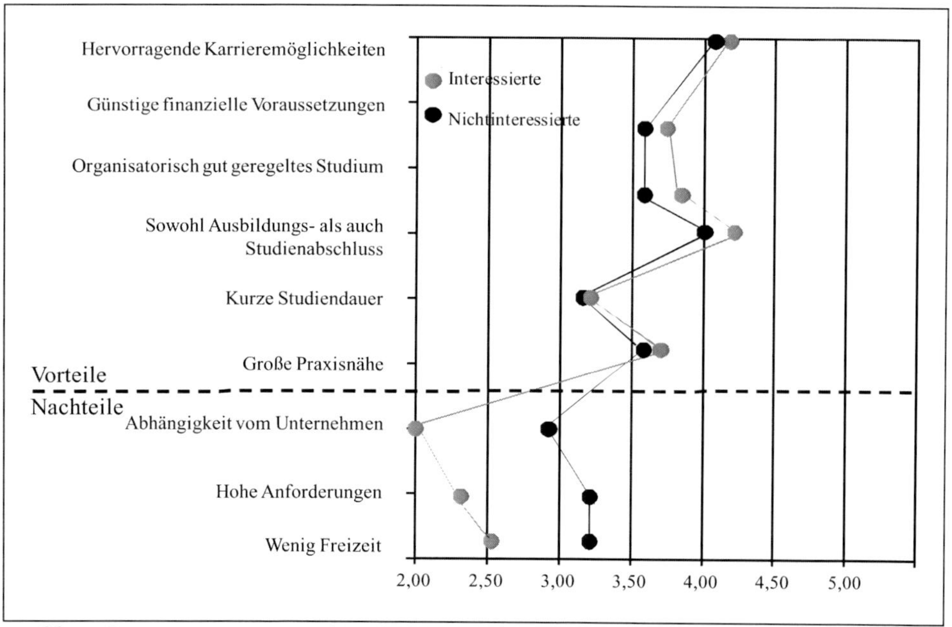

Abb. 4: Rezeption von Vor- und Nachteilen eines dualen Studiums im Ingenieurbereich nach Interessierten und Nicht-Interessierten (Mittelwerte) (1 = „keine Bedeutung“ bis 5 = „sehr große Bedeutung“)

Bei den Nachteilen zeigten sich hingegen große Unterschiede. Insbesondere die hohen Anforderungen und die vermutete geringe Freizeit wurden von den Nichtinteressierten als sehr bedeutsam eingeschätzt. Bemerkenswert war hier allerdings, dass auch die Nichtinteressierten die Nachteile insgesamt geringer bewerteten als die Vorteile, damit also selbst mit einem sehr skeptischen Blick durchaus die Vorzüge des Modells erkannten.

Es wird in den nächsten Jahren von großer Bedeutung sein, Gruppen, die zwar die qualifikatorischen Voraussetzungen mitbringen, die jedoch bisher überdurchschnittlich oft auf ein MINT-Studium oder ein Studium allgemein verzichteten, stärker anzusprechen. Neben der Betrachtung der Absolventen von Schulformen jenseits des Gymnasiums in der Sekundarstufe II scheint vor dem Hintergrund gesteigerter Bemühungen zur Aktivierung von Schülerinnen für die Ingenieurberufe die dezidierte Betrachtung des Geschlechts sinnvoll.

An der Befragung nahmen insgesamt 101 Schülerinnen teil (29,2 Prozent). Der Vergleich der Mittelwerte zeugt von einer unterschiedlichen Bewertung der Vor- und Nachteile (vgl. Abb. 5). Die günstigen finanziellen Voraussetzungen eines dualen Studiums wurden von den Schülern (x=3,73) höher eingeschätzt als von den Schülerinnen (x=3,50). Auch den Erwerb eines Doppelabschlusses sowie die kurze Studiendauer schätzten Schüler geringfügig höher ein. Bei den verbleibenden Vorteilen gab es zwischen den Schülerinnen und Schülern keine nennenswerten Unterschiede.

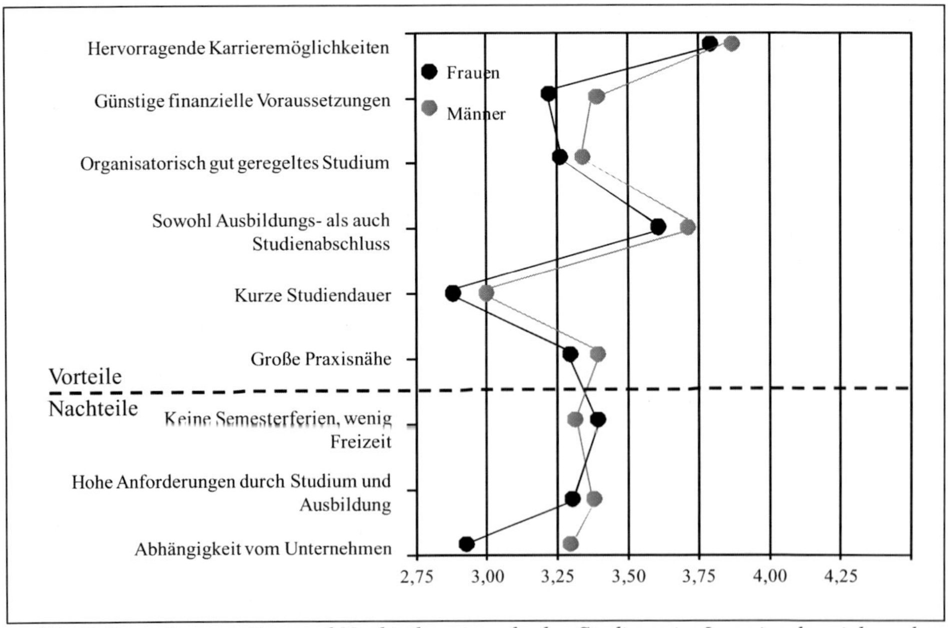

Abb. 5: Rezeption von Vor- und Nachteilen eines dualen Studiums im Ingenieurbereich nach Geschlecht (Mittelwerte) (1 = „keine Bedeutung“ bis 5 = „sehr große Bedeutung“)

Bei den Nachteilen zeigten sich in den einzelnen Aspekten ebenfalls Unterschiede. Insbesondere die Abhängigkeit vom Unternehmen wurde von den Schülern (x=3,28) höher gewichtet als von den Schülerinnen (x=2,90). Offenbar sahen die Schüler diese Bindung über den Zeitraum der Ausbildung bzw. des gesamten Studiums problematisch. Der Vorteil, in einem Unternehmen im Rahmen der beruflichen Ausbildung bereits „Fuß zu fassen", war zwar bedeutsam, eine langfristige Bindung vorab sahen aber insbesondere die Schüler kritisch. Ein Jugendlicher beschreibt seine Bedenken folgendermaßen: „Ich weiß doch gar nicht, ob mir das gefällt. Was ist, wenn mir die Ausbildung oder das Studium keinen Spaß macht? Dann bin ich doch an das Unternehmen gebunden." Die hohen Anforderungen durch eine Kombination aus Studium und Ausbildung und auch die geringere Freizeit wurden von Schülerinnen und Schülern in etwa gleich gewichtet. Allerdings liegen diese Bewertungen im mittleren Bereich.

Das Modell der dualen Ingenieurausbildung wirkt somit auf Schüler insgesamt attraktiver als auf Schülerinnen. Dies mag vor dem Hintergrund der derzeitigen Geschlechterverteilung in MINT-Studiengängen allgemein zunächst nicht überraschen. Dennoch lassen sich aus der Analyse zusätzliche Schlüsse ziehen, die für die Erhöhung des Frauenanteils innerhalb der „dualen" Studierendenschaft relevant sein können. Zunächst fällt auf, dass auch die Schülerinnen die Vorteile in der Regel höher gewichten als die Nachteile. Obwohl weniger Interesse gezeigt wurde, scheint die Vorteilhaftigkeit des Studienmodells doch zumindest erkannt worden zu sein. Vergleicht man in einem nächsten Schritt lediglich die „desinteressierten Schülerinnen" mit den „desinteressierten Schülern", lassen sich Anknüpfungspunkte für die Gewinnung zusätzlicher Interessierter herausarbeiten (vgl. Abb. 6).

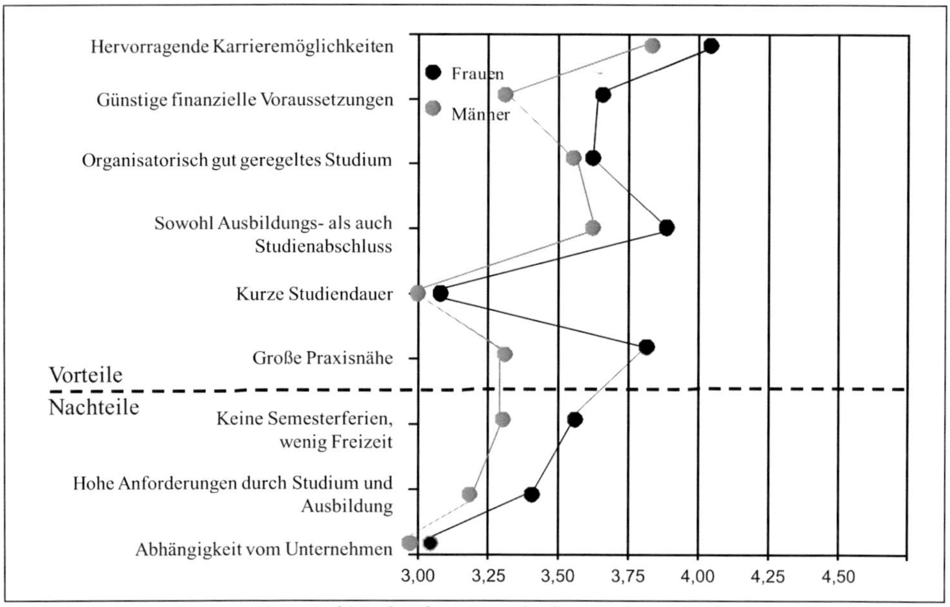

Abb. 6: Rezeption von Vor- und Nachteilen eines dualen Studiums im Ingenieurbereich von Nicht-Interessierten nach Geschlecht (Mittelwerte) (1 = „keine Bedeutung" bis 5 = „sehr große Bedeutung")

Es wird dabei deutlich, dass desinteressierte Schülerinnen die Vorteile dualer Studiengänge im Schnitt stärker wahrnehmen als desinteressierte Schüler. Insbesondere die bessere Verbindung der theoretischen Ausbildung mit der Praxis und die besseren finanziellen Voraussetzungen, die dieses Modell mit sich bringt, werden stärker geschätzt als bei desinteressierten Schülern. Gleichzeitig fallen die Nachteile des Studienmodells bei den Frauen ebenfalls stärker auf. Schülerinnen zeigen sich demnach stärker durch den engen Zeitplan des Modells, durch die hohen Anforderungen und von der Abhängigkeit vom Unternehmen abgeschreckt als Männer. Diese so dargestellten Wahrnehmungsmuster machen (jetzt noch) desinteressierte Frauen zu einer interessanten Zielgruppe für Werbeaktivitäten dualer Studienmodelle für Hochschulen und Unternehmen. Da sie von der Vorteilhaftigkeit eines solchen Modells überzeugt zu sein scheinen, gilt es vor allen Dingen bei den Nachteilen anzusetzen, um bestehende Ausbildungsentscheidungen positiv zu beeinflussen.

Die Analyse der Daten bezogen auf die Schulform (vgl. Abb. 7) ergab, dass Gymnasiasten die Vorteile insgesamt höher bewerteten als Schülerinnen und Schüler von Gesamtschulen und Berufskollegs. Insbesondere die Karrierechancen wurden von den Gymnasiasten mit Abstand höher eingeschätzt. Auch die große Praxisnähe gewichteten Schüler aus Gymnasien höher als diejenigen aus Gesamtschulen und Berufskollegs.

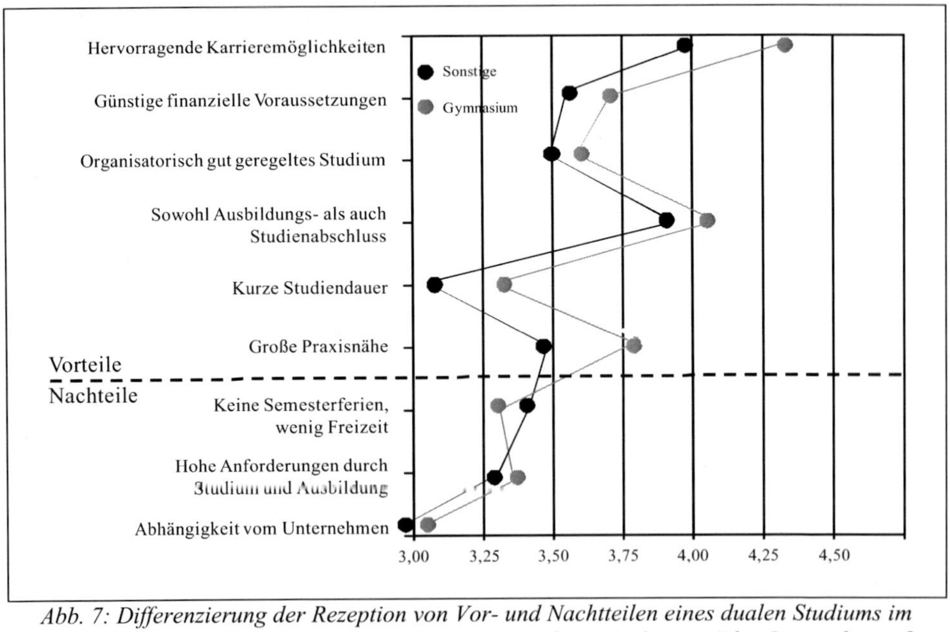

Abb. 7: Differenzierung der Rezeption von Vor- und Nachtteilen eines dualen Studiums im Ingenieurbereich nach Schulform (Mittelwerte) (1 = „keine Bedeutung" bis 5 = „sehr große Bedeutung")

Die Nachteile des Modells werden von den Besuchern beider Schultypen im Schnitt niedriger bewertet und somit durchaus als attraktiv wahrgenommen. Dabei sehen die Gymnasiasten die Abhängigkeit von den Unternehmen, mit dem das Ausbildungsverhältnis eingegangen wird sowie die hohen Anforderungen durch die Verbindung von Berufsausbildung und Studium etwas kritischer als die Besucher sonstiger Schulformen, während die Aussicht, das Studienmodell ohne Semesterferien und mit weniger Freizeit zu durchlaufen, in etwas geringerem Maße als Problem angesehen wird.

Wie auch schon im Vergleich zwischen Schülerinnen und Schülern soll in einem nächsten Schritt zur Klärung möglicher Ansatzpunkte für die Gewinnung neuer Personengruppen die Rezeption bisher Desinteressierter nach Schulform näher untersucht werden (vgl. Abb. 8).

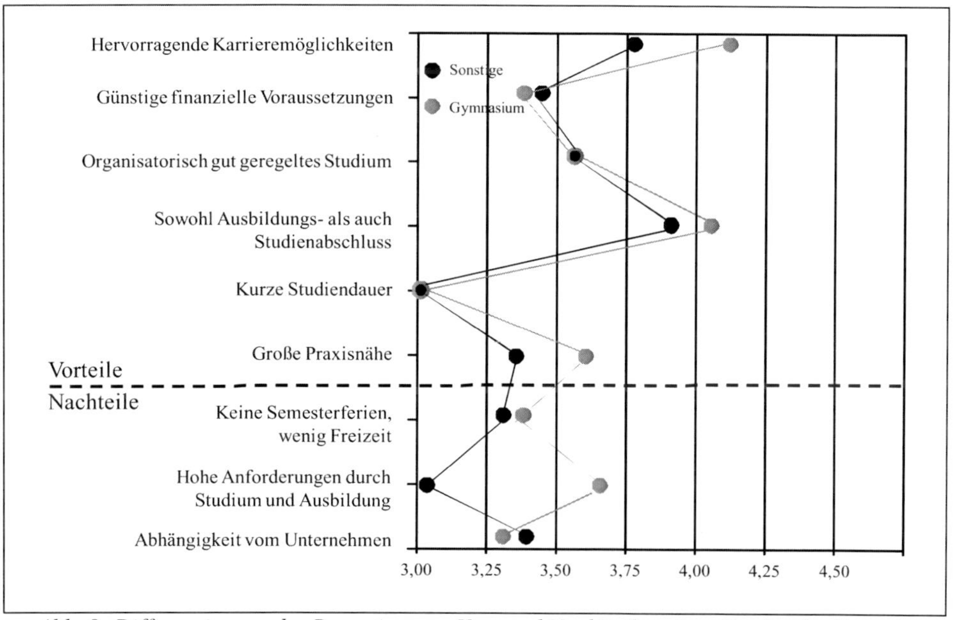

Abb. 8: Differenzierung der Rezeption von Vor- und Nachtteilen eines Dualen Studiums im Ingenieurbereich von Nicht-Interessierten nach Schulform (Mittelwerte) (1 = „keine Bedeutung" bis 5 = „sehr große Bedeutung")

Wie zu erwarten war, werden die Vorteile des Studienmodells von den Desinteressierten schwächer und die Nachteile stärker wahrgenommen. Dabei zeigte sich im Vergleich zwischen den Schulformen, dass Gymnasiasten dennoch insbesondere Karrieremöglichkeiten und Praxisnähe zu schätzen wissen. Desinteressierte Schüler anderer Schulformen waren lediglich leicht von den günstigeren finanziellen Voraussetzungen überzeugt, die weiteren Vorteile des Studienmodells sprachen sie allerdings nicht speziell an. Auf der anderen Seite überrascht die Tatsache, dass sich die desinteressierten Schüler von Gymnasien stärker von den hohen Anforderungen durch die Kombination von Berufsausbildung und Studium beeindruckt zeigten als die Besucher sonstiger Schulformen. Auch scheint unter ihnen die Bereitschaft minimal geringer, sich mit weniger Freizeit und Semesterferien zu begnügen. Es lässt sich festhalten, dass sich die Wahrnehmung der Attraktivität dualer Studienangebote zwar nicht auf bestimmte Schulformen beschränkt, Gymnasiasten die Vorteile aber positiver bewerten als Nicht-Gymnasiasten, von ihnen also stärker angesprochen werden.

Bündelt man diese empirischen Befunde, wird für die Modellregion deutlich, dass es zwar verglichen mit anderen Hochschulstandorten ein breites duales Studienangebot gibt, dieses aber bei den Schüler/-innen der Sekundarstufe II kaum bekannt ist. Bemerkenswert ist auch der Befund, dass die Unternehmen ihre dualen Studienangebote in Bochum offensichtlich kaum bewerben oder wenn sie das tun, nur selten die relevante Zielgruppe erreichen. Hinzu kommt, dass im Gegensatz zu den privaten Hochschulen die staatlichen das Segment duales Studium bislang ebenfalls nur unzureichend bewerben. Die beiden „Ausbilder" im Rahmen eines dualen Studiums sollten demnach stärker auf diese Ausbildungsmöglichkeit hinweisen.

Auch auf Seiten der Schulen gibt es große Unterschiede. Während Berufskollegs und in einigem Abstand die Gesamtschulen offenbar ihre Schüler über die dualen Studienmöglichkeiten informieren, recherchieren Gymnasiasten die Informationen vorwiegend selbst aus dem Internet. Dieser Befund zeigt aber auch, dass insbesondere auf die Institutionen der Berufsorientierung – hier allen voran die Arbeitsagenturen, aber auch die IHK, die Unternehmen und nicht zuletzt die Hochschulen – noch einiges an Aufklärungsarbeit über das duale Studium zukommt, wollen sie selbst Einfluss auf diesen Prozess ausüben. Welche Schlussfolgerungen nun speziell für KMU aus diesen Ergebnissen gezogen werden können, soll im anschließenden Kapitel behandelt werden.

5 Das Kompetenzreservoir schwindet – KMU in der Pflicht

Die Auseinandersetzung mit der demografischen Entwicklung in Deutschland ist für viele Bereiche von herausragender Bedeutung. Diese Effekte, die in einem weiteren Rückgang der Gesamtbevölkerung und einem allmählichen Altern der Gesellschaft sowie einer zunehmenden ethnischen Differenzierung der Bevölkerung zum Ausdruck kommen, werden auch für die Unternehmen neue Anforderungen stellen und bieten neben den damit zwangsläufig verbundenen Risiken die Chance, sich frühzeitig auf veränderte Nachfragestrukturen einzustellen (Kriegesmann 2006). Die Schulen besitzen – wenn auch in einer frühen Phase – für die Beschäftigungsentwicklung eine große Bedeutung. Sie schaffen die Basis für das zukünftig zur Verfügung stehende Kompetenzreservoir. Die Stadt Bochum unterhält insgesamt 112 Schulen, die durch weitere Schulen in privater Trägerschaft sinnvoll ergänzt werden.

Spiegelt man die Schülerzahlen an der demografischen Entwicklung und wagt einen Blick in die Zukunft, ist auch im Schulbereich von gravierenden Veränderungen auszugehen. Die Entwicklung der Schülerzahlen an den allgemeinbildenden Schulen ist mit Blick auf das Jahr 2020 rückläufig, die Stärke des Rückgangs variiert jedoch zwischen den Schulformen. In Bochum bspw. reicht die Spannweite von -33 Prozent an den Hauptschulen bis zu -19,2 Prozent an den Gesamtschulen. Die Gymnasien der Stadt haben mit einem Rückgang von knapp 30 Prozent zu rechnen (Landesamt für Datenverarbeitung und Statistik NRW o. J., S. 53).

Allein diese Zahlen sind für Unternehmen und insbesondere für KMU in der Region alarmierend. Es stellt sich nicht nur die Frage, woher denn zukünftig die benötigten Facharbeiter kommen, sondern es zeigt sich auch, dass sich der bereits heute einsetzende „War for Talents" insbesondere im akademischen Bereich weiter verschärfen wird und KMU handeln müssen.

Ausbildungsintegrierende duale Studiengänge bieten für KMU die Möglichkeit, einen selbst steuerbaren Zugang zu den umkämpften Arbeitsmärkten zu schaffen und den Nachwuchs an sich zu binden, bevor sie in direkter Konkurrenz zu Großunternehmen stehen. Doch was sind nun die zentralen Erfolgsfaktoren bei der Einführung dualer Studiengänge in kleinen und mittleren Unternehmen? Zunächst wurde aus der Befragung deutlich, dass nur ein kleiner Teil derjenigen, die für dieses Studienmodell in Frage kämen, über dieses auch informiert sind. Zusätzlich sind KMU potenziellen Bewerbern meist kaum bekannt. Kleine und mittlere Unternehmen stehen daher vor der Aufgabe, nicht nur sich selbst als Arbeitgeber bekannt zu machen, es muss gleichzeitig überhaupt erst klar gemacht werden, was ausbildungsintegrierende Studienmodelle sind und wie diese ablaufen.

Wie unsere empirischen Befunde zeigen, sind die Schüler bei der Suche nach Informationen noch weitgehend auf die eigene Recherche angewiesen. Webauftritte der Unternehmen sollten auf den geringen Kenntnisstand Rücksicht nehmen und entsprechende Beschreibungen zu den Rahmenbedingungen der Modelle beinhalten. Die Befunde zeigen weiter, dass die Gestaltung der Informationsmaterialien durchaus auf unterschiedliche Gruppen abgestimmt werden kann. Zusätzlich sollten zur Erhöhung der eigenen Sichtbarkeit externe Angebote wie die einschlägigen Jobbörsen genutzt werden. Oft werden solche Plattformen auch von den Hochschulen selbst betrieben, die die Anzeigen ihrer Partnerunternehmen so bündeln (ein besonders gelungenes Beispiel einer Online-Präsenz findet sich unter http://www.mein-duales-studium.de der Fachhochschule Gelsenkirchen).

Daneben ist es ratsam, Kooperationen mit den örtlichen Schulen im Bereich der Sekundarstufe II anzustrengen. Insbesondere wenn Unternehmen Bewerber von Gymnasien gewinnen möchten, ist dies notwendig, da die Schüler dieser Schulform in den Schulen nur unzureichend informiert werden und sie die Unkenntnis der Anforderungen von diesem Studienmodell abschreckt. Das Engagement könnte z. B. durch die Bereitstellung von Praktika in der Schulzeit oder in den Ferien erfolgen. Auch weitergehende direkte Engagements z. B. im Technikunterricht oder durch das Angebot von Betriebsbesichtigungen können helfen, die Sichtbarkeit für spätere Bewerber zu erhöhen.

Eine weitere Möglichkeit, die relevante Zielgruppe zu erreichen, besteht durch die Teilnahme an Ausbildungsmessen im regionalen Raum. Industrie- und Handelskammern, Handwerkskammern sowie Wirtschaftsförderungen bieten im jährlichen Turnus solche Ausbildungsmessen an. In diesem Rahmen kann das gesamte Ausbildungsangebot direkt an die relevante Zielgruppe adressiert werden.

Zentral beim dualen Studium ist die Zusammenarbeit mit den Institutionen, mit denen die Ausbildung und das Studium des Jugendlichen organisiert und abgestimmt werden muss. Zunehmend richten Hochschulen dafür spezielle Servicebüros ein, die die Unternehmen bei der Einführung der Studienmodelle über den ganzen Prozess begleiten. Diese sollten möglichst frühzeitig kontaktiert werden, um eventuell auftretende Probleme rasch klären zu können. Oftmals werden Gesprächsrunden eingerichtet, in denen sich Unternehmen und die öffentlichen Akteure aus Hochschulen, IHK und Handwerkskammern regelmäßig treffen, austauschen und so gegenseitig von den gemachten Erfahrungen profitieren. Auch die Gründung von Verbünden, die einzelne aufwändigere Ausbildungsinhalte unternehmensübergreifend organisieren, kann an dieser Stelle insbesondere KMU helfen.

Das ausbildungsintegrierte Modell des dualen Studiums bietet somit für kleine und mittlere Unternehmen die Möglichkeit, nicht nur den gewerblich-technischen, sondern auch den akademisch-ingenieurwissenschaftlich ausgebildeten Nachwuchs direkt zu steuern. Die Studierenden werden früher auf die individuellen Herausforderungen im Unternehmen vorbereitet, und es kann bereits während des Studiums Einfluss auf die Kompetenzentwicklung und Schwerpunktwahl genommen werden, so dass langwierige Nachschulungen zur Einarbeitung entfallen.

Mit dem Modell setzen sich KMU nicht einem vorwiegend preisgetriebenen „Rekrutierungskampf" mit Großunternehmen nach einer hochschulischen Ausbildung aus, sondern können gezielt und mit einem zeitlichen Vorlauf ihre Personalstrategie losgelöst von Absolventenzahlen der Hochschulen umsetzen.

Weiterhin wird mit der Sicherheit des Lehrlingsgehalts und dem frühen ersten berufsbildenden Abschluss Schülerinnen und Schülern, unabhängig von der finanziellen Ausstattung des Elternhauses, ein Studium ermöglicht, das diese Personengruppen sonst nicht hätten realisieren können. Neben der Sicherung ihres eigenen Nachwuchses haben Unternehmen somit zusätzlich noch die Chance, individuellen Bildungsaufstieg in den akademischen Bereich zu ermöglichen und so einen wichtigen gesellschaftlichen Beitrag am Innovationsstandort Deutschland zu leisten.

Literatur

- Brenke, K. (2010): Fachkräftemangel kurzfristig noch nicht in Sicht, in: Wochenbericht des DIW, Nr. 46, S. 2-15.
- Bundesagentur für Arbeit (BA) (Hrsg.) (2011): Perspektive 2025. Fachkräfte für Deutschland, Nürnberg.
- Bundesinstitut für Berufsbildung (BIBB) (Hrsg.) (o. J.): Zahl dualer Studiengänge, im Internet unter: http://www.ausbildungplus.de/webapp/index.php/suchedualstud/-ergebnisse Dualstud, letzter Abruf: 10.02.2011.
- Deutscher Industrie- und Handelskammertag (DIHK) (Hrsg.) (2010): Mitarbeiter dringend gesucht! Fachkräftesicherung – Herausforderung der Zukunft, Berlin.
- Eltges, M. (2008). Das Ruhrgebiet eine regionalwirtschaftliche Analyse, in: Informationen zur Raumentwicklung, Nr. 9/10, S. 535-547.
- Koppel, O. (2011): Fachkräfteengpässe trotz Bildungsaufstieg. In: Ingenieurarbeitsmarkt 2010/11, herausgegeben vom Verband deutscher Ingenieure und dem Institut der deutschen Wirtschaft Köln (IW), Köln.
- Kottmann, M.; Köhler, R.; Kriegesmann, B.; Striewe, F. (2009): Kooperative Ingenieurausbildung zur Nachwuchssicherung, in: Schwuchow, K.-H.; Gutmann, J. (Hrsg.): Jahrbuch Personalentwicklung 2010, Köln, S. 121-129.

- Kottmann, M.; Kriegesmann, B.; Striewe, F. (2008): Fachkräftemangel in Deutschland: Handlungsfelder für eine Neuausrichtung der beruflichen Bildung. In: List Forum für Wirtschafts- und Finanzpolitik, Nr. 1, S. 56-70.
- Kriegesmann, B. (2006): Demografische Entwicklung – Herausforderungen gestalten. In: Streich, D.; Wahl, D. (Hrsg.): Moderne Dienstleistungen – Impulse für Innovation, Wachstum und Beschäftigung, Beiträge der 6. Dienstleistungstagung des BMBF, Frankfurt am Main, S. 413-418.
- Kriegesmann, B.; Köhler, R.; Kottmann, M.; Striewe, F. (2008): Betriebliche Strategien gegen den Ingenieurmangel. In: Zeitschrift Führung+Organisation (ZfO), Nr. 2, S. 80-87.
- Landesamt für Datenverarbeitung und Statistik NRW (Hrsg.) (o. J.): Regionalisierte Schülerprognosen in NRW, im Internet unter: https://webshop.lds.nrw.de/webshop/ gratis/Z089 %20200660.pdf, letzter Abruf: 10.02.2011.
- Netz, N.; Völk, D. (2010): Berufsbegleitende und duale Studienangebote in Deutschland, in: HIS-Magazin, Nr. 3, S. 5-6.
- Pieper, A. (2011): Duale Studiengänge immer beliebter, Pressemitteilung des Bundesinstituts für Berufsbildung (BIBB) vom 10.01.2012.
- Prognos AG (Hrsg.) (2008): Arbeitslandschaft 2030. Steuert Deutschland auf einen generellen Personalmangel zu? Basel.
- Ditton, Hartmut (2008): Zukunftsvermögen Bildung. Wie Deutschland die Bildungsreform beschleunigt, die Fachkräftelücke schließt und Wachstum sichert, Stuttgart, im Internet unter: http://www.bosch-stiftung.de/content/language1/downloads/McKinsey_ Studie_gesamt_small_2.pdf, letzter Abruf: 10.02.2012.
- Stadt Bochum, Dezernat für Soziales, Jugend und Gesundheit, Stabsstelle Sozialplanung – V/SP (Hrsg.) (2008): Sozialbericht Bochum, im Internet unter: http://www.bochum.de /C 12571A3001D56CE/vwContentByKey/W27DTFAZ868BOLDDE/$FILE/sozialbericht2008.pdf, letzter Abruf: 10.02.2012.
- Statistik Service West (2012): Bestand der Arbeitslosen – in ausgewählten Berufen, Ruhrgebiet, Zeitreihe 2008 bis 2011, Sonderauswertung vom 18.01.2012.
- Strohmeier, K. P. (2002): Bevölkerungsentwicklung und Sozialraumstruktur im Ruhrgebiet, Essen.
- Verein Deutscher Ingenieure (VDI) (Hrsg.) (2007): Ingenieurmangel in Deutschland – Ausmaß und gesamtwirtschaftliche Konsequenzen, ohne Angabe des Ortes, S. 15.

Employer Branding in Schweizer KMU – Ergebnisse einer empirischen Untersuchung zu wahrgenommener Bedeutung und Grundverständnis

Rudolf Ergenzinger, Cornelia Caprano und Anja Huber

1 Einleitung

Die Stimmung unter den kleinen und mittleren Unternehmen (KMU) in der Schweiz ist auf einem Hoch. Die Ergebnisse des jüngsten Ernst & Young KMU-Barometers zeigen: 61% der befragten Unternehmen beurteilen ihre aktuelle Geschäftslage als uneingeschränkt gut, insgesamt 93% der Befragten bewerten ihre momentane Situation als zufrieden stellend, 43% der KMU rechnen mit einer Verbesserung ihrer Geschäfte in naher Zukunft (vgl. Bucher/Cardinaux 2011, S. 5 u. 14). Das positive Klima spiegelt sich auch in den Befragungsergebnissen zum Thema Beschäftigungspolitik wider: Im Vergleich zur Vorjahresbefragung ist der Anteil an KMU, die zusätzliche Arbeitskräfte einstellen wollen, von 18% auf 26% gestiegen, nur noch 4% statt 9% planen einen Abbau der Belegschaft (vgl. ebd., S. 19).

Gleichzeitig ist die angespannte Lage auf dem Schweizer Arbeitsmarkt für Fach- und Führungskräfte wieder relativ akut. Laut aktueller Manpower-Umfrage erreicht der Anteil an Unternehmen, die sich mit einem Talentmangel bei der Stellenbesetzung konfrontiert sehen, den höchsten Wert seit Einführung der vollständigen Personenfreizügigkeit im Jahre 2007: Knapp die Hälfte der Befragten gibt an, kein geeignetes Personal zu finden (vgl. Manpower Schweiz AG 2011, S. 1). Der Wettbewerb um qualifizierte Arbeitskräfte spitzt sich also weiter zu, wobei hier v. a. die KMU in den Rückstand zu geraten drohen, denn die Konkurrenz der Großunternehmen ist in diesem Feld aufgrund deren höherer Bekanntheitsgrade, besserer Images sowie attraktiverer Löhne, Standorte und Karrieremöglichkeiten unbestritten stark (vgl. Ernst & Young Schweiz AG 2011, o. S.).

Vor diesem Hintergrund steigt der Bedarf an strategischen Handlungsoptionen im Personalmanagement von KMU in besonderer Weise, wobei hier das Konzept des sog. „Employer Branding" immer häufiger von Experten als geeignete und bedeutende Alternative angeführt wird (siehe stellv. Mistlberger 2009). Employer Branding ist eine zielgerichtete, langfristige Strategie, welche auf die Erzeugung von Aufmerksamkeit sowie die Steuerung der Wahrnehmung im Hinblick auf ein bestimmtes Unternehmen unter aktuellen und potenziellen Beschäftigten sowie verwandten Anspruchsgruppen abstellt (vgl. Sullivan 2004). Durch Anwendung von Marketingprinzipien im Bereich des Personalmanagements sollen über die Bildung einer starken Arbeitgebermarke eine Positionierung sowie Profilierung als attraktiver Arbeitgeber nach innen und außen durchgesetzt und Vorteile im Hinblick auf Talentgewinnung, -bindung und -motivierung generiert werden.

Während breit angelegte Employer Branding-Initiativen von Großunternehmen – aktuelle Beispiele sind u. a. die Kampagnen von Axel Springer („Da geht noch mehr"), REWE („Du bewegst“) oder den Verkehrsbetrieben Zürich (VBZ) („Wir bewerben uns“) – regelmäßig dokumentieren, dass die Entwicklung und Verfolgung systematischer Personalmarketingaktivitäten längst zu deren betrieblicher Praxis zählen, wird für KMU immer wieder angenommen, dass das Thema eine untergeordnete bis keine Rolle spielt. Diverse Studien unterstreichen diesen Eindruck: So resultiert beispielsweise aus einer unter 65 mittelständischen Unternehmen durchgeführten Untersuchung von BBDO Consulting, dass 81% der Befragten bislang keine klare Profilierung als Arbeitgeber verfolgen (vgl. BBDO Germany 2008).

Das angedeutete Adoptionsgefälle zwischen großen und kleinen bzw. mittleren Unternehmen überrascht insofern nicht, als dass Großunternehmen traditionellerweise als Early Adopter von neuen Managementinstrumenten auftreten und in diesem Sinne auch früher in den entsprechenden operativen Bereichen (sichtbar) agieren. Dennoch bedeutet das eingangs skizzierte Spannungsfeld zwischen den Absatzmarkterfolgen einerseits und den Rahmenbedingungen am Schweizer Arbeitsmarkt andererseits, dass sich Employer Branding für KMU zu einer immer dringender werdenden Handlungsalternative entwickelt.

Vor diesem Hintergrund zielt der vorliegende Beitrag zunächst darauf ab, die KMU-Praxis für die Thematik des Employer Branding weiter zu sensibilisieren. Darüber hinaus sollen durch eine empirische Untersuchung bei Personalverantwortlichen und Führungskräften Schweizer KMU v. a. neue Erkenntnisse zu der wahrgenommenen Relevanz sowie dem vorherrschenden Grundverständnis von Employer Branding in der Praxis gewonnen werden, denn grundsätzlich gilt: Ausgangspunkt von und Voraussetzung für die erfolgreiche Einführung und Umsetzung neuer Strategiekonzepte ist immer, dass das Management Veränderungsbereitschaft besitzt und diese in solche Maßnahmen überführt, welche konsistent sind mit dem allgemeingültigen Verständnis des betrachteten Instrumentes.

2 Employer Branding als strategische Handlungsoption im Wettbewerb um Talente

2.1 Theoretisch-konzeptionelle Grundlagen

Die American Marketing Association (AMA) definiert den Begriff der Marke als „a name, term, design, symbol, or any other feature that identifies one seller's good or service as distinct from those of other sellers“ (AMA 2012). Während Branding bzw. Brand Management, also der Prozess des Aufbaus und der Weiterentwicklung bzw. Führung einer Marke, ursprünglich v. a. zur Differenzierung und Positionierung materieller Produkte auf den Absatzmärkten eingesetzt wird, lässt sich heutzutage eine weit größere Vielfalt von Anwendungsobjekten – so etwa Dienstleistungen, Städte oder sogar Menschen – feststellen.

Obgleich die Idee, das Branding-Konzept auf Unternehmen in ihrer Funktion als Arbeitgeber anzuwenden, bereits in den 1970er Jahren entsteht, wird „Employer Branding“ erst in den späten 1990er Jahren als Reaktion auf die sich infolge von Globalisierung, Technologisierung und demographischem Wandel spürbar verschärfenden wettbewerblichen Rahmenbedingungen auf den Arbeitgebermärkten (siehe dazu ausführlich Kapoor 2010, S. 53) tatsächlich relevant und populär (vgl. Stotz/Wedel 2009, S. 12) – die seit dem Jahre 2004 anhaltend positive Entwicklung des Interesses am Employer Branding-Begriff in Google unterstreicht dies (vgl. Abbildung 1).

Unternehmensziel ist nun, angesichts der fortschreitenden Knappheit an qualifizierten Arbeitskräften, von aktuellen sowie potentiellen Mitarbeitern als „Employer of Choice“ bzw. Wunscharbeitgeber wahrgenommen und infolgedessen gegenüber anderen Arbeitgebern präferiert zu werden (vgl. Petkovic 2008, S. 10). „Employers of Choice are those organisations that outperform their competition to attract, develop, and retain people with business-required talent“ (Sutherland et al. 2002, S. 14).

Voraussetzung einer solchen Präferenzbildung ist dabei immer, dass ein Unternehmen von seinen (internen und externen) Zielgruppen als „a great place to work“ registriert und erinnert wird (vgl. Kapoor 2010, S. 53). Dementsprechend muss es einem Unternehmen gelingen, die Wahrnehmung der aktuellen sowie potenziellen Mitarbeiter im Hinblick auf die eigene Arbeitgeberattraktivität – Berthon et al. (2005, S. 151) definieren die Attraktivität eines Arbeitgebers als die Vorteile, welche sich potenzielle Angestellte zu der Beschäftigung in diesem spezifischen Unternehmen denken – durch eine effektive und effiziente Kommunikation von für diesen Assoziationsprozess relevanten Attributen positiv zu beeinflussen. Kurz: Ziel muss sein, in den Köpfen passender (interner sowie externer) Talente ein vorteilhaftes und unverwechselbares Vorstellungsbild bzw. Image von sich als Arbeitgeber zu erzeugen (vgl. Backhaus/Tikoo 2004, S. 501).

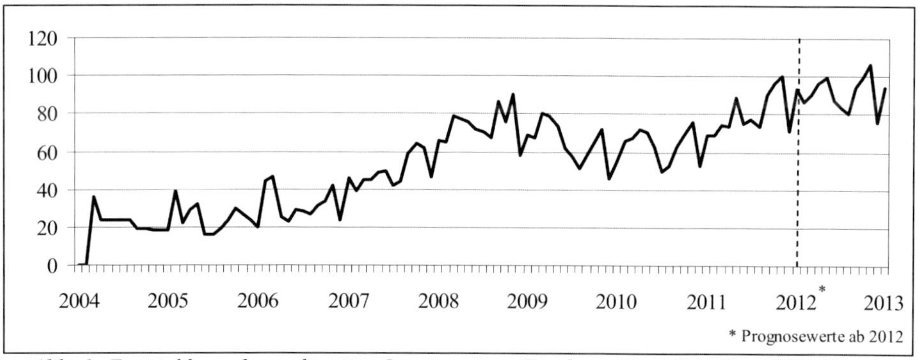

Abb. 1: Entwicklung des weltweiten Interesses am Employer Branding-Begriff in Google (Datenquelle: http://www.google.com/insights/search; normalisierte Werte)

Dieser Anspruch soll im Kontext von Employer Branding durch den Aufbau und die Steuerung einer Arbeitgebermarke erfüllt werden. Sinngemäß definieren Ambler/Barrow (1996) eine „Employer Brand“ als „the package of functional, economic and psychological benefits provided by employment, and identified with the employing company“ (S. 187). Die Charakterisierung der Employer Brand nach Dell/Ainspan (2001) folgt dieser Logik: “The employer brand establishes the identity of the firm as an employer. It encompasses the firm’s value system, policies and behaviours towards the objectives of attracting, motivating and retaining the firm’s current and potential employees” (S. 10). Es wird deutlich, dass eine Arbeitgebermarke, genauso wie eine Produkt- oder Unternehmensmarke, als Orientierungshilfe fungiert und zudem Vertrauens-, Entlastungs-, Qualitätssicherungs-, Prestige- sowie Identifikationsfunktionen leistet (vgl. Forster et al. 2008, S. 280).

Während sich der Begriff der Employer Brand also auf das (unternehmens-) identitätsbasierte Konzept und die funktionale Bedeutung einer Marke im Kontext von Arbeitnehmergewinnung und -bindung bezieht, beschreibt Employer Branding „den Managementprozess der identitätsorientierten, strategischen und operativen Führung von Arbeitgebermarken. Es umfasst den außen- und innengerichteten Prozess der Planung, Koordination und Kontrolle aller Aktivitäten und Gestaltungsparameter der Arbeitgebermarke sowie die funktionsübergreifende Integration dieses Prozesses in den Managementprozess der Unternehmensmarkenführung“ (Grobe 2006, zit. n. Kirchgeorg/Günther 2006, S. 7). Danach wird festgehalten, dass es sich bei Employer Branding um einen ganzheitlich-interdisziplinären, unternehmensstrategischen Prozess zur Entwicklung und Steuerung einer Employer Brand handelt, mit dem Ziel das eigene Unternehmen bei den relevanten Anspruchsgruppen als Wunscharbeitgeber zu positionieren und profilieren.

Es wird deutlich, dass sich Employer Branding zwar am Konzept der klassischen Markenentwicklung orientiert, durch die Übertragung der Branding-Idee in den Bereich der Human Resources jedoch klare Unterschiede im Hinblick auf die Zielgruppe, den Inhalt der Markenaufladung, das (Positionierungs-) Objekt, die Objektivierung und die Differenzierung resultieren (vgl. Nagel 2011, S. 40 f.). Tabelle 1 fasst diese zentralen Abweichungen nochmals erläuternd zusammen.

Kriterien	**Employer Brand**	**Konsequenzen für Employer Brand**
Zielgruppe	Definition einer bestimmten Zielgruppe bzw. Bestimmung eines Bewerberprofils	Ausrichtung der gesamten Markenbildung (z. B. Kommunikationsinstrumente) auf diese spezielle Zielgruppe
Inhalt der Markenbotschaft	Arbeitgeberqualitäten	Faktische und emotionale Aufladung entlang den Treibern (Nutzenargumente bzgl. Arbeitgeber)
Objekt	Arbeitgebermarke positionieren (Mitarbeiter begeistern, Öffentlichkeit gewinnen)	Arbeitgeber stellt sich als Marke dar mit dem Ziel, attraktiv zu bleiben – beinhaltet immaterielle Aspekte – ist faktisch zu belegen
Objektivierung	Versprechen müssen eingehalten werden; Begeisterung muss belegt werden	Arbeitgeber muss im Recruiting und auch im Nachhinein für den Mitarbeiter (bzw. Zielgruppe) attraktiv bleiben – erst nach Eintritt findet eine Objektivierung statt – diese Fakten nun extern wie intern kommunizieren
Differenzierung	Positionierung der Marke steht im direkten Vergleich zum Wettbewerb	Besonderer Fokus auf die eigenen Stärken

Tab. 1: Die Charakteristika der Markenbildung im Employer Branding (Nagel 2011, S. 41)

2.2 Kernelemente und Anforderungen

Entwickeln einer Employer Value Proposition

Die Bestimmung der Employer Value Proposition bildet den Ausgangspunkt des Markenbildungsprozesses (vgl. Backhaus/Tikoo 2004, S. 502). Sie liefert das Fundament der späteren Arbeitgebermarkenpositionierung. Grundsätzlich gilt: Die Stärke einer Arbeitgebermarke ist umso größer je besser es gelingt, die Marke mit solchen Nutzenwerten aufzuladen, welche einerseits den Präferenzen der Zielgruppe entsprechen und sich andererseits möglichst stark von den (kommunizierten bzw. bekannten) Arbeitgebervorteilen der Wettbewerber abheben. Die Employer Value Proposition umfasst danach den Mehrwert eines Arbeitgeberunternehmens aus Sicht des Arbeitnehmers (siehe dazu Abbildung 2), oder vereinfacht, die Antwort auf die Frage „Warum sollte ich ausgerechnet hier arbeiten?“ (vgl. Parment 2009, S. 134).

Tatsächlich ist die Definition einer Employer Value Proposition und damit die Bestimmung desjenigen Wertekanons, der von der Marke im Kern transportiert werden soll, eine der zentralen Herausforderungen im Employer Branding. Denn zum einen geht es dabei v. a. um die Explizitmachung bzw. Spezifizierung (implizit) „gelebter“ Eigenschaften der Arbeitgeberpersönlichkeit (z. B. Unternehmenskultur, Führungsstil), da sich gerade aus diesen die sog. „symbolischen“ Nutzenwerte bzw. Botschaften einer Marke ergeben und die aufgrund ihrer Intangibilität ein echtes Differenzierungspotenzial auf dem Arbeitsmarkt versprechen (vgl. Forster et al. 2008, S. 282). Zum anderen bewegt man sich bei der Formulierung einer Employer Value Proposition immer in einem Spannungsfeld zwischen dem Bedürfnis nach Anziehungskraft und der Notwendigkeit von Authentizität (vgl. Nagel 2011, S. 64).

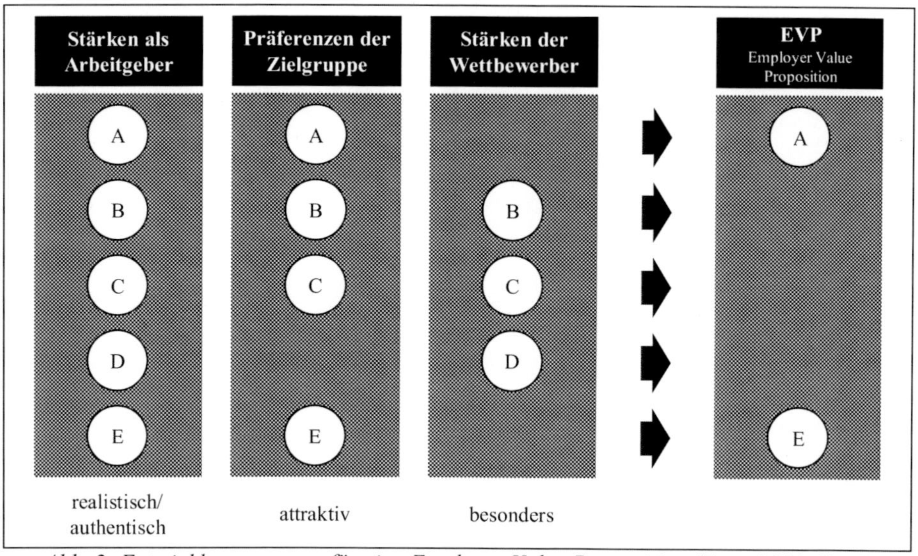

Abb. 2: Entwicklungsprozess für eine Employer Value Proposition (Trost 2009, S. 40)

Erfüllen eines psychologischen Vertrages

Letzterer Aspekt deutet darauf hin, dass es sich bei der Employer Value Proposition und folglich der Employer Brand um ein arbeitgeberspezifisches Nutzenversprechen handelt. „Employer Branding bedeutet, ein Versprechen zu geben (nach innen und nach außen) und es auch zu halten: im Bewerbungsprozess, aber auch an allen Berührungspunkten mit dem Unternehmen" (Nagel 2011, S. 18). Im Sinne der „Theorie des psychologischen Vertrages" meint dies, dass sich die angestrebten Employer Branding-Wirkungen auf den Ebenen Mitarbeitergewinnung, Mitarbeiterbindung sowie Mitarbeitermotivierung nur dann entfalten, wenn sich die vermittelte und die tatsächlich erlebte Arbeitsplatzerfahrung decken (vgl. Forster et al. 2008, S. 284; Schuhmacher/Geschwill 2009, S. 38).

Ein psychologischer Vertrag beinhaltet die „individual beliefs in reciprocal obligations between employees and employers" (Rousseau 1990, S. 389), also die gegenseitigen, subjektiv wahrgenommenen Erwartungen und Verpflichtungen, welche die jeweilige Partei aus informellen Eindrücken, expliziten Statements sowie (möglicherweise unpräzisen) Informationen Dritter entwickelt und die somit nicht Bestandteil der im Arbeitsvertrag explizit festgehaltenen Arbeitsbedingungen sind (vgl. Moroko/Uncles 2008, S. 166).

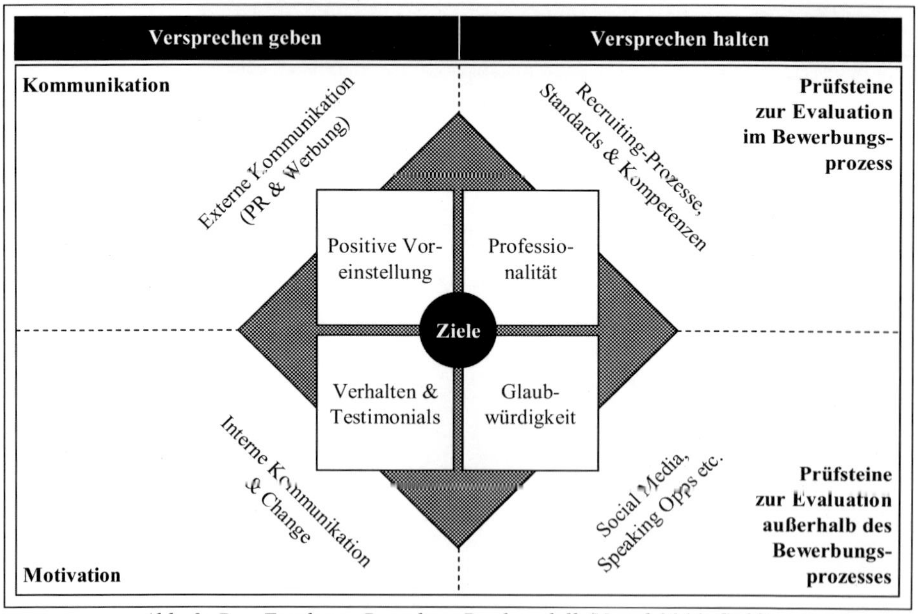

Abb. 3: Das Employer Branding-Denkmodell (Nagel 2011, S. 18)

Durch eine Employer Brand werden die arbeitnehmerseitigen Erwartungen schließlich ganz gezielt von der Arbeitgeberseite beeinflusst, wobei dann nur im Falle einer Erfüllung dieser Erwartungen bzw. Einlösung des Arbeitgeberversprechens die mit der Employer Brand angestrebten Positivwirkungen auf interner (z. B. Reduktion der Fluktuationsrate, Steigerung der Motivation bzw. Leistung) sowie externer Ebene (z. B. Ansprache nicht nur talentierter, sondern auch passender Bewerber) erreichbar werden. Die hier angesprochenen Zusammenhänge sind in Abbildung 3 nochmals zusammenfassend dargestellt.

Fördern von markenkonformem Verhalten

Aktuelle Mitarbeiter sind nicht nur Zielgruppe, sondern auch potenzielle Botschafter einer Employer Brand. Vor diesem Hintergrund wird das Employer Branding nicht selten im Kontext des Behavioral Branding betrachtet. Behavioral Branding meint in diesem Zusammenhang dann die Förderung von Verständnis und Commitment der Mitarbeiter im Hinblick auf die Identität der Employer Brand, mit dem Ziel, die Marke in den Köpfen aller Mitarbeiter zu verankern und arbeitgebermarkenbezogenes Handeln herbeizuführen. Esch/Strödter (2008, S. 141 ff.) bemerken dazu, dass Employer Branding auf die Steuerung des Arbeitgebermarkenimages abstellt, um die für das Unternehmen besten bzw. passenden Mitarbeiter zu akquirieren und binden, wohingegen Behavioral Branding auf die Generierung und Wahrung von markenkonformem Mitarbeiterverhalten gerichtet ist. In dieser innengerichteten Perspektive impliziert die Führung einer Arbeitgebermarke also auch die Ausbildung eines entsprechenden Selbstverständnisses der Mitarbeiter, indem sichergestellt wird, dass diese verstehen, wofür die Marke steht und welchen individuellen Nutzen sie besitzt – nur so werden Mitarbeiter auch zu Markenbotschaftern (vgl. Esch 2007, S. 125 ff.). Vor diesem Hintergrund ist es sinnvoll, die Entwicklung und Einführung eines Employer Brandings an einen Change Management-Prozess zu koppeln, um so eine möglichst hohe Affinität der Mitarbeiter mit der Arbeitgebermarke zu erzeugen. Nach Esch (2007, S. 129 ff.) lassen sich hier kontextrelevante Change Management-Fragestellungen und -Maßnahmen entlang den Phasen „Sensibilisieren“, „Involvieren“, „Integrieren“ und „Realisieren“ beschreiben (vgl. Abbildung 4).

	Sensibilisieren	Involvieren	Integrieren	Realisieren
Zentrale Fragestellungen	Ist allen Verantwortlichen die Bedeutung der Marke bzw. deren Beitrag zur Wertschöpfung bewusst?	Ist den jeweiligen Unternehmensbereichen klar, welche Relevanz und welchen Nutzen die Markenidentität f. ihren Bereich hat?	Bestehen konkrete Umsetzungsvorschläge bzw. Anpassungen, die unter Mitwirkung aller Mitarbeiter entwickelt wurden?	Werden die Maßnahmen und jeweiligen Zielvorgaben auch wirkungsvoll umgesetzt bzw. kontrolliert?
Maßnahmen	• Workshops • Klausurtagungen • Runder Tisch • Lobbying • Dialog • …	• Workshops • Informationsrunden • Business Lunches • …	• Roadshows • Kick Off-Meetings • Feiern, Ausflüge • Präsentationen • Intranet, Pressemitteilungen • Dialog mit Führung • …	• MA-Gespräche • Team-Sitzungen • Kurz-Meetings • Foren/Nachtreffen • Regelmäßige Workshops • Intranet, schwarzes Brett, Hotline • …

Abb. 4: Markenspezifischer Change Management-Prozess (Esch 2007, S. 129)

3 Verständnis und Wirkungsdimensionen des Employer Branding nach der DEBA

In Analogie zu der in Kapitel 2.1 eingeführten Auslegung von Employer Branding als ganzheitlich-interdisziplinäre Unternehmensstrategie, vertritt die Deutsche Employer Branding Akademie (DEBA) ein Employer Branding-Verständnis, welches ebenfalls strategisch fundiert und auf Ebene der integrierten Unternehmensführung einzuordnen ist. Die DEBA definiert den Employer Branding-Begriff schließlich einigermaßen vertieft und erweitert wie folgt:

„Employer Branding ist die identitätsbasierte, intern wie extern wirksame Entwicklung und Positionierung eines Unternehmens als glaubwürdiger und attraktiver Arbeitgeber. Kern des Employer Brandings ist immer eine die Unternehmensmarke spezifizierende oder adaptierende Arbeitgebermarkenstrategie. Entwicklung, Umsetzung und Messung dieser Strategie zielen unmittelbar auf die nachhaltige Optimierung von Mitarbeitergewinnung, Mitarbeiterbindung, Leistungsbereitschaft und Unternehmenskultur sowie die Verbesserung des Unternehmensimages. Mittelbar steigert Employer Branding außerdem Geschäftsergebnis sowie Markenwert" (DEBA 2008, S. 1).

Insofern generiert Employer Branding nach der DEBA Wettbewerbsvorteile und positive Effekte in den (in Wechselwirkung miteinander stehenden) Wirkungsbereichen „Mitarbeitergewinnung", „Mitarbeiterbindung", „Unternehmenskultur", „Leistung und Ergebnis" sowie „Unternehmensmarke" (vgl. Abbildung 5), welche im Folgenden näher beschrieben werden.

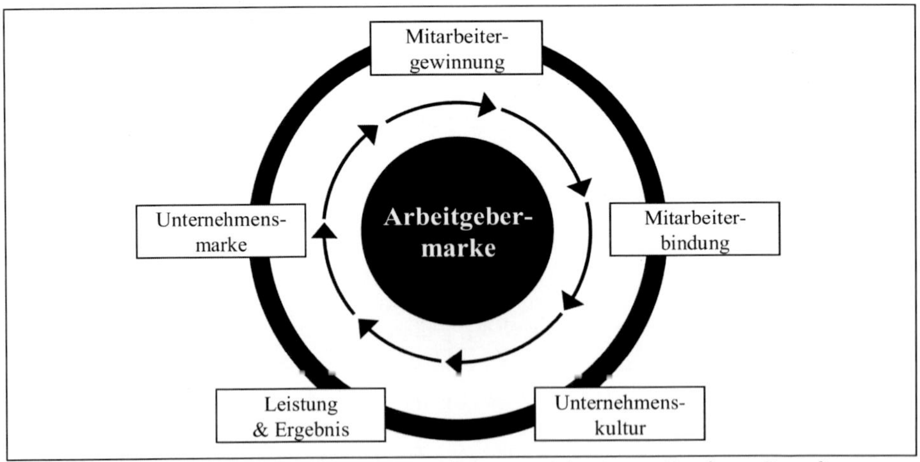

Abb. 5: Die fünf Wirkungsdimensionen des strategiebasierten Employer Brandings (DEBA 2006, o. S.)

Wirkungsdimension „Mitarbeitergewinnung"

Durch ein konsequentes Employer Branding wird ein Vorstellungsbild in den Köpfen der interessierten Bewerber verankert. Das Unternehmen wird positiv wahrgenommen, gewinnt auf dem Arbeitsmarkt an Vertrauen, die Arbeitgeberattraktivität und Bewerberqualität werden erhöht, der Personalbeschaffungsaufwand und die Recruiting-Kosten reduziert. Die DEBA (2006, o. S.) führt dies auf die Erhöhung des „professional und cultural fit" zurück, da sich eine Branding-Strategie auf diejenigen Bewerber ausrichtet, die sowohl professionell-fachlich als auch persönlich zu dem jeweiligen Unternehmen passen. Die Employer Brand besitzt hier eine Filterfunktion, durch die sich die Anzahl an irrelevanten Bewerbungen sowie das Risiko teurer Fehlbesetzungen reduzieren lassen. Fazit: Employer Branding führt zu einem längeren Verbleib im Unternehmen, zu einer stärken Bindung der Mitarbeiter an das Unternehmen, zu einer Steigerung der Effizienz im operativen Recruiting-Prozess sowie Senkung des Personalbeschaffungsaufwands.

Wirkungsdimension „Mitarbeiterbindung"

Einer der zentralen Nutzenaspekte einer gut entwickelten Arbeitgebermarke liegt in der Generierung von nachhaltiger Mitarbeiterbindung bzw. Identifikation und Markenloyalität. Positive Effekte sind in diesem Wirkungsbereich u. a. eine Verbesserung der Mitarbeiterzufriedenheit, eine stärkere Identifikation bzw. Loyalität der Mitarbeiter, die Sicherung des Verbleibs von Know-how, Innovationskraft und Erfahrung im Unternehmen, die Erhöhung des „return on development" sowie die Senkung der Fluktuationskosten und damit die Senkung der Investitionskosten in die Personalentwicklung. Studien zeigen, dass attraktive Arbeitgebermarken die Bindung von Mitarbeitern deutlich verbessern und die Fluktuationsrate um bis zu 50% senken können.

Wirkungsdimension „Leistung und Ergebnis"

Im Wirkungsbereich „Leistung und Ergebnis" liegt der Fokus auf der Identifikation mit dem Unternehmen, dem Team, dem Produkt (Leistungen) sowie dem Commitment. Dadurch entsteht ein Goodwill, den die Mitarbeiter der Arbeitgebermarke entgegenbringen, der zu noch mehr Leistungsbereitschaft führt. Der Einfluss des Employer Branding wirkt sich somit positiv auf die Leistungsfähigkeit der Mitarbeiter aus. Weitere Effekte in diesem Wirkungsbereich sind die Steigerung der Arbeitsergebnisqualität, die Verbesserung der Leistungsmotivation, die Erhöhung der Mitarbeiterloyalität und des Commitment mit den Zielen des Unternehmens, die stärkere Eigenverantwortung („organizational citizenship behavior") sowie die Reduzierung des Führungsaufwands.

Wirkungsdimension „Unternehmenskultur"

Im Wirkungsbereich „Unternehmenskultur" wirkt Employer Branding als kultureller Faktor in das Unternehmen hinein. Werte und Haltung eines Unternehmens werden praktisch erlebbar. Die Effekte in diesem Wirkungsbereich sind u. a. die Verbesserung des Arbeitsklimas, die Senkung von Fehlzeiten, die Stärkung des internen Zusammenhalts sowie die Verbesserung der internen Kommunikation.

Wirkungsdimension „Unternehmensmarke"

Im Wirkungsbereich „Unternehmensmarke" mobilisiert Employer Branding die Unternehmensmarke für Arbeitgeberzwecke und sorgt für eine positive Rückkoppelung auf das Unternehmensimage. Führungskräfte und Mitarbeiter werden zu Markenbotschaftern. Effekte in diesem Wirkungsbereich sind die Stärkung des Unternehmensimage, die Erschließung von Marketing-Synergien und die Steigerung des Unternehmenswertes.

4 Employer Branding bei der compeople AG: Best Practice in einem KMU

Die compeople AG wurde 1999 in Frankfurt a. M. gegründet und ist spezialisiert auf die Entwicklung von IT-Lösungen. Das Unternehmen beschäftigt mehr als 100 Mitarbeiter und wurde in den Jahren 2009 und 2010 mit dem „Top Job"-Gütesiegel ausgezeichnet (vgl. compeople AG 2009; compeople AG 2010). 2009 gewann es den Wettbewerb als „Bester Mittelständler Deutschlands". Aufgrund ihres stabilen Wachstums ist die compeople AG ständig auf der Suche nach neuen Mitarbeitern und muss sich als KMU in der Region gegen große und etablierte Unternehmen durchsetzen. Vor dem Hintergrund immer größerer Schwierigkeiten bei der Stellenbesetzung, entschied sich das Unternehmen im Jahre 2008 für die Entwicklung einer authentischen Arbeitgebermarke (vgl. hierzu und im Folgenden Nagel 2011, S. 119 ff.). Denn obwohl sich bei den aktuellen Mitarbeitern eine durchweg positive Zufriedenheit mit der compeople AG als Arbeitgeber feststellen ließ, war das Unternehmen als attraktiver Arbeitgeber in der Region weitgehend unbekannt.

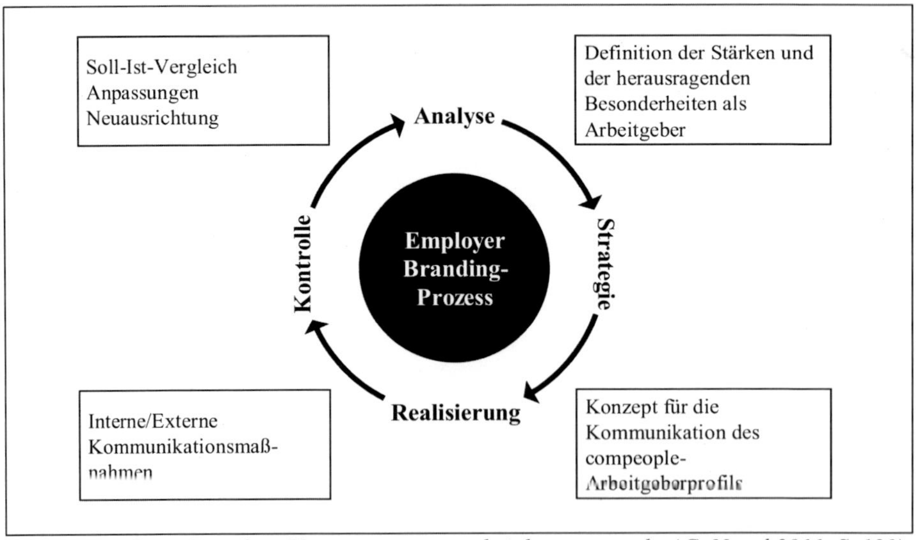

Abb. 6: Employer Branding-Umsetzungsprozess bei der compeople AG Nagel 2011, S. 120)

Ziele der Employer Branding-Strategie waren danach die Verbesserung der Mitarbeitergewinnung durch den externen Aufbau eines attraktiven Arbeitgeberimages sowie die Stärkung der Bindung der bestehenden Mitarbeiter. Manuela Duft (zit. in Nagel 2011, S. 119), Verantwortliche für die Unternehmenskommunikation bei der compeople AG, sagt dazu: „Wir haben von Anfang an entschieden, zwei Zielgruppen anzusprechen: extern die examensnahen Studenten und die Hochschulabsolventen, intern unsere Mitarbeiter. Damit wollten wir zum einen die Anzahl an Bewerbungen qualifizierter Nachwuchskräfte erhöhen, zum anderen aber auch die innovationsfördernde Unternehmenskultur stärken und damit die Motivation der Mitarbeiter steigern." Abbildung 6 zeigt, dass man die mit der Arbeitgebermarkenpositionierung verbundenen Aktivitäten dabei nicht als einmaliges Projekt, sondern als kontinuierlichen, systematischen Prozess mit den Phasen Analyse, Strategie, Realisierung und Kontrolle begriffen hat.

In der Analysephase entschied sich das Unternehmen, an der sog. „Top Job"-Studie (www.topjob.de) teilzunehmen – das (unabhängige) Institut für Führung und Personalmanagement der Universität St. Gallen analysiert und vergleicht darin die teilnehmenden Unternehmen mithilfe einer Befragung von Mitarbeitern und Personalverantwortlichen in sechs Bereichen. Für die compeople AG ergaben sich aus den so gewonnenen Analyseergebnissen schließlich fünf Prämissen für die Erarbeitung ihres Arbeitgeberprofils: Das Ergebnis sollte (1) mit dem Motto der Unternehmensmarke („technology in motion") in Einklang stehen, (2) die Unternehmenskultur betonen und (3) die Wünsche und Vorstellungen der externen Zielgruppen berücksichtigen; außerdem sollten (4) alle Mitarbeiter in die Entwicklung miteinbezogen und (5) die eigenen Stärken mit den besten Arbeitgebern des deutschen Mittelstands verglichen werden.

In der Strategiephase erarbeitete die compeople AG Kommunikationskonzept und -strategie. In konzeptioneller Hinsicht entschied man sich für eine bildliche Darstellung von Schlüsselbegriffen, welche die Stärken als Arbeitgeber unter Einbezug der Unternehmensmarke herausstellt. Die Kommunikationsstrategie umfasste zunächst interne Maßnahmen. In einer Workshopreihe wurden die Ergebnisse der Top Job-Studie präsentiert und Verbesserungsvorschläge gesammelt sowie externe Maßnahmen gemeinsam diskutiert und festgelegt. Letztere umfassten u. a. den Aufbau von Kooperationen im Hochschulbereich, die Verstärkung der Pressearbeit zur Vermarktung des Top Job-Gütesiegels oder die Ausdehnung von Arbeitgeberinformationen auf der Unternehmenswebseite.

In der Umsetzungsphase zählte v. a. die zeitnahe Realisierung der in den Workshops erarbeiteten Maßnahmen. Im Rahmen der internen Kommunikation wurden z. B. neue Veranstaltungen und Prozesse eingeführt; für die externe Kommunikation wurde z. B. eine Rubrik „compeople als Arbeitgeber" auf der Firmenwebseite geschaffen, ein Imagefilm produziert und an Unternehmenskontaktmessen teilgenommen.

Zur Evaluation des Strategieerfolgs und Einschaltung von Verbesserungsprozessen nimmt das Unternehmen nun regelmäßig alle zwei Jahre an der Top Job-Benchmarkstudie teil. Außerdem werden inzwischen Bewerbungen und Bewerbungsgespräche ausgewertet.

Im Ergebnis war die Einführung des Employer Brandings für die compeople AG auffallend vorteilhaft: Die Anzahl an Bewerbern ist inzwischen deutlich gestiegen und Interessenten stellen das Unternehmen in Gesprächen ausdrücklich als Wunscharbeitgeber dar. Außerdem sind der Bekanntheitsgrad und das öffentliche Interesse deutlich gewachsen – auch infolge von regionaler und überregionaler Präsenz in Print-, Online- und TV-Medien.

Das Beispiel dokumentiert, dass sich die Entwicklung und Umsetzung einer Employer Branding-Strategie stark an unternehmensindividuellen Gegebenheiten und Rahmenbedingungen orientiert und auch orientieren muss. Dennoch lassen sich übergeordnete Maßnahmen identifizieren, die bei der Erstellung einer Employer Branding-Strategie als erfolgsentscheidend angesehen werden. Schuhmacher/Geschwill (2009, S. 37) haben in diesem Zusammenhang eine sog. „Checkliste für die Erstellung einer Employer Branding-Strategie" erarbeitet, welche in Abbildung 7 abschließend dargestellt ist.

Checkliste		
1	Formulieren einer Unternehmensvision	✓
2	Ableiten von personalpolitischen Grundsätzen aus der Unternehmensvision	✓
3	Erstellen von Führungsgrundsätzen	✓
4	Überprüfen, ob Anspruch an Verhalten und Wirklichkeit im Umgang übereinstimmen	✓
5	Überprüfen, ob alle vorhandenen und praktizierten personalwirtschaftlichen Instrumente mit ihrer strategischen Ausrichtung übereinstimmen	✓
6	Definieren der relevanten Zielgruppen • Wer soll angesprochen werden? • In welchen Bereichen besteht kurzfristiger, in welchen langfristiger Personalbedarf?	✓
7	Festlegen möglicher Kooperationsformen und Auswählen von (externen) strategischen Partnern für die Umsetzung der Strategie	✓
8	Definieren konkreter, zielgruppenspezifischer Maßnahmen im Rahmen der Strategie	✓
9	Bereitstellen ausreichend personeller und monetärer Ressourcen für die EB-Strategie (langfristig planen)	✓
10	Definieren individueller Aufgaben- und Verantwortungsbereiche bei der Umsetzung der einzelnen Maßnahmen und Pflege der Partnerschaften	✓
11	Einrichten eines Berichtwesens zur Messung von Wirksamkeit und Nachhaltigkeit der EB-Strategie	✓
12	Teilnehmen an Wettbewerben (z. B. Bester Arbeitgeber), um die EB-Strategie auch extern auf den Prüfstein zu stellen	✓

Abb. 7: Checkliste für die Erstellung einer Employer Branding-Strategie (Schuhmacher/Geschwill 2009, S. 37)

5 Empirische Untersuchung zur Bedeutung von Employer Branding in Schweizer KMU

5.1 Methodisches Vorgehen und Zusammensetzung der Stichprobe

Zur Erfassung der wahrgenommenen Relevanz und des vorherrschenden Grundverständnisses von Employer Branding bei Personalverantwortlichen und Führungskräften in Schweizer KMU sowie zur Bestandsaufnahme der Rahmenbedingungen der Mitarbeitergewinnung, wurde ein Online-Fragebogen erstellt, zu dessen Beantwortung Mitte November 2011 3'000 Personalverantwortliche und Führungskräfte von (Deutsch-) Schweizer KMU per E-Mail gebeten wurden. Die Erhebung wurde dann im Zeitraum von Mitte November bis Mitte Dezember 2011 durchgeführt. Nach einmaligem Nachfassen hatten insgesamt 344 Unternehmensvertreter den Fragebogen beantwortet, dies entspricht einer Rücklaufquote von etwa 11.5%. Tabelle 2 gibt einen Überblick über die Zusammensetzung der finalen Stichprobe.

Anzahl Beschäftigte	
< 10	0.9%
11–49	2.9%
50–249	68.9%
Keine Angabe	27.3%
Total	**100%**
Branche	
Industrie und Herstellung	15.8%
Baugewerbe	8.4%
IT und Telekommunikation	7.9%
Banken und Versicherungen	6.5%
Energiewirtschaft	3.7%
Gesundheitswesen und Pharma	3.3%
Werbung, Marketing und PR	3.3%
Nahrungs- und Genussmittel	3.3%
Sonstige*	39.9%
Keine Angabe	7.9%
Total	**100%**
	* Davon „Andere" = 24.7%

Tab. 2: Zusammensetzung der Stichprobe nach Anzahl Beschäftigte und Branche

5.2 Studienergebnisse

5.2.1 Zentrale Herausforderungen im Personalmarketing

Nach Ansicht der Befragten liegt die größte zukünftige Herausforderung im Personalmarketing in der Rekrutierung von qualifiziertem Fach- und Führungspersonal. Auf Platz zwei liegt dann die Erhöhung der Mitarbeiterbindung. Außerdem wurden u. a. auch genannt, die Steigerung von Bekanntheit und Verbesserung der Arbeitgeberpositionierung und die Erhöhung der Mitarbeitermotivation. Insofern spiegeln sich in dieser Top 10 die Wirkungsdimensionen eines Employer Branding fast vollständig wider (vgl. Kapitel 3). Dieses Ergebnis unterstreicht, dass es sich bei Employer Branding um eine optimale Handlungsalternative für das Human Resources-Management in KMU handeln könnte.

Herausforderungen	**Anzahl Nennungen**
Qualifiziertes Fach- und Führungspersonal finden	133
Mitarbeiter langfristig halten/Mitarbeiterbindung	48
Kosten/Lohndruck	29
Mitarbeiterqualifikation/-entwicklung/-förderung	26
Bekanntheit/Attraktivität/Image steigern/Positionierung	26
Nachwuchsförderung/Schaffen von Lehrstellen	25
Internationalisierung/Globalisierung	13
Richtiger Kanal zur Ansprache/Kommunikation	12
Employer Branding/Optimierung Bewerbungsprozess	9
Leistungsbereitschaft/Motivation	7

Tab. 3: Top 10 der größten zukünftigen Herausforderungen im Personalmarketing von KMU

5.2.2 Rahmenbedingungen des Bewerbermanagements

Insgesamt 44.1% der Befragten geben einen jährlichen Personalbedarf von über 10 Mitarbeitern an. Setzt man diesen Bedarf in den Kontext der in Tabelle 3 aufgeführten Top 10 Herausforderungen, dann wird deutlich, dass es in Zukunft immer schwieriger sein wird, diesen Bedarf ohne zusätzliche arbeitgeberstrategische Maßnahmen zu decken. Laut Ernst & Young Schweiz AG (2011, o. S.) haben bereits heute drei von vier KMU Schwierigkeiten, neue und ausreichend qualifizierte Mitarbeiter zu finden. Diese quantifizieren sich in Umsatzeinbußen in Höhe von 4.2 Mrd. Schweizer Franken jährlich.

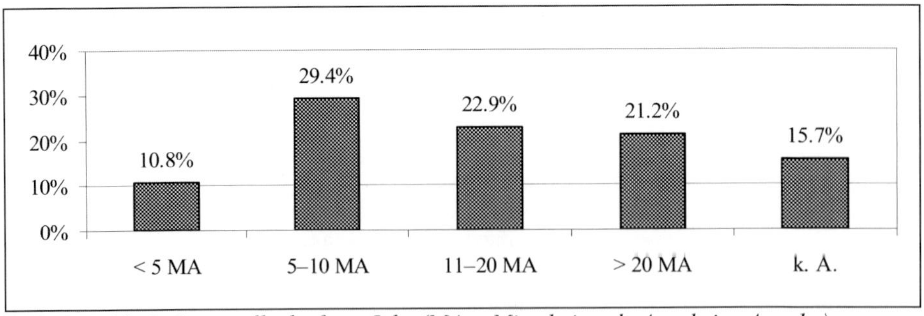

Abb. 8: Personalbedarf pro Jahr (MA = Mitarbeiter, k. A. = keine Angabe)

Bei 48% der Befragten werden potenzielle Mitarbeiter überregional gesucht. Abbildung 9 verdeutlicht die starke Zentrierung der KMU auf Regionen. Im Kontext des verfügbaren Personalmarketingbudgets fällt auf, dass bei immerhin 10.5%, also in rund 36 der teilnehmenden 344 KMU, ein Betrag von über 50'000 Schweizer Franken zur Verfügung steht. Insgesamt 34% investieren 11'000 bis 50'000 Schweizer Franken in das Personalmarketing.

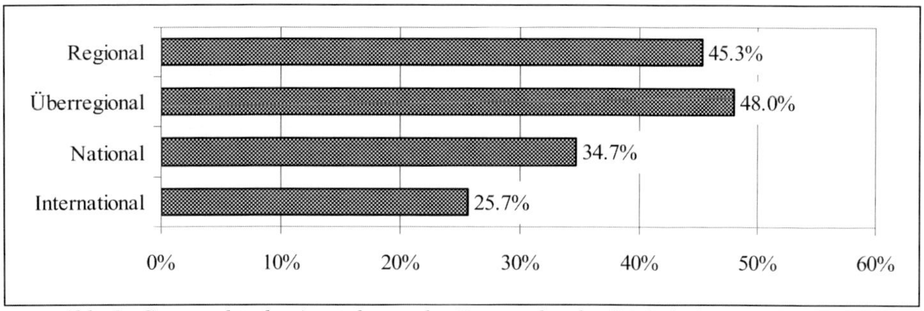

Abb. 9: Geographische Ausrichtung der Personalsuche (Mehrfachnennungen mgl.)

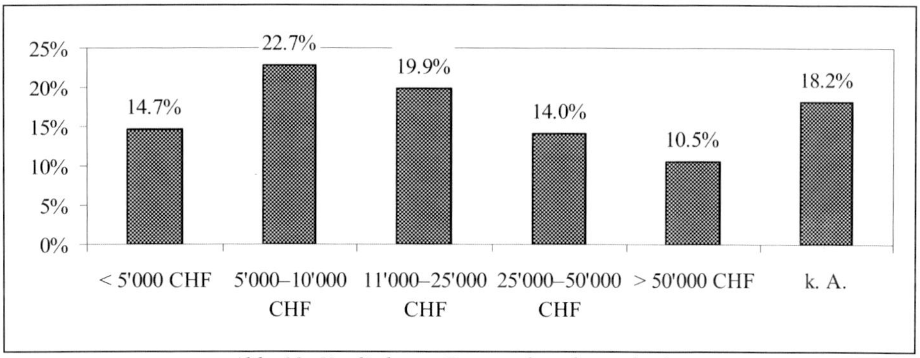

Abb. 10: Verfügbares Personalmarketingbudget
(CHF = Schweizer Franken, k. A. = keine Angabe)

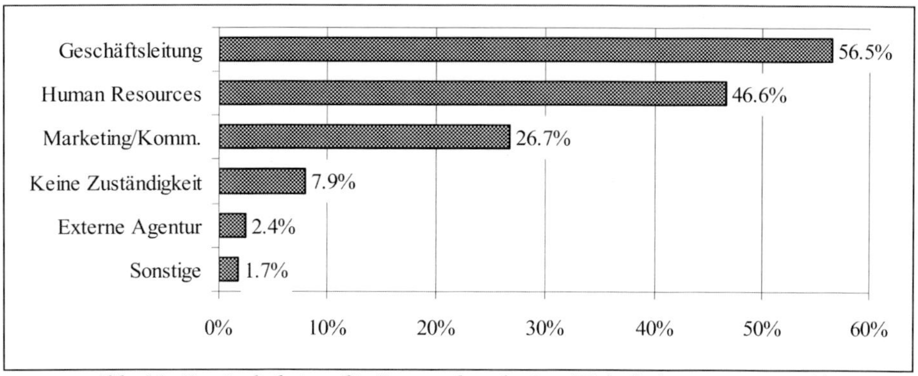

Abb. 11: Zuständigkeiten für Personalmarketing (Mehrfachnennungen mgl.)

In 56% der Fälle fallen die Aktivitäten zu Aufbau und Pflege der Arbeitgebermarke in den Zuständigkeitsbereich der Geschäftsleitung. Das Marketing wird hingegen bei lediglich 26.7% miteinbezogen.

5.2.3 Wahrgenommene Relevanz von Employer Branding

Sowohl die generelle als auch die KMU-spezifische Bedeutung von Employer Branding wird von über der Hälfte der Befragten momentan als hoch bis sehr hoch eingestuft (siehe Abbildungen 12 und 13). Für die Zukunft wird deutlich, dass das Employer Branding-Konzept aus Sicht der befragten Personalverantwortlichen und Führungskräfte noch weiter an Bedeutung gewinnt: So steigt der Anteil derjenigen, welche die Bedeutung des Employer Branding generell in fünf Jahren als sehr hoch einstufen von 12.2% auf über 30%. Für das eigene KMU ergibt sich eine Steigerung von 17.2% auf über 31%. Insofern wird deutlich, dass in der KMU-Praxis die Thematik des Employer Branding längst keine untergeordnete Rolle mehr spielt (vgl. Kapitel 1), sondern weitgehend Eingang als bedeutendes, zukunftsrelevantes Strategiekonzept in das Bewusstsein von Entscheidungsträgern gefunden hat und damit die Ausgangsbasis, nämlich der Wille, sich als Arbeitgeber über eine Marke zu positionieren und profilieren, geschaffen wurde.

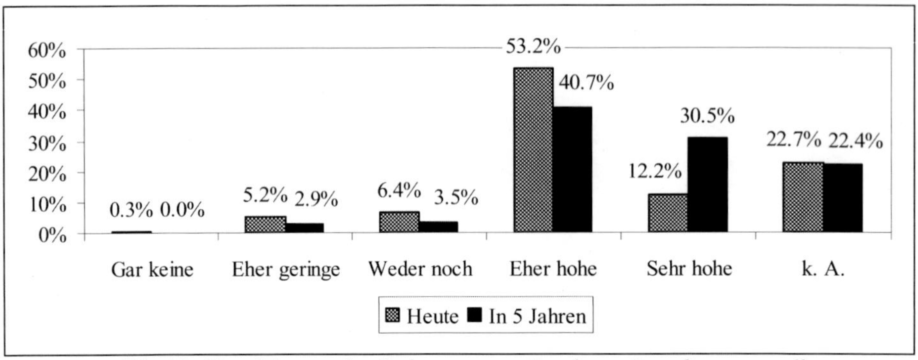

Abb. 12: Einschätzung der Bedeutung von Employer Branding generell (k. A. = keine Angabe)

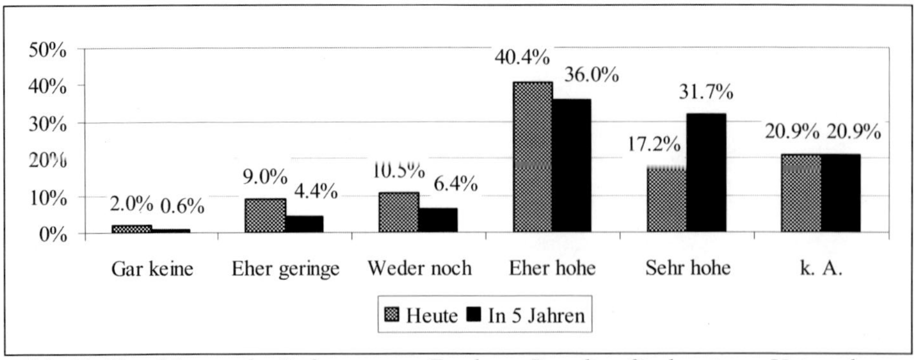

Abb. 13: Einschätzung der Bedeutung von Employer Branding für das eigene Unternehmen (k. A. = keine Angabe)

Auf der Ebene der verschiedenen Einzelziele von Employer Branding werden fast alle von über 50% der befragten Unternehmensvertreter als eher hoch bis sehr hoch bewertet, wobei insbesondere die Steigerung der Arbeitgeberattraktivität (75%) und die Erhöhung der Mitarbeiteridentifikation (71%) als besonders bedeutend ausfallen. Dies lässt vermuten, dass die befragten KMU gerade in diesen Bereichen besondere Defizite aufweisen.

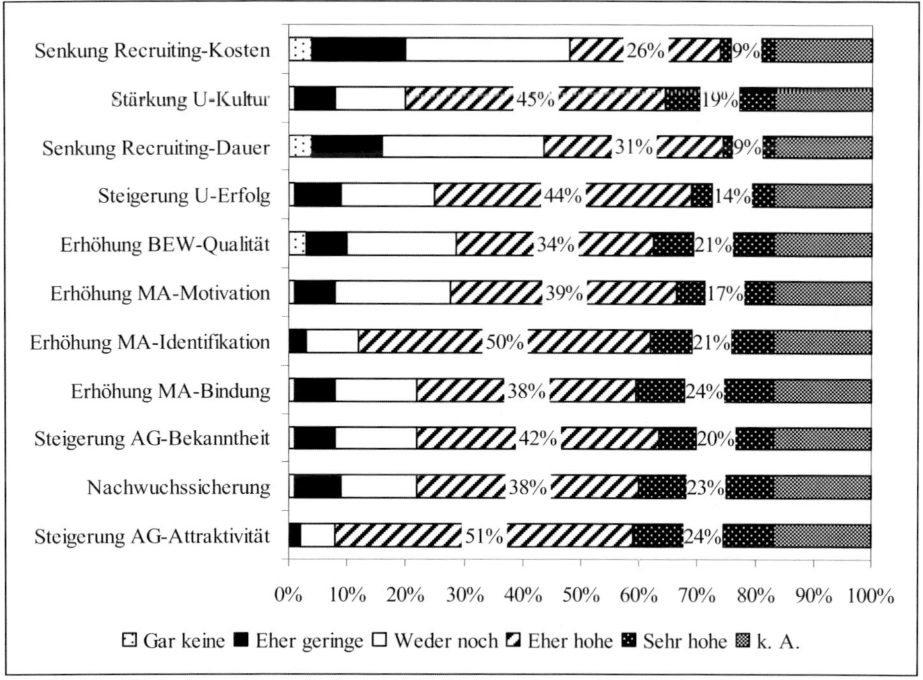

Abb. 14: Wahrgenommene Bedeutung der Employer Branding-Ziele (AG = Arbeitgeber, BEW = Bewerber, MA = Mitarbeiter, U = Unternehmen, k. A = keine Angabe)

5.2.4 Grundverständnis von Employer Branding

Zur Evaluation des vorherrschenden Gesamtverständnisses des Employer Branding-Konzeptes unter den befragten Unternehmensvertretern wird überprüft inwieweit die individuell wahrgenommenen Bedeutungen der übergeordneten Wirkungsdimensionen des Employer Branding bzw. einer Arbeitgebermarke nach der DEBA (vgl. Kapitel 3) mit der individuell wahrgenommenen Bedeutung mit den dimensionsspezifischen Items korrelieren. Aus der Korrelationsanalyse geht schließlich hervor, dass die erhobenen Items zu den Wirkungsdimensionen des Employer Branding signifikant miteinander korrelieren. Diese hohen Interkorrelationen deuten darauf hin, dass es einen übergeordneten Generalfaktor gibt, der vermutlich dem Überbegriff „Employer Branding" gleichkommt. Insofern wird angenommen, dass der Begriff des Employer Branding wie in Abbildung 15 dargestellt werden kann – dabei wurde hier aus Platzgründen auf das Einfügen der Interkorrelationswerte verzichtet.

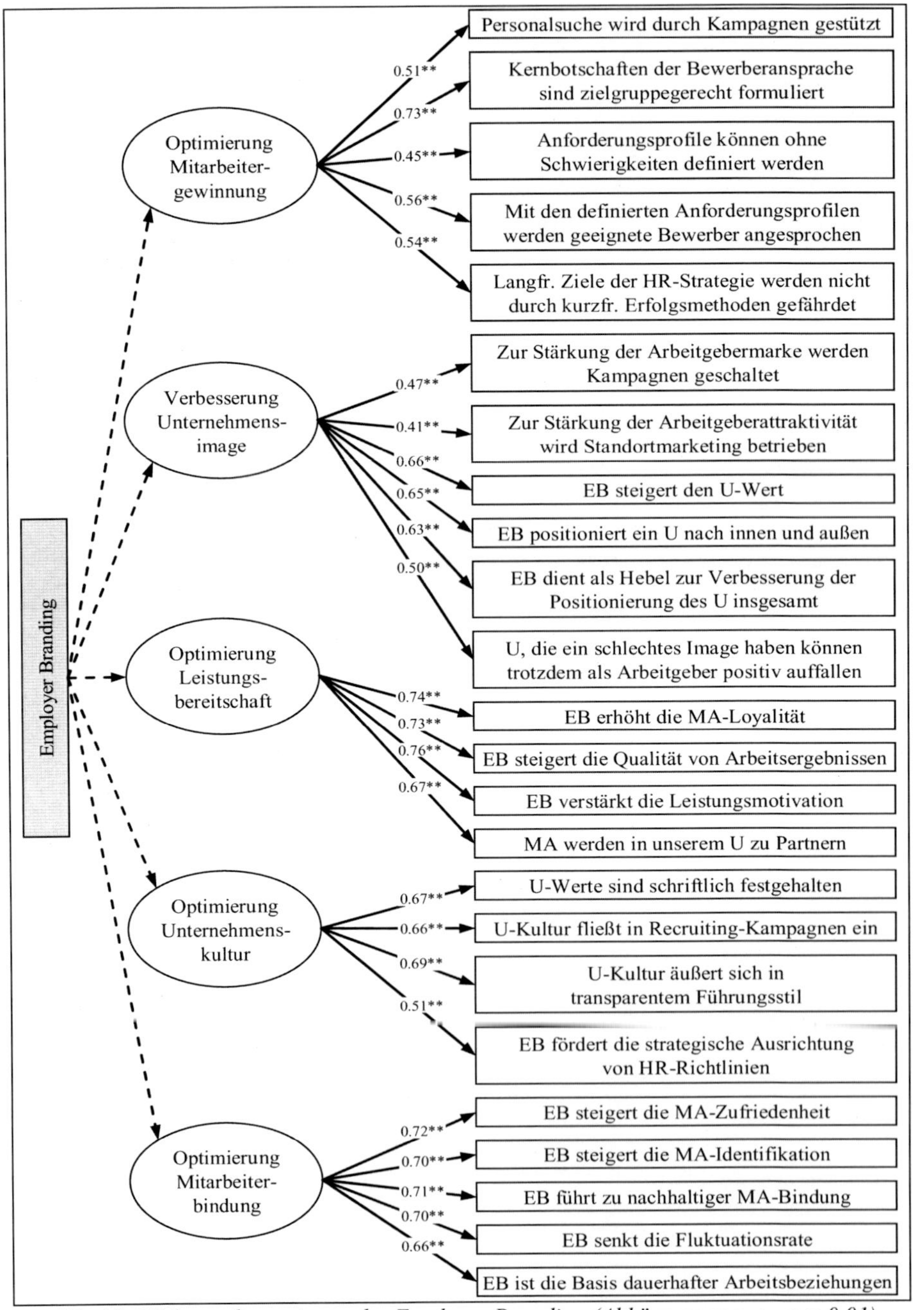

Abb. 15: Wirkungsdimensionen des Employer Branding (Abkürzungen s. o., $\alpha = 0{,}01$)

5.2.5 Kommunikationskanäle für die Personalgewinnung

78.2% der Befragten gewinnen Personal durch Mitarbeiterempfehlungen (siehe Abbildung 16). Hier bestätigt sich, dass bei KMU die eigenen Mitarbeiter häufig der effizienteste Weg zu neuen Mitarbeitern zu sein scheinen (vgl. Grauel 2007, S. 15). Bei der Verfolgung einer Employer Branding-Strategie können Mitarbeiterempfehlungen ein wichtiges Instrument für die Gewinnung der sog. „right potentials" sein. Denn primär gilt nicht, die „high potentials" zu akquirieren, sondern Talente, von denen man annimmt, dass ihre Identität und die Identität der Marke bzw. des Unternehmens höchstmöglich kongruent sind (vgl. Esch/Strödter 2008, S. 141 ff.).

Es liegt nahe, dass bestehende Mitarbeiter schließlich eher solche Bewerber ansprechen bzw. empfehlen, die zu ihnen selbst, welche die zentralen Eigenschaften des Arbeitgebers kennen und die Arbeitgebermarke bereits „leben", passen. Andererseits fungieren Mitarbeiter im Kontext eines Empfehlungsprozesses nicht nur als Selektiv, sondern auch und v. a. als glaubwürdige und authentische Markenbotschafter und Multiplikatoren (vgl. Hubbard 2004, S. 99 f.). Offenbar wird diese strategische Bedeutung von Mitarbeiterempfehlungen bei KMU bereits entsprechend gewichtet.

Insofern gilt es hier v. a. diesen Empfehlungsprozess weiter zu stärken und versteckte Potenziale zu identifizieren und freizusetzen. Dies könnte beispielsweise durch die Einführung eines Belohnungs- bzw. Prämiensystems geschehen.

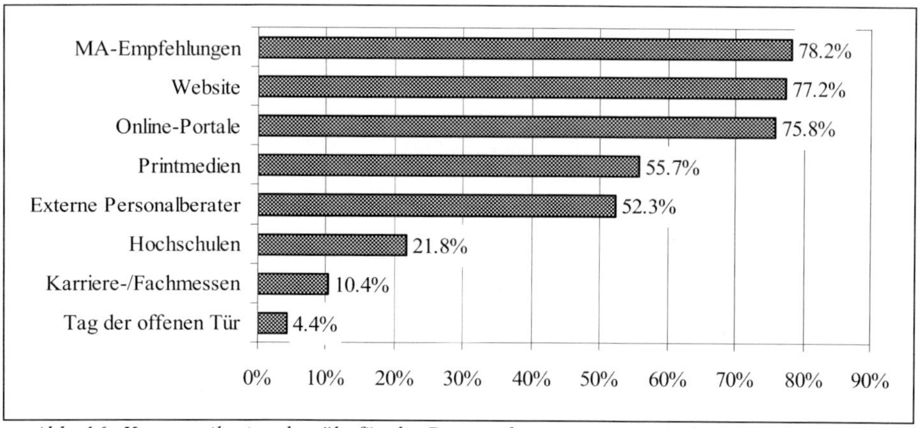

Abb. 16: Kommunikationskanäle für die Personalgewinnung (Mehrfachnennungen mgl.) (MA = Mitarbeiter)

5.2.6 Messgrößen zur Erfolgskontrolle

Die meist genutzte Messgröße ist die Retention-Rate. Der vollständige Verzicht auf die Nutzung der Messgröße „Platzierung in Arbeitgeberratings" bei 46.2% der befragten KMU ist wenig erstaunlich, als dass nur wenige KMU aktiv an solche Ratings teilnehmen – das Beispiel der compeople AG (siehe Kapitel 4) zeigt allerdings, dass durch die mit Ratings häufig verbundene Unternehmensprüfung durch unabhängige Dritte wichtige Erkenntnisse für die Entwicklung bzw. Optimierung der Employer Brand-Strategie liefern können.

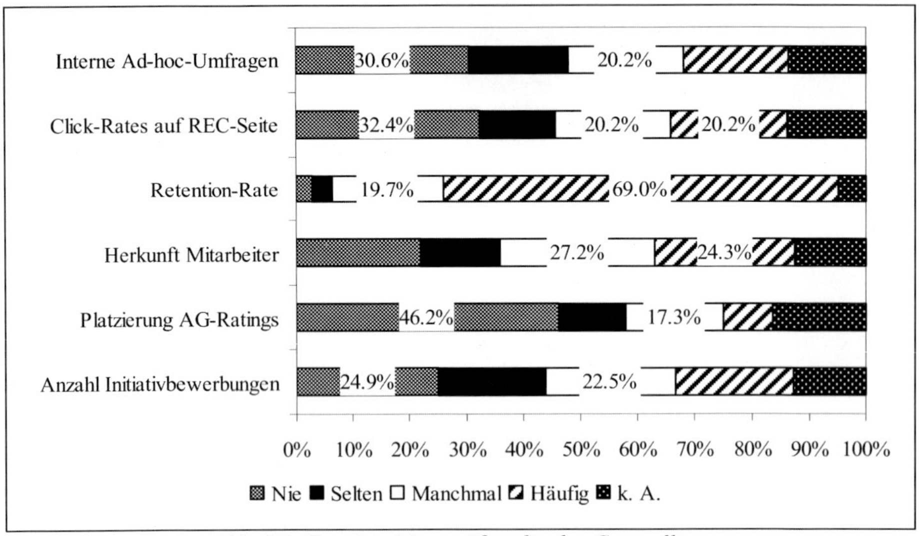

Abb. 17: Genutzte Messgrößen für das Controlling (AG = Arbeitgeber, REC = Recruiting, k. A. = keine Angabe)

Insgesamt 43.3% der Befragten geben an, manchmal bis häufig die Anzahl an erhaltenen Initiativbewerbungen als Kontrollgröße für den Erfolg ihrer Personalsuche zu verwenden. 24.9% bzw. 19.1% hingegen verzichten ganz bzw. weitgehend auf die Betrachtung dieser Messgröße. Dabei können Initiativbewerbungen ein gutes und vor allem leicht zugängliches Indiz für die Bekanntheit eines Arbeitgebers sein.

5.2.7 Kenntnis von Employer Branding-Kampagnen

Obgleich sowohl die generelle als auch die KMU-spezifische Bedeutung von Employer Branding von über der Hälfte der Befragten als hoch bis sehr hoch eingestuft wird (siehe Abbildungen 12 und 13), geben über 65.3% von ihnen an, keine Employer Branding-Kampagnen zu kennen. Lediglich 10% der befragten KMU konnten die Frage nach ihrem Kenntnisstand positiv beantworten. Von denjenigen, die explizit ein Beispiel genannt haben, konnten nur fünf Befragte ein Beispiel auf KMU-Ebene anführen.

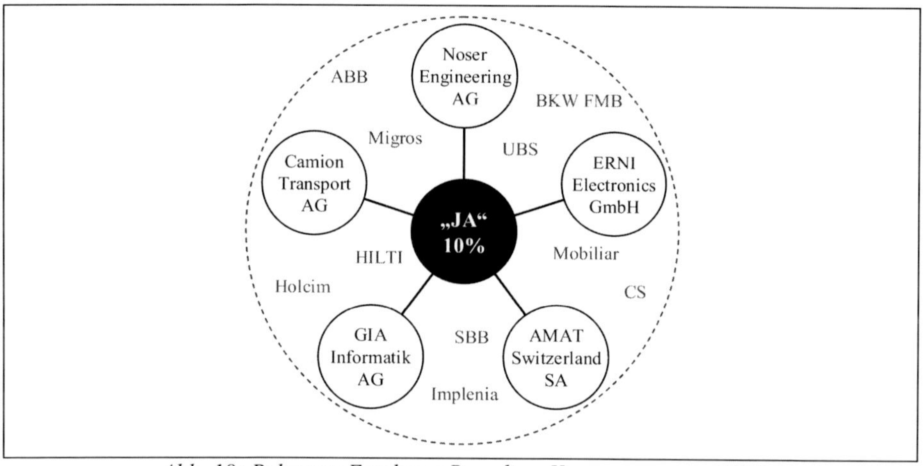

Abb. 18: Bekannte Employer Branding-Kampagnen von KMU

5.2.8 Stärken von KMU als Arbeitgeber

Die untersuchten KMU sehen ihre Stärken als Arbeitgeber hauptsächlich in ihrer Unternehmenskultur, dem Arbeitsklima bzw. den Arbeitsbedingungen und in den interessanten und herausfordernden Arbeitsinhalten und den damit verbundenen Gestaltungsfreiheiten (Mitbestimmung, Eigenkompetenz etc.).

Eigenschaften	**Anzahl Nennungen**
Unternehmenskultur	66
Arbeitsklima/-bedingungen	42
Interessante Arbeit	42
Mitbestimmung/Eigenkompetenz/Freiraum/Verantwortung	34
Produkt	31
Image	26
Standort	23
Entlohnung/Sozialleistungen	22
Entwicklungsmöglichkeiten	20
Familienunternehmen	20

Tab. 4: Top 10 der einzigartigen Eigenschaften von KMU als Arbeitgeber

6 Fazit

Die Ausführungen haben gezeigt, dass sich durch den Aufbau einer attraktiven Arbeitgebermarke vielfältige Nutzenpotenziale erschließen lassen. Insofern kann das Konzept des Employer Branding, entgegen vielfach geäußerter Einwände wie z. B. das Fehlen einer kritischen Unternehmensgröße, auch für KMU eine interessante strategische Option sein. Dabei ist Employer Branding ist kein Ad hoc-Recruiting-Instrument zur kurzfristigen Steigerung der Bewerberanzahl. Vielmehr handelt es sich um eine langfristige strategische Investition und Funktion, welche über das Personalmarketing hinausgeht und als ganzheitlich-interdisziplinäre Markenstrategie als Teil der Gesamtmarkenstrategie eines Unternehmens betrachtet werden muss. Darüber hinaus konnte in einer empirischen Untersuchung gezeigt werden, dass der Bewusstseinsbildungsprozess zum diesem Thema in Schweizer KMU bereits eingesetzt hat und ein umfassendes Verständnis bezüglich des Employer Branding-Begriffes vorherrscht.

Literatur

- AMA [American Marketing Association] (2012): Dictionary. Online: http://www.marke tingpower.com/_layouts/Dictionary.aspx, 12.01.2012.
- Ambler, T., Barrow, S. (1996): The employer brand. In: Journal of Brand Management, Jg. 4, H. 3, S. 185–206.
- Backhaus, K., Tikoo, S. (2004): Conceptualizing and researching employer branding. In: Career Development International, Jg. 9, H. 4/5, S. 501–517.
- BBDO Germany (2008): Neue Studie: Der Mittelstand muss als Arbeitgeber attraktiver werden. Pressemitteilung, 17.03.2008. Online: http://www.bbdo.de/cms/de/news/2008/ archive/2008-03-17.html, 14.01.2012.
- Berthon, P., Ewing, M., Hah, L. L. (2005): Captivating company: dimensions of attractiveness in employer branding. In: International Journal of Advertising, Jg. 24, H. 2, S. 151–172.
- Bucher, V., Cardinaux, P.-A. (2011): KMU-Barometer 2011: Stimmungen, Themen und Perspektiven kleiner und mittelständischer Unternehmen in der Schweiz. Hg. v. Ernst & Young AG
- compeople AG (2009): compeople AG ist bester mittelständischer Arbeitgeber in Hessen. Pressemitteilung, 30.01.2009. Online: http://www.compeople.de/files/compeople-presse info-2009-01-30.pdf, 10.01.2012.
- compeople AG (2010): compeople AG ist „Arbeitgeber des Jahres“. Pressemitteilung, 28.01.2010. Online: http://www.compeople.de/files/compeople_pressemitteilung_top_ job_arbeitgeber-2010-01-28_2.pdf, 10.01.2012.
- DEBA [Deutsche Employer Branding Akademie] (2006): Werttreiber Employer Branding. Online: http://www.employerbranding.org/downloads/publikationen/DEBA_001_ EB_Werttreiber.pdf, 21.11.2011.

- DEBA [Deutsche Employer Branding Akademie] (2008): Definition Employer Branding. Online: http://www.employerbranding.org/downloads/publikationen/DEBA_EB_Definition_Praeambel.pdf, 09.07.2011.
- Dell, D., Ainspan, N. (2001): Engaging Employees through Your Brand. Conference Board Report Nr. R-1288-01-RR. Washington.
- Ernst & Young Schweiz AG (Hg.) (2011): KMU wollen neue Jobs schaffen: Fachkräftemangel kostet 4,2 Milliarden Franken. Medienmitteilung, 25.01.2011. Online: http://www.ey.com/Publication/vwLUAssets/Medienmitteilung_KMU_Barometer_2011/$FILE/20110125_Medienmitteilung_final.pdf, 06.07.2011.
- Esch, F.-R. (2007): Strategie und Taktik der Markenführung. München.
- Esch, F.-R., Strödter, K. (2008): Aufbau des Markencommitments in Abhängigkeit des Mitarbeiter-Marken-Fits. In: Tomczak, T., Esch, F.-R., Kernstock, J., Herrmann, A. (Hg.): Behavioral Branding: Wie Mitarbeiterverhalten die Marke stärkt. Wiesbaden, S. 141–159.
- Forster, A., Erz, A., Jenewein, W. (2008): Employer Branding: Ein konzeptioneller Ansatz zur markenorientierten Mitarbeiterführung. In: Tomczak, T./ Esch, F.-R./ Kernstock, J./ Herrmann, A. (Hg.): Behavioral Branding: Wie Mitarbeiterverhalten die Marke stärkt. Wiesbaden, S. 278–294.
- Grauel, Ralf (2007): Mitarbeiter verzweifelt gesucht. In: Brand Eins, H. 1, S. 14–15.
- Hubbard, M. (2004): Markenführung von innen nach außen: Zur Rolle der Internen Kommunikation als Werttreiber für Marken. Wiesbaden.
- Kapoor, V. (2010): Employer Branding: A Study of Its Relevance in India. In: The IUP Journal of Brand Management, Jg. 7, H. 1/2, S. 51–75.
- Kirchgeorg, M., Günther, E. (2006): Employer Brands zur Unternehmensprofilierung im Personalmarkt. HHL-Arbeitspapier Nr. 74. Leipzig.
- Manpower Schweiz AG (Hrsg.) (2011): Manpower-Umfrage zur Talentknappheit: Ergebnisse 2011: Talente als Wettbewerbsvorteil für Unternehmen. Pressemitteilung, 14.06.2011. Online: http://www.manpower.ch/fileadmin/user_upload/documents/Media/Communiques_presse/PR_Talentknappheit_2011_DE.pdf, 08.01.2011.
- Mistlberger, B. (2009): Employer Branding: Die Marke Arbeitgeber in KMU. In: personal manager, H. 4, S. 34–35.
- Moroko, L., Uncles, M. D. (2008): Characteristics of successful employer brands. In: Brand Management, Jg. 16, H. 3, S. 160–175.
- Nagel, K. (2011): Employer Branding. Wien.
- Parment, A. (2009): Die Generation Y – Mitarbeiter der Zukunft. Wiesbaden.
- Petkovic, M. (2008): Employer Branding: Ein markenpolitischer Ansatz zur Schaffung von Präferenzen bei der Arbeitgeberwahl. München.

- Rousseau, D. M. (1990): New hire perceptions of their own and their employer's obligations: A study of psychological contracts. In: Journal of Organizational Behavior, Jg. 16, H. 5, S. 389–400.
- Schuhmacher, F., Geschwill, R. (2009): Employer Branding: Human Resources Management für die Unternehmensführung. Wiesbaden.
- Stotz, W., Wedel, A. (2009): Employer Branding: Mit Strategie zum bevorzugten Arbeitgeber. München.
- Sullivan, J. (2004): The 8 Elements of a Successful Employer Brand. Online: http://www.ere.net/2004/02/23/the-8-elements-of-a-successful-employment-brand, 08.01.2012.
- Sutherland, M. M., Torricelli, D. G., Karg, R. F. (2002): Employer-of-choice branding for knowledge workers. In: South African Journal of Business Management, Jg. 33, H. 4, S. 13–20.
- Trost, A. (2009): Employer Branding. In: Trost, A. (Hg.): Employer Branding: Arbeitgeber positionieren und präsentieren. Köln, S. 13–77.

Mitarbeiterbindung in mittleren Unternehmen mit und ohne Familieneinfluss

Jan-Klaus Tänzler, Detlef Keese und Annegret Hauer

„*Was mich anbetrifft, so zahle ich für die Fähigkeit, Menschen richtig zu behandeln, mehr als für irgendeine andere auf der ganzen Welt.*"
(John Davison Rockefeller (1839-1937))

1 Einleitung

Ein hohes Gehalt alleine ist heute für die Attraktivität eines Arbeitgebers nicht mehr das einzige Kriterium. Arbeitnehmer achten mittlerweile bei der Wahl ihres Arbeitsplatzes zunehmend auf Aspekte wie eine ausgeglichene Work-Life-Balance, eine gute Arbeitsatmosphäre oder auf die Möglichkeiten der Weiterbildung (vgl. Toman 2006). Dabei sorgt der zunehmende Fachkräftemangel dafür, dass sich die Unternehmen in einem immer stärkeren Maße an die neuen Bedürfnisse anpassen müssen (vgl. Gramke et al. 2009).

Familienunternehmen wird nachgesagt, eine Unternehmenskultur vorzuweisen, die von einem familiären Charakter geprägt ist (Stiftung Familienunternehmen 2011). Dabei finden viele der angesprochenen Aspekte eine besondere Berücksichtigung. Zusätzlich wird kolportiert, das die von den Familienunternehmen gelebten Werte nicht Marketinggründen geschuldet sind, sondern Teil einer oftmals über Generationen hinweg gelebten Firmenkultur sind (vgl. Keese et al. 2010), wobei die Mitarbeiter eine wichtige Rolle spielen.

Erste Ergebnisse von Studien lassen darauf schließen, dass Familienunternehmen als Arbeitgeber in der Öffentlichkeit ein spezielles arbeitnehmerfreundliches Image aufweisen. Doch verhalten sich deutsche Familienunternehmen tatsächlich ihrem Image entsprechend? Zwar soll an dieser Stelle nicht angezweifelt werden, dass sich durchaus viele Familienunternehmen in einer besonderen Art und Weise um ihre Mitarbeiter kümmern, Unklarheit herrscht in der wissenschaftlichen Diskussion aber, ob sie sich in diesem Aspekt tatsächlich von ihrem Pendant ohne Familieneinfluss unterscheiden. Ist es wirklich der Familieneinfluss, der die Arbeitsatmosphäre im Unternehmen prägt, oder kommt das in der breiten Bevölkerung vorhandene Image, Familienunternehmen seien in besonderen Maße arbeitnehmerfreundlich doch eher durch den Fakt zustande, dass Familienunternehmen meist kleiner als die großen und anonymen Publikumsgesellschaften sind und daher familiärer wirken?

Um diese Fragen zu klären, wurden vom Institut für Mittelstandsforschung Mannheim einige Instrumente der Mitarbeiterbindung in 588 mittleren Unternehmen mit und ohne Familieneinfluss in Deutschland untersucht. Dabei sollte nicht nur überprüft werden, welche Instrumente die Unternehmen anbieten, sondern es sollte auch speziell analysiert werden inwieweit der Familieneinfluss für die Bereitstellung eine Rolle spielt. Der Familieneinfluss auf die jeweiligen Unternehmen wird anhand der F-PEC Skala von Astrachan et al. bestimmt (Astrachan 2006). Mithilfe dieser Einteilung ist es möglich, Unternehmen eher als Familien- oder Nicht-

Familienunternehmen zu klassifizieren und miteinander zu vergleichen. Damit können wir eine erste Antwort auf die Frage liefern, ob sich Instrumente der Mitarbeiterbindung in Unternehmen mit unterschiedlichem Familieneinfluss sowie die Motivation für die Bereitstellung signifikant unterscheiden.

2 Theoretisch-konzeptionelle Grundlagen

2.1 Elemente der Mitarbeiterbindung

Mitarbeiterbindung ist ein sehr vielschichtiger Begriff, der erst in den letzten Jahrzehnten Gegenstand wissenschaftlicher Diskussionen wurde. Gerade in Zeiten drohenden Fachkräftemangels versuchen Unternehmen verstärkt, wichtige Leistungsträger nicht nur zu gewinnen, sondern auch im Unternehmen zu halten. Diese auf den ersten Blick einsichtige Zielsetzung ist jedoch nicht so einfach zu verfolgen. Es stellen sich gleich mehrere Fragen, die vor einer entsprechenden Personalstrategie zu klären sind.

2.1.1 Mitarbeiterbindung – Eine begriffliche Annäherung

Nachdem die Forschung zunächst unterschiedliche Teilmodelle zur Mitarbeiterbindung, im folgenden gleichgesetzt mit dem englischen Commitment, verfolgte und damit Einzelaspekte herausstellte, entwickelten sich daraus zunehmend integrative Modelle (Meifert 2005, S. 44 ff.).

Eines der bekanntesten ist das dreidimensionale Commitmentkonzept nach Meyer et al. (1993), das zwischen affektivem, normativem und kalkulatorischem Commitment unterscheidet. Beim affektiven Commitment fühlt sich der Mitarbeiter aufgrund gleicher Werte und Einstellungen an das Unternehmen gebunden, d. h. er empfindet Loyalität, Stolz und Freude gegenüber dem Unternehmen. Normatives Commitment meint das Gefühl der Verpflichtung, im Unternehmen zu verbleiben. Der Mitarbeiter fühlt sich aus Dankbarkeit oder Schuldgefühlen heraus dem Unternehmen verpflichtet, bspw. möchte er Kollegen nicht enttäuschen oder er hat vom Unternehmen viele Leistungen erhalten. Beim kalkulatorischen Commitment schließlich erfolgt der Verbleib aufgrund von Kosten-Nutzen-Abwägungen.

Der Verzicht auf Vorteile im Unternehmen oder auch die mangelnden Möglichkeiten bei einem Arbeitsplatzwechsel verhindern hier ein Abwandern. Meyer, Allen und Smith fassen dies folgendermaßen zusammen: „Employees with a strong affective commitment remain with the organization because they want to, those with a strong continuance commitment remain because they need to, and those with a strong normative Commitment remain because they feel they ought to do so.“ (Meyer et al. 1993, S. 539)

Dieses Modell wurde bereits in vielen Studien zugrundegelegt und konnte entsprechend überzeugend validiert werden. Die Bindung von Mitarbeitern an eine Organisation hat bei diesem integrativen Modell nicht nur eine der genannten Ursachen, sondern setzt sich aus unterschiedlichen Komponenten zusammen. Auch die Richtung des Commitment kann variieren. Die Verbundenheit kann sich z. B. auf den Vorgesetzten, die Mitarbeiter, die Aufgabe oder auch die Beschäftigungsform beziehen. Dieser Aspekt soll aber im Folgenden nicht weiter ausgeführt werden.

Bezogen auf die dargestellten Ursachen der Bindung, affektiv, normativ oder kalkulatorisch, ist es für Unternehmen bedeutsam, aus welchen dieser Gründe die Mitarbeiter im Unternehmen verbleiben und welches Mitarbeiterverhalten daraus resultiert. Eine umfassendere Diskussion kann bei Felfe nachvollzogen werden (Felfe 2008, S. 50 ff.). Am günstigsten ist es, wenn sich die Mitarbeiter den Zielen der Unternehmung so verbunden fühlen, dass sie diese unterstützen wollen und deshalb im Unternehmen verbleiben. Bei dieser affektiven Bindung kann davon ausgegangen werden, dass die Mitarbeiter eine entsprechend große Motivation haben und die Ziele des Unternehmens auch selbst mit aller Kraft verfolgen. Etwas weniger stark ist dies bei der normativen Bindung der Fall.

Das Gefühl der Verpflichtung gegenüber dem Unternehmen kann zwar die Mitarbeiter im Unternehmen halten, muss aber nicht unbedingt die Leistungsmotivation erhöhen. Die kalkulatorische Bindung dagegen hat nur wenig mit der Leistungsmotivation zu tun. Sie bewirkt, dass der Mitarbeiter lediglich die Kosten der Neuorientierung höher einschätzt als den Nutzen des Verbleibs im Unternehmen. Die Strategien der Unternehmen zur Mitarbeiterbindung sollten deshalb vor allem auf die affektive und normative Bindung abzielen, wenn es um die Erhöhung der Motivation gehen soll. Allerdings können auch Maßnahmen, die die kalkulatorische Bindung erhöhen, sinnvoll sein, wenn beispielsweise Spezialisten im Unternehmen gehalten werden sollen.

2.1.2 Betrieblicher Nutzen der Mitarbeiterbindung

Weshalb sollte sich ein Unternehmen mit den Komponenten der Mitarbeiterbindung auseinandersetzen? Welche Vorteile bringt es, wenn Mitarbeiter lange im Unternehmen verbleiben? Und wenn, gilt dies für alle Mitarbeitergruppen oder nur für bestimmte schwer zu ersetzende Arbeitskräfte?

Schon dieser Fragenkatalog zeigt, dass die allgemeine Aussage, es sei vorteilhaft für ein Unternehmen, wenn Mitarbeiter lange im Betrieb verbleiben, einer näheren Betrachtung bedarf. Die Bindung der Mitarbeiter ist kein Ziel an sich, sondern kann nur durch die damit verbundenen (betriebswirtschaftlichen) Wirkungen begründet werden. Insgesamt sollen durch Mitarbeiterbindung Risiken für das Unternehmen gemindert werden. Kobi (1999) nennt hier vier beeinflussbare Personalrisiken:

- Austrittsrisiko (gefährdete Mitarbeiter)
- Anpassungsrisiko (falsch qualifizierte Mitarbeiter)
- Motivationsrisiko (zurückgehaltene Leistung)
- Engpassrisiko (fehlende Leistungsträger)

Ein offensichtlicher betrieblicher Vorteil von Mitarbeiterbindung ist zunächst in der Vermeidung von Kosten zu sehen, die eine hohe Fluktuation verursacht (= Austrittsrisiko). Jeder Mitarbeiter, der ersetzt werden muss, bedeutet Kosten für die Rekrutierung und die Einarbeitung. Dass eine hohe Mitarbeiterbindung Fluktuation verringert, stellte eine repräsentative Umfrage im Jahr 2000 fest (IFAK 2007). Mit dem Weggang von Mitarbeitern geht zudem Wissen verloren, in vielen Fällen formelles z. B. über die Kenntnis der Arbeitsabläufe und der Strukturen im Unternehmen, in allen Fällen aber informelles Wissen, z. B. über die persönlichen oder organisatorischen Zusammenhänge, die nicht in Plänen festgehalten sind.

Die Weiterbildung der Mitarbeiter bringt nicht nur direkte Vorteile in Bezug auf die Arbeitsleistungen, sie verhindert auch Fluktuationen aufgrund mangelnder Qualifizierung. Zudem steigen die Einsatzmöglichkeiten des Personals und damit die Flexibilität des Unternehmens. Falsch oder unzureichend qualifizierte Mitarbeiter sind stets ein Risiko für den reibungslosen Ablauf im Unternehmen. Vor allem bei Mitarbeitern, die lange im Betrieb verbleiben, können sich diese Vorteile positiv auswirken (= Anpassungsrisiko).

In Zeiten, in denen die Flexibilität der Mitarbeiter betont wird, und die Unternehmen je nach Wirtschaftslage rasch auf Umsatzeinbrüche und -wachstum reagieren wollen, sind die Vorteile der Mitarbeiterbindung verstärkt in die Diskussion geraten. Geblieben sind jedoch die Bestrebungen der Unternehmen, für die Mitarbeiter besonders attraktiv zu bleiben, damit in Zeiten des Wachstums möglichst schnell Mitarbeiter rekrutiert werden können. D. h., Unternehmen möchten evtl. nicht Fluktuation grundsätzlich verhindern, sondern nur die ungewollte Fluktuation. Diese betrifft in erster Linie die Bindung von Spezialisten (Fachkräften), besonders leistungsstarken Mitarbeitern und hoffnungsvollen Nachwuchskräften (= Engpassrisiko).

Neben der Verhinderung von Fluktuation und den damit einhergehenden Kosten kann die Bindung von Mitarbeitern auch zur jeweiligen Arbeits**motivation** beitragen. Das IFAK-Arbeitsklima-Barometer stellte fest, dass Mitarbeiter, die sich dem Unternehmen verbunden fühlen, neben einer geringeren Fluktuationsrate mehr Verbesserungsvorschläge machen, das Unternehmen nach außen mehr empfehlen, weniger Fehltage haben und sich in ihrer Arbeitszeit weniger mit „arbeitsfernen“ Dingen beschäftigen als sich nicht gebunden fühlende Mitarbeiter (= Motivationsrisiko) (IFAK 2007).

Sowohl die Eindämmung von Fluktuation als auch die Erhöhung der Motivation versuchen die Unternehmen mit einer Erhöhung ihrer Attraktivität als Arbeitgeber für die Mitarbeiter zu fördern. Dies kann insgesamt nicht durch eine einzelne Maßnahme erreicht werden, sondern meist durch ein ganzes Bündel unterschiedlicher Faktoren.

2.1.3 Instrumente der Mitarbeiterbindung

Anreize zur Mitarbeiterbindung können sich allgemein auf materielle, tätigkeitsbezogene oder soziale Aspekte beziehen. Einzelne Maßnahmen zur Mitarbeiterbindung umfassen damit fast die gesamte Bandbreite der Personalarbeit, insbesondere Vergütungskonzepte, Weiterbildungsprogramme, Vergünstigungen, Führungsstrategien, work-life-balance etc. (u. a. Helzel 2009). Weitgehende Übereinstimmung herrscht in der Annahme, dass neben den materiellen auch immaterielle Anreize notwendig sind, um Bindung und Loyalität zu erreichen. Einzelne Studien sprechen auch den sog. Verdrängungseffekt an, der besagt, dass materielle, extrinsische, Anreize die intrinsische, aus dem eigenen Wollen entspringende, Motivation der Mitarbeiter sogar herabsetzen kann. Frey (2002) hebt in diesem Zusammenhang auch die Tücken von Leistungslöhnen heraus, die diesbezüglich unerwünschte Nebenwirkungen haben können.

Hirschfeld (2006) nennt als Instrumente der Mitarbeiterbindung die Arbeitsgestaltung, die Personalentwicklung, Führungsinstrumente oder Anreizsysteme. Die Anreizsysteme im Speziellen lassen sich grob in monetäre und immaterielle unterscheiden. Die Unternehmensberatung Kienbaum ermittelte im Jahr 2001 Maßnahmen, die dazu geeignet sind, Mitarbeiter an das Unternehmen zu binden (Hunziger 2002). Die wichtigsten Einflussfaktoren aus Sicht der Personalleiter sind demnach Image und Kultur, Führungsverständnis, Vergütung, Arbeitszeiten, Personalentwicklung, persönliches Arbeitsumfeld, Ausrichtung des Personalmanagements und allgemeine strategische Faktoren. Besonders der Bereich Unternehmensimage und Kultur spielt offenbar eine bedeutende Rolle. Zumindest wird er von den befragten Mitarbeitern noch höher eingeschätzt als die übrigen Faktoren. Aktivitäten der Unternehmen, die das Betriebsklima und das Unternehmensimage verbessern, sollten den Unternehmen deshalb besonders am Herzen liegen.

2.2 Personalpolitik von Unternehmen mit und ohne Familieneinfluss

Insgesamt wird den Familienunternehmen in der Öffentlichkeit eine nachhaltige und werteorientierte Personalpolitik nachgesagt (auxilion 2011). Familienunternehmen stehen für Werte und Moral, Kontinuität und Tradition sowie Langfristigkeit. Gleichzeitig herrscht in der Öffentlichkeit die Meinung vor, die Fluktuation in Familienunternehmen sei geringer und in Krisenzeiten würde dieser Unternehmenstypus weniger Personal abbauen (auxilion 2010, Gottschalk et al. 2011).

Gerade für Universitätsabsolventen erscheinen daher Familienunternehmen in jüngster Zeit als Arbeitgeber besonders interessant. So zeigte sich in einer Umfrage der Personalberatung Kienbaum aus dem Jahre 2010, dass Familienunternehmen unter Studierenden als attraktivere Arbeitgeber im Vergleich zu Großkonzernen angesehen werden. In der Umfrage wird den Unternehmen mit Familieneinfluss eine flachere Hierarchie, größere Gestaltungsspielräume, mehr Menschlichkeit sowie eine bessere Work-Life Balance im Vergleich zu den Großkonzernen attestiert. Große Publikumsgesellschaften werden dagegen mit einer hohen Bezahlung, Internationalität sowie besseren Karrierechancen in Verbindung gebracht.

Dem stehen Kriterien wie Konzerndruck, Anonymität sowie geringere Entfaltungsmöglichkeiten gegenüber (Kienbaum 2010a, Kienbaum 2010b). Zu einem ähnlichen Ergebnis kommt auch die Stiftung Familienunternehmen, die rund 700 Studenten nach ihren Präferenzen bei der Arbeitgeberwahl befragte. Im Ergebnis zeigt sich, dass Familienunternehmen bei den abgefragten Kriterien mehrheitlich besser abschnitten als die anonymen Publikumsgesellschaften (Keese et al. 2011). Ob die Mitarbeiterbindung allerdings stärker in Familienunternehmen als in Nicht-Familienunternehmen ausfällt, konnte bisher nicht abschließend geklärt werden. Während eine Studie des ifm Mannheim aus dem Jahre 2011 zeigen konnte (Keese et al. 2011), dass Geschäftsführer und Vorstände von Familienunternehmen signifikant länger im Amt bleiben als die entsprechende Führungsriege bei Unternehmen im Streubesitz, findet Kay (2008) keine signifikanten Unterschiede zwischen Familien- und Nicht-Familienunternehmen. Im Durchschnitt weisen familiengeführte Unternehmen einen etwas niedrigeren

Frauenanteil und einen etwas höheren Anteil älterer Beschäftigter an ihrer Belegschaften auf als managementgeführte. Hinsichtlich der Mitarbeiter anderer Kulturen lassen sich kaum Unterschiede erkennen. Familien- und managementgeführte Unternehmen messen einer Reihe von personalpolitischen Instrumenten unterschiedliche Bedeutung zu. Mit Ausnahme familienfreundlicher Regelungen ist deren Bedeutung für familiengeführte Unternehmen geringer als für managementgeführte. Bei den tatsächlich eingesetzten personalpolitischen Instrumenten bestehen weniger Unterschiede. Lediglich bei der Personalentwicklung und den übertariflichen Sozialleistungen sind weniger familien- als managementgeführte Unternehmen engagiert (Kay 2008).

2.3 Die Messung des Familieneinflusses in Unternehmen - die F-PEC-Skala

Eine der Hauptschwierigkeiten bei der Erforschung von Familienunternehmen (FU) besteht in der Abgrenzung von Familienunternehmen gegenüber anderen Unternehmen. Diese Definitionslücke wurde bereits früh erkannt (Donnelly 1964). Versuche, Familienunternehmen von anderen Unternehmen abzugrenzen, führten schnell zu der Annahme, dass Eigentum und Management die entscheidenden Faktoren seien. Einige Definitionen gehen darüber hinaus erst dann von einem Familienunternehmen aus, wenn bereits mindestens einmal eine Nachfolge stattgefunden hat (Churchill 1987). Ab welcher Beteiligungshöhe der Familie aber gilt ein Unternehmen als Familienunternehmen? Und gilt ein Unternehmen auch dann noch als Familienunternehmen, wenn kein Familienmitglied in der Geschäftsführung vertreten ist, wie es beispielsweise derzeit beim Unternehmen Haniel der Fall ist? Die aufgeworfenen Fragen zeigen, warum es in der Wissenschaft bisher noch nicht gelungen ist, eine allgemeingültige Definition für ein Familienunternehmen zu entwickeln (Vgl. Mittelsten-Scheid 2009, S. 9 und Iliou 2004, S. 98).

Erschwerend kommt hinzu, dass die Frage, ob ihr Unternehmen ein Familienunternehmen ist oder nicht, auch von den Unternehmern selbst unterschiedlich beantwortet wird (Chua 1999). Konsens herrscht nicht einmal bei vollständig eigentümergeführten und -kontrollierten Unternehmen (Niefert et al. 2009, Broer et al. 2007). Angesichts dieses Spektrums an Möglichkeiten wurde in den letzten Jahren verstärkt auch auf andere Merkmale verwiesen, die ein Familienunternehmen aufweisen sollte. Diese bewegen sich im Bereich der Unternehmenskultur und berücksichtigen den in der öffentlichen Meinung und politischen Diskussion oft vertretenen Aspekt, dass sich Familienunternehmen anders als nicht familienbeeinflusste Unternehmen verhalten und unternehmensprägende Visionen verfolgen, die an potenzielle Nachfolger weitergegeben werden. Erst diese Komponente erklärt, warum sich Familienunternehmen überhaupt als Forschungsobjekt lohnen, denn Eigentum und Management gibt es schließlich in allen Unternehmen in den unterschiedlichsten Ausprägungen und eine ausschließlich diesbezügliche Abgrenzung wäre eher willkürlich. Um diesen Schwierigkeiten bei der Definition von Familienunternehmen besser Rechnung zu tragen, entwickelten Astrachan et al. (2006) mit dem F-PEC eine Bewertungskennzahl für Familienunternehmen, die auf den drei Säulen Macht (Power), Erfahrung (Experience) und Kultur (Culture) beruht und damit den möglichen Einfluss einer Familie auf ein Unternehmen beschreibt: F-PEC steht demnach für Family influence durch Power, Experience und Culture (Klein 2004, 15). Diese drei Säulen werden anhand folgender Indikatoren konkretisiert:

- Der Familieneinfluss durch Macht wird durch den Anteil, bzw. die Einflussmöglichkeiten der Familie am Eigenkapital, an der Geschäftsführung und dem Aufsichtsgremium im Unternehmen bewertet.
- Die Erfahrung bestimmt sich durch die Anzahl der Generationen, die ein Unternehmen bereits von einer Familie geführt und besessen wird. Dabei wird davon ausgegangen, dass sich in jeder Generation Erfahrungswissen aufbaut, das weitergegeben werden kann. Dies wird auch durch die Anzahl der Familienmitglieder bestimmt, die im Unternehmen arbeiten, bzw. Interesse zeigen und durch die Generation von Familienmitgliedern im Aufsichtsgremium.
- Die Unternehmenskultur schließlich, oft als entscheidend für die Definition von Familienunternehmen genannt, ist vor allem in den letzten Jahren verstärkt in den Mittelpunkt gerückt. Beim F-PEC wird diese anhand des Grades gemessen, in dem das Wertesystem eines Unternehmens von der Familie beeinflusst wird. Dies wird anhand unterschiedlicher Kriterien, wie Einfluss des Wertesystems der Familie auf das Unternehmen, der Loyalität der Familienmitglieder, deren Interesse am Unternehmen oder dem Stolz auf das Unternehmen, gemessen.

Mithilfe dieses Instruments ist es möglich, den Einfluss von Familien auf ihr Unternehmen anhand einer konsistenten Skala zu messen, und damit auch, (Familien)-Unternehmen miteinander zu vergleichen.

3 Überlegungen zur Fragestellung

Bevor im Weiteren der Frage nachgegangen werden soll, inwieweit der Familieneinfluss für die Bereitstellung von Instrumenten der Mitarbeiterbindung eine Rollte spielt, erscheint es zweckmäßig, sich über die generellen Unterschiede beider Unternehmensformen klar zu werden. Im vorherigen Abschnitt konnten die Schwierigkeiten der Definition von Familienunternehmen bereits herausgearbeitet werden. Insgesamt kann man festhalten, dass bei einem Familienunternehmen stets eine oder mehrere Familien Einfluss auf das Unternehmen ausüben. Was könnte diese Tatsache für unsere Fragestellung bedeuten? Familien haben in der Gesellschaft verschiedenartige Funktionen.

So kann als erstes die Sozialisationsfunktion genannt werden. Die Familie bildet einen sozialen Raum für Ernährung, Wachstum und Geborgenheit. Gleichzeitig hat die Familie eine wirtschaftliche Funktion indem sie ihren Angehörigen Schutz und Fürsorge bietet und sie kleidet, ernährt und behaust. Daneben bietet sie ihren Kindern eine legitime Platzierung in der jeweiligen Gesellschaft und erfüllt damit auch eine politische Funktion. Eigentümerfamilien von Unternehmen sehen ihre Mitarbeiter oftmals als Teil ihrer eigenen Familie an. Dies zeigt sich auch daran, dass die Fluktuation in Familienunternehmen geringer ist (Keese et al. 2011) und dieser Unternehmenstypus in Krisenzeiten weniger Personal freisetzt (Gottschalk et al. 2011). Verstärkend kommt in diesem Zusammenhang hinzu, dass gerade Familienunternehmen eine bestimmte Standorttreue aufweisen und sich für die eigene Region sowie die Bewohner der Region stark engagieren und besonders verbunden fühlen.

Dementsprechend kann man davon ausgehen, dass die Eigentümer-Familien ihren Mitarbeitern gegenüber ein anderes Verhalten zeigen, welches sich in bestimmten Mitarbeiterbindungsmaßnahmen niederschlägt. Es liegt die Vermutung nahe, dass gerade Unternehmen mit einem hohen Familieneinfluss eher Mitarbeiterbindungsmaßnahmen anbieten, die nicht direkt in Kostenvorteilen münden, sondern die eher den Mitarbeiter als Mensch in den Mittelpunkt stellen, im Folgenden familiär motivierte Bindungsinstrumente genannt. In unserer Studie zählen dazu die Maßnahmen: Integration behinderter Arbeitnehmer, Unterstützung der Mitarbeiter bei bürgerschaftlichem Engagement, bevorzugte Behandlung der Kinder von Mitarbeitern, Miteinbeziehung von Arbeitnehmern im Ruhestand bei Veranstaltungen sowie die unkonventionelle Hilfe bei Problemen von Mitarbeitern (siehe Tabelle 2). Dies führt zu unserer ersten Hypothese:

> Unternehmen mit einem hohen Familieneinfluss bieten ihren Mitarbeitern eher familiär motivierte Bindungsinstrumente an als Unternehmen mit einem geringen Familieneinfluss.

Auf der anderen Seite zeichnen sich Familienunternehmen durch Verschwiegenheit, Langfristigkeit und konservative Entnahmepolitik aus (Schraml 2009). Viele Familienunternehmer werden auch in der öffentlichen Meinung oftmals als „Patriarch" dargestellt, da sie eine eigene feste Meinung haben und vertreten und sich weder von Mitarbeitern noch von Außenstehenden reinreden lassen. Auch die Beteiligung am Unternehmenskapital ist bei Unternehmen mit Familieneinfluss an hohe Hürden gekoppelt, die oftmals sogar im Gesellschaftervertrag verankert sind. Auch schließen viele Familienunternehmen sogar per Gesellschaftervertrag aus, dass eingeheiratete Partner Gesellschafter werden können.

Daher findet man in der deutschen Unternehmenslandschaft erst recht kaum Familienunternehmen, die ihre Mitarbeiter am Kapital beteiligen. Dies ist einerseits ein rationales Vorgehen, da es das Unternehmen langfristig schützen soll, gleichzeitig muss man annehmen, dass sich gerade Familienunternehmer ihren Mitarbeitern zwar familiär verbunden fühlen, sie aber davor zurückschrecken, Maßnahmen einzuführen, die den eigenen Mitarbeitern Macht und Mitsprache übertragen. Es kann somit vermutet werden, dass solche Bindungsinstrumente, bei denen Macht und Mitsprache abgegeben werden, eher nicht von Unternehmen mit hohem Familieneinfluss angeboten werden. In unserer Studie zählen zu diesen Maßnahmen (siehe Tabelle 2): Die Messung der Mitarbeiterzufriedenheit, die Einrichtung von festgelegten Beschwerdestellen sowie die Beteiligung der Mitarbeiter am Unternehmenskapital. Dies führt uns zu unserer zweiten Hypothese:

> Unternehmen mit einem hohen Familieneinfluss sind weniger geneigt, ihren Mitarbeitern Bindungsinstrumente anzubieten, bei denen Macht und Mitsprache abgegeben wird.

Bei Mitarbeiterbindungsmaßnahmen, die weder zu den familiär motivierten Bindungsinstrumenten noch zu den Bindungsinstrumenten gezählt werden können, die Macht und Mitsprache abgeben, ist es unwahrscheinlich, dass der Familieneinfluss eine Rolle spielt. Wir erwarten deshalb, dass sich bei einigen Mitarbeiterbindungsmaßnahmen keine Unterschiede in Bezug auf den Familieneinfluss herauskristallisieren werden. Hierzu zählen wir im Folgenden die Instrumente: Vergütung von Überstunden, Frauenförderung, familienfreundliche Unterstützungen, Betriebsrente, Programme für Mitarbeiter außerhalb der Arbeitszeit, variable Gehaltsbestandteile, Weiterbildungsangebote sowie Honorierung von Verbesserungsvorschlägen. Dieser Sachverhalt führt zu folgender Hypothese:

> Bei Mitarbeiterbindungsinstrumenten, die weder zu den familiären Bindungsinstrumenten noch zu den Bindungsinstrumenten gezählt werden, bei denen Macht und Mitsprache abgegeben werden, ist kein signifikanter Unterschied zwischen Unternehmen mit unterschiedlichem Familieneinfluss erkennbar.

4 Empirische Untersuchung

4.1 Datenbasis und Methodik

Die Grundlage der empirischen Untersuchung bildet eine telefonisch durchgeführte Befragung von Geschäftsführern zum Thema „Unternehmensführung und unternehmerische Verantwortung" in Familien und Nicht-Familienunternehmen im Jahr 2010. Die Untersuchung betraf Unternehmen, die zwischen 100 und 499 Mitarbeiter beschäftigten, und war als geschichtete Stichprobe angelegt. Die Schichtung erfolgte anhand der Beschäftigtenzahl und umfasste zwei Schichten: Unternehmen mit 100 bis 249 Beschäftigte und Unternehmen mit 250 bis 499 Beschäftigte. Insgesamt konnten 588 Interviews ausgewertet werden.

Der Familieneinfluss wurde anhand der F-PEC-Skala von Astrachan et al. (2006) ermittelt. Daher wurden mehrere Fragen zur direkten Einflussnahme der Familie hinsichtlich der Kapitalanteile, der Einbindung in Management und Aufsichtsgremium, der unternehmerischen Erfahrung und der Bestimmung der kulturellen Werte im Unternehmen gestellt. So konnte nicht nur der Gesamteinfluss der Familie durch den F-PEC-Wert für jedes Unternehmen in der Stichprobe berechnet werden, sondern auch der Familieneinfluss hinsichtlich der einzelnen Komponenten Macht (Macht als Anteilseigener, Macht im Management, Macht im Aufsichtsgremium), Erfahrung in der Führung eines Familienunternehmens über Generationen und die Bedeutung der Familie für die Wertvorstellungen im Unternehmen bzw. für die Unternehmenskultur abgeschätzt werden.

Um die Unterschiede zwischen Unternehmen mit unterschiedlichem Familieneinfluss hinsichtlich der Personalpolitik, insbesondere die Mitarbeiterbindung betreffend, untersuchen zu können, wurden gefragt, welche Maßnahmen zur Mitarbeiterbindung im Unternehmen getroffen wurden. Die abgefragten Sachverhalte betreffen Komponenten der Vergütung, die Unterstützung der Mitarbeiter sowie innerbetriebliche Leistungen die Mitarbeiter betreffend und können im Einzelnen der Tabelle 2 (a bis d) entnommen werden.

Zudem wurden auch die Motive für diese Maßnahmen abgefragt. Hierzu wurden sechs Fragen gestellt, die mithilfe einer fünfteiligen Lickert-Skala zwischen „stimme gar nicht zu" bis „stimme im höchsten Maße zu" beantwortet werden konnten. So wurde gefragt, ob die Mitarbeiterbindung ursächlich für die Maßnahmen sind und um gute Fachkräfte auf dem Arbeitsmarkt zu gewinnen, ob betriebswirtschaftliche Gründe im Vordergrund stehen, um dem guten Ruf bei der Verantwortung den Mitarbeitern gegenüber Genüge zu tun, ob es die Firmentradition gebietet, ob man mit anderen Unternehmen hinsichtlich der Leistungen für die Mitarbeiter mithalten möchte, oder um der Bekanntheit des Unternehmens in der Öffentlichkeit für sein Engagement hinsichtlich der Mitarbeiter zu entsprechen (siehe Tabelle 1).

			Faktor 1 Unternehmens-tradition	Faktor 2 Arbeits-markt-konkur-renz		
Genannte Motive	**Mittelwert**	**Standard-abwei-chung**	**rotierte Faktorladung**		**Cronbach Alpha**	**Cronbach Alpha stand.**
1. Wir engagieren uns bezüglich unserer Mitarbeiter, weil es uns hilft gute Mitarbeiter zu bekommen und an das Unternehmen zu binden.	4.36856	0.74326	**0.75784**	-0.03604	0,5305	0,5529
2. Unser Unternehmen ist in der Öffentlichkeit für sein besonderes Engagement hinsichtlich der Mitarbeiter bekannt.	3.11748	1.11878	**0.66207**	0.27621		
4. Es hat eine lange Firmentradition, uns verantwortlich gegenüber unseren Mitarbeitern zu verhalten.	4.24477	0.97229	**0.69837**	-0.19567		
6. Wir engagieren uns bezüglich unserer Mitarbeiter, weil wir an einem guten Ruf unserer Firma / Familie interessiert sind	3.94371	1.03817	0.48064	**0.53175**	0,3291	0,3262
5. Weil andere Unternehmen bestimmte Angebote bezüglich ihrer Mitarbeiter anbieten, fühlen wir uns verpflichtet, ähnliche Leistungen anzubieten	2.14433	1.20363	-0.05317	**0.83822**		
3. Das Engagement bezüglich unserer Mitarbeiter erfolgt eher aus betriebswirtschaftlichen als aus selbstlosen Gründen.	3,21970	1,07750	-0.01809	**0.44138**		
N=493						

Tabelle 1: Faktorenanalyse zur Motivation der Mitarbeitermaßnahmen (Quelle: ifm Mannheim, Befragung zur unternehmerischen Verantwortung, 2010)

Des Weiteren wurden in der Erhebung Daten zur aktuellen Beschäftigtenzahl, zum Jahresumsatz, zum Gründungsjahr des Unternehmens sowie zum geografischen Tätigkeitsschwerpunkt und der Branchenzugehörigkeit gesammelt. Auch wurde gefragt, ob das Unternehmen einen Betriebsrat und ein Aufsichtsgremium installiert hat. Alle diese Variablen können einen Einfluss auf die Entscheidung zur Einführung einer personalpolitischen Maßnahme haben. Denkbar wäre auch, dass die Kammerzugehörigkeit oder auch die Rechtsform eine gewisse Bedeutung in diesem Rahmen besitzen. Da aber in der betrachteten Beschäftigtengrößenklasse die überwiegende Anzahl der Unternehmen der IHK zugehörig sind, wurde darauf verzichtet, Auskünfte über die Kammerzugehörigkeit abzufragen. Auf eine Auswertung hinsichtlich der Rechtsform in die Untersuchung wurde ebenfalls verzichtet, da die befragten Unternehmen in rund 90% der Fälle als GmbH geführt wurden.

4.2 Ergebnisse

Zunächst wollen wir untersuchen, inwieweit sich die abgefragten Motive für die Durchführung der Maßnahmen zur Mitarbeiterbindung zusammenfassen lassen, ob also Faktoren hinter den Motivvariablen erkennbar sind. Hierzu wurde eine Hauptkomponentenanalyse durchgeführt, deren Ergebnisse der Tabelle 1 zu entnehmen sind. Es ergeben sich hier zwei Faktoren bzw. zwei Hauptmotivgruppen. Demnach können insbesondere die Fragen nach der Mitarbeiterbindung und Gewinnung guter Fachkräfte auf dem Arbeitsmarkt, nach der Bekanntheit des Unternehmens in der Öffentlichkeit für sein Mitarbeiterengagement und nach der Firmentradition bei der Verantwortung den Mitarbeitern gegenüber zu einem Motivfaktor zusammengefasst werden.

Der zweite Faktor wird hauptsächlich durch die Fragen nach der Bedeutung des guten Rufs im Zusammenhang mit dem Engagement für die Mitarbeiter und durch die Frage nach dem Mithalten mit anderen Unternehmen hinsichtlich der Leistungen für die Mitarbeiter gebildet. Auch könnte man, obwohl statistisch nicht ganz ohne Zweifel (was sich im Cronbach-Alpha niederschlägt), die Frage nach den betriebswirtschaftlichen Gründen für das Engagement hinsichtlich der Mitarbeiter diesem Faktor zuordnen. So kann davon ausgegangen werden, dass zwei Motivfaktoren, im Folgenden als „Unternehmenstradition“ im Falle des ersten Faktors und als „Arbeitsmarktkonkurrenz“ im Falle des zweiten Faktors bezeichnet, beschrieben werden können, die angewandten Maßnahmen zur Mitarbeiterbindung mit begründen. Der eigentliche Ausgangspunkt dieser Untersuchung betrifft allerdings die Frage, ob sich Unternehmen mit unterschiedlichem Familieneinfluss hinsichtlich ihres Mitarbeiterengagements unterscheiden. Bei der Befragung wurden Informationen erhoben, die es ermöglichen, den Familieneinfluss im Unternehmen nach dem F-PEC Konzept von Astrachan et al. (2006) zu berechnen.

Da sich der F-PEC aus verschiedenen Einzelskalen zur Macht, Erfahrung und Kultur zusammensetzt, können auch diese Einzelskalen für die Bewertung herangezogen werden. Besonders interessant sind hier die Skalen für Eigentümermacht hinsichtlich des Eigenkapitalanteils der Familie, für die direkte Macht der Familie im Management, d. h. wie viele Mitglieder der Familie im Management beteiligt sind, für die Erfahrung der Familie bei der Führung des Unternehmens über Generationen und für den Einfluss der Familie und ihrer Werte auf die Kultur des Unternehmens. So wurde nicht nur der Gesamteinfluss ,gemessen am F-PEC, auf die

Durchführung der einzelnen Mitarbeiterbindungsmaßnahmen betrachtet, sondern auch die Einflüsse der einzelnen angesprochenen F-PEC-Komponenten. Dies ist aus der Tabelle 2 zu entnehmen, in der der bivariate Zusammenhang untersucht wird.

Neben dem Familieneinfluss und den beiden Motivfaktoren beinhaltet Tabelle 2 auch weitere Variablen, die für die Anwendung von Maßnahmen zur Mitarbeiterbindung eine Bedeutung haben könnten. Zu diesen Variablen gehören die Größe des Unternehmens anhand seiner Beschäftigten und seines Jahresumsatzes, das Gründungsjahr des Unternehmens, die Zugehörigkeit zu einem Wirtschaftszweig und der geographische Tätigkeitsschwerpunkt des Unternehmens. Aber auch der Umstand, ob im Unternehmen ein Betriebsrat existiert und/oder auch ein Aufsichtsgremium die Geschäftsführung begleitet, kann einen Einfluss auf das Engagement für die Mitarbeiter haben. Daher werden auch diese Variablen bei der bivariaten Analyse in Tabelle 2(a bis d) untersucht.

In Tabelle 2 sind die statistisch erheblichen Signifikanzen für die einzelnen bivariaten Zusammenhänge aufgeführt. Diese Signifikanzen ergeben sich aus der Anwendung des T-Tests unter Berücksichtigung der Gleichheit oder Ungleichheit der Varianzen bei den metrischen Variablen und der Anwendung des Chi-Quadrat-Tests für die kategorialen Variablen. Außerdem zeigt die graue Hinterlegung der Signifikanzen in der Tabelle 2 an, ob ein „positiver“ Zusammenhang in der Weise besteht, dass die Mitarbeitermaßnahme zur Anwendung kommt, wenn der Wert der metrischen Variable zunimmt bzw. das Vorhandensein eines Merkmals wie z. B. eines Beirats, gegeben ist. Ist hingegen die Signifikanz hellgrau unterlegt, wird ein „negativer“ Zusammenhang angezeigt und zwar dergestalt, dass die Anwendung der Bindungsmaßnahme von einem sinkenden Wert einer metrischen Variablen begleitet wird bzw. dass das Merkmal bei der kategorialen Variablen nicht vorhanden ist, also bspw. kein Betriebsrat existiert. In Bezug auf die Wirtschaftszweige macht eine solche Trendhinterlegung keinen Sinn. Ohne hier auf die einzelnen Ergebnisse für die bivariate Untersuchung der Mitarbeiterbindung und ihrer möglichen erklärenden Variablen einzugehen, zeigt Tabelle 2, dass alle angesprochenen Variablen vom Familieneinfluss, den Motivfaktoren bis zu den betrieblichen Charakteristika bei mindestens einer Maßnahme zur Mitarbeiterbindung ihre Bedeutung haben.

Eine bivariate Analyse der Bestimmungsgründe einzelner Maßnahmen zur Mitarbeiterbindung kann aber nur erste Hinweise liefern. Zur endgültigen Bestimmung der Einflussfaktoren für die Maßnahmen muss eine multivariate Betrachtung erfolgen, die den jeweiligen Einfluss unter Kontrolle der anderen Einflussvariablen analysiert. Für diese Untersuchung der Bestimmungsgründe der Anwendung einer Mitarbeitermaßnahme bietet sich als multivariates Verfahren die logistische Regression an. Dabei wird für jede einzelne Maßnahme ein Logit-Modell aufgestellt, das die Wahrscheinlichkeit der Anwendung einer solchen Maßnahme in Abhängigkeit erklärender Variablen analysiert. Da alle Variablen in Tabelle 2 bedeutsam für die Maßnahmen sind und eine Vergleichbarkeit der einzelnen Modelle für die jeweilige Mitarbeitermaßnahme gegeben sein soll, werden in jedes Logit-Modell alle erklärenden Einflüsse aufgenommen. In Bezug auf den Familieneinfluss wurden verschiedene Modelle gerechnet. So wurde für eine bestimmte Maßnahme jeweils ein Modell mit dem F-PEC-Gesamtwert, dem Wert für die Eigentümermacht der Familie, die Managementmacht der Familie, die Unternehmenserfahrung der Familie und den Familieneinfluss auf die Unternehmenskultur aufgestellt und geschätzt.

	Beschäf tigte	**Umsatz**	**Grüdungs-jahr**	**FPEC**
Abhängige Variable	**T - Test**			
1. Überstunden werden in unserem Unternehmen vergütet.				
2. Behinderte werden in unserem Unternehmen gezielt eingestellt und integriert.				
3. Wir betreiben gezielt Frauenförderung				
4. In unserem Unternehmen wird die Mitarbeiterzufriedenheit gemessen.				**0.023 7**
5. In unserem Unternehmen gibt es festgelegte Beschwerdestellen.				**0.025 8**
6. Bürgerschaftliches Engagement der Arbeitnehmer wird unterstützt.				
7. Kinder der Mitarbeiter des Unternehmens werden bevorzugt behandelt (Praktika, Einstellung).				**<.000 1**
8. Arbeitnehmer im Ruhestand nehmen an Veranstaltungen des Unternehmens teil.		**0.0960**	**0.0001**	
9. Unser Unternehmen bietet familienfreundliche Unterstützungen an (flexible Arbeitszeiten, Betriebskindergarten).		**0.0996**		
10. Unsere Mitarbeiter werden am Unternehmenskapital beteiligt.			**0.0590**	**0.014 3**
11. Unser Unternehmen bietet eine Betriebsrente an.				
12. Unser Unternehmen bietet und/oder unterstützt Programme für Mitarbeiter außerhalb der Arbeitszeit (z. B. Betriebssport).	**0.0028**			
13. Mitarbeiter können Gehaltsbestandteile selbst auswählen (z. B. Firmenwagen etc.).	**0.0894**			**<.000 1**
14. Wir bieten unseren Mitarbeitern Weiterbildungsangebote an		**0.0756**		
15. Verbesserungsvorschläge von Mitarbeitern werden honoriert		**0.0916**		
16. Mitarbeitern wird bei Problemen stets unkonventionell geholfen				**0.013 7**

(hellgrau)	*Mit steigendem Wert bzw. mit Vorhandensein des Merkmals ist die Maßnahme gegeben.*	(dunkelgrau)	*Mit sinkendem Wert bzw. ohne Vorhandensein des Merkmals ist die Maßnahme gegeben.*

Tab. 2a: Zusammenhang zwischen Mitarbeitermaßnahmen und unabhängiger Variablen

	Power_ Owner	**Power_ Management**	**Cultu-re**	**Expe-rience**
Abhängige Variable	**T - Test**			
1. Überstunden werden in unserem Unternehmen vergütet.				
2. Behinderte werden in unserem Unternehmen gezielt eingestellt und integriert.				
3. Wir betreiben gezielt Frauenförderung.	**0.0959**			
4. In unserem Unternehmen wird die Mitarbeiterzufriedenheit gemessen.	**0.0085**	**0.0017**		**0.0394**
5. In unserem Unternehmen gibt es festgelegte Beschwerdestellen.	**0.0194**	**0.023**		**0.0370**
6. Bürgerschaftliches Engagement der Arbeitnehmer wird unterstützt.			**0.0450**	
7. Kinder der Mitarbeiter des Unternehmens werden bevorzugt behandelt (Praktika, Einstellung).	**0.0001**	**<.0001**	**<.0001**	**0.0005**
8. Arbeitnehmer im Ruhestand nehmen an Veranstaltungen des Unternehmens teil.				
9. Unser Unternehmen bietet familienfreundliche Unterstützungen an (flexible Arbeitszeiten, Betriebskindergarten).		**0.0490**		
10. Unsere Mitarbeiter werden am Unternehmenskapital beteiligt.	**0.0064**	**<.0001**	**0.0654**	**0.0912**
11. Unser Unternehmen bietet eine Betriebsrente an.				
12. Unser Unternehmen bietet und/oder unterstützt Programme für Mitarbeiter außerhalb der Arbeitszeit (z. B. Betriebssport).		**0.0313**		
13. Mitarbeiter können Gehaltsbestandteile selbst auswählen (z. B. Firmenwagen etc.).	**0.0002**	**<.0001**	**<.0001**	**0.0001**
14. Wir bieten unseren Mitarbeitern Weiterbildungsangebote an				
15. Verbesserungsvorschläge von Mitarbeitern werden honoriert				
16. Mitarbeitern wird bei Problemen stets unkonventionell geholfen	**0.0188**	**0.0165**	**0.0139**	**0.0726**

Tab. 2b: Zusammenhang zwischen Mitarbeitermaßnahmen und unabhängiger Variablen

	Wirtschaftszweige	Lokal	Regional	National	International
Abhängige Variable	**Chi-Quadrat - Test**				
1. Überstunden werden in unserem Unternehmen vergütet.	**<.0001**				**0.0937**
2. Behinderte werden in unserem Unternehmen gezielt eingestellt und integriert.					
3. Wir betreiben gezielt Frauenförderung.			**0.0471**		
4. In unserem Unternehmen wird die Mitarbeiterzufriedenheit gemessen	**0.0535**	**0.0837**			**0.0019**
5. In unserem Unternehmen gibt es festgelegte Beschwerdestellen.					
6. Bürgerschaftliches Engagement der Arbeitnehmer wird unterstützt.			**0.0888**	**0.0634**	
7. Kinder der Mitarbeiter des Unternehmens werden bevorzugt behandelt (Praktika, Einstellung).	**0.0025**		**0.0893**		
8. Arbeitnehmer im Ruhestand nehmen an Veranstaltungen des Unternehmens teil.	**0.0064**				**0.0208**
9. Unser Unternehmen bietet familienfreundliche Unterstützungen an (flexible Arbeitszeiten, Betriebskindergarten).	**0.0321**				**0.0115**
10. Unsere Mitarbeiter werden am Unternehmenskapital beteiligt.			**0.0131**		
11. Unser Unternehmen bietet eine Betriebsrente an.					
12. Unser Unternehmen bietet und/oder unterstützt Programme für Mitarbeiter außerhalb der Arbeitszeit (z. B. Betriebssport).	**0.0490**		**0.0283**		**0.0482**
13. Mitarbeiter können Gehaltsbestandteile selbst auswählen (z. B. Firmenwagen etc.).	**0.0021**	**0.0038**			
14. Wir bieten unseren Mitarbeitern Weiterbildungsangebote an	**0.0909**				
15. Verbesserungsvorschläge von Mitarbeitern werden honoriert	**0.0040**		**0.0581**		**0.0459**
16. Mitarbeitern wird bei Problemen stets unkonventionell geholfen					

Tab. 2c: Zusammenhang zwischen Mitarbeitermaßnahmen und unabhängiger Variablen

	Betriebsrat vorhanden	Aufsichtsgr. vorhanden	Motivgruppe 1	Motivgruppe 2
Abhängige Variable	**Chi-Quadrat-Test**		**T - Test**	
1. Überstunden werden in unserem Unternehmen vergütet.	**0.0918**			
2. Behinderte werden in unserem Unternehmen gezielt eingestellt und integriert.			**0.0021**	**0.0777**
3. Wir betreiben gezielt Frauenförderung			**<.0001**	
4. In unserem Unternehmen wird die Mitarbeiterzufriedenheit gemessen.	**0.0139**		**0.0002**	**0.0041**
5. In unserem Unternehmen gibt es festgelegte Beschwerdestellen.	**0.0030**		**0.0164**	
6. Bürgerschaftliches Engagement der Arbeitnehmer wird unterstützt.			**<.0001**	**0.0823**
7. Kinder der Mitarbeiter des Unternehmens werden bevorzugt behandelt (Praktika, Einstellung).	**0.0016**	**0.0830**	**0.0033**	
8. Arbeitnehmer im Ruhestand nehmen an Veranstaltungen des Unternehmens teil.	**0.0763**		**0.0017**	
9. Unser Unternehmen bietet familienfreundliche Unterstützungen an (flexible Arbeitszeiten, Betriebskindergarten).		**0.0680**	**0.0071**	
10. Unsere Mitarbeiter werden am Unternehmenskapital beteiligt.		**0.0141**	**0.0452**	
11. Unser Unternehmen bietet eine Betriebsrente an.				
12. Unser Unternehmen bietet und/oder unterstützt Programme für Mitarbeiter außerhalb der Arbeitszeit (z. B. Betriebssport).		**0.0150**	**0.0015**	
13. Mitarbeiter können Gehaltsbestandteile selbst auswählen (z. B. Firmenwagen etc.).	**0.0013**	**0.0085**	**0.0267**	
14. Wir bieten unseren Mitarbeitern Weiterbildungsangebote an			**0.0057**	
15. Verbesserungsvorschläge von Mitarbeitern werden honoriert	**0.0702**			
16. Mitarbeitern wird bei Problemen stets unkonventionell geholfen	**0.0353**	**0.0029**	**0.0189**	

Tab. 2d: Zusammenhang zwischen Mitarbeitermaßnahmen und unabhängiger Variablen (ifm Mannheim, Befragung zur unternehmerischen Verantwortung, 2010)

In Tabelle 3 sind die Ergebnisse dieser Berechnungen dargestellt. Damit Tabelle 3 nicht zu umfangreich und damit zu unübersichtlich wird, werden nur die Modelle für den Familieneinfluss bzw. seine Komponenten gezeigt, welche jeweils den besten Modellfit aufweisen und sich merklich voneinander abheben. Zum Teil unterscheiden sich die Modelle, die den F-PEC-Wert oder eine seiner Komponente enthalten, auch nur ganz geringfügig voneinander. Wenn nur solche geringen Unterschiede verzeichnet werden, sind die Signifikanzen der Kovariablen allerdings recht stabil, so dass sich hinsichtlich der Interpretation der Modelle keine anderen Erkenntnisse ergeben und sich deshalb eine Aufführung dieser Modelle an dieser Stelle erübrigt. Bei der logistischen Regression kann der Exponent des jeweiligen Schätzkoeffizienten als Chancenverhältnis (odds ratio) gegenüber den Alternativen gelesen werden und ist deshalb in Tabelle 3 mit aufgeführt. Beträgt z. B. der Exponent des Schätzers (Exp(B)) für die Variable ‚Aufsichtsgremium' im Falle des Vorhandenseins gleich 1,5, so bedeutet das, dass die Mitarbeitermaßnahme eine größere Chance von 3 zu 2 hat, Anwendung zu finden, als wenn kein Aufsichtsgremium installiert ist.

Aus Tabelle 3 ist zu entnehmen, dass bei Modell 1, das sich auf die Vergütung der Überstunden der Mitarbeiter im Unternehmen als zu erklärende Variable bezieht, der Familieneinfluss keine Rolle spielt, weder insgesamt gemessen am F-PEC-Wert noch einzeln als Komponente des familiären Einflusses. Eine Bedeutung haben dagegen die Zugehörigkeit des Unternehmens zu einer bestimmten Branche und die Tatsache, ob ein Betriebsrat im Unternehmen existiert. Auch die geographische Ausrichtung des wirtschaftlichen Schwerpunktes des Unternehmens ist bei dieser Mitarbeitermaßnahme von Relevanz. So ist die Wahrscheinlichkeit für die Vergütung der Überstunden im Unternehmen umso größer, wenn ein Betriebsrat vorhanden ist, wenn eine lokale Ausrichtung der wirtschaftlichen Tätigkeit schwerpunktmäßig vorliegt und wenn das Unternehmen einer anderen Branche als den sonstigen Dienstleistungen angehört. Allerdings wirkt ein internationaler Schwerpunkt der wirtschaftlichen Tätigkeit der Überstundenvergütung entgegen (Exp(B) = 0,4183), allerdings in einem weit geringerem Maße als es umgekehrt der Fall ist, wenn der Schwerpunkt lokal gesetzt wird (Exp(B) = 2,5607). Die Erklärungsgüte des Modells ist eher mäßig (Pseudo R^2 = 0,1623). Es lässt sich aber wohl vermuten, dass ein Unternehmen dann die Überstunden vergütet, wenn ein Betriebsrat oder die lokale Bekanntheit und Verankerung das Unternehmen in gewisser Weise dazu veranlassen.

Im Modell 2 der Tabelle 3, bei dem es um die Wahrscheinlichkeit der gezielten Einstellung und Integration von behinderten Mitarbeitern geht, spielt wiederum der Familieneinfluss in keiner Weise eine Rolle. Ein Unternehmen wird zur Integration von Behinderten durch die beiden Motive Mitarbeiterbindung und Arbeitsmarktkonkurrenz gebracht. Dem entgegen wirkt der Umstand, wenn das Unternehmen in der Baubranche tätig ist, was nicht verwunderlich ist. Der Erklärungswert dieses Modells ist als eher gering einzuschätzen (Pseudo R^2 = 0,1031). Es fehlen sicher noch Variablen mit Erklärungswert. Für die Integration von behinderten Mitarbeitern sind also „intrinsische" Motive wie „extrinsisch" motivierte Gesichtspunkte verantwortlich, die Tradition des Unternehmens hinsichtlich seines Engagements für seine Mitarbeiter bzw. um nicht schlecht gegenüber anderen Unternehmen in Hinsicht des Umgangs mit Behinderten da zu stehen.

Unabhängige Variablen im Modell	**RG**	**Modell 1:** Überstunden werden in unserem Unternehmen vergütet.			**Modell 2:** Behinderte werden in unserem Unternehmen gezielt eingestellt und integriert.		
		Koeff	*Exp(B)*	*Sig.*	*Koeff*	*Exp(B)*	*Sig.*
Betriebscharakteristika							
Beschäftigte	M	0,000	1,000	0,823	0,000	1,000	0,665
Umsatz	M	0,000	1,000	0,875	0,000	1,000	0,426
Gründungsjahr	M	0,003	1,003	0,316	0,003	1,003	0,157
Betriebsrat vorhanden	NV	**0,682**	**1,978**	**0,020**	0,114	1,121	0,635
Aufsichtsgremium vorhanden	NV	-0,118	0,889	0,667	0,181	1,198	0,422
Wirtschaftszweig	SDL						
Verarbeitendes Gewerbe		**1,895**	**6,652**	**<,0001**	0,354	1,425	0,251
Baugewerbe		**1,534**	**4,639**	**0,006**	**-0,917**	**0,400**	**0,047**
Handel		**1,652**	**5,218**	**0,000**	-0,046	0,955	0,903
unternehmensorientierte DL		**1,518**	**4,561**	**<,0001**	-0,019	0,981	0,954
sonstige Bereiche		**1,390**	**4,016**	**0,002**	-0,399	0,671	0,285
Räumliche Wirtschaftsschwerpunkte							
Lokal	KS	**0,940**	**2,561**	**0,071**	-0,201	0,818	0,622
Regional	KS	0,252	1,286	0,519	-0,335	0,716	0,291
National	KS	-0,017	0,983	0,965	-0,457	0,633	0,141
International	KS	**-0,872**	**0,418**	**0,024**	-0,226	0,798	0,477
Familieneinfluss							
FPEC	M	0,002	1,002	0,280	-0,001	0,999	0,356
Power_Management	M						
Motive							
Motivgruppe 1: Unternehmenstradition	M	0,007	1,007	0,953	**0,374**	**1,453**	**0,000**
Motivgruppe 2: Arbeitsmarktkonkurrenz	M	-0,023	0,977	0,850	**0,197**	**1,217**	**0,055**
Konstante		-5,488	0,004	0,300	-6,340	0,002	0.1870
Kriterien der Modellanpassung							
Globaler Test LOG Likelihood-Quotient		0,000			0,005		
AIC nur Konstante		495,564			624,245		
AIC Modell		478,625			622,658		
Hosmer-Lemeshow-Anpassungstest(Pr>ChiSq)		0,7282			0,318		

Tab. 3a: Logitmodelle zur Erklärung der Mitarbeitermaßnahmen (Teil 1), SDL =sonstige Dienstleistung, KS = kein Schwerpunkt, M = metrisch, NV = nicht vorhanden, RG = Referenzgruppe

Unabhängige Variablen im Modell	**RG**	**Modell 3:** Wir betreiben gezielt Frauenförderung.			**Modell 4:** In unserem Unternehmen wird die Mitarbeiterzufriedenheit gemessen.		
		Koeff	*Exp(B)*	*Sig.*	*Koeff*	*Exp(B)*	*Sig.*
Betriebscharakteristika							
Beschäftigte	M	-0,001	0,999	0,461	0,000	1,000	0,954
Umsatz	M	0,000	1,000	0,689	0,000	1,000	0,699
Gründungsjahr	M	-0,001	0,999	0,649	**0,005**	**1,005**	**0,083**
Betriebsrat vorhanden	NV	-0,350	0,705	0,171	0,371	1,449	0,153
Aufsichtsgremium vorhanden	NV	0,200	1,221	0,395	-0,192	0,826	0,473
Wirtschaftszweig	SDL						
Verarbeitendes Gewerbe		-0,489	0,613	0,129	-0,489	0,613	0,140
Baugewerbe		-0,514	0,598	0,271	0,172	1,187	0,742
Handel		-0,427	0,653	0,287	-0,535	0,586	0,191
unternehmensorientierte DL		-0,158	0,854	0,629	-0,173	0,841	0,620
sonstige Bereiche		-0,313	0,731	0,416	0,571	1,770	0,214
Räumliche Wirtschaftsschwerpunkte							
Lokal	KS	0,327	1,386	0,445	**-0,779**	**0,459**	**0,068**
Regional	KS	**0,661**	**1,937**	**0,050**	-0,236	0,790	0,493
National	KS	0,448	1,566	0,190	0,037	1,038	0,912
International	KS	**0,633**	**1,884**	**0,066**	**0,803**	**2,232**	**0,026**
Familieneinfluss							
FPEC	M	-0,002	0,998	0,118			
Power_Management	M				**-2,113**	**0,121**	**0,016**
Motive							
Motivgruppe 1: Unternehmenstradition	M	**0,463**	**1,589**	**<,0001**	**0,534**	**1,706**	**<,0001**
Motivgruppe 2: Arbeitsmarktkonkurrenz	M	0,112	1,119	0,290	**0,359**	**1,432**	**0,002**
Konstante		1,5755	4,833	0,743	-8,118	0,000	0,133
Kriterien der Modellanpassung							
Globaler Test LOG-Likelihood-Quotient			0,004			0,000	
AIC nur Konstante			586,476			585,828	
AIC Modell			583,806			549,202	
Hosmer-Lemeshow-Anpassungstest(Pr>ChiSq)			0,181			0,036	

Tab. 3b: Logitmodelle zur Erklärung der Mitarbeitermaßnahmen (Teil 2), SDL =sonstige Dienstleistung, KS = kein Schwerpunkt, M = metrisch, NV = nicht vorhanden, RG = Referenzgruppe

Unabhängige Variablen im Modell	**RG**	**Modell 5:** In unserem Unternehmen gibt es festgelegte Beschwerdestellen.			**Modell 6:** Bürgerschaftliches Engagement der Arbeitnehmer wird unterstützt.		
		Koeff	*Exp(B)*	*Sig.*	*Koeff*	*Exp(B)*	*Sig.*
Betriebscharakteristika							
Beschäftigte	M	0,001	1,001	0,359	0,001	1,001	0,455
Umsatz	M	0,000	1,000	0,540	0,000	1,000	0,500
Gründungsjahr	M	**0,004**	**1,004**	**0,096**	**0,004**	**1,004**	**0,091**
Betriebsrat vorhanden	NV	**0,575**	**1,777**	**0,030**	-0,160	0,852	0,569
Aufsichtsgremium vorhanden	NV	0,080	1,084	0,754	0,404	1,497	0,127
Wirtschaftszweig	SDL						
Verarbeitendes Gewerbe		0,155	1,167	0,657	0,407	1,503	0,261
Baugewerbe		-0,524	0,592	0,278	0,173	1,189	0,744
Handel		-0,245	0,783	0,547	-0,101	0,904	0,810
unternehmensorientierte DL		-0,174	0,840	0,628	-0,181	0,834	0,621
sonstige Bereiche		-0,443	0,642	0,286	0,210	1,234	0,631
Räumliche Wirtschaftsschwerpunkte							
Lokal	KS	-0,450	0,637	0,324	0,622	1,862	0,203
Regional	KS	-0,112	0,894	0,754	-0,035	0,966	0,921
National	KS	-0,450	0,638	0,195	**0,787**	**2,197**	**0,035**
International	KS	-0,136	0,873	0,708	0,216	1,240	0,553
Familieneinfluss							
FPEC	M	-0,002	0,998	0,168	0,001	1,001	0,525
Power_Management	M						
Motive							
Motivgruppe 1: Unternehmenstradition	M	**0,341**	**1,406**	**0,002**	**0,604**	**1,829**	**<,0001**
Motivgruppe 2: Arbeitsmarktkonkurrenz	M	0,178	1,195	0,116	**0,273**	**1,313**	**0,026**
Konstante		-6,948	0,001	0,165	-7,905	0,000	0,120
Kriterien der Modellanpassung							
Globaler Test LOG-Likelihood-Quotient		0,0140			0,000		
AIC nur Konstante		534,196			522,173		
AIC Modell		535,949			506,296		
Hosmer-Lemeshow-Anpassungstest(Pr>ChiSq)		0,3613			0,945		

Tab. 3c: Logitmodelle zur Erklärung der Mitarbeitermaßnahmen (Teil 3), SDL =sonstige Dienstleistung, KS = kein Schwerpunkt, M = metrisch, NV = nicht vorhanden, RG = Referenzgruppe

Unabhängige Variablen im Modell	**RG**	**Modell 7:** Kinder der Mitarbeiter des Unternehmens werden bevorzugt behandelt (Praktika, Einstellung).			**Modell 8:** Arbeitnehmer im Ruhestand nehmen an Veranstaltungen des Unternehmens teil.		
		Koeff	*Exp(B)*	*Sig.*	*Koeff*	*Exp(B)*	*Sig.*
Betriebscharakteristika							
Beschäftigte	M	0,000	1,000	0,595	0,000	1,000	0,984
Umsatz	M	0,000	1,000	0,814	0,000	1,000	0,729
Gründungsjahr	M	-0,002	0,998	0,370	-0,006	0,994	0,182
Betriebsrat vorhanden	NV	**-0,546**	**0,579**	**0,040**	0,325	1,383	0,299
Aufsichtsgremium vorhanden	NV	0,023	1,024	0,924	0,147	1,158	0,630
Wirtschaftszweig	SDL						
Verarbeitendes Gewerbe		0,138	1,148	0,688	**0,658**	**1,931**	**0,082**
Baugewerbe		**1,293**	**3,644**	**0,046**	-0,084	0,919	0,869
Handel		**-0,852**	**0,426**	**0,033**	**1,361**	**3,898**	**0,023**
unternehmensorientierte DL		-0,125	0,883	0,721	0,550	1,732	0,152
sonstige Bereiche		-0,389	0,678	0,324	**1,089**	**2,972**	**0,052**
Räumliche Wirtschaftsschwerpunkte							
Lokal	KS	0,456	1,577	0,305	0,663	1,940	0,217
Regional	KS	-0,249	0,780	0,472	-0,004	0,996	0,993
National	KS	0,065	1,067	0,849	-0,078	0,925	0,840
International	KS	0,333	1,395	0,357	0,467	1,595	0,279
Familieneinfluss							
FPEC	M	**0,004**	**1,004**	**0,010**	0,000	1,000	0,852
Power_Management	M						
Motive							
Motivgruppe 1: Unternehmenstradition	M	**0,227**	**1,255**	**0,042**	**0,404**	**1,497**	**0,002**
Motivgruppe 2: Arbeitsmarktkonkurrenz	M	0,103	1,109	0,369	0,063	1,065	0,633
Konstante		5,269	194,241	0,316	12,047	170552	0,168
Kriterien der Modellanpassung							
Globaler Test LOG-Likelihood-Quotient		0,000			0,001		
AIC nur Konstante		560,455			431,960		
AIC Modell		540,619			424,457		
Hosmer-Lemeshow-Anpassungstest(Pr>ChiSq)		0,920			0,214		

Tab. 3d: Logitmodelle zur Erklärung der Mitarbeitermaßnahmen (Teil 4), SDL =sonstige Dienstleistung, KS = kein Schwerpunkt, M = metrisch, NV = nicht vorhanden, RG = Referenzgruppe

Unabhängige Variablen im Modell	**RG**	**Modell 9:** Unser Unternehmen bietet familienfreundliche Unterstützungen an.			**Modell 10:** Unsere Mitarbeiter werden am Unternehmenskapital beteiligt.		
		Koeff	*Exp(B)*	*Sig.*	*Koeff*	*Exp(B)*	*Sig.*
Betriebscharakteristika							
Beschäftigte	M	0,000	1,000	0,625	-0,002	0,998	0,148
Umsatz	M	0,000	1,000	0,456	0,000	1,000	0,470
Gründungsjahr	M	0,000	1,000	0,918	0,004	1,004	0,356
Betriebsrat vorhanden	NV	-0,143	0,867	0,571	**-0,804**	**0,447**	**0,025**
Aufsichtsgremium vorhanden	NV	0,334	1,397	0,171	0,497	1,644	0,145
Wirtschaftszweig	SDL						
Verarbeitendes Gewerbe		-0,116	0,890	0,719	**-0,919**	**0,399**	**0,043**
Baugewerbe		**-0,985**	**0,374**	**0,029**	-0,286	0,751	0,661
Handel		-0,043	0,958	0,916	-0,606	0,546	0,326
unternehmensorientierte DL		0,424	1,528	0,219	0,084	1,087	0,851
sonstige Bereiche		0,752	2,121	0,104	-0,572	0,564	0,328
Räumliche Wirtschaftsschwerpunkte							
Lokal	KS	-0,507	0,602	0,233	-0,299	0,742	0,613
Regional	KS	-0,527	0,590	0,117	**-1,266**	**0,282**	**0,031**
National	KS	-0,396	0,673	0,224	0,283	1,328	0,549
International	KS	0,273	1,314	0,433	**0,943**	**2,568**	**0,048**
Familieneinfluss							
FPEC	M	-0,001	0,999	0,393			
Power_Management	M				**-5,395**	**0,005**	**0,000**
Motive							
Motivgruppe 1: Unternehmenstradition	M	**0,315**	**1,370**	**0,004**	**0,475**	**1,609**	**0,008**
Motivgruppe 2: Arbeitsmarktkonkurrenz	M	0,037	1,038	0,730	0,239	1,270	0,113
Konstante		0,386	1,471	0,940	-8,138	0,000	0,332
Kriterien der Modellanpassung							
Globaler Test LOG-Likelihood-Quotient		0,0021			0,000		
AIC nur Konstante		578,570			350,720		
AIC Modell		574,115			331,720		
Hosmer-Lemeshow-Anpassungstest(Pr>ChiSq)		0,2787			0,009		

Tab. 3e: Logitmodelle zur Erklärung der Mitarbeitermaßnahmen (Teil 5), SDL =sonstige Dienstleistung, KS = kein Schwerpunkt, M = metrisch, NV = nicht vorhanden, RG = Referenzgruppe

Unabhängige Variablen im Modell	**RG**	**Modell 11:** Unser Unternehmen bietet eine Betriebsrente an.			**Modell 12:** Unser Unternehmen bietet Programme für Mitarbeiter außerhalb der Arbeitszeit.		
		Koeff	*Exp(B)*	*Sig.*	*Koeff*	*Exp(B)*	*Sig.*
Betriebscharakteristika							
Beschäftigte	M	0,000	1,000	0,710	**0,002**	**1,002**	**0,005**
Umsatz	M	0,000	1,000	0,718	0,000	1,000	0,466
Gründungsjahr	M	-0,001	0,999	0,580	0,004	1,004	0,121
Betriebsrat vorhanden	NV	-0,002	0,998	0,993	-0,082	0,921	0,734
Aufsichtsgremium vorhanden	NV	-0,196	0,822	0,370	**0,479**	**1,614**	**0,036**
Wirtschaftszweig	SDL						
Verarbeitendes Gewerbe		-0,423	0,655	0,154	0,388	1,474	0,204
Baugewerbe		**-0,911**	**0,402**	**0,039**	-0,377	0,686	0,405
Handel		-0,273	0,761	0,464	-0,261	0,771	0,499
unternehmensorientierte DL		-0,134	0,875	0,667	**0,604**	**1,830**	**0,064**
sonstige Bereiche		-0,341	0,711	0,352	0,250	1,284	0,509
Räumliche Wirtschaftsschwerpunkte							
Lokal	KS	0,212	1,236	0,591	-0,050	0,951	0,902
Regional	KS	0,021	1,021	0,945	-0,487	0,615	0,130
National	KS	0,016	1,016	0,957	-0,061	0,941	0,845
International	KS	-0,044	0,957	0,885	0,079	1,082	0,801
Familieneinfluss							
FPEC	M	-0,001	0,999	0,610	0,000	1,000	0,781
Power_Management	M						
Motive							
Motivgruppe 1: Unternehmenstradition	M	0,115	1,122	0,248	**0,373**	**1,452**	**0,001**
Motivgruppe 2: Arbeitsmarktkonkurrenz	M	-0,032	0,968	0,740	0,029	1,029	0,779
Konstante		2,813	16,651	0,537	-7,958	0,000	0,104
Kriterien der Modellanpassung							
Globaler Test LOG-Likelihood-Quotient		0,742			0,000		
AIC nur Konstante		636,386			634,093		
AIC Modell		657,470			619,904		
Hosmer-Lemeshow-Anpassungstest(Pr>ChiSq)		0,111			0,577		

Tab. 3f: Logitmodelle zur Erklärung der Mitarbeitermaßnahmen (Teil 6), SDL =sonstige Dienstleistung, KS = kein Schwerpunkt, M = metrisch, NV = nicht vorhanden, RG = Referenzgruppe (ifm Mannheim, Befragung zur unternehmerischen Verantwortung, 2010)

Die Mitarbeitermaßnahme der Frauenförderung im Unternehmen beinhaltet das Modell 3 der Tabelle 3 als zu erklärende Variable hinsichtlich der ihrer Wahrscheinlichkeit. Wie bereits in den beiden ersten Modellen hat auch hier der Familieneinfluss keinerlei Bedeutung. Es kommt vielmehr darauf an, dass das Unternehmen seine wirtschaftlichen Schwerpunkte in der Region hat und/oder auch international tätig ist. Zudem wird die Frauenförderung im Unternehmen durch die Motivgruppe „Unternehmenstradition“ befördert. Allerdings ist auch der Erklärungswert dieses Modells eher schlecht (Pseudo R^2 = 0,1089), so dass davon auszugehen ist, dass hier noch weitere unbekannte Faktoren eine gewichtige Rolle spielen. Trotzdem lässt sich aus den Ergebnissen folgern, dass eine Frauenförderung im Unternehmen dann umso eher zu erwarten ist, wenn das Unternehmen regional und/oder international tätig ist und sich den Mitarbeiterinnen, auch den potenziellen, verpflichtet fühlt und um diese wirbt.

Die Wahrscheinlichkeit, dass ein Unternehmen die Mitarbeiterzufriedenheit misst, stellt die zu erklärende Variable im vierten Modell der Tabelle 3 dar. In diesem Modell spielt der Familieneinfluss in gewisser Weise eine Rolle, wenn die Unternehmerfamilie direkt in beträchtlichem Umfang am Management des Unternehmens beteiligt ist. In diesem Falle nimmt die Neigung zur Erfassung der Zufriedenheit im Unternehmen deutlich ab (Exp(B) = 0,1209). Auch wenn das Unternehmen einen Wirtschaftsschwerpunkt im lokalen Umfeld sieht, verringert sich die Bereitschaft zur Zufriedenheitsmessung. Demgegenüber nimmt die Neigung zur Messung deutlich zu, wenn sich das Unternehmen auf dem internationalen Parkett bewegt und kompensiert so gegebenenfalls die Tendenz des lokalen Wirtschaftsschwerpunktes mit Exp(B) = 2,2318 über.

Das Unternehmen wird auch umso eher die Zufriedenheit der Mitarbeiter messen, je jünger es ist, d. h. je höher das Gründungsjahr ist, und wenn es die Motivgruppen „Unternehmenstradition“ und „Arbeitsmarktkonkurrenz“ als bedeutsam für sich erachtet. Der Erklärungswert dieses Modells ist mit einem Pseudo R^2 von 0,2014 recht beachtlich. Wird dieses Modell 4 mit dem F-PEC-Wert als unabhängiger Variable gerechnet, so ist der Modellfit sowohl was den AIC als auch den Erklärungswert betrifft etwas schlechter und der Familieneinfluss ganz knapp nicht mehr signifikant, während sich für die Signifikanzen und Struktur der Kovariablen kaum Veränderungen ergeben und die Interpretation der Ergebnisse sich nicht verändert. Es kann also davon ausgegangen werden, dass sich jüngere Unternehmen, für die die Mitarbeiterbindung, und der Ruf in der Öffentlichkeit wichtig sind und die um Arbeitskräfte konkurrieren, umso eher die Mitarbeiterzufriedenheit messen. Die direkte Einflussnahme einer Unternehmerfamilie im Management steht dem eher entgegen, weil man sich unter Umständen ein ganz bestimmtes positives Bild vom eigenen Führungsstil geschaffen hat.

Im Modell 5 der Tabelle 3 wird der Frage nachgegangen, wie wahrscheinlich die Einrichtung fester Beschwerdestellen in einem Unternehmen ist. Der Familieneinfluss in jedweder Art ist dafür allerdings ohne Bedeutung. Entscheidend ist, ob es einen Betriebsrat im Unternehmen gibt und das Gründungsjahr des Unternehmens. Je jünger das Unternehmen ist, umso eher wird eine Beschwerdestelle etabliert. Ebenfalls von Bedeutung ist die Motivgruppe „Unternehmenstradition“. Der Erklärungswert dieses Modells ist allerdings dürftig (Pseudo R^2 = 0,1003), so dass sicherlich noch weitere Variablen, die nicht erhoben wurden, ausschlaggebend sein dürften. Festzuhalten bleibt, dass jüngere Unternehmen, die bestrebt sind, Mitarbeiter zu halten, und Unternehmen, bei denen ein Betriebsrat als Anlaufstelle für die Mitarbeiter existiert, eher eine festgelegte Beschwerdestelle besitzen.

Wie wahrscheinlich es ist, dass ein Unternehmen das bürgerschaftliche Engagement seiner Arbeitnehmer unterstützt, wird im Modell 6 der Tabelle 3 untersucht. So ist die Unterstützung des Engagements der Mitarbeiter umso eher gegeben, wenn das Unternehmen jünger ist und wenn es seinen wirtschaftlichen Tätigkeitsschwerpunkt auf nationaler Ebene sieht. Auch die Motive der Mitarbeiterbindung und Arbeitsmarktkonkurrenz spielen in diesem Zusammenhang eine positive Rolle. Die Erklärungskraft des Modells ist jedoch eher gering einzuschätzen (Pseudo R^2 = 0,1549). Trotzdem ist es wahrscheinlicher, das jüngere, national agierende Unternehmen, die Mitarbeiter binden wollen und mit anderen Unternehmen am Arbeitsmarkt konkurrieren müssen, für eine Unterstützung des bürgerschaftlichen Engagements ihrer Mitarbeiter aufgeschlossen sind, um sich als modernes zeitgemäßes Unternehmen präsentieren zu können.

Inwieweit es wahrscheinlich ist, dass in einem Unternehmen die Kinder der Mitarbeiter bevorzugt behandelt werden, etwa bei der Einstellung als Mitarbeiter oder Praktikant, wird in Modell 7 der Tabelle 3 analysiert. Hier steht außer Frage, dass der Familieneinfluss eine große Bedeutung für die Bevorzugung der Mitarbeiterkinder hat. Je höher der Familieneinfluss bzw. der F-PEC-Wert eines Unternehmens ist, umso eher werden die Kinder der Mitarbeiter protegiert. Dies gilt verstärkt, wenn das Unternehmen im Baugewerbe angesiedelt ist. Auch die Motivgruppe „Unternehmenstradition“ befördert den besagten Umstand. Dem entgegen wirkt sich das Vorhandensein eines Betriebsrates aus, sowie die Zugehörigkeit des Unternehmens zum Handel. Insgesamt ist die Erklärungskraft des Modells noch nicht als voll befriedigend anzusehen (Pseudo R^2 = 0,1608) und könnte durch die Einbeziehung anderer Faktoren noch verbessert werden. Auf jeden Fall bleibt festzuhalten, dass die Bevorzugung von Mitarbeiterkindern im Familienunternehmen am ehesten zu beobachten ist, da hier wohl das größte Verständnis für die Bemühungen um die Kinder vorherrscht, und dies umso mehr wenn das Unternehmen in einem klassisch handfesten Ressort wie dem Baugewerbe angesiedelt ist. Das ein Betriebsrat einer einseitigen Bevorzugung von Mitarbeiterkindern kritisch gegenübersteht sollte jedoch ebenso wenig verwundern.

Das Modell 8 in der Tabelle 3 beschäftigt sich mit der Wahrscheinlichkeit, dass Arbeitnehmer im Ruhestand nach wie vor an Veranstaltungen des Unternehmens teilnehmen. Ob ein Unternehmen ein Familienunternehmen ist oder nicht, hat in diesem Zusammenhang keine Bedeutung. Positive Auswirkung auf eine mögliche weitere Teilnahme an Veranstaltungen des Unternehmens nach dem altersbedingten Ausscheiden hat es, wenn das Unternehmen im Verarbeitenden Gewerbe, dem Handel oder sonstigen Wirtschaftsbereichen zuzuordnen ist. Und auch das Motiv der Mitarbeiterbindung ist hier von Belang. Der Erklärungswert dieses Modells kann nur als mäßig gelten (Pseudo R^2 = 0,1442). Nichtsdestotrotz liegt es auf der Hand, dass die weitere Bindung von Ruheständlern an das Unternehmen die Absicht der Mitarbeiterbindung stärken und das Engagement hinsichtlich der aktuellen Mitarbeiter in der Wahrnehmung der Öffentlichkeit festigen soll und dies umso mehr, wenn man im Verarbeitenden Gewerbe oder Handel tätig ist.

Ob und inwieweit es wahrscheinlich ist, dass ein Unternehmen seinen Mitarbeitern familienfreundliche Unterstützung anbietet, wie z. B. flexible Arbeitszeiten, wird im Modell 9 der Tabelle 3 beleuchtet. Obwohl man vielleicht vermutet hätte, dass ein solches Angebot mit den Werten in einem Familienunternehmen korreliert, hat hier dennoch der Familieneinfluss in keiner Art und Weise eine Bedeutung. Ausschlaggebend ist die Motivgruppe 1, Mitarbeiter zu binden und das Engagement für seine Mitarbeiter in der Öffentlichkeit zu untermauern. Ist ein Unternehmen jedoch im Baugewerbe tätig, so wird diese familienfreundliche Unterstützung eher unwahrscheinlicher. Da die Erklärungskraft des Modells insgesamt sehr bescheiden ist (Pseudo R^2 = 0,1140), müssen wohl noch andere Faktoren außerhalb dieser Betrachtung bestimmend sein. Sicherlich hat das Baugewerbe weniger Möglichkeiten, eine familienfreundliche Arbeitszeit einzuführen, Aber für eine moderne Mitarbeiterführung und –bindung ist eine solche Rücksichtnahme auf die Familie der Mitarbeiter unumgänglich.

Das Modell 10 der Tabelle 3 geht der Frage nach, wie wahrscheinlich eine Beteiligung der Mitarbeiter am Unternehmenskapital ist. In diesem Kontext macht sich der Familieneinfluss im Unternehmen deutlich bemerkbar. Auch wenn der Familieneinfluss insgesamt gemessen am F-PEC-Wert eine solche Bedeutung aufweist, ist in der Tabelle 3 im Modell der Familieneinfluss über das direkte Mitwirken im Management gegeben. Das gezeigte Modell hat einen deutlich besseren Modellfit aufzuweisen, das gilt sowohl für den AIC (331,72 gegenüber 340,38) als auch für das Pseudo R^2 (0,2059 gegenüber 0,1748) und besitzt daher auch einen recht guten Erklärungswert. Aber sowohl der familiäre Einfluss im Management als auch der F-PEC-Wert weisen beide in die Richtung, dass es umso unwahrscheinlicher für die Mitarbeiter ist, am Kapital beteiligt zu werden, je höher dieser Familieneinfluss im Unternehmen wirkt. Ebenso einen negativen Einfluss auf die Kapitalbeteiligung üben das Vorhandensein eines Betriebsrates, die Einordnung des Unternehmens in das Verarbeitende Gewerbe und das schwerpunktmäßige Wirtschaften in der Region aus. Demgegenüber beflügelt der internationale Marktauftritt die Kapitalbeteiligung ebenso wie die Motivgruppe „Unternehmenstradition“. Da ein Familienunternehmen oftmals bestrebt ist, die Unternehmensanteile vollständig in der Hand zu behalten und sich in die Führung nicht herein reden zu lassen, liegt hier in Bezug auf die Mitarbeiterbindung ein Zielkonflikt vor, insbesondere wenn man international tätig sein will.

Während die Kapitalbeteiligung in hohem Maße vom Familieneinfluss beeinflusst wird, ist dies in Bezug auf das Angebot einer Betriebsrente für die Mitarbeiter, welches das Modell 11 in der Tabelle 3 untersucht, in keiner Weise gegeben. Überhaupt scheinen hier die betrachteten Erklärungsvariablen nicht von Belang zu sein. So wird die Wahrscheinlichkeit, eine Betriebsrente anzubieten, lediglich negativ davon beeinflusst, ob das Unternehmen im Bausektor agiert. Dementsprechend besitzt das aufgeführte Modell auch so gut wie keine Erklärungskraft (Pseudo R^2 = 0,0378). Offensichtlich müssen hier andere Einflüsse, die nicht von uns beobachtet wurden, von Bedeutung sein.

Das Modell 12 der Tabelle 3 beschäftigt sich mit der Wahrscheinlichkeit, dass das Unternehmen Programme für die Mitarbeiter außerhalb der Arbeitszeit anbietet oder unterstützt. Auch hierbei spielt der Familieneinfluss im Unternehmen keine Rolle. Entscheidend für die Neigung einer solchen Unterstützung oder Angebots von außerdienstlichen Programmen zeigen sich die Größe des Unternehmens, gemessen an der Beschäftigtenzahl, das Vorhandensein eines Aufsichtsgremiums, die Zugehörigkeit des Unternehmens zum Wirtschaftsbereich der unternehmensorientierten Dienstleistungen und die Motivgruppe „Unternehmenstradition“. Alle diese Faktoren wirken positiv auf die Wahrscheinlichkeit einer solchen Maßnahme. Allerdings ist der Erklärungswert dieses Modells mit einem Pseudo R^2 von 0,1358 doch recht bescheiden. Festzuhalten bleibt jedoch, dass mit steigender Beschäftigtenzahl umso eher eine solche Maßnahme angeboten wird, wenn das Unternehmen durch einen Aufsichtsrat einen erweiterten Horizont besitzt und durch das Wirken im Bereich der unternehmensorientierten Dienstleistungen um die Bedeutung solcher Unterstützungsangebote für die Mitarbeiter weiß, gerade auch wenn in diesem Zusammenhang die Mitarbeiter gebunden werden sollen und der Öffentlichkeit das Engagement in Bezug auf die Mitarbeiter ins Gedächtnis gerufen werden soll.

Im 13. Modell der Tabelle 3 wird die Wahrscheinlichkeit untersucht, dass die Mitarbeiter in einem Unternehmen ihre Gehaltsbestandteile, wie z. B. einen Firmenwagen, selbst auswählen können. Interessanterweise spielt hier der Familieneinfluss eine große Rolle, sowohl wenn man den Gesamteinfluss in Form des F-PEC-Werts betrachtet als auch in Form der direkten Einflussnahme der Familie im Management, wie sie in der Tabelle 3 ausgewiesen ist, da das Modell 13 mit dem familiären Managementeinfluss einen besseren Modellfit zeigt. Es zeigt sich, dass die Mitarbeiter ihre Gehaltsbestandteile umso eher selbst auswählen können, je mehr Einfluss die Familie im Unternehmen und insbesondere direkt im Management besitzt. In Bezug auf die Kovariablen zur Erklärung der Wahrscheinlichkeit der Selbstauswahl der Gehaltsbestandteile ergeben sich keine nennenswerten Unterschiede zwischen den beiden Modellvarianten.

So nimmt die hier betrachtete Wahrscheinlichkeit mit der Unternehmensgröße, gemessen an den Beschäftigten, zu. Dies gilt auch, wenn das Gründungsjahr höher wird, d. h. das Unternehmen jünger ist, und wenn das Unternehmen im Gegensatz zu den sonstigen Dienstleistungen in den Wirtschaftsbereichen Verarbeitendes Gewerbe, Baugewerbe, unternehmensorientierte Dienstleistungen und sonstige Bereiche tätig ist. Allein wenn der geografische Tätigkeitsschwerpunkt in der lokalen Umgebung des Unternehmens angesiedelt ist, verringert sich die betrachtete Wahrscheinlichkeit für die Selbstauswahl der Gehaltsbestandteile. Das hier gegebene Modell besitzt mit einem Pseudo R^2 von 0,1807 einen annehmbaren Erklärungswert. Es kann also davon ausgegangen werden, dass die Mitarbeiter sich ihre Gehaltsbestandteile umso eher selbst auswählen können, wenn Familienmitglieder davon profitieren und das Unternehmen noch keine längere Tradition aufweist. Allerdings steht der Selbstauswahl entgegen, wenn das Unternehmen auf sein lokales Umfeld Rücksicht nehmen muss und als sparsam und verantwortungsvoll gelten will.

Die Wahrscheinlichkeit, dass ein Unternehmen den Mitarbeitern Weiterbildungsangebote offeriert, wird in Modell 14 der Tabelle 3 untersucht. In diesem Kontext geht keinerlei Einwirkung vom Familieneinfluss im Unternehmen aus. Entscheidend für ein Weiterbildungsangebot sind die Größe des Unternehmens, gemessen am Umsatz, und das Gründungsjahr. Je mehr Umsatz ein Unternehmen macht und je jünger das Unternehmen ist, umso eher werden im Unternehmen Weiterbildungsangebote unterbreitet. Auch spielt hier die Motivgruppe „Unternehmenstradition" sicherlich nicht überraschend eine große Rolle. Obwohl die Modellspezifikation gemessen am AIC nicht überzeugt, was auch auf die vielen hoch nicht signifikanten Variablen zurückzuführen ist, ist der Erklärungswert doch recht unzweifelhaft (Pseudo R^2 = 0,3000). So kann davon ausgegangen werden, dass die Bereitstellung von Weiterbildungsmaßnahmen im Unternehmen als geeignete Maßnahme gesehen wird, um die Mitarbeiterbindung und die Demonstration des Engagements für die Mitarbeiter in der Öffentlichkeit darzustellen. Dies gilt umso mehr, wenn das Unternehmen aufgrund seiner umsatzmäßigen Stärke dazu in der Lage ist und als modernes Unternehmen gelten möchte.

Auch bei der Frage, wie wahrscheinlich Verbesserungsvorschläge der Mitarbeiter im Unternehmen honoriert werden, der im Modell 15 in der Tabelle 3 nachgegangen wird, lässt sich keinerlei Familieneinfluss als relevant nachweisen. Lediglich die Zugehörigkeit des Unternehmens zum Verarbeitenden Gewerbe ist von Belang und die Motivgruppe „Arbeitsmarktkonkurrenz“. Diese magere Ausbeute an signifikant erklärenden Variablen im Modell macht sich im Erklärungswert bemerkbar (Pseudo R^2 = 0,1057), der als dürftig bezeichnet werden muss. So bleibt festzuhalten, dass Verbesserungsvorschläge der Mitarbeiter umso eher honoriert werden, wenn das Unternehmen im Verarbeitenden Gewerbe tätig ist, und deshalb auch mehr Gelegenheit für Verbesserungsvorschläge bieten dürfte, und wenn es ähnliche Unternehmen ebenfalls mit der Honorierung von Verbesserungsvorschlägen so halten.

Das Modell 16 in Tabelle 3 untersucht schließlich, wie wahrscheinlich es ist, dass Mitarbeitern bei Problemen unkonventionell geholfen wird. Obwohl nach landläufiger Meinung hier Familienunternehmen besonders engagiert sein sollten, spielt der Familieneinfluss im Modell keine Rolle. Bestimmend für unkonventionelle Hilfe für Mitarbeiter ist eindeutig die Motivgruppe „Unternehmenstradition“. Interessanterweise steht einer unkonventionellen Hilfe seitens des Unternehmens das Vorhandensein eines Aufsichtsgremiums eher entgegen. Die Erklärungskraft des Modells ist trotz der nur zwei erklärenden Faktoren überraschend sehr gut mit einem Pseudo R^2 von 0,2805. So ist davon auszugehen, dass den Mitarbeitern dann eher unkonventionell geholfen wird, wenn das Unternehmen die Mitarbeiterbindung und seine Wahrnehmung in der Öffentlichkeit hinsichtlich des Engagements für seine Mitarbeiter als sehr wichtig erachtet. Warum ein installiertes Aufsichtsgremium die unkonventionelle Hilfe erschweren kann, bleibt jedoch rätselhaft.

Als Fazit der aus der Empirie im Zusammenhang mit Maßnahmen zur Mitarbeiterbindung gewonnen Erkenntnisse bleibt festzuhalten, dass der Familieneinfluss eine untergeordnete Rolle spielt. Zudem ist es noch eher so, dass ein in irgendeiner Form steigender Familieneinfluss eher nicht für die Anwendung einer Maßnahme zur Förderung der Mitarbeiterbindung unterstützend wirkt. Nur in einem Fall kann von einem positiven Effekt auf die Maßnahme zur Mitarbeiterbindung ausgegangen werden, und zwar bei der Bevorzugung von Kindern der Mitarbeiter bei der Einstellung oder beim Praktikum. Da man trefflich darüber streiten kann, ob eine solche Maßnahme wirklich vorteilhaft ist, bleibt als Eindruck aus den empirischen Befunden haften, dass der Familieneinfluss im Unternehmen, d. h. ob es sich also um ein Familienunternehmen handelt, sich nicht unbedingt so positiv für die Mitarbeiter in solchen Unternehmen niederschlägt, wie immer wieder zu hören und zu lesen ist.

4.3 Diskussion

Bezogen auf unsere anfängliche Fragestellung, ob der Familieneinfluss eine Bedeutung für die Anwendung verschiedener Maßnahmen zur Mitarbeiterbindung hat, konnten wir differenzierte Ergebnisse feststellen.

Ein hoher Familieneinfluss könnte die sog. familiär motivierten Bindungsmaßnahmen verstärken. Dazu zählten wir die gezielte Integration Behinderter, die Unterstützung des bürgerschaftlichen Engagements der Mitarbeiter, die bevorzugte Behandlung der Kinder der Mitarbeiter, die Einbeziehung der Arbeitnehmer im Ruhestand und die unkonventionelle Hilfe bei

Problemen. Unsere Ergebnisse konnten diese Annahmen jedoch nur in einem einzigen Fall bestätigen. Lediglich die bevorzugte Behandlung der Kinder von Mitarbeitern konnte statistisch nachgewiesen werden. Die Mitarbeiter werden nicht nur als Arbeitskräfte gesehen, sondern in ihrer Person als Ganzes, was dann natürlicherweise auch deren Familie einschließt. Somit findet die Behauptung vieler Familienunternehmer, die Mitarbeiter seien ein Teil der Familie, hiermit eine gewisse Bestätigung. Die Beschäftigung auch der Kinder der Mitarbeiter stellt eine Bindungsmaßnahme par excellence dar.

Dass sich bei den anderen Maßnahmen unsere Vermutung nicht bestätigt hat, kann unterschiedliche Gründe haben. In dem von uns betrachteten Größensegment könnte es sein, dass auch Familienunternehmen nicht die entsprechenden Ressourcen haben, um die ihnen zugeschriebenen wertorientierten Verhaltensweisen an den Tag zu legen. Es könnte allerdings auch sein, dass die anderen Unternehmen mit geringem oder ohne Familieneinfluss den Wert solcher Maßnahmen inzwischen auch höher einschätzen und sich deshalb kein Unterschied ergibt. Vielleicht zeigt sich der Familieneinfluss aber auch in anderen Verhaltensweisen im Unternehmen, die nicht Gegenstand unserer Untersuchung waren.

Bei den Maßnahmen, die auf eine Abgabe von Macht und Mitsprache hinauslaufen, vermuteten wir eine dämpfende Wirkung des Familieneinflusses. Bei der Beteiligung der Mitarbeiter am Unternehmenskapital und der Messung der Mitarbeiterzufriedenheit konnte diese Vermutung auch bestätigt werden. Unsere Ergebnisse bestätigen die allgemeine Ansicht, dass Familienunternehmer sehr restriktiv in der Beteiligung am Kapital sind. In Bezug auf die Messung der Mitarbeiterzufriedenheit scheint das in der Öffentlichkeit herrschende Bild von patriarchalischen Strukturen in Familienunternehmen eine Bestätigung zu erfahren.

Aufgrund der oftmals längeren Bindung der Mitarbeiter in Familienunternehmen scheint der Unternehmer selbst die Ansicht zu vertreten, er wüsste auch ohne die formale Messung der Mitarbeiterzufriedenheit, wie das Arbeitsklima ist. Bei der Festlegung von Beschwerdestellen konnten wir keine Unterschiede bezüglich des Familieneinflusses feststellten. Da Unternehmen dieser Größenordnung in unserem Sample in der großen Mehrzahl der Fälle über festgelegte Beschwerdestellen verfügen, könnte es sein, dass sich der Unternehmer selbst als originärer Ansprechpartner für Beschwerden sieht.

Bei den übrigen acht von uns abgefragten Maßnahmen vermuteten wir keine signifikanten Unterschiede bezüglich des Familieneinflusses. Dies fand weitgehend Bestätigung. Lediglich bei der Frage nach den selbst zu wählenden Gehaltsbestandteilen zeigte sich eine größere Wahrscheinlichkeit in Familienunternehmen. Insbesondere über die Gründe dafür kann nur spekuliert werden. Eine mögliche Erklärung könnte sein, dass die beschäftigten Familienmitglieder von ihrer Mitarbeit im Betrieb auch in besonderer Weise profitieren sollen und deshalb diese Wahlmöglichkeiten angeboten werden.

Somit kann festgehalten werden, dass der Familieneinfluss bei den von uns betrachteten Maßnahmen zur Mitarbeiterbindung durchaus eine Rolle spielt, allerdings in geringerem Maße, als von uns erwartet wurde.

5 Fazit

Unsere Untersuchung ging der Frage nach, ob sich deutsche Familienunternehmen tatsächlich ihrem Image entsprechend in Bezug auf Maßnahmen zur Mitarbeiterbindung verhalten und ob sie sich in diesem Aspekt tatsächlich von ihrem Pendant ohne Familieneinfluss unterscheiden. Für die Beantwortung dieser Fragen wurden einige Instrumente der Mitarbeiterbindung in 588 mittleren Unternehmen mit und ohne Familieneinfluss in Deutschland analysiert. Der Familieneinfluss auf die jeweiligen Unternehmen wurde anhand der F-PEC Skala ermittelt, so dass die Unternehmen eher als Familien- oder Nicht-Familienunternehmen klassifiziert und miteinander verglichen werden konnten. Es zeigte sich, dass der Familieneinfluss in Bezug auf die folgenden Bindungsmaßnahmen von Bedeutung ist.

So hat der Familieneinfluss eine positive Wirkung bei der bevorzugten Behandlung von Kindern der Mitarbeiter und bei der Möglichkeit der Wahl von Gehaltsbestandteilen durch die Mitarbeiter selbst. Ein gegenteiliger Effekt des Familieneinflusses wurde bei der Messung der Mitarbeiterzufriedenheit sowie bei der Beteiligung der Mitarbeiter am Unternehmenskapital sichtbar.

Somit konnte gezeigt werden, dass der Familieneinfluss eine nicht zu vernachlässigende Wirkung bei der Implementierung von Maßnahmen der Mitarbeiterbindung aufweist. Festzuhalten bleibt allerdings, dass in unserer Studie nur Unternehmen einer bestimmten Unternehmensgröße betrachtet wurden. Auch ist unser untersuchter Maßnahmenkatalog nicht erschöpfend und bietet noch Spielraum für weitere Betrachtungen. Die Ergebnisse lassen auf jedem Fall den Schluss zu, dass weitere Studien in diesem Kontext lohnenswert erscheinen. In einer zukünftigen Forschungsarbeit sollte der Fokus auch auf eine detailliertere Analyse der Motivation für die Bereitstellung von Mitarbeiterbindungsmaßnahmen speziell der Familienunternehmen gelegt werden.

Literatur

- Astrachan, J.H., Klein, S.B., Smyrnios, K.X. (2006): The F-PEC scale of family influence: A proposal for solving the family business definition problem, Family Business Review (15) 1, S. 45-58.
- Auxilion (2010): Studie: Deutsche Familienunternehmen 2010/2011, Heppenheim.
- Auxilion (2011): Studie: Familienunternehmen 2011/2012, Heppenheim.
- Bauer, H. H., Jensen, S. (2001): Determinanten der Mitarbeiterbindung – Überlegungen zur Verallgemeinerung der Kundenbindungstheorie, Mannheim, Institut für Marktorientierte Unternehmensführung
- Becker, F. G. (2010): Mitarbeiterbindung: Ein Einblick in ein schwieriges Objekt und den Status quo der Diskussion, in: Bruhn, M., Stauss, B.: Serviceorientierung im Unternehmen, Heidelberg, Springer
- Broer, E., Kirchdörfer, R. (2008): Wirtschaftliche und gesellschaftliche Bedeutung von Familienunternehmen, ZEW Mannheim.

- Chua, J.H., Chrisman, J.J., Sharma, P. (1999): Defining the Family Business by Behavior, ET&P, 23 (4), 19-39.
- Churchill. N.C., Hatten. K.J. (1987): Non-market based transfers of wealth and power: A research framework for family businesses, American Journal of Small Business, 11(3), 51-64.
- DeMichali, M. (2006): Nachhaltige und wirksame Mitarbeitermotivation: Praxisgrundsätze, Fallbeispiele, Motivations- und Führungsprinzipien und konkrete Motivationsideen inklusive Mitarbeitergespräche und Kommunikationsregeln zur Motivationssteigerung von Mitarbeitern im Betriebsalltag, Zürich.
- Donnelley, R.G. (1964): The Family Business, Harvard Business Review, 42 (4), 93-105.
- Felfe, J.: Mitarbeiterbindung (2008), Göttingen, Hofgrefe
- Frey, B. S. (2002): Die Grenzen ökonomischer Anreize, in: Fehr, E., Schwarz, G. (2002), Psychologische Grundlagen der Ökonomie, Verlag Neue Züricher Zeitung, S. 21-25
- Gottschalk, S. et al. (2011): Die volkswirtschaftliche Bedeutung der Familienunternehmen, München, Stiftung Familienunternehmen
- Gramke, K., Fischer, D., Schlesinger, M., Schüssler, R., Windhövel, K., Wolff, H. (2009): Arbeitslandschaft 2030. Steuert Deutschland auf einen generellen Fachkräftemangel zu? Prognos AG, Basel
- Helzel, A. (2009): Studie zur Mitarbeiterbindung und Mitarbeitergewinnung in kleineren Betrieben der Wasserwirtschaft, Hamburg, www.helzel.net
- Hirschfeld, K. (2006): Retention und Fluktuation: Mitarbeiterbindung - Mitarbeiterverlust, ID Text, Berlin
- Hunziger, A., Biele, G., (2002): Retention-Management – Wie Unternehmen Mitarbeiter binden können, Wirtschaftspsychologie 2/2002, S. 47-52
- IFAK Institut (2007): Arbeitsklima-Barometer, hier zitiert: Arbeitszufriedenheit - Frust im Büro, www.süddeutsche.de, 9.5.2008
- Iliou, C. D. (2004); Die Nutzung von Corporate Governance in mittelständischen Familienunternehmen, Dissertation, Berlin.
- Kay, R. (2008): Gemeinsamkeiten und Unterschiede in der Personalpolitik familien- und managementgeführter Unternehmen, Bonn.
- Keese, D., Tänzler, J., Hauer, A., (2010): Die Wahrnehmung gesellschaftlicher Verantwortung in Familien- und Nicht-Familienunternehmen, ZfKE (58) 3, 197-225.
- Keese, D., Tänzler, J.K., Hauer, A., (2011): Die Verweildauer des Managements von Familienunternehmen und Unternehmen im Streubesitz, München: Stiftung Familienunternehmen.
- Kienbaum (2010a): Nachhaltigkeits-Management. Chancen und Herausforderungen der nachhaltigen Unternehmensführung, Gummersbach

- Kienbaum (2010b): Attraktivität von Familienunternehmen, Gummersbach.
- Klein, S. (2004): Familienunternehmen – Theoretische und empirische Grundlagen, Wiesbaden.
- Kobi, J.-M. (1999): Personalrisikomanagement, Wiesbaden, Gabler
- Meifert, M. T. (2005): Mitarbeiterbindung. Eine empirische Analyse betrieblicher Weiterbildner in deutschen Großunternehmen, München und Mering, Rainer Hampp Verlag
- Meyer, J. P., Allen, N. J., Smith, C. A. (1993): Commitment to Organizations and Occupations: Extension and Test of a Three-Component Conzeptualization, Journal of Applied Psychology, 78 (4), S. 538-551
- Mittelsten-Scheid, J. (2005): Gedanken zum Familienunternehmen, Intes, Bonn.
- Niefert, M., Heger, D., Licht, G., Hauer, A., Keese, D., Schramm, T. (2009): Die volkswirtschaftliche Bedeutung der Familienunternehmen, Stiftung Familienunternehmen, München.
- Schraml, S.C. (2009): Finanzierung von Familienunternehmen. Eine Analyse spezifischer Determinanten des Entscheidungsverhaltens, Wiesbaden, Gabler
- Stiftung Familienunternehmen (2007): Das gesellschaftliche Engagement von Familienunternehmen, München.
- Stiftung Familienunternehmen (2011): Attraktivität von Familienunternehmen als Arbeitgeber, München.
- Taenzler, J.K., Keese, D., Hauer, A. (2011): Ausbildungsbeteiligung als Element einer nachhaltigen Unternehmensführung in mittelständischen Familienunternehmen. Jahrbuch KMU-Forschung, 165-182.
- Toman, S. (2006): Work-Life-Balance als ein Aspekt der Mitarbeitermotivation: familienfreundliche Maßnahmen im Betrieb unter Berücksichtigung rechtlicher Rahmenbedingungen, Aachen.

Teil 4:
Personalentwicklung in KMU

Talent Management in KMU und Großunternehmen im Vergleich: Ergebnisse einer empirischen Untersuchung

Denise Ewerlin und Stefan Süß

1 Einleitung

Die wirtschaftlichen Veränderungen der letzten Jahrzehnte stellen Unternehmen vor große Herausforderungen. Die Globalisierung und die damit verbundene Intensivierung des Wettbewerbs erhöhen weltweit die Nachfrage nach qualifiziertem Personal. Gleichzeitig führen der demographische Wandel und die steigende Migration von hochqualifizierten Mitarbeitern ins Ausland zu einem Rückgang des Arbeitskräfteangebots, der aufgrund der steigenden Bedeutung der an Mitarbeiter gebundenen Ressource Wissen als besonders kritisch einzuschätzen ist. Während qualifizierte Mitarbeiter immer mehr zum Schlüsselfaktor im Kampf um Wettbewerbsvorteile werden, nimmt die Anzahl der verfügbaren Talente immer weiter ab. Somit werden qualifizierte, talentierte Mitarbeiter zunehmend zur kritischen Ressource im Unternehmen.

Als Folge dieser Entwicklungen ist in den letzten Jahren das Talent Management verstärkt in den Blick von Wissenschaft und Praxis gerückt. Sowohl kleine und mittlere Unternehmen als auch Großunternehmen sehen Talent Management als eine der wichtigsten Aufgaben des Personalmanagements in den nächsten Jahren. Sein Ziel besteht darin, talentierte Mitarbeiter effektiv und effizient zu identifizieren und auszuwählen, einzusetzen, zu entwickeln, zu motivieren und schließlich an das Unternehmen zu binden, um so langfristig die Wettbewerbsfähigkeit des Unternehmens zu sichern. Bislang ist aber in Deutschland kaum empirisch erforscht, in welchem Umfang Talent Management in Unternehmen betrieben wird, welche Maßnahmen im Zuge des Talent Managements angewendet werden und welchen Nutzen die Unternehmen sich davon versprechen. Zudem ist die (unterschiedliche) Ausgestaltung von Talent Management in kleinen und mittleren Unternehmen (KMU) sowie Großunternehmen bisher noch nahezu unerforscht.

Der situative Ansatz der Organisationsforschung zeigt jedoch, dass eine Anpassung der Struktur und damit der Ausgestaltung des Talent Managements an die Unternehmenssituation unumgänglich ist; die Unternehmensgröße wird dabei regelmäßig als wichtiger Einflussfaktor genannt (vgl. Kieser 2006, S. 222). Daher stellt sich die Frage, inwieweit Talent Management an die unterschiedlichen Gegebenheiten in KMU und Großunternehmen angepasst wird, da nur so ein effektiver Einsatz gewährleistet werden kann.

Vor diesem Hintergrund besteht das Ziel des Beitrags darin, die Verbreitung und Gestaltung des Talent Managements in der Praxis zu analysieren und die Unterschiede in der Anwendung zwischen kleinen und mittleren Unternehmen sowie großen Unternehmen herauszuarbeiten. Zunächst werden dazu die Ursachen und Auswirkungen des Fach- und Führungskräftemangels dargestellt und hinsichtlich ihrer Wirkungen auf KMU und Großunternehmen differenziert. Es folgt eine Darstellung des Talent Managements. Im Anschluss wird auf Basis einer empirischen Studie differenziert nach KMU und Großunternehmen die Anwendung des Talent Managements in der Praxis analysiert.

2 Fach- und Führungskräftemangel

2.1 Ursachen und Auswirkungen

Die Ursachen des Fach- und Führungskräftemangels in Unternehmen sind vielfältig. Sie können zyklisch bedingt sein, beispielsweise aufgrund von schwachen Abiturjahrgängen oder einer guten wirtschaftlichen Lage. Weitaus kritischer sind Ursachen zu sehen, die strukturell bedingt sind und somit langfristige Auswirkungen auf das Angebot an Fach- und Führungskräften haben (vgl. Mesaros/Vanselow/Weinkopf 2009, S. 20).

Einerseits steigt durch die Globalisierung und den dadurch zunehmenden weltweiten Wettbewerb die Nachfrage nach qualifizierten Mitarbeitern stetig an (vgl. Schuler/Jackson/Tarique 2009, S. 4). Andererseits führt die demographische Entwicklung zu einem akuten Mangel an qualifiziertem Personal. Vor allem hochentwickelte Länder spüren die Auswirkungen des Wandels. Länder in Europa und Nordamerika sowie Japan und Australien haben bereits jetzt mit der Altersverschiebung innerhalb der Bevölkerung zu kämpfen. Während das Phänomen in Nordamerika als kurzfristig betrachtet wird, zeichnen sich in Deutschland langfristige Konsequenzen deutlich ab (vgl. Beechler/Woodward 2009, S. 275; Schuler/Jackson/Tarique 2009, S. 6). Zwar leben heute noch rund 82 Millionen Menschen in Deutschland. Jedoch wird bis 2060 ein Rückgang der Bevölkerung auf 65 bis 70 Millionen prognostiziert (vgl. Statistisches Bundesamt 2009a, S. 12). Neben diesem absoluten Rückgang wird es auch eine strukturelle Verschiebung innerhalb der Bevölkerung geben (vgl. Oelsnitz/Stein/Hahmann 2007, S. 59). Durch sinkende Geburtenraten und die Verlängerung der Lebenszeit wird 2050 bereits jeder dritte Deutsche über 65 Jahre alt sein, während dies heute nur auf jeden fünften zutrifft. Gleichzeitig sinkt der Anteil der unter 20-jährigen von 19% auf 16% der Gesamtbevölkerung (vgl. Ehrentraut/Fetzer 2007, S. 29-30; Statistisches Bundesamt 2009a, S. 17). Somit werden zum einen immer weniger qualifizierte Arbeitskräfte in den Markt einsteigen, zum anderen wird ein Großteil der erfahrenen Arbeitskräfte den Markt verlassen, wodurch das Angebot an qualifizierten Arbeitskräften kontinuierlich sinken wird.

Durch die Globalisierung wird die über geographische und kulturelle Grenzen hinweggehende Mobilität gefördert (vgl. Baruch/Budhwar/Khatri 2007, S. 99). Die Wanderungsrichtung von Arbeitskräften zwischen Ländern wird vor allem durch Unterschiede im Lohn- und Steuerniveau, in den Arbeitsbedingungen sowie durch die wirtschaftliche Lage und attraktive Lebensbedingungen beeinflusst (vgl. Beechler/Woodward 2009, S. 275). Die Wanderungsraten lassen sich nach dem Qualifikationsniveau differenzieren. In westlichen Industrieländern liegt die Abwanderungsrate von niedrig qualifizierten Arbeitskräften bei ca. 0,9% und von mittelqualifizierten bei ca. 1,6%. Hochqualifizierte Arbeitskräfte weisen hingegen durchschnittlich eine Abwanderungsrate von gut 5% auf (vgl. Beechler/Woodward 2009, S. 275; Ritz/Sinelli 2010, S. 6). Die Abwanderer sind somit im Durchschnitt deutlich höher qualifiziert als die sonstige Bevölkerung. Zudem wies Deutschaland 2008 und 2009 einen negativen Saldo der

Zu- und Abwanderung auf (vgl. Statistisches Bundesamt 2009a, S. 34; Statistisches Bundesamt 2009b), so dass die Bevölkerung auch durch Abwanderung schrumpft. Neben dieser zusätzlichen Verknappung hochqualifizierter Arbeitskräfte stellt die Mobilität Unternehmen vor allem durch den so genannten „Brain Drain", den Abfluss von Wissen, vor steigende Probleme.

Gleichzeitig wird Wissen zu einer immer bedeutenderen Ressource (vgl. Feldhoff 2005, S. 30). Bereits heute entstammen 71,5% aller Arbeitsplätze innerhalb der EU dem Dienstleistungs- und damit dem wissensintensivsten Sektor (vgl. Beechler/Woodward 2009, S. 275). Dabei ist Wissen Voraussetzung für Innovationsfähigkeit und die Erlangung von Wettbewerbsvorteilen. Diese Entwicklung und die Tatsache, dass der Großteil des erfolgskritischen Wissens an Personen gebunden ist, lässt die Bedeutung der Ressource Personal im Unternehmen steigen, wodurch Unternehmen immer abhängiger von ihren Arbeitnehmern, insbesondere den hochqualifizierten Talenten, werden (vgl. Beechler/Woodward 2009, S. 275-276; Ritz/Sinelli 2010, S. 4).

Veränderungen des individuellen Verhaltens der Arbeitskräfte erschweren für Unternehmen den Kampf um qualifizierte Mitarbeiter. Während noch in den 1950er Jahren das Konzept des „Lifetime Employment" vorherrschte und Arbeitnehmer häufig lebenslang für ein Unternehmen arbeiteten, wird von Arbeitnehmern heute Flexibilität und somit eine hohe Wechselbereitschaft erwartet. Die Loyalität der Arbeitnehmer zu einem Unternehmen steht nun deutlicher in Abhängigkeit von den gebotenen individuellen Perspektiven (vgl. Ritz/Sinelli 2010, S. 6). Aufgrund des bestehenden Fach- und Führungskräftemangels bieten sich für hochqualifizierte Arbeitskräfte zahlreiche Möglichkeiten des Wechsels, so dass Unternehmen hohe Anstrengungen unternehmen müssen, um Talente zu halten.

2.2 Situation in kleinen und mittleren Unternehmen

Durch die steigende Nachfrage nach qualifiziertem Personal bei gleichzeitigem Rückgang des Angebots werden die sogenannten „Talents", hochqualifizierte und engagierte Arbeitnehmer, in Zukunft zum Engpassfaktor, wodurch sich der Konkurrenzkampf um diese Arbeitskräfte intensivieren wird (vgl. Winkler 2009, S. 21). Unternehmen sehen sich somit vor die Aufgabe gestellt, Talente zu gewinnen und langfristig an das Unternehmen zu binden. Hierbei stehen kleine und mittlere Unternehmen im direkten Konkurrenzkampf zu Großunternehmen. KMU umfassen in Anlehnung an die Definition des Institutes für Mittelstandforschung (1) kleine Unternehmen, welche bis zu neun Mitarbeiter beschäftigen und einen Jahresumsatz bis zu einer Million Euro aufweisen, und (2) mittlere Unternehmen, mit einem Jahresumsatz zwischen einer und 50 Millionen Euro sowie zwischen zehn und 499 Beschäftigten. Übersteigt ein Unternehmen einen Umsatz von 50 Millionen Euro oder beschäftigt es mehr als 499 Mitarbeiter, spricht man von einem Großunternehmen (vgl. IfM 2011).

Im Jahr 2009 waren 99,7 % der in Deutschland registrierten Unternehmen KMU. Diese beschäftigten 60,8 % und damit einen Großteil der in Deutschland arbeitenden Bevölkerung (vgl. IfM 2009). KMU nehmen in zahlreichen Fällen die Rolle eines wichtigen Innovators ein und haben somit innerhalb von Wirtschaft und Gesellschaft eine enorme Bedeutung (vgl. Hess 2006, S. 35). Gerade innovative KMU werden jedoch zukünftig in hohem Maße von dem Fach- und Führungskräftemangel betroffen sein. Sie sind aufgrund der geringeren Anzahl an Mitarbeitern zudem wesentlich abhängiger von dem Know-how des Einzelnen als Großunternehmen. So beeinflussen in KMU einzelne Mitarbeiter in Schlüsselpositionen wesentlich öfter den Erfolg des ganzen Unternehmens. Während in großen Unternehmen bei der Besetzung vakanter Stellen in größerem Ausmaß auf Mitarbeiter aus den eigenen Reihen zurückgegriffen werden kann, müssen KMU Personal wesentlich öfter extern beschaffen. Gleichzeitig herrscht in KMU in der Regel aufgrund von fehlenden personellen oder finanziellen Ressourcen, einer kurzfristig ausgerichteten Personalarbeit oder der fehlenden Erkenntnis der Relevanz des Themas eine geringere Weiterbildungsintensität (vgl. Noske/Peppinghaus 2008, S. 100). Diese hat zur Folge, dass einerseits langfristig das vorhandene Personal nicht ausreichend weiterqualifiziert wird und so von außen Know-how in das Unternehmen geholt werden muss, andererseits kann durch fehlende Weiterbildungs- und Aufstiegsmöglichkeiten die Abwanderung von Fach- und Führungskräften beschleunigt werden.

Generell besteht in KMU in der Regel ein geringeres Problembewusstsein hinsichtlich des demographischen Wandels (vgl. Mesaros/Vanselow/Weinkopf 2009, S. 22), so dass Maßnahmen zur Behebung des (drohenden) Personalmangels oftmals nicht die nötige Relevanz eingeräumt wird. Zwar ist die Personalfluktuation in KMU im Durchschnitt geringer als in großen Unternehmen, allerdings verfügen KMU auch über geringere personelle und zeitliche Ressourcen zur Überbrückung und Neubesetzung vakanter Stellen (vgl. Mesaros/Vanselow/Weinkopf 2009, S. 24). Die Rekrutierung von qualifizierten Arbeitskräften wird zudem durch den Konkurrenzkampf mit Großunternehmen erschwert. Kleine und mittlere Unternehmen sind im Durchschnitt weniger bekannt als Großkonzerne und besitzen in der Regel keine starke Arbeitgebermarke.

Sowohl große Unternehmen als auch KMU sind somit von dem (drohenden) Fach- und Führungskräftemangel betroffen. Während schon heute die Gewinnung und Bindung von qualifizierten Mitarbeitern ein zentrales Thema in der Personalarbeit ist, wird sich die Relevanz dieses Themas in den nächsten Jahren weiterhin erhöhen. KMU und Großunternehmen führen den Kampf um qualifizierte Arbeitskräfte jedoch mit unterschiedlichen Voraussetzungen. Um im „War for Talents" bestehen zu können, ist – größenunabhängig – ein systematisches Talent Management hilfreich, das seit einigen Jahren in das Blickfeld von Wissenschaft und Praxis gerückt ist (vgl. Schiess/Thoma/Anderson 2007, S. 30; Christ/Adams-Lang/Stephan 2010, S. 46).

3 Talent Management als Reaktion auf den Fach- und Führungskräftemangel

Um Talent Management beschreiben zu können, ist es unerlässlich, sich mit der Definition von „Talenten" auseinanderzusetzen. Diese wird sowohl in der Praxis als auch in der Literatur in der Regel durch die Zusammenstellung von individuellen Eigenschaften gebildet, wodurch ein sehr breites Verständnis von Talenten entsteht und kaum spezifische Anhaltspunkte für die Identifikation von Talenten geliefert werden. Gleichzeitig wird der Begriff „Talent" oft synonym zu Begriffen wie „Hochleistungsträger", „High Performer" und „High Potential" gebraucht (vgl. Ready/Hill/Conger 2008, S. 63-65; Ritz/Sinelli 2010, S. 8). Trotz der variierenden Definitionen lassen sich jedoch zwei häufig genannte Merkmale von Talenten ausmachen:

- Ein erstes Merkmal ergibt sich, anknüpfend an die ursprüngliche Bedeutung des Wortes „Begabung", in Fähigkeiten bzw. der Veranlagung einer Person (vgl. Ready/Hill/Conger 2008, S. 69; Grossmann 2004, S. 209). Der Begriff der Fähigkeit ist dabei allerdings sehr offen. So wird im Allgemeinen davon ausgegangen, dass eine Fähigkeit ein Talent dazu bringt, bessere Ergebnisse zu erzielen, als eine Person ohne diese Fähigkeit (vgl. Winkler 2009, S. 6). In spezifischeren Definitionen wird Fähigkeit mit Führungsqualitäten (vgl. Ready/Hill/Conger 2008, S. 69), Kreativität, Innovativität und/oder dem Potential zur Leistungssteigerung gleichgesetzt (vgl. Winkler 2009, S. 7).
- Als zweites Merkmal wird auf die Leistung fokussiert. Hierunter fallen hauptsächlich die fachliche Kompetenz sowie die derzeitige Erfüllung der Aufgaben (vgl. Darrough/Melumad 1995, S. 69; Davis u. a. 2007, S. 1).

Unter Talenten versteht man somit Mitarbeiter, die durch ihre Begabung ein überdurchschnittliches Leistungspotential mitbringen und sich in ihrer bisherigen Aufgabe bewährt haben. Daneben müssen das Potential und der Wille zur Weiterentwicklung vorhanden sein.

Vor diesem Hintergrund fokussiert Talent Management auf eine klar definierte Gruppe von Mitarbeitern, die von Unternehmen als Talente identifiziert wurden. In der Praxis zu findende unterschiedliche Verständnisse des Talent Managements sind neben seiner kurzen Historie seiner in der Regel unternehmensspezifischen Umsetzung geschuldet. Gemeinsam zielen nahezu alle Talent-Management-Ansätze darauf, Talente effektiv und effizient zu identifizieren und auszuwählen, einzusetzen, zu entwickeln, zu motivieren und zu binden, um so langfristig die Wettbewerbsfähigkeit des Unternehmens zu sichern (vgl. Capelli 2008, S. 1-3; Ritz/Sinelli 2010, S. 9).

Dazu setzen Unternehmen eine Vielzahl an Instrumenten ein (vgl. Schiess/Thoma/Anderson 2007, S. 30; Christ/Adams-Lang/Stephan 2010, S. 46). Auch wenn diese sehr unternehmensspezifisch sind, lassen sich doch Instrumentengruppen identifizieren, die Teil nahezu aller Talent-Management-Konzepte sind (vgl. Bödeker/Hübbe 2008, S. 219; Hatum 2010, S. 124). Diese sind in der Regel aus dem Personalmanagement bekannte Instrumente (vgl. Drews 2009, S. 7), werden jedoch im Rahmen des Talent Managements einerseits differenzierter ausgestaltet, andererseits stärker miteinander verzahnt.

Vor diesem Hintergrund lassen sich neben der Eingliederung des Talent Managements in die Unternehmensstrategie und einer auf Talente ausgerichteten Führung des Unternehmens (vgl. Winkler 2009, S. 46) analog zu den mit Talent Management verfolgten Zielen vier Funktionen bzw. Phasen des Talent Managements identifizieren, die nahezu allen Talent-Management-Konzepten zu Grunde liegen (vgl. Abb. 1).

Die erste Funktion beinhaltet die Identifikation und Gewinnung von Talenten. Zielgruppe des Talent Managements sind sowohl bereits im Unternehmen tätige als auch externe Talente (vgl. Winkler 2009, S. 53). In Folge der Gewinnung dieser Talente kann ein Talent-Pool aufgebaut werden, auf den bei Bedarf unternehmensweit zurückgegriffen werden kann (vgl. Stahl u. a. 2007, S. 10; Weber 2009, S. 39).

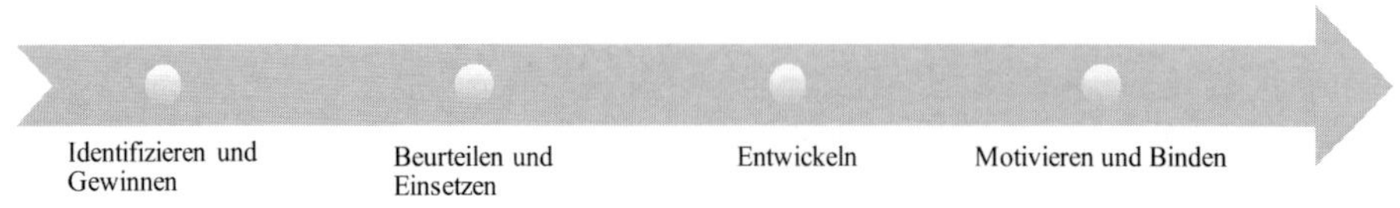

Abb. 1: Zentrale Funktionen des Talent Managements

Die zweite Funktion fokussiert den Einsatz von Talenten. Ziel ist die Zuordnung eines Talents zu einer konkreten Aufgabe, wobei sowohl quantitative und qualitative als auch örtliche und zeitliche Aspekte zu berücksichtigen sind (vgl. Ritz/Sinelli 2010, S. 18). Beispielsweise kann im Rahmen einer Nachfolgeplanung auf den Talent Pool zurückgegriffen werden, welcher es einem Unternehmen ermöglicht, die interne Nachfolge nach Abgängen schnell zu regeln (vgl. Ready/Conger, 2007, S. 70). Im Mittelpunkt der dritten Funktion steht die (Weiter-)Entwicklung von Talenten. Anhand von Leistungs- und Potentialbeurteilungen kann festgestellt werden, ob aktuell Entwicklungsbedarf besteht.

Bei dessen Deckung sollte neben dem fachlichen Know-How die persönliche Entwicklung berücksichtigt werden. Neben Fach- und Führungskompetenzen müssen gerade bei jüngeren Talenten Sozial- und Selbstkompetenzen weiter ausgebildet werden (vgl. Ritz/Sinelli 2010, S. 19). Die Erhaltung von Talenten ist Gegenstand der vierten Funktion, welche sich mit dem Binden und Motivieren von Talenten befasst. Sie stellt eine zentrale Funktion innerhalb des Talent Managements dar, da die Abwanderung von Talenten für Unternehmen sowohl finanziell als auch aufgrund des abfließenden Wissens einen großen Verlust bedeutet. Bei dem Einsatz von Bindungsinstrumenten ist jedoch zu beachten, dass extrinsische Anreize wie beispielsweise das Gehalt zwar kurzfristige Auswirkungen auf die Abwanderungsrate von Talenten haben, aber kein nachhaltiges Differenzierungsmerkmal zwischen Arbeitgebern darstellen. Daher sollten vor allem Instrumente im Mittelpunkt stehen, die die intrinsische Motivation der Talente beeinflussen (vgl. Stahl u. a. 2007, S. 18-19; Ritz/Sinelli 2010, S. 18)

4 Empirische Untersuchung des Talent Managements in Deutschland

4.1 Beschreibung der Untersuchung

Um die Verbreitung und Gestaltung des Talent Managements in Deutschland, auch im Vergleich zwischen KMU und Großunternehmen, empirisch zu erforschen, wurden von Mai bis Juli 2011 mittels eines Online-Fragebogens Daten erhoben. Zielgruppe der Befragung waren Personalverantwortliche, welche innerhalb des Unternehmens Bezug zu Talent Management haben. Diese wurden durch Newsletter von Unternehmen und Verbänden sowie über soziale Netzwerke auf die Befragung aufmerksam gemacht.

Der eingesetzte Fragebogen umfasste vier Frageblöcke. Der erste Fragenblock beinhaltete Fragen zu dem Unternehmen sowie der dort durch den Befragungsteilnehmer ausgeübten Tätigkeit. Die Größe des Unternehmens wurde mit Hilfe der Mitarbeiterzahl erhoben. Auf die Abfrage des Umsatzes wurde vor dem Hintergrund der Tatsache, dass die Notwendigkeit und Gestaltung des Talent Managements im Wesentlichen durch die Mitarbeiterzahl bestimmt wird und so die Einteilung in KMU und Großunternehmen nur auf diesem Merkmal beruht, verzichtet. Der zweite Fragenblock bezog sich auf die generelle Anwendung des Talent Managements sowie dessen strategische Ausrichtung. Ein Teil dieses Frageblocks lag ausschließlich den Befragungsteilnehmern vor, die angaben, kein Talent Management zu betreiben und beinhaltete eine Skala zu den möglichen Gründen dafür, sowie der Frage, ob die Einführung des Talent Managements geplant sei. In den Rest des Fragebogens wurde diese Personengruppe nicht weiter einbezogen.

Der darauf folgende Fragenblock enthielt zwei identische Skalen. Diese beinhalteten Maßnahmen des Talent Managements, die durch eine Literaturanalyse als zentrale Maßnahmen identifiziert wurden. Die Maßnahmen sollten hinsichtlich der Frage bewertet werden, mit welcher Intensität („nie" bis „sehr häufig" bzw. „weiß nicht") diese im Unternehmen eingesetzt werden. Um die generelle Nutzung dieser Maßnahmen beurteilen und so Aussagen zur differenzierten Nutzung für Talente treffen zu können, wurde mittels der identischen Skala ebenfalls die Intensität der Nutzung dieser Maßnahmen bei allen Mitarbeitern des Unternehmens abgefragt. Der letzte Fragenblock enthielt Skalen zur Anwendung von Controlling-Instrumenten im Talent Management. Hier wurde neben der generellen Frage nach der Überprüfung der Effektivität bzw. Effizienz des Controllings die Intensität der Nutzung („nie" bis „sehr häufig" bzw. „weiß nicht") einzelner Controlling-Instrumente abgefragt.

Insgesamt konnten 132 vollständig ausgefüllte Fragebögen generiert werden. Die durchschnittliche Mitarbeiterzahl der befragten Unternehmen liegt bei 15.237, wobei die Spanne der Mitarbeiterzahlen zwischen einem und 475.000 Mitarbeitern lag. 55 Fragebögen stammen von Mitarbeitern eines KMU, 77 von Mitarbeitern eines Großunternehmens. Während 36,4% und damit der größte Anteil der Großunternehmen aus der Industrie stammen, haben mit 34,5% vor allem KMU aus der Handels- und Dienstleistungsbranche an der Befragung teilgenommen. Bezüglich der Herkunft der Unternehmen ist festzuhalten, dass 83,3% der Unternehmen ihr Stammhaus in Deutschland haben. Die restlichen 16,7% weisen ein Stammhaus in den USA, Großbritannien, Österreich, Schweden, Norwegen, Dänemark und Südafrika (in abnehmender Nennungshäufigkeit) auf.

4.2 Verbreitung des Talent Managements

79 der 132 Befragungsteilnehmer gaben an, dass in ihrem Unternehmen Talent Management betrieben wird, von diesen gehörten 26,5% einem KMU und 73,5% einem Großunternehmen an. Sowohl bei kleinen als auch bei mittleren Unternehmen überwog die Zahl der Unternehmen, die kein Talent Management betreiben (100% bzw. 57,1%). Demgegenüber zeigte sich bei Großunternehmen eine deutliche Differenz zwischen Unternehmen, die über Talent Management verfügen (75,3%) und solche, die kein Talent Management haben (24,7%) (vgl. Tabelle 1).

		Mitarbeiterzahl			Total
		1-9	10-499	<499	
Betreibt Ihr Unternehmen Talent Management?	Ja	0,00%	42,9%	75,3%	59,8%
	Nein	100,0%	57,1%	24,7%	40,2%
Cramer-V= 0.413					N=132

Tab. 1: Zusammenhang zwischen Größe des Unternehmens und Talent Management

Das Ergebnis zeigt erwartungsgemäß, dass eher große Unternehmen Talent Management implementiert haben. Dieser Zusammenhang wird auch durch das bivariate Korrelationsmaß, das einen deutlichen Zusammenhang zwischen Talent Management und Größe des Unternehmens angibt, bestätigt. Während die fehlende Einführung des Talent Managements für Kleinunternehmen aufgrund der zu geringen Anzahl an Mitarbeitern nachvollziehbar ist, ist die fehlende Einführung des Konzeptes bei Unternehmen mittlerer Größe als kritisch anzusehen.

Die befragten mittleren Unternehmen hatten durchschnittlich 155 Mitarbeiter, so dass eine zu geringe Mitarbeiterzahl als Grund für das nicht vorhandene Talent Management ausscheidet. Betrachtet man die angegebenen Gründe für die fehlende Einführung fällt einerseits auf, dass KMU im Gegensatz zu Großunternehmen in stärkerem Maße angaben, keiner akuten Gefahr durch den Fach- und Führungskräftemangel gegenüberzustehen, andererseits gaben 18,8% der KMU an, nicht über genügend Ressourcen zur Umsetzung des Talent Managements zu verfügen.

Auch zwischen der Börsennotierung eines Unternehmens und der Anwendung von Talent Management lässt sich ein Zusammenhang erkennen. Während von nicht börsennotierten Unternehmen lediglich 53,3% angaben, Talent Management zu betreiben, waren es bei börsennotierten Unternehmen immerhin 75%. Die Korrelation zwischen der Größe eines Unternehmens und seiner Börsennotierung erwies sich als nicht signifikant, so dass sich dieser Zusammenhang nicht auf die Größe des Unternehmens zurückführen lässt.

Betrachtet man den Einführungszeitpunkt des Talent Managements, lassen sich zwischen KMU und Großunternehmen kaum Unterschiede erkennen. Auch wenn einige Unternehmen angaben, bereits seit 1990 Talent Management zu betreiben, nahm seine Einführung seit 1999 stetig zu. Dieses lässt sich auf den im Jahr 1998 von Chambers u. a. veröffentlichten Artikel „The War for Talents" zurückführen, durch den sowohl der Begriff „Talent Management" erstmals prominent genannt als auch das Bewusstsein für die Relevanz des Themas gestärkt wurde (vgl. Chambers u. a. 1998). Sowohl in KMU als auch in Großunternehmen lässt sich daraufhin im Jahr 2000 ein sprunghafter Anstieg der Einführungen des Talent Managements erkennen. Während danach bei Großunternehmen weitere Schwankungen zu erkennen sind, steigt die Anzahl der KMU stetig. Die Kurven in Abbildung 2 zeigen bis heute eine Zunahme, wodurch deutlich wird, dass Talent Management nach wie vor ein relevantes Thema ist.

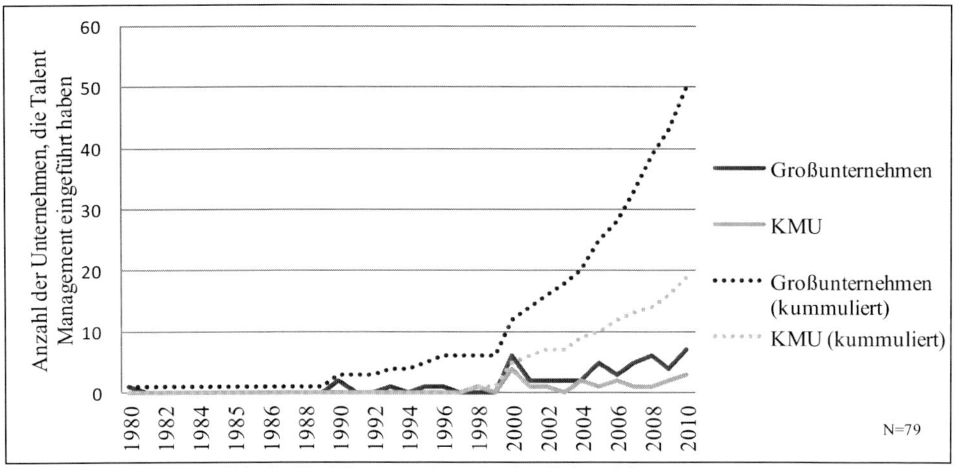

Abb. 2: Einführungszeitpunkt des Talent Managements

Von dem Trend abweichend gaben 53 der befragten Unternehmen an, kein Talent Management zu betreiben. Hiervon sind 64% KMU, was vor dem Hintergrund, dass lediglich 41,7% der gesamten Befragungsteilnehmer einem KMU angehören, abermals die wesentlich geringere Nutzung des Talent Managements in KMU bestätigt. Von den 53 Unternehmen, die kein Talent Management betreiben, gaben 39,6% an, Talent Management einführen zu wollen, 85% von diesen planen seine Einführung in den nächsten beiden Jahren. Hiervon stammten 57,4% aus KMU und 42,8% aus großen Unternehmen. Die Einführung des Talent Managements wird somit gegenwärtig in KMU in stärkerem Maße forciert, was möglicherweise Ausdruck eines empfundenen Nachholbedarfs ist.

4.3 Verständnis von Talenten

Das Verständnis von Talenten divergiert zwischen Unternehmen in hohem Maße. Neben den Kriterien, die zur Talentidentifikation genutzt werden (vgl. 3), lassen sich Differenzen hinsichtlich der Anzahl der identifizierten Talente innerhalb eines Unternehmens erkennen (vgl. Abb. 3).

Auffällig ist, dass in 75,5% der Großunternehmen weniger als 20% der Mitarbeiter als Talente bezeichnet werden. In KMU verteilen sich die Einschätzungen annähernd gleich über die meisten der gebildeten Kategorien. Unabhängig von der Größe gibt es rund 30% der Unternehmen, die (fast) alle Mitarbeiter als Talente bezeichnen. Dass ein Zusammenhang zwischen der Unternehmensgröße und dem als Talenten bezeichneten Anteil an Mitarbeitern besteht, bestätigt der bivariate Korrelationskoeffizient (Cramer-V= 0.54).

Diese Zusammenhänge lassen vermuten, dass Talent Management in KMU und Großunternehmen eine unterschiedliche Schwerpunktsetzung erfährt. Großunternehmen identifizieren überwiegend einen geringen Teil ihrer Mitarbeiter als Talente. Diese können spezifisch gefördert und so ressourcenschonend ausgebildet werden. Vor diesem Hintergrund verwundert jedoch die relativ hohe Anzahl an Großunternehmen, die (fast) alle der Mitarbeite als Talente ansehen (15,8%). Hier ist zu vermuten, dass die Unternehmen kein spezifisches Talent Management betreiben, sondern Talent Management als Label für Bestandteile des herkömmlichen Human Resource Management nutzen.

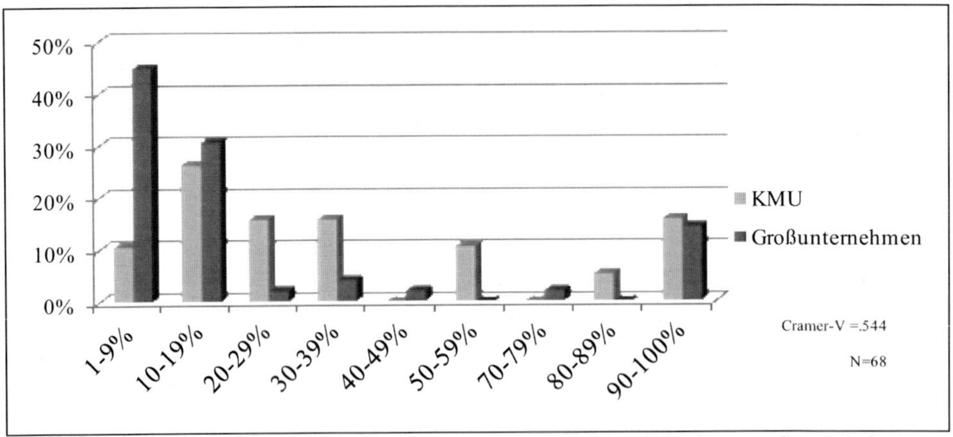

Abb. 3: Vergleich der Anzahl von Talenten zwischen KMU und Großunternehmen (relativ)

Während Großunternehmen überwiegend ein relativ ähnliches Verständnis des Talent-Begriffs zu haben scheinen, zeigt die Studie für KMU ein sehr heterogenes Bild. Erstens lässt sich dieses auf die heterogenen Bedingungen innerhalb der KMU zurückführen. Durch die Spanne der Mitarbeiterzahl von einem bis zu 499 Mitarbeitern werden als KMU Unternehmen bezeichnet, die einerseits in unterschiedlichem Maße Bedarf an Talenten haben, andererseits über ein sehr unterschiedlich ausgeprägtes Personalmanagement verfügen. Zweitens ist aufgrund der höheren Transparenz gerade in kleinen Unternehmen ein negativer Effekt auf die Mitarbeiter zu erwarten, die nicht als Talente identifiziert werden. Dies könnte die KMU davon abhalten, nur einen kleinen Teil der Mitarbeiter als Talente zu bezeichnen. Drittens beansprucht die Identifikation und Förderung von Talenten umso mehr Ressourcen, je intensiver diese stattfindet. Identifiziert ein Unternehmen jedoch eine große Anzahl an Talenten, sind diese durch begrenzte Ressourcen in KMU oft nicht mehr in dem Maße förderbar, wie es ein effektives Talent Management verlangen würde. Wenn, wie in 63,2% der KMU, viele Mitarbeiter (d. h. mehr als 20%) als Talente identifiziert werden, spricht das für ein recht allgemeines und wenig spezifisches Talent Management.

Zusammenfassend betrachtet lassen die Ergebnisse vermuten, dass mit steigender Mitarbeiterzahl und mit einem institutionalisierten Personalmanagement die Zahl der identifizierten Talente innerhalb des Unternehmens sinkt und die Intensität, mit der Talent Management betrieben wird, ansteigt.

4.4 Maßnahmen des Talent Managements

Die bisherigen Ergebnisse zeigen, dass es zwischen Großunternehmen und KMU Unterschiede sowohl in der Anwendung des Talent Managements als auch im Verständnis von Talenten gibt. Vor diesem Hintergrund wurde die Gestaltung des Talent Managements analysiert, um eventuelle Unterschiede in der Intensität, mit der die gewählten Maßnahmen ergriffen werden, aufzudecken. Dazu wurde gegenübergestellt, mit welcher Intensität die Maßnahmen durchschnittlich angewandt werden (Skala 1 „nie" bis 5 „sehr häufig" und 6 „weiß nicht"). Folgende Maßnahmen, die den Funktionen bzw. Phasen des Talent Managements zugeordnet werden können, waren Bestandteil des Fragebogens; sie wurden der Literatur zum Talent Management entnommen (vgl. z. B. Hiekel/Neymann 2010, S. 27; Weber 2009, S. 38-76; Clake/Winkler 2006, S. 5):

- Identifizieren und Gewinnen: „E-Recruiting", „Hochschul- und Karrieremessen", „Assessment-Center/Development-Center".
- Beurteilen und Einsetzen: „Mitarbeitergespräche", „360° Feedback/Performance Management", „Potenzialbeurteilung", „Potenzialvalidierung durch unabhängige Personen", „Erstellung von Nachfolgelisten"
- Entwickeln: „on-the-job Training", „off-the-job Training", „Mentoringprogramme", „persönliche Coachings", „Entwicklungspfade und -programme", „individuelle Laufbahn- und Entwicklungsplanung", „Vereinbarung von gezielten Förderprogrammen"
- Motivieren und Binden: „Job Rotation", „Relationship Management", „variable Gehaltskomponenten", „Vergütungsmanagement"

Die Betrachtung der durchschnittlichen Anwendungsintensität der talentspezifischen Maßnahmen zeigt, dass 68,4% der abgefragten Maßnahmen von Großunternehmen intensiver betrieben werden. Davon weisen die Maßnahmen „Hochschul- und Karrieremessen" (3.1 zu 1.8), „Erstellung von Nachfolgelisten" (3.1 zu 1.9), „Mentoring-Programme" (3.0 zu 2.1) und „Job Rotation" (2.5 zu 1.8) besonders starke Differenzen zu KMU auf. Eine deutlich stärkere Anwendungsintensität in KMU ist nur bei „variablen Gehaltskomponenten" ersichtlich, die in KMU mit einer Intensität von 3.8 angewandt werden und somit 0.6 Punkte über dem Durchschnittswert der Großunternehmen liegen.

Um zu überprüfen, ob diese Ergebnisse spezifisch für das Talent Management sind, oder die Maßnahmen generell zwischen KMU und Großunternehmen divergieren, wurden die Mittelwerte der Maßnahmen, die für alle Mitarbeiter des Unternehmens angewandt werden, zwischen KMU und Großunternehmen verglichen (vgl. Abb. 4). Hier zeigten sich kaum nennenswerte Unterschiede (Differenzen zwischen 0.02 und 0.6 Punkten), lediglich „Hochschul- und Karrieremessen" werden in Großunternehmen (2.7) generell in deutlich stärkerem Maße als in KMU (1.7) genutzt. Die Ergebnisse zeigen, dass sich die Unterschiede in der Intensität der Anwendung der Talent-Management-Maßnahmen nicht auf generelle Differenzen der Anwendungsintensität von Personalmaßnahmen zwischen KMU und Großunternehmen zurückführen lassen.

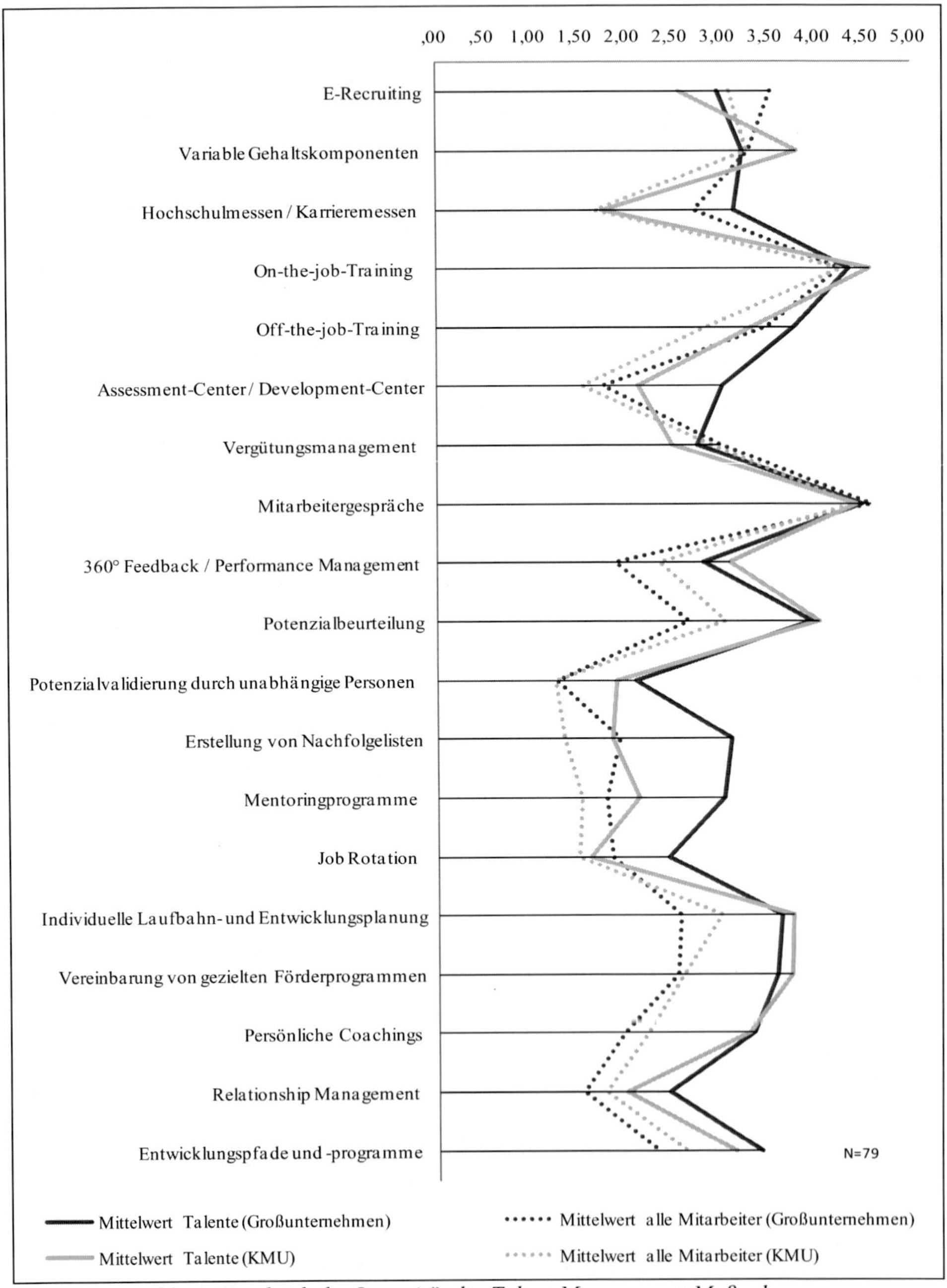

Abb. 4: Vergleich der Intensität der Talent-Management-Maßnahmen

Um festzustellen, inwieweit die Intensität innerhalb der Unternehmen variiert, wurde ein Mittelwertvergleich der Maßnahmen, die für alle Mitarbeiter durchgeführt werden, und talentspezifischen Maßnahmen differenziert nach KMU und Großunternehmen vollzogen. Dieser ergab, dass KMU die Maßnahmen für Talente im Durchschnitt lediglich geringfügig stärker anwenden als Maßnahmen für alle Mitarbeiter. Wesentliche Unterschiede existieren nur hinsichtlich der „Vereinbarung von gezielten Förderprogrammen“ (Talente 3.8; alle Mitarbeiter 2.6) und „persönlichen Coachings“ (Talente 3.3; alle Mitarbeiter 2.2). Für Großunternehmen lassen sich hingegen fast durchgängig hohe bis sehr hohe Differenzen in der Anwendung der Maßnahmen feststellen. So werden hier Maßnahmen für Talente durchschnittlich mit einer um ca. 0.8 Punkte höheren Intensität angewandt.

Die Analyse bestätigt die Vermutung, dass Großunternehmen die Maßnahmen für Talente im stärkeren Maße von den für alle Mitarbeiter angewandten Maßnahmen differenzieren und intensiver betreiben (vgl. 4.3). Im Vergleich dazu zeigen KMU eine zum Teil deutlich geringere Differenzierung zwischen talentspezifischen Maßnahmen und den für alle Mitarbeiter angewandten Maßnahmen. Die Intensivierung der Maßnahme „Entwicklung von individuellen Förderprogrammen“ zeigt, dass, im Gegensatz zu der in der Literatur vertretenen Meinung (vgl. Noske/Peppinghaus 2008, S. 100), in KMU hauptsächlich auf Personalentwicklungsmaßnahmen gesetzt wird. Dies wird auch durch die intensive Anwendung „persönlicher Coachings“ deutlich. Ein umfassendes Talent-Management-System, dass sowohl neue Talente akquiriert als auch die vorhandenen Talente bindet und so nachhaltig wirkt, ist durch die geringe Differenzierung der Maßnahmen zwischen den Mitarbeitergruppen in KMU kaum ersichtlich.

4.5 Institutionalisierung und Controlling des Talent Managements

In einem letzten Analyseschritt wurde überprüft, in welcher Form Talent Management in die befragten Unternehmen organisatorisch eingebunden ist. Die Ergebnisse zeigen, dass Talent Management sowohl in KMU (61,9%) als auch in Großunternehmen (86,2%) weitestgehend in der Personalabteilung angesiedelt ist. Interessanterweise gaben jedoch 44,8% der befragten Großunternehmen an, dass das Talent Management speziell in der Personalentwicklung institutionalisiert ist. In KMU ist Talent Management demgegenüber seltener Bestandteil der Personalentwicklung (23,8%). Dieses Ergebnis lässt sich darauf zurückführen, dass in KMU aufgrund der geringeren Mitarbeiterzahl oftmals keine funktionale Unterteilung innerhalb der Personalabteilung existiert. Erstaunlich ist auch, dass die Zuständigkeit für Talent Management in KMU zu 33,3% in der Unternehmensleitung liegt, während dies nur in 5,2% der Großunternehmen der Fall ist.

Bewertet man diese Ergebnisse vor dem Hintergrund der in der Literatur geforderten strategischen Eingliederung des Talent Managements in das Unternehmen (vgl. Winkler 2009, S. 47), wird deutlich, dass diese in KMU über die in einem Drittel der Unternehmen bestehende enge Verbindung zur Unternehmensleitung eher als in Großunternehmen gegeben ist. Die dort vorhandene starke Anbindung des Talent Managements an die Personalentwicklung ist sogar als kritisch anzusehen, da damit die Gefahr der einseitigen Förderung der Talente und somit der Vernachlässigung anderer relevanter Bereiche des Talent Managements verbunden ist. Die hohe Anzahl der KMU, die Talent Management aus der Unternehmensleitung heraus betreiben, ist somit zwar einerseits die beste Voraussetzung für ein umfassendes Talent Management. Da dieses jedoch andererseits den Ergebnissen zur sonstigen Gestaltung des Talent Managements widerspricht, ist zu vermuten, dass die geringe Größe und damit die vielfach fehlende Personalabteilung Ursache dieser Institutionalisierung ist.

Abschließend stellt sich die Frage, inwieweit die Unternehmen die im Talent Management eingesetzten Maßnahmen auf ihre Effizienz bzw. Effektivität überprüfen. Hierbei ergab sich für KMU und Großunternehmen ein ähnliches Bild. Während 52,4% der KMU angaben, die Effektivität bzw. Effizienz zu überprüfen, waren dies mit 44,8% der Großunternehmen nur unwesentlich weniger. Die Unternehmen, die angaben, Controlling-Kennzahlen zur Überprüfung des Talent Managements heranzuziehen (44,4% aller Unternehmen), nutzen diese in nahezu identischer Intensität. Lediglich hinsichtlich der Messung der Risiken, vom Fach- und Führungskräftemangel betroffen zu sein, lassen sich Unterschiede erkennen. Sowohl die Altersstruktur der Unternehmen als auch die Fluktuationsrate von Schlüsselpositionen werden von Großunternehmen wesentlich systematischer erhoben.

Diese Ergebnisse zeigen, dass sowohl in Großunternehmen als auch in KMU das Controlling des Talent Managements noch einen untergeordneten Stellenwert einnimmt. Dies kann langfristig gerade in KMU aufgrund der stärker begrenzten Ressourcen zu Problemen führen. Zudem ist auch die in KMU teilweise fehlende Erhebung von Kennzahlen zur Erfassung des Fach- und Führungskräftemangels als kritisch anzusehen. Dadurch wird jedoch die in Abschnitt 2.2 beschriebene Problematik des in KMU fehlenden Bewusstseins im Kampf um Talente bestätigt.

5 Schlussfolgerungen

Vor der abschließenden Interpretation der Ergebnisse ist es notwendig auf die Grenzen der Untersuchung hinzuweisen. Die Analyse stellt die erste systematische wissenschaftliche Studie im deutschsprachigen Raum dar, die auf die Unterschiede zwischen KMU und Großunternehmen in der Anwendung und Ausgestaltung des Talent Managements fokussiert. Aufgrund des explorativen Charakters der Studie ist diese nicht theoretisch fundiert. Vor diesem Hintergrund können keine Empfehlungen zur Gestaltung des Talent Managements in KMU gegeben werden, was jedoch auch nicht Ziel der Studie war. Vielmehr lassen sich erste empirische Erkenntnisse zu dem Status quo des Talent Managements in KMU generieren. Einschränkungen resultieren aus der Größe der Stichprobe. Obwohl 132 Datensätze generiert werden konnten, sind die einzelnen Datensätze durch die Aufteilung der Stichprobe in KMU sowie Großunternehmen als auch durch die Differenzierung der Unternehmen, in solche, die Talent Management betreiben, und solche, die es nicht betreiben, vergleichsweise klein. Diese geringe Fallzahl erlaubte keine Durchführung multivariater Verfahren. Zudem ist die Subjektivität der Angaben der Befragungsteilnehmer nicht unproblematisch. Die Wahrnehmung der Intensität der angewandten Maßnahmen kann in Abhängigkeit von dem Involvement des Befragungsteilnehmers in das Talent Management variieren und hat somit nur eine eingeschränkte Aussagekraft.

Trotz der aufgezeigten Grenzen liefert die Studie insbesondere hinsichtlich der Unterschiede zwischen KMU und Großunternehmen bezüglich der Verbreitung und Gestaltung des Talent

Managements erste Erkenntnisse. Diese lassen sich insbesondere in folgenden drei Punkten konkretisieren:

- Grad der Verbreitung des Talent Managements
- Verständnis von Talenten
- Intensität der Anwendung von Talent-Management-Maßnahmen

Die Analyse der Verbreitung des Talent Managements zeigt deutliche Unterschiede zwischen KMU und Großunternehmen auf und lässt einen Zusammenhang zwischen der Anwendung des Talent Managements und der Größe der Unternehmen erkennen. Während keines der befragten Kleinunternehmen und weniger als die Hälfte der mittelgroßen Unternehmen Talent Management betreiben, haben es bereits dreiviertel der Großunternehmen eingeführt. KMU betreiben somit in wesentlich geringerem Maße Talent Management. Allerdings zeigte sich auch, dass überwiegend KMU in den kommenden Jahren die Einführung des Talent Managements planen, was einen Hinweis auf einen empfundenen Nachholbedarf gibt.

Unterschiede in dem Verständnis von Talenten resultieren daraus, dass Großunternehmen in der Regel einen geringen Anteil der Mitarbeiter innerhalb des Unternehmens als Talent identifizieren und damit die Talent-Management-Maßnahmen auf diese Personen fokussiert anwenden. Demgegenüber weisen KMU ein sehr heterogenes Bild hinsichtlich des Anteils der identifizierten Talente auf. Es lassen sich sowohl Unternehmen finden, die nur wenige oder durchschnittlich viele Mitarbeiter als Talente bezeichnen, andererseits gibt es KMU, die in nahezu allen Mitarbeitern Talente vermuten. Diese Vielfalt legt nahe, dass auch der Begriff des Talent Managements sehr unterschiedlich interpretiert wird und die Intensität der Anwendung der Maßnahmen innerhalb der KMU stark schwankt.

Vor diesem Hintergrund verwundert es nicht, dass die Untersuchung eindeutige Differenzen bezüglich der Intensität der angewandten Talent-Management-Maßnahmen zwischen den Unternehmen unterschiedlicher Größe aufzeigte. Zum einen differenzieren Großunternehmen die Talent-Management-Maßnahmen im Vergleich zu KMU in höherem Maße von den für alle Mitarbeiter eingesetzten Maßnahmen. Zum anderen zeigt der direkte Vergleich zwischen KMU und Großunternehmen, dass letztere die Talent-Management-Maßnahmen wesentlich intensiver nutzen.

Insgesamt lässt sich feststellen, dass KMU Talent Management in geringerem Maße und weniger professionalisiert betreiben. Die teilweise hohe Zahl an Talenten, die in KMU identifiziert wird, lässt durch die begrenzten Ressourcen ein intensives Talent Management nicht zu, was sich in der geringen Differenzierung der Maßnahmen widerspiegelt. Dieses Ergebnis ist aber gerade vor dem Hintergrund des fortschreitenden Fach- und Führungskräftemangels kritisch zu sehen: Durch die spezifische Situation der KMU, wie beispielsweise begrenzte Ressourcen oder geringere Aufstiegschancen für Mitarbeiter, werden KMU von dem zukünftigen Mangel an qualifizierten Mitarbeitern in besonders starkem Maße betroffen sein. Die Einführung des Talent Managements ist somit gerade für mittlere Unternehmen unerlässlich. Dies wird durch die fortschreitende Einführung des Talent Managements in Großunternehmen noch verschärft, die durch spezifisches und individualisiertes Talent Management die Attraktivität ihres Unternehmens für Talente weiter steigern. Es ist zu befürchten, dass KMU langfristig nicht nur mit dem absoluten Rückgang von Fach- und Führungskräften konfrontiert werden, sondern auch mit einer Abwanderung der Talente zu Großunternehmen zu kämpfen haben.

Grundsätzlich ist es jedoch fraglich, inwieweit es für KMU sinnvoll ist, das in Großunternehmen durchgeführte Talent Management zu adaptieren. Neben den Bedingungen, die es KMU erschweren, Talente für das Unternehmen zu gewinnen, lassen sich auch spezifische Vorteile für KMU im Kampf um Fach- und Führungskräfte erkennen. Beispielsweise kann die in vielen Fällen vorliegende regionale Einbettung der KMU (vgl. Rissbacher/Stahl 2003, S. 118) zwar bei der Akquise von Talenten zu Problemen führen; die Bindung der Talente lässt sich jedoch gegebenenfalls durch die regionale Abgrenzung zu Konkurrenten unterstützen. Daneben herrscht in KMU in der Regel eine höhere persönliche Bindung an das Unternehmen (vgl. Simon 2006, S. 54). Diese begründet sich einerseits in der höheren Präsenz des Eigentümers und andererseits in der oft starken Einbindung der Mitarbeiter in den Gesamtwertschöpfungsprozess (vgl. Simon 2006, S. 54).

Mitarbeiter werden dadurch stärker in das Unternehmen integriert, wodurch in vielen Fällen bereits ohne ein spezifisches Talent Management ein höheres Commitment zu dem Unternehmen besteht. Zudem ist zu vermuten, dass Talente, welche die Wahl zwischen mehreren Arbeitgebern haben, die Entscheidung für ein KMU oder für ein Großunternehmen sehr bewusst treffen. Folglich ist auf individueller Ebene davon auszugehen, dass sich die Ziele, Bedürfnisse und beruflichen Prioritäten der Talente, die sich für KMU entscheiden, von denen, die Großunternehmen wählen, differenzieren. Insofern konkurrieren Unternehmen verschiedener Größe nicht zwangsläufig um die gleichen Talente, was die Situation für KMU teilweise entspannt. Dennoch lässt sich zusammenfassend festhalten, dass auch für KMU Bemühungen zur Etablierung eines systematischen Talent Managements unumgänglich sind, um zukünftig im „War for Talents“ erfolgreich zu sein. Wenig Erfolg versprechend ist es aber, wenn das Talent Management von Großunternehmen kopiert wird. Dafür gibt es zu deutliche Unterschiede zwischen Unternehmen verschiedener Größe; zudem würde dies die Stärken und Schwächen der KMU im Kampf um Talente ignorieren. Vielmehr verspricht es größeren Erfolg, die Gestaltung des Talent Managements an den situativen Gegebenheiten der KMU unter Berücksichtigung ihrer Stärken und Schwächen auszurichten. Darin ist jedoch gerade die Stärke der KMU zu sehen, die ein Talent Management wesentlich flexibler, spezifischer und individualisierter gestalten können (und müssen), als dies in Großunternehmen der Fall ist.

Die beschriebene Studie liefert Ansatzpunkte für weitere Forschungsvorhaben: Zur Gestaltung des Talent Managements ist seine theoretische Fundierung notwendig. Basierend auf einer theoretischen Grundlage ließen sich auch fundierte Gestaltungsempfehlungen für die Umsetzung des Talent Managements in KMU generieren. Als eine adäquate theoretische Fundierung bietet sich der situative Ansatz an, der den Zusammenhang zwischen Situation und Struktur herstellt. Durch eine Untersuchung der Zusammenhänge zwischen situativen Einflussfaktoren und Strukturparametern des Talent Managements wäre eine differenzierte Entwicklung von Gestaltungsempfehlungen für verschiedene situative Kontexte möglich. Dazu ist es notwendig den Zusammenhang zwischen den Bedürfnissen der Talente und der Gestaltung des Talent Managements zu erforschen, da ein Talent Management, welches die Bedürfnisse der Talente nicht erfüllt, langfristig nicht zum Erfolg führen kann.

Literatur

- Baruch, Y., Budhwar, P. S., Khatri, N. (2007): Brain drain: inclination to stay abroad after studies. In: Journal of World Business 42 (1/2007), S. 99-112.
- Beecher, S., Woodward, I. (2009): The global “war for talent”. In: Journal of International Management 15 (3/2009), S. 273-285.
- Bödeker, N., Hübbe, E. (2008): Etappe 5: Talentmanagement. In: Meifert, M. T. (Hrsg.) (2008): Strategische Personalentwicklung – Ein Programm in acht Etappen, Berlin/Heidelberg, S. 215-243.
- Capelli, P. (2008): Talent on demand: Managing Talent in an Age of Uncertainty, Boston.
- Chambers, E. G., Foulon, M., Handfield-Jones, H., Hankin, S. M., Michaels, E. G. (1998): The War for Talent. In: The McKinsey Quarterly 46 (3/1998), S. 44-57.
- Christ, M., Adams-Lang, C., Stephan, K. (2010): Der Aviation Leadership Compass bei der Deutschen Lufthansa AG – Das Kompetenzmodell im Talentmanagement des Lufthansa Airlineverbundes. In: Personalführung 43 (7/2010), S. 46-54.
- Clake, R., Winkler, V. (2006): Reflections on talent management, The Chartered Institute of Personnel and Development (CIPD), London.
- Darrough, M., Melumad, N. (1995): Divisional versus Company-Wide Focus: The Trade-Off between Allocation of Managerial Attention and Screening of Talent. In: Journal of Accounting Research 33 (Supplement/1995), S. 65-94.
- Davis, T., Cutt, M., Flynn, N., Mowl, P., Orme, S. (2007): Talent Assessment: A New Strategy for Talent Management, Cornwall.
- Drews, O. (2009): Instrumente des Talentmanagements, München.
- Ehrentraut, O., Fetzer, S. (2007): Die Bedeutung älterer Arbeitnehmer im Zuge der demographischen Entwicklung. In: Holz, M./ Da-Cruz, P. (Hrsg.) (2007): Demographischer Wandel in Unternehmen, Wiesbaden, S. 23-35.
- Feldhoff, E. (2005): Strategisches Management humaner Wissensressourcen, Wiesbaden.
- Grossmann, G. M. (2004): The Distribution of Talent and the Pattern of Consequences of international Trade. In: Journal of Political Economy 112 (1/2004), S. 206-239.
- Hatum, A. (2010): Next Generation Talent Management, Brasingstoke/Hampshire.
- Hess, U. (2006): Über die Natur von KMUs und anderer Unternehmen. In: Berndt, R. (Hrsg.) (2006): Management-Konzepte für kleine und mittlere Unternehmen, Berlin u. a., S. 35-64.
- Hiekel, A., Neymann, T. (2010): Talent Management – Der Status quo. In: Wissensmanagement 12 (2/2010), S. 24-27.
- Kieser, A. (2006): Der Situative Ansatz. In: Kieser, A./ Ebers, M. (2006): Organisationstheorien, Stuttgart, S. 215-246.

- Institut für Mittelstandsforschung (IfM) (2009): Schlüsselzahlen der KMU nach Definition des IfM Bonn, http://www.ifm-bonn.org/index.php?id=889, Abruf am 18.11.2011.
- Institut für Mittelstandsforschung (IfM) (2011): KMU-Definition des IfM Bonn, http://www.ifm-bonn.org/index.php?id=89, Abruf am 18.11.2011.
- Mesaros, L., Vanselow, A., Weinkopf, C. (2009): Fachkräftemangel in KMU – Ausmaß, Ursachen und Gegenstrategie, Bonn.
- Noske, C., Peppinghaus, B. (2008): Qualifizierungsperspektiven für kleine und mittlere Unternehmen. In: Ursula Knüpper-Heger; Eckart Strohmaier [Hrsg.]: Potenziale mobilisieren - Veränderungen gestalten: Zukunft berufliche Bildung. 5. BIBB-Fachkongress 2007. Ergebnisse und Perspektiven, Bielefeld, S. 99-112.
- Oelsnitz, D., von der Stein, V., Hahmann, M. (2007): Der Talente-Krieg, Bern/Stuttgart/Wien.
- Ready, D. A., Conger, J. A. (2007): Make your Company a Talent Factory. In: Harvard Business Review 85 (1/2007), S. 68-77.
- Rissbacher, C., Stahl, H. (2003): Kooperationsfähigkeit – Stillschweigend vorausgesetzt und doch so rar. In: Stahl, H./ Hinterhuber, H. (Hrsg) (2003): Erfolgreich im Schatten der Großen, Berlin, S. 117-134
- Ritz, A., Sinelli, P. (2010): Talent Management – Überblick und konzeptionelle Grundlagen. In: Ritz, A./ Thom, N. (Hrsg.) (2010): Talent Management, Wiesbaden, S. 3-24.
- Schiess, M., Thoma, C., Anderson, K. (2007): Talente finden, fördern und halten. In: Personalwirtschaft 34 (3/2007), S. 30-32.
- Schuler, R. S., Jackson, S. E., Tarique, I. (2011): Framework for global talent management: HR actions for dealing with global talent challenges. In: Scullion, H./ Collings, D. G. (Hrsg.) (2011): Global Talent Management, New York, S. 17-36.
- Simon, H., Huber, F. (2006): Hidden Champions: Der Weg zur Weltmarktführerschaft. In: Pfohl, H.-C. (2006): Betriebswirtschaftslehre der Mittel- und Kleinbetriebe, Berlin 2006, S. 51 – 78.
- Stahl, G., Björkman, I., Farndale, E., Morris, S. S., Paauwe, J., Stiles, P., Trevor, J., Wright, P. M. (2007): Global Talent Management: How Leading Multinationals Build and Sustain their Talent Pipeline, INSTEAD Working Paper Series, Fontainebleau.
- Statistisches Bundesamt (2009a): Bevölkerung Deutschlands bis 2060, Berlin 2009.

Die Rolle der sozialen Unterstützung bei der Weiterbildung des akademischen Personals in KMU

Sandra Wolf

1 Die Bedeutung akademischer Weiterbildung bei der Personalentwicklung in KMU

Ständig wechselnde Rahmenbedingungen durch Wettbewerb und Globalisierung führen zu einer steigenden Komplexität von beruflichen Aufgabenstellungen, was fortwährend neue Herausforderungen an Führungskräfte und Mitarbeiter von Unternehmen stellt. Diese Situation tritt verschärft in kleinen und mittelständischen Unternehmen (KMU) auf, da hier erfahrungsgemäß mehrere Aufgaben- bzw. Verantwortungsbereiche in einer Personalstelle vereint sind. In Zeiten eines ansteigenden Fachkräftemangels werden personelle Engpässe speziell im Bereich des akademischen Personals zunehmend zur Herausforderung für KMU. Durch den demographischen Wandel und die angespannte konjunkturelle Situation sind Akademiker vieler Fachrichtungen auf dem Arbeitsmarkt nur schwer zu finden. Ein Blick auf die Qualifikationsstruktur junger Menschen und die Entwicklung der Absolventenzahlen von Hochschulen verdeutlicht, dass sich der enorme Fachkräftemangel weiter verschärfen wird (Bruche 2010; Koppel/ Plünnecke 2009; BMBF 2007). KMU sollten sich daher stärker auf die bestehenden Mitarbeiter fokussieren und mehr als bisher in Personalentwicklungsmaßnahmen investieren.

Die Personalentwicklung umfasst alle „Maßnahmen, die der individuellen beruflichen Entwicklung der Mitarbeiter dienen und ihnen unter Beachtung ihrer persönlichen Interessen die zur optimalen Wahrnehmung ihrer jetzigen und künftigen Aufgaben erforderlichen Qualifikationen vermitteln" (Mentzel 1989, S. 15). Schließlich reichen die in einer Erstausbildung erworbenen Qualifikationen heutzutage nicht mehr aus, um im gesamten Berufsleben bestehen zu können. Vielmehr fordert die globale Wissensgesellschaft lebenslanges Lernen, durch welches Kompetenzen kontinuierlich den beruflichen Anforderungen angepasst werden. Jedoch führen Freistellungsprobleme, mangelnde Professionalität und Motivationsdefizite im Weiterbildungsbereich von KMU häufig dazu, dass das bestehende Personal nicht optimal gefördert wird (Achermann 1997).

Dabei resultieren Freistellungsprobleme hauptsächlich aus den begrenzten personellen Ressourcen, so dass insbesondere bei guter Auftragslage fehlendes Personal nur schwer zu verkraften ist. Die mangelnde Professionalität lässt sich ebenfalls mit Kapazitätsengpässen begründen, welche häufig zu einer „ehrenamtlichen" Zuständigkeit ohne strategische Planung der Weiterbildungsaktivitäten führen. Gemäß Achermann (1997) existieren Motivationsdefizite sowohl auf Arbeitgeber- als auch auf Arbeitnehmerseite. Angst vor höheren Lohn- und Gehaltsforderungen oder vor Fluktuation treten bei Arbeitgebern insbesondere dann auf, wenn Mitarbeiter die erworbenen Qualifikationen auch außerhalb des Unternehmens verwenden können. Die spezifische Situation von KMU führt letztendlich dazu, dass sie im Gegensatz zu Großunternehmen meist nicht über eigene Weiterbildungsprogramme und -akademien verfügen und daher auf externe Bildungsanbieter und deren Angebote zurückgreifen müssen. Seit einigen Jahren bieten Hochschulen Weiterbildungsprogramme für berufstätige Akademiker an.

Diese können in Voll- oder Teilzeit bzw. per Fernstudium absolviert werden. Je nachdem auf welchen Bereich sich die Qualifikation bezieht, handelt es sich bei den Angeboten um berufliche oder allgemeine wissenschaftliche Weiterbildung. Die Studienprogramme können mit einem akademischen Abschluss erfolgen oder nicht-akademischer Art sein und beispielsweise mit einem Hochschulzertifikat abschließen.

Der vorliegende Beitrag legt folgende Definition wissenschaftlicher Weiterbildung zugrunde und betrachtet daher erwerbstätige Akademiker als Hauptzielgruppe, welche berufsbegleitend eine beruflich bedingte Weiterbildung mit einem akademischen Abschluss absolvieren: „Wissenschaftliche Weiterbildung ist die Wiederaufnahme organisierten Lernens zur Erweiterung, Vertiefung oder Spezialisierung von früher erworbenem Wissen und Fertigkeiten. Sie steht in einer Wechselbeziehung zwischen Arbeit, Freizeit und Bildung und umfasst Studienangebote, die nach einem ersten akademischen Abschluss und nach einer Phase beruflicher Tätigkeit durchgeführt werden und im Hinblick auf die Adressatengruppen inhaltlich und didaktisch-methodisch auf Hochschulniveau entsprechend aufbereitet sind sowie das spezifische Zeitbudget Berufstätiger berücksichtigen" (Wolf 2011a, S. 8; in Anlehnung an BDA/ HRK/ DIHK 2003 und Pausits 2006).

Solche wissenschaftlichen Weiterbildungsangebote von Hochschulen können KMU nun bei der Qualifizierung ihres akademischen Personals nutzen. Dabei kann der Anstoß zu einer Weiterbildungsteilnahme sowohl vom Vorgesetzten, als auch vom Mitarbeiter kommen. Eine erfolgreiche Teilnahme an einem weiterbildenden Studium setzt jedoch in jedem Fall die Motivation bzw. Intention des Mitarbeiters voraus, da dieser über einen längeren Zeitraum höhere Lernanstrengungen auf sich nehmen muss. Der vorliegende Beitrag widmet sich der Untersuchung dieser Teilnahmemotivation. Hierfür werden ausgehend vom Erklärungsmodell der Teilnahmeintention an wissenschaftlicher Weiterbildung die einzelnen motivationalen Einflussvariablen betrachtet, wobei das Konstrukt der wahrgenommenen sozialen Unterstützung einer detaillierteren empirischen Betrachtung unterzogen wird.

2 Erklärung der Teilnahmeintention an akademischen Weiterbildungsangeboten

2.1 Determinanten der Teilnahmeintention

Die Teilnahme an einem akademischen Weiterbildungsstudium ist für eine Person von besonderer und nicht-alltäglicher Bedeutung, so dass die Entscheidung dafür oder dagegen als rational beurteilt werden kann. Für die Erklärung solcher individuellen Entscheidungsprozesse liefert die Theorie des geplanten Verhaltens (TPB) von Ajzen (2008; 1991; 1985) einen etablierten Rahmen. Demnach wird das menschliche Verhalten insbesondere von der Verhaltensintention beeinflusst. Je stärker also die Teilnahmeintention einer Person ausgeprägt ist, desto wahrscheinlicher ist es auch, dass sie an einem Weiterbildungsstudium teilnimmt. Darauf aufbauend wurde das Erklärungsmodell der Teilnahmeintention an akademischer Weiterbildung (Wolf 2011a) entwickelt, dessen Determinanten im Folgenden dargestellt werden.

Teilnahmeeinstellung und Teilnahmeüberzeugungen

Die Teilnahmeeinstellung wird als eine allgemeine positive oder negative Bewertung des Teilnahmeverhaltens aufgefasst, wobei zwischen dieser und der Teilnahmeintention eine positive Beziehung vorausgesetzt wird (Wolf 2011a; Wolf 2011b; Wolf/ Zanger/ Jahn 2010). Ein potenzieller Teilnehmer beabsichtigt folglich umso eher an einem akademischen Weiterbildungsstudium teilzunehmen, je besser seine Einstellung gegenüber einer solchen Weiterbildungsteilnahme ist.

Gemäß der TPB wird die Verhaltenseinstellung ihrerseits durch behaviorale Überzeugungen determiniert (Ajzen/ Fishbein 2005; Ajzen / Fishbein 1980), so dass bezogen auf das Teilnahmeverhalten vorteilhafte und nachteilige Teilnahmeüberzeugungen unterschieden werden (Wolf 2011a). Dabei stellen Wissenszuwachs, Status und Anerkennung, berufliche Entwicklung, Persönlichkeitsentwicklung, soziale Kontakte, Existenzsicherung und Einkommenssteigerung vorteilhafte Teilnahmeüberzeugungen (Garst/ Ried 1999; Fujita-Starck 1996; Boshier 1971) und Kosten der Weiterbildung, zeitliche Konflikte mit dem Job, Unvereinbarkeit mit Familie, Einschränkung von Freizeit oder eine hohe Lernbelastung (Schröder et al. 2004) dagegen antizipierte nachteilige Teilnahmeüberzeugungen dar. Im Rahmen einer empirischen Studie wurden verschiedene Teilnahmeüberzeugungen mittels explorativer Faktorenanalyse für die Teilnahme an akademischer Weiterbildung zu den zwei vorteilhaften Teilnahmeeindrücken Statussteigerung/ Karriere und Persönlichkeitsentwicklung sowie zu dem nachteiligen Teilnahmeeindruck Zeitkonflikte verdichtet (Wolf 2011a). Zwischen den beiden vorteilhaften Teilnahmeeindrücken und der Teilnahmeeinstellung besteht eine positive und zwischen dem nachteiligen Teilnahmeeindruck und der Teilnahmeeinstellung eine negative Beziehung.

Hochschulimage

In dem Erklärungsmodell der Teilnahmeintention wird darüber hinaus davon ausgegangen, dass das Hochschulimage einen moderierenden Einfluss auf den Zusammenhang zwischen den Teilnahmeeindrücken und der Einstellung zur Weiterbildungsteilnahme ausübt (Wolf 2011a; Wolf 2011b; Wolf/ Zanger/ Jahn 2010). Demnach üben die beiden vorteilhaften Teilnahmeeindrücke Statussteigerung/ Karriere und Persönlichkeitsentwicklung dann einen besonders starken Einfluss auf die Teilnahmeeinstellung aus, wenn potenzielle Teilnehmer Hochschulen als professionelle Anbieter berufsbegleitender akademischer Weiterbildung (positives Hochschulimage) wahrnehmen. Ein negatives Image reduziert dagegen diesen positiven Einfluss – stärkt jedoch den des nachteiligen Teilnahmeeindrucks Zeitkonflikte auf die Teilnahmeeinstellung. Demzufolge führt ein positives Hochschulimage auch zu einer Minderung der negativen Beziehung zwischen Zeitkonflikten und der Teilnahmeeinstellung.

Teilnahmerestriktionen

Geht ein potenzieller Teilnehmer davon aus, dass er nicht erfolgreich an einer wissenschaftlichen Weiterbildung teilnehmen kann, wird er dies gar nicht erst versuchen. Seine Teilnahmeintention wird dementsprechend negativ beeinflusst. In der aktuellen Literatur werden zwei unterschiedliche Aspekte von Kontrolle unterstellt: interne und externe Kontrollfaktoren (Terry/ O`Leary 1995; Ajzen/ Madden 1986). Bezugnehmend auf verschiedene empirische

Untersuchungen (Rhodes/ Courneya 2003; Ajzen 2002) werden wahrgenommene externe Hindernisse als ein Maß für externe Kontrolle im Modell der Teilnahmeintention aufgeführt. Zu diesen wahrgenommenen Teilnahmerestriktionen zählen beispielsweise Zulassungsvoraussetzungen, Studiengebühren oder die Zusatzbelastung neben Job und Familie. Stark ausgeprägte Teilnahmerestriktionen mindern die Teilnahmeintention.

Selbstwirksamkeit

Als interne Kontrollvariable wird im Erklärungsmodell der Teilnahmeintention die wahrgenommene Selbstwirksamkeit nach Bandura (1977) angegeben. Hoch ausgeprägte Selbstwirksamkeitserwartungen beeinflussen die Teilnahmeintention positiv und üben darüber hinaus einen negativen Einfluss auf die wahrgenommenen Teilnahmerestriktionen aus, da potenzielle Teilnehmer die mit einer Weiterbildungsteilnahme verbundenen Hürden und Hindernisse als schwächer beurteilen, wenn sie über ausgeprägte Selbstwirksamkeitserwartungen verfügen (Schwarzer/ Jerusalem 2002). Weiterhin beeinflussen sie die Wahrnehmung von Personen (Vannotti 2005), was dazu führen kann, dass sich optimistische Selbstwirksamkeitserwartungen positiv auf die Teilnahmeeinstellung auswirken und umgekehrt.

Subjektive Karrierenorm

Nach der TPB übt der wahrgenommene soziale Druck relevanter Bezugspersonen bzw. -gruppen (subjektive Norm) einen Einfluss auf das Verhalten aus (Fishbein/ Ajzen 1975). In Anlehnung an verschiedene Autoren (Vogelgesang 2004; Schwartz/ Tessler 1972) erfolgt im Erklärungsmodell der Teilnahmeintention mit der subjektiven Karrierenorm eine Konkretisierung dieses Konstrukts. Dieses charakterisiert den empfundenen Teilnahmedruck, um beruflich voranzukommen bzw. die Karriere voranzubringen und übt einen positiven Einfluss auf die Teilnahmeintention aus (Wolf 2011a; Wolf 2011b; Wolf/ Zanger/ Jahn 2010).

Soziale Unterstützung

Eine weitere Komponente stellt die wahrgenommene soziale Unterstützung dar, welche in der wissenschaftlichen Weiterbildungsliteratur diskutiert wird (Switzer et al. 2005; Kupritz 2002; Facteau et al. 1995). Diese kann sich sowohl auf das berufliche als auch auf das private Umfeld beziehen. So können beispielsweise Arbeitgeber durch bezahlte oder unbezahlte Freistellungen und die Familie durch Entlastung bei der Hausarbeit die Weiterbildungsteilnahme unterstützen (Jütte/ Kastler 2005; Kastler 2004). Es wird davon ausgegangen, dass die Wahrnehmung einer hohen sozialen Unterstützung die Herausbildung einer positiven Teilnahmeintention fördert und umgekehrt. Darüber hinaus wird angenommen, dass eine hohe soziale Unterstützung dazu führt, dass potenzielle Teilnehmer mögliche Teilnahmerestriktionen als niedriger wahrnehmen.

2.2 Erklärungsmodell der Teilnahmeintention

Das theoretische Erklärungsmodell der Teilnahmeintention an akademischer Weiterbildung wurde in einer empirischen Studie unter 576 erwerbsfähigen Akademikern überprüft (vgl. Wolf 2011a). Die Schätzung des Strukturmodells erfolgte mittels Kovarianzstrukturanalyse.

Die Gütemaße (χ^2 (343) = 721.3; $p < 0.001$; RMSEA = 0.044; CFI = 0.97; TLI = 0.97) deuten auf eine sehr gute Abbildung des Strukturmodells in der empirischen Realität hin. Gemeinsam erklären die im theoretischen Modell berücksichtigten Konstrukte über 50 Prozent der Varianz der Teilnahmeintention ($R^2 = 0.52$). In Abbildung 1 ist das Modell mit den Determinanten der Teilnahmeintention und ihren Beziehungen untereinander grafisch dargestellt.

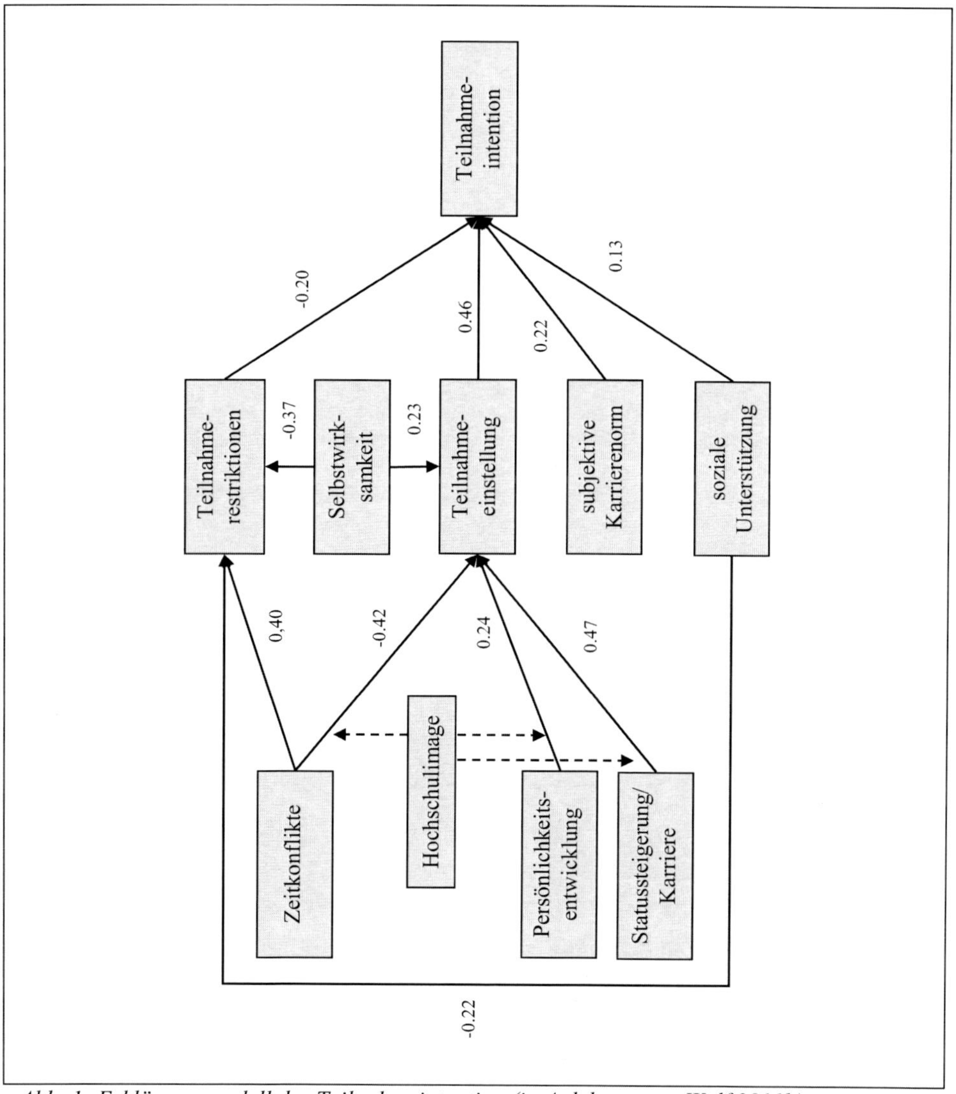

Abb. 1: Erklärungsmodell der Teilnahmeintention (in Anlehnung an Wolf 2011b)

Zusammenfassend wird die Teilnahmeintention von der Teilnahmeeinstellung, den Selbstwirksamkeitserwartungen, den wahrgenommenen Teilnahmerestriktionen, der subjektiven Karrierenorm sowie von der wahrgenommenen sozialen Unterstützung direkt oder indirekt beeinflusst. Der Einfluss der sozialen Unterstützung auf die Teilnahmeintention ist mit einem standardisierten Strukturgleichungskoeffizient von 0,13 positiv, d. h. eine als sehr hoch empfundene soziale Unterstützung kann dazu führen, dass Akademiker eine höhere Teilnahmeintention ausbilden. Außerdem beeinflusst sie die wahrgenommen Teilnahmerestriktionen mit einem Strukturgleichungskoeffizienten von -0,22 negativ.

Das Wissen über die Einflussfaktoren der Teilnahmeintention und deren Zusammenhänge ist für KMU bedeutsam, wenn es darum geht, ihre Mitarbeiter im Rahmen der Personalentwicklung für ein akademisches Weiterbildungsstudium zu motivieren. Vor diesem Hintergrund scheint insbesondere das Konstrukt der sozialen Unterstützung von Interesse, weshalb dieses im Folgenden näher untersucht werden soll.

3 Wahrgenommene soziale Unterstützung in der akademischen Weiterbildung

3.1 Formen der sozialen Unterstützung

Mit der wahrgenommenen sozialen Unterstützung wird im Erklärungsmodell der Teilnahmeintention die Annahme einer Person darüber angegeben, wie verschiedene Bezugspersonen bzw. -gruppen ihres Umfeldes reagierten, wenn sie an einem akademischen Weiterbildungsstudium teilnähme. Nach einer Untersuchung von Jütte und Kastler (2005) finden sich solche Bezugspersonen bzw. -gruppen in Betracht auf die Teilnahme an akademischer Weiterbildung sowohl im privaten als auch im beruflichen Umfeld.

Privates Umfeld

Bezugspersonen des privaten Umfelds stellen insbesondere die Lebenspartner bzw. die Familie sowie Freunde und Bekannte dar. Für Erstgenannte haben Jütte und Kastler (2005) folgende Unterstützungsmöglichkeiten identifiziert:

- Abnahme von Alltagsarbeiten, insbesondere Entlastung bei der Hausarbeit
- Verständnis
- emotionale Unterstützung
- intellektuelle Hilfestellung bei der Vor- und/oder Nachbereitung von Lehrveranstaltungen
- Übernahme der Kinderbetreuung
- Abnahme gesellschaftlicher Verpflichtungen

Freunde und Bekannte können während einer Weiterbildungsteilnahme durch folgende Aktivitäten zur Seite stehen (Jütte/ Kastler 2005):

- Verständnis
- emotionale Unterstützung
- intellektuelle Mithilfe bei der Vor- und/oder Nachbereitung von Lehrveranstaltungen
- Aushilfe bei der Kinderbetreuung

Berufliches Umfeld

Den Bezugspersonen des beruflichen Umfelds sind hauptsächlich Arbeitskollegen und Vorgesetzte zuzuordnen. Gemäß der Untersuchung von Jütte und Kastler (2005) können Kollegen durch folgende Aktivitäten bei einer Weiterbildungsteilnahme behilflich sein:

- Abnahme von Alltagsarbeiten
- entsprechende Terminkoordination
- emotionale Unterstützung

Vorgesetzte können die Teilnahme an einem akademischen Weiterbildungsstudium dagegen durch folgende Maßnahmen unterstützen (Jütte/ Kastler 2005; Kastler 2004):

- Gleitzeit- bzw. Arbeitszeitkonten
- (Mit-)Finanzierung bzw. Übernahme der Studiengebühren
- Reduzierung der Arbeitsmenge
- zeitliche Entlastung
- bezahlte oder unbezahlte Freistellungen

3.2 Formulierung der Messindikatoren

Die dargestellten Bezugspersonen- bzw. -gruppen bilden die Grundlage für die Formulierung der Indikatoren zur Messung der wahrgenommenen sozialen Unterstützung. Dabei wird zur Ermittlung der einzelnen Unterstützungsüberzeugungen neben der Wahrnehmung (Erwartung) auch die jeweilige empfundene Wichtigkeit der Unterstützung durch die betreffende Bezugsperson bzw. -gruppe (Bewertung) erhoben, da erst die Verknüpfung dieser beiden Komponenten den Einfluss auf die Teilnahmeintention darlegt.

Zur Erfassung der Erwartungskomponente der sozialen Unterstützung werden folgende vier Items jeweils auf einer siebenstufigen, bipolaren Skala von -3 bis +3 abgefragt:

Was glauben Sie, welche Personen Ihres Umfeldes würden Sie im Falle einer Teilnahme an einem akademischen Weiterbildungsstudium in absehbarer Zeit in welchem Ausmaß unterstützen?	
Indikatoren	*Endpunkte der 7er Rating-Skala*
Mein/e Partner/in bzw. meine Familie würde es unterstützen, wenn ich in absehbarer Zeit an einem weiterbildenden Hochschulstudium teilnähme.	-3 auf gar keinen Fall / 3 auf jeden Fall
Mein/e Freunde und Bekannten würde es unterstützen, wenn ich in absehbarer Zeit an einem weiterbildenden Hochschulstudium teilnähme.	-3 auf gar keinen Fall / 3 auf jeden Fall
Meine Kollegen würde es unterstützen, wenn ich in absehbarer Zeit an einem weiterbildenden Hochschulstudium teilnähme.	-3 auf gar keinen Fall / 3 auf jeden Fall
Mein/e Vorgesetzte/r würde es unterstützen, wenn ich in absehbarer Zeit an einem weiterbildenden Hochschulstudium teilnähme.	-3 auf gar keinen Fall / 3 auf jeden Fall

Tab. 1: Indikatoren zur Erfassung der Erwartungskomponente

Dementsprechend werden zur Messung der Bewertungskomponente der sozialen Unterstützung folgende vier Items jeweils auf einer siebenstufigen, bipolaren Skala von 0 bis 6 abgefragt:

Und wie wichtig ist es Ihnen, dass die folgenden Personen Sie im Falle einer Teilnahme an einem akademischen Weiterbildungsstudium in absehbarer Zeit unterstützen?	
Indikatoren	*Endpunkte der 7er Rating-Skala*
Ihr/e Partner/in bzw. Ihre Familie?	0 überhaupt nicht wichtig / 6 sehr wichtig
Ihre Freunde und Bekannten?	0 überhaupt nicht wichtig / 6 sehr wichtig
Ihre Kolleginnen und Kollegen?	0 überhaupt nicht wichtig / 6 sehr wichtig
Ihre Vorgesetzte bzw. Ihr Vorgesetzter?	0 überhaupt nicht wichtig / 6 sehr wichtig

Tab. 2: Indikatoren zur Erfassung der Bewertungskomponente

3.3 Datenerhebung und Stichprobe

Die Daten wurden im Zuge der empirischen Überprüfung des Erklärungsmodells der Teilnahmeintention im Zeitraum von Oktober bis November 2008 per Online-Fragebogen an einer Stichprobe von erwerbsfähigen Akademikern erhoben, wobei als Probanden vorrangig Mitglieder von Alumni-Vereinigungen verschiedener Hochschulen akquiriert wurden – insbesondere von Alumni-Gruppen der Business-Plattform XING. Die gesamte Stichprobe umfasst 576 erwerbsfähige Akademiker. Sie setzt sich zu 64,5 Prozent aus männlichen und entsprechend zu 35,5 Prozent aus weiblichen Auskunftspersonen zusammen, die gemeinsam einen Altersdurchschnitt von 37 Jahren aufweisen. Abbildung 2 zeigt die Altersstruktur der Stichprobe detailliert auf.

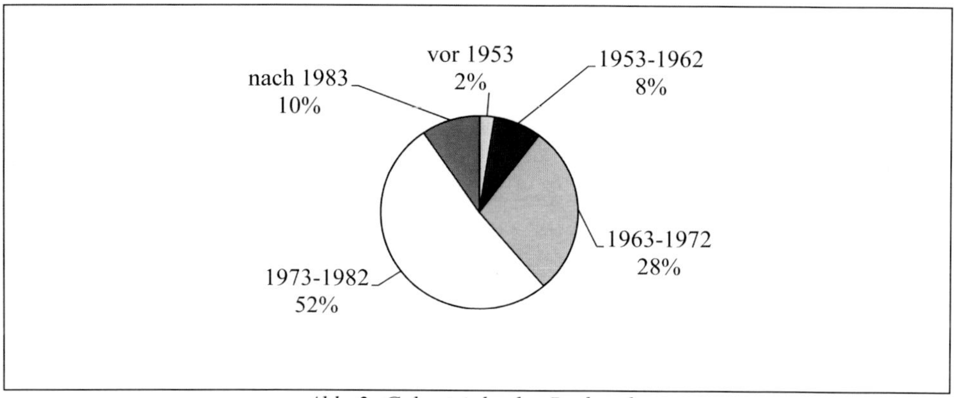

Abb. 2: Geburtsjahr der Probanden

Der größte Teil der Probanden lässt sich den Geburtsjahrgangsgruppen „1963-1972“ und „1973-1982“ zuordnen. Fast drei Viertel der Befragungspersonen verfügt über einen Diplomabschluss einer Universität oder einer Fachhochschule. Eine Übersicht hierzu liefert Abbildung 3.

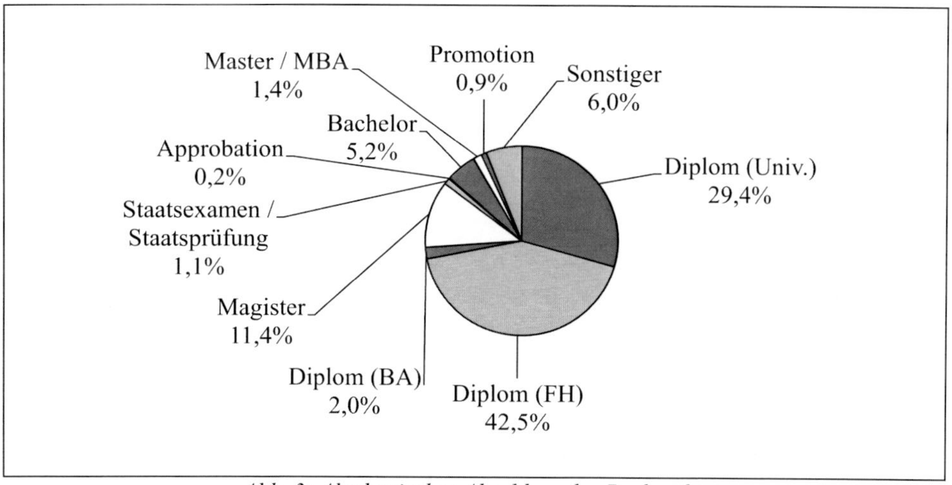

Abb. 3: Akademischer Abschluss der Probanden

Die Frage nach dem aktuellen beruflichen Status soll für den vorliegenden Beitrag als Filter dienen. Wie Abbildung 4 aufzeigt, befinden sich in der Gesamtstichprobe auch Beamte, Selbstständige und freiberuflich tätige Personen sowie Arbeitssuchende.

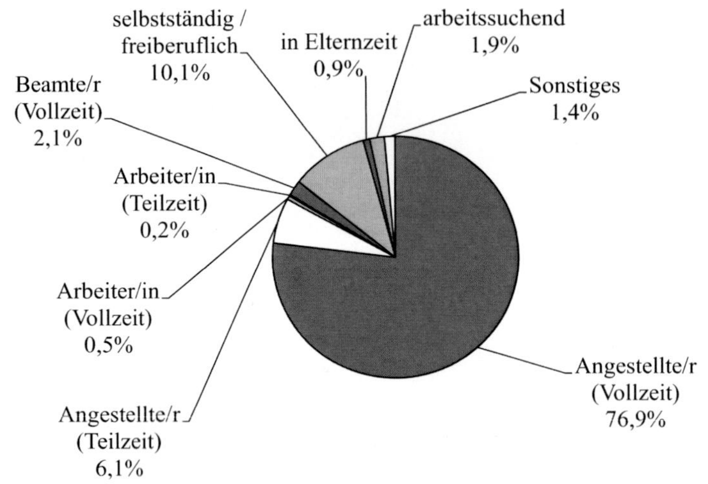

Abb. 4: Beruflicher Status

Da sich der vorliegende Beitrag ausschließlich der näheren Untersuchung der sozialen Unterstützung bei der Weiterbildung des akademischen Personals in KMU widmet, werden im Folgenden nur diejenigen Datensätze ausgewertet, die den Berufsstatusgruppen „Angestellte/r (Vollzeit)“, „Angestellte/r (Teilzeit)“, „Arbeiter/in (Vollzeit)“, „Arbeiter/in (Teilzeit)“ sowie „in Elternzeit“ zuzuordnen sind. Die weiterhin berücksichtigte Stichprobe umfasst daher 468 Probanden. Etwa ein Drittel von ihnen verdient monatlich zwischen 1.501 und 2.200 Euro netto, weitere 20 Prozent verfügen über ein monatliches Nettoeinkommen in Höhe von 2.201 bis 2.900 Euro (siehe Abbildung 5).

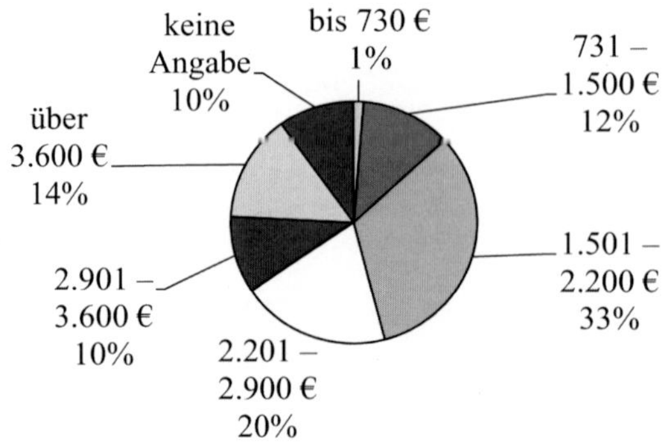

Abb. 5: Monatliches Nettoeinkommen

4 Ergebnisse der empirischen Untersuchung

4.1 Unterstützung durch den Partner bzw. die Familie

Die Unterstützungserwartung in Bezug auf den Lebenspartner bzw. die Familie sind mit einem Mittelwert von 1,19 sehr hoch. 52 Prozent der befragten Personen gehen davon aus, dass sie ihr Partner bzw. ihre Familie im Falle einer Weiterbildungsteilnahme sehr bzw. voll und ganz unterstützen würden. Nur insgesamt 11 Prozent bewerten dies mit „auf (gar) keinen Fall" (-2 bzw. -3). Die Häufigkeiten der einzelnen Erwartungen legt Abbildung 6 dar.

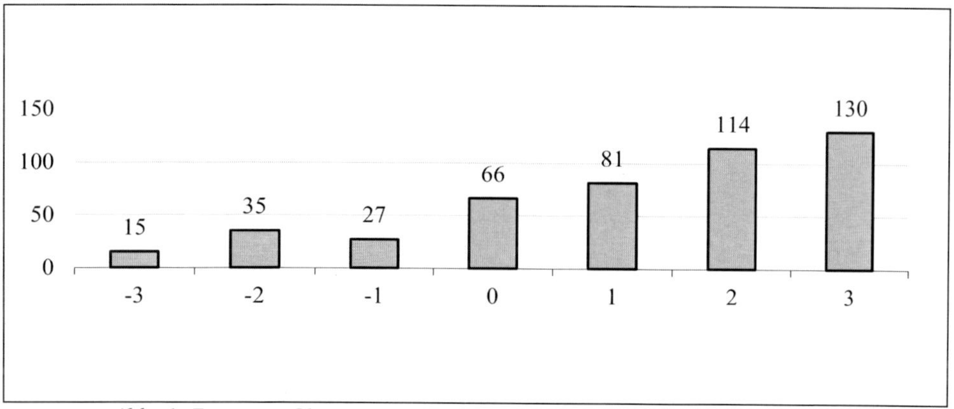

Abb. 6: Erwartete Unterstützung durch den/die Partner/in bzw. die Familie

Abbildung 7 stellt die Bedeutung der Meinung des Partners bzw. der Familie dar. Diese ist mit einem Mittelwert von 5,36 enorm hoch. So bewerten insgesamt 87 Prozent der Probanden diese Meinung mit den beiden höchsten Ausprägungen (5 bzw. 6).

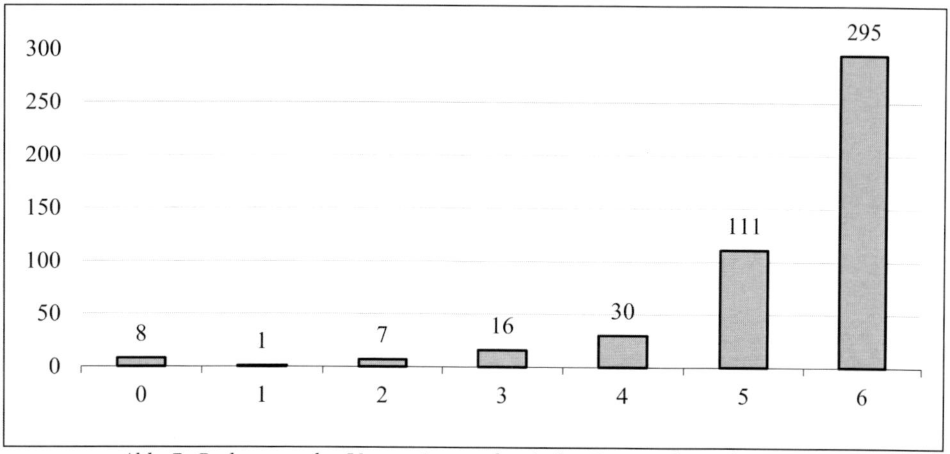

Abb. 7: Bedeutung der Unterstützung durch den Partner bzw. die Familie

Zur Ermittlung der wahrgenommenen Unterstützung durch den Partner bzw. die Familie bei der Entscheidung für oder gegen eine Weiterbildungsteilnahme erfolgt eine Multiplikation von Erwartungs- und Bedeutungskomponente, wodurch eine Skala von -18 bis 18 entsteht. Nennungen von -18 bis -10 werden im Folgenden als „sehr negativ", von -9 bis -1 als „eher negativ", von 0 als „weder positiv noch negativ", von 1 bis 9 als „eher positiv" und von 10 bis 18 als „sehr positiv" beurteilt. Entsprechend der hohen Erwartungs- und Bedeutungswerte fällt die wahrgenommene Unterstützung durch den Partner bzw. die Familie mit einem Mittelwert von 6,88 auch insgesamt positiv aus. Die einzelnen Häufigkeiten sind mit den entsprechenden Prozentwerten Tabelle 3 zu entnehmen.

	Häufigkeit	Prozent
sehr negativ	39	8,3
eher negativ	35	7,5
weder negativ noch positiv	72	15,4
eher positiv	92	19,7
sehr positiv	230	49,2

Tab. 3: Wahrgenommene Unterstützung durch den Partner bzw. die Familie (Erwartung x Bedeutung)

4.2 Unterstützung durch Freunde und Bekannte

Die erwartete Unterstützung durch Freunde und Bekannte fällt bei den befragten Personen mit einem Mittelwert von 0,97 ebenfalls positiv aus. 65 Prozent der befragten Personen glauben, dass Freunde und Bekannte eine Weiterbildungsteilnahme mehr oder weniger unterstützen würden. Weitere 20 Prozent gehen davon aus, dass ihnen diese Personengruppe bei der Absolvierung eines Weiterbildungsstudiums weder behilflich noch hinderlich wäre. Abbildung 8 zeigt die Häufigkeiten der einzelnen Erwartungen auf.

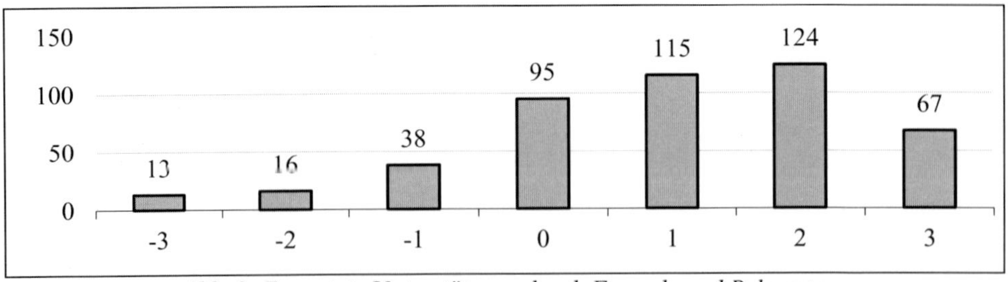

Abb. 8: Erwartete Unterstützung durch Freunde und Bekannte

Dabei ist die Meinung von Freunden und Bekannten in Bezug auf eine Weiterbildungsteilnahme mit einem Mittelwert von 3,88 von relativ großer Bedeutung. So messen 83 Prozent der 468 befragten Personen dieser eine mittlere bis hohe Bedeutung bei. Nur 11 Prozent geben an, dass ihnen die Meinung von Freunden und Bekannten (nahezu) egal ist. Die einzelnen Beurteilungen sind in Abbildung 9 dargestellt.

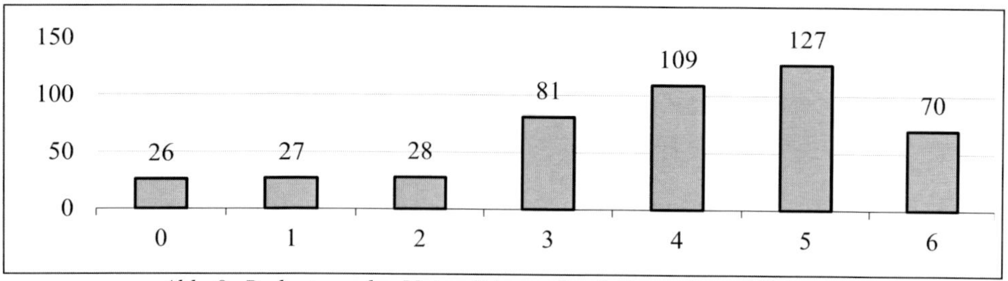

Abb. 9: Bedeutung der Unterstützung durch Freunde und Bekannte

Entsprechend der recht hohen Erwartungs- und Bedeutungswerte wird die wahrgenommene Unterstützung durch Freunde und Bekannte nach Verknüpfung dieser beiden Werte durch die befragten Personen mit einem Mittelwert von 4,68 als eher positiv bewertet. Im Vergleich dazu liegen die Werte für die Gruppe der Vorgesetzten bei 1,20 bzw. 0,91 für die Gruppe der Kollegen. Tabelle 4 zeigt die einzelnen Häufigkeiten und Prozentwerte für die wahrgenommeine Unterstützung durch Freunde und Bekannte auf.

	Häufigkeit	**Prozent**
sehr negativ	9	1,9
eher negativ	47	10,0
weder negativ noch positiv	114	24,4
eher positiv	172	36,8
sehr positiv	126	26,9

Tab. 4: Wahrgenommene Unterstützung durch Freunde und Bekannte (Erwartung x Bedeutung)

4.3 Soziale Unterstützung durch Kollegen

Die erwartete soziale Unterstützung durch Arbeitskollegen beurteilen die Probanden mit einem Mittelwert von -0,11 leicht negativ. Dabei gehen 27 Prozent der 468 befragten Personen davon aus, dass ihre Kollegen sie im Falle einer Teilnahme an einem weiterbildenden Studium weder unterstützen noch behindern würden. Weitere 36 Prozent glauben, dass sie durch ihre Kollegen einen mehr oder weniger hohen Beistand erfahren würden. Jedoch gehen insgesamt 38 Prozent – also mehr als ein Drittel – davon aus, dass ihnen die Kollegen eher Steine in den Weg legen würden. Möglicherweise wird unter den Mitarbeitern ein gewisser Konkurrenzdruck unterstellt, der zu einem Gefühl von Missgunst unter den Kollegen führt. Die einzelnen Häufigkeiten zeigt Abbildung 10 auf.

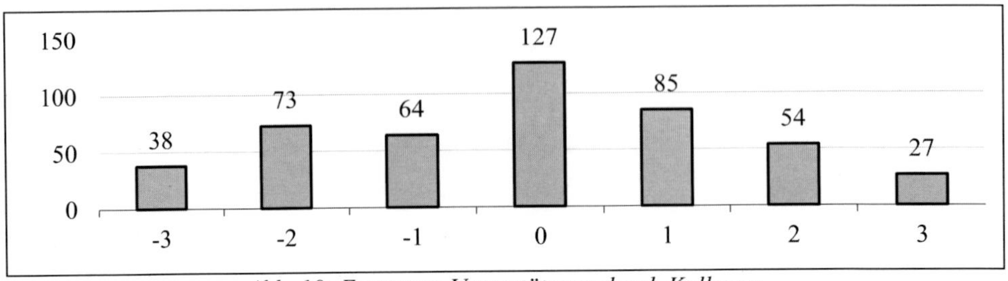

Abb. 10: Erwartete Unterstützung durch Kollegen

Auch die Bedeutung der Meinung der Arbeitskollegen wird in Bezug auf die Weiterbildungsteilnahme sehr differenziert bewertet (siehe Abbildung 11). Mit einem Mittelwert von 2,73 ist diese längst nicht so bedeutend wie die von Freunden und Bekannten (3,88) oder der Lebenspartner bzw. der Familie (5,36). So ist 32 Prozent der befragten Personen die Meinung der Kollegen (nahezu) egal.

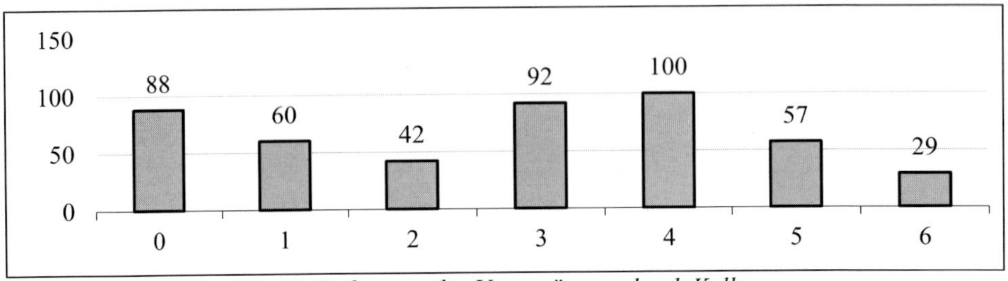

Abb. 11: Bedeutung der Unterstützung durch Kollegen

Nach Verknüpfung der Erwartungs- und der Bewertungskomponente erreicht die erwartete soziale Unterstützung durch Kollegen einen Mittelwert von 0,91 sind die Probanden überzeugt, dass sie im Falle einer Weiterbildungsteilnahme durch die Kollegen eine leicht positive Unterstützung erfahren würden. Es fällt jedoch auf, dass mit 41 Prozent ein Großteil der befragten Personen diese als „weder negativ noch positiv" beurteilt. Die einzelnen Häufigkeiten und Prozentwerte für die wahrgenommeine Unterstützung durch Kollegen liefert Tabelle 5.

	Häufigkeit	**Prozent**
sehr negativ	10	2,1
eher negativ	111	23,7
weder negativ noch positiv	192	41,0
eher positiv	122	26,1
sehr positiv	33	7,1

Tab. 5: Wahrgenommene Unterstützung durch Kollegen (Erwartung x Bedeutung)

4.4 Unterstützung durch Vorgesetzte

Die erwartete soziale Unterstützung durch Vorgesetzte fällt bei den Probanden sehr unterschiedlich aus. Der Mittelwert beträgt -0,08, was auf eine leicht negative Tendenz hindeutet. So gehen 41 Prozent der insgesamt 468 Befragungspersonen davon aus, dass sie durch ihren Vorgesetzten keine Unterstützung erfahren würden, sondern dass dieser eine Weiterbildungsteilnahme eher mehr oder weniger behindern würde. Dagegen glauben 39 Prozent, dass er sich mehr oder weniger für die positive Absolvierung eines Weiterbildungsstudiums einsetzen würde. Allerdings nehmen auch 20 Prozent der Befragten an, dass sie durch ihren Vorgesetzten weder unterstützt noch gehindert werden würden. Hier könnte unterstellt werden, dass ihm die Weiterbildungsteilnahme seiner Mitarbeiter gleichgültig ist. Die Häufigkeiten, in denen die einzelnen Erwartungswerte auftreten, sind in Abbildung 12 dargestellt.

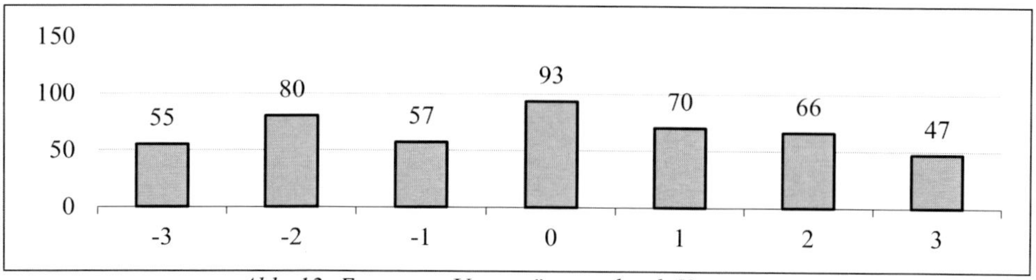

Abb. 12: Erwartete Unterstützung durch Vorgesetzte

Dass die Meinung der Vorgesetzten in Bezug auf die Teilnahme an einem weiterbildenden Studium nicht unerheblich ist, zeigt ein Blick auf die Bedeutungskomponente (siehe Abbildung 13). Der Mittelwert liegt mit 3,68 deutlich über dem der Arbeitskollegen (2). So geben insgesamt 44 Prozent der Probanden bei der Frage nach der Wichtigkeit ihres Vorgesetzten in Bezug auf eine Weiterbildungsteilnahme einen der beiden höchsten Bewertungswerte an. Weitere 36 Prozent wählen einen mittleren Wichtigkeitswert. Mit 20 Prozent vertritt nur ein Fünftel der befragten Personen die Meinung, dass ihnen der Beistand bzw. die Behinderung durch den Vorgesetzten (nahezu) egal wäre.

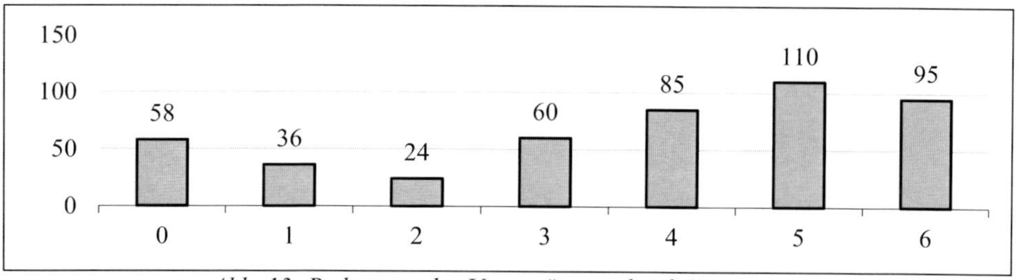

Abb. 13: Bedeutung der Unterstützung durch Vorgesetzte

Mit einem Mittelwert von 1,20 fällt die erwartete soziale Unterstützung durch Vorgesetzte leicht positiv aus. Bemerkenswert ist jedoch, dass insgesamt zwei Drittel der Probanden die soziale Unterstützung durch Vorgesetzte als negativ oder als weder positiv noch negativ empfindet. Dies kann als ein Indiz für Mängel in der Personalentwicklung bzw. in den Weiterbildungsaktivitäten von KMU gewertet werden. Die einzelnen Häufigkeiten sind mit den entsprechenden Prozentwerten in Tabelle 6 aufgezeigt.

	Häufigkeit	**Prozent**
sehr negativ	43	9,2
eher negativ	101	21,6
weder negativ noch positiv	151	32,3
eher positiv	85	18,2
sehr positiv	88	18,8

Tab. 6: Wahrgenommene Unterstützung durch Vorgesetzte (Erwartung x Bedeutung)

4.5 Soziale Unterstützungsindikatoren von Teilnehmern und von Nichtteilnehmern

In den Abschnitten 4.1 bis 4.4 wurden die erfassten Erwartungs- und Bedeutungswerte der einzelnen Bezugspersonen bzw. -gruppen über die gesamte Stichprobe hinweg dargelegt. Für die Ableitung von Handlungsempfehlungen für die Personalentwicklung erscheint jedoch eine weiter differenzierte Betrachtung interessant. Aus diesem Grund sollen Unterschiede zwischen einzelnen Personengruppen identifiziert werden, indem eine Gegenüberstellung der einzelnen Erwartungs- und Bedeutungswerte erfolgt. So werden im Folgenden diejenigen Probanden, die eine hohe Teilnahmeintention haben, in absehbarer Zeit an einem akademischen Hochschulstudium teilzunehmen, mit denen verglichen, die diese Absicht nicht haben.

Die Messung der Teilnahmeintention erfolgt in Anlehnung an Ajzen und Fishbein (1980) mit den folgenden drei Indikatoren, wobei siebenstufige, bipolare Skalen (von -3 bis 3) verwendet wurden (Wolf 2011a):

- Zum gegenwärtigen Zeitpunkt ist meine Absicht, in absehbarer Zeit an einem weiterbildenden Hochschulstudium teilzunehmen... (sehr gering/ sehr groß)
- Ich werde versuchen, in absehbarer Zeit ein weiterbildendes Hochschulstudium aufzunehmen... (sehr unwahrscheinlich/ sehr wahrscheinlich)
- Wie stark sind Sie entschlossen, in absehbarer Zeit ein weiterbildendes Hochschulstudium aufzunehmen? (sehr schwach/ sehr stark)

Für die Aufteilung der zwei Gruppen wird zunächst ein Index über die drei Intentionsindikatoren gebildet, bevor die Stichprobe anschließend am Median der Verteilung dichotomisiert wird. Es resultieren 165 Fälle, in denen Personen an einem weiterbildenden Hochschulstudium teilnehmen wollen (Gruppierung der Probanden mit hoher Teilnahmeintention: $0 <$ Intention ≤ 3) und 303 Fälle von Personen, die die betreffende Intention nicht haben (Gruppierung der Probanden mit niedriger Teilnahmeintention: $-3 <$ Intention ≤ 0). Mittels T-Test werden die beiden Gruppen im Folgenden bezüglich der erhobenen Variablen zur empfundenen sozialen Unterstützung miteinander verglichen.

Bei der Betrachtung der Erwartungswerte offenbart sich der größte Unterschied zwischen Teilnehmern und Nichtteilnehmern im Hinblick auf den Lebenspartner bzw. Familie mit einer

Differenz von 1,02. Die Vorgesetzten liefern die zweitgrößte Differenz von 0,90 zwischen den Teilnehmern und den Nichtteilnehmern, wobei Erstgenannte mit einem positiven Mittelwert von 0,50 einen mehr oder weniger großen Beistand unterstellen und Zweitgenannte mit einem negativen Mittelwert von -0,40 eher von einer Erschwerung durch den Vorgesetzten ausgehen. Diese Erkenntnis erscheint insbesondere im Hinblick auf die Ableitung von Maßnahmen für die Personalentwicklung interessant. Die drittgrößte Differenz von -0,81 weist die Gruppe der Freunde und Bekannten auf. Den geringsten Unterschied liefern die beiden untersuchten Gruppen bezüglich der Kollegen mit einer Differenz von lediglich 0,37. Die einzelnen Mittelwerte sind in Tabelle 7 zusammenfassend dargestellt.

	Teilnahmeintention: hoch	**Teilnahmeintention: niedrig**
Partner/in bzw. Familie	1,85	0,83
Freunde und Bekannte	1,50	0,69
Kollegen	0,13	-0,24
Vorgesetzte	0,50	-0,40

Tab. 7: Mittelwerte der Erwartungsindikatoren der sozialen Unterstützung

Weitere Einblicke liefert der Gruppenvergleich in Bezug auf die Bewertungskomponenten und damit hinsichtlich der Bedeutung der Unterstützung durch die einzelnen Bezugspersonen bzw. -gruppen. Hierbei fällt auf, dass keine großen Unterschiede in der Bewertung der Wichtigkeit der einzelnen Bezugspersonen bzw. -gruppen zwischen Teilnehmern und Nichtteilnehmern vorliegen. Demnach besteht der größte Unterschied zwischen den beiden Gruppen in der Bedeutung der Vorgesetzten. Die resultierende (negative) Differenz zwischen den beiden Gruppen beträgt -0,47. Auch die Wichtigkeit von Freunden und Bekannten in Bezug auf die Teilnahmeentscheidung wird von den beiden Gruppen bei einer Differenz von 0,38 recht unterschiedlich beurteilt. Eine ähnliche Abweichung resultiert bei der Bewertung der Kollegen (negative Differenz von -0,33). Dagegen fällt die Differenz in Bezug auf die Wichtigkeit der Lebenspartner bzw. der Familie mit 0,08 sehr gering aus. In Tabelle 8 sind die einzelnen Werte für die jeweiligen Überzeugungen und Bewertungen der einzelnen Indikatoren zusammengefasst.

	Teilnahmeintention: hoch	**Teilnahmeintention: Niedrig**
Partner/in bzw. Familie	5,41	5,33
Freunde und Bekannte	4,13	3,75
Kollegen	2,52	2,85
Vorgesetzte	3,38	3,85

Tab. 8: Mittelwerte der Bewertungsindikatoren der sozialen Unterstützung

Ausschlaggebend für die Teilnahmeentscheidung ist letztendlich die Verknüpfung von Erwartung und Bewertung. Daher werden anschließend die Mittelwerte dieser einzelnen Verknüpfungen von Teilnehmern und Nichtteilnehmern miteinander verglichen. Hier existiert der größte Unterschied zwischen Teilnehmern und Nichtteilnehmern bei der Gruppe der Lebenspartner bzw. der Familie. Die resultierende Differenz zwischen den beiden Gruppen beträgt

5,71. Auch die Vorgesetzten werden von den beiden Gruppen bei einer Differenz von 4,50 sehr unterschiedlich beurteilt. Die drittgrößte Differenz von 3,57 liefern die beiden untersuchten Gruppen in Bezug auf Freunde und Bekannte. Der geringste Unterschied existiert mit einer Differenz von 1,20 bezüglich der Kollegen. In Tabelle 9 sind die einzelnen Werte für die jeweiligen Erwartungen und Bewertungen der einzelnen Indikatoren zusammengefasst.

	Teilnahmeintention: hoch	**Teilnahmeintention: Niedrig**
Partner/in bzw. Familie	10,58	4,87
Freunde und Bekannte	6,99	3,42
Kollegen	1,68	0,48
Vorgesetzte	4,11	-0,39

Tab. 9: Mittelwerte der Indikatoren der sozialen Unterstützung (Erwartung x Bewertung)

5 Maßnahmen für die Personalentwicklung in KMU

Die differenzierte Betrachtung der sozialen Unterstützung und ihres Einflusses auf die Intention, an einem akademischen Weiterbildungsstudium teilzunehmen, können als Ausgangspunkt für die Ableitung zweckdienlicher Maßnahmen für die Personalentwicklung und insbesondere für die ständige Weiterqualifizierung des akademischen Personals in KMU dienen. Ziel ist es, die Teilnahmemotivation bzw. -intention der Mitarbeiter zu fördern, da diese eine Voraussetzung für die erfolgreiche Teilnahme an einem akademischen Weiterbildungsstudium darstellt.

Die Untersuchungsergebnisse weisen darauf hin, dass bezüglich der wahrgenommenen Unterstützung durch das berufliche Umfeld ein offensichtlicher Handlungsbedarf besteht – sowohl im Hinblick auf die Vorgesetzten als auch auf die Arbeitskollegen. Anders sieht es bezogen auf das private Umfeld des befragten akademischen Personals aus. Gezielte Personalentwicklungsmaßnahmen können sich diese hohe Unterstützung und Bedeutung der Lebenspartner bzw. der Familie zunutze machen. Gleiches gilt in Bezug auf die Gruppe der Freunde und Bekannten. Auch hier gehen die befragten Personen davon aus, dass sie im Falle einer Weiterbildungsteilnahme unterstützt werden würden und finden diese Unterstützung auch wichtig. Der Vergleich zwischen Teilnehmern und Nichtteilnehmern zeigt jedoch, dass berufliche Weiterbildungsaktivitäten nicht ausschließlich zu Lasten des privaten Umfeldes gehen dürfen. In Anlehnung an Untersuchungen von Jütte und Kastler (2005) ist anzunehmen, dass stets ein gewisses Maß an Freizeit – und insbesondere an Partner- bzw. Familienzeit – gewahrt werden muss. Aus diesem Grund stellt die Genehmigung von Freistellungen für die Zeit der Weiterbildungsteilnahme sowie auch für die Vor- und Nachbereitung von Weiterbildungsveranstaltungen eine notwendige Maßnahme im Rahmen der Qualifizierung und Weiterentwicklung des akademischen Personals in KMU dar.

Die detaillierte Untersuchung der wahrgenommenen Unterstützung durch die Arbeitskollegen zeigt, dass das akademische Personal in Bezug auf die erfolgreiche Teilnahme an einem Weiterbildungsstudium nicht nur vom Beistand der Kollegen, sondern auch von deren Widerstand ausgeht. Da deren Meinung nicht unbedeutend ist sollte im Rahmen der Personalentwicklung aufgezeigt werden, dass es bei der Weiterbildung von Mitarbeitern nicht darum geht den unternehmensinternen Konkurrenzdruck zu erhöhen. Vielmehr ist im Unternehmen ein weiterbildungsfreundliches Klima zu schaffen, welches genügend Anreize für jeden einzelnen bietet, sich weiterzuentwickeln und somit seinen Arbeitsplatz im Unternehmen zu sichern.

Maßgeblich für die Personalentwicklung ist jedoch die Beeinflussung der Wahrnehmung der Unterstützung durch Vorgesetzte. Immerhin gehen 41 Prozent der befragten Personen davon aus, dass sie ihr Vorgesetzter bei einer Weiterbildungsteilnahme mehr oder weniger beeinträchtigen würde. Weitere 20 Prozent glauben, dass ihm die Weiterqualifizierung seiner Mitarbeiter eher gleichgültig ist. Die hohe Differenz der Mittelwerte zwischen den Teilnehmern und den Nichtteilnehmern bezüglich der erwarteten Unterstützung durch den Vorgesetzten deutet darauf hin, dass diese einen maßgeblichen Beitrag zur Ausprägung der Teilnahmeintention leistet. Die Personalverantwortlichen in KMU sollten ihrem akademischen Personal daher gezielt entsprechende Qualifizierungsangebote unterbreiten und damit signalisieren, dass Weiterbildung und lebenslanges Lernen im Sinne des Unternehmens sind und entsprechend befürwortet werden. Damit einhergehend sollten weiterbildungsfördernde Maßnahmen wie die Genehmigung von Freistellungen oder die Beteiligung an bzw. die Übernahme von anfallenden Kosten für Gebühren, Reiseaufwand oder Lehrmaterialien installiert werden.

Letztendlich muss jedes Unternehmen spezifisch den realisierbaren Umfang solcher weiterbildungsfördernden Aktivitäten im Hinblick auf die vorhandenen Ressourcen abwägen. Jedoch wird bei steigendem Fachkräftemangel die Qualifizierung des bestehenden akademischen Personals zu einem Schlüssel bei der Sicherung des Qualifikationsniveaus im Unternehmen und somit bei der Wahrung der Wettbewerbsfähigkeit in der globalen Marktwirtschaft.

Literatur

- Achermann, S. (1997): KMU-Weiterbildungsförderung, Abschlussbericht, Kommission für Technologie und Innovation, Muttenz.
- Ajzen, I. (1985): From intentions to actions: a theory of planned behavior. In: Kuhl, J./ Beckmann, J. (Hrsg.): Action Control: From Cognition to Behavior, Springer, Berlin, S. 11-39.
- Ajzen, I. (1991): The theory of planned behavior. In: Organizational Behavior and Human Decision Processes, 50 (2), S. 179-211.
- Ajzen, I. (2002): Perceived behavioral control, self-efficacy, locus of control, and the theory of planned behavior. In: Journal of Applied Social Psychology, 32 (4), S. 665-683.
- Ajzen, I. (2008): Consumer attitudes and behavior. In: Haugtvedt, C. P./ Herr, P. M./ Cardes, F. R. (Hrsg.): Handbook of Consumer Psychology, Lawrence Erlbaum, New York, S. 525-548.
- Ajzen, I., Fishbein, M. (1980): Understanding attitudes and predicting social behavior, Prentice Hall, Englewood Cliffs.

- Ajzen, I., Fishbein, M. (2005): The influence of attitudes on behavior. In: Albarracín, D., Johnson, B. T., Zanna, M. P. (Hrsg.): The handbook of attitudes, Erlbaum, Mahwah, S. 173-221.
- Ajzen, I., Madden, T. J. (1986): Prediction of goal-directed behavior: attitudes, intentions, and perceived behavioral control. In: Journal of Experimental Social Psychology, 22, S. 453-474.
- Bandura, A. (1977): Self-efficacy: toward a unifying theory of behavioral change. In: Psychological Review, 84, S. 191-215.
- BDA - Bundesvereinigung der Deutschen Arbeitgeberverbände/ HRK - Hochschulrektorenkonferenz/ DIHK - Deutsche Industrie- und Handelskammertag (2003): Weiterbildung durch Hochschulen. Gemeinsame Empfehlungen, Berlin
- BMBF 2007: Bericht zur technologischen Leistungsfähigkeit Deutschlands, Bundesministerium für Bildung und Forschung, Berlin.
- Boshier, R. W. (1971): Motivational orientations of adult participants: a factor analytic exploration of Houle's typology. In: Adult Education, 21 (2), S. 3-26.
- Bruche, G. (2010): Akademischer Fachkräftemangel in Deutschland und der Bildungsaufstieg Chinas und Indiens – Implikationen und Zusammenhänge. In: Meyer, S., Pfeiffer, B. (Hrsg.): Die gute Hochschule: Ideen, Konzepte und Perspektiven. Festschrift für Franz Herbert Rieger, Berlin, S. 297-307.
- Facteau, J. D., Dobbins, G. H., Russell, J. E. A., Ladd, R. T., Kudisch, J. D (1995): The influence of general perceptions of the training environment on pretraining motivation and perceived training transfer. In: Journal of Management, 21 (1), S. 1-25.
- Fishbein, M., Ajzen, I. (1975): Belief, attitude, intention and behaviour: an introduction to the theory and research, Reading, Addison-Wesley.
- Fujita-Starck, P. J. (1996): Motivations and characteristics of adult students: factor stability and construct validity of the educational participation scale. In: Adult Education Quarterly, 47 (1), S. 29-40.
- Garst, W. C., Ried, L. D. (1999): Motivational orientations: evaluation of the education participation scale in a nontraditional doctor of pharmacy program. In: American Journal of Pharmaceutical Education, 63 (3), S. 300-304.
- Jütte, W., Kastler, U. (2005): Den Studierenden ein Gesicht geben… Ausgewählte Ergebnisse einer empirischen Studie zur Teilnehmerstruktur an der Donau-Universität Krems, Studies in Lifelong Learning 6, Krems.
- Kastler, U. (2004): Weiterbildung im sozialen Kontext. Lebenslanges Lernen und Familie, Donau-Universität Krems.
- Koppel, O., Plünnecke, A. (2009): Fachkräftemangel in Deutschland. Bildungsökonomische Analyse, politische Handlungsempfehlungen, Wachstums- und Fiskaleffekte, Institut der deutschen Wirtschaft, Köln

- Kupritz, V. W. (2002): The relative impact of workplace design on training transfer. In: Human Resource Development Quarterly, 13 (4), S. 427-447.
- Mentzel, W. (1989): Unternehmenssicherung durch Personalentwicklung: Mitarbeter motivieren, fördern und weiterbilden, Freiburg.
- Pausits, A. (2006): Student Relationship Management in der akademischen Weiterbildung. Die strategische Ausgestaltung der Kundenbeziehungen an Hochschulen unter besonderer Berücksichtigung des Customer Relationship Management Ansatzes, Flensburg, Krems
- Rhodes, R. E., Courneya, K. S. (2003): Investigating multiple components of attitude, subjective norm, and perceived control: an examination of the theory of planned behaviour in the exercise domain. In: British Journal of Social Psychology, 42 (1), S. 129-146.
- Schröder, H., Schiel, S. /Aust, F. (2004): Nichtteilnahme an beruflicher Weiterbildung. Motive, Beweggründe, Hindernisse, wbv, Bielefeld.
- Schwartz, S. H., Tessler, R. C. (1972): A test of a model for reducing measured attitude-behavior discrepancies. In: Journal of Personality and Social Psychology, 24, S. 225-236.
- Schwarzer, R., Jerusalem, M. (2002): Das Konzept der Selbstwirksamkeit. In: Jerusalem, M., Hopf, D. (Hrsg.): Selbstwirksamkeit und Motivationsprozesse in Bildungsinstitutionen, Beltz, Weinheim, S. 28-53.
- Switzer, K. C., Nagy, M. S., Mullins, M. E. (2005): The influence of training reputation, managerial support, and self-efficacy on pre-training motivation and perceived training transfer. In: Applied HRM Research, 10 (1), S. 21-34.
- Terry, D. J., O`Leary, J. E. (1995): The theory of planned behaviour: the effects of perceived behavioural control and self-efficacy. In: British Journal of Social Psychology, 34 (2), S. 199-220.
- Vannotti, M. (2005): Die Zusammenhänge zwischen Interessenkongruenz, beruflicher Selbstwirksamkeit und verwandten Konstrukten, Cuvillier, Göttingen.
- Vogelgesang, F. (2004): Die Suffizienz der Theorie des geplanten Verhaltens bei der Vorhersage von Verhaltensintentionen, Technische Universität Dresden.
- Wolf, S. (2011a): Teilnahme an wissenschaftlicher Weiterbildung. Entwicklung eines Erklärungsmodells unter Berücksichtigung des Hochschulimages, Gabler, Wiesbaden.
- Wolf, S. (2011b): Warum nehmen berufstätige Akademiker (nicht) an Weiterbildungsangeboten von Hochschulen teil? In: Hochschule & Weiterbildung, 1/2011, DGWF, S. 30-39.
- Wolf, S., Zanger, C., Jahn, S. (2010): Predicting participation in extra-occupational higher education programs: Broadening the theory of planned behavior, 39th EMAC Conference 2010, 1st-4th June, Kopenhagen, Dänemark.

Ausbildung und Fachkräftesicherung in Migrantenunternehmen

René Leicht und Lena Werner

1 Einleitung

Die Fachkräftesicherung in kleinen und mittleren Unternehmen beruht auf unterschiedlichen Strategien, wobei die betriebliche Ausbildung ein äußerst probates Mittel ist. Doch in den letzten Jahren kommt es unter anderem durch sinkende Schulabgängerzahlen zu einem Angebotsüberhang am Ausbildungsmarkt und mithin zu Stellenbesetzungsproblemen, von denen insbesondere KMU betroffen sind (Bechmann et al. 2011, Ulrich et al. 2011). Die Lage wird dadurch verschärft, dass weniger als ein Drittel der Unternehmen selbst ausbildet (Stegmaier 2009, BIBB 2011), weshalb der überwiegende Teil der KMU bei der Fachkräfterekrutierung auf die Ausbildungsleistungen anderer angewiesen ist. Es stellt sich also nicht nur die Frage, welchen Nutzen Unternehmen durch eigene Ausbildung erzielen, sondern auch, welche Akteure unter welchen Bedingungen und in welchem Umfang dazu beitragen das Fachkräftepotenzial in gesamtwirtschaftlicher Sicht zu verbessern.

Insbesondere in der großen Zahl kleiner Unternehmen wird die Entscheidung, in den eigenen Wänden auszubilden nicht nur durch ökonomische und betriebliche Erfordernisse, sondern oftmals genauso durch die Normen und Werthaltungen der Unternehmensführung geprägt (Baethge 1999, Troltsch et al. 2006, Tänzler et al 2011). Dies macht darauf aufmerksam, dass das Ausbildungsengagement teilweise von Sozialisationsbedingungen oder der gesellschaftlichen Partizipation, und damit auch von der nationalen Herkunft der Unternehmensinhaber beeinflusst wird. Aus bildungspolitischer Sicht gibt es aber weitere Gründe, weshalb wir uns spezifisch mit den Ausbildungsleistungen und Qualifikationsstrukturen der von Migranten geführten KMU befassen. Die Entwicklung am Ausbildungs- und Arbeitsmarkt wird mehr denn je durch soziodemografische Strukturen, und hierbei durch Zuwanderung und Aspekte der Integrationsfähigkeit, etwa durch Bildungsaspirationen und -entscheidungen, bestimmt. Auf der Nachfrageseite des Ausbildungsmarkts zeigt sich eine wachsende Zahl von Jugendlichen mit Migrationshintergrund. Deren Erfolgschancen sind ungleich schlechter (BIBB 2011). Aber auch auf der Angebotsseite ändern sich die Strukturen, mit allen Folgen:

Die Zahl der Unternehmen mit Inhabern ausländischer Herkunft steigt seit Jahren weit überproportional an. Mittlerweile besitzt jeder sechste beruflich Selbständige einen Migrationshintergrund (Leicht et al. 2011). Nach bisherigen Erkenntnissen bleibt dieser soziale Wandel nicht ohne Einfluss auf die Ausbildungs- und Qualifikationsstrukturen von KMU insgesamt, da die zugewanderten Unternehmer oftmals selbst keine Qualifikation und eher wenig Informationen über das Berufsbildungssystem besitzen sowie zudem Barrieren im Zugang zu Zertifikaten und Institutionen erfahren (BLK 2003, Kanschat/ Pütz 2007, BMWi 2010).

Daher gestaltet die Wirtschafts-, Bildungs- und Integrationspolitik in Bund und Ländern seit längerem Förderprogramme zur Intensivierung der Ausbildungsaktivitäten in Migrantenunternehmen. Dahinter steht zum einen die Vermutung, dass diese vermehrt jugendliche Migranten erreichen und damit die Perspektivlosigkeit vieler Benachteiligter reduzieren (BMBF 2011). Zum anderen wird erhofft, dass eine höhere Ausbildungsbeteiligung von Migrantenunternehmen das Fachkräftepotenzial für die Wirtschaft auch insgesamt erhöht (BMWi 2010, Böhmer 2011). Bei einer veränderten Angebots-Nachfrage-Relation am Ausbildungsmarkt könnte allerdings leicht in Vergessenheit geraten, dass die politischen Anstrengungen zur Ausbildungsmobilisierung ja nicht nur gesamtwirtschaftliche Ziele hatten, sondern auch dazu führen sollten, die Nachhaltigkeit von Migrantenunternehmen zu sichern. Über den Fachkräftebedarf dieser Unternehmen ist jedoch erstaunlich wenig bekannt.

Vor diesem Hintergrund befasst sich unser Beitrag mit den Fragen, inwieweit auch in der Migrantenökonomie ein Fachkräftemangel zu beobachten ist, welche Qualifikationsstrukturen Migrantenunternehmen aufweisen und wodurch diese bestimmt werden (Kapitel 4). Ferner interessiert, in welchem Umfang sich Migrantenunternehmen am dualen System der Berufsbildung beteiligen, wie intensiv sie ausbilden und welche Jugendliche davon profitieren (Kapitel 5). Im Mittelpunkt steht die Frage der Bedeutung einzelner Motive und Determinanten für das Ausbildungsverhalten und inwieweit es Unterschiede zu den Fachkräftesicherungsstrategien „deutscher“ Unternehmen gibt (Kapitel 6). In den meisten Fällen wird hierbei zwischen den maßgeblichen Herkunftsgruppen unterschieden und zudem jeweils ein Vergleich mit den Strategien, Strukturen und Bedarfen von „einheimischen“ Unternehmen gezogen.

2 Zum Stand der Forschung

2.1 Mangel an theoretischen und empirischen Grundlagen

Die Erforschung „ethnischen Unternehmertums“ besitzt in der internationalen, aber vor allem in der angloamerikanischen Wirtschafts- und Sozialforschung eine lange Tradition und hat zudem in der Entrepreneurship-Forschung einen anerkannten Platz (Light 1972, Waldinger et al. 1990). Demgegenüber führt die Forschung über ethnische Ökonomien in Deutschland bislang ein Schattendasein, weshalb man bei der Erkenntnissuche auf internationale Literatur angewiesen ist. Allerdings wurde außerhalb des deutschsprachigen Raums keine Forschungsarbeit bekannt, die sich explizit mit dem Ausbildungsengagement von Migrantenunternehmen befasst. Dies liegt zum einen daran, dass in vielen Ländern die betriebliche Ausbildung keine vergleichbar hohe Relevanz für die Fachkräfterekrutierung besitzt (Bosch/ Charest 2010). Zum anderen bietet das Theoriegebäude im Bereich „Immigrant Business“ zu wenig Anknüpfungspunkte zur Erklärung des Ausbildungsverhaltens, da hier bei der Arbeitsplatzbesetzung viel eher die Mobilisierung von ethnischem und sozialem Kapital und weniger von Humankapital zur Debatte steht (Waldinger et al. 1990, Kloosterman/ Rath 1993). Aber auch in Deutschland hat sich die an Migrantenunternehmen interessierte Forschung weit stärker mit den Entstehungsbedingungen unternehmerischer Aktivitäten von Migranten befasst, aber vergleichsweise selten mit deren Beitrag für den Ausbildungs- oder Arbeitsmarkt.

Wo dies der Fall ist, ist die empirische Basis dünn. Die bislang wenigen Versuche, den Ausbildungsbeitrag ausländischstämmiger Unternehmer abzuschätzen, beruhen fast ausschließlich auf Fallstudien, qualitativen Methoden oder äußerst kleinen Stichproben, zumeist mit regionalem Bezug (z. B. Lenske/Werner 1998, Sargut 2000, Smolny et al. 2007). Erste Quantifizierungen des Ausbildungsverhaltens auf Grundlage von belastbaren Daten erfolgten in zwei Untersuchungen für das Bundeswirtschaftsministerium, wobei die erste Studie zunächst nur Basisdaten bereitstellen sollte (Leicht et al. 2005) und die zweite eher deskriptiven Charakter hat (Christ et al. 2007). Erklärende und mehrdimensionale Analysen blieben hier aus. Und in weiteren Studien zur Bedeutung von Migrantenunternehmen wurden die Ausbildungsaktivitäten nur am Rande untersucht (Leicht et al. 2009a und 2011).

2.2 Das potenzielle Ausbildungsvermögen von Migrantenunternehmen

Eine entscheidende Komponente bei der Abschätzung des potenziellen Ausbildungsvermögens ist natürlich die Gesamtzahl an Unternehmen, die von Migranten geführt werden. Von den 4,2 Mio. Selbständigen in Deutschland besitzen dem Mikrozensus zufolge 681.000 ausländische Wurzeln. Das heißt jede sechste unternehmerisch aktive Person im Land hat einen Migrationshintergrund, wobei knapp 90% der ersten Generation zugehörig sind (Leicht et al. 2011). Beeindruckend ist jedoch vor allem die Dynamik der Entwicklung: Während die Zahl der deutschen Selbständigen in den letzten zwanzig Jahren „nur" um ein Drittel zugenommen hat, ist die der ausländischen Selbständigen auf fast das Zweieinhalbfache (+141%) angestiegen. Zuwanderungseffekte sind hierfür nur in sehr geringem Maße verantwortlich (ebd.). Die Selbständigenquote unter Migranten liegt mittlerweile mit 10,2% nur knapp unter derjenigen von Einheimischen (ebd.). Zusammengefasst könnte man also von einem beachtlichen und zudem wachsenden Potenzial an Ausbildern unter Migranten-betrieben ausgehen. Die Frage ist nur, ob die Motive, Hemmnisse und Rahmenbedingungen für eine Ausbildungsentscheidung mit denen „einheimischer" Unternehmer vergleichbar sind.

Folgt man den vorliegenden Ergebnissen, dann scheint dies wohl (noch) nicht der Fall: Der ifm-Studie zufolge bildeten im Jahr 2004 – je nach Ethnie – maximal 15% der von Migranten geführten Betriebe ihren Nachwuchs aus (Leicht et al. 2005). Eine Erhebung von Ramböll (Christ et al. 2007) schätzt die Quoten geringfügig höher ein. Je nachdem, welche Wirkung die vielenorts implementierten Fördermaßnahmen und Projekte[1] zeigen, könnte sich das Ausbildungsengagement zwischenzeitlich noch weiter verbessert haben. Darauf weisen zumindest regional begrenzte ifm-Studien hin (Leicht et al. 2009a und b).

2.3 Thesen zu den Determinanten des Ausbildungsverhaltens von Migrantenbetrieben

Die Forschung ist sich weitestgehend einig, dass die Motivation und Fähigkeit zur betrieblichen Ausbildung nicht von einzelnen sondern von einem ganzen Bündel an oftmals gleichzeitig wirksamen Einflussfaktoren bestimmt wird. Grob kategorisiert lassen sich Faktoren unterscheiden, die eher mit den betriebsinternen Ausgangsbedingungen, so etwa mit dem Arbeitskräftebedarf, den Betriebsstrukturen und den normativen Einstellungen der Personalverantwortlichen oder aber mit den externen Rahmenbedingungen, bspw. mit der gesamtwirtschaftlichen Entwicklung und den institutionellen Regulierungen des Ausbildungssystems im Zusammenhang stehen (Reichenbach 2001, Beutner 2004, Troltsch et al. 2004). Dabei stehen sich Elemente gegenüber, welche die Ausbildungsmotivation oder aber die Hemmnisse verstärken und zunächst über die grundsätzliche Ausbildungsbereitschaft entscheiden. Aber selbst wenn diese gegeben ist, können bis zur tatsächlichen Bereitstellung eines Ausbildungsplatzes noch Umsetzungsprobleme entstehen (Beutner 2001).

Die Unternehmen von Migranten sind mit einer Mitarbeiterzahl von durchschnittlich rund 5 Beschäftigten (Leicht et al. 2011) deutlich kleinbetrieblich strukturiert. Daher handelt es sich bei den Motiven und Hemmnissen, die bei der Ausbildungsentscheidung zur Geltung kommen, in der Regel zunächst um die gleichen Anreize oder Probleme wie bei einheimischen KMU. Mit Blick auf unsere Fragestellungen interessieren jedoch eher diejenigen Determinanten, aus denen sich Unterschiede im Ausbildungsverhalten der Unternehmen von Migranten und Einheimischen erklären lassen. Dies betrifft in erster Linie soziale oder betriebliche Tatbestände, die – zumindest hypothetisch – in direkter oder indirekter Weise durch Zuwanderung bzw. eine ausländische Abstammung beeinflusst werden.

Hier sind beispielsweise soziokulturelle Eigenschaften angesprochen, die sich aus Normen und Werten ergeben, die mit der ethnischen Herkunft verbunden sind. Zwar dürfen kulturelle Deutungen in einer orthodoxen Form nicht überbewertet werden, da sie häufig dazu neigen, die im Ankunftsland wirkenden strukturellen Faktoren auszuklammern und zudem ethnische Einflüsse allen anderen unternehmerischen Eigenschaften überzuordnen (Light/ Gold 2000). Allerdings ist zu berücksichtigen, dass das Ausbildungsverhalten in vielen KMU und Familienunternehmen zu einem beachtlichen Teil auch auf kulturell geprägten Traditionen und sozialen Verpflichtungen beruht (Troltsch et al. 2004), die bei Zuwanderern möglicherweise nicht in gleichem Umfang vorhanden sind.

Besondere Wirkung ist vor allem wissensbezogenen Faktoren zuzuschreiben, wobei hier zwischen dem allgemeinen Wissen über das Duale Berufsbildungssystem und den individuellen Bildungsressourcen unterschieden werden muss. Förderprojekte, aber auch die meisten Studien, gehen davon aus, dass das geringere Ausbildungsengagement von Migranten auf den ungleichen Zugang zu deutschen Institutionen und folglich auch auf Informationsdefizite in Bezug auf den Sinn und Zweck betrieblicher Ausbildung zurückzuführen ist (Sargut 2000, KAUSA 2005, Kanschat/ Pütz 2007, BMWi 2010). Hier kommt hinzu, dass der durch Ausbildung entstehende betriebliche Nutzen eher von Personen erkannt wird, die selbst eine Ausbildung durchlaufen haben. Daher dürfte der Grad formaler Bildung des Betriebsinhabers oder Personalverantwortlichen eine maßgebliche Determinante der Ausbildungsbereitschaft sein (Hilger 2000, Leicht et al. 2005). Letztlich ist davon auszugehen, dass auch die Aufenthaltszeit Einfluss nimmt, da die Sprachkenntnisse und das Wissen über deutsche Institutionen mit den Jahren des Aufenthalts in Deutschland wachsen.

Aber nicht nur die Qualifikation der Personalverantwortlichen, sondern auch die branchenspezifischen Qualifikationsanforderungen an das gesamte Unternehmen entscheiden darüber, ob überhaupt ein Fachkräftebedarf, und hierüber dann auch Ausbildungsbedarf, besteht. Ein zentrales Charakteristikum der Migrantenökonomie ist darin zu sehen, dass sich die Zuwanderer auf Branchen mit niedrigen Zutrittsbarrieren und daher auch überdurchschnittlich häufig auf den Einzelhandel und das Gastgewerbe bzw. auf nicht-wissensintensive Wirtschaftszweige konzentrieren (Leicht et al. 2005 und 2011, Müller 2011).

Nicht in allen, aber in einigen distributiven und einfachen Routinedienstleistungen ist insgesamt betrachtet das Ausbildungsengagement gering (AB 2010), weshalb auch das Ausbildungsverhalten von Migrantenunternehmen durch das Genre der Tätigkeiten und durch den Markt beeinflusst wird.

Manche der teils für eine Ausbildungsabstinenz verantwortlichen betrieblichen Charakteristika, wie das Alter oder die Größe des Betriebs (Stegmaier 2009), wiegen bei Migrantenunternehmen besonders schwer, da Zuwanderer im Vergleich zu Deutschen geringere Chancen haben, ein etabliertes Familienunternehmen zu übernehmen (Leicht et al. 2005 und 2011). Weitere Hemmnisse, die im Zusammenhang mit den betrieblichen, aber teils auch mit persönlichen Merkmalen stehen, können sich aus den gesetzlichen Voraussetzungen bzw. der Ausbildungsberechtigung ergeben. Diese Hürde wird von vielen Autoren als einer der maßgeblichen Gründe für die geringere Ausbildungsbeteiligung von Migrantenunternehmen gesehen, was letztlich häufig auch auf den Mangel an Befähigungen und an einem ausbildungswirksamen Arbeitsplatz zurückzuführen ist (KAUSA 2005, Kanschat 2007). Zu berücksichtigen ist allerdings, dass die Ausbildungs-Eignungsprüfung, welche über die persönliche und fachliche Eignung der Ausbilder entscheidet, zwischen 2003 und 2009 ausgesetzt war, um kleinen Unternehmen den Einstieg in die Ausbildung zu erleichtern. Dieser Umstand dürfte auch vielen Migrantenunternehmen entgegengekommen sein, soweit die Ausbildungsberechtigung überhaupt ein wesentlicher Hinderungsgrund war.

2.4 Gesamtwirtschaftlicher und gesellschaftlicher Beitrag

Mit den politischen Initiativen von Bund und Ländern zur Erhöhung der Ausbildungsbereitschaft von Migrantenunternehmen (BMWi 2010, BMBF 2011) wird zwar der Hoffnung Ausdruck gegeben, dass sich hierdurch die Zahl an ausgebildeten Fachkräften insgesamt erhöht, aber gleichzeitig wird implizit davon ausgegangen, dass Migrantenunternehmen in stärkerem Maße solche Schichten an Jugendlichen erreichen, die Probleme im Zugang zum Ausbildungsmarkt haben. Dazu zählen vor allem junge Menschen mit Migrationshintergrund, deren Potenzial für die Fachkräfteentwicklung nicht ausgeschöpft ist. Denn sie bleiben – selbst unter Kontrolle schulischer Voraussetzungen – trotz intensiver Stellensuche überdurchschnittlich häufig ohne Erfolg (Beicht 2011, Beicht/ Granato 2011). Dies führt zu der Frage, welche Zielgruppen an Auszubildenden Migrantenunternehmen erreichen. In Bezug auf die vielen Migrantenunternehmen zugeschriebene Eigenheit, bei der Arbeitskräfterekrutierung vor allem auf ethnische Netzwerke und binnenethnische Solidarität zu setzen (Waldinger et al. 1990), bleibt die politische Bewertung ambivalent. Denn einerseits wird gerade den ausbildungsaktiven Migranten eine hohe Integrationsbereitschaft zugeschrieben. Andererseits besteht die Gefahr, dass co-ethnische Beschäftigung in eine Mobilitätsfalle führt (Butter et al. 2007). Sofern hierdurch jedoch das Reservoir der schulisch geringer gebildeten Jugendlichen besser erschlossen wird, kann immerhin mancher Befürchtung begegnet werden, dass eine wachsende Ausbildungsbeteiligung den derzeit ersichtlichen Angebotsüberhang zusätzlich erhöht.

3 Datengrundlage

Die Datenlage in der Migrationsforschung gilt als unzureichend (Haug 2005), was sich v.a. in Bezug auf amtliche Statistiken und Informationen über die unternehmerischen Aktivitäten von Migranten zeigt. Erkenntnisse diesbezüglich müssen facettenförmig zusammengetragen werden. Aus diesem Grund wird hier auf drei vom ifm Mannheim durchgeführte Befragungen von Migrantenunternehmen zurückgegriffen, um die für unsere Analysen erforderlichen Daten zu generieren. Eine der Erhebungen erfolgte im Auftrag des Wirtschaftsministeriums Baden-Württemberg (nachfolgend BW-Daten 2009 genannt). Hauptsächlich verwenden wir jedoch einen „gepoolten" Datensatz, in welchem die BW-Daten mit den Ergebnissen einer – in wesentlichen Variablen vergleichbaren – Befragung in Nordrhein-Westfalen zusammengeführt wurden (nachfolgend „NRW-BW-Daten 2009" genannt). Um das Feld erforderlicher Indikatoren zu erweitern, wird an wenigen Stellen ergänzend eine Befragung von Migrantenunternehmen in Mannheim verwendet, die im Auftrag des Bundesinstituts für Berufsbildung im Projekt „Jobstarter" erfolgte (nachfolgend „Jobstarter-Daten, Mannheim 2008" genannt).

Die NRW-BW-Daten beruhen auf der telefonischen Befragung (CATI) von insgesamt über 2.300 Unternehmensinhabern verschiedener ethnischer Herkunft. Die Grundgesamtheit bezieht sich auf alle Inhaber von Unternehmen in den beiden Bundesländern, die im öffentlichen Telefonverzeichnis (Festnetz und Mobilfunk) verzeichnet sind. Das Auswahlverfahren wurde durch eine vorgeschaltete Namensanalyse (Onomastik) unterstützt, um die Trefferquote im Hinblick auf die ethnische Herkunft der Befragten zu erhöhen (zu den methodischen Details der Erhebungen vgl. Leicht et al. 2009a und 2011). Ein vergleichbares Verfahren wurde bei der Erhebung der Jobstarter-Daten in Mannheim angewandt, bei welchem neben den „einheimischen" zusätzlich 320 Migrantenunternehmen befragt, aber weitere Indikatoren erhoben wurden, die im NRW-BW-Datensatz nicht enthalten sind (Leicht et al. 2009b). Im Mittelpunkt der jeweils durchschnittlich etwa 20-minütigen Interviews standen zum einen die soziodemografischen Merkmale der Unternehmensinhaber und zum anderen die betrieblichen Charakteristika und Strategien der Unternehmen, wozu auch Angaben zum Ausbildungsverhalten und zur Zusammensetzung des Personals zählen.

Unter „Migrantenunternehmen" verstehen wir solche Unternehmen, die eigenverantwortlich von einer Person (oder Personen) mit Migrationshintergrund geführt werden. Die Definition von „Migrationshintergrund" entspricht derjenigen des Statistischen Bundesamts (für detaillierte Angaben zu den verwendeten Begriffen vgl. Leicht et al. 2011).

4 Fachkräftebedarf und Qualifikationsniveau in Migrantenunternehmen

Fachkräftebedarf und Rekrutierung

Befunde zur Branchenstruktur von Migrantenbetrieben, die überproportional häufig einfachere Dienstleistungen anbieten, lassen vermuten, dass sich Stellenangebote vergleichsweise selten an qualifizierte Arbeitskräfte richten. Andererseits ist das Feld an Migrantenunternehmen in den letzten Jahren, u. a. durch die Gründungsaktivitäten von Mittel- und Osteuropäern, heterogener geworden, wodurch auch der Anteil handwerklich anspruchsvoller Leistungen oder von wissensintensiven Dienstleistungen etwas angestiegen ist (Leicht et al. 2009a und 2011).

Im Vorfeld unserer Analysen zur Qualifikationsstruktur und dem Ausbildungsverhalten von Migrantenunternehmen (die auf einer breiteren Datenbasis beruhen) greifen wir zur Einschätzung des Fachkräftebedarfs zunächst exemplarisch auf die beschriebene Zusatzerhebung im Raum Mannheim zurück, die im Spätsommer 2008, also noch vor der internationalen Finanzmarktkrise, durchgeführt wurde. Es handelt sich mithin um eine Phase, in welcher die Bundesagentur für Arbeit ein zwar leicht rückläufiges, jedoch auf hohem Niveau bleibendes Stellenangebot mit relativ großem Anteil schwer besetzbarer Vakanzen beobachtet hat (IAB 2008). In dieser Zeit wurden die Unternehmen verschiedener Herkunftsgruppen vom ifm gefragt, ob sie „zur Zeit" oder „im letzten Jahr" Fachkräfte „für qualifizierte Tätigkeiten" suchen bzw. gesucht haben" (im Folgenden zusammengefasst) und ferner, ob sie „Probleme haben, geeignete Fachkräfte" zu finden.

Die Ergebnisse sind in Abbildung 1 dargestellt und dokumentieren einen im Vergleich zu den Unternehmen von Deutschen geringeren, aber dennoch relevanten Fachkräftebedarf. Der Anteil an Unternehmen, die in der genannten Zeit Fachkräfte suchten, liegt bei Migranten im Durchschnitt um etwa 20 Prozentpunkte unterhalb des Anteils bei den Deutschen. Auffällig ist der geringe Fachkräftebedarf der italienischstämmigen Betriebsinhaber. Aber selbst dort war immerhin ein Viertel aller Unternehmen auf Fachkraftsuche. Demgegenüber fiel der Bedarf bei „türkischen" Unternehmen sowie bei den Unternehmensinhabern aus anderen Ländern – darunter vor allem Osteuropäer und Asiaten – etwas höher aus. Diese besetzen gleichzeitig ein breiteres Branchenspektrum als bspw. die stark auf das Gastgewerbe konzentrierten Italiener. Allerdings ist dies, wie nachfolgend gezeigt wird, nicht allein ausschlaggebend.

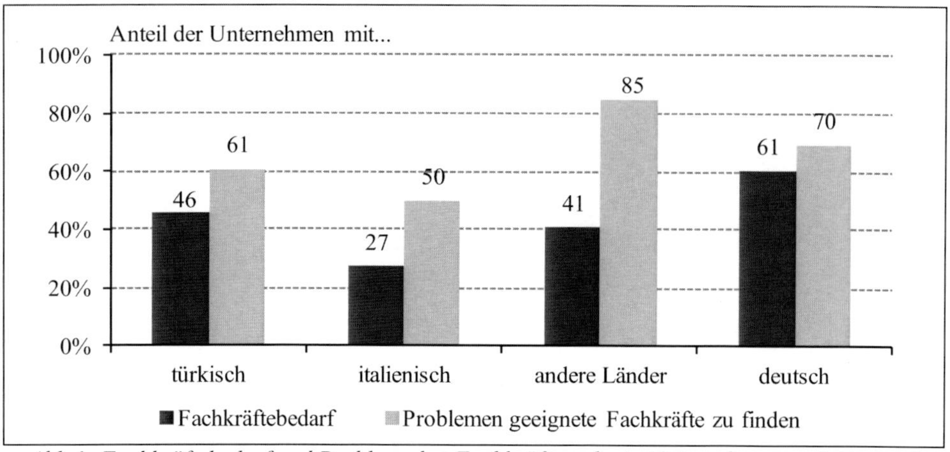

Abb. 1: Fachkräftebedarf und Probleme bei Fachkräftesuche in Unternehmen nach Herkunft der Inhaber (Quelle: Jobstarter-Daten, Mannheim 2008, ifm Universität Mannheim)

Migrantenunternehmen profitieren vielfach von sozialem Kapital, Netzwerken und binnenethnischer Solidarität, was ihnen nicht zuletzt auch bei der Arbeitskräfterekrutierung zum Vorteil reicht; zumal bspw. neu immigrierte Arbeitssuchende häufig auf co-ethnische Arbeitgeber angewiesen sind (Waldinger et al. 1990, Butter et al. 2007). Allerdings handelt es sich hierbei eher selten um ausgebildete Bewerber, weshalb nicht verwundern dürfte, dass zwischen der Hälfte und vier Fünftel der Migrantenbetriebe Probleme haben, geeignete Fachkräfte zu finden (Abbildung 1). Auch diesbezüglich zeigen sich große Unterschiede zwischen den Ethnien, wobei die Unternehmensinhaber aus „anderen Ländern“ noch häufiger über Probleme berichten als die Deutschen.

Qualifikationsniveau der Beschäftigten

Das nationalitätenspezifische Muster des Fachkräftebedarfs spiegelt sich in etwa auch im Qualifikationsniveau der Betriebe wider. Um den Anteil an Beschäftigten mit einer Berufsausbildung (Lehre, Studium und vergleichbare Abschlüsse) zu bemessen, bedienen wir uns dem beschriebenen BW-Datensatz von 2009. Demnach ist der Anteil an Qualifizierten in sämtlichen Gruppen niedriger als in den Unternehmen von Einheimischen, in denen 84% einen Berufsabschluss haben (Abbildung 2). Allerdings weicht das Qualifikationsniveau der Betriebe von Polen und Osteuropäern kaum spürbar hiervon ab. Die Italiener hingegen weisen wiederum die niedrigsten Anteile auf, während in den Unternehmen der türkischstämmigen Inhaber immerhin rund zwei Drittel der Beschäftigten einen Berufsabschluss haben. Für einen Vergleich sind zudem die Anteile der Unternehmer mit abgeschlossener Ausbildung abgebildet, die mit den auf Arbeitnehmer bezogenen Anteilswerten korrespondieren. In der Tendenz sind die Unternehmer erwartungsgemäß besser als ihre Beschäftigten ausgebildet, nur die Betriebe der Osteuropäer und – deutlicher noch – der Türken haben im Durchschnitt einen besser ausgebildeten Arbeitnehmerstamm. Letzteres mag darauf zurückzuführen sein, dass deren Beschäftigte häufig ebenfalls türkischer Herkunft, aber gleichzeitig jünger und eher hierzulande aufgewachsen sind (Leicht et al. 2011).

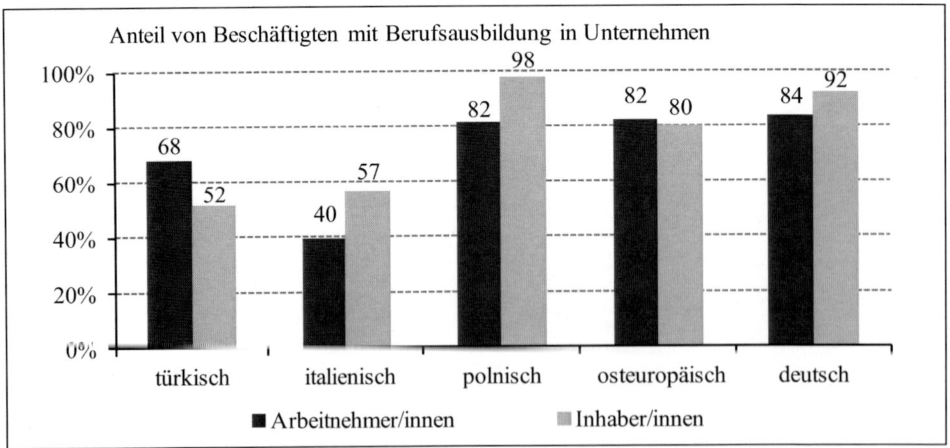

Abb. 2: Qualifikationsniveau der Beschäftigten und Unternehmensinhaber nach Herkunft (Quelle: BW-Daten 2009, ifm Universität Mannheim)

Welche Faktoren sind für die Unterschiede im gruppenspezifischen Qualifikationsniveau der Arbeitnehmer verantwortlich? Um dies zu klären wurde mittels einer linearen Regression (hier nicht abgebildet) geschätzt, welche betrieblichen Charakteristika und persönlichen Merkmale der Unternehmensinhaber den Anteil an ausgebildeten Beschäftigten determinieren. Hier wird ersichtlich, dass die bei türkischen und italienischen Betrieben erkennbare Distanz zum Qualifikationsniveau der Betriebe von Einheimischen zu einem wesentlichen Teil durch die Branchenstruktur, insbesondere durch die Dominanz des Gastgewerbes, zu erklären ist. Der Einfluss betrieblicher Charakteristika, etwa der Betriebsgröße, spielt hingegen kaum eine Rolle. Umso mehr jedoch die individuellen Ressourcen des Unternehmensinhabers. Mit höherer Bildung der Unternehmensführung steigt auch der Anteil qualifizierter Beschäftigter erheblich. Hier wirkt sich folglich aus, dass die Selbständigen aus den ehemaligen Anwerbeländern einen deutlich geringeren Level formaler Bildung als bspw. diejenigen aus Mittel- und Osteuropa aufweisen (Leicht et al. 2005 und 2011).

5 Umfang und Profil der Ausbildung in Migrantenunternehmen

Eine Strategie, mit welcher es Migrantenunternehmen gelingen könnte, den – je nach Ethnie – mehr oder weniger deutlichen Fachkräftebedarf zu decken, wäre die Ausbildung im eigenen Betrieb. Dies führt zu der Frage, in welchem Umfang sich Migrantenbetriebe am System der dualen Berufsausbildung beteiligen (können) und wie intensiv ihre Ausbildungsleistungen sind. Ferner interessiert, welche sozialen Merkmale die Auszubildenden aufweisen.

5.1 Ausbildungsbeteiligung und -intensität

Ausbildungsberechtigung

Betriebe können sich nur an der Ausbildung beteiligen, wenn sie die gesetzlichen Voraussetzungen hierfür erfüllen (Kapitel 2). Analog zum IAB-Betriebspanel (vgl. Stegmaier 2009), welches jedoch nicht Migrantenunternehmen identifiziert, wurden die Unternehmen in unserer BW-Erhebung zunächst gefragt, ob ihr Betrieb über eine Ausbildungsberechtigung (ggf. im Verbund) verfügt. Während zwei Drittel der „einheimischen" Unternehmen angaben, die Ausbildungsvoraussetzungen zu erfüllen, nahm je nach Herkunftsgruppe nur zwischen einem Viertel bis zur Hälfte der Migrantenbetriebe für sich in Anspruch, eine solche Berechtigung zu besitzen. Um dies zu vertiefen haben wir in unserer regionalen Stichprobe (Jobstarter-Daten) die Nicht-Berechtigten zusätzlich konkret nach den jeweiligen Hindernissen befragt. Fasst man die Aussagen der Migrantenbetriebe zusammen, dann verweist über die Hälfte darauf, dass es an einer „geeigneten Person fehlt", welche die Ausbildung der Jugendlichen übernehmen könnte. Bei nicht ganz einem Viertel der Betriebe (türkische: ein Drittel) „fehlt eine geeignete Arbeitsstätte" und ein weiteres Viertel meint zu erkennen, dass es an einem „konkreten Beruf fehlt", in welchem ausgebildet werden könnte. Dies zeigt auch gleichzeitig, wo ggf. Unterstützungsmaßnahmen anzusetzen sind.

Andererseits ist zu bedenken, dass die Ausbilder-Eignungsverordnung längere Zeit ausgesetzt war (Kapitel 2.3) und bei entsprechendem Ausbildungswillen über manche Hürde hinweggeholfen hätte. Es ist kaum zu beurteilen, inwieweit Hindernisse auch als Rechtfertigung vorgeschoben werden oder ob die Unternehmen ihre Befähigung und Ausbildungspotenziale mangels Informationen unterschätzen. Sicher jedoch ist die Frage der Ausbildungsberechtigung im Zusammenhang mit den betrieblichen und persönlichen Charakteristika (meist der Unternehmenseigner) zu sehen. Inwieweit diese von Bedeutung sind, wird in Kapitel 6 überprüft.

Ausbildungsbeteiligung

In welchem Umfang bilden Migrantenunternehmen aus? In unseren Erhebungen wurden die Unternehmen gefragt, ob sie Auszubildende (mit Ausbildungsvertrag und Berufsschulpflicht) beschäftigten, und wenn ja, wie viele. Als Ausbildungsbetriebe gelten solche, die mindestens einen Auszubildenden unter den Beschäftigten haben. Das Maß der Ausbildungsbeteiligung wird durch den Anteil der Ausbildungsbetriebe an allen Betrieben mit sozialversicherungspflichtig Beschäftigten errechnet und als Ausbildungsbetriebsquote (ABQ) definiert.

Betrachtet man zunächst die Gruppe der von Einheimischen geführten Unternehmen (Tabelle 1), beträgt die ABQ ca. 24%. Dieser Wert liegt nur geringfügig unterhalb der Gesamtquote (27%), wie sie sich aus den BA-Daten für das Jahr 2009 errechnen lässt. Dies sehen wir als Indikator, dass unsere Stichprobe auch hinsichtlich der Ausbildungsbeteiligung ein annähernd repräsentatives Bild ergibt, zumal die ABQ mit der Betriebsgröße steigt und unser Untersuchungsfeld naturgemäß eher klein- bis mittelbetrieblich strukturiert ist. Aus den zwei einzigen großräumigen Untersuchungen zur Ausbildungsbeteiligung von Migrantenunternehmen war erkennbar, dass deren Ausbildungsengagement zur Mitte des letzten Jahrzehnts noch weit vom Niveau der einheimischen Unternehmen entfernt war (Kapitel 2.2). Daher mag überraschen, dass in jüngerer Zeit die Beteiligungsquoten der Unternehmen mit türkischer oder italienischer Leitung beachtlich höher bzw. nur rund zwei Prozentpunkte unterhalb derjenigen von deutschen Unternehmen liegen und die ABQ der russischstämmigen Unternehmensinhaber sogar darüber liegt.

Herkunft Unternehmensinhaber	**Ausbildungsbetriebsquote**	**Ausbildungsintensität**	
		alle Arbeitgeberbetriebe	Arbeitgeberbetriebe mit Auszubildenden
türkisch	21,8	7,6	36,0
italienisch	22,3	7,0	32,7
polnisch	19,8	7,4	39,2
russisch/sowjetisch	30,9	11,3	37,6
deutsch	23,9	6,2	26,5

Tab. 1: Ausbildungsbetriebsquoten und Ausbildungsintensität von KMU nach Herkunft der Unternehmensinhaber/-innen (Quelle: NRW-BW-Daten 2009, ifm Universität Mannheim)

Für die gestiegene Ausbildungsbeteiligung in den genannten Herkunftsgruppen dürften mehrere Entwicklungen verantwortlich sein. Die branchenspezifische Zusammensetzung der Migrantenunternehmen hat sich in den letzten Jahren zugunsten eher wissensintensiver Sektoren verändert, wenngleich diesbezüglich noch immer Nachholbedarf besteht (Leicht et al. 2011). Zudem ist davon auszugehen, dass die zahlreichen durch Bund, Land und Kommunen bereitgestellten Programme zur Förderung der Ausbildungsbeteiligung ihre Spuren hinterlassen haben. Hier kommt eine rechnerisch relevante Komponente hinzu, welche das aufgezeigte Ausbildungsengagement etwas relativiert. Denn die ABQ bezieht sich standardgemäß auf Beschäftigungsbetriebe, an denen sich die Fördermaßnahmen fast ausschließlich orientierten. Dabei ist zu beachten, dass dem Mikrozensus zufolge bei den Osteuropäern rund zwei Drittel und bei den Polen rund drei Viertel der Unternehmen „Soloselbständige" sind (vom Nagelstudio oder Therapeuten bis zum „Wanderhandwerker"), die in der Regel nicht ausbilden, aber deren wachsende Zahl die ABQ dennoch nicht verringert.

Ausbildungsintensität

Das Ausbildungsengagement kommt nicht nur durch den Anteil ausbildender Betriebe zum Ausdruck, sondern auch darin, wie hoch die Zahl der Jugendlichen ist, die hier einen Ausbildungsplatz finden. Diese Leistung zu bewerten erfordert ein relatives Maß, das die Betriebsgröße berücksichtigt. Die Ausbildungsintensität (oder Ausbildungsquote) ergibt sich daher aus dem Anteil der Auszubildenden an den Beschäftigten. Hier ist zu unterscheiden, ob sich die Quote auf alle Betriebe mit Beschäftigten oder aber nur auf Ausbildungsbetriebe bezieht.

Wird die Ausbildungsquote mit Bezug auf alle Arbeitgeberbetriebe gebildet (Tabelle 1), zeigt sich, dass der Wert in allen Migrantengruppen über dem der Einheimischen liegt. Unter deutschen Arbeitgeberbetrieben sind durchschnittlich 6% der Beschäftigten Auszubildende. Unter den Betrieben von türkisch-, italienisch- und polnischstämmigen Migranten machen Auszubildende zwischen 7,0% und 7,6% der Beschäftigten und in denen der Russischstämmigen 11,3% aus. Das heißt, die Unternehmen von Migranten beteiligen sich zwar in geringerem Maße als die der Einheimischen an der Ausbildung, aber wenn sie ausbilden, dann mit höherer Intensität als in den „deutschen" Unternehmen.

Noch größer sind die Unterschiede zu den deutschen Unternehmen wenn die Ausbildungsintensität nur in den ausbildenden Betrieben betrachtet wird (Tabelle 1). Hier fallen besonders polnische Ausbildungsbetriebe auf, in denen im Schnitt vier von zehn Beschäftigten Auszubildende sind. In dieser Perspektive wird in allen Migrantengruppen deutlich intensiver ausgebildet als in einheimischen Unternehmen.

5.2 Soziale Charakteristika der Auszubildenden

Trotz insgesamt steigendem Ausbildungsplatzangebot sowie zunehmender Zahl unbesetzter Stellen, haben Bewerber mit niedrigen Schulabschlüssen und solche mit Migrationshintergrund noch immer geringere Erfolgsaussichten am Ausbildungsmarkt (Beicht 2011). Argumente zur Förderung der Ausbildung in Migrantenbetrieben werden daher durch die bislang unbelegte Vermutung gestützt, dass diese häufiger benachteiligte Jugendliche der gleichen Herkunft rekrutieren. Eine solche „Matching-These" ließe sich mit Formen innerethnischer Solidarität begründen. Andererseits stehen auch Migrantenunternehmen im Wettbewerb und sind auf „ausbildungsreife" Jugendliche, gleich welcher Herkunft, angewiesen. Welche Charakteristika besitzen also die in Migrantenunternehmen ausgebildeten Jugendlichen?

Schulabschlüsse der Auszubildenden

Unserer Erhebung zufolge bilden Migrantenbetriebe zu einem deutlich höheren Anteil bildungsschwache Jugendliche aus als dies bei den Betrieben der Einheimischen der Fall ist (Tabelle 2). In Unternehmen mit deutscher Leitung wird nur etwa ein Viertel der Ausbildungsplätze mit Hauptschülern besetzt. In den von Migranten geführten sind dagegen überproportional häufig Jugendliche mit Hauptschulabschluss auf einem Ausbildungsplatz. In „türkischen" Betrieben hat sogar fast jeder zweite Azubi maximal einen Hauptschulabschluss und in „italienischen" Betrieben immerhin 43%.

Herkunft Unternehmensinhaber	**Verteilung höchster Schulabschlüsse von Azubis**				
	Hauptschule	Realschule o.ä.	Hochschulreife	andere/ unbekannt	gesamt
türkisch	48,1	44,4	3,7	3,7	100
italienisch	42,9	42,9	7,1	7,1	100
andere Herkunftsländer	29,4	47,1	17,6	5,9	100
deutsch	23,8	48,1	23,8	4,3	100

Tab. 2: Struktur der Schulabschlüsse von Azubis in Migrantenbetrieben nach Herkunft der Unternehmensinhaber/-innen; gemessen an den im Ausbildungsjahr 2007/2008 zuletzt eingestellten Azubis (Quelle: Jobstarter-Daten, Mannheim 2008, ifm Universität Mannheim)

Vice versa sind auch deutliche Unterschiede mit Blick auf die Auszubilden mit höheren Abschlüssen (Abitur und Fachhochschulreife) zu beobachten. Bei einheimischen Unternehmen können insgesamt 24% der Azubis einen höheren Abschluss nachweisen. Unter den Azubis der Unternehmer mit Migrationshintergrund sind dies hingegen deutlich weniger. In „türkischen" Betrieben beträgt der Anteil nicht mal 4%.

Auszubildende mit Migrationshintergrund

Die Ausbildungsstrukturen von Migrantenbetrieben interessieren vor allem hinsichtlich der Besetzung von Stellen mit Jugendlichen, die selbst einen Migrationshintergrund haben. Dies muss natürlich im Kontext einer häufig praktizierten innerethnischen Solidarität unter Migranten sowie generell der Bedeutung von Beziehungsnetzwerken bei der Rekrutierung von Auszubildenden oder Beschäftigten gesehen werden. Bei Migrantenbetrieben spielen möglicherweise auch spezifische Kunden- und Lieferantenstrukturen eine gewisse Rolle, bei denen das „kulturelle Wissen" von Landsleuten von Vorteil ist.

Die Jobstarter-Daten zeigen, dass Betriebsinhaber mit Migrationshintergrund auch häufiger Jugendliche mit Migrationshintergrund einstellen. In Betrieben mit deutschen Inhabern besitzt lediglich ein Fünftel (19%) der Azubis einen Migrationshintergrund (hier nicht abgebildet). Dagegen ist deren Anteil unter den Auszubildenden in Migrantenbetrieben deutlich höher. In Unternehmen mit türkischstämmigen Inhabern sind es mehr als vier Fünftel (85%) und in den „italienischen" Betrieben hat die Hälfte der Auszubildenden einen Migrationshintergrund. Anhand der BW-Daten lässt sich zudem feststellen, dass es sich dabei in den meisten Fällen auch um „co-ethnische" Azubis handelt, also um Jugendliche mit derselben Herkunft. In hohem Maße ist dies bei den Unternehmen mit türkischen Inhabern der Fall, bei denen durchschnittlich 70% der Azubis auch türkischer Herkunft sind. In „italienischen" Unternehmen ist die Hälfte der Azubis gleicher Abstammung. In den Ausbildungsbetrieben der anderen Herkunftsgruppen ist der Anteil co-ethnischer Azubis hingegen etwas niedriger.

Angesichts der Tatsache, dass jugendliche Migranten auch häufiger Hauptschulabsolventen sind, ergibt sich hinsichtlich der Auszubildendenstruktur ein kongruentes Bild. Die „ethnische Struktur" schlägt sich in einer entsprechenden Bildungsstruktur der Stellenbesetzung nieder. Gelingt es also die Ausbildungsbeteiligung der Migrantenunternehmen weiterhin zu steigern, kommt man auch einer Versorgung der großen Zahl benachteiligter Jugendlicher am Ausbildungsstellenmarkt ein Stück näher sowie insgesamt einer besseren Ausschöpfung des Fachkräftepotenzials.

6 Determinanten der Ausbildungsbeteiligung

Grob kategorisiert werden Ausbildungsentscheidungen von betrieblich-internen und externen Rahmenbedingungen beeinflusst, wobei die Unterschiede im Ausbildungsverhalten von Unternehmern unterschiedlicher ethnischer Herkunft – hypothetisch betrachtet – vor allem auf die Wirkungskraft der persönlichen Merkmale und damit der internen Faktoren zurückzuführen sein dürfte (siehe Abschnitt 2.3). Andererseits sind die von Migranten geführten Unternehmen voraussichtlich stärker von institutionellen Regulierungen oder von Nachfrageveränderungen am Ausbildungsmarkt betroffen. Die Bedeutung der damit verbundenen Ausbildungshemmnisse obliegt zwar subjektiven Bewertungen, aber es sind gerade die persönlichen Einschätzungen der Unternehmensleitung, die häufig auch faktisch über die Frage des Ausbildungsengagements entscheiden. Die nachfolgenden Analysen befassen sich daher zunächst mit Intentionen und empfundenen Hemmnissen, hauptsächlich wird dann aber die Wirkung von „harten" Fakten, vor allem von sozialen und betrieblichen Merkmalen, untersucht.

6.1 Ausbildungsmotive und -hemmnisse

Im Rahmen unserer Jobstarter-Erhebung wurden sowohl ausbildende als auch nicht ausbildende Unternehmen mit einer Reihe von Fragen zu (möglichen) Ausbildungsmotiven und Hemmnissen konfrontiert. Hier kann nur eine Auswahl der relevanten Befunde präsentiert werden, die gleichzeitig einige auffällige Unterschiede zwischen den Einschätzungen von Migranten und Einheimischen, aber auch Gemeinsamkeiten dokumentieren.

Mit Blick auf die Ausbildungsmotive der bereits ausbildenden Betriebe ist zu erkennen, dass die „Möglichkeit des Rückgriffs auf qualifizierte Fachkräfte" und die durch Ausbildung erzielbare „Passgenauigkeit", für alle Herkunftsgruppen die beiden wichtigsten Ausbildungsmotive sind. Hier zeigen sich auch kaum Unterschiede zwischen den Gruppen, wobei allerdings die türkischen Arbeitgeber deutlich häufiger als die Deutschen der Meinung sind, dass die selbst ausgebildeten Fachkräfte besser in den Betrieb passen. In Bezug auf Normen und Werthaltungen ist von Interesse, dass in der Rangfolge der Wichtigkeit an dritter Stelle bei fast allen Gruppen die Aussage zu finden ist, mit ihrem Ausbildungsengagement „eine soziale und gesellschaftliche Verpflichtung" zu erfüllen. Allerdings bekennen sich Migranten in etwas geringerem Maße als die Deutschen zu diesem eher altruistischen Motiv. Ein deutlicherer Unterschied zeigt sich bei der Frage, ob der Betrieb durch die Ausbildung von Jugendlichen an „Wertschätzung im eigenen Umfeld" gewinnt. Für drei Viertel der türkischen und für zwei Drittel der italienische Unternehmer ist ein solcher (eigener) Prestigegewinn ein gewichtiges Ausbildungsmotiv. Dies ist unter Deutschen bei weniger als der Hälfte der Fall.

Ferner interessierte, welche Ausbildungshemmnisse die nicht-ausbildenden Betriebe benennen. Hürden, welche durch die „rechtlichen Regelungen" oder den „bürokratischen Aufwand" bedingt sind, wiegen für Migrantenbetriebe deutlich stärker als für Betriebsinhaber deutscher Herkunft (Abbildung 3).

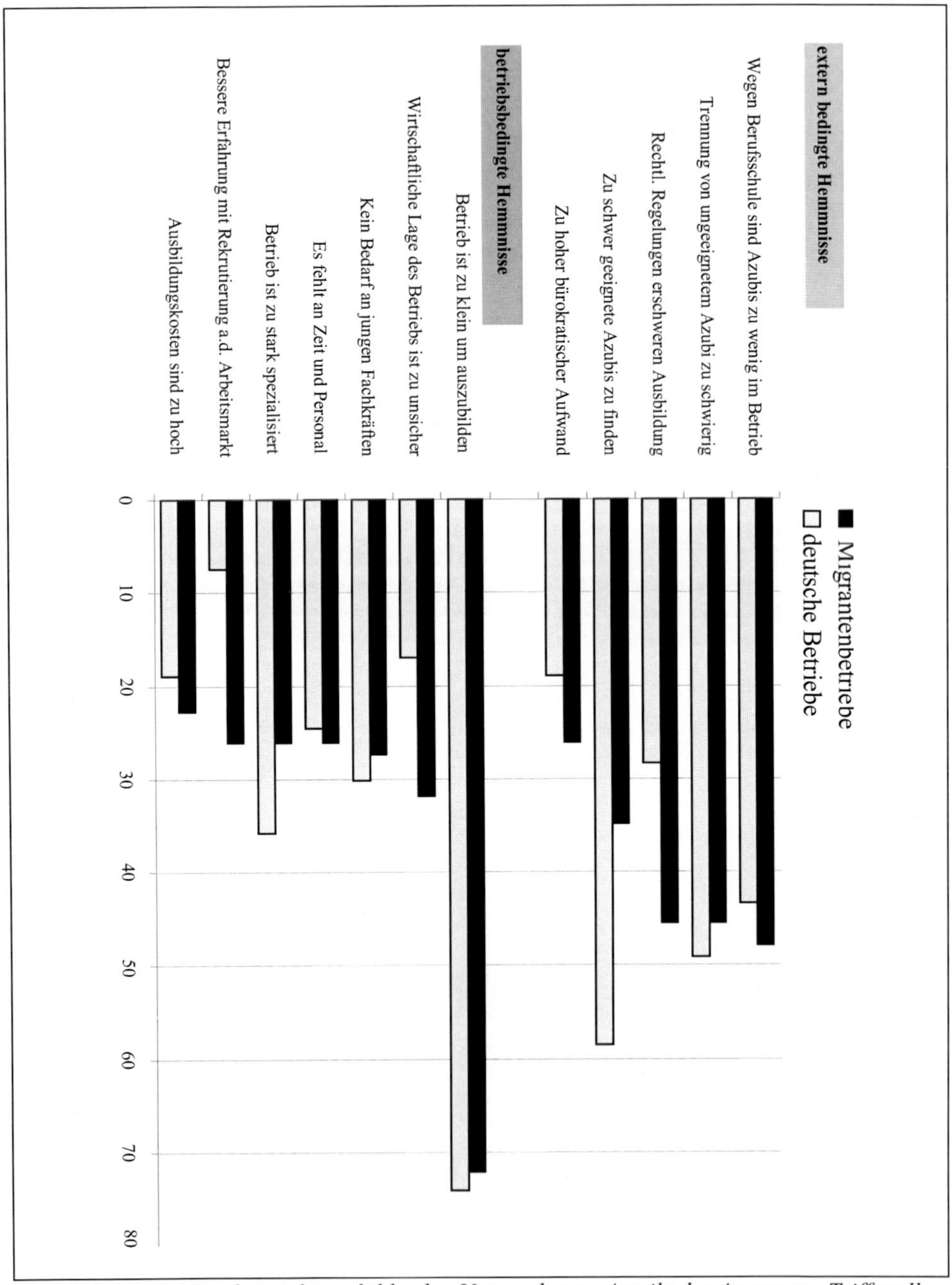

Abb. 3: Hemmnisse bei nicht-ausbildenden Unternehmen; Anteile der Aussagen „Trifft voll zu" und „trifft zu" (Quelle: Jobstarter-Daten, Mannheim 2008, ifm Universität Mannheim)

Wie zu erwarten war, haben Migrantenbetriebe also größere Probleme im Umgang mit den „deutschen" Institutionen. In Bezug auf andere betriebsexterne Faktoren, die eine Ausbildungsbeteiligung unter Umständen bremsen könnten, so etwa die Verfügbarkeit geeigneter Bewerber, sehen sich Migrantenbetriebe jedoch nicht in stärkerem Maße mit Schwierigkeiten konfrontiert als die „einheimischen" Betriebsinhaber. Dies mag daran liegen, dass Migrantenunternehmen aus einem anderen Reservoir schöpfen (Abschnitt 5.2). Im Hinblick auf die betriebsinternen Hemmnisse sind es nur die Faktoren „Ausbildungskosten" und die „wirtschaftliche Lage des Betriebs", welche Migrantenbetriebe leicht stärker als „deutsche" Betriebe abschrecken. Alle anderen aufgelisteten Hemmnisse besitzen für die ausbildungsabstinenten Migranten eher eine ähnliche oder sogar leicht geringere Relevanz. Die Bedeutung und Stärke der empfundenen Hemmnisse weist insgesamt ein ähnliches Rangfolgenmuster wie bei den „deutschen" Betrieben auf. Das Problem einer zu „geringen Betriebsgröße" oder der „fehlende Fachkräftebedarf" stehen im Ranking der Hemmnisse jeweils an der Spitze.

6.2 Determinanten der Ausbildungsbeteiligung: Multivariate Analysen

Auf welche Faktoren lassen sich Differenzen in der Ausbildungsbeteiligung der Unternehmen von Einheimischen und Migranten zurückzuführen? Und in welcher Weise nehmen die persönlichen und betrieblichen Merkmale auf unterschiedliche Gruppen Einfluss? Soweit es die Datenlage erlaubt, wird entsprechend der in Abschnitt 2.3 formulierten Thesen sowohl im Hinblick auf persönliche (soziokulturelle und wissensbezogene Faktoren) als auch auf betriebliche Faktoren (betriebsinterne Ausgangsbedingungen und Betriebsumfeld) kontrolliert. Mittels logistischer Regressionen wird ermittelt, welche Faktoren in welchem Maße die Wahrscheinlichkeit erhöhen, dass Unternehmen ausbilden (abhängige Variable). Nach einem kurzen Exkurs, in dem zunächst die Jobstarter-Daten verwendet werden, dient schließlich hauptsächlich der NRW-BW-Datensatz als empirische Grundlage der Regressionsanalysen.

Einfluss des Fachkräftebedarfs

Es ist keinesfalls selbstredend, dass das Ausbildungsverhalten von Unternehmen wesentlich vom Bedarf an Fachkräften gelenkt wird, da dies nicht nur eine antizipierende Haltung der Personalverantwortlichen, sondern auch die Überzeugung voraussetzt, dass der Bedarf nicht genauso über den Arbeitsmarkt zu befriedigen ist. Da wir nur in unserer regionalen Erhebung Angaben zum Fachkräftebedarf besitzen, nehmen wir Exkurs auf den dort zu beobachtenden Sachverhalt: Mittels einer logistischen Regression (hier nicht abgebildet) wurde in getrennten Modellen für Deutsche und für Migranten insgesamt geschätzt, welchen Einfluss die Tatsache hat, dass Betriebe Fachkräftebedarf äußern. Im Ergebnis zeigt sich, dass in Betrieben, die Fachkräfte suchen oder gesucht haben, mit doppelt so hoher Wahrscheinlichkeit ausgebildet wird als in Betrieben, die keinen Arbeitskräftebedarf für die Vergangenheit meldeten. Diese Beobachtung gilt gleichermaßen für die Unternehmen der Deutschen und der Migranten. Selbst unter Kontrolle weiterer betrieblicher Faktoren, wie der Betriebsgröße und der Branchenzugehörigkeit, verbleibt dieser Effekt fast unverändert. Zu berücksichtigen ist, dass der Fachkräftebedarf von Migrantenunternehmen durchschnittlich geringer ist (Abschnitt 4.1), doch soweit vorhanden ist er hinsichtlich der Frage der Ausbildungsaktivitäten genauso entscheidend. In nachfolgenden Analysen wird das Ausmaß des Fachkräftebedarfs durch die beobachtete Beschäftigungsentwicklung (als Näherungswert) berücksichtigt.

Einfluss der ethnischen Herkunft im Kontext weiterer Faktoren

Die Regressionsmodelle in Tabelle 3 beruhen auf dem größeren NRW-BW-Datensatz und verdeutlichen, welchen Einfluss die ethnische Herkunft der Unternehmensleitung auf die Ausbildungsbeteiligung hat und inwieweit sich dieser unter Kontrolle weiterer Faktoren verändert. Ohne weitere Kontrollvariablen (Modell 1) zeigt sich, dass im Vergleich zu den deutschen Unternehmensinhabern lediglich die italienischstämmigen eine signifikant niedrigere Wahrscheinlichkeit haben, in ihren Betrieben auszubilden. Unternehmensinhaber mit russischer/ehemals sowjetischer Herkunft weisen hingegen eine signifikant höhere Ausbildungswahrscheinlichkeit auf als die Deutschen.

Dieses den Ausbildungsbetriebsquoten (Abschnitt 5.1) entsprechende Ergebnis verändert sich unter Kontrolle weiterer persönlicher Faktoren (Modell 2). In dieser Perspektive wird das Ausbildungsverhalten weniger durch die ethnische Herkunft, sondern stärker durch die berufliche Qualifikation der Unternehmensleitung determiniert: Mit zunehmender Bildung steigt die Wahrscheinlichkeit einer Ausbildungsbeteiligung signifikant und merklich. Das Geschlecht der Unternehmensleitung spielt jedoch keine Rolle. Auf den Alterseffekt wird nachfolgend noch in Bezug auf die gruppenspezifischen Modelle eingegangen.

	Unabhängige Variablen	Modell 1 Exp(B)	Modell 2 Exp(B)	Modell 3 Exp(B)	Modell 4 Exp(B)
persönliche Faktoren	*Ref.: deutsch*				
	türkisch	0,86	0,91	1,06	1,11
	italienisch	0,70 *	0,90	0,96	1,76 **
	polnisch	0,96	0,88	1,13	0,99
	russisch/sowjetisch	1,56 **	1,37	1,71 **	1,61 *
	Frauen *(Ref.: Männer)*		1,06	1,16	1,11
	Alter Inhaber/-in		0,99	0,98 ***	0,97 ***
	Ref.: ohne beruflichen Abschluss				
	mit beruflichem Abschluss		1,66 **	1,54 **	1,22
	Studium		2,19 ***	1,95 ***	1,32
betriebliche Faktoren	Betriebsalter			1,02 **	1,03 ***
	Beschäftigtenzahl			1,05 ***	1,05 ***
	Ref.: sinkende Beschäftigtenentw.				
	stagnierend			1,55 *	1,69 **
	steigend			1,72 *	1,85 **
	Ref.: Produzierendes Gewerbe				
	Handel				0,66
	Gastgewerbe				0,30 ***
	wissensint. (übrige) DL				1,33
	nicht wissensint. (übrige) DL				0,92
Konstante		0,37 ***	0,36 **	0,23 ***	0,44
Pseudo R^2 (Nagelkerke)		0,02	0,04	0,10	0,13

*Tab. 3: Determinanten der Ausbildungsbeteiligung, logistische Regression; signifikante Effekte: *** bei p<0,01, ** bei p<0,5, * bei p<0,1 (NRW-BW-Daten 2009, ifm Uni Mannheim)*

In Modell 3 wird zusätzlich auf betriebliche Faktoren kontrolliert. Wie vermutet haben diese einen bedeutenden Einfluss auf die Ausbildungsbeteiligung. Mit jedem zusätzlichen Jahr seit der Gründung, und vor allem mit jedem zusätzlichen Beschäftigten, erhöht sich die Ausbildungswahrscheinlichkeit signifikant. Vorausschauende Investitionen in die Qualifikation der Beschäftigten werden zudem auch durch Erfahrungen induziert. Die Beschäftigungsentwicklung kann zum einen als Proxyvariable für den Fachkräftebedarf vorangegangener Jahre und zum anderen für die wirtschaftliche Entwicklung des Unternehmens betrachtet werden. Diesbezüglich zeigt sich, dass im Vergleich zu Unternehmen mit Beschäftigungsrückgang (Referenzkategorie) allein schon eine gleichbleibende oder steigende Entwicklung die Ausbildungsbereitschaft signifikant positiv verstärkt.

Während sich bis hierhin die Einflussstärke und -richtung der ethnischen Herkunft durch die Kontrollvariablen nicht wesentlich verändert hat, kommt unter Kontrolle der Branchenzugehörigkeit (Modell 4) ein anderes Beziehungsmuster zum Vorschein: Hält man statistisch den Einfluss des Wirtschaftszweiges konstant, dann steigt bei den Unternehmen unter italienischer Leitung die Wahrscheinlichkeit beträchtlich, dass hier ausgebildet wird. Sie liegt – wie auch bei den Betrieben der Russischstämmigen – dann sogar signifikant höher als bei deutschen Betrieben. Dieser Effekt ist auf den deutlich negativen Einfluss zurückzuführen, den die Zugehörigkeit zum Gastgewerbe ausübt. Denn gegenüber den Unternehmen, die dem Produzierenden Gewerbe (Referenzkategorie) zuzurechnen sind, ist die Ausbildungswahrscheinlichkeit im Gastgewerbe um das Dreifache geringer. Dieser Zusammenhang erweist sich als hochsignifikant. Unter Kontrolle der Branche schwindet die Signifikanz des Einfluss der Bildung der Unternehmensinhaber, denn natürlich beeinflusst die Qualifikation der Selbständigen auch die Frage, in welchem Wirtschaftszweig der Betrieb gegründet wird.

Gruppenspezifisch relevante Einflussfaktoren

Welchen Einfluss haben die persönlichen und betrieblichen Faktoren auf die Ausbildungsbeteiligung, wenn man das Beziehungsgeflecht nicht wie zuvor in einem Gesamtmodell, sondern in Bezug auf einzelne Herkunftsgruppen untersucht? Hier sind gesonderte, auf einzelne Ethnien bzw. Gruppenaggregate bezogene logistische Regressionsmodelle erforderlich, durch welche ersichtlich wird, ob und inwiefern die zuvor bewerteten Faktoren im ethnienspezifischen Kontext unterschiedliche Effekte zeigen. Die Analysen beruhen auf zwei Schritten. In der ersten Stufe wird der Einfluss persönlicher Merkmale der Unternehmensinhaber und in der zweiten Stufe der Einfluss betrieblicher Faktoren untersucht.

Werden die Ergebnisse zunächst in Bezug auf die persönlichen Merkmale und hierbei jeweils für die Unternehmen der Deutschen und für der hier betrachteten Migrantengruppen insgesamt diskutiert (Tabelle 4), ergibt sich folgendes Bild: Mit vergleichendem Blick auf beide Gruppen kann als ein wesentlicher Befund vorweggeschickt werden, dass sich die Effekte, welche einzelne Faktoren erzielen, lediglich in der Stärke und Signifikanz, jedoch nicht in ihrer Richtung unterscheiden. Im Einzelnen betrachtet fällt nochmals auf, dass das Merkmal „Geschlecht" keinen statistisch signifikanten Einfluss ausübt, während das Alter der Betriebsinhaber, zumindest bei den Deutschen, einen beachtlichen Effekt erzielt. Mit zunehmendem Alter nimmt die Ausbildungsaktivität ab, was verwundert, da das Lebensalter in der Regel als Näherungswert für Arbeitserfahrung gilt. Bei Migranten kommt der Einfluss des Alters jedoch erst unter Kontrolle der betrieblichen Faktoren zur Geltung. Das Bildungsniveau der

Unternehmensleitung wirkt sich tendenziell positiv auf die Ausbildungsbeteiligung aus, zeigt aber bei den deutschen Betrieben keinen signifikanten Effekt. Dies mag jedoch daran liegen, dass die Referenzgruppe der Unternehmer „ohne beruflichen Abschluss" zu geringe Fallzahlen aufweist. Deutlicher wird der Bildungseffekt bei Migrantenbetrieben: Die Wahrscheinlichkeit, dass sich ein Betriebsinhaber, der selbst einen Berufsabschluss besitzt, zur Ausbildung von Jugendlichen entscheidet, ist rund 1,7-fach und bei Hochschulabsolventen 2,5-fach höher als bei einem Inhaber ohne eigene Berufsausbildung. Diese Befunde gelten zumindest dann, wenn man nicht zusätzlich nach betrieblichen Faktoren kontrolliert (siehe im Folgenden).

Die für Migranten insgesamt beschriebenen Ergebnisse lassen sich, zumindest im Groben, auch in den Schätzmodellen für das Ausbildungsverhalten der Unternehmen mit Inhabern türkischer und italienischer Herkunft (jeweils aggregiert) wiederfinden (Tabelle 4). In den Modellen für die Unternehmen mit polnischer- und russischer Leitung erzeugen die bildungsbezogenen Variablen jedoch keinen signifikanten Effekt.

Werden in einer weiteren Stufe die betrieblichen Charakteristika kontrolliert, verbleibt in den meisten Fällen (mit Ausnahme der Gruppe türkisch/italienischer Betriebe) ein negativer Lebensalter-Effekt, jedoch vermindert sich die Einflussstärke von Bildung in allen Gruppen merklich. Dies ist teils der bereits erwähnten Interaktion zwischen Bildung und der Branchenzugehörigkeit geschuldet, da die wirtschaftliche Tätigkeit stark mit dem Bildungsgrad der Unternehmensinhaber im Zusammenhang steht. Konzentriert man sich zunächst auf die Modelle für deutsche und für Migrantenunternehmen insgesamt (Tabelle 4), sind deutliche Differenzen im Einfluss der Branchenorientierung erkennbar. Im Bereich der deutschen Unternehmen wirkt sich vor allem die Zugehörigkeit zum Produzierenden Gewerbe (Referenzkategorie) positiv auf das Ausbildungsverhalten aus. In den anderen Wirtschaftszweigen ist die Wahrscheinlichkeit einer Ausbildungsaktivität zumeist nur halb so hoch wie in diesem Sektor, wobei allerdings nur die Zugehörigkeit zum Handel einen signifikanten Effekt bewirkt.

Im Feld der Migrantenunternehmen hingegen erhöht eine Tätigkeit in den wissensintensiven Dienstleistungen die Chance wesentlich, dass dann auch ausgebildet wird. Diese Wahrscheinlichkeit ist hier fast doppelt so hoch wie im Produzierenden Gewerbe. Die Unterschiede in den Bestimmungsfaktoren des Ausbildungsverhaltens sind vor dem Hintergrund zu sehen, dass deutsche Betriebe wesentlich stärker im ausbildungsstarken Handwerk verankert sind. Einen merklich negativen Effekt auf die Ausbildungsaktivität hat bei Migrantenunternehmen hingegen – wie bereits dargestellt – die Zugehörigkeit zum Gastgewerbe. Auf die Brancheneinflüsse wird im Zusammenhang mit der Betrachtung einzelner Migrantengruppen nochmals genauer eingegangen. Wie schon anhand der Analysen im Gesamtmodell zu erkennen war, nehmen das Alter und die Beschäftigtengröße eines Unternehmens einen erwartungsgemäß deutlich positiven Einfluss auf das Ausbildungsverhalten. Dies ist unabhängig von der Herkunft der Unternehmensinhaber der Fall.

	Unabhängige Variablen	deutsch Modell 1 Exp(B)	deutsch Modell 2 Exp(B)	Migrantengruppen zusammen Modell 1 Exp(B)	Migrantengruppen zusammen Modell 2 Exp(B)
persönlich	Frauen *(Ref.: Männer)*	0,74	0,95	1,22	1,17
	Alter Inhaber/-in	0,96 **	0,92 ***	1,00	0,98 **
	Ref.: ohne beruflichen Abschluss				
	mit beruflichem Abschluss	3,37	3,00	1,65 **	1,09
	Studium	3,59	3,31	2,52 ***	1,18
betriebliche	Betriebsalter		1,05 *		1,03 ***
	Beschäftigtenzahl		1,06 ***		1,04 ***
	Ref.: sinkende Beschäftigtenentw.				
	stagnierend		2,91 *		1,39
	steigend		2,17		1,65
	Ref.: Produzierendes Gewerbe				
	Handel		0,42 *		0,92
	Gastgewerbe		0,46		0,44 ***
	wissensint. (übrige) DL		0,66		1,88 *
	nicht wissensint. (übrige) DL		0,40		1,29
	Konstante	0,75	1,09	0,22 ***	0,36 *
	Pseudo R^2 (Nagelkerke)	0,05	0,24	0,04	0,12
	Einbezogene Fälle (N)	252	252	898	898

	Unabhängige Variablen	türkisch & italienisch Modell 1 Exp(B)	türkisch & italienisch Modell 2 Exp(B)	polnisch & russisch/sowjetisch Modell 1 Exp(B)	polnisch & russisch/sowjetisch Modell 2 Exp(B)
persönlich	Frauen *(Ref.: Männer)*	1,33	1,27	0,98	1,12
	Alter Inhaber/-in	1,01	0,99	0,97 *	0,96 **
	Ref.: ohne beruflichen Abschluss				
	mit beruflichem Abschluss	1,70 **	1,06	1,31	1,06
	Studium	2,47 ***	1,37	2,30	1,33
betriebliche	Betriebsalter		1,04 ***		0,97
	Beschäftigtenzahl		1,04 ***		1,04 *
	Ref.: sinkende Beschäftigtenentw.				
	stagnierend		1,08		3,50
	steigend		1,80		2,40
	Ref.: Produzierendes Gewerbe				
	Handel		2,00		0,14 ***
	Gastgewerbe		0,67		0,27
	wissensint. (übrige) DL		2,41 *		0,93
	nicht wissensint. (übrige) DL		2,47 **		0,35 *
	Konstante	0,13 ***	0,15 ***	0,99	1,62
	Pseudo R^2 (Nagelkerke)	0,03	0,15	0,03	0,17
	Einbezogene Fälle (N)	630	630	268	268

*Tab. 4: Determinanten der Ausbildungsbeteiligung, logistische Regression, signifikante Effekte: *** bei $p<0{,}01$, ** bei $p<0{,}5$, * bei $p<0{,}1$ (NRW-BW-Daten 2009, ifm Uni Mannheim*

Wirft man abschließend einen Blick auf einzelne Gruppen bzw. auf die Unternehmen mit Inhabern aus den ehemaligen Anwerbeländern oder aus Osteuropa, fallen vor allem die unterschiedlichen Brancheneffekte auf. Während in der Gruppe der türkischen/italienischen Unternehmen vor allem die Zugehörigkeit zu den „übrigen“ Dienstleistungen (egal ob wissensintensiv oder auch nicht wissensintensiv) die Ausbildungswahrscheinlichkeit exorbitant erhöht, ist dies bei den Unternehmen aus dem osteuropäischen Raum gerade umgekehrt der Fall. Diese Differenzen dürften teils darauf zurückzuführen sein, dass türkische und italienische Betriebe häufig im Friseurgewerbe oder ähnlichen nicht wissensintensiven Dienstleistungen (z. B. Reisebüros) engagiert sind, in welchen vergleichsweise häufig ausgebildet wird. Demgegenüber sind vor allem die Unternehmen polnischstämmiger Inhaber stark im Baugewerbe aktiv. Auch hier wird generell mit höherer Wahrscheinlichkeit ausgebildet.

Insgesamt ist davon auszugehen, dass Unterschiede im Ausbildungsverhalten zwischen deutschen und ethnischen Selbständigen zu einem großen Teil auf unterschiedliche betriebliche Charakteristika zurückgeführt werden können. Dadurch jedoch, dass die betrieblichen Merkmale (teils stark) unterschiedlich ausgeprägt sind bzw. zwischen den Herkunftsgruppen variieren, wird der Einfluss auf das Ausbildungsverhalten bei bivariater Betrachtung zunächst lediglich anhand der ethnischen Herkunft ersichtlich. Negativ auf die Ausbildungsbeteiligung von Migrantenbetrieben wirkt sich insbesondere aus, dass sie häufig kleinere und jüngere Betriebe haben und zudem aufgrund ihrer eigenen Qualifikation auch überproportional in Branchen mit geringen Qualifikationsanforderungen tätig sind. Insbesondere die niedrige Ausbildungsbeteiligung italienischer Betriebe lässt sich dadurch erklären, dass sie häufiger im Gastgewerbe angesiedelt sind.

7 Resümee und Handlungsempfehlungen

Angesichts eines anhaltenden Fachkräftebedarfs und einer schwierigen demografischen Entwicklung besteht ein gesamtwirtschaftliches Interesse daran, die Ausbildungsaktivitäten von Unternehmen zu erhöhen und gleichzeitig das Potenzial an Jugendlichen besser auszuschöpfen. Unter bestimmten Bedingungen scheinen insbesondere Migrantenunternehmen dazu prädestiniert, beiden Anforderungen gerecht zu werden. Das Fachkräftedefizit am Arbeits- und Ausbildungsmarkt scheint ohne Zuwanderer und ihre Nachfahren – und auch ohne ihre unternehmerische Mitgestaltung künftig kaum noch zu bewältigen. Letztgenannter Aspekt wurde in der Forschung bisher eher vernachlässigt. Bei einer stetig wachsenden Zahl an Migrantenunternehmen stellt eine Erhöhung des Ausbildungsengagements nicht nur eine Möglichkeit, sondern gar eine Notwendigkeit dar, um bislang unausgeschöpfte Potenziale zu aktivieren. Vor diesem Hintergrund wurden in den letzten Jahren zahlreiche Initiativen und Förderprogramme zur Intensivierung der Ausbildungsbeteiligung in Unternehmen von Migranten ins Leben gerufen. Dabei überrascht der Mangel an fundiertem Wissen über den tatsächlichen Umfang, die Bedingungen und die personelle Zielrichtung der Ausbildungsaktivitäten. Unser Beitrag befasst sich daher mit dem Fachkräfte- und Qualifizierungsbedarf sowie dem Ausbildungsverhalten von Migrantenunternehmen.

Die Befunde zeigen, dass (erstens) in Unternehmen von Migranten im Vergleich zu denen von Deutschen zwar ein geringerer, aber dennoch relevanter Fachkräftebedarf besteht, der durch Rekrutierungsprobleme noch untermauert wird. Mit Blick auf die Ergebnisse einer früheren Studie ist überraschend, dass (zweitens) auch Migrantenbetriebe diesen Fachkräftebedarf zunehmend durch eigene Ausbildung von Jugendlichen decken. Zwar erreichen die meisten Herkunftsgruppen noch nicht die Ausbildungsbeteiligung deutscher Unternehmen, aber wenn sie denn ausbilden, dann tun sie dies (drittens) mit größerer Intensität. Gemessen an den Beschäftigtenzahlen weisen Migrantenunternehmen höhere Ausbildungsquoten auf. Ferner konnte (viertens) die These bestätigt werden, dass davon in erster Linie die am Ausbildungsmarkt benachteiligten Jugendlichen profitieren. Dazu zählen solche, die einen Migrationshintergrund und schwächere Schulabschlüsse besitzen. Eine Aktivierung der Ausbildungstätigkeit von Migrantenunternehmen erhöht daher auch nicht zwangsweise den Angebotsüberhang am Ausbildungsmarkt. Die Ursachen für die beobachteten Unterschiede in der Ausbildungsbeteiligung sind (fünftens) weniger in herkunftsbedingten bzw. ethnischen Merkmalen, sondern in erster Line in den betrieblichen Charakteristika der Unternehmen zu suchen. In Migrantenbetrieben wird bislang noch seltener ausgebildet, weil sie meist kleinere und jüngere Unternehmen führen und zudem die Qualifikationen ihrer Inhaber zur Orientierung auf Branchen führen, in denen generell weniger ausgebildet wird. Folgt man den Angaben von Migrantenunternehmen, dann scheinen zudem auch häufiger rechtliche und bürokratische Hürden einer Ausbildungsbeteiligung entgegenzustehen.

Vor diesem Hintergrund spricht vieles dafür, die Initiativen zur Förderung des Ausbildungsengagements von Migrantenunternehmen fortzuführen bzw. an einigen Stellen konzentriert zu verstärken – und dies selbst dann, wenn viele von ihnen noch in Branchen mit geringen Qualifikationsanforderungen verharren. In jüngerer Zeit verändern sich die Profile, nicht zuletzt durch die immens stark gestiegenen Gründungsraten unter mittel- und osteuropäischen Migranten. Politische Initiativen dürfen allerdings bei der Gründungs- und Ausbildungsförderung nicht stehen bleiben, da auch Migrantenunternehmen mittel- und langfristig Unterstützung bei der Fachkräftesicherung benötigen. Die Nachhaltigkeit in diesem Unternehmenssegment ist eher schwach. Hier besteht zudem die Gefahr der Überlagerung von Problemen, wenn Migranten häufiger Betriebe in prekären Randlagen – und wenn sie ausbilden auch noch mit benachteiligten Jugendlichen – führen. Fördermaßnahmen müssen daher auch bei der Qualifizierung der Ausbilder ansetzen, da die Personalführung in Migrantenbetrieben oftmals selbst keine adäquate berufliche Ausbildung und auch wenig Erfahrung mit dem System der dualen Berufsbildung besitzt.

Literatur

- AB – Autorengruppe Bildungsberichterstattung (2010): Bildung in Deutschland. Ein indikatorengestützter Bericht mit einer Analyse zu Perspektiven des Bildungswesens im demographischen Wandel. Im Auftrag der ständigen Konferenz der Kultusminister der Länder in der Bundesrepublik Deutschland und des Bundesministeriums für Bildung und Forschung, Bielefeld.
- Baethge, M. (1999): Glanz und Elend des deutschen Korporatismus in der Berufsbildung. In: WSI Mitteilungen 52, 8/1999, S. 489-497.
- Bechmann, S., Dahms, V., Fischer, A., Frei, M., Leber, U., Möller, I. (2011): Beschäftigung, Arbeit und Unternehmertum in deutschen Kleinbetrieben. Ergebnisse aus dem IAB-Betriebspanel 2010. IAB-Forschungsbericht 7/2011. Nürnberg.

- Beicht, U. (2011): Junge Menschen mit Migrationshintergrund: Trotz intensiver Ausbildungsstellensuche geringere Erfolgsaussichten. In: BIBB Report. Forschungs- und Arbeitsergebnisse aus dem Bundesinstitut für Berufsbildung, 16/2011, Bonn.

- Beicht, U., Granato, M. (2011): Ausbildungsplatzsuche: Geringere Chancen für junge Frauen und Männer mit Migrationshintergrund. In: BIBB Report. Forschungs- und Arbeitsergebnisse aus dem Bundesinstitut für Berufsbildung, 15/2011, Bonn.

- Beutner, M. (2004): Ein Determinantenmodell der Ausbildungsbereitschaft von Klein- und Mittelbetrieben – Basis für eine systematische Förderung der Berufsausbildung. In: Krekel, E. M., Walden, G. (Hrgs.) (2004): Zukunft der Berufsausbildung in Deutschland: Empirische Untersuchungen und Schlussfolgerungen. Berichte zur Beruflichen Bildung 273/2004, Bonn, S. 94-110.

- Beutner, M. (2001): Ausbildungsbereitschaft in Klein- und Mittelunternehmen. Eine wirtschaftspädagogische Studie zur Ermittlung der Determinanten der Ausbildungsbereitschaft. Köln.

- BiBB – Bundesinstitut für Berufsbildung (2011): Datenreport zum Berufsbildungsbericht 2011 – Informationen und Analysen zur Entwicklung der beruflichen Bildung. Bonn.

- BLK – Bund-Länder-Kommission für Bildungsplanung und Forschungsförderung (2003): Ausschöpfung der Ausbildungskompetenz ausländischer Unternehmen. BLK-Fachtagung am 6/7. Oktober 2003 in Hamburg. Materialien zur Bildungsplanung und Forschungsförderung, 111/2003, Bonn.

- BMBF – Bundesministerium für Bildung und Forschung (2011): Berufsbildungsbericht 2010. Bonn, Berlin.

- BMWi – Bundesministerium für Wirtschaft und Technologie (2010): Staatssekretär Dr. Bernhard Heitzer wirbt für Ausbildungsplätze in Migrantenunternehmen und für Ausbildung von jungen Menschen mit Migrationshintergrund. Pressemitteilung vom 11.5.2010.

- Böhmer, M. (2011): Mehr Unternehmer mit ausländischen Wurzeln für ein Engagement bei der Ausbildung gewinnen. Pressemitteilung der Integrationsbeauftragten vom 12.6.2011.

- Bosch, G., Charest, J. (2010): Vocational training – international perspectives. New York.

- Butter, F. A. G., Masurel, E., Mosch, R. H. J. (2007): The Economics of Co-ethnic Employment: Incentives, Welfare Effects and Policy Options. In: Dana, L.-P. (Hrsg.) (2007): Handbook of Research on Ethnic Minority Entrepreneurship. A Co-evolutionary View on Resource Management, Cheltham, S. 42-60.

- Christ, F., Reinecke, M., Welker, C. (2007): Erhöhung der Ausbildungsbeteiligung von Unternehmen mit Migrationshintergrund. Abschlussbericht. Rambøll Management GmbH, Hamburg.

- Haug, S. (2005): Die Datenlage im Bereich der Migrations- und Integrationsforschung. Ein Überblick über Migrations- und Integrationsindikatoren und die Datenquellen. Bundesamt für Migration und Flüchtlinge, Working Paper Nr.1, Nürnberg.

- Hilger, P. (2000): Ausbildungsinteressen ausländischer Unternehmer - Projektstudie zur Vorbereitung einer Maßnahme zur Förderung der Ausbildungsbereitschaft ausländischer Betriebe in der Region Hannover. Im Auftrag des Ministeriums für Frauen, Arbeit und Soziales, Hannover.
- IAB – Institut für Arbeitsmarkt- und Berufsforschung (2008): Rund eine Million offene Stellen im dritten Quartal. IAB-Pressemitteilung vom 17.11.2008.
- Kanschat, K. (2007): Diversity in internationalen Unternehmen in Deutschland. In: Dettling, D., Gerometta, J. (Hrsg.) (2007): Vorteil Vielfalt – Herausforderungen und Perspektiven einer offenen Gesellschaft, Wiesbaden, S. 207-217.
- Kanschat, K., Pütz, M. S. (2007): Unternehmen ausländischer Herkunft schaffen Ausbildungsplätze. In: Jobstarter regional 1/2007, Bonn, S. 4-8.
- KAUSA – Koordinierungsstelle Ausbildung in Ausländischen Unternehmen (2005): Unternehmerinnen und Unternehmer mit Migrationshintergrund engagieren sich für Ausbildung.
- Kloosterman, R., Rath, J. (1993): Immigrant entrepreneurs: Venturing abroad in the age of globalization. Oxford.
- Lenske, W., Werner, D. (1998): Ausländische Unternehmer in Deutschland: Ausbildungssituation und Ausbildungspotential. Beiträge zur Gesellschafts- und Bildungspolitik, 223/1998, Köln.
- Leicht, R., Di Bella, J., Langhauser, M., Leiß, M., Philipp, R. (2011): Triebkräfte und Leistungen ausländischen Unternehmertums: Zur Zukunftsfähigkeit der Migrantenökonomie in Baden-Württemberg. Forschungsprojekt für das Wirtschaftsministerium Baden-Württemberg, Mannheim.
- Leicht, R., Strohmeyer, R., Leiß, M., Philipp, R. (2009a): Selbständig integriert? Studie zum Gründungsverhalten von Frauen mit Zuwanderungsgeschichte in Nordrhein-Westfalen. Ministerium für Generationen, Familie, Frauen und Integration NRW, Düsseldorf.
- Leicht, R., Tur Castelló, J., Philipp, R. (2009b): Ausbildungsplatzpotenziale in Mannheim. Analyse zur Stärkung und Verbesserung der Ausbildung in kleinen und mittleren Unternehmen. Begleitstudie für das Jobstarter Projekt „Ausbildung² - kleine und mittlere Unternehmen stärken, Ausbildung verbessern" im Auftrag der Stadt Mannheim, gefördert durch das Bundesministerium für Bildung und Forschung und den Europäischen Sozialfonds, Mannheim.
- Leicht, R., Humpert, A., Leiß, M., Zimmer-Müller, M., Lauxen-Ulbrich, M., Fehrenbach, S (2005): Die Bedeutung der ethnischen Ökonomie in Deutschland. Push- und Pull-Faktoren für Unternehmensgründungen ausländischer und ausländischstämmiger Mitbürger. Studie im Auftrag des Bundesministeriums für Wirtschaft und Arbeit, Mannheim.
- Light, I. (1972): Ethnic Enterprise in America. Berkeley.
- Light, I., Gold, S. (2000): Ethnic Economies. San Diego

- Müller, E. (2011): Entrepreneurs from Low-Skilled Immigrant Groups in Knowledge-intensive Industries – Company Characteristics, Survival and Innovative Performance. ZEW Discussion Paper, 11-030/2011, Mannheim.
- Reichenbach, S. (2001): Die Ausbildungsentscheidung im dualen System der Berufsbildung. Bestimmungsgründe der Allokation von Ausbildungsinteressenten aus Lehrberufen. Dissertation, Universität Mannheim, Mannheim.
- Sargut, S. (2000): Förderung der Ausbildungsbereitschaft kleiner und mittelständischer Betreibe ausländischer Inhaber in Hessen durch unterstützende Maßnahmen. Studie im Auftrag des Hessischen Ministeriums für Wirtschaft, Verkehr und Landesentwicklung. INBAS, Berichte und Materialien, 5/2000.
- Smolny, W., Alpert, M., Önder, K. (2007): Befragung zur Ausbildungssituation und Ausbildungsbereitschaft türkischer Unternehmen in Ulm, Zwischenauswertung Projekt 277-STARegio, Universität Ulm.
- Stegmaier, J. (2009): Betriebliche Berufsausbildung und Weiterbildung in Deutschland. Institut für Arbeitsmarkt- und Berufsforschung, Nürnberg.
- Tänzler, J.-K., Keese, D., Hauer, A. (2011): Ausbildungsbeteiligung als Element einer nachhaltigen Unternehmensführung in mittelständischen Familienunternehmen. In: Meyer, J.-A. (Hrsg.) (2011): Nachhaltigkeit in kleinen und mittleren Unternehmen, Jahrbuch der KMU-Forschung und -Praxis 2011, Lohmar, S. 165-182.
- Troltsch, K., Krekel, E. M., Brandes, H., Brosi, W., Ehrenthal, B., Schulte, B., Ulrich, J. G., Walden, G. (2006): Wege und Instrumente zur Stabilisierung der betrieblichen Ausbildungsbeteiligung bei schwieriger Wirtschaftslage: ihre Wirksamkeit aus der Sicht der Betriebe. Abschlussbericht, Bundesinstitut für Berufsbildung, Bonn.
- Troltsch, K., Krekel, E. M., Ulrich, J. G (2004): Wege und Instrumente zur Steigerung und Stabilisierung der betrieblichen Ausbildungsbeteiligung – Ergebnisse von Expertengesprächen in Betrieben. In: Krekel, E. M., Walden, G. (Hrgs.) (2004): Zukunft der Berufsausbildung in Deutschland: Empirische Untersuchungen und Schlussfolgerungen. Berichte zur Beruflichen Bildung 273/2004, Bonn, S. 53-93.
- Ulrich, J. G., Flemming, S., Granath, R.-O., Krekel, E. M. (2011): Die Entwicklung des Ausbildungsmarktes im Jahr 2011: Verbesserte Ausbildungschancen für Jugendliche, zunehmende Rekrutierungsprobleme für Betriebe - BIBB-Erhebung über neu abgeschlossene Ausbildungsverträge zum 30. September. Bundesinstitut für Berufsbildung, Bonn.
- Waldinger, R., Aldrich, H. E., Ward, R. (1990): Ethnic Entrepreneurs. Immigrant Business in Industrial Societies. Newbury Park.

Anmerkung: 1) Dazu zählen neben landesspezifischen Programmen auf der Bundesebene die Sensibilisierungsmaßnahmen durch KAUSA sowie das „STAR-Regio"- und das „Jobstarter"-Programm.

Personalentwicklungscontrolling in mittelständischen Unternehmen

Peter C. Lorson, Friedemann W. Nerdinger und Manuela Schneider

1 Motivation und Gang der Untersuchung

„Mittelständische Unternehmen" ist der Oberbegriff für Kleinst-, Klein- und Mittelunternehmen. Synonym wird auch von kleinen und mittleren Unternehmen (KMU) gesprochen. Ihre volkswirtschaftliche Bedeutung ist groß. In Deutschland lag ihr Anteil 2009 – gemäß der Definition der Europäischen Union (EU) – bei 99,5% aller Unternehmen. Auf sie entfielen 55,1 % aller sozialversicherungspflichtig Beschäftigten und 37,8 % der Umsätze aller Unternehmen (vgl. Günterberg 2012, S. 5 sowie zu alternativen KMU-Definitionen S. 174 ff. – mit weiteren Nachweisen).

Deutschland ist ein rohstoffarmes Land. Als wichtigster Rohstoff gilt Bildung. Die Qualifikation des Personals ist daher ein Schlüssel zum wirtschaftlichen Erfolg deutscher Unternehmen. Dies gilt für mittelständische Unternehmen in besonderem Maße. Bei Ausweichstrategien sind sie in Bezug auf ihr akquisitorisches Potenzial bei ausländischen Arbeitskräften und in Bezug auf die (teilweise) Standortverlagerung ins Ausland im Nachteil gegenüber größeren Unternehmen.

Qualifizierte Mitarbeiter zu gewinnen reicht indes nicht aus, um im Wettbewerb bestehen zu können. Die Qualifikation muss auch gesichert werden. Die Mitarbeiter müssen über den Zeitraum ihrer Beschäftigung adäquat weitergebildet und bei Ausscheiden bedarfsgerecht ersetzt werden. Notwendig sind also eine systematische planmäßige Personalentwicklung sowie eine erfolgsorientierte Überwachung der multiplen Wirkungen mittels Personalentwicklungscontrolling. So kann ungeplantes, unkoordiniertes und oft kurzfristiges (ad-hoc) Vorgehen vermieden werden (vgl. Borsczc/ Papmehl 1990, S. 131 f.; Kühlmann 1999, S. 52).

Daraus ergibt sich die grundlegende Forschungsfrage nach der Ausgestaltung der Personalentwicklung bei mittelständischen Unternehmen, die – systematisch betrieben – gerade auch zu den Aufgaben des Controllings zählen sollte. Weil nur Erkenntnisse zu Großunternehmen vorliegen (vgl. Spremann/Zur 1992; Fellenstein 1996; Gutschelhofer 1999; Hummel 1999), die Ergebnisse nicht auf mittelständische Unternehmen übertragbar sind (vgl. Stiefel 2004, S. 6) und Erkenntnisse nur zu Teilbereichen, wie dem Controlling in mittelständischen Unternehmen (vgl. Rautenstrauch/Müller 2006, S. 227 – mit weiteren Nachweisen) vorliegen, wurde dieser Frage an der Universität Rostock über den Jahreswechsel 2006/2007 empirisch nachgegangen (vgl. Penski 2009).

Angesichts der Forschungslücke und der fehlenden Kenntnisse ist die Untersuchung explorativ und nicht repräsentativ angelegt. Aus dem Schrifttum konnten Eckpunkte einer (normativen) Theorie des Personalentwicklungscontrollings in mittelständischen Unternehmen abgeleitet werden. Diese kombiniert Forschungsergebnisse aus den Bereichen Controlling, Personal, Personalentwicklung, Großunternehmen sowie Mittelstand. Sie manifestiert sich nachfolgend im Zyklus des Personalentwicklungscontrollings (Kapitel 2). Auf diesem Fundament wurde ein Fragebogen entwickelt. Zentrale deskriptive Ergebnisse fasst dieser Beitrag zusammen (Kapitel 3). Sie sollten Anlass für weitere qualitative Untersuchungen zur Hypothesenbildung sein, auf denen Hypothesen prüfende Untersuchungen aufsetzen können (Kapitel 4).

2 Theoretischer Hintergrund

2.1 Personalentwicklung

Personalentwicklung wird als Bündel aller Maßnahmen verstanden, welche unter Berücksichtigung der persönlichen Interessen und Ziele der Mitarbeiter aus sämtlichen Hierarchieebenen auf die jeweiligen individuellen beruflichen Entwicklungsmöglichkeiten abzielen. Durch notwendige Qualifikationen soll eine optimale Wahrnehmung der jetzigen und künftigen Aufgaben gesichert werden. Generell lassen sich drei Arten der Personalentwicklung nach der Zwecksetzung der erworbenen Qualifikationen differenzieren (vgl. Mentzel 1997, S. 19):

- berufsvorbereitende Personalentwicklung,
- berufsverändernde Personalentwicklung (z. B. bei befristetem Arbeitsverhältnis),
- berufsbegleitende Personalentwicklung (i. d. R. bei unbefristetem Arbeitsverhältnis).

Vor allem bei letzterer wird eine längerfristige Personalentwicklung im Sinne eines Qualifizierungsprozesses angestrebt. Auf diese Personalentwicklung i. e. S. beziehen sich die weiteren Ausführungen.

Die Personalentwicklung zielt auf das menschliche Qualifikationspotential – genauer auf das latent zukünftige Qualifikationspotential(Fähigkeiten) – ab. Dieses beruht auf den Faktoren Wissen, Können und Einstellung (Verhalten). Der eigentliche Inhalt der Personalentwicklung besteht in der Mehrung des Wissens, der Erweiterung des Könnens sowie der Modifikation der Einstellung (vgl. Mentzel 1997, S. 166).

- Wissen: Durch die Vermittlung von Wissen werden theoretische und praktische Erfahrungen sowie Kenntnisse weitergegeben, die zur Ausübung gegenwärtiger oder zukünftiger Tätigkeiten erforderlich sind.
- Können: Um Arbeitsaufgaben erfolgreich durchzuführen, reicht Wissen allein nicht aus. Es muss zu einem anwendungsbereiten, funktionsfähigen Können weiterentwickelt werden.
- Verhalten: Durch eine gezielte Gestaltung der Maßnahmen können beobachtete Fehlhaltungen in der Einstellung gegenüber Personen und Sachverhalten in bestimmten Situationen abgebaut und wünschenswertere Einstellungen herbeigeführt werden.

Der Inhalt des Personalentwicklungscontrollings wird durch die zu Grunde liegende Controlling-Konzeption determiniert.

2.2 Maßgebliche Controlling-Konzeption

Im Schrifttum werden unterschiedliche Controlling-Konzeptionen diskutiert (vgl. Friedl 2003, S. 148 ff.; Küpper 2008, S. 15 ff.; Weber/Schäffer 2011, S. 19 ff.). Dieser Untersuchung liegt die mehrheitlich bevorzugte Konzeption nach Küpper zu Grunde. Es handelt sich um eine der koordinationsorientierten Konzeptionen. Sie wird auch führungssystemorientierte Controllingkonzeption genannt. Nach Küpper wird Controlling als ein Teilsystem der Unternehmensführung verstanden, das die Koordination des Führungsgesamtsystems – bestehend aus Planungssystem, Kontrollsystem, Personalführungssystem, Informationssystem und Organisation – zur Aufgabe hat und durch Planung und Kontrolle die eingegrenzten Institutionen führt. Resultierend aus dieser Rolle des Planungs- und Kontrollsystems sind die Koordinationsaufgaben hierauf zu konzentrieren. Zudem sind das Wertesystem, das Personalführungssystem, die Organisation und das Informationssystem auf das Planungs- und Kontrollsystem abzustimmen (vgl. Weber 1992, S. 47). Insgesamt hat das Controlling sicherzustellen, dass:

- die Organisation zur Unternehmensstrategie passt;
- das Personalführungssystem der Organisation entspricht;
- das Informationssystem auf die Organisation ausgerichtet ist (vgl. Weber 1992, S. 44).

Damit wurde das Unternehmenscontrolling gekennzeichnet. Zum Personalentwicklungscontrolling gelangt man durch eine zweistufige Spezialisierung. Auf der ersten Stufe ist eine Abgrenzung des Personalcontrollings gegenüber den anderen Teilbereichen des Unternehmenscontrollings geboten. Auf der zweiten Stufe ist das personalentwicklungsbezogene Teilsystem des Personalcontrollings zu identifizieren. Personalentwicklungscontrolling betreiben bedeutet also den Personalentwicklungsprozess ganzheitlich – unter Beachtung qualitativer (pädagogischer), quantitativer (ökonomischer), strategischer und operativer Aspekte – einer systematischen Steuerung durch Planung und Kontrolle zu unterziehen (vgl. Fellenstein 1996, S. 14; Hummel 1999, S. 15 f.).

Im Einzelnen hat das Unternehmenscontrolling nach Küpper (2008, S. 32 ff.) drei abgeleitete Zwecksetzungen: Eine Anpassungs- und Innovationsfunktion, eine Servicefunktion und eine Zielausrichtungsfunktion. Wendet man diese Funktionen auf das Personal(entwicklungs)-controlling an, ergeben sich folgende Konkretisierungen (vgl. Schwertner 2003, S. 298 ff.):

- Anpassungs- und Innovationsfunktion: Einbindung der strategischen Personal(entwicklungs)arbeit in die Gesamtunternehmenskonzeption sowie Analyse langfristiger Wirkungen von Personal(entwicklungs)entscheidungen unter Berücksichtigung von internen und externen Umwelteinflüssen (Veränderungen im mittelbaren und unmittelbaren Feld des Personalentwicklungsbereiches);
- Servicefunktion: Bereitstellung notwendiger Instrumentarien und Methoden zur Einschätzung der Wirkung der Personal(entwicklungs)arbeit auf den Unternehmenserfolg;
- Zielausrichtungsfunktion: Ökonomische Durchdringung der Personal(entwicklungs)arbeit sowie Bewertung und Ausrichtung der Personal(entwicklungs)arbeit auf die Unternehmensziele.

Nunmehr sind Phasen und Inhalte des Personalcontrollings zu operationalisieren.

2.3 Zyklus des Personalentwicklungscontrollings

Der Prozess der betrieblichen Personalentwicklung ist von seinem Wesen her zyklisch und besteht aus sechs Teilabschnitten. Der Funktionszyklus ist dabei zu einem bestimmten Zeitpunkt zu initiieren; doch bereits die einzelnen Phasen sind ständig wiederkehrenden Prozessen unterworfen, die sich in einen gleichfalls zyklischen Prozess eingliedern. Die einzelnen Phasen des eingeleiteten Gesamtprozesses sind daher stets im Kontext zueinander zu betrachten (vgl. Nerdinger 2005, S. 25 f.).

Abbildung 1 veranschaulicht den zyklischen Prozess des Personalentwicklungscontrollings, der aus sechs Phasen besteht (vgl. zum Folgenden ausführlich Penski 2009, S. 48 ff. – mit zahlreichen weiteren Nachweisen).

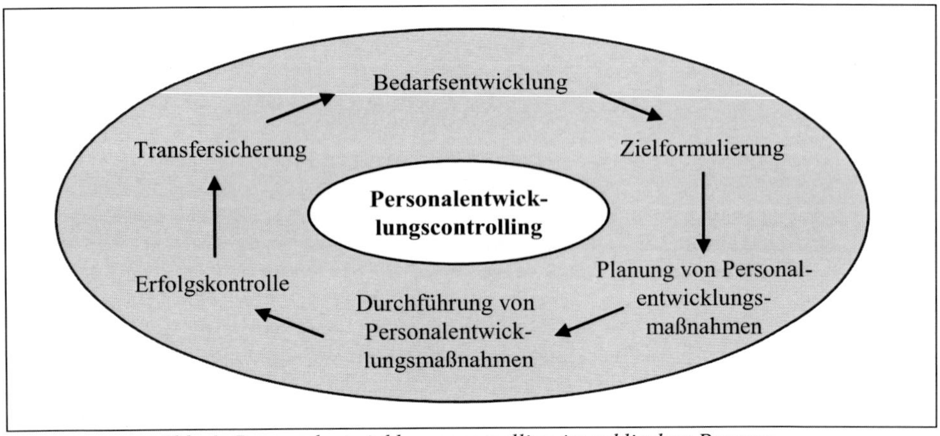

Abb. 1: Personalentwicklungscontrolling im zyklischen Prozess (In Anlehnung an Becker 1999, S. 57 ff.)

- Bedarfsanalyse (vgl. Penski 2009, S. 52 ff. – mit weiteren Nachweisen): Sie umfasst die Anforderungsanalyse (Personalentwicklungsbedarf) und die Adressatenanalyse (Potentialanalyse). Bei der Anforderungsanalyse ist durch klassische (z.B. Mitarbeiterbefragung) und moderne (z.B. Personalszenario) Methoden zu ermitteln, welche zukünftigen Aufgaben das Unternehmen zu leisten hat. Die Adressatenanalyse untersucht durch die Mitarbeiterbeurteilung, das Assessment-Center und die Psychologische Eignungsdiagnostik, welche Mitarbeiterqualifikationen zur Verfügung stehen, welche durch Personalentwicklungsmaßnahmen zu fördern sind und ob extern neue Mitarbeiter zu beschaffen sind.

- Zielformulierung (vgl. Penski 2009, S. 75 ff. – mit weiteren Nachweisen): Gegenstand ist die Festlegung der operativen und strategischen Ziele, die Unternehmen, Mitarbeiter und Umwelt betreffen. Dies ermöglicht die Ermittlung der optimalen Übereinstimmung der Anforderungen der Unternehmen mit den Fähigkeiten und Anlagen der Mitarbeiter. Weiterhin ist unter Berücksichtigung der persönlichen Interessen und der individuellen Ziele der Mitarbeiter zu prüfen, inwieweit diese in Bezug auf Veränderungen der Tätigkeitsinhalte und Arbeitsplätze zu fördern sind. Die resultierenden Ergebnisse sind im Rahmen eines Personalentwicklungsplanes festzuhalten.

- Planung der Personalentwicklungsmaßnahmen (vgl. Penski 2009, S. 83 ff. – mit weiteren Nachweisen): Die Gestaltung sowie die Realisierung von Personalentwicklungsmaßnahmen sind auf die einzelnen Mitarbeiter (-gruppen) abzustimmen. Die Gestaltung der Personalentwicklungsmaßnahmen findet unter didaktischen Aspekten (Lernziel, Lerninhalt), methodischen Aspekten (Zeitplanung, Methodenauswahl, Medien) und personellen Aspekten (Referenten, Maßnahmenteilnehmer, Vorgesetzter, Arbeitsgruppen) statt.

- Durchführung der Personalentwicklungsmaßnahmen: Die Realisierung der Personalentwicklungsmaßnahmen erfolgt zielgerichtet (on-the-job, near-the-job oder off-the-job). Bei Bedarf sind gegebenenfalls Korrekturen z.B. der Ziele oder der Inhalte der Veranstaltung vorzunehmen.

- Erfolgskontrolle (vgl. Penski 2009, S. 126 ff. – mit weiteren Nachweisen): Nach Abschluss der Personalentwicklungsmaßnahme sind die Erreichung des Lernzieles und die Einhaltung der wirtschaftlichen und pädagogischen Plangrößen zu überprüfen. Um dieses zu ermöglichen, stehen eine Vielzahl von operativ bis strategisch ausgerichteten Instrumenten zur Verfügung. Die Erfolgskontrolle im Lernfeld zielt auf die pädagogische Input-Wirkung ab. Hieran schließt sich die Erfolgskontrolle im Funktionsfeld an. Sie zielt auf die pädagogische Output-Wirkung der Personalentwicklungsmaßnahme und hinterfragt, ob das eigentliche Ziel der Personalentwicklungsmaßnahme erreicht wurde. Mit der Erfolgskontrolle im Organisationsfeld wird die ökonomische Wirkung der Personalentwicklung im Unternehmen angesprochen. Sie wird mittels eines kostenanalytischen, rentabilitätsorientierten, vergangenheitsbezogenen kennzahlenorientierten sowie zukunftsbezogenen kennzahlenorientierten Ansatzes erhoben.

- Transfersicherung (vgl. Penski 2009, S. 157 ff. – mit weiteren Nachweisen): Sie zielt auf die Sicherstellung der Transferleistung, die darin besteht, das Erlernte auf die Situation am Arbeitsplatz übertragen zu können („Carry-Over"-Problem). Das Personalentwicklungscontrolling untersucht die Erreichung des Qualifikationstransfers. Hierzu stehen neben dem theoretischen Modell (Modell der Transferlücke) auch Determinanten und lerntheoretische Fundierungen des Transfererfolges (Lernklima, Follow-up Meetings, allgemeine Lerntheorie, Thorndikes Theorie und die Generalisierungsfähigkeit) zur Verfügung.

2.4 Organisatorische Verankerung in mittelständischen Unternehmen

Mittelständische Unternehmen definiert die EU seit dem 1.1.2005 qualitativ durch ihre Unabhängigkeit. Kein anderes Unternehmen darf mehr als 25% der Anteile halten. Weitergehend werden Kleinst-/Klein-/Mittelunternehmen anhand der Merkmale Beschäftigtenzahl (≤ 9/ ≤ 49/ ≤ 249), Umsatz in Mio. Euro (≤ 2/ ≤ 10/ ≤ 50) und Bilanzsumme in Mio. Euro (≤ 2/ ≤ 10/ ≤ 43) unterschieden (vgl. Günterberg 2012, S. 175 – mit weiteren Nachweisen).

In mittelständischen Unternehmen übernimmt häufig die Geschäftsführung die Aufgaben eines Controllers. Bei Kleinst- und Kleinunternehmen reichen die Controllingaufgaben bei weitem nicht aus, um eine eigene Stelle zu rechtfertigen. Erst bei einem Mittelunternehmen empfiehlt es sich, regelmäßig einen Controller einzusetzen (vgl. allgemein zum Zusammenhang von Unternehmensgröße und Verbreitung des Controllings Küpper 2008, S. 1).

Grundsätzlich stellt sich die Frage, ob der interne Einsatz eines Controllers, der ausschließlich mit Controllingaufgaben betraut ist, das Aufwand-Nutzen-Verhältnis rechtfertigt (vgl. Krey/ Lorson 2009, S. 190 f.). Erscheint in den Unternehmen die Beschäftigung eines hauptamtlichen Controllers als unwirtschaftlich, darf dieses nicht dazu führen, die Controllingaufgaben zu vernachlässigen bzw. intuitiv zu erfüllen (vgl. Schneider/Pudliszewski 2007, S. 328). Lanz (1992, S. 322) kennzeichnet das Spektrum der Alternativen für den Einsatz eines Controllers in mittelständischen Unternehmen wie folgt:

- Controller: Der Controller ist ausschließlich mit den Controllingaufgaben betraut.
- Aufgliederung der Controllingaufgaben: Die Controllingaufgaben werden von unterschiedlichen Mitarbeitern als Nebenaufgaben wahrgenommen.
- Erweiterung der Aufgabengebiete: Der Controller erhält Nicht-Controlling-Aufgaben.
- Unternehmensexterne nehmen die Controlleraufgaben wahr: Es werden entsprechende Dienstleistungsvereinbarungen getroffen.

Unabhängig, wer die Aufgaben des Controllers in einem Unternehmen wahrnimmt, es gehört zu seiner zentralen Aufgabe, Analyseinstrumentarien bereitzustellen und die resultierenden Ergebnisse zu kommunizieren und zu kommentieren. Von seinen Fähigkeiten, diese Erkenntnisse adäquat zu formulieren, hängt es ab, inwieweit die Ergebnisse und die daraus abgeleiteten Konsequenzen akzeptiert werden. Die zentrale Voraussetzung dafür ist jedoch, dass die Unternehmensführung die Steuerungselemente des Controllings versteht, annimmt und mit ihnen umzugehen weiß (vgl. Nerdinger 2005, S. 7).

Zusammenfassend ist für Mittelunternehmen davon auszugehen, dass ein Unternehmenscontrolling (intern oder extern organisiert, im Haupt-oder im Nebenamt, verteilt auf eine oder mehrere Personen) existiert. Weitergehend kann angenommen werden, dass womöglich ein eigenständiges Personalcontrolling oder gar ein Personalentwicklungscontrolling existiert. Verantwortlich für das Personalentwicklungscontrolling ist folglich in Mittelunternehmen

- das Unternehmenscontrolling,
- das Personalcontrolling oder
- das Personalentwicklungscontrolling.

2.4 Zwischenergebnis

Resümierend werden aus dem Schrifttum folgende normative Zwischenergebnisse abgeleitet:

- Mittelunternehmen sollten über ein Personalentwicklungscontrolling verfügen.
- Dessen systematische Ausgestaltung kann anhand des Konzepts des Funktionszyklus des Personalentwicklungsmanagements beurteilt werden (vgl. Kapital 2.3).
- Verantwortlich hierfür können – in Anbetracht des bei Mittelunternehmen divergierenden Ausmaßes an organisatorischer Verselbständigung des Controllings – das Unternehmenscontrolling, das Personalcontrolling oder das Personalentwicklungscontrolling sein.

Nun gilt es Anhaltspunkte dafür zu finden, dass die aufgezeigten Eckpunkte einer theoretischen (Soll- bzw. Maximal-) Konzeption von Personalentwicklungscontrolling für Mittelunternehmen empirischen Gehalt haben. Diesem Ziel dient die nachfolgend zu skizzierende Untersuchung. Sollten empirische Befunde hierauf hindeuten, könnte das Konzept theoretisch in Verbindung mit qualitativer empirischer Forschung ausformuliert und zur Grundlage einer Hypothesen testenden Untersuchung gemacht werden. Dies ist Gegenstand des abschließenden Ausblicks.

3 Empirische Untersuchung und Ergebnisse

3.1 Konzeption

Die theoretisch abgeleiteten Zusammenhänge zum Prozess der Personalentwicklung – von der Personalbedarfsermittlung bis hin zur Transfersicherung im Rahmen des Personalentwicklungscontrollings – wurden empirisch überprüft. Hierzu wurden mittelständische Unternehmen aus Deutschland im Zeitraum vom Dezember 2006 bis Februar 2007 per E-Mail schriftlich befragt (vgl. ausführlich hierzu Penski 2009, S. 173 ff.).

In die Untersuchung einbezogen wurden Mittelunternehmen in Anlehnung an die EU-Definition. Da die theoretische Konzeption keine Branchenbesonderheiten postuliert, wurde die Befragung nicht auf bestimmte Branchen begrenzt.

Vor Versand des Fragebogens wurde in den jeweiligen Unternehmen nachgefragt, wer als Ansprechpartner geeignet sei. In Anbetracht der für Mittelunternehmen charakteristischen Eigentümer-Manager-Stellung und des Personalbezugs der Untersuchung wurden hierfür regelmäßig die Unternehmensleitung bzw. die Personalabteilung/Personalverantwortlichen benannt.

Aus der auf 28.562 Unternehmen geschätzten Grundgesamtheit wurden 479 Unternehmen nach ihrer Bereitschaft zur Teilnahme an der Untersuchung befragt. Nur 31 der verbleibenden 268 Unternehmen nahmen (im Zeitraum 07.12.06 bis 15.02.07) mit vollständig ausgefüllten Fragebögen teil. Hierauf basieren die nachfolgenden empirischen Einsichten. Da weder der Auswahlprozess noch der Stichprobenumfang auf Repräsentativität angelegt war, hätten auch bei einer höheren Rücklaufquote keine allgemeingültigen Rückschlüsse auf die Grundgesamtheit erfolgen können. Schließlich handelt es sich um eine beschreibende und – im Verbund mit anderen Ansatzpunkten – auf Hypothesenbildung angelegte Untersuchung.

Der Fragebogen (vgl. Penski 2009, S. XXVI ff.) besteht aus drei Frageteilen. Neben allgemeinen Unternehmensdaten wird in einem zweiten Teil nach Besonderheiten der Personalentwicklung und dessen Controlling in mittelständischen Unternehmen sowie in Teil 3 nach den Methoden und Instrumenten im Funktionszyklus gefragt. Ein vierter Teil enthält Begriffs- und Kennzahlendefinitionen.

3.2 Ergebnisse

Die 31 auswertbaren Fragebögen stammten von Unternehmen aus fünf verschiedenen Branchen (vgl. Penski 2009, S. 182). Sechs gehören dem Wirtschaftszweig Baugewerbe, zwei dem Bergbau sowie der Gewinnung von Steinen und Erden, sieben dem Grundstücks- und Wohnungswesen sowie der Vermietung beweglicher Sachen, drei dem Handel sowie der Instandhaltung und Reparatur von Kraftfahrzeugen und Gebrauchsgütern sowie 13 dem verarbeitendem Gewerbe an. Im Wesentlichen handelt es sich bei diesen 31 Unternehmen um Mittelunternehmen (vgl. Penski 2009, S. 183): 31 haben zwischen 50 und 249 Mitarbeitern sowie einen Umsatz unter 50 Mio. Euro. Hinsichtlich der Bilanzsumme treten Unterschiede auf. Die Bilanzsumme von 18 Unternehmen übersteigt die 10 Mio. Euro-Grenze nicht. Weitere acht bleiben unter einer Bilanzsumme von 43 Mio. Euro. Die Bilanzsumme der verbleibenden fünf Unternehmen ist kleiner als 50 Mio. Euro.

Alle Unternehmen haben ein Unternehmenscontrolling (UC) institutionalisiert und acht ein eigenständiges Personalentwicklungscontrolling(PEC). Wenn im Folgenden von Unternehmen mit einem spezialisierten Personalcontrolling gesprochen wird, ist vereinfachend die Rede von jenen 22 Unternehmen, die neben dem Unternehmenscontrolling eine Abteilung Personalcontrolling (14 Unternehmen) und evtl. zusätzlich eine Unterabteilung Personalentwicklungscontrolling (acht Unternehmen) vorweisen können (vgl. Penski 2009, S. 184). Mit anderen Worten: In neun Unternehmen nimmt das Unternehmenscontrolling die Aufgaben des Personalcontrollings und des Personalentwicklungscontrollings wahr.

Die konkrete Verteilung der Auskunftspersonen scheint mit der vorstehend getroffenen Aussage unverträglich (vgl. Penski 2009, S. 184). In 18 Fällen handelt es sich um ein Mitglied der Unternehmensleitung. Bei elf Unternehmen wurde der Fragebogen von Mitarbeitern der Personal- bzw. der Personalentwicklungsabteilung beantwortet. Womöglich ist die Verteilung der Auskunftspersonen nur der mittelständischen Struktur (tendenziell hierarchisch sowie eigentümerzentriert) geschuldet. Wäre die Antwortperson nach der obersten Verantwortung in der Unternehmensorganisation statt nach der faktischen Verantwortung benannt worden, könnte der vermeintliche Widerspruch aufgelöst werden.

Zur Auflösung dieses Widerspruchs trägt die Analyse der organisatorischen Verankerung des Controllings bei (vgl. Tabelle 1).

In der überwiegenden Zahl der Fälle wird entweder für das Controlling eine Stabsstelle bei der Unternehmensleitung geschaffen oder es liegt direkt bei der Unternehmensleitung. Abgeleitet daraus, kristallisiert sich die Unternehmensleitung als Hauptverantwortlicher des Controllings heraus. In der Regel erhält die Unternehmensleitung jedoch Unterstützung insbesondere beim Unternehmens- und Personalcontrolling durch den Controller und durch das Rechnungswesen. Auffällig ist, dass beim Personalentwicklungscontrolling häufig die Personal- bzw. die Personalentwicklungsabteilung involviert wird. Deren Einbeziehung bzw. Verantwortlichkeit ist (wohl) auf die Besonderheiten des Führungsteilsystems Personal zurückzuführen, welches Fachkenntnisse über die Controller-spezifische Qualifikation in Mittelunternehmen hinaus erfordert. Insofern könnte dieser Umstand der geringen Unternehmensgröße geschuldet sein.

	Controlling		
	Unternehmens-controlling (UC)	Personalcontrolling (PC; inkl. PEC)	Personalent-wicklungscon-trolling(PEC)
Gesamt	31	22	8
Verantwortlich	Anzahl	Anzahl	Anzahl
Unternehmensleitung	21	12	4
Controller	16	11	–
Buchhaltung/Rechnungswesen	15	4	–
Personal-/Personal-entwicklungsabteilung	–	9	5
Externe Anbieter	4	1	3

Tab. 1: Verantwortliche für Controlling (Mehrfachnennungen waren möglich) (In Anlehnung an: Penski 2009, S. 188)

Über alle 31 antwortenden Unternehmen hinweg halten zehn Personalentwicklung für sehr wichtig, 16 für wichtig. Dem stehen drei Unternehmen gegenüber, die sich neutral positionieren, und zwei, die der Thematik Relevanz absprechen. Dabei überrascht es nicht, dass der Stellenwert der Personalentwicklung in Unternehmen, die ein separates Personal(entwicklungs)controlling etabliert haben, höher ist als bei Unternehmen, welche nur über ein Unternehmenscontrolling verfügen. Insgesamt stufen neun der 22 Unternehmen mit einem Personal(entwicklungs)controlling Personalentwicklung als sehr wichtig und elf als wichtig ein. Die Zahlen bei den Unternehmen mit einem Personalentwicklungscontrolling sind sehr ähnlich. So stufen drei der acht Unternehmen Personalentwicklung als sehr wichtig und vier als wichtig ein. Hingegen geben ein bzw. fünf der neun Unternehmen ohne separates Personal- bzw. Personalentwicklungscontrolling an, dass ihnen Personalentwicklung sehr wichtig bzw. wichtig erscheint.

Jedoch reicht ein Bewusstsein für die Bedeutung der Personalentwicklung nicht aus, um sich am Markt zu behaupten oder gar langfristige Wettbewerbsvorteile zu erzielen. Vielmehr ist eine alle Phasen umfassende Personalentwicklungsplanung erforderlich. Daher wurde nach dem Planungshorizont gefragt.

	Controlling			
	UC (alle Unter-nehmen)	Weder PC noch PEC	PC (inkl. PEC)	PEC
Gesamt	31	9	22	8
Planungshorizont	Anzahl	Anzahl	Anzahl	Anzahl
ad-hoc	17	6	11	4
operativ	20	6	14	4
strategisch	11	2	9	4

Tab. 2: Planungshorizont (Mehrfachnennungen waren möglich) (In Anlehnung an: Penski 2009, S. 190)

Wie Tabelle 2 aufzeigt, ist der Planungsprozess in keiner Gruppe überwiegend strategisch ausgerichtet. Im Vergleich ist sie bei den Unternehmen mit einem separaten Personal-/Personalentwicklungscontrolling häufiger anzutreffen als bei den übrigen Unternehmen. Die generell hohe Zahl der ad-hoc Nennungen könnte auf Defizite im systematischen Planungsprozess hindeuten. Insgesamt steht zu vermuten, dass in Bezug auf die strategische Planung noch Entwicklungsbedarf besteht.

		Controlling			
		UC (alle Unternehmen)	Weder PC noch PEC	PC (inkl. PEC)	PEC
	Gesamt	31	9	22	8
Klassische Instrumente		Anzahl	Anzahl	Anzahl	Anzahl
Stellenbeschreibung	Immer / oft	22	3	19	7
	Gelegentlich / selten	6	4	2	1
	Nie	3	2	1	-
Mitarbeiterbefragung	Immer / oft	13	-	13	6
	Gelegentlich / selten	16	7	9	2
	Nie	2	2	-	-
Dokumentenanalyse	Immer / oft	5	-	5	1
	Gelegentlich / selten	11	1	10	6
	Nie	15	8	7	1
Moderne Instrumente		Anzahl	Anzahl	Anzahl	Anzahl
Personalszenario	Immer / oft	5	2	3	-
	Gelegentlich / selten	9	1	8	6
	Nie	17	6	11	2
Personalportfolio	Immer / oft	5	1	4	1
	Gelegentlich / selten	6	-	6	4
	Nie	20	8	12	3
Delphi-Methode	Immer / oft	1	-	1	-
	Gelegentlich / selten	2	-	2	1
	Nie	28	9	19	7

Tab. 3: Methoden der Personalbedarfsermittlung (Mehrfachnennungen waren möglich) (In Anlehnung an: Penski 2009, S. 193)

Tabelle 3 verdeutlicht, dass Stellenbeschreibungen und Mitarbeiterbeurteilungen die bevorzugten Methoden zur Ermittlung des Personalentwicklungsbedarfs sind. Die Instrumente Dokumentenanalyse, Personalszenario, Personalportfolio und Delphi-Methode werden tendenziell weniger häufig genutzt. Dabei handelt es sich überwiegend um moderne (strategische) Instrumente. Die überwiegend verwendeten klassischen Methoden ermöglichen den Unternehmen jedoch nur eine ad-hoc bis operative Planung des Personalentwicklungsbedarfs sowie Einzelfallanalysen.

		Controlling			
		UC (alle Unternehmen)	Weder PC noch PEC	PC (inkl. PEC)	PEC
	Gesamt	31	9	22	8
		Anzahl	Anzahl	Anzahl	Anzahl
Mitarbeiterbeurteilung	Immer / oft	23	3	20	8
	Gelegentlich / selten	8	6	2	-
	Nie	-	-	-	-
Psychologische Eignungsdiagnostik	Immer / oft	2	-	2	1
	Gelegentlich / selten	2	-	2	1
	Nie	27	9	18	6
Assessment-Center	Immer / oft	1	1	-	-
	Gelegentlich / selten	8	1	7	3
	Nie	22	7	15	5

Tab. 4: Potentialanalyse zur Ermittlung des Entwicklungsadressaten (Mehrfachnennungen waren möglich) (In Anlehnung an: Penski 2009, S. 195)

Tabelle 4 dokumentiert die Dominanz der Mitarbeiterbeurteilung zur Potentialanalyse der Entwicklungsadressaten – und zwar unabhängig vom Spezialisierungsgrad des Controllings (UC, PC oder PEC). Tendenziell zeigen sich die spezialisierten Unternehmen (PC oder PEC) aufgeschlossener gegenüber den anspruchsvolleren und ressourcenintensiveren Verfahren der Potentialanalyse.

		Controlling			
		UC (alle Unternehmen)	Weder PC noch PEC	PC (inkl. PEC)	PEC
	Gesamt	31	9	22	8
		Anzahl	Anzahl	Anzahl	Anzahl
Anzahl der Unternehmen, die Unternehmensziele aufstellen und Mitarbeiterziele ermitteln	Unternehmensziele	30	8	22	8
	Individuelle Ziele	23	2	21	8
	Karriereplanung	15	2	13	4

Tab. 5: Unternehmensziele, individuelle Ziele und Karriereplanung (Mehrfachnennungen waren möglich) (In Anlehnung an: Penski 2009, S. 196)

Die systematische Verknüpfung von Unternehmens- und Personalentwicklungszielen veranschaulicht die Tabelle 5. Demnach besteht eine solche Verbindung immerhin bei rund 50% der Unternehmen. Sie formulieren Unternehmensziele, erheben individuelle Mitarbeiterziele und nehmen auf dieser Basis eine Karriereplanung vor. Die Ergebnisse legen wiederum systematische Unterschiede gemäß dem Spezialisierungsgrad des Controllings nahe.

		Controlling			
		UC (alle Unternehmen)	Weder PC noch PEC	PC (inkl. PEC)	PEC
Gesamt		31	9	22	8
		Anzahl	Anzahl	Anzahl	Anzahl
Berücksichtigung der Mitarbeiterziele bei der Auswahl der Personalentwicklungsmaßnahme	Immer / oft	20	2	18	7
	Gelegentlich / selten	4	1	3	1
	Nie	7	6	1	-

Tab. 6: Berücksichtigung der Mitarbeiterziele bei der Auswahl der Personalentwicklungsmaßnahme (In Anlehnung an: Penski 2009, S. 197)

Gemäß der Tabelle 6 weist ein Drittel aller Unternehmen Mitarbeitern Personalentwicklungsmaßnahmen zu, ohne die Mitarbeiterziele in Betracht zu ziehen. Tatsächlich sind Situationen vorstellbar, in denen z. B. Schulungsmaßnahmen – unabhängig von individuellen Mitarbeiterzielen – angezeigt sind. Ein Beispiel bildet die Vorbereitung auf die erstmalige Anwendung des Bilanzrechtsmodernisierungsgesetzes. Gleichwohl erscheint dieser Anteil sehr hoch zu sein. Bei einem auf Personal spezialisierten Controlling liegt er (nahe) bei null.

		Controlling			
		UC (alle Unternehmen)	Weder PC noch PEC	PC (inkl. PEC)	PEC
	Gesamt	31	9	22	8
		Anzahl	Anzahl	Anzahl	Anzahl
Operationalität	Richtlernziele	24	3	21	8
	Groblernziele	19	2	17	6
	Fernlernziele	7	-	7	3
Persönlichkeitsbereich	Kognitive Lernziele	4	-	4	2
	Psychomotorische Lernziele	2	-	2	2
	Affektive Lernziele	-	-	-	-

Tab. 7: Lernziele (Mehrfachnennungen waren möglich) (In Anlehnung an: Penski 2009, S. 198)

Didaktischen Erfolgsdeterminanten (vgl. Penski 2009, S. 101 ff. – mit weiteren Nachweisen) trägt die Mehrheit der Unternehmen Rechnung (vgl. Tabelle 7). Ungeachtet des Spezialisierungsgrads des Controllings wird der Operationalität mehr Beachtung geschenkt als dem Persönlichkeitsbereich. Am häufigsten werden Richt- und dann Groblernziele formuliert. Die genaueren Fernlernziele werden nur ausnahmsweise aufgestellt. Noch seltener werden kognitive und psychomotorische Lernziele herangezogen. Affektive Lernziele spielen hingegen für die befragten Unternehmen keine Rolle. Positiv zu erwähnen bleibt, dass die Unternehmen, die Lernziele aufstellen, daraus auch Inhalte ableiten.

	Controlling			
	UC (alle Unternehmen)	Weder PC noch PEC	PC (inkl. PEC)	PEC
Gesamt	31	9	22	8
	Anzahl	Anzahl	Anzahl	Anzahl
Ja	19	2	17	6
Nein	12	7	5	2

Tab. 8: Festlegung eines Maßstabes für die Erreichung der Lernziele (In Anlehnung an: Penski 2009, S. 199)

Einen Maßstab für die Erreichung der Lernziele definieren Unternehmen insbesondere dann, wenn sie ein (spezialisiertes) Personal(entwicklungs)controlling etabliert haben (vgl. Tabelle 8). In dieser Untersuchung erfolgt dies nur bei zwei diesbezüglich nicht spezialisierten Unternehmen. Ohne einen solchen Maßstab kann ein Wirtschaftlichkeitsziel für den Lernerfolg indes schwerlich definiert werden.

		Controlling			
		UC (alle Unternehmen)	Weder PC noch PEC	PC (inkl. PEC)	PEC
Gesamt		31	9	22	8
		Anzahl	Anzahl	Anzahl	Anzahl
Zeitplanung	Ja	27	7	20	7
	Nein	4	2	2	1
Ermittlung des Zeitpunktes für die PEM	Ja	23	5	18	6
	Nein	8	4	4	2
Ermittlung des benötigten Zeitvolumens und seiner zeitlichen Untergliederung	Ja	19	5	14	3
	Nein	12	4	8	5

Tab. 9: Erstellung einer Zeitplanung für die Personalentwicklungsmaßnahmen (In Anlehnung an: Penski 2009, S. 200)

Tabelle 9 zeigt auf, ob eine Zeitplanung für Personalentwicklungsmaßnahmen erfolgt und falls ja, ob nur der Zeitpunkt der Maßnahme oder auch deren Zeitbedarf – gegebenenfalls differenziert nach den zugehörigen Phasen – geplant wird. Eine Zeitplanung und eine Zeitpunktplanung sind insbesondere bei einem spezialisierten Controlling weit verbreitet. Zeitliche Phasen der Maßnahme werden hingegen seltener im Rahmen der Planung fixiert.

Welcher Art die geplanten Personalentwicklungsmaßnahmen (PEM) sind (vgl. Penski 2009, S. 107 ff. – mit weiteren Nachweisen), zeigt Tabelle 10. Darin wird nicht nur – wie in vorstehenden Tabellen – die in den Kategorien „immer“ / „oft“ / „gelegentlich“ / „selten“ / „nie“ erfragte Nutzungsintensität aus Platzgründen auf „immer bis oft“ / „gelegentlich bis selten“ / „nie“ verdichtet. Vielmehr bleibt die Darstellung im Grunde darauf beschränkt, wie viele Unternehmen welche Art von PEM nicht nutzen. So bedeutet die Ausprägung „-“ bei „nie“, dass kein Unternehmen hierauf verzichtet. Indes ist hiermit ein Informationsverlust verbunden. So scheint kein großer Unterschied zwischen aktiven (keinmal nie) und passiven (einmal nie) Maßnahmen zu bestehen. Dieser wird z. B. erst dadurch deutlich, dass die Antwortalternative „immer" bei aktiven Maßnahmen sechsmal und bei passiven keinmal angekreuzt wurde. Zudem wurde bei aktiven Maßnahmen am häufigsten „oft" angegeben. Demgegenüber liegt der häufigste Wert in der Kategorie UC und PC bei „selten", bei Unternehmen mit eigenständigem Personalentwicklungscontrolling wird sowohl „oft" als auch „selten" dreimal angekreuzt. Kurzum: Die Praxis im Mittelstand nutzt alle aus dem Schrifttum identifizierten Instrumente. Zu den Spitzenreitern zählen aktive PEM, Einzelentwicklung, Unterweisung am Arbeitsplatz und Lehrvortrag.

		Controlling			
		UC (alle Unternehmen)	Weder PC noch PEC	PC (inkl. PEC)	PEC
	Gesamt	31	9	22	8
Aktive und passive PEM		Anzahl	Anzahl	Anzahl	Anzahl
Aktive PEM	Nie	-	-	-	-
Passive PEM	Nie	1	1	-	-
PEM der Einzel- und Gruppenentwicklung		Anzahl	Anzahl	Anzahl	Anzahl
Einzelentwicklung	Nie	1	1	-	-
Gruppenentwicklung	Nie	3	1	2	1
PEM on-, near- und off-the-job		Anzahl	Anzahl	Anzahl	Anzahl
Unterweisung am Arbeitsplatz	Nie	-	-	-	-
Job-Enlargement	Nie	13	5	8	3
Job-Enrichment	Nie	17	7	10	3
Job-Rotation	Nie	18	6	12	4
Qualitätszirkel	Nie	22	6	16	4
Coaching	Nie	16	7	9	2
Multiples Management	Nie	22	8	14	3
Lehrvortrag	Nie	5	4	1	-
Konferenzmethode	Nie	22	8	14	4
Fallstudien	Nie	20	8	12	2
Rollenspiele	Nie	20	7	13	4
Planspiele	Nie	20	8	12	3
E-Learning	Nie	18	8	10	2

Tab. 10: Methoden zur Erreichung der festgelegten Personalentwicklungsziele und -inhalte (Mehrfachnennungen waren möglich) (In Anlehnung an: Penski 2009, S. 201 f.)

Personalentwicklungsmaßnahmen unterscheiden sich regelmäßig durch die primär zu nutzenden Medien. Freilich kann durch einen Medienmix der Lernerfolg gesteigert werden (vgl. Olfert 2003, S. 469). Tabelle 11 gibt Aufschluss darüber, dass unterschiedliche Medien genutzt werden. Sie sagt nichts darüber aus, ob innerhalb einer Maßnahme ein Medienmix erfolgt oder ob gleichzeitig Maßnahmen realisiert werden, die sich hinsichtlich des Lehrmittels unterscheiden.

	Alle Unternehmen		
	Visuelle Medien	Akustische (auditive) Medien	Audio-visuelle Medien
	Anzahl	Anzahl	Anzahl
Ja	30	14	5
Nein	1	17	26

Tab. 11: Medieneinsatz (In Anlehnung an: Penski 2009, S. 204)

Wie die Häufigkeitsverteilung in Tabelle 12 zeigt, besteht bei der Auswahl von Kriterien für Personalentwicklungsmaßnahmen kein wesentlicher Unterschied zwischen UC-, PC oder PEC-Unternehmen. Alle Unternehmen geben Lernziele, Lerninhalte, Teilnehmerkreis und finanzielle Restriktionen als die wichtigsten Kriterien für die Auswahl der geeigneten Personalentwicklungsmaßnahme an. Von geringerer Bedeutung sind zeitliche Restriktionen. Als nahezu unbedeutend wird der Referent eingestuft.

	Controlling			
	UC (alle Unternehmen)	Weder PC noch PEC	PC (inkl. PEC)	PEC
Gesamt	31	9	22	8
Kriterien	Anzahl	Anzahl	Anzahl	Anzahl
Lernziele	23	6	17	6
Lerninhalte	21	4	17	6
Teilnehmerkreis	24	7	17	7
Referenten	5	3	2	1
Finanzielle Restriktionen	22	6	16	6
Zeitliche Restriktionen	18	5	13	5

Tab. 12: Kriterien zur Auswahl von Personalentwicklungsmaßnahmen (Mehrfachnennungen waren möglich) (In Anlehnung an: Penski 2009, S. 204)

Auffällig ist, dass primär bei Unternehmen mit einem Personal-/Personalentwicklungscontrolling der Referent als Kriterium des Erfolges der Personalentwicklungsmaßnahme eine untergeordnete Rolle spielt (vgl. Tabelle 12). Häufig jedoch ziehen die mittelständischen Unternehmen externe Referenten bei ihren internen Entwicklungsmaßnahmen hinzu, um den Mitarbeitern neues Know-how zu vermitteln. Wie die Ergebnisse in Tabelle 13 zeigen, binden Unternehmen mit einem Personal-/Personalentwicklungscontrolling tendenziell häufiger externe Referenten in ihre Maßnahmen ein.

		Controlling			
		UC (alle Unternehmen)	Weder PC noch PEC	PC (inkl. PEC)	PEC
	Gesamt	31	9	22	8
Kriterien		Anzahl	Anzahl	Anzahl	Anzahl
Hinzuziehen von externen Referenten bei internen PEM	Immer / oft	11	3	8	4
	Gelegentlich / selten	16	5	11	4
	Nie	4	1	3	-

Tab. 13: Externe Referenten bei internen Personalentwicklungsmaßnahmen (In Anlehnung an: Penski 2009, S. 205)

Wie in Tabelle 14 ableitbar, nimmt die relative Häufigkeit, mit der Kostenplanungen für Personalentwicklungsmaßnahmen erstellt werden, von Unternehmen mit einem Personalcontrolling über Unternehmen mit einem Personalentwicklungscontrolling bis zu Unternehmen, die nur ein Unternehmenscontrolling aufweisen, ab.

		Controlling			
		UC (alle Unternehmen)	Weder PC noch PEC	PC (inkl. PEC)	PEC
	Gesamt	31	9	22	8
Kostenplanung		Anzahl	Anzahl	Anzahl	Anzahl
Kostenplanung	Ja	23	5	18	5
	Nein	8	4	4	3
Kostenerfassung		Anzahl	Anzahl	Anzahl	Anzahl
Direkte Kosten	Ja	28	6	22	8
	Nein	3	3	-	-
Indirekte Kosten	Ja	7	1	6	3
	Nein	24	8	16	5

Tab. 14: Planung und Erfassung der Kosten für Personalentwicklungsmaßnahmen (In Anlehnung an: Penski 2009, S. 205)

Eine buchhalterische Erfassung von direkten Kosten der Planung und Durchführung von Personalentwicklungsmaßnahmen (z. B. Honorare) erfolgt gemäß Tabelle 14 in 28 Unternehmen. Hiervon sehen nur drei Unternehmen, die über kein Personal-/Personalentwicklungscontrolling verfügen, ab. Die indirekten Kosten (z. B. Lohnfortzahlung während der Maßnahme) werden nur von insgesamt sieben Unternehmen buchhalterisch festgehalten. Von diesen verfügen sechs Unternehmen über ein Personalcontrolling und drei Unternehmen darüber hinaus über ein Personalentwicklungscontrolling.

	UC (alle Unternehmen)	
	Pädagogische Erfolgskontrolle	Ökonomische Erfolgskontrolle
Verantwortung für die Erfolgskontrolle	Anzahl	Anzahl
Unternehmensleitung	10	22
Controller	2	14
Buchhaltung/ Rechnungswesen	3	12
Vorgesetzter	23	8
Personal-/Personalentwicklungsabteilung	7	7
Andere	0	0

Tab. 15: Verantwortung für die pädagogische und die ökonomische Erfolgskontrolle (Mehrfachnennungen waren möglich) (In Anlehnung an: Penski 2009, S. 207)

Für die pädagogische und die ökonomische Erfolgskontrolle von Personalentwicklungsmaßnahmen ist die Verantwortung unterschiedlich verteilt (vgl. Tabelle 15). In Bezug auf die ökonomische Verantwortung entfallen die meisten Nennungen auf die Unternehmensleitung. Demgegenüber wird die Verantwortung für die pädagogische Erfolgskontrolle weit überwiegend dem Vorgesetzen übertragen.

		Controlling			
		UC (alle Unternehmen)	Weder PC noch PEC	PC (inkl. PEC)	PEC
Gesamt		31	9	22	8
		Anzahl	Anzahl	Anzahl	Anzahl
Multiple-Choice-Test	Nie	19	8	11	5
Andere Wissenstests	Nie	22	8	14	7
Psychologischer Test	Nie	26	9	17	6
Feedback-Bögen	Nie	24	9	15	5
Beobachtung des Maßnahmenteilnehmers	Nie	10	4	6	2
Standardisierte Interviews mit dem Maßnahmenteilnehmer	Nie	20	9	11	4
Arbeitsproben	Nie	8	4	4	2
Fallstudien	Nie	20	8	12	2
Rollenspiel	Nie	18	7	11	3
Planspiele	Nie	24	9	15	6

Tab. 16: Methoden der pädagogischen Erfolgskontrolle im Lernfeld (Mehrfachnennungen waren möglich) (In Anlehnung an: Penski 2009, S. 208 f.)

Erfolgskontrollen können entweder im Lernfeld (vgl. Tabelle 16) oder im Funktionsfeld (vgl. Tabelle 16) erfolgen (vgl. Penski 2009, S. 126 ff. – mit weiteren Nachweisen). Vereinfachend wird entweder der abstrakte oder konkrete Wissenszuwachs gemessen. Ein konkreter Wissenszuwachs setzt einen erfolgreichen Transfer voraus, d. h. die Übertragung des Erlernten auf eine tatsächliche Situation des täglichen Arbeitsumfeldes. Die Vergleichsbasis für die Kontrolle bilden die in der Vorbereitungsphase festgelegten Lernziele. Für einen profunden Vergleich wären (exakt definierte) Fernlernziele erforderlich. Diese werden jedoch nur bei insgesamt sieben Unternehmen aufgestellt. Bei der Interpretation der stark verdichteten Tabellen 16 und 17 ist auf die Erläuterungen zu Tabelle 10 zu verweisen. Die Erfolgskontrolle im Lernfeld – mit Bezug auf das Lerntempo, die Lerninhalte, die Programmkonzeptionen und die Methodenauswahl – wird von den Unternehmen auf unterschiedliche Weise wahrgenommen. Die Ergebnisse in Tabelle 16 zeigen, dass alle Unternehmen hauptsächlich die Beobachtung des Maßnahmenteilnehmers und Arbeitsproben nutzen. Unternehmen ohne Personal-/Personalentwicklungscontrolling stehen den weiteren Instrumenten, wie vor allem Rollenspiele, Multiple-Choice-Tests, andere Wissenstests und Fallstudien, Feedback-Bögen, psychologische Tests, standardisierte Interviews und Planspiele, eher ablehnend gegenüber.

		Controlling			
		UC (alle Unternehmen)	Weder PC noch PEC	PC (inkl. PEC)	PEC
Gesamt		31	9	22	8
		Anzahl	Anzahl	Anzahl	Anzahl
Multiple-Choice-Test	Nie	24	9	24	6
Andere Wissenstests	Nie	24	8	16	7
Psychologischer Test	Nie	27	9	18	6
Stellenbeschreibung	Nie	15	7	8	2
Dokumentenanalyse	Nie	18	5	10	5
Mitarbeiterbeobachtung	Nie	6	2	4	2
Personalszenario	Nie	20	8	12	3
Delphi-Methode	Nie	28	9	19	7
Protokolle/Dokumentationen	Nie	21	9	12	4
Beurteilungsgespräche	Nie	10	2	8	3
Standardisierte Interviews mit dem Maßnahmenteilnehmer	Nie	20	8	12	5
Interviews mit Kollegen des Maßnahmenteilnehmers	Nie	14	5	9	4
Arbeitsproben	Nie	8	5	3	1
Fallstudien	Nie	27	9	18	7
Rollenspiel	Nie	26	9	17	6
Planspiel	Nie	26	9	17	6

Tab. 17: Methoden der pädagogischen Erfolgskontrolle im Funktionsfeld (Mehrfachnennungen waren möglich) (In Anlehnung an: Penski 2009, S. 210 ff.)

Die Vergleichsgruppen wenden Instrumente wie z.B. Rollenspiele und Fallstudien, auffallend häufiger an. Aber auch sie legen bei Feedback-Bögen, Multiple-Choice-Tests, andere Wissenstests, psychologische Tests, standardisierte Interviews oder auch Planspielen eine deutliche Zurückhaltung an den Tag.

Das Instrumentarium zur pädagogischen Erfolgskontrolle im Funktionsfeld stimmt in weiten Teilen mit demjenigen zur pädagogischen Erfolgskontrolle im Lernfeld überein. Insofern überrascht es nicht, dass in beiden Kontrollfeldern ähnliche Instrumente genutzt werden. Unabhängig vom Grad der Controllingspezialisierung greifen die Unternehmen, wie die Tabelle 17 zeigt, hauptsächlich auf Mitarbeiterbeobachtungen, Beurteilungsgespräche, Interviews mit Kollegen des Maßnahmenteilnehmers und Arbeitsproben zurück. Ein Großteil der vorgestellten Instrumentarien, beispielsweise Multiple-Choice-Tests, andere Wissenstests, psychologische Tests, Dokumentenanalysen, Personalsportfolio und Protokolle/Dokumentationen, finden bei Unternehmen ohne eigenständiges Personal(entwicklungs)controlling keine bzw. nur eine sehr untergeordnete Berücksichtigung. Die Vergleichsgruppen üben bei weiteren Instrumenten zur Erfolgskontrolle zwar ebenfalls Zurückhaltung. Einige Unternehmen nutzen aber die angeführten Instrumente, wie etwa das Personalszenario.

Die bisher betrachteten Erfolgskontrollen sind pädagogisch orientiert. Daneben existieren ökonomische Ansätze (vgl. Penski 2009, S. 128). Diese beziehen sich auf das Organisationsfeld. Sie können kostenanalytisch, rentabilitätsorientiert sowie vergangenheitsbezogen und zukunftsbezogen kennzahlenorientiert ausgestaltet sein. Einige berücksichtigen nicht monetäre Erfolgswirkungen neben monetären (vgl. Penski 2009, S. 137 ff. – mit weiteren Nachweisen).

Die Tabelle 18 deutet die Nutzung der aus dem Schrifttum abgeleiteten Instrumente an. Hierbei wird zwischen den Bereichen Kostenrechnung, Budgetierung, Soll-Ist-Vergleiche, Zeitvergleiche, Abweichungsanalysen, Humanvermögensrechnungen, Nutzen-Kosten-Analyse sowie Kenzahlenverfahren und Balanced Scorecard unterschieden.

In den Bereichen Kostenrechnung und Budgetierung besteht ein wesentlicher Unterschied in der Regelmäßigkeit der Anwendung einzelner Methoden. So nutzen Unternehmen mit Personal(entwicklungs)controlling die Budgetierung, die Kostenarten-, die Kostenstellen- und die Kostenträgerrechnung häufiger als die anderen Unternehmen. Für ein verlässliches Controlling ist jedoch besonders die kontinuierliche Anwendung dieser Methoden unverzichtbar, um auf belastbare Ausgangsdaten für die übrigen Instrumente – von Soll-Ist-Vergleichen bis hin zur Balanced Scorecard – zurückgreifen zu können.

Die Unterschiede in der Anwendung der verschiedenen Instrumente lassen sich einerseits auf die verfügbaren Daten (z.B. fehlende/ungenaue Budgetzahlen) zurückführen, andererseits könnten auch für die Anwendung erforderliche Kenntnisse über bestimmte Kennzahlenverfahren sowie über die Balanced Scorecard fehlen. Aus den Fragebögen ist zudem ersichtlich, dass Unternehmen mit einem Personal(entwicklungs)controlling zwar häufiger Kennzahlen berechnen bzw. die Balanced Scorecard anwenden, es jedoch an einer regelmäßigen Anwendung mangelt.

		Controlling			
		UC (alle Unterneh-men)	Weder PC noch PEC	PC (inkl. PEC)	PEC
	Gesamt	31	9	22	8
Kostenrechnung		Anzahl	Anzahl	Anzahl	Anzahl
Kostenartenrechnung	Nie	-	-	-	-
Kostenstellenrechnung	Nie	2	1	1	-
Kostenträgerrechnung	Nie	12	4	8	3
Budgetierung	Nie	4	3	1	1
Soll-Ist-Vergleiche	Nie	3	3	-	-
Zeitvergleiche	Nie	7	5	2	1
Abweichungsanalysen	Nie	11	6	5	2
Humanvermögensrechnung		Anzahl	Anzahl	Anzahl	Anzahl
Kostenwertmethode	Nie	25	9	16	5
Wiederbeschaffungskostenwert	Nie	24	7	17	5
Opportunitätskosten	Nie	29	9	20	7
Multiplikatorverfahren	Nie	30	9	21	8
Effizienzgewichtete PK-Methode	Nie	28	9	19	7
Methode der Zukunftseinkünfte	Nie	27	9	18	6
Firmenwertmethode	Nie	29	9	20	7
Leistungsbeiträge	Nie	28	9	19	6
Methode der Verhaltensvariablen	Nie	29	9	20	7
Nutzen-Kosten-Analyse	Nie	8	5	3	1
Kennzahlenverfahren		Anzahl	Anzahl	Anzahl	Anzahl
Netto-Personalbedarf	Nie	17	8	9	3
Betriebszugehörigkeitsdauer	Nie	17	9	8	3
PE-Rendite	Nie	26	9	17	5
Beteiligung am Vorschlagswesen	Nie	23	9	14	6
Fluktuationsquote	Nie	8	5	3	1
Fehlzeitquote	Nie	7	2	5	2
Jährliche PE-Zeit je Mitarbeiter	Nie	21	7	14	6
PE-Kostenanteil angesamten PK	Nie	19	8	11	5
PE-Kosten pro Tag und Person	Nie	26	9	17	7
Struktur der PEM	Nie	26	9	17	6
BalancedScorecard	Nie	25	9	16	6

Tab. 18: Methoden der ökonomischen Erfolgskontrolle (Mehrfachnennungen waren möglich) (In Anlehnung an: Penski 2009, S. 213 ff.)

Zur Humanvermögensrechnung äußerten sich alle Unternehmen zurückhaltend, was zum größten Teil auf unzureichende Kenntnisse zurückzuführen sein dürfte. Den größten Zuspruch erfährt in diesem Zusammenhang noch die Bewertung zu Wiederbeschaffungskosten. Sie findet in drei Unternehmen mit Personalcontrolling „immer bis oft“ Anwendung. Bei der zusammenfassenden Betrachtung der ökonomischen Erfolgskontrolle wird deutlich, dass Unternehmen mit Personal-/Personalentwicklungscontrolling diese regelmäßiger und umfänglicher wahrnehmen als Unternehmen ohne ein derartiges Controlling. Indes kann weder das Bestehen noch das Ausmaß an etwaigen Defiziten abschließend eingeschätzt werden. Tabelle 19 macht deutlich, dass zwei Drittel aller Unternehmen ohne ein spezialisiertes Personal-(entwicklungs)controlling keinen Abgleich von Lernerfolg und Lernzielen vornehmen (können). Sie scheinen auch verhältnismäßig selten Follow-up Meetings zu nutzen. Diese ermöglichen es, Transferhemmnisse schnell aufzudecken und beispielsweise Fragen, wie die Vorgesetzten mit den neu gewonnenen Fähigkeiten, Kenntnissen und Verhalten der Maßnahmenteilnehmer umgehen, zu beantworten. Schließlich unterbreiten die Unternehmen ohne ein Personal(entwicklungs)controlling auch seltener Angebote der Nachbetreuung, um einen Lernerfolg individuell zu sichern.

		Controlling			
		UC (alle Unternehmen)	Weder PC noch PEC	PC (inkl. PEC)	PEC
	Gesamt	31	9	22	8
Kriterien		Anzahl	Anzahl	Anzahl	Anzahl
Vergleich von Lernerfolg und Lernzielen	Immer / oft	19	2	17	5
	Gelegentlich / selten	6	1	4	3
	Nie	6	6	1	-
Durchführung von Follow-up Meetings	Immer / oft	15	3	12	5
	Gelegentlich / selten	4	2	2	1
	Nie	12	4	8	2
Angebote zur Nachbetreuung	Immer / oft	16	4	12	5
	Gelegentlich / selten	14	4	10	3
	Nie	1	1	-	-

Tab. 19: Identifikation und Umgang mit Transferhemmnissen (In Anlehnung an: Penski 2009, S. 218 ff.)

4 Schlussfolgerungen und Ausblick

Die aus dem Schrifttum abgeleiteten Ansätze zu (Elementen) einer Theorie des Personalentwicklungscontrollings für mittelständische Unternehmen scheinen empirischen Gehalt zu haben. Die Untersuchung folgt den Phasen des Funktionszyklus des Personalentwicklungscontrollings. Analyseschwerpunkte sind die Inhalte der einzelnen Phasen entsprechend ihrer Charakterisierung in Kapitel 2.3. Im Wesentlichen konnten alle Elemente in mittelständischen Unternehmen vorgefunden werden. Nahezu alle im Schrifttum beschriebenen Instrumente werden genutzt. Sie gelangen indes in unterschiedlicher Regelmäßigkeit und Häufigkeit zur Anwendung.

Alle in die Auswertung einbezogenen Unternehmen weisen ein Controlling auf. Sie unterscheiden sich dahingehend, ob ein Teilgebiet Personalcontrolling oder hierin noch spezifischer ein Subsystem Personalentwicklungscontrolling organisatorisch verselbständigt wurde. Entlang dieser Differenzierung bestehen in der Stichprobe Unterschiede in der Ausprägung des Personalentwicklungscontrollings. Mit zunehmender Spezialisierung nehmen Häufigkeit und Regelmäßigkeit des Instrumenteneinsatzes zu. Hierfür könnte ein plausibler Zusammenhang formuliert werden:

- Die Spezialisierung des Controllings ist Ausdruck der unternehmensindividuellen Bedeutung der Personalentwicklung für den Unternehmenserfolg.
- Je spezialisierter das Controlling ist, umso näher sind die Praxisinstrumente an den Konzepten der Theorie.

Offen bleibt jedoch, ob das Mehr an Personal(entwicklungs)controllinginstrumenten ein Indikator für ein besser funktionierendes System ist. Denn der systematische Zusammenhang der Instrumente und Elemente wurde nicht untersucht. Das Mehr an Instrumenten könnte auch Ausdruck eines größeren Nebeneinanders sein. Dieser Schluss ließe sich aus den Befunden zur Erfolgskontrolle und zur Transfersicherung ziehen. Diesbezüglich besteht unzweifelhaft Forschungsbedarf. Wenn Instrumente der Theorie in der Praxis nicht oder scheinbar unzureichend genutzt werden, liegt die Vermutung nahe, dass in der Praxis Defizite bestehen. Andererseits sind die Möglichkeiten, den Nachweis einer Unverzichtbarkeit bzw. des Potentials zur Unternehmenserfolgssteigerung für die Praxis zu erbringen, sehr begrenzt. Insofern ist diesbezüglich Zurückhaltung angebracht. Vielmehr sind zunächst die Ursachen dieser Diskrepanz aufzuklären. Ein Grund könnte sein, dass die Praxis Instrumente nutzt, die im Schrifttum nicht beschrieben wurden, und insofern das Theoriekonzept unvollständig war.

Die weitergehende Frage nach kritischen Grenzen für die organisatorische Verselbständigung eines Personal(entwicklungs)controlling bzw. dessen Revision sowie nach einem idealen Instrumentenkasten hat die vorliegende Untersuchung nicht gestellt und soll sie auch nicht beantworten. Sie kann gleichwohl weitergehend Anlass insbesondere auch zu qualitativen Untersuchungen geben, wie z. B.:

- Gibt es Unterschiede zwischen dem Personalentwicklungscontrolling in Mittel- und Großunternehmen?
- Worauf sind die Unterschiede in Nutzungsintensität und Häufigkeit der Personalcontrollinginstrumente zurückzuführen?
- Warum werden bestimmte Instrumente der Theorie nicht genutzt? Fehlen bestimmte Instrumente der Praxis?
- Was macht ein effizientes System des Personalentwicklungscontrollings aus?

Abschließend ist zu betonen, dass die Methodik der Untersuchung, deren Ergebnisse vorstehend zusammengefasst werden, Anlass zur Kritik geben kann – beispielsweise in Bezug auf Fragebogenerstellung und Stichprobe. Dies ist dann vor allem entweder eine Folge der verkürzten Darstellung oder aber der Ausgangsprämisse, dass angesichts des Forschungsstands eine explorative Untersuchung anzustreben war.

Literatur

- Becker, M. (1999): Personalentwicklung: Bildung, Förderung und Organisationsentwicklung in Theorie und Praxis. 2. Auflage, Stuttgart.
- Borsczc, A., Papmehl, A. (1990): Profit-Center-Ergebnisrechnung in der Personalentwicklung (PE). In: Controller Magazin 3(1990), S. 131-133.
- Fellenstein, D. (1996): Personalentwicklungscontrolling in Banken. Bern, Stuttgart, Wien.
- Friedl, B. (2003): Controlling. Stuttgart 2003.
- Günterberg, B. (2012): Unternehmensgrößenstatistik – Unternehmen, Umsatz und sozialversicherungspflichtig Beschäftigte 2004 bis 2009 in Deutschland, Ergebnisse des Unternehmensregisters (URS 95). In: IfM Bonn (Hrsg.) (2012): Daten und Fakten, Nr. 2, Bonn; URL: http://www.ifm-bonn.org/assets/documents/Daten-und-Fakten-2.pdf (Funddatum 08.03.2012).
- Gutschelhofer, A. (1999): Koordiniertes Personal-Controlling: Entwicklungslinien und Barrieren. Wiesbaden.
- Hummel, T. (1999): Erfolgreiches Bildungscontrolling: Praxis und Perspektiven. Heidelberg.
- Krey, A., Lorson, P. (2009): Buchhaltung als Basis für das KMU-Controlling - Ansatzpunkte zur Ausgestaltung vor dem Hintergrund des BilMoG. In: Müller, D. (Hrsg.): Controlling für kleine und mittlere Unternehmen, München 2009, S. 189-215.
- Kühlmann, T. H. (1999): Internationale Personalarbeit im Mittelstand. In: Schwuchow, K., Gutmann, J. (Hrsg.) (1999): Jahrbuch Personalentwicklung und Weiterbildung, Neuwied, Kriftel, S. 51-55.
- Küpper, H.-U. (2008): Controlling. 5. Auflage, Stuttgart.
- Lanz, R. (1992): Controlling in kleinen und mittleren Unternehmen. 3. Auflage, Bern, Stuttgart.
- Mentzel, W. (1997): Unternehmenssicherung durch Personalentwicklung: Mitarbeiter motivieren, fördern und weiterbilden. 7. Aufl., Freiburg i. Br.
- Nerdinger, F. W. (2005): Die psychologische Situation des Controllers im Unternehmen. In: Jander, H., Krey, A, (Hrsg.) (2005): Betriebliches Rechnungswesen und Controlling im Spannungsfeld von Theorie und Praxis, Festschrift für Prof. Dr. Jürgen Graßhoff zum 65. Geburtstag, Schriftenreihe: Schriften zum Betrieblichen Rechnungswesen und Controlling, Band 27, Hamburg, S. 545-558.
- Olfert, K. (2003): Personalwirtschaft. 10 Aufl., Ludwigshafen.
- Penski, M. (2009): Personalentwicklungscontrolling in mittelständischen Unternehmen, Dissertation, Universität Rostock (abrufbar unter http://rosdok.uni-rostock.de/metadata /rosdok_disshab_000000000240; Funddatum: 09.03.2012).

- Rautenstrauch, T., Müller, C. (2006): Strategisches Controlling in mittelständischen Unternehmen: Wunsch oder Wirklichkeit. In: Controller Magazin, 3(2006), S. 226-229.
- Schneider, S., Pudliszewski, D. (2007): Strategisches Controlling in Familienunternehmen. In: Controller Magazin, 4(200), S. 328-332.
- Schwertner, A. (2003): Koordinationsorientiertes Personalentwicklungscontrolling. In: Becker, M., Rother, G. (Hrsg.) (2003): Personalwirtschaft in der Unternehmenstransformation – Stabilitas et Mutabilitas –, München, Mering.
- Spremann, K., Zur, E. (Hrsg.): Controlling: Grundlagen – Informationssysteme – Anwendungen. Wiesbaden.
- Stiefel, R.T. (2004): Personalentwicklung KMU: Innovationen durch praxiserprobte Konzepte. 4. Auflage, Leonberg.
- Weber, J. (1992): Welche Anstöße kann die Theorie dem Controlling in der Praxis geben? In: Horváth, P. (Hrsg.) (1992): Effektives und schlankes Controlling, Stuttgart, S. 37-56.
- Weber, J., Schäffer, U. (2011): Einführung in das Controlling. 13 Aufl., Stuttgart.

Anmerkungen:

Der vorliegende Beitrag basiert auf der Dissertation von Fr. Dr. Schneider, geb. Penski, an der Universität Rostock. Die zur Drucklegung auf „nie“ verkürzten Tabellen 10, 16, 17 und 18 sind verfügbar unter http://www.wiwi.uni-rostock.de/bwl/rewe/download/dateien-aus-dem-bereich-publikationen/

Teil 5:
Aktuelle Einzelfragen und Schnittstellen des Personalmanagements in KMU

Einsatz von Informationsmärkten zum Monitoring der Mitarbeiterzufriedenheit in kleinen und mittelständischen Unternehmen

Regina W. Schröder

1 Aktuelle Herausforderungen für das Personalmanagement

Infolge des aktuellen demografischen Wandels und der daraus resultierenden Überalterung der Gesellschaft (vgl. etwa die empirische Untersuchung von Küpper et al. 2010) gewinnt das Personal einer Unternehmung zunehmende Bedeutung und Beachtung. Dies gilt für Unternehmungen jedweder Größe.

In kleinen und mittelständischen Unternehmen (KMU), die nach der Definition des Instituts für Mittelstandsforschung Bonn mehr als 99 Prozent der deutschen Unternehmen verkörpern, sind ungefähr 60 Prozent aller sozialversicherungspflichtig Beschäftigten in Deutschland angestellt. Aus volkswirtschaftlicher Sicht kommt KMU insofern eine wesentliche Bedeutung zu, doch werden die Arbeitsbedingungen wie auch die Arbeitsplatzqualität in KMU bislang allenfalls selten empirisch untersucht (Wagner 1997). Dies gilt, wie Zaim et al. (2008) feststellen, auch für die Mitarbeiterzufriedenheit (MZ). Die hierzu vorliegende Forschung sei, insbesondere im Vergleich mit Untersuchungen zur Kundenzufriedenheit (KdZ), unreif. Insgesamt ergibt sich daraus die Erfordernis, dass sich die Forschung eingehender mit dem Personal, vor allem jenem in KMU, befasst. Hierzu leistet der vorliegende Aufsatz insofern einen Beitrag, als er die von Zaim et al. formulierte Behauptung aufgreift und die MZ in KMU, insbesondere ihre Analyse, thematisiert.

Der vorliegende Beitrag beabsichtigt genauer, die Bedeutung der MZ auch für KMU zu erläutern und den Stand ihrer empirischen Untersuchung im Vergleich zu Studien über größere Unternehmungen aufzuzeigen. Wie sich dabei herausstellt, erweisen sich die durchgeführten Studien für KMU als unzureichend bzw. werden deren Charakter nicht gerecht. Es erhebt sich folglich die Frage, wie die MZ unter aktiver Beteiligung der zumeist wenigen Angestellten in einem KMU möglichst kontinuierlich erhoben und verfolgt werden kann.

Um der aufgeworfenen Fragestellung zumindest ansatzweise gerecht zu werden, gliedern sich die weiteren Überlegungen in vier Kapitel. An diese thematische Einführung anschließend, ordnet das zweite Kapitel die MZ in den Personalmanagementprozess ein, wobei die Zufriedenheit einerseits als Ergebnis des Personalmanagements und andererseits als Determinante dieses Prozesses verstanden wird. Das dritte Kapitel nimmt sich alsdann dem Stand empirischer Untersuchungen zur MZ in großen Unternehmungen wie auch speziell in KMU an. Hierbei werden einige Schwächen bisheriger Forschung offensichtlich, weshalb das vierte Kapitel ein alternatives, in diesem Kontext bislang nicht eingesetztes Untersuchungsdesign, den Informationsmarkt, vorstellt. Mit einer Zusammenfassung wie auch einem Ausblick schließt dieser Beitrag.

2 Einordnung der Mitarbeiterzufriedenheit in den Personalmanagementprozess

Vor dem Hintergrund der aktuell unsicheren Wirtschaftslage erlangen unternehmerische Ressourcen zunehmende Bedeutung. Dies gilt auch für das Personal des Unternehmens, dessen Fähigkeiten, Wissen und Motivation verstärkt Beachtung geschenkt wird. Beispielsweise findet sich in der Literatur eine wachsende Anzahl an prozessualen Darstellungen des Personalmanagements (kurz: PM), in welchen jedes der drei genannten Personalmerkmale zumindest implizit eine Rolle spielt. Der erste nachfolgende Unterabschnitt illustriert dies gemeinsam mit dem Personalmanagementprozess (kurz: PMP) exemplarisch. Die beiden übrigen Unterabschnitte befassen sich mit der Frage, wie die MZ, welche bislang im PMP unbeachtet bleibt, mit diesem Prozess zusammenhängt.

2.1 Prozessualer Ablauf des Personalmanagements

Ob als „Personalmanagementprozesse", „personalwirtschaftliche Prozesse" oder verkürzt als „Personalprozesse" bezeichnet, ist diesen Aktivitätsfolgen gemein, dass sie sich (a) mit den Humanressourcen des Unternehmens beschäftigen, (b) ihr Ablauf durch die herrschende Situation wie auch durch unternehmensindividuelle Eigenschaften geprägt ist und (c) sie sich aus mehreren unternehmensübergreifend nicht unbedingt identischen Aktivitäten zusammensetzen, die gewöhnlich sequentiell ablaufen.

Nach den Inhalten der in dem Prozess involvierten Aktivitäten und damit auch der Anzahl der daran mitwirkenden Anspruchsgruppen lassen sich horizontale und vertikale PMPs unterscheiden. Während erstere den Austausch zwischen dem Arbeitsmarkt, dem Unternehmen und dem Informationsmarkt beschreiben, an dem zwangsläufig mehrere Stakeholder beteiligt sind, verlaufen vertikale PMP allein unternehmensintern und konzentrieren sich auf das Management der Beziehung zwischen jedem einzelnen Beschäftigtem und dem Unternehmen. Es sind folglich nur zwei Stakeholdergruppen in den Prozess, welcher im Weiteren näher betrachtet wird, involviert.

Um ein Unternehmen führen zu können, bedarf dessen Management unter anderem Kenntnisse über die Umwelt, welche die Unternehmung umgibt. Selbige lässt sich unterteilen in ein globales Umfeld, das etwa die ökonomischen, ökologischen und gesellschaftlichen Rahmenbedingungen umschließt, in ein erweitertes aufgabenspezifisches Umfeld, dessen Untersuchung auch als Stakeholderanalyse zu bezeichnen ist, und in ein engeres aufgabenspezifisches Umfeld, das einem Branchenstrukturmodell entspricht und somit die aktuellen und potenziellen Wettbewerber des Unternehmens, seine Lieferanten und Abnehmer umfasst.

Die Angestellten des Unternehmens fokussierend, erweisen sich insbesondere vier Elemente des unternehmerischen Umfelds als interessant, nämlich die durch den Arbeitsmarkt und das Arbeitsrecht gesetzten Rahmenbedingungen ebenso wie personalbezogene Chancen und Gefahren. Alle vier Faktoren beeinflussen das Unternehmen mitsamt seines PMP (vgl. Abb. 1). Darüber hinaus bestimmen diverse unternehmerische Merkmale den Prozess Hierzu zählen vornehmlich die Unternehmensstrategie, seine Stärken und Schwächen, wobei sich die beiden letztgenannten aus den Fähigkeiten und dem Wissen der Mitarbeiter wie auch deren Zusammenarbeit und ihrer jeweiligen Motivation ergeben.

Determiniert durch die zuvor benannten unternehmensexternen und -internen Faktoren setzt sich der PMP aus mehreren Aktivitäten zusammen. Über die genaue Aktivitätszahl besteht bislang allerdings keine Einigkeit. In Anlehnung an Porter unterscheidet Winkler (2009) beispielsweise fünf Kern- (Personalplanung, -beschaffung, -einsatz, -kontrolle und Personalfreisetzung) und sieben Unterstützungsprozesse des PM (z. B. die Personalverwaltung, -betreuung, -entwicklung, -entlohnung und das Personalcontrolling). Henschel (2008) skizziert dagegen den Zusammenhang zwischen verschiedenen Personalmanagementprozessen (z. B. die Personalbestands- und die Personalbedarfsplanung, die Personalbeschaffung, die -freisetzung, die -einstellung, der -einsatz und die Personalentwicklung), die sequentiell zu durchlaufen sind. Abbildung 1 beschränkt sich auf einen vertikalen PMP, der sich aus sieben anschließend erläuterten Schritten zusammensetzt und somit viele, aber keineswegs sämtliche in anderen Darstellungen aufgeführte Prozessschritte aufgreift.

- Feststellung des Personalbedarfs: Die Personalbedarfsplanung bestimmt den Sollbestand der wichtigen Unternehmensressource, des Personals, in quantitativer, qualitativer und zeitlicher Hinsicht. Hinsichtlich des quantitativen Ausmaßes des Personalbedarfs ist zwischen dem Brutto- und dem Nettobedarf zu unterscheiden. Während ersterer sich aus einem Vergleich des Arbeitsaufwands mit der Normalarbeitszeit eines Mitarbeiters ergibt, lässt sich der Nettobedarf bestimmen, indem der Sollbedarf der tatsächlichen aktuellen Mitarbeiter gegenübergestellt wird.

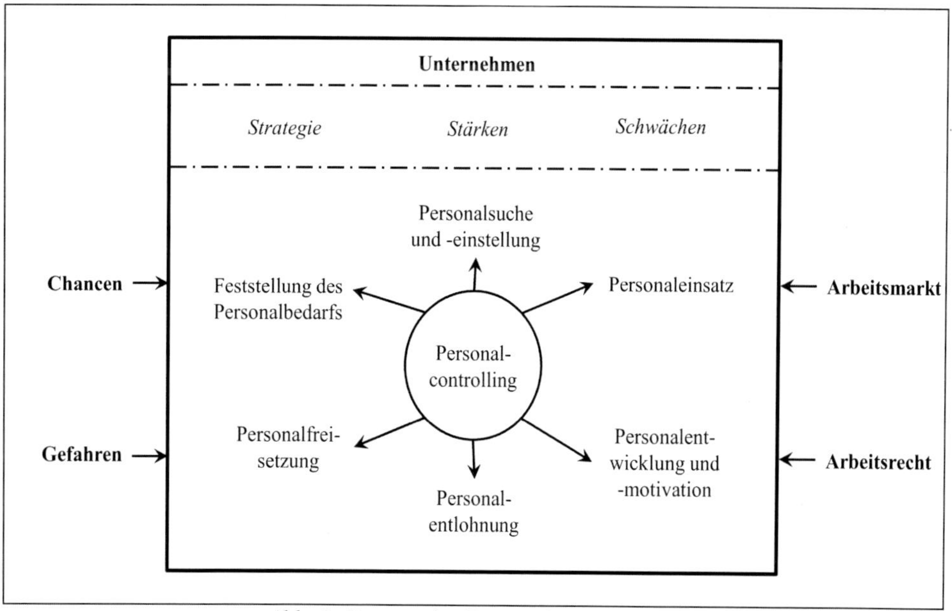

Abb. 1: Prozess des Personalmanagements

- Personalsuche und -einstellung: Zur Personalbeschaffung mag das Unternehmen interne und/oder externe Maßnahmen ergreifen. Zu den ersteren zählt es beispielsweise, wenn bereits zuvor Angestellte mehr arbeiten sollen oder ihr Urlaub auf einen späteren Zeitpunkt verschoben wird. Ferner ist es denkbar, dass bestehende Arbeitsverhältnisse geändert werden, indem Mitarbeiter unternehmensintern auf eine andere Stelle versetzt werden. Ist eine interne Personalbeschaffung nicht zweckmäßig oder gar unmöglich, um dadurch mangelnde oder gar fehlende Qualifikationen und Kompetenzen aufzubauen, muss das Unternehmen die zu besetzende Stelle ausschreiben oder auf Personalvermittler (z. B. sog. Headhunter) zurückgreifen. Haben auf das Angebot hin, mehrere Personen ihre Bewerbung an das Unternehmen gesandt, muss dieses einen ihm vorteilhaft erscheinenden Bewerber auswählen, ihm ein Angebot machen und ihn dann schließlich, sofern er das Angebot annimmt, einstellen.

- Personaleinsatz: Die Aufgabe des Personaleinsatzes besteht primär darin, die Mitarbeiter in den unternehmerischen Leistungsprozess zu integrieren. Die Angestellten müssen folglich den verfügbaren Arbeitsplätzen zugeordnet werden. Um den „Fit" der Mitarbeiter zu den Arbeitsplätzen zu erhöhen, mag die Unternehmung, wie nachfolgend skizziert, sein Personal fördern und/oder ihre Motivation steigern.

- Personalentwicklung und -motivation: Becker (2005) fasst unter der Personalentwicklung all jene (Fort-)Bildungs-, Förderungs- und Organisationsentwicklungsmaßnahmen zusammen, die sorgfältig mit Blick auf die Unternehmensziele geplant, umgesetzt und hinsichtlich der Zielerreichung bewertet werden. Die Personalentwicklung zielt mithin darauf ab, die Stärken der Mitarbeiter auszubauen, ihre Schwächen zu vermindern und ihre Motivation zu erhöhen. Denn die Motivation des Angestellten veranlasst ihn, seine Fähigkeiten einzusetzen und solche Entscheidungen zu treffen und jene Handlungen zu ergreifen, die den Zielerreichungsgrad erhöhen.

- Personalentlohnung: Ist die dem Angestellten übertragene Aufgabe erfüllt, gilt es, seine Leistung zu bewerten, und ihn dafür zu honorieren. Jeder Mitarbeiter erhält dazu regelmäßig eine fixe Entlohnung und, um ihn zu einer höherwertigen Leistung zu ermutigen, zusätzlich zumeist finanzielle Anreize.

- Personalfreisetzung: Altersbedingt, aus Unzufriedenheit mit der erbrachten Leistung oder weil der Mitarbeiter für die künftige Unternehmensentwicklung ungeeignet erscheint, kann sich die Unternehmung von ihm trennen, indem es den Mitarbeiter freisetzt. Dies kann entweder über eine fristgerechte Kündigung oder über eine fristlose Entlassung geschehen.

- Personalcontrolling: Neben der Verankerung des Personalcontrollings im Personalbereich, welche durch die Zugehörigkeit zum Personalmanagementprozess unmittelbar offensichtlich ist, basiert diese Form des Controllings zugleich auf dem Unternehmenscontrolling. Zu seinen Aufgaben zählen in der Praxis Analysen zur Personalkostenstruktur, zur Arbeitsproduktivität und zur Leistungsmotivation ebenso wie die Koordination des Personalmanagements (vgl. Küpper 2008, S. 498 f.). Letztere verlangt insbesondere eine Berücksichtigung von wechselseitigen Abhängigkeiten zwischen den einzelnen Managements undhritten, eine Abstimmung von Planung und Kontrolle.

Der zuvor beschriebene Personalmanagementprozess fokussiert einzelne Tätigkeiten und beschreibt deren Ablauf. Dabei bleiben andere den Personalmanagementprozess beeinflussende oder mit diesem andersartig verknüpfte Faktoren, wie etwa die MZ, außer Acht. Zur Schließung der somit identifizierten Lücke tragen die weiteren Ausführungen bei.

2.2 Mitarbeiterzufriedenheit als Prozess begleitendes Ergebnis

Die MZ wird in der Literatur mit verschiedenen englischsprachigen Begriffen (etwa „employee satisfaction“ (vgl. anstatt vieler Yee et al. 2007); „job satisfaction“ (vgl. unter anderem Rutherford et al. 2009), „work satisfaction“ (vgl. etwa Falkenburg et al. 2007) und „career satisfaction“ (vgl. beispielsweise Boies et al. 2002) belegt und damit mit unterschiedlichen Schwerpunkten diskutiert. Im Allgemeinen und somit unabhängig von der gewählten Übersetzung drückt die MZ aus, wie zufrieden die Angestellten mit ihrer Position, deren zukünftigen Entwicklungsmöglichkeiten, ihrer Entlohnung und ihrem Arbeitsumfeld sind (zu alternativen Konzeptionen der MZ, die auch als Arbeitszufriedenheit bezeichnet wird, vgl. Matiaske et al. 2001). Prinzipiell lassen sich im Zusammenhang mit dem Personalmanagement zwei Perspektiven auf die MZ unterscheiden. So repräsentiert sie einerseits eine Determinante dieses Managementprozesses (vgl. die Erläuterungen im nachfolgenden Unterabschnitt), andererseits definieren beispielsweise Akehurst et al. (2009) die Job Satisfaction als „result of workers' perceptions of 'how well their job provides for those things that are considered important.'“. Die MZ wird folglich als Ergebnis des Personalmanagements angesehen, bzw. die Phasen des letzteren stellen Einflussfaktoren auf die MZ dar. Diesen Zusammenhang zwischen dem PMP und der Zufriedenheit der Angestellten visualisiert die zweite Abbildung.

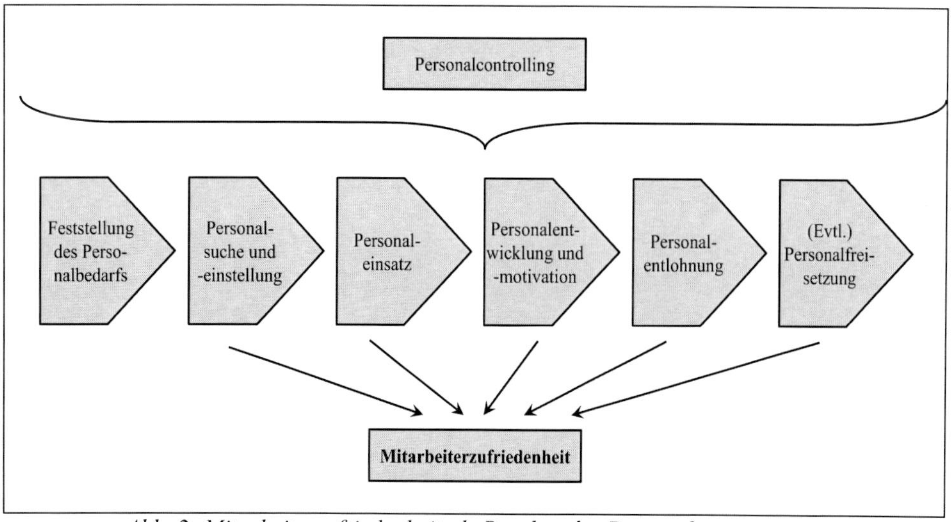

Abb. 2: Mitarbeiterzufriedenheit als Resultat des Personalmanagements

Wie aus der aufgeführten Darstellung ersichtlich, übt jeder Abschnitt des Prozesses Einfluss auf die MZ aus und bestimmt somit deren Auftreten ebenso wie deren Ausmaß mit. Für solche Beziehungen finden sich zwar allenfalls selten empirische Belege, doch lassen sich die vermuteten Zusammenhänge regelmäßig plausibel begründen, wie nachfolgend beispielhaft gezeigt sei.

- Einfluss der Personalsuche und -einstellung: Obwohl die Erfahrungen die ein Mitarbeiter während seiner Bewerbungsphase sammelt, keineswegs allein bestimmend dafür sind, ob sich der Bewerber für die angebotene Stelle entscheidet oder nicht, beeinflussen sie seine

Erwartungen und somit auch seine Zufriedenheit, falls er die offerierte Stelle übernimmt. In KMU beginnt die Verbindung zu den Angestellten gewöhnlich schon früher: Beispielsweise stellt Belfield (1999) fest, dass die Anwerbung von Mitarbeitern in KMU oftmals informell abläuft, indem Lehrlinge übernommen werden. Demnach ist die Personalrekrutierung in solchen Unternehmen wesentlich durch bereits bestehende Verbindungen und Erfahrungen miteinander (z. B. die Zufriedenheit des Lehrlings mit dem Unternehmen während seiner Ausbildung) geprägt.

- Einfluss des Personaleinsatzes: Wie, wann, wozu und in welchem Maße die Mitarbeiter in KMU eingesetzt werden, beeinflusst wesentlich ihre Zufriedenheit, welche bei gleichzeitiger Kostenminimierung gewöhnlich gesteigert werden soll.
- Einfluss der Personalentwicklung und -motivation: Sowohl die zur Fortbildung des Personals wie auch zur Steigerung der Angestelltenmotivation ergriffenen Maßnahmen drücken sich in einem Ausbau ihrer Stärken bzw. einem Abbau ihrer Schwächen aus. Hierfür stehen in KMU gewöhnlich nur begrenzte Mittel zur Verfügung, weshalb vielfach auf ein „learning by doing“ oder die Multiplikatorfunktion von Vorgesetzten, die irgendwann einmal eine Weiterbildungsveranstaltung besucht haben (vgl. Eckerland et al. 2008), zurückgegriffen wird. Insgesamt stellt die Personalentwicklung in KMU, Fuchs-Frohnhofen et al. (2007) zufolge, noch immer ein „Brachland“ dar, dass aber ein hohes Innovationspotenzial besitzt. Mit Blick auf die MZ ist folglich festzustellen, dass Entwicklungs- und Motivationsmöglichkeiten in KMU zwar Bestimmungsgrößen darstellen, diese aber noch praktischer Umsetzung und alsdann Erforschung bedürfen.
- Einfluss der Personalentlohnung: Die Vergütung von Angestellten, zu welcher neben einem Fixgehalt vielfach auch Anreize gehören, wird in der Literatur zwar intensiv, aber selten mit Bezug auf KMU diskutiert. Ein Grund hierfür besteht wohl in den begrenzten Ressourcen, aufgrund derer das Unternehmen sich nicht in der Lage sieht, zusätzliche Anreize zu zahlen. Daraus folgt, dass sich die Angestellten eines KMU nicht immer gerecht honoriert fühlen, was sicherlich ihre Zufriedenheit schmälert.
- Einfluss einer (evtl.) Personalfreisetzung: Angesichts ihrer geringen Unternehmensgröße bietet sich KMU zumeist keine Möglichkeit, nicht (mehr) benötigtes Personal intern freizusetzen. Deshalb passen KMU ihre personellen Kapazitäten eher über Freistellungen an, was sich negativ auf die MZ auswirken kann. Denn Angestellte, die wiederholt ihre Entlassung fürchten müssen, sind ceteris paribus weniger bestrebt, sich für eine möglichst gute Erreichung der Unternehmensziele anzustrengen.

Entscheidend für die im Unternehmen herrschende MZ ist es folglich, wie die Unternehmung mit ihren Angestellten umgeht. Doch bleibt zu bedenken, dass unzufriedene Mitarbeiter das Unternehmen vielleicht nicht unmittelbar, aber doch zeitnah verlassen können.

2.3 Mitarbeiterzufriedenheit als Einflussfaktor

Die Zufriedenheit der Angestellten resultiert nicht allein aus dem PMP; vielmehr wirkt sie sich an verschiedenen Stellen auch auf diesen Prozess aus. Insofern besteht zwischen dem PM und der MZ ein wechselseitiger Zusammenhang. Da im vorangehenden Abschnitt allein die Auswirkungen des PMP auf die MZ beleuchtet wurden, nimmt sich dieses Unterkapitel der entgegen gerichteten Beziehungen (vgl. Abb. 3) an. „Zufriedene Mitarbeiter sind produktiv." „Zufriedene Mitarbeiter sind nicht produktiv." Zu diesen beiden widersprüchlichen Feststellungen gelangen, Saari et al. (2004) zufolge, mit dem Management des Personal betraute Mitarbeiter wie auch Manager. Inwiefern wenigstens einer dieser Zusammenhänge auch für KMU gültig ist und welche Bedeutung er für das PM besitzt, bleibt bislang unerforscht. Deswegen soll im Weiteren der Zusammenhang zwischen der MZ und dem PMP mit einem Fokus auf die Einflüsse der ersteren auf die einzelnen PM-Schritte abermals schrittweise und anhand der Literatur betrachtet werden.

- Beeinflussung des Personalbedarfs: Es steht zu vermuten, dass zufriedene Mitarbeiter eher gewillt sind, sich zu engagieren und zusätzliche Aufgaben zu übernehmen. Hiervon profitieren KMU, deren begrenzte Ressourcen es nicht ermöglichen, für jede Aufgabe einen speziell dazu ausgebildeten Mitarbeiter anzustellen. Insofern müssen Angestellte ohnehin bereits ein, Aufgaben, welche gewöhnlich zu anderen Unternehmensbereichen gehören, mit zu übernehmen.

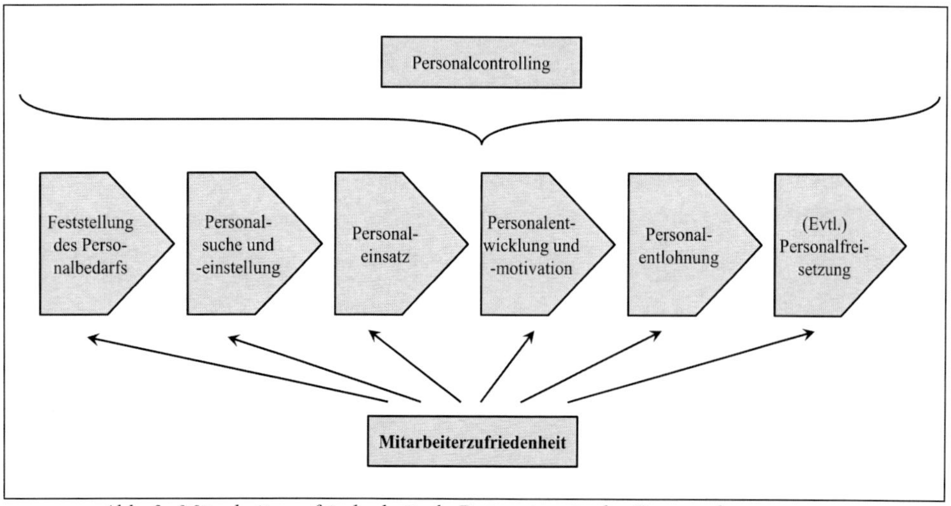

Abb. 3: Mitarbeiterzufriedenheit als Determinante des Personalmanagements

- Beeinflussung der Personalsuche und –einstellung: Zufriedene Mitarbeiter sind ceteris paribus eher geneigt, ihren Arbeitgeber an arbeitssuchende hinreichend qualifizierte Freunde und Bekannte weiterzuempfehlen. Die Zufriedenheit erleichtert somit indirekt die Personalsuche und/oder erweitert den Kreis interessierter Bewerber. Neben der Akquise bereits aus ihrer Ausbildung mit dem KMU verbundener Bewerber tritt folglich eine zweite Gruppe, auf die das Unternehmen leichter und im Vergleich zu einer Stellenausschreibung kostengünstiger zugreifen kann.

- Beeinflussung des Personaleinsatzes: Die MZ wiederum als motivierenden Faktor begreifend, beeinflusst sie das Einsatzfeld des Mitarbeiters positiv. Denn dieser ist gewillt, sich auch im Eigenstudium zusätzliche Kenntnisse anzueignen, derer es für die übertragenen Aufgaben bedarf.

- Beeinflussung der Personalentwicklung und –motivation: Mitarbeiter sind entweder extrinsisch oder intrinsisch motiviert. Da die finanziellen Ressourcen in KMU gewöhnlich knapp sind, profitiert der Arbeitgeber von einer intrinsischen Motivation, da ihm hierfür keine Kosten entstehen. Einen die intrinsische Motivation beeinflussenden Faktor bildet die MZ. Nimmt diese ceteris paribus einen höheren Wert an, so steigt auch die Motivation des Angestellten.
- Beeinflussung der Personalentlohnung: Ein Mitarbeiter, welcher aufgrund seiner Zufriedenheit intrinsisch motiviert ist, erwartet keine Zahlung von Anreizen, was für KMU insofern vorteilhaft ist, als sie die Entlohnung nicht erhöhen müssen.
- Beeinflussung der (eventuellen) Personalfreisetzung: Grundsätzlich gilt, dass mit ihrer Anstellung zufriedene Mitarbeiter länger im Unternehmen verbleiben. Insofern muss seltener nach neuem Personal gesucht werden, was sich gerade für KMU angesichts ihrer begrenzten Ressourcen als vorteilhaft erweist.

Diesen wie auch den vorherigen Abschnitt Revue passieren lassend, wird die Bedeutung der MZ als Ergebnis wie auch als Einflussfaktor auf das PM und schlussendlich auf das Unternehmensergebnis deutlich. Es erhebt sich alsdann aber die Frage, inwiefern und wie die MZ im Unternehmen festzustellen ist. Damit beschäftigen sich die beiden nachfolgenden Kapitel.

3 Bisherige Analyse der Mitarbeiterzufriedenheit

Zufriedenheitsanalysen erfreuen sich zunehmender Aufmerksamkeit. Dies belegen unter anderem die zahlreichen Publikationen, in denen derartige Untersuchungen Verwendung finden. Dabei wird regelmäßig die Zufriedenheit verschiedener Stakeholdergruppen (z. B. jene der Kunden oder der Mitarbeiter) analysiert (vgl. als ersten Überblick etwa die Meta-Analyse von Szymanski et al. 2001 oder jene von Petty et al. 1984). Der nachfolgende Abschnitt gibt einen Überblick zu derartigen Analysen, die sich auf die Mitarbeiter beziehen, bevor der zweite Unterabschnitt die Fragen erhebt, inwiefern auf diese Anspruchsgruppe bezogene Zufriedenheitsanalysen in KMU durchgeführt werden, und welche Forschungsmethoden dabei Verwendung finden.

3.1 Review des Forschungsstands

Die im Weiteren exemplarisch aufgeführten Zufriedenheitsanalysen fokussieren zwar allesamt die MZ, doch unterscheiden sich die Untersuchungen unter anderem hinsichtlich ihrer Zielsetzung, der analysierten Grundgesamtheit, des Umfangs der daraus gezogenen Stichprobe und der eingesetzten Analyseverfahren. Auch ihre Publikationsformen differieren; beispielsweise finden sich Analysen mitsamt ihrer Ergebnisse unter anderem in Monographien, in Zeitschriftenbeiträgen und in Working Papers. Die nachfolgende Tabelle gibt einen exemplarischen, zehn Quellen umfassenden Überblick zu in der englisch- und der deutschsprachigen Literatur veröffentlichten MZ-Analysen.

Literaturquelle	Zielsetzung der Analyse	Grundgesamtheit (Stichprobenumfang)	Eingesetzte Erhebungs- und/oder Analyseverfahren	Ergebnisse
Brown et al. 2008	Review von Studien, die dyadische Daten zur Analyse der Beziehung zwischen MZ und Kundenreaktionen verwenden	36 Korrelationen aus 28 Studien	Metaanalyse (Homogenitätsanalysen und Moderatoranalysen)	Signifikant positive Verknüpfung der vom Kunden wahrgenommenen Servicequalität und ihrer Zufriedenheit mit der MZ; Identifikation moderierender Faktoren
Chen et al. 2006	Bewertung des Einflusses der MUnZ auf deren Suche nach einer besseren Anstellung	192 von Lehrern ausgefüllte und zurückgegebene Fragebögen	Befragung; Verschiedene Analysen (z. B. zur Validität, Reliabilität); Grafische Visualisierung in einem Bedeutungs-Zufriedenheits-Modell	Angestellte in Institutionen zur höheren Bildung sind vornehmlich an hohen Gehältern und angemessenen Förderungssystemen interessiert
Falkenburg et al. 2007	Verbessertes Verständnis der Wirkungen von MZ und deren Bindung auf einen Vertragsabbruch	k. A.	Befragung; Hypothesentests	Unterstützung der Hypothesen, dass MZ und ihre Bindung moderierend auf das Rückzugsverhalten der Mitarbeiter wirken
Gerpott et al. 2011	Feststellung der Assoziation zwischen M- und KdZ	42 Studien zum Verhältnis von M- und KdZ	Metaanalyse (Heterogenitäts- und Moderatoranalysen)	Grundsätzlich positive Korrelation, die stark zwischen den Primärstudien schwankt
Grund et al. 2001	Wirkungsanalyse einer Lohnsteigerung auf die MZ	Auszug aus den Daten des GSOEP (für 1995)	Regressionsanalyse	Bestätigung der Hypothese
Hein et al. 2009	Zeitlicher Verlauf der MZ unter Beachtung der Einschätzung des Qualitätsmanagements	Befragung von 87 Mitarbeitern	Befragung, Häufigkeitsanalyse, Signifikanztests	Gesamteinschätzung des Qualitätsmanagements ist positiv, doch scheint weitere Analyse sinnvoll, um Auswirkungen auf die Arbeitszufriedenheit besser beurteilen zu können

Tab. 1a: Empirische Untersuchungen zur Mitarbeiterzufriedenheit

Literatur-quelle	Zielsetzung der Analyse	Grundge-samtheit (Stichpro-benumfang)	Eingesetzte Erhebungs- und / oder Ana-lyseverfahren	Ergebnisse
Rutherford et al. 2009	Untersuchung der Beziehung zwischen MZ, emotionaler Erschöpfung, der Bindung und der Kündigungsbereitschaft	132 vom Verkaufspersonal beantwortete Fragebögen	Befragung, Bestätigende Faktoranalyse, Regressionsanalyse	Einige Zusammenhänge erwiesen sich als haltbar, während andere verworfen werden mussten. Die emotionale Erschöpfung ist negativ mit alternativen Formen der MZ verbunden. Die untersuchten Faktoren sind mit der Neigung, das Unternehmen zu verlassen, verknüpft.
Walsh et al. 2010	Untersuchung des Einflusses von wahrgenommener Umwelt-Performance und finanziellem Unternehmenswert auf die MZ	113 Unternehmen aus Standard & Poor´s 250	Regressions-analyse	Nachweis einer signifikant positiven Beziehung zwischen wahrgenommener Umwelt-Performance und MZ, aber nicht zwischen der MZ und dem finanziellen Unternehmensergebnis
Walter et al. 2003	Erforschung des Zusammenspiels antizipierter sozialer Kompetenzen des Vorgesetzten und der MZ	Mitarbeiter einer Stadtverwaltung (n = 293)	Befragung, Hauptkomponentenanalyse, Regressionsanalyse	Bestätigung der meisten der aufgestellten Hypothesen, Hinweis auf systematische Anspruchsveränderungen in Abhängigkeit von wahrgenommenen sozialen Kompetenzen
Yee et al. 2008	Untersuchung des Einflusses der MZ auf die Unternehmensleistung	206 Geschäfte mit jeweils drei ausgefüllten Fragebogen	Strukturgleichungsmodelle	Beleg für MZ als wichtigem und signifikantem Einflussfaktor der Unternehmensleistung und die Qualität angebotener Leistungen

Tab. 1b: Empirische Untersuchungen zur Mitarbeiterzufriedenheit

Zwar gewährt die vorangehende Tabelle einen ersten Einblick in auf die MZ bezogene empirische Untersuchungen, doch sind die aufgeführten Analysen als exemplarisch zu bezeichnen. Sie vermitteln jedoch schon einen Eindruck davon, dass sich mehrere (hier: wenigstens drei) Formen der MZ-Analyse unterscheiden lassen: So gibt es erstens Untersuchungen, in denen Einflussfaktoren auf die MZ im Vordergrund stehen (z. B. Grund et al. 2001). Zweitens finden sich Studien, die ihren Blick eher auf die aus der Zufriedenheit resultierenden Wirkungen richten (vgl. etwa Yee et al. 2008). Die dritte Gruppe von Analysen, zu der etwa der Beitrag von Gerpott et al. 2011 zählt, widmet sich schließlich dem Zusammenhang zwischen der MZ und der KdZ.

Ungeachtet ihrer Fallzugehörigkeit ist allen zuvor tabellarisch aufgeführten Untersuchungen gemeinsam, dass sie die Unternehmensgröße unbeachtet lassen. Außerdem befasst sich keine der Analysen explizit damit, dass Zufriedenheitsniveau der Mitarbeiter festzustellen. Im Weiteren soll daher geprüft werden, ob explizit auf KMU ausgerichtete Untersuchungen ebenfalls diese Schwächen aufweisen oder sie diese vermeiden können.

3.2 Untersuchungen in kleinen und mittleren Unternehmen

Wie im vorherigen Unterabschnitt gezeigt, finden sich in der Literatur zahlreiche auf Mitarbeiter bezogene Zufriedenheitsanalysen. Das Ausmaß ihrer Zufriedenheit bleibt dabei allerdings regelmäßig außer Acht. Gleiches gilt für die Unternehmensgröße, weshalb in diesem Abschnitt zunächst die Frage zu untersuchen ist, ob es auch Veröffentlichungen zur MZ und deren Analyse in KMU gibt. Sofern sich solche Untersuchungen finden lassen, gilt es, besondere Aufmerksamkeit darauf zu richten, ob die Analysen das Ausmaß der MZ feststellen.

Eine Literaturrecherche mit den Begriffen „MZ" („job satisfaction" bzw. deren zuvor benannten Äquivalenten) und „KMU" („SME") offenbart, dass es durchaus einige, wenn auch im Vergleich zum vorherigen Abschnitt wenige Veröffentlichungen zu diesem Thema gibt. Dem Umstand der geringeren Menge Rechnung tragend, gelingt es allerdings, wenigstens fünf empirische Untersuchungen zur MZ in KMU zusammenzutragen (vgl. Tab. 2). Sicherlich kann für diese tabellarische Zusammenstellung kein Anspruch auf Vollständigkeit erhoben werden, doch vermittelt sie einen Eindruck davon, dass die MZ in KMU vergleichsweise selten in empirischen Untersuchungen hinterfragt wird. Hierauf deutet auch das Fehlen einer Metaanalyse in der Zusammenstellung hin.

Zwar lassen sich Studien zur MZ in KMU finden, doch erweisen sie sich nicht alle mit Blick auf die zu untersuchende Fragestellung als wenig hilfreich. Denn die viele Analysen sind eher auf die Zufriedenheit der Unternehmer als jene der Angestellten ausgerichtet. Ferner begnügen sich die meisten Beiträge wiederum damit, Determinanten der Zufriedenheit zu belegen. Das Ausmaß der MZ wird somit auch in Studien zu KMU nicht genauer untersucht.

In Anbetracht dieser offenbaren Forschungslücke, die sich möglicherweise mit dem Fehlen einer geeigneten Forschungsmethodik erklären lässt, soll nachfolgend der Versuch unternommen werden, eine Analysemethodik vorzustellen, mit der es gelingen kann, das Niveau der MZ festzustellen.

Literatur-quelle	Zielsetzung der Analyse	Stichpro-benumfang	Eingesetzte Erhebungs- und / oder A-nalyseverfah-ren	Ergebnisse
Akehurst et al. 2009	Analyse von Teams hinsichtlich der Zu-sammenarbeit ihrer Mitglieder und diese unterstützender Fak-toren	Zwei Ange-stellte jedes der 114 ana-lysierten spa-nischen Un-ternehmen	Interviews, LISREL Mo-dell	MZ und ihre Bindung an das Team beein-flussen die unterneh-mensinterne Führung direkt und positiv
Carraher et al. 2006	Analyse der Ver-wendbarkeit traditio-neller Human Re-source Management Theorien für Eigen-tümer von KMU	374 Eigentü-mer weißrus-sischer, pol-nischer und ukrainischer KMU	Methodisch nicht spezifi-zierte Verfol-gung der Ei-gentümer, mul-tiple Regressi-onsanalysen	Kein Beleg für Zu-sammenhänge zwi-schen der Zufrieden-heit mit dem Zah-lungsniveau und tat-sächlichen Zahlungen
Tolentino 2007	Erhebung zur Wahr-nehmung der Ar-beitsstätte und Zu-friedenheit mit ihr	60 Angestell-te (zumeist Verkäufer)	Befragung, Häufigkeitsana-lysen	Mitarbeiter in KMU der vier untersuchten Städte sind zufrieden, doch Verbesse-rungsmöglichkeiten durch höhere Entloh-nung
Yetim und Yetim 2006	Feststellung, ob kul-turelle Orientierun-gen der Unternehmer auch die MZ in KMU voraussagen	217 männli-che Unter-nehmer und 1.140 Ange-stellte	Ermittlung von deskriptiven Statistiken, Korrelations- und Regressi-onsanalyse	Die sozio-kulturellen Einstellungen von Unternehmern in KMU beeinflussen die MZ signifikant.
Zaim und Zaim 2008	Aufstellung eines Systems für die MZ und Aufdeckung kri-tischer Faktoren so-wie Feststellung ihrer Einflussstärke	245 Unter-nehmen der türkischen Textilindust-rie	Interviews, explorative Faktorenanaly-se, Formulie-rung und Test eines Regressi-onsmodells	Beleg für eine positi-ve linear Beziehung zwischen der MZ und ihrer Loyalität

Tab. 2: Empirische Untersuchungen zur Mitarbeiterzufriedenheit in kleinen und mittelständischen Unternehmen

4 Methodenvorschlag zur Feststellung der Mitarbeiterzufriedenheit in kleinen und mittleren Unternehmen

Wie die Ausführungen im vorangehenden dritten Kapital dieses Beitrags zeigen, fehlt bislang offenbar ein Ansatz, mit dem die Zufriedenheit der Mitarbeiter bestimmt werden kann. Denn die bisher durchgeführten Analysen richten sich allein darauf, Einflussgrößen auf die MZ, Wirkungen der MZ und die Zusammenhänge zwischen der KdZ und der MZ zu hinterfragen. In diesem Kapitel soll deshalb das Konzept von Informationsmärkten als eine Möglichkeit, die offenbar bestehende Lücke in verfügbaren Untersuchungsmethoden zu schließen, präsentiert werden. Nachdem der erste Unterabschnitt Informationsmärkte charakterisiert hat, erläutert der zweite Unterabschnitt, wie derartige Märkte zur Feststellung der MZ eingesetzt werden können. Das nachfolgend vorgestellte Verfahren scheint insbesondere auch für KMU nutzbar, wie die Diskussion im dritten Unterabschnitt belegt.

4.1 Informationsmärkte als Analyseinstrument

Für Informationsmärkte finden sich in der Literatur zahlreiche alternative Bezeichnungen: Sie werden auch Prognosemärkte, virtuelle Börsen, Information Aggregation Markets, Betting Markets u. a. m. genannt (vgl. den von Ankenbrand 2007 erstellten Begriffsüberblick, S. 94-97). Weitgehend gemeinsam ist den alternativen Verständnissen von Informationsmärkten jedoch, dass deren primäres Ziel in der Informationsallokation, genauer dem Informationsaustausch, besteht. Es werden folglich keine unmittelbar neuen Kenntnisse generiert, sondern Informationsmärkte dienen dazu, die Beteiligten anzuregen, ihr individuelles Wissen offenzulegen und somit der Organisation als Ganzem zur Verfügung zu stellen.

Decker et al. (2011) definieren Informationsmärkte als „marketplaces where the participating actors' information is published, synthesized and subsequently used as aggregated market values that help make predictions about pre-specified future events" (S. 1002). Solche Märkte sind keineswegs neu und wurden bereits in zahlreichen Bereichen angewandt (z. B. für Untersuchungen in der Politik, im Sport und in der Unterhaltung). Keine Verwendung haben Sie bislang jedoch für Zufriedenheitsanalysen, insbesondere für solche hinsichtlich des Personals, gefunden. Angesichts ihrer Merkmale (auch paralleler mehrerer Mitarbeiter möglich, zeitlich variable Verfügbarkeit und Zugriffsmöglichkeit, kontinuierliche Veränderbarkeit und Möglichkeit zur Anpassung an aktuell wahrgenommene Entwicklungen und neuer Informationen u. a. m.) scheint der Gedanke naheliegend, Online-Informationsmärkte auch für Untersuchungen der MZ einzusetzen. Diese Idee greift der folgende Unterabschnitt auf, wobei er vornehmlich das Vorgehen bei einer solchen informationsmarktbasierten Analyse vorstellt.

4.2 Nutzung von Informationsmärkten

Den Einsatz eines Informationsmarktes mit dem Ziel, den Stand der MZ auch unterjährig und im Vergleich zu regelmäßigen Befragungen kostengünstiger festzustellen und zu verfolgen, regen schon Gebauer und Ankenbrand (2008) an. Sie schildern dazu das Beispiel einer Aktiengesellschaft, der XY AG, welche einen Informationsmarkt entwickelt, um zwischen den jährlich durchgeführten Mitarbeiterbefragungen aktuelle Informationen über die MZ zu erlangen. Die Angestellten können auf dem geschaffenen Informationsmarkt über den Wert der nächsten Untersuchung zur MZ „spekulieren". Doch werden sie erst dann aktiv, wenn sie neue Informationen erhalten, die ihre Einschätzung, wie hoch die MZ bei der nächsten Befragung ausfällt, verändert.

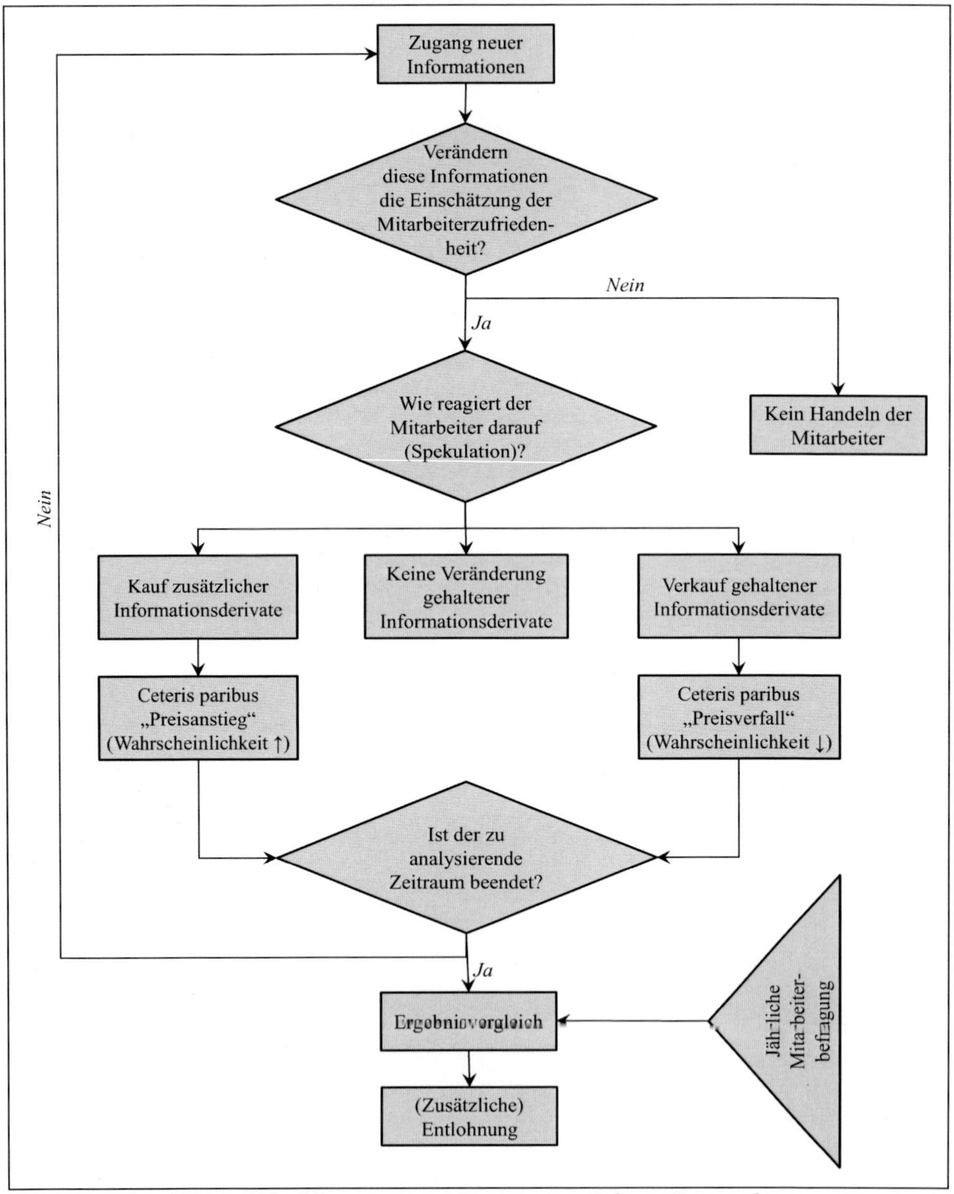

Abb. 4: Ablaufdiagramm zum Einsatz eines Informationsmarktes

Von der Frage ausgehend, ob dem Mitarbeiter ihm bislang unbekannte Informationen zugehen, die zu einer veränderten Einschätzung des zum Jahresende festgestellten Zufriedenheitsgrades führen, skizziert die vierte Abbildung den Einsatz eines Informationsmarktes zur (unterjährigen) Zufriedenheitsschätzung. Falls der Angestellte seine Einschätzung nicht modifiziert, wird er sich auch zu keinerlei Aktionen veranlasst sehen. Andernfalls drückt der Mitarbeiter seine „neue" Einschätzung in Kauf- oder Verkaufsangeboten aus. (Selbstverständlich ist es ihm auch möglich, seinen Informationsstand nicht zu verändern.) Wenn der Mitarbeiter aufgrund der neu zugegangenen Information der Meinung ist, dass die MZ zum Jahresende höher (niedriger) ausfällt, als zunächst vermutet, seine Aktien/ Informationsderivate mithin unterbewertet (überbewertet) sind, wird er Anteile kaufen (verkaufen). Während ein Verkauf ceteris paribus dazu führt, dass der Preis der gehandelten Information, folglich der ihr beigemessene Wert oder ihre Eintrittswahrscheinlichkeit sinkt, wirkt sich ein Erwerb gegenteilig aus, führt folglich zu einem Preis-, Wahrscheinlichkeitsanstieg.

Der beschriebene Vorgang wiederholt sich solange, wie dem Mitarbeiter neue Informationen, die seine Zufriedenheitseinschätzung verändern, zugehen, oder bis der Analysezeitraum beendet ist. Im letztgenannten Fall kann seine letzte Einschätzung mit den Ergebnissen der schließlich einmalig durchgeführten Zufriedenheitsbefragung verglichen werden. Stimmen die mithilfe des Informationsmarktes generieren Einschätzungen der MZ mit den erhobenen Ergebnissen (weitgehend) überein, mag der Angestellte für seine Prognosen eine zusätzliche Belohnung erhalten. Sofern auf diese Möglichkeit bereits bei der Einrichtung des Marktes hingewiesen wurde, hat sie das Verhalten der Mitarbeiter bereits beeinflusst und ihn zu einer regelmäßigen, seinen Informationsstand wahrheitsgetreu ausdrückenden Spekulation veranlasst.

Die obige Abbildung 4 fasst das zuvor skizzierte Vorgehen in einem Ablaufdiagramm zusammen.

4.3 Beurteilung

Im Vergleich zu einer regelmäßigen unterjährigen Befragung zeichnen sich Informationsmärkte dadurch aus, dass ihre selbst tägliche Nutzung geringere Kosten verursacht. Ferner bieten sie die Möglichkeit, das zu untersuchende Objekt, hier die MZ, über den gesamten Untersuchungshorizont hinweg kontinuierlich zu verfolgen, so dass Veränderungen beinahe unmittelbar offensichtlich werden.

Dadurch wird es auch möglich, die Auswirkungen bislang nicht erwarteter und deshalb bei der Zielformulierung nicht berücksichtigter Ereignisse zu erfassen und die Zufriedenheitseinschätzungen daran anzupassen. Solch unterjährige Zieländerungen erweitern das Spektrum möglicher Abweichungsanalysen, denn neben ursprüngliche Soll-Ist-Abweichungen, welche sich auf das ursprüngliche Ziel beziehen (Soll_1), treten nunmehr weitere zu analysierende Abweichungen, z. B. zwischen dem neuen Soll_2 und dem Ist sowie Analysen zwischen dem Soll_1 und dem Soll_2 und Untersuchungen der durch die Umformulierung hinzugekommenen oder weggefallenen Veränderungen. Hierdurch wird es ferner möglich, erforderliche Anpassungen im Handeln zu identifizieren.

Darüber hinaus eröffnen Informationsmärkte die Möglichkeit, die Wahrnehmung und Erwartungen der Mitarbeiter in die Analyse einfließen zu lassen. Die gilt für Unternehmen jedweder Größe, denn es ist auch möglich, Informationsmärkte für KMU zu formulieren und einzusetzen. Insbesondere für kleine Unternehmen bietet dieses Verfahren den Vorteil, dass nicht nur die Datenbasis zur MZ ausgeweitet wird, sondern die Beteiligung jedes Mitarbeiters verfolgt und honoriert werden kann. Auch geben die im Informationsmarkt abgebildeten Meinungen und das zugehörige Wissen die Möglichkeit, die Wahrhaftigkeit der Angaben, welche die Mitarbeiter im Kontext der jährlichen Befragen machen, zu prüfen. Informationsmärkte sehen sich allerdings beständig mit der Schwierigkeit konfrontiert, dass manche Angehörige des Unternehmens ihr Wissen nicht über elektronische Märkte offenlegen können, da diese ihnen fremd sind (vgl. Decker et al. 2008, S. 1003).

5 Zusammenfassung und Ausblick

Die anfänglich aufgeworfene Frage, wie die MZ unter aktiver Mitarbeit der wenigen Angestellten in KMU möglichst regelmäßig erhoben und somit verfolgt werden kann, erinnernd, hat der vorliegende Beitrag diese sicherlich teilweise, wenn auch nicht abschließend beantwortet. An die Einordnung der MZ in den PMP schloss sich ein Überblick zur Analyse der MZ in Unternehmen allgemein und insbesondere in KMU an. Dabei zeigte sich, dass es bislang noch immer an einem Analyseverfahren fehlt, mit dem die MZ aktiv erfasst werden kann. Mit den Informationsmärkten warf der Beitrag hierfür ein neues, in diesem Kontext bislang nicht erörtertes Verfahren in die Diskussion ein. Die angestellten Überlegungen zeigen mithin Wege auf, wie sich die Forschung zur MZ weiterentwickeln kann, so dass sie nicht länger als „unreif" zu bezeichnen ist.

Bislang fehlt es aber an einer praktischen Erprobung des unterbreiteten Vorschlags, so dass sich hier Raum für weitere Forschung bietet, die nicht nur auf Unternehmen jedweder Größe sondern auch auf KMU ausgerichtet werden kann. Ferner bieten sich Informationsmärkte auch für Diskussionen darüber an, inwiefern sie zu einer wahrheitsgemäßen Berichterstattung anregen und welcher Unterstützung sie eventuell durch Anreizsysteme bedürfen.

Literatur

- Akehurst, G.; Conneche, J.; Galindo, M.-A- (2009): Job satisfaction and commitment in the entrepreneurial SME. In: Small Business Economics 32(3), 277-289.
- Ankenbrand, B. (2007): Die Verbriefung und Bewertung von Namensrechten mittels Informationsderivatebörsen. Lohmar: Josef Eul.
- Becker, M. (2005): Personalentwicklung. Bildung, Förderung und Organisationsentwicklung in Theorie und Praxis. 4. Aufl., Stuttgart: Schäffer-Poeschel.
- Belfield, C. R. (1999): The Behaviour of Graduates in the SME Labor Market: Evidence and Perceptions. In: Small Business Economics 12(3), S. 249-259.
- Boies, K.; Rothstein, M. G (2002): Managers' interest in international assignments: the role of work and career satisfaction. In: International Journal of Intercultural Relations 26(3), S. 233-253.

- Brown, S. P.; Lam, S. K. (2008): A Meta-Analysis of Relationships Linking Employee Satisfaction to Customer Responses. In: Journal of Retailing 84(3), S. 243-255.

- Carraher, S. M.; Carraher, S. C. (2006): Human resource issues among SMEs in Eastern Europe: A 30 month study in Belarus, Poland, and Ukraine. In: International Journal of Entrepreneurship 10, S. 97-108.

- Chen, S.-H.; Yang, C.-C.; Shiau, J.-Y.; Wang, H.-H. (2006): The development of an employee satisfaction model for higher education. In: The TQM Magazine 18(5), S. 484-500.

- Decker, C.; Welpe, I. M.; Ankenbrand, B. (2011): How to motivate people to put 500-their money where their mouth is: What makes employees participate in electronic prediction markets? In: Technological Forecasting & Social Change 78(2011), S. 1002-1015.

- Eckerland, J.; Borchert, M. (2008): Personalentwicklung in kleinen und mittleren Logistikunternehmen. In: Borchert, M.; Heinen, E.; Zühlke-Robinet, K. (Hrsg.): Kompetenzentwicklung in kleinen und mittleren Unternehmen, Ingolstadt: Verlag Dr. Jochem Heizmann, S. 51-77.

- Falkenburg, K.; Schyns, B. (2007): Work satisfaction, organizational commitment and withdrawal behaviours. In: Management Research News 30(10), S. 708-723.

- Fuchs-Frohnhofen, P.; Hoppe, J. (2007): Personalauswahl und -Entwicklung in KMU. Brachland mit hohem Innovationspotenzial. In: Vomberg, E. (Hrsg.): Chancen >bunter Lebensläufe< für KMU und soziale Einrichtungen, Bielefeld: Bertelsmann, S. 107-148.

- Gebauer, M.; Ankenbrand, B. (2008): Web-basierte Prognosebörsen. Nutzung kollektiver Intelligenz zur Verbesserung von Planung und Früherkennung. Präsentiert auf: Know-Tech, 10. Kongress zum Wissensmanagement, 8/9. Oktober 2008, Frankfurt a. M.

- Gerpott, T. J.; Paukert, M. (2011): Der Zusammenhang zwischen Mitarbeiter- und Kundenzufriedenheit: Eine Metaanalyse. In: Zeitschrift für Personalwirtschaft 25(1), S.28-54.

- Grund, C.; Sliwka, D. (2001): The Impact of Wage Increases on Job Satisfaction - Empirical Evidence and Theoretical Implications. In: IZA Discussion Paper No. 387, URL: http://ssrn.com/abstract=289100 – Download vom 04.02.2012.

- Hein, S.; Lauterbach, K. W.; Plamper, E.; Gerber, A. (2009): Wie wirkt sich die Einführung des Qualitätsmanagements auf die Arbeitszufriedenheit und Arbeitsbelastung aus? Exemplarische Untersuchung in einer Klinik. In: Zeitschrift für Evidenz, Fortbildung Qualität im Gesundheitswesen 109, S. 219-227.

- Henschel, U. K. (2008): Hotelmanagement. 3. Aufl., München: Oldenbourg.

- Küpper, H.-U. (2008): Controlling. Konzeption, Aufgaben, Instrumente. 5. Aufl., Stuttgart: Schäffer-Poeschel.

- Küpper, H.-U.; Zoch, B. (2010): Reaktionsstrategien auf den Demogaphischen Wandel bei kleinen und mittleren Handwerksbetrieben. In: Meyer, J.-A. (Hrsg.): Strategien von kleinen und mittleren Unternehmen. Lohmar: Josef Eul, S. 333-353.

- Matiaske, W.; Mellewig, Th. (2001): Arbeitszufriedenheit. Quo vadis? Eine Längsschnittuntersuchung zu den Determinanten und Folgen von Arbeitszufriedenheit. In: Die Betriebswirtschaft 61, S. 7-24.
- Petty, M. M.; McGee, G. W.; Cavender, J. W. (1984): A Meta-Analysis of the Relationships between Individual Job Satisfaction and Individual Performance. In: The Academy of Management Review 9(4), S. 712-721.
- Rutherford, B.; Boles, J.; Hamwi, G. A.; Madupalli, R.; Rutherford, L. (2009): The role of the seven dimensions of job satisfaction in salesperson's attitudes and behaviors. In: Journal of Business Research 62, S. 1146-1151.
- Saari, L. M.; Judge, T. A. (2004): Employee Attitudes and Job Satisfaction. In: Human Resource Management 43(4), S. 395-407.
- Szymanski, D. N,; Henard, D. H. (2001): Customer Satisfaction: A Meta-Analysis of the Empirical Evidence. In: Journal of the Academy of Marketing Science 29(1), S. 16-35.
- Tolentino, C. M. (2007): Job Satisfaction of SME Workers in Select Cities of Mindanao. In: Philippine Journal of Labor and Industrial Relations 27(1 & 2), S. 42-55.
- Wagner, J. (1997): Firm Size and Job Quality. A Survey of the Evidence from Germany. In: Small Business Review 9(5), S. 411-425.
- Walsh, C.; Sulkowski, A. J. (2010): A greener company makes for happier employees more so than does a more valuable one: a regression analysis of employee satisfaction, perceived environmental performance and firm financial value. In: Interdisciplinary Environmental Review 11(4), p. 274-282.
- Walter, M.: Kanning, U. (2003): Wahrgenommene soziale Kompetenzen von Vorgesetzten und MZ. In: Zeitschrift für Arbeits- und Organisationspsychologie 47(3), S. 152-157.
- Winkler, J. (2009): Talent Management. Einem Führungskräftemangel mit zielgerichtetem Personalmanagement vorbeugen. Hamburg: Diplomica.
- Yee, R. W. Y.; Yeung, A. C. L.; Cheng, T. C. E. (2007): The impact of employee satisfaction on quality and profitability in high-contact service industries. In: Journal of Operations Management 26(5), S. 651-668.
- Yetim, N.; Yetim, U. (2006): The cultural orientations of entrepreneurs and employees' job satisfaction: The Turkish small and medium sized enterprises (SMEs) case. In: Social Indicators Research 77, S. 257-286.
- Zaim, H.; Zaim, S. (2008): Measuring Employee Satisfaction in Small and Medium Sized Enterprises. URL: http://epoka.edu.al/new/icme/2.pdf - Download vom 30.01.2012.

Anmerkung: Die Autorin dankt Herrn Dr. Michael Gebauer für die in gemeinsamen Gesprächen entwickelte Beitragsidee.

Vorstandsvergütung in börsennotierten KMU

Matija D. Mayer-Fiedrich und Olaf Schnier

1 Organbezüge mittelständischer AGs auf dem Prüfstand

Die Höhe der Vergütung von Vorständen erregt regelmäßig die öffentliche Aufmerksamkeit (Filbert et al. 2009, S. 18; Koch/Stadtmann 2010, S. 1). Dabei stehen zumeist große Aktiengesellschaften (AGs) im Blickpunkt der öffentlichen Diskussion. Die Angemessenheit der Organbezüge ist Gegenstand einer Vielzahl an theoretischen und empirischen Untersuchungen (s. hierzu den Überblick in den Abschnitten 2.3 und 2.4). Doch neben jenen großen AGs ist an der Deutschen Börse eine Vielzahl an mittelständischen AGs gelistet. Der Vergütung deren Vorstände wurde bisher nur geringe Aufmerksamkeit geschenkt.

Grundsätzlich ist die Beschäftigung von Managern in Aktiengesellschaften mit Problemen behaftet. In der Principal-Agent-Theorie werden diese Unvollkommenheiten erläutert (Ross 1973, S. 134-139 sowie Jensen/Meckling 1976, S. 315-360). So kann es zu abweichenden Interessen von Prinzipal (Aktionär) und Agent (Vorstand) kommen. Zudem wird dem Vorstand eine besondere Machtfülle zugesprochen (Managerial Power, Bebchuk/Fried 2004, S. 80-83 und 121-127). Diese ermöglicht es ihm, seine Verträge und Arbeitsumstände seinen Interessen anzupassen. Variable Vergütungsbestandteile sind eine Möglichkeit, diese Probleme zu entschärfen (Pay for Performance, s. bspw. Garvey/Milbourn 2006, S. 197-225).

Im Vergleich zu den in der Theorie betrachteten Vorstandsmitgliedern stehen solche mittelständischer AGs häufig in einem engeren Verhältnis zum Unternehmen (Einheit von Eigentum und Leitung, s. Reinemann 2011, S. 5 oder Kaminskaite 2011, S. 49). Zumeist sind diese entweder familiär mit der Gesellschaft verflochten oder halten einen nicht unerheblichen Anteil am Kapital. Diese Tatsachen sprechen dafür, dass Agency-Probleme entschärft werden. Dennoch bleibt die Frage offen, ob Kleinaktionäre in dieser Konstellation übervorteilt werden. So trägt der vorliegende Beitrag zur Klärung der offenen Forschungsfrage nach der Vergütung von Fremd- und Eigentümer-Managern bei (Witt 2008, S. 14). Im Gegensatz zu einem Großteil der bisherigen Literatur, welche sich auf Familienunternehmen fokussiert (bspw. Schachner et al. 2006), untersucht diese Studie explizit KMU.

Vor dem Hintergrund der theoretischen Modelle sowie fehlendender empirischer Befunde zielt der vorliegende Beitrag darauf ab, Einflussfaktoren auf die Vorstandsvergütung mittelständischer AGs zu identifizieren, diese auf eine mögliche Performance-Sensitivität zu überprüfen und abschließend die ermittelten Befunde mit jenen zu großen Gesellschaften zu vergleichen. Hierzu fußt der Beitrag auf der Querschnittsanalyse eines aktuellen Datensatzes, der mittelständische Unternehmen des Entry Standards mit Sitz in Deutschland umfasst.

2 Theoretische Grundlagen

2.1 KMU als Untersuchungsobjekt

Für KMU gibt es eine Reihe verschiedener Definitionskriterien, welche sich in quantitative und qualitative unterteilen lassen (De Filippis 2011, S. 7 ff.). Der vorliegende Beitrag nutzt die Empfehlung der EG-Kommission (2003), welche in Kleinst-, kleine, mittelständische sowie Großunternehmen unterteilt. Eine Abgrenzung nach unten wird nicht vorgenommen, so dass auch Kleinstunternehmen im Datensatz enthalten sind. Auch wenn die Definition auf rein quantitativen Kriterien fußt, haben einige qualitative Merkmale bzw. Folgerungen aus der Unternehmensgröße für die folgende Studie Bedeutung. So wählt der Gesetzgeber im §267 HGB die Kapitalmarktorientierung als Abgrenzungskriterium von Großunternehmen (Kirsch/Meth 2007, S. 9). Da der Untersuchungsgegenstand dieser Studie börsennotierte Unternehmen sind, scheint dies zu Kollisionen zu führen. Allerdings beschreibt das untersuchte Segment keinen geregelten (Kapital-) Markt i. S. d. WpHG (s. Abschnitt 2.3), außerdem verliert dieses Kriterium auf Grund gegenwärtiger Entwicklungen an Bedeutung. Es scheint sich der Zugang zum Kapitalmarkt für immer mehr KMU auf Grund von speziellen Börsensegmenten für Fremd- sowie Eigenkapital zu öffnen (Mayer-Fiedrich/Schnier 2012, Stiftung Familienunternehmen 2011). Die genannten Gründe rechtfertigen somit die Behandlung der in dieser Studie untersuchten AGs als KMU, da diese die Kriterien der EG-Kommission erfüllen und sie trotz Listing eine vergleichbare personelle und organisatorische Struktur wie typische KMU aufweisen.

Weitere für diesen Beitrag relevante Besonderheiten von KMU stellen die im Vergleich zu Großunternehmen abweichenden Unternehmensziele dar (Behringer 2009, S. 36 ff., Pfohl 2006, S. 18 ff.). So orientieren sie sich eher am Stakeholder- als am Shareholder-Value. Eine auf den langfristigen Fortbestand des Unternehmens ausgerichtete Geschäftspolitik prägt KMU und unter ihnen insbesondere Familienunternehmen (De Filippis 2011, S. 15 ff.). Folglich formulieren Schachner et al. (2006, S. 593) die Hypothese, dass Familienbetriebe eine geringere Eigenkapitalrendite fordern als Nichtfamilienbetriebe. Gegebenenfalls führt dies dazu, dass die Performanceabhängigkeit der Vorstandsvergütung geringer ausfällt, da sie nicht den gleichen Stellenwert wie in großen AGs einnimmt.

2.2 Die Suche nach einer angemessenen Vorstandsvergütung

Neben der Sicherung eines angemessenen Lebensstandards zielt die Vergütung von Arbeitnehmern grundsätzlich darauf ab, sie zu einer dem Unternehmenserfolg dienenden Verhaltensweise zu bewegen (Berthel/Becker 2010, S. 536-537). Bei der Steuerung des Top-Managements, als besondere Mitarbeitergruppe, ergeben sich eine Vielzahl an Problemen, welche in der Principal-Agent-Theorie durch Ross (1973) sowie Jensen/Meckling (1976) formuliert werden. Sie besagt, dass die Ziele von Vorständen (Prinzipalen) und ihren Aktionären (Agenten) divergieren können und dies dazu führt, dass Prinzipale im eigenen Interesse handeln, statt den Eigentümern zu dienen. Die durch variable Vergütungsbestandteile gesetzten Anreize ermöglichen es, die Interessenkonflikte abzumildern und eine Zielharmonie herzustellen. Diese Forderung zur Pay for Performance soll sowohl die Agency-Kosten senken als auch den Unternehmenswert steigern.

Merkmal	Principal-Agent-Theorie	Managerial Power Theorie	Stewardship-Theorie
Performance-abhängigkeit	Variable Vergütung entschärft Agency-Konflikte.	Manager versuchen ihre Macht zu nutzen, um sich einfach zu erreichende Ziele zu setzen.	Es besteht die Gefahr des Crowding-Outs von intrinsischer Motivation durch finanzielle Anreize.
Gehalts-publizität	Die Eigentümer verpflichten Vorstände zur Offenlegung, um Informationsasymmetrien abzubauen.	Manager versuchen, die Publizität zu unterdrücken, um ihre üppigen Bezüge zu verschleiern.	Der intrinsisch motivierte Manager erhält ein angemessenes Gehalt. Einer Publizität steht nichts entgegen.
Unter-nehmensgröße	Je kleiner das Unternehmen ist, desto überschaubarer sind diese. Folglich sinkt die Informations-asymmetrie und mit ihr die Möglichkeit zu opportunistischem Handeln.	Kein Einfluss.	Möglicherweise sind Stewards eher in KMU zu finden, da sie hier größere Entscheidungsfreiheit haben und sich besser verwirklichen können. Folglich müssen geringere finanzielle Anreize gesetzt werden.
Streubesitz	Je höher der Streubesitz, desto stärker muss das Gehalt an die Performance gebunden werden.	Je höher der Streubesitz, desto größer ist die Möglichkeit von Vorständen, Bezüge nach ihren Wünschen zu gestalten.	Kein Einfluss.
Aktienbesitz der Vorstände	Eine Zielharmonie zwischen Vorstand und Aktionären wird hergestellt. Dies verringert die Gefahr opportunistischen Handelns.	Durch den Aktienbesitz erhält der Vorstand noch mehr Macht, seine Vergütung nach seinen Vorstellungen zu gestalten.	Die intrinsische Motivation wird weiter gesteigert, da hoher Aktienbesitz zumeist in Familienunternehmen gegeben ist, in denen eine enge Verbundenheit zum Unternehmen besteht.

Tab. 1: Theoretische Wirkungszusammenhänge. Quelle: eigene Darstellung.

Dass dieses Postulat in der Realität umgesetzt wird, bezweifeln Bebchuk/Fried (2003, S. 71-92). Nach ihrer Auffassung haben Vorstände genügend Macht, ihre Interessen gegenüber Kleinaktionären durchzusetzen (Managerial Power). Dadurch schaffen sie es, die Bezüge nach ihren Vorstellungen zu gestalten und auch ohne größere Mühe hohe Gehälter zu verdienen. Auf Grund dieser Gefahr und der öffentlichen Kritik über scheinbar exzessive Vorstandsbezüge wurde eine Reihe an gesetzlichen Vorschriften sowie Handlungsempfehlungen erlassen, welche dazu dienen, die Vorstandsvergütung transparenter und angemessener zu gestalten. Abschnitt 2.3 stellt diese Maßnahmen im Kontext von KMU vor.

Insbesondere in KMU, welche häufig auch Familienunternehmen darstellen, kommt zusätzlich die Stewardship-Theorie zum Tragen (Donaldson 1990; Velte 2010). Diese geht davon aus, dass Mitarbeiter intrinsisch motiviert sind und kollektiv handeln. Das Oberziel, den Unternehmensfortbestand langfristig für die Familie zu sichern, führt zu einem solchen Handlungsmuster (Schachner et al. 2006). Witt (2008, S. 14) geht zusätzlich davon aus, dass auf Grund der überschaubaren und familiäreren Strukturen „Stewards“ als Manager eher in KMU arbeiten als bei Publikumsgesellschaften. Daraus schließt er, dass ein geringerer Anteil an leistungsabhängiger Vergütung gewährt werden muss. Dieser Theorie folgend besteht sogar die Gefahr, dass zu starke finanzielle Anreize zu einem Crowding-Out intrinsischer Motivation führen und kontraproduktiv sind (Frey/Osterloh 2000, S. 67). Zur Beleuchtung der Agency-Konflikte des Untersuchungsobjektes börsennotierter KMU sowie der Erklärung der beobachteten Vergütungsstrukturen stehen folglich drei verschiedene Theorien zur Verfügung (Tabelle 1).

2.3 Rechtliche Rahmenbedingungen und Corporate Governance in KMU

In eigentümergeführten Gesellschaften besteht die Gefahr einer verdeckten Gewinnausschüttung durch die Gewährung üppiger Bezüge, um Steuern zu sparen. Daher legt die Oberfinanzdirektion Karlsruhe in der sogenannten Karlsruher Tabelle die Höhe angemessener Gesellschaftsführerbezüge in KMU bis 500 Mitarbeitern in Abhängigkeit von Branchengruppen fest (Mertens 2010, Prühs 2011). Auch, wenn diese Regelung AGs (insbesondere mit hohem Streubesitz) nicht betrifft, stellen die als angemessen dargestellten Bezüge einen Richtwert dar.

In Folge der Finanz- und Wirtschaftskrise sollten erweiterte Regulierungen die Corporate Governance verbessern und die Angemessenheit von Organbezügen sicherstellen (Bachmann 2011). Zuvor regelte §87 Abs. 1 AktG die Vergütung von Vorständen, welche in angemessenem Verhältnis sowohl zu den Aufgaben als auch der Lage der Gesellschaft stehen soll. Der Deutsche Corporate Governance Kodex (DCGK, i. d. F. v. 26.10.2010) fordert eine verstärkte Publizität individueller Vergütung sowie der Begrenzung der Bezüge für solche Erfolge, welche nicht auf individuelle Leistungen sondern auf Marktgegebenheiten zurückzuführen sind (4.2.2 Angemessenheit). Außerdem sollen sich erfolgsabhängige Vergütungselemente an der langfristigen Unternehmensperformance orientieren. Zur Erreichung der nachhaltigen Entlohnung werden Bonus-Malus-Systeme und Abfindungsdeckelungen (Caps) vorgeschlagen (4.2.3 Nachhaltigkeit, zur grundsätzlichen Eignung eines Malus s. Mayer-Fiedrich 2011). Das 2006 eingeführte Vorstandsvergütungs-Offenlegungsgesetz (VorstOG) verpflichtet börsennotierte AGs zur detaillierten Publizität der Vorstandsbezüge. In Ergänzung zum AktG schreibt das Gesetz zur Angemessenheit der Vorstandsvergütung (VorstAG) eine interne sowie externe Angemessenheit der Vergütung vor und deckelt die Vergütung für außerordentliche Erträge (s. Bachmann 2011, S. 184 f.).

Die in diesem Beitrag untersuchten Unternehmen stammen aus dem Entry Standard. Dieses Börsensegment der Deutschen Börse AG wurde speziell für junge und mittelständische Unternehmen geschaffen (Besse 2007). Es soll den Zugang von KMU zum (Eigen-) Kapitalmarkt verbessern und erleichtern (Müller et al. 2011, S. 231 ff.). Hierzu gibt es für dieses Segment eine Reihe von Erleichterungen, insbesondere hinsichtlich der Finanzberichterstattung gem. nationaler Standards (Waschbusch et al. 2009, S. 691). Diese Erleichterungen haben allerdings auch eine direkte Auswirkung auf die Transparenz für Investoren. Da der Entry Standard kein regulierter Markt i.S.d. § 2 Abs. 5 WpHG ist, findet bspw. das VorstOG (und Teile des VorstAG) für das Untersuchungssample keine Anwendung. Zwar veröffentlicht ein Großteil der untersuchten Unternehmen Angaben über die Bezüge ihrer Vorstände, allerdings geschieht dies in den seltensten Fällen individualisiert bzw. mit Angaben über erfolgsbezogene und –unabhängige Vergütungsbestandteile.

Ein Teil der in der Stichprobe enthaltenen Unternehmen aus der Finanzbranche unterliegt seit der Finanzkrise einer besonderen Regulierung. Nach den Ergänzungen aus dem Jahre 2010 sind im KWG Prinzipien angemessener und transparenter Vergütungssysteme für die Geschäftsleiter verankert (Ben Shlomo/Nguyen 2011, S. 603 und Simon/Koschker 2011, S. 120 ff.). Da aus dem Sample lediglich sieben AGs in den Geltungsbereich des KWG fallen und die Änderungen erst am Ende des Untersuchungszeitraums in Kraft traten, ist davon auszugehen, dass es zu keinen Verzerrungen der Ergebnisse kommt.

2.4 Pay for Performance: Befunde aus der Literatur

In der Literatur ist die Vergütung von Vorständen in börsennotierten AGs ein intensiv betrachteter Untersuchungsgegenstand. Gründe hierfür liegen in der engen Verknüpfung von Publikumsgesellschaften und der Principal-Agent-Theorie, in der Bedeutung der Großunternehmen für die Volkswirtschaft hinsichtlich der Wertschöpfung (IfM 2010) sowie in der Verfügbarkeit von Daten auf Grund von strengeren Publizitätsanforderungen. Studien stammen von Schwalbach (1991), Schwalbach/Graßhoff (1997), Schmid (1997), Schwalbach (1999), Conyon/Schwalbach (2000), Elston/Goldberg (2003), Schmidt/Schwalbach (2007), Hitz/Sabiwalsky (2008), Rapp/Wolff (2010), Sommer et al. (2010) sowie Schnier (2011). Die wesentlichen Ergebnisse der Autoren belegen einen engen Zusammenhang zwischen Unternehmensgröße und Vergütungshöhe sowie zwischen Streubesitz und Bezügen. Alle Untersuchungen offenbaren zudem deutliche Branchenunterschiede (s. auch Staud 2009, S. 157, S. 168 und S. 218). Auch wenn es Hinweise für eine steigende Pay for Performance-Sensitivität der Gehälter gibt, steht ein robuster Nachweis der Verknüpfung von der Vergütung mit buchhalterischen und aktienkursbasierten Messgrößen aus.

Größenabhängige Studien zu der Vergütung von Geschäftsführern liefern Kuhner et al. (2010) sowie Rapp/Wolff (2010a). Die Studien zeigen ebenfalls, dass die Bezüge stark von der Unternehmensgröße abhängen und dass mit abnehmender Größe der Anteil fixer Vergütungskomponenten zunimmt. Achleitner et al. (2010) untersuchen anhand deutscher Prime-Standard-Unternehmen, inwiefern sich Familienunternehmen von Nicht-Familienunternehmen unterscheiden. Die Autoren zeigen, dass die Fixvergütung bei Familienunternehmen einen höheren Stellenwert hat als in den übrigen AGs und zusätzlich seltener aktienbasierte Vergütungselemente eingesetzt werden. Hinsichtlich der Kopplung an operative Performance schneiden Familienunternehmen allerdings besser ab als der Rest der Unternehmen (Achleitner et al. 2010, S. 8 ff. und S. 10 f.). Begründet werden die Ergebnisse mit der geringeren Informationsasymmetrie, welche zu einem geringeren Bedarf an variablen Komponenten führt. Zudem wird der erfolgsabhängige Teil der Vergütung von Vorständen mit bedeutsamen Aktienbesitz über die Ausschüttungen abgedeckt (Ulrich 2011, S. 309).

Staud (2009) erarbeitet Leitlinien einer an die Unternehmensgröße angepassten Corporate Governance. In der empirischen Untersuchung belegt sie einen Zusammenhang zwischen der Anzahl der Geschäftsführer und der Unternehmensgröße (Mitarbeiteranzahl). So benötigen größere Unternehmen auf Grund wachsender Komplexität eine größere Führungsmannschaft (Staud 2009, S. 78 ff.). Allerdings ergibt sich eine Richtgröße auch aus § 76 Abs. 2 AktG, welche ab einem Grundkapital von 3 Mio. EUR eine Vorstandsgröße von zwei Personen vorsieht, wobei die Satzung jedoch etwas anderes bestimmen kann. Einen weiteren Zusammenhang findet sie zwischen Vorstandsgröße und Vorhandensein von Eigentümergeschäftsführern.

Außerdem liefert sie Belege dafür, dass der Anteil der variablen Vergütung mit dem Anteil an Fremdgeschäftsführern und der Größe steigt. Die Publizität verbessert sich mit wachsendem Streubesitz und dem Kapitalanteil nicht-geschäftsführender Gesellschafter (Staud 2009, S. 133 f. und 160 f.).

3 Hypothesen

Die vorgestellten Studien offenbaren, dass dem Untersuchungsobjekt KMU hinsichtlich der Vorstandsvergütung bisher eine geringe Aufmerksamkeit geschenkt wurde. Die vorliegende empirische Untersuchung dient dazu, folgende Hypothesen zur Vorstandsvergütung und Corporate Governance in KMU zu überprüfen:

H1: Die Vorstandsgröße mittelständischer Unternehmen wächst proportional zu der Unternehmensgröße.

H2: Die Höhe der Bezüge ist abhängig von der Unternehmensgröße und -branche.

H3: Die Eigentümerstruktur (Streubesitz, Aktienbesitz von Vorständen) hat einen Einfluss auf die Vorstandsgröße und -vergütung.

H4: Die untersuchten AGs weisen eine geringe Performance-Sensitivität auf, da die geringe Unternehmensgröße sowie das Vorhandensein von Eigentümergeschäftsführern Agency-Konflikte entschärfen und die Ressourcen zur Implementierung variabler Vergütungssysteme fehlen.

4 Empirische Untersuchung

4.1 Datenbasis und Methodik

Die im Juli 2011 im Entry Standard der Deutschen Börse AG in Frankfurt notierten Aktiengesellschaften bilden die Datenbasis für die vorliegende Untersuchung. Da das Untersuchungsobjekt lediglich deutsche KMU sind, wurden ausländische Gesellschaften und Großunternehmen gemäß EG-Definition aus dem Sample ausgeschlossen (Tabelle 2). Im Sample befinden sich insgesamt 93 AGs mit 314 Unternehmensjahren, bzw. 76 AGs (243 Unternehmensjahre) mit Angaben zu der Vorstandsvergütung. Die Erhebung der Vergütungshöhe erfolgt anhand der Gesamtvergütung für die Vorstandsmitglieder gemäß den Angaben in den Jahresabschlüssen. Daraus wird auch die Vorstandsgröße abgeleitet. Vorstände, welche kein volles Geschäftsjahr im Amt waren, zählen zeitanteilig. Aus der Gesamtvergütung und der Anzahl der Vorstände ergibt sich die pro-Kopf-Vergütung (VergPC). Beide Variablen dienen als abhängige Variablen für die Regressionsanalyse.

Unternehmen im Entry Standard (Stand: Juli 2011)	**135**
Abzgl. ausländischer Aktiengesellschaften	-18
Deutsche Aktiengesellschaften	117
à 5 Unternehmensjahre im Untersuchungszeitraum 2006-2010	585
Abzgl. Jahre, in denen AG lt. Definition Großunternehmen	-123
Abzgl. Jahre, in denen kein Börsenhandel stattfand	-148
Stichprobe gesamt	**314**
Abzgl. Jahre, in denen keine Vorstandsvergütung ausgewiesen wurde	-71
Unternehmensjahre in Stichprobe mit Angaben über Vorstandsvergütung	**243**

Tab. 2: Gewinnung der Stichprobe. Quelle: eigene Darstellung.

Weitere Prädikatoren sind die Anzahl der Mitarbeiter, der Umsatz[1] sowie die Bilanzsumme, die zusammen auch zur Ermittlung der Unternehmensgröße gem. EG-Definition herangezogen werden. Um alle drei Größenkriterien in der Untersuchung berücksichtigen zu können, bildet die Unternehmensgröße als geometrisches Mittel einen Index. Die Eigenkapitalrendite (ROE)[2] sowie die Überrendite der Aktienkursentwicklung stellen die Performancemessgrößen als erklärende Variablen dar. Zur Vergleichbarkeit über den Untersuchungszeitraum korrigiert der CDAX die Aktienkursentwicklung über das Geschäftsjahr um die Indexveränderung, so dass lediglich die Überrendite einfließt. Die Vergütung, Anzahl der Mitarbeiter, Umsatz, Bilanzsumme sowie der Index Unternehmensgröße gehen logarithmiert in die Regression ein (ln(Variable)). Dies ist nötig, um eine Kollision mit der Normalverteilungsannahme der Residuen zu verhindern und Größeneffekte abzumildern (Rapp/Wolff 2010, S. 1091 f.).

Branchen-Code	**Branche**	**Anzahl in Stichprobe**		
		Gesamt	**mit Angaben**	**ohne Angaben**
A	Land-, Forstwirtschaft und Fischerei	3	3	0
B	Bergbau und Gewinnung von Steinen und Erden	10	9	1
C	Verarbeitendes Gewerbe	69	53	16
D	Energieversorgung	12	12	0
F	Baugewerbe	8	8	0
J	Information und Kommunikation	51	42	9
K	Erbringung von Finanz- und Versicherungsdienstleistungen	84	66	18
L	Grundstücks- und Wohnungswesen	39	35	4
M	Erbringung von freiberuflichen, wissenschaftlichen und technischen Dienstleistungen	26	8	18
R	Kunst, Unterhaltung und Erholung	12	7	5

Tab. 3: Branchenverteilung in der Stichprobe. Quelle: eigene Darstellung.

Der Streubesitz (Free Float) und die Höhe des Aktienbesitzes in Vorstandshand pro Kopf (AntVorstPC) fließen als zusätzliche Charakteristika in die Untersuchung ein. Dummy-Variablen für verschiedene Branchen (siehe Tabelle 3) sowie die einzelnen Jahre 2006-2010 (y2006-y2010) bilden fixe Effekte ab. Die Brancheneinteilung orientiert sich an der internationalen Systematik der Wirtschaftszweige (Statistisches Bundesamt 2008, S. 54-55, s. Tab. 3). Um dem Dummy-Variable-Trap zu entgehen, werden die Branchen relativ zum verarbeitenden Gewerbe (C) und die Jahre relativ zum Untersuchungsjahr 2010 betrachtet (Wooldridge 2009, S. 227). Die Daten stammen aus den Geschäftsberichten, den Hoppenstedt Aktienführern (2007-2011), sowie eigener Internetrecherche. Die Aktienkursinformationen wurden yahoo-finance entnommen.

Variable	Mittelwert	25%-Quantil	Median	75%-Quantil	Stabw. σ
Stichprobe gesamt (n=314)					
Vorstandsgröße	2,22	1,90	2,00	3,00	0,91
ln(Mitarbeiter)	3,55	2,71	3,89	4,39	1,50
ln(Umsatz)	2,48	1,86	2,53	3,10	0,99
ln(Bilanzsumme)	3,17	2,49	3,10	3,79	0,95
ln(Unternehmensgröße)	4,47	3,62	4,46	5,57	1,35
Free Float	0,377	0,180	0,304	0,500	0,251
AntVorstPC					
Unternehmensjahre mit Vergütungsausweis (n=243)					
ln(VergPC)	11,78	11,84	12,15	12,47	2,23
Mitarbeiter	60,2	14	48	80	57,3
ln(Mitarbeiter)	3,55	2,71	3,89	4,39	1,50
Umsatz	17,951	5,425	11,600	21,280	21,244
ln(Umsatz)	2,48	1,86	2,53	3,10	0,99
Bilanzsumme	38,175	11,026	21,141	43,194	53,636
ln(Bilanzsumme)	3,17	2,49	3,10	3,79	0,95
ln(Unternehmensgröße)	4,47	3,62	4,46	5,57	1,35
ROE	-0,233	-0,248	0,008	0,092	0,795
Überrendite	-0,055	-0,413	-0,156	0,120	0,729
Vorstandsgröße	2,22	1,90	2,00	3,00	0,91
Free Float	0,377	0,180	0,304	0,500	0,251
AntVorstPC	0,110	0,000	0,055	0,167	0,150
Unternehmensjahre ohne Vergütungsausweis (n=71)					
Mitarbeiter	43,2	4	24	50	58,0
Umsatz	7,285	0,329	2,420	9,070	11,757
Bilanzsumme	17,379	4,576	7,989	21,280	27,011
ln(Unternehmensgröße)	2,82	1,38	2,68	4,11	1,92
ROE	-0,024	-0,073	0,013	0,104	0,451
Überrendite	-0,040	-0,411	-0,184	0,174	0,626
Vorstandsgröße	1,66	1,00	2,00	2,00	0,70
Free Float	0,282	0,100	0,224	0,345	0,219
AntVorstPC	0,146	0,000	0,080	0,188	0,171

Tab. 4: Deskriptive Statistiken der Stichprobe. Quelle: eigene Darstellung.

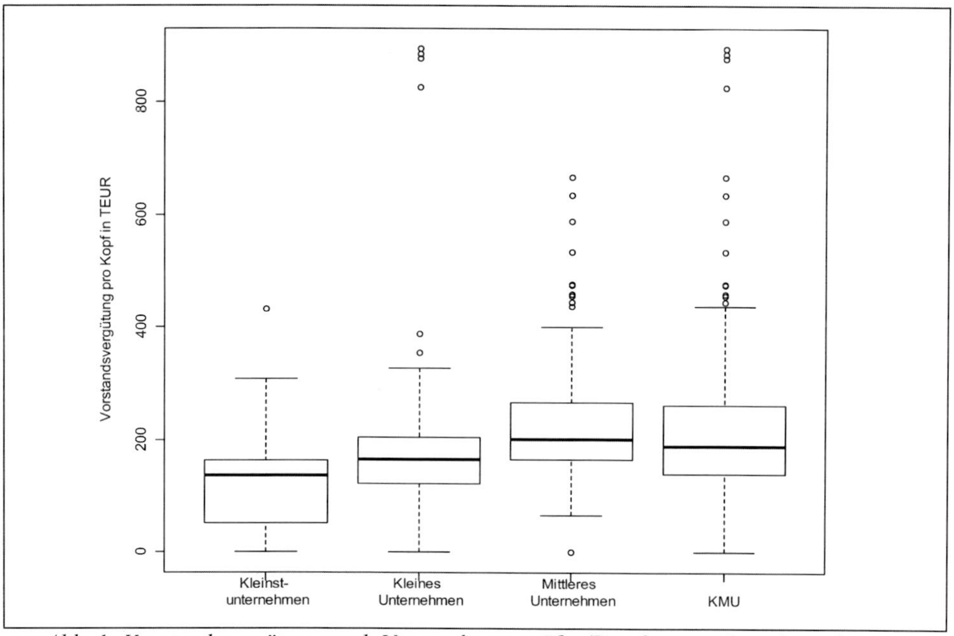

Abb. 1: Vorstandsvergütung nach Unternehmensgröße (Boxplots zur Verteilung der Vorstandsvergütung pro Kopf für verschiedene Größenklassen gem. EG-Definition)

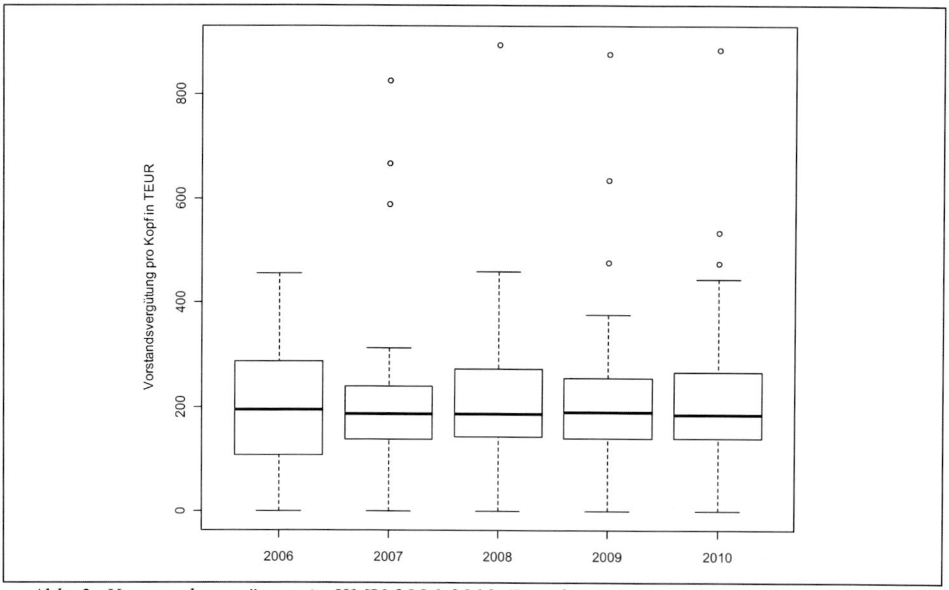

Abb. 2: Vorstandsvergütung in KMU 2006-2010 (Boxplots zur Verteilung der Vorstandsvergütung pro Kopf für die Jahre 2006-2010)

Unternehmensgröße	Kleinstunternehmen	Kleines Unternehmen	Mittleres Unternehmen	KMU
n	15	67	161	243

Tab. 5: Stichprobenumfang nach Unternehmensgröße. Quelle: eigene Darstellung.

Jahr	2006	2007	2008	2009	2010
n	18	43	55	63	64

Tab. 6: Stichprobenumfang 2006-2010. Quelle: eigene Darstellung.

Die Betrachtung des Samples zeigt, dass für die überwiegende Mehrheit der Beobachtungen Informationen über die Vergütungshöhe vorliegen. Die im Datensatz vornehmlich vertretenen Branchen sind Finanzdienstleistungen, das verarbeitende Gewerbe sowie die Informations- und Kommunikationsbranche. Insbesondere bei der weiteren Unterteilung dieses Samples (Tab. 12 und 13) kommt es dazu, dass die Dummies einzelner Branchen zu Unternehmensdummies werden, da lediglich eine AG alle Beobachtungswerte stellt. Folglich kann bei den Branchen mit wenigen Beobachtungen nicht auf den gesamten Wirtschaftszweig geschlossen werden.

Tabelle 4 fasst die deskriptiven Statistiken der Stichprobe zusammen. Durchschnittlich haben die AGs im Gesamtsample zwei Vorstände, wobei die mittlere Schwankung ca. 1 Vorstandsmitglied beträgt. Alle Größenkriterien weisen beträchtliche Standardabweichungen auf, wobei die Bilanzsumme die geringste Varianz hat. Diese Heterogenität setzt sich auch beim Streubesitz und der Höhe des Aktienbesitzes von Vorständen fort. Durchschnittlich werden ca. 38% der Aktien von Kleinaktionären und 11% von jedem Vorstandsmitglied gehalten. Auffällig ist zudem die im Mittel schlechte operative Performance der Unternehmen im Datensatz. Sowohl Eigenkapitalrendite als auch Überrendite sind negativ. Dies kann auf die vielen jungen Unternehmen aus Wachstumsbranchen im Entry Standard zurückzuführen sein, die in dieser Phase eher Verluste als Gewinne erzielen (Armsfeld/Tesch 2010, S. 84).

Dieses Gesamtsample lässt sich in die Teilstichproben unterteilen, die einerseits Beobachtungen mit Ausweis der Vergütung, andererseits solche ohne umfassen. Dabei zeigt sich, dass die Unternehmen mit Vergütungsausweis merklich größer sind. Die gezielte Überprüfung der verschiedenen Theorien erfolgt anhand von Regressionen über weitere Teilstichproben mit Vergütungsausweis. Die Unterteilung richtet sich einerseits nach der Höhe des Pro-Kopf-Aktienbesitzes der Vorstände, andererseits nach der Höhe des Streubesitzes. Als Grenze zwischen hohem und geringem Aktienbesitz fungiert die Marke von 5%, beim Streubesitz sind es 33%.

Die Abbildungen 1 und 2 untergliedern die Verteilung der beobachteten Vorstandsvergütung pro Kopf nach Größenklassen bzw. nach Beobachtungsjahren. Dabei zeigt sich ein deutlicher Zusammenhang zwischen Größe und Vergütung (Abb. 1). Liegt der Median der Vorstandsvergütung in Kleinstunternehmen bei ca. 140 TEUR, so wächst dieser bei Kleinbetrieben auf 160 TEUR und bei mittleren Unternehmen auf 200 TEUR. Eine solche klare Aussage lässt sich über die Entwicklung über die Jahre nicht treffen (Abb.2). Die Vergütung bleibt relativ konstant, lediglich in den Jahren 2006 und 2008 ist eine Vergrößerung der Streuung zu beobachten.

4.2 Methodik

Die Überprüfung der formulierten Hypothesen erfolgt einerseits anhand eines Mittelwertvergleichs, andererseits durch eine Regressionsanalyse. Durch den Mittelwertvergleich werden signifikante Unterschiede in Sub-Samples ermittelt (insbesondere: Unternehmen mit veröffentlichten Vergütungsangaben und solche ohne). Zur Prüfung auf Signifikanz nutzt diese Studie den Wilcoxon Rangsummentest (Bauer 1972). Die Regressionsanalyse untersucht zwei Modelle, bei denen erstens die Vorstandsgröße, zweitens die Vergütung pro Kopf die abhängigen Variablen darstellen.

Modell 1: Einflussfaktoren auf die Vorstandsgröße

$$\text{Vorstandsgröße} = \alpha_0 + \beta_1 \ln(\text{Mitarbeiter}) + \beta_2 \ln(\text{Umsatz}) + \beta_3 \ln(\text{Bilanzsumme}) + \beta_4 \ln(\text{Unternehmensgröße}) + \beta_5 \text{ ROE} + \beta_6 \text{ Überrendite} + \beta_7 \text{ Free Float} + \beta_8 \text{ AntVorstPC} + \varepsilon_i$$

Modell 2: Einflussfaktoren auf die Vorstandsvergütung

$$\ln(\text{VergPC}) = \alpha_0 + \beta_1 \ln(\text{Mitarbeiter}) + \beta_2 \ln(\text{Umsatz}) + \beta_3 \ln(\text{Bilanzsumme}) + \beta_4 \ln(\text{Unternehmensgröße}) + \beta_5 \text{ ROE} + \beta_6 \text{ Überrendite} + \beta_7 \text{ Vorstandsgröße} + \beta_8 \text{ Free Float} + \beta_9 \text{ AntVorstPC} + \varepsilon_i$$

Für die Modellberechnung wird die lineare OLS-Methode genutzt, die Standardfehler allerdings mittels heteroskedastizitätsrobusten Schätzern nach White (1980) ermittelt. Der Variance Inflation Factor (VIF) prüft auf mögliche Multikollinearität (Auer/Rottmann 2011, S. 507 f.). Da diese Werte der Variablen stets unter dem als kritisch angesehenen Wert von 10 lagen, ist davon auszugehen, dass die Schätzer valide sind (Kennedy 2003, S. 213).

4.3 Ergebnisse

Die Ergebnisse der empirischen Untersuchung sind den Tabellen 7-13 zu entnehmen. Tabelle 7 zeigt signifikante Unterschiede zwischen AGs mit Gehaltsausweis und solchen ohne. So deuten alle Größenkriterien darauf hin, dass kleinere Unternehmen seltener das Vorstandsgehalt ausweisen als größere. Die Ergebnisse zum ROE zeigen, dass Unternehmen ohne Gehaltspublizität eine bessere operative Performance leisten. Auch die Vorstandsgröße sowie der Streubesitz unterscheiden sich signifikant.

Knapp nicht signifikant ist der pro-Kopf-Aktienbesitz der Vorstände. Gegebenenfalls würde ein größerer Datensatz an nicht veröffentlichenden Unternehmen hier ein deutlicheres Ergebnis liefern. Energieversorger und Immobilienunternehmen veröffentlichen eher Informationen bezüglich der Vorstandsbezüge, wohingegen Dienstleister (in diesem Sample zumeist Unternehmen, deren Schwerpunkt auf Forschung und Entwicklung neuartiger Technologien liegen) dies seltener tun. Einen Trend zu einer Veränderung der Gehalts-Publizität im Zeitverlauf lässt sich anhand der Jahres-Dummies nicht nachweisen.

Variable	Mit Ausweis	Ohne Ausweis	p-Wert
	Mittelwert	Mittelwert	
Mitarbeiter	**60,2**	**43,2**	**0,001**
Umsatz	**17,951**	**7,285**	**0,000**
Bilanzsumme	**38,175**	**17,379**	**0,000**
Kleinstunternehmen	**0,062**	**0,239**	**0,000**
Kleines Unternehmen	**0,276**	**0,479**	**0,001**
Mittleres Unternehmen	**0,663**	**0,282**	**0,000**
ln(Unternehmensgröße)	**4,47**	**2,82**	**0,000**
ROE	**-0,233**	**-0,024**	**0,061**
Überrendite	-0,055	-0,040	0,918
Vorstandsgröße	**2,22**	**1,66**	**0,000**
Free Float	**0,377**	**0,282**	**0,002**
AntVorstPC	0,110	0,146	0,101
A	0,012	0,000	0,350
B	0,037	0,014	0,335
C	0,218	0,225	0,898
D	**0,049**	**0,000**	**0,057**
F	0,033	0,000	0,123
J	0,173	0,127	0,356
K	0,272	0,254	0,763
L	**0,144**	**0,056**	**0,049**
M	**0,033**	**0,254**	**0,000**
R	0,029	0,070	0,109
Dummy-Variablen für Untersuchungsjahre	Keine signifikanten Ergebnisse		

Tab. 7: Unterschiede der Mittelwerte. Quelle: eigene Darstellung.

Die Tabellen 8 und 9 stellen die Ergebnisse der Untersuchung von *Modell 1* auf Basis des Gesamtsamples dar. Das Modell wurde für alle drei Größenkriterien einzeln sowie für den Index Unternehmensgröße überprüft. Alle vier Regressionen bescheinigen einen deutlich signifikanten Zusammenhang zwischen Größe und Anzahl der Vorstandsmitglieder. Unter den vier Regressionen liefern der Index sowie die Anzahl der Mitarbeiter den höchsten Erklärungswert. Knapp 30% der Streuung lassen sich durch die Modelle erklären, bei Umsatz und Bilanzsumme sind es mit 22% bzw. 23% weniger. Der Streubesitz wirkt sich mindernd auf die Vorstandsgröße aus. Lediglich bei der Nutzung der Mitarbeiterzahl als Größenmesszahl bleibt dieser insignifikant.

Das Resultat ist hinsichtlich eines vermuteten Zusammenhangs auf Grundlage der Principal-Agent-Theorie bzw. Managerial Power erstaunlich. Hier war eine umgekehrte Wirkung zu erwarten, da eine größere Anzahl an Kleinaktionären es möglicherweise seltener schafft, effizientere Governance-Strukturen umzusetzen. Der Anteil der Aktien in Vorstandshand wirkt sich negativ auf die Vorstandsgröße aus. Dies kann entweder darin begründet liegen, dass Eigentümergeschäftsführer effiziente und schlanke Vorstandsgremien installieren oder dass der Aktienbesitz pro Kopf bei zunehmender Organgröße abnimmt. Seitens der Branchen scheint das verarbeitende Gewerbe relativ große Vorstandsgremien zu besitzen, da die meisten Dummies negativ signifikante Ergebnisse aufweisen. Insbesondere im Rohstoffsektor, Baugewerbe, Information/Kommunikation, Immobilien sowie Unterhaltung/Erholung sind robuste Zusammenhänge zu erkennen.

Variable	β_i	p-Wert		β_i	p-Wert	
Konstante α	**1,6600**	**0,000**	***	**1,1292**	**0,000**	***
ln(Unternehmensgröße)	**0,2522**	**0,000**	***			
ln(Mitarbeiter)				**0,3710**	**0,000**	***
ln(Umsatz)						
ln(Bilanzsumme)						
Free Float	**-0,7390**	**0,000**	***	**-0,4436**	**0,020**	*
AntVorstPC	**-1,1200**	**0,000**	***	**-1,2183**	**0,000**	***
A	0,4177	0,523		0,5964	0,354	
B	**-0,4215**	**0,045**	*	0,0061	0,977	
D	-0,1594	0,431		0,0053	0,979	
F	-0,3903	0,171		0,0210	0,946	
J	**-0,5467**	**0,000**	***	**-0,4850**	**0,000**	***
K	0,0903	0,504		**0,3983**	**0,009**	**
L	**-0,6805**	**0,000**	***	-0,1112	0,413	
M	0,0087	0,962		-0,0246	0,888	
R	**-0,6877**	**0,001**	***	**-0,5920**	**0,006**	**
Adjusted R^2	0,312			0,310		

*Tab. 8: Regressionsergebnisse zu Modell 1 (1). Signifikanzniveaus: „***"; „**"; „*"; „." entsprechen einem α von 0,001; 0,01; 0,05 bzw. 0,1. Quelle: eigene Darstellung.*

Variable	β_i	p-Wert		β_i	p-Wert	
Konstante α	**2,3814**	**0,000**	***	**2,1160**	**0,000**	***
ln(Unternehmensgröße)						
ln(Mitarbeiter)						
ln(Umsatz)	**0,1904**	**0,000**	***			
ln(Bilanzsumme)				**0,2966**	**0,000**	***
Free Float	**-0,9332**	**0,000**	***	**-0,9237**	**0,000**	***
AntVorstPC	**-1,2243**	**0,000**	***	**-1,0888**	**0,000**	***
A	0,7587	0,286		0,2923	0,661	
B	**-0,4605**	**0,055**	.	**-0,7232**	**0,002**	**
D	-0,0810	0,681		-0,1699	0,458	
F	-0,2573	0,355		**-0,4407**	**0,091**	.
J	**-0,5011**	**0,000**	***	**-0,5117**	**0,000**	***
K	0,1202	0,400		**-0,3149**	**0,037**	*
L	**-0,6231**	**0,000**	***	**-1,1795**	**0,000**	***
M	0,0792	0,673		**-0,5363**	**0,006**	**
R	**-0,5631**	**0,003**	**	**-0,7766**	**0,000**	***
Adjusted R^2	0,257			0,226		

*Tab. 9: Regressionsergebnisse zu Modell 1 (2). Signifikanzniveaus: „***"; „**"; „*"; „." entsprechen einem α von 0,001; 0,01; 0,05 bzw. 0,1. Quelle: eigene Darstellung.*

Variable	βi	p-Wert		βi	p-Wert	
Konstante α	0,0353	0,168		-0,0067	0,821	
ln(Unternehmensgröße)	**0,0306**	**0,000**	***			
ln(Mitarbeiter)				**0,0438**	**0,000**	***
ln(Umsatz)						
ln(Bilanzsumme)						
ROE	**-0,0120**	**0,042**	*	-0,0024	0,686	
Überrendite	0,0001	0,990		-0,0017	0,868	
Vorstandsgröße	-0,0062	0,397		-0,0100	0,173	
Free Float	0,0110	0,683		0,0403	0,129	
AntVorstPC	0,0204	0,595		-0,0117	0,748	
A	**-0,1396**	**0,000**	***	**-0,1211**	**0,000**	***
B	**0,2506**	**0,001**	***	**0,2959**	**0,000**	***
D	**-0,0488**	**0,004**	**	-0,0247	0,218	
F	**0,0499**	**0,091**	.	**0,0927**	**0,002**	**
J	0,0130	0,294		0,0166	0,187	
K	0,0184	0,133		**0,0566**	**0,000**	***
L	**0,0556**	**0,000**	***	**0,1159**	**0,000**	***
M	**-0,0376**	**0,001**	**	**-0,0259**	**0,025**	*
R	0,0257	0,143		**0,0347**	**0,092**	.
Y2006	-0,0012	0,953		-0,0052	0,794	
Y2007	0,0000	0,999		0,0006	0,970	
Y2008	0,0011	0,941		-0,0003	0,980	
Y2009	0,0017	0,907		-0,0006	0,967	
Adjusted R^2		0,356			0,378	

*Tab. 10: Regressionsergebnisse zu Modell 2 (1). Signifikanzniveaus: „***“; „**“; „*“; „.“ entsprechen einem α von 0,001; 0,01; 0,05 bzw. 0,1. Quelle: eigene Darstellung.*

Analog zu Modell 1 stellen die Tabellen 10 und 11 die Ergebnisse bezüglich der Einflussfaktoren auf die Höhe der Vorstandsvergütung mit unterschiedlichen Kriterien für die Unternehmensgröße dar. Dabei lässt sich ein signifikanter Zusammenhang auf die Bezüge des Vorstands nachweisen. Unter den drei Größenkriterien hat die Bilanzsumme den mit Abstand geringsten Erklärungswert. Mit ca. 38% erklärter Varianz liefert die Anzahl der Mitarbeiter das beste Ergebnis. Hinsichtlich der Abhängigkeit der Gehälter von Performancegrößen zeigt sich lediglich bei der Eigenkapitalrendite ein signifikantes, wenn auch wenig robustes Ergebnis. Nur bei der Berücksichtigung der Bilanzsumme und des Größenindexes zeigt der Koeffizient ein signifikant negatives Ergebnis. Dies würde bedeuten, dass Vorstände für gute Leistungen mit geringeren Bezügen bestraft und für schlechte honoriert würden. Aktienperformance, Vorstandsgröße sowie Aktionärsstruktur weisen keine erkennbaren Zusammenhänge auf. Branchen, welche - relativ zum verarbeiten Gewerbe – hohe Vergütungen beziehen, sind Rohstoffunternehmen, das Baugewerbe, Immobilienfirmen sowie die Unterhaltungs-/Erholungsbranche. Geringere Bezüge zahlt die Landwirtschaft, Energieunternehmen sowie Unternehmen, welche wissenschaftliche und technische Dienstleistungen erbringen. Die Ergebnisse kommen den Angaben aus der Staffelung der Karlsruher Tabelle entgegen. Die Jahres-Dummies weisen keine signifikanten Zusammenhänge auf.

Variable	βi	p-Wert		βi	p-Wert	
Konstante α	**0,1141**	**0,000**	***	**0,0585**	**0,029**	*
ln(Unternehmensgröße)						
ln(Mitarbeiter)						
ln(Umsatz)	**0,0139**	**0,007**	**			
ln(Bilanzsumme)				**0,0435**	**0,000**	***
ROE	-0,0070	0,277		**-0,0176**	**0,006**	**
Überrendite	0,0022	0,836		0,0040	0,645	
Vorstandsgröße	0,0066	0,363		0,0001	0,987	
Free Float	-0,0085	0,770		-0,0168	0,528	
AntVorstPC	0,0384	0,382		0,0437	0,257	
A	**-0,1097**	**0,000**	***	**-0,1745**	**0,000**	***
B	**0,2513**	**0,001**	***	**0,2183**	**0,002**	**
D	**-0,0336**	**0,035**	*	**-0,0594**	**0,001**	**
F	**0,0723**	**0,020**	*	0,0318	0,309	
J	**0,0279**	**0,042**	*	0,0173	0,156	
K	0,0181	0,180		**-0,0337**	**0,015**	*
L	**0,0668**	**0,000**	***	-0,0091	0,623	
M	**-0,0543**	**0,000**	***	**-0,0549**	**0,000**	***
R	0,0257	0,177		0,0095	0,581	
Y2006	-0,0056	0,798		-0,0046	0,818	
Y2007	-0,0023	0,892		-0,0017	0,911	
Y2008	0,0010	0,950		-0,0036	0,807	
Y2009	0,0000	0,998		-0,0004	0,979	
Adjusted R^2	0,272			0,347		

*Tab. 11: Regressionsergebnisse zu Modell 2 (2). Signifikanzniveaus: „***"; „**"; „*"; „." entsprechen einem α von 0,001; 0,01; 0,05 bzw. 0,1. Quelle: eigene Darstellung.*

Nach der Untersuchung der Gesamtstichprobe dienen vier Teilsamples zur genaueren Überprüfung der Performance-Sensitivitäten und letztlich der vorgestellten Theorien (anhand von Modell 2). Ein Mittelwertvergleich kontrolliert dabei die Unterschiede der wichtigsten erklärenden Variablen (Tab. 12 und 13).

Tabelle 12 zeigt die Ergebnisse nach Unterteilung gemäß unterschiedlich hohem Aktienbesitz von Vorständen. Lediglich bei hohem Eigenbesitz der Vorstände kann eine Performanceabhängigkeit seitens des ROE festgestellt werden. Das negative Vorzeichen weist jedoch darauf hin, dass diese negativ und folglich nicht anreizkompatibel ist. In der Summe bleiben auf Grund des Aktienbesitzes am Unternehmen dennoch die richtigen Anreize gesetzt, was die höheren Eigenkapitalrenditen, die diese AGs liefern, belegen. Bei den Unternehmen mit geringem Aktienbesitz in Vorstandshänden steigt die Vergütung reziprok zum Aktienbesitz. Dies könnte ein Indikator dafür sein, dass die durch geringeren Aktienbesitz sinkende Motivation durch eine höhere Vergütung kompensiert wird. In Unternehmen, an denen Vorstände hohe Anteile halten, steigt die Vergütung mit dem Free Float. Zu erklären ist dieses Verhalten durch die Managerial Power Theorie, wonach Vorstände sowohl durch den eigenen Aktienbesitz als auch die „Ohnmacht" der Kleinaktionäre genügend Macht haben, hohe Gehälter durchzusetzen. Hinsichtlich der Höhe der Vergütung scheinen Unternehmen mit Vorständen, die viele Aktien halten, höhere Bezüge zu gewähren. Dafür spricht der Mittelwertvergleich. Dieser wird allerdings auch durch die größere Unternehmensgröße in diesem Teilsample beeinflusst. Aussagekräftig ist die Sensitivität hinsichtlich der Variablen (Höhe des Koeffizienten). Die Vergütung bei Unternehmen mit hohem Aktienbesitz von Vorständen steigt mit wachsender Unternehmensgröße stärker als im anderen Teilsample.

Regression				
AntVorstPC	**Gering**		**Hoch**	
Variable	**βi**	**p-Wert**	**βi**	**p-Wert**
Konstante α	**0,0768**	**0,040** *	0,0379	0,464
ln(Unternehmensgröße)	**0,0270**	**0,000** ***	**0,0283**	**0,000** ***
ROE	0,0020	0,812	**-0,0185**	**0,004** **
Überrendite	-0,0231	0,164	0,0039	0,613
Vorstandsgröße	0,0084	0,485	-0,0175	0,117
Free Float	-0,0465	0,215	**0,1025**	**0,058** .
AntVorstPC	**-1,2133**	**0,027** *	-0,0227	0,755
A	**-0,1624**	**0,000** ***	**-0,1619**	**0,000** ***
B	0,0454	0,520	**0,3179**	**0,000** ***
D	-0,0211	0,457	-0,0256	0,317
F			**0,0691**	**0,013** *
J	-0,0300	0,124	0,0222	0,142
K	-0,0102	0,635	**0,0580**	**0,002** **
L	0,0283	0,103	**0,0617**	**0,006** **
M	**-0,0714**	**0,003** **	**-0,0341**	**0,082** .
R			**0,0543**	**0,003** **
Y2006	0,0089	0,799	-0,0115	0,539
Y2007	-0,0067	0,777	0,0038	0,826
Y2008	-0,0007	0,966	-0,0023	0,898
Y2009	0,0034	0,844	-0,0070	0,675
Adjusted R^2	0,307		0,5347	
n	118		125	
Mittelwertvergleich				
AntVorstPC	**Gering**	**Hoch**	**p-Wert**	
ln(VergPC)	**0,1751**	**0,2029**	**0,032** *	
ln(Unternehmensgröße)	**4,1813**	**4,7336**	**0,002** **	
ROE	**-0,2709**	**-0,1972**	**0,012** *	
Überrendite	-0,1177	0,0044	0,743	
Vorstandsgröße	**2,1174**	**2,3239**	**0,042** *	
Free Float	0,4019	0,3526	0,929	

*Tab. 12: Untersuchung der Teilstichproben mit geringem und hohem Aktienbesitz der Vorstände. Signifikanzniveaus: „***"; „**"; „*"; „." entsprechen einem α von 0,001; 0,01; 0,05 bzw. 0,1. Quelle: eigene Darstellung.*

Die Ergebnisse für die Unterteilung anhand des Streubesitzes sind in Tabelle 13 aufgeführt. Sie haben hinsichtlich der Vergleichbarkeit untereinander eine höhere Homogenität. Sie unterscheiden sich lediglich anhand der Vergütungshöhe und Unternehmensgröße. Die Betrachtung der Regressionsergebnisse zeigt, dass in beiden Teilsamples die Vergütung signifikant mit der Überrendite zusammenhängt. Allerdings ist dieser Zusammenhang bei Unternehmen mit geringem Streubesitz negativ, bei hohem positiv. Diese Tatsache spricht dafür, dass analog zur Principal-Agent-Theorie die Zielharmonisierung zwischen Kleinaktionären und Vorständen über eine variable Vergütung hergestellt wird. Allerdings erhalten die Vorstände von AGs mit höherem Streubesitz eine signifikant höhere Vergütung, welche deutlich schneller mit steigender Unternehmensgröße zunimmt. Diese Tatsache könnte auf die Macht der Manager zurückzuführen sein, welche gegenüber Kleinaktionären ausgeprägter ist.

Regression						
Free Float	**Gering**			**Hoch**		
Variable	**βi**	**p-Wert**		**βi**	**p-Wert**	
Konstante α	**0,0613**	**0,066**	.	-0,0427	0,340	
ln(Unternehmensgröße)	**0,0264**	**0,000**	***	**0,0386**	**0,000**	***
ROE	-0,0042	0,541		-0,0061	0,373	
Überrendite	**-0,0431**	**0,004**	**	**0,0126**	**0,007**	**
Vorstandsgröße	-0,0092	0,270		0,0054	0,601	
Free Float	-0,0156	0,847		0,0280	0,639	
AntVorstPC	-0,0228	0,538		0,0045	0,919	
A	**-0,1891**	**0,000**	***	**-0,1291**	**0,000**	***
B	0,0513	0,212		**0,5362**	**0,000**	***
D	-0,0273	0,275		**-0,0556**	**0,008**	**
F	0,0819	0,165		**0,0539**	**0,003**	**
J	-0,0144	0,454		**0,0441**	**0,004**	**
K	**0,0412**	**0,014**	*	0,0244	0,332	
L	**0,0412**	**0,013**	*	**0,0751**	**0,000**	***
M	**-0,0568**	**0,000**	***	-0,0202	0,284	
R	0,0047	0,795		**0,0855**	**0,000**	***
Y2006	0,0320	0,249		0,0058	0,849	
Y2007	0,0008	0,963		-0,0152	0,515	
Y2008	0,0223	0,179		-0,0086	0,590	
Y2009	0,0279	0,106		-0,0179	0,201	
Adjusted R^2	0,3115			0,675		
n	126			117		

Mittelwertvergleich				
Free Float	**Gering**	**Hoch**	**p-Wert**	
ln(VergPC)	**0,1838**	**0,1946**	**0,030**	*
ln(Unternehmensgröße)	**4,6436**	**4,2736**	**0,049**	*
ROE	-0,2352	-0,2309	0,920	
Überrendite	0,0429	-0,1457	0,298	
Vorstandsgröße	2,1232	2,3169	0,271	
AntVorstPC	0,0926	0,1273	0,727	

*Tab. 13: Untersuchung der Teilstichproben mit geringem und hohem Streubesitz. Signifikanzniveaus: „***“; „**“; „*“; „.“ entsprechen einem α von 0,001; 0,01; 0,05 bzw. 0,1. Quelle: eigene Darstellung.*

Zusammenfassend stützen die Ergebnisse tendenziell die Principal-Agent- oder die Managerial Power Theorie. Gegen Letztere ist einzuwenden, dass die Performance-Sensitivität bei gestiegenem Free Float zunimmt. Da die Resultate aus Tabelle 12 aber auch im Sinne der Managerial Power Theorie interpretierbar sind, lässt sich diese nicht eindeutig verwerfen. Die signifikanten Unterschiede in den Teilstichproben sprechen eher gegen die Stewardship-Theorie. Danach hätte der Anteil des Streubesitzes keinen Einfluss auf die Vergütung und auch die Höhe des Aktienbesitzes von Vorständen würde die Ausgestaltung des Gehaltssystems nicht beeinflussen (s. Tab. 1).

5 Die Notwendigkeit einer Pay Governance auch in KMU

Der vorliegende Beitrag untersucht die Vergütung von Vorständen in KMU auf Basis dreier theoretischer Modelle. Die Ergebnisse der empirischen Analyse deuten darauf hin, dass sich das Idealbild eines intrinsisch und rein im Unternehmens- und Aktionärssinne handelnden Vorstands nicht nachweisen lässt. Die Unternehmensgröße – gemessen anhand dreier Kriterien - ist jeweils am besten dazu geeignet, die Bezüge von Vorständen zu erklären. Dieses Ergebnis deckt sich mit denen großer Unternehmen und kann als ein Baustein einer angemessenen Vergütung gewertet werden. In dieser Hinsicht ist davon auszugehen, dass die Verantwortung und die Aufgabenbereiche mit der Unternehmensgröße wachsen und folglich eine höhere Vergütung gem. §87 AktG gerechtfertigt ist. Seitens der Leistungsorientierung lassen sich nur wenige signifikante Zusammenhänge erkennen. Teils scheint sich die Anreizkompatibilität gar umzukehren und Manager für schlechte Leistungen signifikant höher entlohnt zu werden. Dies tritt insbesondere dann auf, wenn Vorstände hohe Anteile am Unternehmen halten und lässt sich mit der Managerial Power Theorie erklären. In AGs mit hohem Streubesitz gibt es andererseits Anzeichen dafür, dass effektive Anreizmechanismen existieren. Folglich schaffen es diese Aktionäre entsprechend der Principal-Agent-Theorie, eine Zielharmonie durch variable Gehaltsbestandteile herzustellen.

Die kaum vorhandene Performance-Sensitivität ist in Anbetracht der Schwierigkeit, diese selbst in Großunternehmen nachzuweisen, wenig verwunderlich. Außerdem lässt der höhere Eigentumsanteil der Vorstände darauf schließen, dass die Interessenkonflikte in KMU geringer ausfallen. Das Teilsample, in dem der Aktienbesitz besonders ausgeprägt ist, zeigt jedoch, dass sich ebenjene Top-Manager besonders üppige und hinsichtlich der Performance unverhältnismäßigere Bezüge gönnen. Folglich scheinen Vorstände, die einen bedeutenden Anteil halten, den übrigen Aktionären besonders teuer zu stehen zu kommen. Hier versagt die Corporate Governance, auch wenn diese Unternehmen operativ besser dastehen. Andererseits deutet die Tatsache, dass die Anreizkompatibilität in der Teilstichprobe mit großem Streubesitz gegeben ist, in diesem Fall auf eine funktionierende Pay Governance hin. Letztendlich kann auf Grund der vergleichsweise schlechten operativen Performance und Aktienkursentwicklung auch der Schluss gezogen werden, dass die häufig nicht vorhandene variable Vergütung tatsächlich fehlt. Eine Implementierung könnte zu höheren Anreizen und dadurch zu einer Unternehmenswertsteigerung führen.

Zusammenfassend zeigt sich, dass börsennotierte KMU mit vergleichbaren Agency-Problemen zu kämpfen haben wie Großunternehmen. Sie schneiden im Vergleich weder besser noch schlechter ab. Gerade im Hinblick auf die geringere Publizität im Entry Standard und knapper Ressourcen im Unternehmen ist dies ein passables Ergebnis. Es offenbart sich allerdings auch, dass es sich sowohl aus Investoren- als auch aus Unternehmenssicht lohnt, eine angemessene Pay-Governance im Unternehmen zu implementieren. Ein gestiegener Unternehmenswert sowie die Unterstützung bei der Selektion motivierter Führungskräfte sollten die Kosten eines solchen Systems kompensieren.

Literatur

- Achleitner, A.-K., Rapp, M. S., Schaller, P., Wolff, M. (2010): Ausgewählte Aspekte der Vorstandsvergütung in börsennotierten Unternehmen: Familien- versus Nicht-Familienunternehmen. In: Zeitschrift für Corporate Governance, 5 (3), S. 113-118.
- Armsfeld, T., Tesch, C. (2010): Der Entry Standard – Erfolgsstory oder Abenteuerspielplatz für den Börsennachwuchs. Hochschule Osnabrück Diskussionspapier, 1/2010, Fakultät Wirtschafts- und Sozialwissenschaften.
- Auer, B., Rottmann, H. (2011): Statistik und Ökonometrie für Wirtschaftswissenschaftler, 2. Aufl., Wiesbaden.
- Bachmann, G. (2011): Corporate Governance nach der Finanzkrise. In: Die Aktiengesellschaft, 56 (6), S. 181-193.
- Bauer, D. F. (1972): Constructing Confidence Sets Using Rank Statistics. In: Journal of the American Statistical Association, 67 (339), S. 687-690.
- Bebchuk, L./ Fried, J. (2004): Pay without Performance. The Unfulfilled Promise of Executive Compensation, Cambridge.
- Behringer, S. (2009): Unternehmensbewertung der Mittel- und Kleinbetriebe, 4. Aufl., Berlin.
- Ben Shlomo, J., Nguyen, T. (2011): Anforderungen an nachhaltige Vergütungssysteme – eine empirische Analyse. In: Kreditwesen, 64 (12), S. 603-608.
- Berthel, J., Becker, F. G. (2010): Personal-Management : Grundzüge für Konzeptionen betrieblicher Personalarbeit, 9. Aufl., Stuttgart.
- Besse, D. (2007): Erfahrungen mit dem Entry Standard. In: GoingPublic "Kapitalmarktrecht 2007", 3 (2007), S. 36-37.
- Conyon, M. J., Schwalbach, J. (2000) : Executive Compensation: Evicence from the UK and Germany. In: Long Range Planning, 33 (4), S. 504-526.
- De Filippis, F. (2011): Währungsrisikomanagement in kleinen und mittleren Unternehmen, Wiesbaden.
- Donaldson, L. (1990): The Ethereal Hand: Organizational Economics and Management Theory. In: Acadamy of Management Review, 15 (3), S. 369-381.

- EG-Kommission (2003): Empfehlungen der Kommission vom 6. Mai 2003 betreffend die Definition der Kleinstunternehmen sowie der kleinen und mittleren Unternehmen. In: Amtsblatt der Europäischen Union, L124 (2003), S. 36-41.
- Elston, J. A., Goldberg, L. G. (2003): Executive Compensation and Agency Costs in Germany. In: Journal of Banking & Finance, 27 (7), S. 1391-1410.
- Filbert, D., Klein, W., Kramarsch, M. H. (2009): Top-Managementvergütung – Status quo, regulatorisches Umfeld und notwendige Evolution. In: Zeitschrift für das gesamte Kreditwesen, 62 (11), S. 15-19.
- Frey, B. S., Osterloh, M. (2000): Pay for Performance – Immer empfehlenswert? In: Zeitschrift Führung + Organisation, 69 (2), S. 64-69.
- Garvey, G. T., Milbourn, T. T. (2006): Asymmetric benchmarking in compensation: Executives are rewarded for good luck but not penalized for bad. In: Journal of Financial Economics, 82 (1), S. 197-225.
- Hitz, J.-M., Sabiwalsky, R. (2008): Die Vergütung der DAX-30-Vorstände im Spannungsfeld von Kapitalmarkt und Expertenbeurteilungen. In: Zeitschrift für Corporate Governance, 3 (5), S. 208-215.
- Hoppenstedt Aktienführer (2007-2011). Hoppenstedt Firmeninformationen (Hrsg.), Darmstadt.
- IfM (2010): Kennzahlen zum Mittelstand 2009/2010 in Deutschland. Institut für Mittelstandsforschung Bonn. http://www.ifm-bonn.org/index.php?id=99.
- Jensen, M. C., Meckling, W. H. (1976): Theory of the Firm: Managerial Behaviour, Agency Costs and Ownership Structure. In: Journal of Financial Economics, 3 (4), S. 305-360.
- Kaminskaite, R. (2011): Auswahl mezzaniner Finanzierungsinstrumente in mittelständischen Unternehmen als betriebswirtschaftliches Entscheidungsproblem, Göttingen.
- Kennedy, P. (2003): A Guide to Econometrics, 5. Aufl., Malden.
- Kirsch, H.-J., Meth, D. (2007): Adressaten einer IFRS-Rechnungslegung für mittelständische Unternehmen. In: Betriebs Berater - Beilage 6, 62 (19), S. 7-12.
- Koch, R., Stadtmann, G. (2010): Das Gesetz zur Angemessenheit der Vorstandsvergütung. European University Viadrina Frankfurt (Oder), Department of Business Administration and Economics, Discussion Paper, 288/2010.
- Kuhner,C., Hitz, J.-M., Sabiwalsky, R., Drefahl, C. (2010): Studie Managergehälter 2010, Köln.
- Mayer-Fiedrich, M. (2011): Provisionsanreize in der Praxis – Portfoliomanager im Interessenkonflikt. In: Verbraucher und Recht, 26 (3), S. 89-92.
- Mayer-Fiedrich, M., Schnier, O. (2012): Finanzwirtschaftliche Beurteilung von Mittelstandsanleihen. In: Zeitschrift für das gesamte Kreditwesen, 65 (1), S. 44-47.

- Mertens, A. (2010): Neuorientierung. In: GmbH-Steuerpraxis, 33 (1), S. 1-3.
- Müller, S., Brackschulze, K., Mayer-Fiedrich, M. (2011): Finanzierung mittelständischer Unternehmen nach Basel III, 2. Aufl., München.
- Pfohl, H. C. (2006): Abgrenzungen der Klein- und Mittelbetriebe von Großbetrieben. In: Pfohl, H. C. (Hrsg.): Betriebswirtschaftslehre der Mittel- und Kleinbetriebe, Berlin, S. 1-24.
- Prühs, H. (2011): Chef-Gehalt 2012: Vergütungs-Check zum Jahreswechsel. In: GmbH-Steuerpraxis, 34 (12), S. 361-365.
- Rapp, M. S., Wolff, M. (2010): Determinanten der Vorstandsvergütung : Eine empirische Untersuchung der deutschen Prime-Standard-Unternehmen. In: Zeitschrift für Betriebswirtschaft, 80 (10), S. 1075-1112.
- Rapp, M. S., Wolff, M. (2010a): Vergütung deutscher Vorstandsorgane 2010. Kaserer, C., Lindstädt, H. (Hrsg.), Düsseldorf.
- Reinemann, H. (2011): Mittelstandsmanagement, Stuttgart.
- Ross, S. A. (1973): The Economic Theory of Agency: The Principal´s Problem. In: American Economic Review, 63 (2), S. 134-139.
- Schachner, M., Speckbacher, G./ Wentges, P. (2006): Steuerung mittelständischer Unternehmen: Größeneffekte und Einfluss der Eigentums- und Führungsstruktur. In: Zeitschrift für Betriebswirtschaft, 76 (6), S. 589-614.
- Schmid, F. A. (1997): Vorstandsbezüge, Aufsichtsratsvergütung und Aktionärsstruktur. In: Zeitschrift für Betriebswirtschaft, 67 (1), S. 67-83.
- Schnier, O. (2011): Pay for Performance: Entwicklung der Vorstandvergütung 2006-2010. In: Corporate Finance biz, 2 (6), S. 390-400.
- Schwalbach, J. (1991): Principal-Agent-Problem, Managervergütung und Unternehmenserfolg. Freie Universität Berlin Discussion Papers FS IV, 91-5, Jan.
- Schwalbach, J., Graßhoff, U. (1997): Managervergütung und Unternehmenserfolg. In: Zeitschrift für Betriebswirtschaft, 67 (2), S. 203-217.
- Schwalbach, J. (1999): Entwicklung der Managervergütung. In: Betriebswirtschaftliche Forschung und Praxis, 51 (6), S. 592-602.
- Schmidt, R., Schwalbach, J. (2007): Zu Höhe und Dynamik der Vorstandsvergütung in Deutschland. In: Zeitschrift für Betriebswirtschaft – Special Issue, 1/2007, S. 111-122.
- Simon, O., Koschker, M. (2011): Vergütungssysteme auf dem Prüfstand – Neue aufsichtsrechtliche Anforderungen für Banken und Versicherungen. In: Betriebs Berater, 66 (2), S. 120-126.

- Sommer, F., Judith, A., Lachmann, M. (2010): Pay for poor performance - Vergütungspraxis deutscher Konzerne in der Finanz- und Wirtschaftskrise. WWU Münster, Wirtschaftswissenschaftliche Fakultät, Lehrstuhl für Betriebswirtschaftslehre, insb. Controlling, Arbeitspapier, 14-1 (2010).
- Statistisches Bundesamt (2008): Klassifikation der Wirtschaftszweige, Wiesbaden.
- Staud, N. (2009): Anpassungen der Corporate Governance an Unternehmensgröße und –struktur, Marburg.
- Stiftung Familienunternehmen (2011): Die Kapitalmarktfähigkeit von Familienunternehmen, München.
- Ulrich, P. (2011): Corporate Governance in mittelständischen Familienunternehmen, Bamberg.
- Velte, P. (2010): Stewardship-Theorie. In: Zeitschrift für Planung & Unternehmenssteuerung, 20 (3), S. 285-293.
- Waschbusch, G., Staub, N., Karmann, O. (2009): Die Zukunftsfähigkeit der kapitalmarktorientierten Mittelstandsfinanzierung über die Börse. In: Finanz-Betrieb, 11 (12), S. 689-697.
- White, H. (1980): A Heteroskedasticity-Consistent Covariance Matrix Estimator and a Direct Test for Heteroskedasticity. In: Econometrica, 48 (4), S. 817-838.
- Witt, P. (2008): Corporate Governance in Familienunternehmen. In: Zeitschrift für Betriebswirtschaft, 58 (2), S. 1-19.
- Wooldridge, J. M. (2009): Introductory Econometrics, 4. Aufl., Mason.

Anmerkungen:

1 Bei Kreditinstituten setzt sich der Umsatz aus Zinsüberschuss und zinsunabhängigen Erträgen zusammen.

2 Bei nicht durch Eigenkapital gedeckten Fehlbeträgen (negatives Eigenkapital) wird der ROE=0 gesetzt.

Personal- und Risikomanagement in KMU – Ein Ansatz zur Integration

Andreas Oehler, Henrik Schalkowski und Stefan Wendt

1 Einleitung

Intellektuellem Kapital, d. h. Kapital im Sinne von wertschöpfendem Wissen (intellectual property), welches durch Mitarbeiter und Führungskräfte individuell und im Team sowie als Beziehungskapital zur Unternehmensumwelt angelegt ist, wird von den Entscheidungsträgern – neben dem Kapital im Sinne von Finanzierungsmitteln – eine hohe Bedeutung beigemessen. Dies ist darin begründet, dass die Ressource Personal nicht zuletzt als Erfolgsgarant für Unternehmen (Oehler 2006; Meyer 2009) gilt, mit der Konsequenz, Mitarbeiter im Rahmen des modernen Personalmanagements gezielt zu gewinnen, zu betreuen und zu entwickeln. Dieser Anstrengung stehen Personalrisiken entgegen, die einerseits exogenen Umweltentwicklungen, wie zum Beispiel dem zunehmenden Fachkräftemangel sowie der demographischen Entwicklung, und andererseits endogenen Ursachen, wie bspw. fehlender oder falscher Anreizsetzung oder mangelhafter Integration einzelner Mitarbeiter, folgen.

Personalrisiken stellen hinsichtlich sowohl ihrer monetären als auch nicht-monetären Konsequenzen demnach eine zentrale Kategorie von Unternehmensrisiken dar. Bei kleinen und mittelständischen Unternehmen (KMU) sind Personalrisiken dabei von besonderer Bedeutung, da in der Regel eine hohe Abhängigkeit von einzelnen bzw. wenigen Mitarbeitern besteht und damit eine hohe Anfälligkeit für einzelpersonenspezifische Risiken, was wiederum in den Charakteristika von KMU begründet liegt.

Hinsichtlich quantitativer Kriterien wird dies in Mitarbeiterzahlen von bis zu 500 Personen bei Umsätzen von bis zu 50 Millionen Euro deutlich. Da diese Grenzen die Vielfalt bestehender KMU kaum widerspiegeln können, erfolgt eine weitere Differenzierung in kleine Unternehmen (auch: kleine KMU, Kleinstunternehmen) mit bis zu 9 Beschäftigten und jährlichen Umsätzen bis zu einer Million Euro und mittlere Unternehmen (auch: große KMU) mit einer Beschäftigungszahl zwischen 9 und 500 und einem Umsatzvolumen zwischen einer und 50 Millionen Euro pro Jahr (vgl. IfM-Bonn 2011).

Zusätzlich sind größere Mittelständler mit bis zu 1.000 Beschäftigten und bis zu 500 Millionen Euro Umsatz zu berücksichtigen (Oehler 2006). Zu berücksichtigen sind aber auch qualitative Kriterien von KMU, wie typischerweise eine fehlende Trennung von Eigentum und Verfügungsmacht (insbesondere bei Kleinstunternehmen, während bei mittleren Unternehmen teilweise auch Fremdmanagement-Strukturen existieren) und es liegt eine hohe Konzentration von Entscheidungsbefugnissen bei wenigen (einzelnen) Personen, d. h. bspw. bei den geschäftsführenden Gesellschaftern – auch verbunden mit einer Einflussnahme aus dem familiären Umfeld (Familienunternehmen) –, vor (Oehler 2006). Des Weiteren finden sich bei

KMU im Vergleich zu Großunternehmen häufig weniger stark ausgeprägte Organisationsstrukturen (Aufbau-/Ablauforganisation) und weniger institutionalisierte und formalisierte Management- bzw. Unternehmensprozesse (Oehler, Schalkowski und Wendt 2010; Oehler, Schalkowski und Wendt 2011; zur grundsätzlichen Diskussion der Abgrenzung von KMU vgl. auch Oehler 2006; Oehler, Kohlert und Linn 2009) und somit nur eingeschränkte Möglichkeiten zum Umgang mit Personalrisiken. Innerhalb der Gruppe der KMU haben mittlere gegenüber kleinen Unternehmen eher komplexere Organisationsstrukturen, d. h., dass gerade auch Personalabteilungen existieren.

Bisherige Ansätze zum Personalrisikomanagement in KMU – sofern überhaupt praktisch vorhanden – erfolgen zumeist unabhängig vom Management weiterer Risiken, wie insbesondere Marktpreisrisiken, Kreditrisiken und operationelle Risiken (zum Personalrisikomanagement allgemein vgl. z. B. Paul 2005; Leidig 2007; Przybilla 2008; Kobi 2002; Kropp 2004). Eine integrierte und ganzheitliche Betrachtung aller Risiken erfolgt aufgrund zeitlicher und/oder fachlicher Einschränkung dabei nicht. Dies zeigt sich bereits darin, dass auf den Risikoanalysetools Personalcontrolling bzw. Human Resources (HR) Controlling oder HR Due Diligence aufbauend lediglich nicht-finanzielle Risikosteuerungsinstrumente, wie bspw. Flexibilisierung, Diversity Management, Talent Development, aber auch Integrated Learning oder Nachfolgemanagement vorgeschlagen werden, ohne dass die finanzielle Ebene hierbei näher thematisiert wird (zu Maßnahmen der Personalsteuerung allgemein vgl. Deller et al. 2008).

Die Lösung dieses Mangels ist in doppelter Hinsicht von besonderer Bedeutung. Einerseits sind KMU – wie bereits beschrieben – in besonderem Maße den Personalrisiken ausgesetzt und andererseits repräsentieren KMU 60,8% aller sozialversicherungspflichtigen Beschäftigen in Deutschland (IfM-Bonn 2011). Von Bedeutung ist auch, dass Mitarbeiter (Personal) sowohl den Risiken ausgesetzt sind, als auch zu diesen beitragen, was die Wechselwirkungen und Abhängigkeitsverhältnisse zwischen Mitarbeitern und weiteren Interessengruppen verdeutlicht (Kropp 2004; Przybilla 2008; Kobi 2002).

Ziel dieses Beitrags ist daher, einen ganzheitlichen Ansatz zu erarbeiten, der sowohl die nicht-finanziellen und als auch die finanziellen Aspekte im Rahmen einer Integration von Personal- und Risikomanagement in KMU berücksichtigt. Dafür werden zunächst die verschiedenen Handlungsfelder und Schwerpunkte des Personalmanagements aufgeführt, um daran anschließend die gegenseitigen Abhängigkeiten zwischen den Personalrisiken und den weiteren Risiken unter Berücksichtigung der finanziellen und nicht-finanziellen Ebene darzustellen. Darauf aufbauend werden die Schnittstellen zwischen Personalmanagement und Risikomanagement und damit die Ansatzpunkte zur Integration herausgearbeitet, um damit Empfehlungen zur Implementierung dieses ganzheitlichen Ansatzes in die Corporate-Governance-Strukturen von KMU auszusprechen.

2 Personalmanagement und Personalrisiken

Personalmanagement umfasst zahlreiche und typischerweise nicht überschneidungsfreie Schwerpunkte und Handlungsfelder, die eine genaue Differenzierung sowohl in der Unternehmenspraxis von KMU, insbesondere bei Fehlen gesonderter Personalabteilungen, aufgrund übergreifender Verantwortungsbereiche als auch in der Literatur erschweren. Als zwei

Schwerpunkte bzw. Hauptfunktionen im Personalmanagement kristallisieren sich die Personalführung und die Personalverwaltung heraus, die sich wiederum in (Teil-)Prozesse untergliedern lassen. Unter Personalführung ist hierbei grundsätzlich die auf die Unternehmensziele ausgerichtete Einbindung von Mitarbeitern in die Ablaufprozesse des Unternehmens zu verstehen. Diese Funktion betrifft vor allem die Aufgabenbereiche Personalplanung inklusive -kontrolle und Personalentwicklung und wird beispielsweise mit Hilfe folgender Aktivitäten erfüllt (Oehler 1995; Oehler 1997):

- Personalplanung und -kontrolle: Ermittlung des Personalbedarfs; Planung der Personalkosten; Personalauswahl; Überprüfung des Erfolgs der Personalpolitik.
- Personalentwicklung: Einführungsprogramme für neue Mitarbeiter; Aus- und Weiterbildungsmaßnahmen (Training on the Job, separate Qualifikationsmaßnahmen); Feedback-Gespräche; Entscheidung über Beförderung, Versetzung und Freisetzung.

Demgegenüber setzt sich die Personalverwaltung vielmehr mit administrativen Aufgaben auseinander, d. h. dass insbesondere Aufgaben der Personalbeschaffung oder des -einsatzes im Vordergrund stehen (Meyer und Schwering 2000; Baumgarten und Rothländer 2005). Diese Komponenten beinhalten exemplarisch folgende Aktivitäten:

- Personalbeschaffung: Personalsuche inklusive Stellenausschreibungen (intern und extern); Kontakt zur Agentur für Arbeit (extern).
- Personaleinsatz: Administration von Beförderung, Versetzung und Freisetzung; Bedingungen am Arbeitsplatz; Führung der Personalakte.

Ausgehend von dieser funktionsorientierten Betrachtung sollen die Überlegungen im Folgenden vor dem Hintergrund des Ziels dieses Beitrages, den Risikomanagement- und Personalmanagementprozess miteinander zu verbinden, vornehmlich aus einer prozessorientierten Sichtweise heraus erfolgen, um anschließend auch die organisatorischen Aspekte im Zuge der Implementierung zu berücksichtigen. Als Personalmanagement wird somit der Prozess verstanden, in dessen Mittelpunkt die Ressource Mitarbeiter steht und der an den Unternehmenszielen ausgerichtet ist sowie den Zweck der Führung und der Verwaltung von Personal verfolgt. Auf Basis der funktionsorientierten Betrachtung und den Überlegungen von Rahn (2003) lässt sich dieser als kybernetischer Prozess mit den Prozessschritten/Teilprozessen Personalplanung, Personalbeschaffung und -abbau, Personaleinsatz und -entwicklung sowie Personalkontrolle und anschließend wiederum Personalplanung usw. abbilden.

Dieser Prozess berührt als zu berücksichtigende Interessengruppen hierbei im Kern sowohl das Management (auf mehreren Hierarchie-Ebenen, sofern vorhanden) und die Mitarbeiter als auch die Eigentümer/Gesellschafter, wobei diese Interessengruppen auch in Kombination vorkommen, bspw. als geschäftsführende Gesellschafter und Mitarbeiter in Unternehmensbeiräten.

Versteht man als Risiko „die aus der Unsicherheit über zukünftige Entwicklungen resultierende Gefahr, dass eine (...) Zielgröße von einem Referenzwert negativ abweicht“ (Bitz 1993, S. 642), lassen sich Personalrisiken als Gefahr, dass die Ressource Mitarbeiter zu einem Zeitpunkt bzw. in einem Zeitraum nicht, nicht in der erforderlichen Anzahl und/oder nicht mit den für die Leistungserstellung erforderlichen Qualifikationen/Qualitäten zur Verfügung steht bzw. dass die erwarteten Leistungen vom zur Verfügung stehenden Personal nicht oder nur unzureichend erbracht werden, beschreiben. Hieraus lassen sich folgende spezifische Personalrisiken ableiten (Kobi 2002; Pletke 2009):

- Engpassrisiko als Gefahr, dass Mitarbeiter mit entsprechender Qualifikation/Spezialisierung im Unternehmen fehlen (ungenügende personelle Kapazitäten). Dabei ist zwischen Bedarfslücken (funktionsbezogen) und Potenziallücken (personenbezogen) zu differenzieren, letzteres Potenzial kann intern oder extern rekrutiert werden.

- Austrittsrisiko/Fluktuationsrisiko als Gefahr, dass Mitarbeiter bspw. aufgrund eines besseren (externen) Jobangebots aus dem Unternehmen austreten (Wissensverlust).

- Anpassungsrisiko als Gefahr falscher, teilweiser oder fehlender Qualifikation bzw. Kompetenz, inkl. Integrationsrisiko (fehlende persönliche Vertrauenswürdigkeit) und Veränderungsrisiko (fehlende Veränderungsbereitschaft und -fähigkeit) bspw. hinsichtlich der Integration neuen Wissens. Hierzu können auch Ordnungsrisiken als Gefahr der Nichteinhaltung von Regeln und Normen und damit auch wirtschaftskrimineller Aktivitäten gezählt werden (vgl. auch Oehler, Schalkowski und Wendt 2011; Oehler, Schalkowski und Wendt 2012).

- Motivationsrisiko als Gefahr, dass Leistung zum Beispiel angesichts fehlender Anreize zurückgehalten oder nicht vollständig abgerufen wird; in Kombination mit ggf. fehlender Leistungsfähigkeit auch allgemein als Leistungsrisiko.

In Verbindung dazu, ob externe oder unternehmensinterne Ursachen vorliegen, können die genannten Risiken auch in externe und interne Personalrisiken unterteilt werden (Recklies 2000). Externe Risiken entstehen dabei durch den Wettbewerb um Arbeitskräfte im Arbeitsmarkt und manifestieren sich in der Gefahr höherer Rekrutierungskosten oder höheren Personalaufwands (quantitativ) und/oder in fehlenden Möglichkeiten zur Einstellung von qualifizierten Mitarbeitern (qualitativ). Die externen Risiken werden dabei in jüngerer Zeit zumindest in einigen Branchen wesentlich durch einen steigenden Fachkräftemangel auch in Verbindung mit der allgemeinen demographischen Entwicklung (demografischer Wandel) beeinflusst.

Dies betrifft insbesondere KMU, da diese aufgrund ihrer Spezialisierung (keine oder nur geringe Diversifikation des Dienstleistungs-/Produktportfolios) und Innovationskraft (Intangible Assets (Know-how, Neuentwicklung, Patente); Frey und Oehler 2013), auf besonders qualifizierte Mitarbeiter angewiesen sind. Dies wird dadurch verdeutlicht, dass die Innovationskraft im Schwerpunkt nicht aus großen und eigenständigen Forschungs- und Entwicklungsabteilungen herrührt, wie es bei großen Unternehmen der Fall ist, sondern vielmehr aus den Leistungserstellungsprozessen sowie aus kleinen und in die weiteren Prozesse integrierten Forschungs- und Entwicklungsteams. Interne Risiken sind hingegen mit den internen Ablaufprozessen verbunden, bspw. durch die Gefahr eines Personalüberhangs oder auch einer mangelhaften Personalstruktur (quantitativ) sowie durch mit der Unternehmenskultur verbundenen Ursachen in Bezug auf Mitarbeiterführung und Mitarbeiterqualifikation oder -motivation (qualitativ; zur Gefährdung des Unternehmensfortbestands durch die qualitativen Risiken vgl. auch Recklies 2000).

3 Interdependenzen zwischen Personalrisiken und weiteren Risiken

Personalrisiken liegen sowohl in Form finanzieller als auch in Form nicht-finanzieller Risiken als Teilmenge aller möglichen endogenen und exogenen Unternehmensrisiken vor. Dabei können einerseits weitere, insbesondere finanzielle und operationelle Risiken Auswirkungen auf die Personalrisiken haben. Andererseits beeinflussen aber auch die Personalrisiken die weiteren Risiken. Aufgrund der oben beschriebenen Beeinflussung des Erfolgs der KMU von wenigen (einzelnen) Führungskräften und besonders qualifizierten bzw. spezialisierten Fachkräften ist die Abhängigkeit der Risikokategorien untereinander bei KMU besonders hoch. Die Unterscheidung von finanziellen und nicht-finanziellen Risiken ist dabei eher formaler Natur, da auch nicht-finanzielle Risiken zumindest mittelbar monetäre Auswirkungen haben können, ebenso wie finanzielle Risiken auch zu nicht primär finanziellen Konsequenzen führen können.

Zunächst werden die Auswirkungen weiterer Risiken auf die Personalrisiken näher erörtert. Eine steigende Gefahr des Verfehlens finanzieller Ziele als Folge von bspw. Marktpreisrisiken sowohl auf Beschaffungs- als auch auf Absatzmärkten aber auch als Folge von operationellen Risiken (Gefahr von Produktions-/Systemausfällen aufgrund z. B. technischer Mängel oder fehlerhafter Wartung) sowie ein gestiegenes Insolvenzeintrittsrisiko können zu potenziellen Einschnitten bei variablen Entlohnungsbestandteilen bzw. zu Entlassungen führen. Hieraus kann eine Steigerung des Motivationsrisikos und des Austrittsrisikos (Wissensverlust) aber auch des Engpassrisikos (aufgrund fehlender finanzieller Möglichkeiten zur Vergütung potenziell geeigneter Fachkräfte) folgen. Dieses Problem ist zwar nicht auf KMU beschränkt, jedoch tritt dieser Effekt hier aufgrund der erörterten Besonderheiten dieser Unternehmen verstärkt auf; zum Teil können KMU im Vergleich zu Großunternehmen ihren – auch potenziellen – Mitarbeitern auch bereits von vornherein nur geringere monetäre und nicht-monetäre Anreize (Reputation, Kinderbetreuung u.ä.) bieten.

Als externer Effekt ist in diesem Zusammenhang auch das „Marktpreisrisiko" in Bezug auf Humankapital selbst als Gefahr von höheren Gehaltsforderungen infolge des zunehmenden Fachkräftemangels zu nennen, was das Engpassrisiko dahingehend verschärft, dass geeignete Fachkräfte potenziell nicht zu den ursprünglich erwarteten Konditionen eingestellt werden können. Des Weiteren geht mit der Einschränkung von Möglichkeiten zur Fort- und Weiterbildung aufgrund von finanziellen Engpässen eine Steigerung des Anpassungsrisikos einher.

Auswirkungen von Personalrisiken auf die weiteren Risiken äußern sich zum Beispiel darin, dass eine geringe Leistungsbereitschaft und -fähigkeit von Mitarbeitern (Anpassungsrisiko, Motivationsrisiko, Leistungsrisiko) zu einer hohen Fehleranfälligkeit (operationelles Risiko), dadurch zu Qualitätsmängeln und/oder Prozessstörungen und hieraus wiederum zu Folgekosten (Reklamation, Wartung, Reputationsverlust) führen. Ähnliches ist als Folge der weiteren Personalrisiken (Engpass-, Anpassungs-, Austrittsrisiko) und der darin begründeten Beschäftigung von nicht ausreichend qualifiziertem Personal zu konstatieren.

Die in ihrem Produkt- und Dienstleistungssektor oftmals sehr spezialisierten KMU sind von etwaigen Fehlern finanziell besonders stark betroffen. Finanzielle Auswirkungen von Personalrisiken in Verbindung mit der hohen Abhängigkeit von einzelnen oder wenigen Managern und Mitarbeitern in KMU zeigen sich darüber hinaus dahingehend, dass das Ausscheiden von hoch-qualifizierten bzw. hoch-spezialisierten Mitarbeitern und Top-Managern potenziell die Kreditwürdigkeit aufgrund des Verlusts von Beziehungskapital (insbesondere, aber nicht nur, zu momentanen und potenziellen Kreditgebern) sowie von Fähigkeiten und Wissen schwächt. In der Folge ist von schlechteren Konditionen bei Neu- und Anschlusskrediten, inkl. Lieferantenkrediten und Kundenvorauszahlungen, auszugehen. Eine besondere Kombination von Personalrisiken mit Finanzierungsrisiken bei KMU stellt das Nachfolgerisiko in Bezug auf geschäftsführende Gesellschafter dar, da ein Ausscheiden sowohl das Beziehungs- und Reputationskapital schwächen kann, als auch eine Veränderung in der Zusammensetzung der Gruppe der Gesellschafter mit sich bringt, die bspw. auch zu geänderte Renditeforderungen bei Eigen- und Fremdkapitalgebern führen kann (Oehler 2006). Eine Steigerung des Austrittsrisikos bzgl. Mitarbeitern aus dem – auch finanziellen – Risikomanagement selbst kann ebenso finanzielle, aber auch nicht-finanzielle Auswirkungen mit sich führen, da die Bewältigung sämtlicher Risiken gefährdet ist.

Zwar begründen einigen Autoren ein fehlendes oder nur schwach ausgeprägtes Personalrisikomanagement in KMU mit fehlender Professionalität, unzureichenden Kosten-Nutzen-Verhältnissen sowie allgemein fehlenden Ressourcen (Pletke 2009) und infolge dessen einem Verzicht auf eine strategische Ausrichtung des Personalmanagements, jedoch zeigen die obigen Ausführungen zur Verzahnung von Personal- und weiteren Unternehmensrisiken, dass eine separate Ausgestaltung eines Personalrisikomanagement auch inhaltlich kaum sinnvoll ist. Vielmehr ist eine ganzheitliche Berücksichtigung sämtlicher Risiken erforderlich, was durch eine zumindest teilweise Integration von Personal- und Risikomanagement erreicht werden kann.

4 Integration von Personal- und Risikomanagement in KMU

Die Möglichkeiten einer Integration von Personal- und Risikomanagement in KMU zur Berücksichtigung der Wechselwirkungen zwischen Personalrisiken und weiteren Risiken erfolgt zunächst aus einer prozessorientierten Betrachtung heraus. Hierbei wird ein generalisierter kybernetischer Risikomanagementprozess, bestehend aus Risikoidentifikation/-messung, Risikobewertung, Risikosteuerung und Risikokontrolle (Oehler/Unser 2002) zugrunde gelegt. Ziel ist dabei nicht, die Integration im Sinne der Schaffung eines einzigen (Gesamt-)Prozesses zu verstehen, sondern als Koordination und Verzahnung beider Prozesse, wie beispielhaft in Abbildung 1 dargestellt.

Inhaltliche Schnittstellen zwischen dem Personalmanagement- und dem Risikomanagementprozess liegen auf nahezu allen Prozessstufen vor. Daher ist als Grundvoraussetzung zunächst ein umfänglicher Informationsaustausch erforderlich. Zwischen Personalplanung und Risikoidentifikation ist dieser Austausch erforderlich, damit einerseits die aus der Personalplanung entstehenden Risiken sowie deren Interdependenzen zu den weiteren Unternehmensrisiken und damit die Folgen für die alle Interessengruppen ermittelt werden können und andererseits diese Risiken (Personalrisiken und weitere Risiken) in der Personalplanung Berücksichtigung finden können. Ausgehend von der Frage, ob im Rahmen der Personalbeschaffung und -abbau die Vorgaben aus der Personalplanung umgesetzt werden konnten, ist von dieser Stufe wiederum an das Risikomanagement rückzukoppeln, damit hinsichtlich der identifizierten und gemessenen Risiken Anpassungen möglich sind.

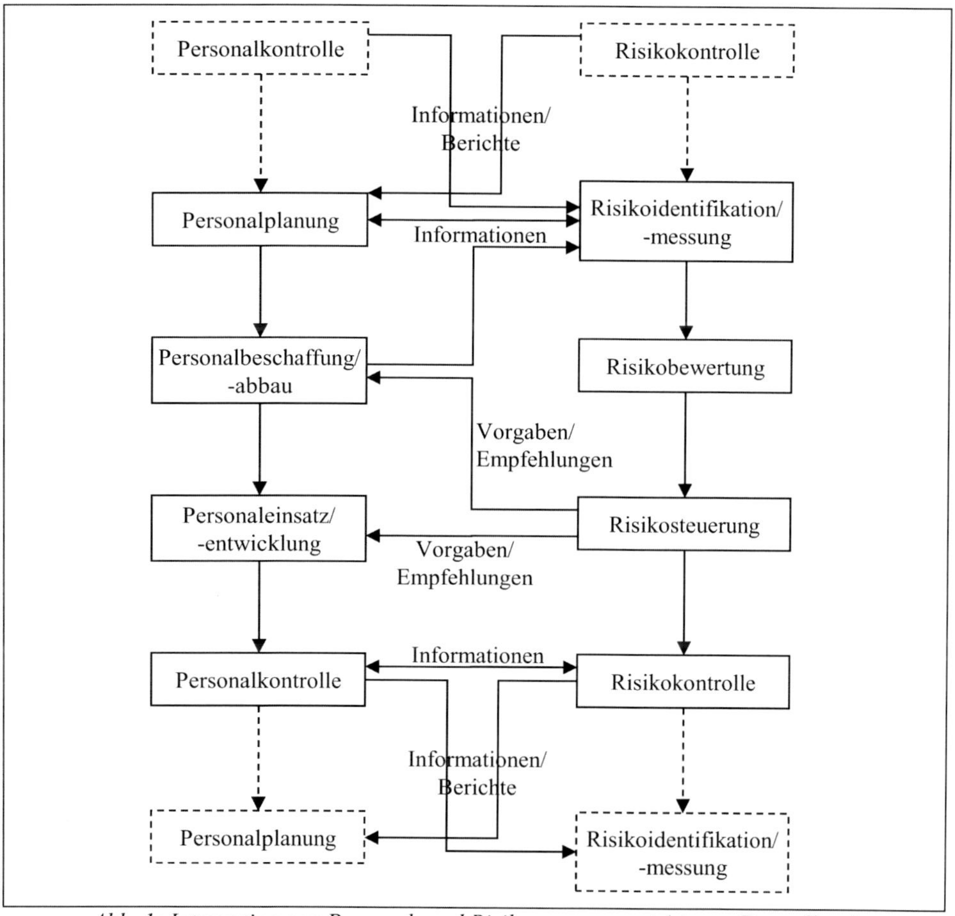

Abb. 1: Integration von Personal- und Risikomanagement (eigene Darstellung)

Zwischen der Personalkontrolle und der Risikokontrolle ist ein Informationsaustausch unerlässlich, um letztendlich in beiden Prozessen eine vollständige Erfolgskontrolle (Soll-Ist-Abgleich) durchführen zu können und folglich Anpassungserfordernisse für die einzelnen Prozesse aber auch für die Abstimmung zwischen den Prozessen zu ermitteln, die wiederum an beide Prozesse rückzukoppeln sind. Der Informationsaustausch umfasst dabei einerseits beispielsweise Anstellungszeiten/Fluktuation, Krankheitszeiten, Teilnahme an Weiterbildung, aber auch die Performance von Abteilungen und/oder einzelnen Mitarbeitern (Vertragsabschlüsse und -konditionen aus dem Vertrieb, Kundenkontakte, Anzahl bearbeiteter Kundenanfragen). Andererseits sind hier auch Informationen hinsichtlich Mängellisten, Reklamationen und Kundenbewertungen erforderlich.

Werden ausgehend von einer umfassenden Risikobewertung (finanziell und nicht-finanziell, zum Beispiel mit Hilfe von Szenarioanalysen; für Instrumente der Peronal(risiko)bewertung wie Altersstruktur- und Leistungsfähigkeitsanalysen vgl. auch allgemein Köchling et al. 2005) im Rahmen der Risikosteuerung Maßnahmen und diesbezüglich Instrumente festgelegt, sollten über eine reine Informationsweitergabe hinaus diese als Vorgabe oder zumindest als Empfehlung an die Prozessstufen Personalbeschaffung/-abbau und auch Personaleinsatz/-entwicklung übermittelt werden. Im Umkehrschluss ist von diesen Stufen jedoch auch eine Rückmeldung über die Machbarkeit dieser Maßnahmen an das Risikomanagement erforderlich. Mögliche diesbezügliche risikosteuernde Maßnahmen sind von der Risikosituation abgeleitete interne Weiterbildungsangebote, Mitarbeiter-/Feedback-Gespräche (Reduktion des Anpassungsrisikos), Beförderungen/Versetzungen und die individuelle Ausgestaltung von Entlohnungspaketen inkl. Leistungsprämien (Reduktion des Austritts- und des Motivationsrisikos), sowie Gesundheitsvorsorge (Erhalt der Leistungsfähigkeit) aber auch durch externe Institutionen durchgeführte Weiterbildungs-/Coachingmaßnahmen, ebenso wie die Verfolgung (intern und extern) möglichen wirtschaftskriminellen Fehlverhaltens.

5 Implementierung der Integration von Personal- und Risikomanagement in KMU

Gerade in KMU wird die (organisatorische) Implementierung der beschriebenen Integration von Personal- und Risikomanagement dadurch erleichtert, dass durch die Unternehmensgröße bedingt bereits kurze Informationsaustausch- bzw. Kommunikationswege existieren und einzelne Prozessabschnitte bzw. Arbeitsschritte auch zusammengenommen betrachtet sowie durchgeführt werden können, was sich unter anderem dadurch begründet, dass einzelne Personen mehrere Schritte bearbeiten und kontrollieren.

Andererseits steht die Implementierung in KMU vor dem grundsätzlichen Problem, dass die Vielzahl der KMU recht heterogen ist und damit divergierende interne und externe Rahmenbedingungen vorliegen, d. h., dass eine pauschale Betrachtung mit Blick auf die Implementierung nicht möglich ist. Demzufolge ist die Implementierung der oben dargestellten Integration zunächst davon abhängig, ob separate Abteilungen für Personal- und für Risikomanagement existieren. Bei Kleinstunternehmen (bis zu 9 Beschäftigte und bis zu 1 Mio. Euro Umsatz pro Jahr) wird dies in der Regel nicht der Fall sein, da es die Unternehmensgröße, d. h. die Anzahl der Mitarbeiter nicht zulässt. Hier ist in erster Linie eine enge Abstimmung der Mitarbeiter (einzeln zuständig für technische Aspekte (Ingenieure, IT-Verantwortliche), für Personalverwaltung (Sekretariat), für Kundenkontakt) untereinander sowie insbesondere mit dem Geschäftsführer bzw. dem geschäftsführenden Gesellschafter erforderlich. Bei diesem liegt letztendlich auch die Gesamtverantwortung für die Implementierung und deren Umsetzung in der Praxis, da bei ihm das größte (monetare und nicht-monetare) Betroffenheitsrisiko innerhalb des Kleinstunternehmens liegt. Die erforderliche Abstimmung inkl. Informationsaustausch ist beispielsweise im Rahmen regelmäßiger Mitarbeiterbesprechungen möglich, in denen sowohl die einzelnen Mitarbeiter aus ihren Aufgabenbereichen als auch der Geschäftsführer berichten können. In dem Fall, dass aufgrund eingeschränkter interner Möglichkeiten für diverse Aufgaben auch externe Dienstleister in die Unternehmensprozesse einbezogen werden, zum Beispiel für die Personalrekrutierung (private Arbeitsvermittler oder -agenturen), für die Rechnungslegung (Steuerberatungsgesellschaften) und Zahlungsverkehrsabwicklung (Factoring-Dienstleister) sowie für die Wartung von Anlagen und Systemen, ist für die beschriebene Integration von Personal- und Risikomanagement in erster Linie eine Koordination der Tätigkeiten dieser Dienstleister notwendig, was im Verantwortungsbereich des Geschäftsführers anzusiedeln ist und was auch durch die Abstimmung (inkl. Informationsaustausch) und die Vertragsausgestaltung mit den Dienstleistern zu berücksichtigen ist.

In mittleren Unternehmen (zwischen 9 und 500 Beschäftigte sowie zwischen 1 und 50 Mio. Euro Umsatz pro Jahr; auch größere Mittelständler mit bis zu 1.000 Beschäftigten und bis zu 500 Mio. Euro Umsatz), bei denen in der Regel zumindest ansatzweise Abteilungsstrukturen existieren, ist die Abstimmung zwischen der Personal- und der Risikomanagementabteilung erforderlich, jedoch unter Einbezug der weiteren Abteilungen, insbesondere Produktion bzw. (Dienst-)Leistungserstellung. Der Informationsaustausch wird im Gegensatz zum Kleinstunternehmen vielmehr unter den einzelnen Abteilungen bzw. Mitarbeitern stattfinden als in einer Gruppe aller Mitarbeiter. Insofern erfolgt der Informationsaustausch nicht nur über persönliche Gespräche, sondern auch verstärkt über elektronische und automatisierte Kommunikations- bzw. IT-Systeme. Die Überwachung/Kontrolle dieses Informationsaustausches gewinnt damit gegenüber dem Kleinstunternehmen an Bedeutung.

Liegt die unmittelbare Verantwortung und Durchsetzung der Implementierung bei dem Kleinstunternehmen bei der Geschäftsführung, so konzentriert sich diese bei einem mittleren Unternehmen zunächst auf die einzelnen Abteilungsleiter und angesichts der hierarchischen Unternehmensmuster erst nachgelagert – im Rahmen der Gesamtverantwortung – auf die Geschäftsführung selbst. Wichtig ist, dass die letztendliche Verantwortung jedoch bei dieser bleibt, gerade auch, um einem vermeintlichen Hoheitsdenken in den einzelnen Abteilungen entgegenzuwirken zu können. Bei einem Fremdmanagement und damit einer Trennung von Eigentum und Verfügungsmacht sind zusätzlich die Gesellschafter aufgrund ihrer letztendlichen (monetären) Betroffenheit im Rahmen der Überwachung und Kontrolle einzubeziehen. Die Bedeutung der Verzahnung der einzelnen Abteilungen untereinander zeigt sich ebenso für den Fall, dass Aufgabenbereiche outgesourct werden, d. h. externe Dienstleister in die Prozesse des mittleren Unternehmens einbezogen werden, da der Verantwortungsbereich zunächst unmittelbar auf die Abteilungen selbst fällt.

Unabhängig davon, ob es sich um ein Kleinstunternehmen oder mittleres Unternehmen handelt, ermöglicht die Implementierung der Integration von Personal- und Risikomanagement unter Einbezug der Geschäftsführung auch eine diesbezüglich konsistente Kommunikation sowohl intern als auch an die Unternehmensumwelt. Hieraus können sich Vorteile hinsichtlich der (Fremd-)Finanzierungskonditionen (Abbau der Informationsasymmetrien zu Eigen- und Fremdfinanciers) erreichen, aber auch Reputationsvorteile im Arbeitsmarkt in Bezug auf Rekrutierung neuer Mitarbeiter, insbesondere vor dem Hintergrund des gestiegenen Wettbewerbs um Fachkräfte. In Bezug auf das Nachfolgemanagement stellt der Einbezug der Geschäftsführung, insbesondere bei geschäftsführenden Gesellschaftern, dabei eine Besonderheit dar, da die Geschäftsführung einerseits hierfür verantwortlich ist, andererseits aber gerade Gegenstand der Betrachtung ist.

6 Schlussbetrachtung

Die Ressource Mitarbeiter ist ein entscheidender Erfolgsfaktor für Unternehmen. Dies gilt umso mehr in der Gruppe der kleinen und mittelständischen Unternehmen, da hier in der Regel eine hohe Abhängigkeit von einzelnen bzw. wenigen Mitarbeitern besteht. Daraus ergibt sich gleichwohl die Konsequenz der Notwendigkeit, Mitarbeiter im Rahmen des modernen Personalmanagements gezielt zu gewinnen, zu betreuen und zu entwickeln. Diesem Vorhaben stehen Personalrisiken entgegen, die einerseits exogenen Umweltentwicklungen und andererseits endogenen Ursachen folgen. Aufgrund ihrer Charakteristika sind KMU dabei besonders anfällig für Personalrisiken mit besonderer Bedeutung einzelpersonenspezifischer Risiken.

Bisherige Ansätze zum Personalrisikomanagement in KMU erfolgen zumeist unabhängig vom Management weiterer Risiken. Dabei ist eine integrierte und ganzheitliche Betrachtung aller Risiken, d. h. sowohl nicht-finanzielle als auch finanzielle Risiken, aufgrund zeitlicher und/oder fachlicher Einschränkung praktisch nicht existent. Der vorliegende Beitrag erörtert Möglichkeiten der Integration von Personal- und Risikomanagement in KMU und gibt Hinweise für eine mögliche Implementierung. Gezeigt wird, dass eine Integration und Implementierung sowohl in kleinen als auch in mittleren Unternehmen möglich ist und dazu beitragen kann, Personalrisiken, inkl. Informations-, Gestaltungs- sowie Betroffenheitsasymmetrien, unter Berücksichtigung weiterer Risiken gezielt zu steuern.

Literatur

- Baumgarten, H., Rothländer, M. (2005): Wissens- und Informationsmanagement als Basis für die Personalführung in Dienstleistungsunternehmen. In: Meyer, J.-A. (Hrsg.), Jahrbuch der KMU-Forschung und -praxis 2005, Josef Eul Verlag, Lohmar, S. 10-15.
- Bitz, M. (1993): Grundlagen des finanzwirtschaftlich orientierten Risikomanagements. In: Gebhardt, G., Gerke, W., Steiner, M. (Hrsg.), Handbuch des Finanzmanagements, C.H. Beck Verlag, München, S. 641-668.
- Deller, J., Kern, S., Hausmann, E., Diederichs, Y. (2008): Personalmanagement im demografischen Wandel: Ein Handbuch für den Veränderungsprozess, Springer Verlag, Heidelberg.
- Frey, H., Oehler, A. (2013): Intangible Assets in Germany. In: Journal of Applied Accounting Research (JAAR), forthcoming.
- IfM Bonn (2011): KMU-Definition des IfM Bonn, http://www.ifm-bonn.org/index.php?id=89.
- Kobi, J.-M. (2002):Personalrisikomanagement: Strategien zur Steigerung des People Value. 2. Aufl., Gabler-Verlag, Wiesbaden.
- Köchling, A., Weber, U., Reindl, J.; Weber, B., Packebusch, L., Schletz, A. (2005): Demografieorentierte Analyse und Planung. In: Bundesministerium für Bildung und Forschung (Hrsg.), Demografischer Wandel – (k)ein Problem! Werkzeuge für betriebliche Personalarbeit.
- Kropp, W. (2004): Entscheidungsorientiertes Personalrisiko-Management. In: Bröckermann, R., Pepels, W. (Hrsg.), Personalbindung: Wettbewerbsvorteile durch strategisches Human Resource Management, Schmidt, Berlin, S. 131-166.
- Meyer, J.-A. (2009): Mitarbeiterbeteiligung in KMU. Josef Eul Verlag, Lohmar.

- Meyer, J.-A., Schwering, M. G. (2000): Lexikon für kleine und mittlere Unternehmen. Vahlen Verlag, München.
- Oehler, A. (1995): Zum Status quo der Personalentwicklung in Kreditinstituten. In: Personal, Heft 7/1995, S. 342-346.
- Oehler, A. (1997): Steigerung des Shareholder Value durch Personalabbau? In: Personal, Heft 4/1997, S. 180-181.
- Oehler, A. (2006): Banken- und externes Rating der Unternehmernachfolge. Nur ein weiterer Ratingansatz in der Praxis der Finanzwirtschaft? In: Achleitner, A.-K., Everling, O., Klemm, S. (Hrsg.), Nachfolgerating, Gabler, Wiesbaden, 2006, S. 297-312.
- Oehler, A., Kohlert, D., Linn, A. (2009): Auswirkungen der internationalen Finanzsystemkrise auf KMU. In: Wirtschaftswissenschaftliches Studium (WiSt), Heft 7/2009, S. 380-383.
- Oehler, A., Schalkowski, H., Wendt, S. (2010): Unternehmensfinanzierung für Existenzgründer. In: Mittelstand Wissen, Heft Mai/2010, S. 5-8.
- Oehler, A., Schalkowski, H., Wendt, S. (2011): Gefährdung der Nachhaltigkeit von KMU durch Wirtschaftskriminalität – Ansatzpunkte zur Aufdeckung und Vorbeugung durch Forensic Economics & Finance. In: Meyer, J.-A. (Hrsg.), Jahrbuch der KMU-Forschung und -praxis 2011. Josef Eul Verlag, Lohmar, S. 367-382.
- Oehler, A., Schalkowski, H., Wendt, S. (2012): Forensic Economics, Finance & Accounting: Erweiterung und Durchsetzung von Corporate Governance. In: Zeitschrift für Corporate Governance (ZCG), Heft 1/2012.
- Oehler, A., Unser, M. (2002): Finanzwirtschaftliches Risikomanagement. 2. Aufl., Springer-Verlag, Berlin.
- Paul, C. (2005): Personalrisikomanagement. Arbeitspapier 112, Hans-Böckler-Stiftung.
- Pletke, M. (2009): Personal(-risiko)management des demografischen Wandels. Arbeitspapier 10-2009 / Abteilung Wirtschaft, Fachhochschule Hannover.
- Przybilla, A. (2008): Personalrisikomanagement – Mitarbeiterbindung und die Relevanz für Unternehmen. Wismarer Diskussionspapier, Heft 07 / 2008.
- Rahn, H.J. (2003): Der personalwirtschaftliche Prozess. In: Der Betriebswirt, Heft 2, 44. Jg., S. 8-10.
- Recklies, O. (2000): Das KonTraG und die Risiken des Personalbereiches. In: Zeitschrift Interne Revision, Nr. 4, S. 169 – 172.

Das Erfolgspotenzial von Nachfolgebewusstsein im Personalmanagement von Familienunternehmen – Implikationen für zukunftsfähige Nachfolgestrategien

Stephanie Rabbe und Christoph Kolbeck

1 Besonderheiten im Personalmanagement kleiner und mittlerer, familiengeführter Unternehmen mit Bezug zum Nachfolgemanagement

In kleinen und mittleren Familienunternehmen sind mit dem Generationswechsel komplexe Aufgaben und vielfältige Schwierigkeiten verbunden (vgl. Cadieux 2007, S. 96; S. 105). Der Nachfolgeprozess wird von unterschiedlichsten Determinanten bestimmt, neben den unmittelbar und mittelbar beteiligten Akteuren, zwischenmenschlichen Herausforderungen, Entscheidungen zur Übergabe und Übernahme, strukturellen Rahmenbedingungen wie Unternehmensgröße oder betriebswirtschaftlichen Prämissen, sind insbesondere die Family Governance sowie die Nachfolgekompetenzen von Senior und Nachfolger relevante Einflussfaktoren (vgl. Urnik/Steiner 2011). Für die Vermittlung von Nachfolgequalifikationen kann einerseits auf externe Unterstützung zurückgegriffen werden, wie beispielweise auf die aktuell in Niedersachsen eingesetzten sogenannten Nachfolgemoderatoren, die als Mittler zwischen den beteiligten Akteuren fungieren (Niedersächsisches Ministerium für Wirtschaft, Arbeit und Verkehr 2011).

Andererseits kann das Nachfolgemanagement, in der Lesart als Übergabe von Unternehmen an den Nachfolger, eine Querschnittsfunktion des Personalmanagements darstellen. Ausgehend von der Personalbedarfsplanung und der Personalgewinnung (insb. bezogen auf die Gewinnung externer Nachfolger) ist die Ausbildung von Nachfolgekompetenzen grundsätzlich den Aufgabenbereichen der Personalentwicklung zuzuordnen (vgl. Stock-Homburg 2008, S. 96). Diese Systematisierung und Differenzierung von Mitarbeiterflusssystemen ist jedoch in KMU sowie in kleinen und mittleren Familienunternehmen kaum in einem Detaillierungsgrad und mit einer Fristigkeit vorzufinden, die als strategisch bezeichnet werden können. Vor diesem Hintergrund sind einige Besonderheiten im Personalmanagement von KMU und Familienunternehmen mit Bezug zum Nachfolgemanagement und der zugehörigen Kompetenzausbildung zu identifizieren.

Aufgrund der allgemeinen größenspezifischen Ressourcendefizite kleiner und mittlerer Unternehmen hinsichtlich Zeit, Finanzen sowie quantitativer und qualitativer Personalausstattung gelingt ihnen oft nur die Wahrnehmung der administrativen Perspektive des Personalmanagements im Sinne eines Verständnisses von Personalverwaltung (vgl. Stock-Homburg 2008, S. 11). Die Perspektive des strategischen Personalmanagements, also die langfristig hohe Relevanz des Bereichs Personal für die Sicherung des Unternehmenserfolges wird oftmals verkannt. Die Begründung dafür ist sicherlich in der Unterstellung eines grundsätzlich mangelnden strategischen Bewusstseins kleiner und mittlerer Unternehmen zu finden (vgl. Rabbe/Schulz 2007, S. 18). Viel zu selten erscheint in der Unternehmensorganisation von familiengeführten Mittel-, Klein- und Kleinstunternehmen ein expliziter Personalverantwortlicher mit der Konsequenz, dass kein systematisches und professionelles Personalmanagement als Metafunktion (vgl. Zaugg 1996, S. 49) betrieben wird.

Vor diesem Hintergrund wird beispielsweise der Zukauf externer Human Ressource-Dienstleistungen diskutiert, die mit dem Lösungsansatz eines externen und dauerhaften Personalmanagers für KMU und den damit einhergehenden Vorteilen aufwarten (vgl. Habitzl 2006) und durchaus Analogien zum Nachfolgemoderator-Modell aufweisen. Im Allgemeinen ist das Personalmanagement in KMU durch eine breite und wachsende Bedeutung seiner Aufgabenfelder und ein Problembewusstsein für die Relevanz einer systematischen Vorgehensweise geprägt.

Allerdings existiert eine beobachtbare Differenz zwischen diesem Problembewusstsein und der Umsetzung in konkrete Maßnahmen aufgrund eines personalwirtschaftlichen Instrumenten- und Methodendefizits (De Souza 2000, S. 27). Diese Defizite wiederum begründen sich in einer mangelhaften Ressourcenausstattung und einem nicht ausreichenden fachlichen Know-how. Als Strukturmerkmale von KMU im Funktionsbereich Personal und Ursachen für diese Beobachtungen identifizieren Ackermann/Blumenstock (1993) weiterhin die gleichzeitige Ausübung verschiedener Funktionen durch die Unternehmungsleitung bzw. durch Führungskräfte, die mangelnde Delegation von Entscheidungsbefugnissen, die Wahrnehmung von Detailaufgaben der Personalarbeit durch die Unternehmungsleitung, einen geringen Einsatz moderner Hilfsmittel bei der Personalentwicklung, grundsätzliche Nachteile bei der Beschaffung qualifizierter leitender Angestellter aufgrund der verkannten Attraktivität von KMU als Arbeitgeber, die Eignungsfeststellung von Bewerbern fast nur durch subjektive Einschätzung sowie das Fehlen objektivierter Beurteilungsverfahren (vgl. Ackermann/Blumenstock 1993, S. 5).

Wie im Personalmanagement kleiner und mittlerer Unternehmen spezifische Besonderheiten auszumachen sind, so ist das Personalmanagement kleiner und mittlerer Familienunternehmen durch weitere, typische Auffälligkeiten mit spürbaren Wirkungen auf die Unternehmensnachfolge geprägt.

Die besondere Logik des Personalmanagement in familiengeführten Unternehmen kann am besten in Abhängigkeit von den verschiedenen Phasen der Unternehmensentwicklung nachvollzogen werden. In der Gründungsphase sind die außerordentlichen Leistungen des Unternehmers und seiner Familie zu berücksichtigen, Menschen als Mitarbeiter zu gewinnen, die in einem ähnlichen Umfang nicht nur Engagement für das Wachstum des Unternehmens zeigen und sondern auch bereit sind, sich mit dem Unternehmer und seiner Idee zu identifizieren (vgl. Domayer 1997, S. 139).

Im Aufbau des Unternehmens um diese Schlüsselmitarbeiter herum und dem damit einhergehenden persönlichen Existenzgründung liegt das „Erfolgsgeheimnis" (Domayer 1997, S. 139) des Familienunternehmens in der Start Up Phase. Die entstandenen familiären Muster bestimmen aber auch das Personalmanagement in Familienunternehmen, werden doch viele Personalentscheidungen durch den Unternehmer selbst oder die Familie getroffen und von subjektiven Kriterien, Werten und Traditionen beeinflusst. Ein oftmals eigentümerbezogenes

Führungsverständnis lässt in diesem Zusammenhang meist nur wenig Platz für Personalentwicklung im Sinne einer Führungs(nachwuchs)kräfteentwicklung (vgl. Domayer 1997, S. 140). Eine kritische Lücke in der Unternehmensführung und damit ein ernstzunehmendes Problem mit Bezug auf die Nachfolgesituation kann dann zu dem Zeitpunkt entstehen, zu dem die Unternehmerfamilie keinen passenden Nachfolger mehr stellen und aus dem Kreise der Mitarbeiter niemand unmittelbar in die Führungsrolle wechseln kann. In späteren Phasen der Unternehmensentwicklung verliert sich die persönlich-familiäre Prägung zunehmend, so dass auch die Aufgaben des Personalmanagements mehr und mehr in die Hände von Führungskräften übertragen werden (vgl. Domayer 1997, S. 140). Diese Entwicklung birgt das Risiko, das Wertesystem des Familienunternehmens zu schwächen, aber eröffnet gleichermaßen auch Möglichkeiten für ein professionelleres Personalmanagement, das sich insbesondere der Aufgabe eines systematischen und sachlichen Nachfolgemanagement annehmen kann.

Die identifizierten klassischen Strukturmerkmale des Personalmanagements in KMU sowie die weiteren, auffälligen Besonderheiten von Familienunternehmen geben nunmehr den Spielraum für die Verknüpfung der Herausforderungen eines zukunftsfähigen Nachfolgemanagements mit den Aufgaben des Personalmanagements vor. Dabei sind die notwendigen Methoden und Instrumente des Nachfolgemanagements mit denen der Personalgewinnung und -entwicklung zielorientiert und situationsgerecht zu kombinieren, gegebenenfalls auf die besonderen Bedürfnisse den kleinen und mittleren Familienunternehmens anzupassen oder neu zu entwickeln.

2 Empirische Erkenntnisse

Die Regelung einer planmäßigen Übergabe des Familienunternehmens an die nächste Generation stellt aufgrund der engen Verflechtung wirtschaftlicher und familiärer Aspekte eine große und zunehmend kritische Herausforderung dar (Davis/Harveston 2001, Steier 2001). Ein systematischer Nachfolgeprozess trägt maßgeblich dazu bei, die Ziele der Family Business Governance, nämlich die Steigerung des Unternehmenswerts über Generationen, die Implementierung fairer Prozesse im Unternehmen und in der Familie sowie die Professionalisierung der Gesellschafter zu realisieren (vgl. Kolbeck/Bauer 2011, S. 90).

Als Prämisse des systematischen Nachfolgemanagements und erfolgreicher Übergabeprozesse wird die Ausprägung von Nachfolgebewusstsein angenommen. Dieses setzt sich zusammen aus der Erkenntnis der strategischen Relevanz des Themas Nachfolge für die Unternehmensentwicklung und der Akzeptanz der Notwendigkeit eines geplanten Vorgehens. In diesem Zusammenhang ist zudem die zeitliche Dimension zu berücksichtigen, die sowohl eine frühzeitige Auseinandersetzung mit der Situation der Unternehmensübergabe als auch damit einhergehend eine langfristige und sorgfältige Vorbereitung des Generationswechsels erwartet. Dabei sind unternehmens- und familieninterne Voraussetzungen und Herausforderungen ebenso wahrzunehmen und zu interpretieren wie externe Rahmenbedingungen der Übergabesituation. In diesen Spannungsfeld kann die Befähigung aller Beteiligten zur Durchführung eines professionellen Nachfolgeprozesses als Querschnittsaufgabe des Personalmanagements einen wesentlichen Erfolgsfaktor darstellen.

Innerhalb dieser kurz skizzierten Rahmenbedingungen sind in der aktuellen Studie zur Family Governance in deutschen Familienunternehmen von Kolbeck/Bauer (2011) eindrucksvoll die Hauptziele von Unternehmerfamilien identifiziert worden. So geben 85 % der befragten Unternehmen als wichtigstes Ziel an, das Unternehmen langfristig zu sichern und auch den Nachfolger bei einem Generationswechsel aus der Familie zu wählen (Kolbeck/Bauer 2011, S. 100; auch Gottschalk et al. 2010). Dieses Ziel ist von zentraler strategischer Bedeutung für das Nachfolgemanagement, denn diese treuhänderische Einstellung, für künftige Generationen zu agieren, führt zu spezifischen Ausprägungen in der Family Governance und ist ein zentraler Erfolgsfaktor von Familienunternehmen gegenüber anderen Unternehmenstypen. Denn nur so können auch weitere strategische Entscheidungen getroffen werden, die sich erst nach einem längeren Zeitraum auswirken und sich nicht sofort monetär auszahlen. Eng verbunden mit dieser Philosophie ist auch die außergewöhnlich lange Verweildauer der Unternehmenslenker in den Unternehmen, denn durchschnittlich besetzen Familienunternehmer 22 Jahre eine Führungsposition, wohingegen Vorstände börsennotierter Unternehmen alle 5,8 Jahre ausgetauscht werden.

Nach Liquiditätssicherung und Finanzierungsstabilität geben 46,7% der Unternehmer das Ziel einer systematischen Nachfolgeregelung an (vgl. Kolbeck/Bauer 2011, S 92). und formulieren damit einen expliziten Handlungsauftrag zur Erreichung dieses Ziels. Damit ist nicht nur implizit die Bedeutung der Übergabe an einen Nachfolger aus der Familie benannt sondern auch die strategische Relevanz der Nachfolgeregelung sichtbar.

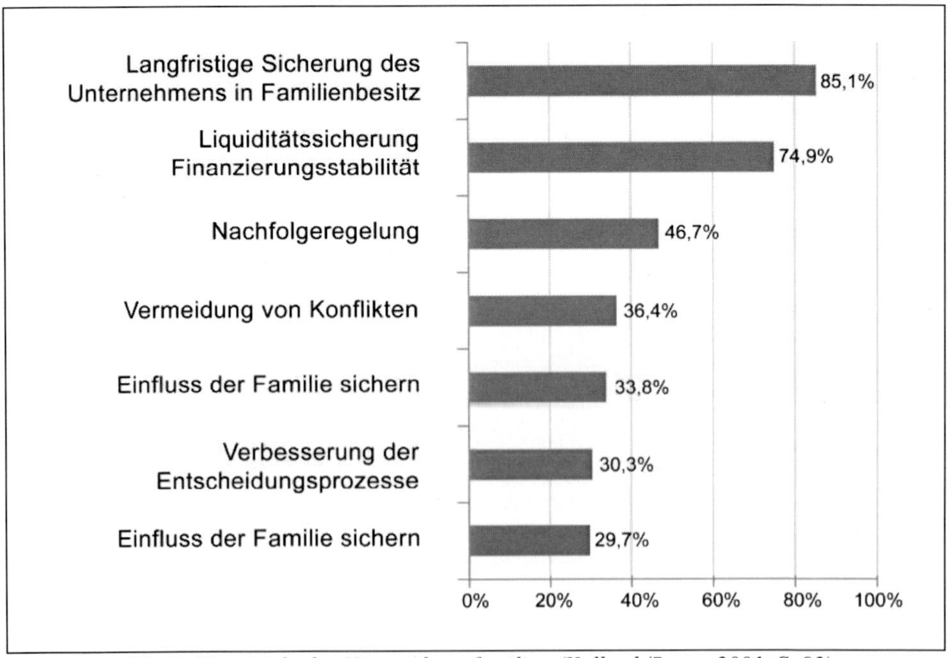

Abb. 1: Hauptziele der Unternehmerfamilien (Kolbeck/Bauer 2001, S. 92)

Dieses Ziel und seine strategische und kulturelle Verankerung in der Unternehmensplanung trägt dazu bei, den Aktivitäten des Nachfolgemanagements eine hinreichend lange Perspektive einzuräumen und ihre Erfolgswahrscheinlichkeit damit zu erhöhen (vgl. Stock-Homburg 2008, S. 98). Dazu wird der Ruf nach einer langfristigen Koordination durch eine eindeutig verantwortliche Stelle, hinreichenden Ressourcen bzw. der Unterstützung bei der Realisierung der Nachfolgepläne und der Analyse des relevanten Marktes für potenzielle Nachfolger laut (vgl. Stock-Homburg 2008, S. 99).

Die Nachfolgesituation stellt besondere Anforderungen an die Organisation von Führung und Kontrolle im Familienunternehmen sowie an die Sicherung des Zusammenhalts der Familie und ist daher auf eine intensive Wahrnehmung interner Herausforderungen angewiesen. Durch die enge strukturelle Kopplung von Familie und Unternehmen sowie deren jeweils unterschiedlichen Besonderheiten weisen Familienunternehmen spezifische latente und offensichtliche Konfliktfelder auf.

Der Family Governance kommt in diesem Bereich vor allem die Aufgabe zu, einen Ausgleich zwischen den unterschiedlichen Interessen der Anspruchsgruppen zu gewährleisten. Es ist festzustellen, dass das Konfliktpotential grundsätzlich eher gering eingeschätzt wird. Diese positive Selbstwahrnehmung kann durchaus kontrovers diskutiert werden. Ein Blick in die Familienunternehmenslandschaft zeichnet nämlich immer wieder ein anderes Bild, auf dem diese Unternehmensform vielmehr sehr anfällig für Konflikte ist. Eine zu optimistische Einschätzung – wie sie die vorliegende Untersuchung zeigt – kann ein nicht unerhebliches Risikopotential im Konfliktfall darstellen.

Erhöhte Konfliktgefahr sehen die Familienunternehmen vor allem zwischen den Generationen und zwischen aktiven und nicht im Unternehmen tätigen Gesellschaftern. Zwischen den Generationen können insbesondere in der Phase der Unternehmensnachfolge viele Spannungen auftreten. Auf der einen Seite steht der Übergebende, der sein Lebenswerk nicht einfach loslassen kann und sich weiterhin ständig ins Tagesgeschäft einmischt; auf der anderen Seite steht der Nachfolger, der aus dem (großem) Schatten seines Vorgängers heraustreten muss. Zudem können in dieser Zeit die Überlagerungen von sachlich-funktionalen unternehmerischen Fragen mit emotional-familiären Fragen deutlich hervortreten. Konflikte sind vorprogrammiert (vgl. Kolbeck/Bauer 2011, S. 98).

Darüber hinaus ist die Frage nach den Maßnahmen aufschlussreich, die in Familienunternehmen angewandt werden, um die oben genannten Konfliktherde zu entschärfen. Dabei lassen sich ganz unterschiedliche Muster im Umgang mit Konflikten beobachten. Einige Unternehmen versuchen schwelende Konflikte „unter den Teppich zu kehren“, in der Hoffnung, dass sie von alleine wieder verschwinden; andere hingegen gehen offen mit dieser Situation um und entwickeln bestimmte Regeln für den Ernstfall. Allerdings haben 26 % der Unternehmen keine Regeln und Prinzipien für den Konfliktfall formuliert. Demgegenüber nutzen knapp ein Drittel der Unternehmen institutionalisierte Gremien und Verfahren zur Schlichtung und Lösung von Konflikten. In 27% der Unternehmen wird den Gremien eine explizite Schlichtungsfunktion zugeordnet (vgl. Kolbeck/Bauer 2011, S. 98).

Es schließt sich die Frage an, auf welcher Grundlage Regeln und Prinzipien zwischen den Anspruchsgruppen in Familienunternehmen durchgesetzt werden. Ein großer Teil der Familienunternehmen bevorzugt ein ausgewogenes Verhältnis aus emotionaler und rechtlicher Verpflichtung. Durch diese Kombination wird Sicherheit in einem rechtlichen Rahmen gegeben, aber auch die vertrauensvolle Beziehung zueinander geschützt. Ein zu erwartender Zusammenhang zwischen Unternehmensgröße und rechtlichen Regelungen kann nicht festgestellt werden. Das emotionale familiäre Band greift auch in größeren Unternehmen (vgl. Kolbeck/Bauer 2011, S. 99).

Die aktuelle Studie zeigt weiterhin, dass im Konfliktfall wie in der Nachfolgesituation zunächst vor allem die klassischen Fachberater wie Rechtsanwälte und Steuerberater als externe Ratgeber in Anspruch genommen werden. Über die Hälfte der befragten Familienunternehmen verfügt allerdings über institutionalisierte Beratergremien wie einen Beirat (38 %) oder einen Aufsichtsrat (14 %). Es bestätigt sich auch hier eindrucksvoll die Tendenz aus anderen Studien, dass zunehmend auf strukturierte Institutionen zurückgegriffen wird, um ein erfolgreiches Zusammenspiel zwischen Familie und Unternehmen zu erreichen. Wenig überraschend ist dabei: Je größer die Unternehmen und der Gesellschafterkreis sind, desto eher gibt es institutionalisierte Gremien. Auch wenn immer mehr Familienunternehmen auf Beiräte oder Aufsichtsräte vertrauen, lassen sie sich doch die Macht nicht aus der Hand nehmen. Denn die Gremien üben vorwiegend nur eine Beratungsfunktion aus (88 %); wichtige Entscheidungs- oder Schiedskompetenzen liegen weiterhin bei den Gesellschaftern (vgl. Kolbeck/Bauer 2011, S. 93).

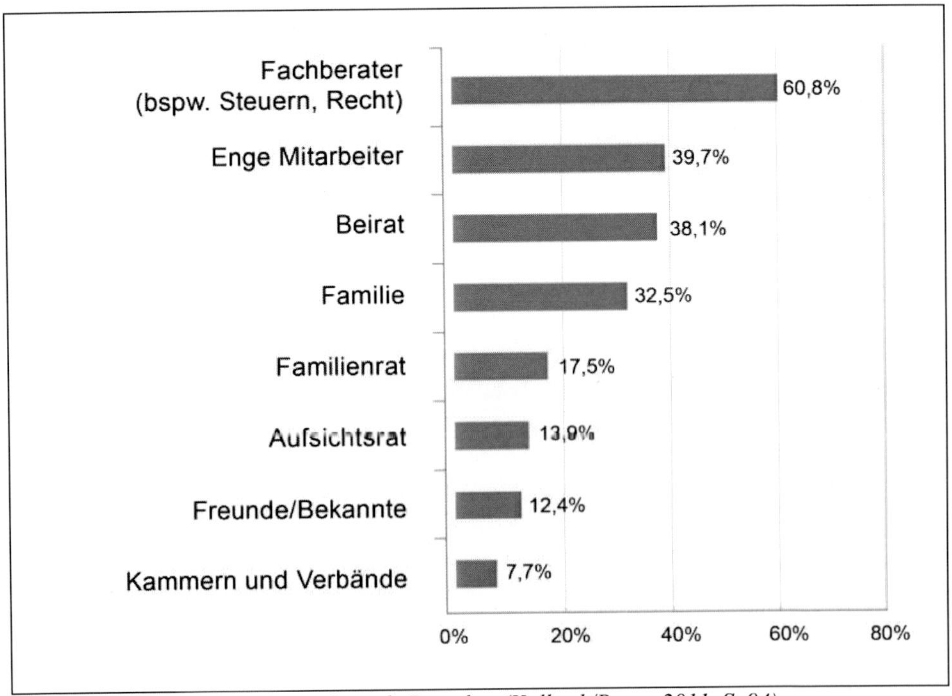

Abb. 2: Unterstützende Ratgeber (Kolbeck/Bauer 2011, S. 94)

Ein wichtiger Bestandteil der Family Governance ist die Sicherung einer qualifizierten Führung und Führungsnachfolge. Auf der einen Seite können sich Familienunternehmen vor allem auf ihre loyalen und langjährig gebundenen Mitarbeiter verlassen, auf der anderen Seite bleibt ihnen nach wie vor zu oft der Zugang zu hoch qualifizierten Führungs- und Fachkräften verwehrt. Im Rahmen der empirischen Untersuchung ist der Frage nachgegangen worden, wer überhaupt eine Geschäftsführerposition einnehmen darf (Familienmitglieder / Fremdmanager) und wie der Auswahlprozess gestaltet ist. Als Antwort liefert die vorliegende Studie, dass 80 % der Familienunternehmen sowohl familienfremde Manager als auch Familienmitglieder bei der Besetzung von Führungspositionen berücksichtigen. Eine Familienzugehörigkeit führt demnach nicht automatisch zu einer Führungsaufgabe im Unternehmen. Eine alleinige Festlegung auf Familienmitglieder oder Fremdmanager scheint eher die Ausnahme zu sein: Nur 16 % der befragten Unternehmen sehen ausschließlich Familienmitglieder in der Führungsetage. Auch die andere Extremposition – ausschließlich familienfremde Führungskräfte – ist nur in 4% der Fälle anzutreffen. Diese Situation findet sich zudem eher in größeren und älteren Familienunternehmen mit vielen Gesellschaftern (vgl. Kolbeck/Bauer 2011, S. 94).

Bei 43 % der befragten Unternehmen gibt es keine festen Kriterien für die Auswahl der Führungsposition. Aus Sicht der Unternehmen können wichtige Auswahlkriterien nicht in einem formalen Schema abgebildet werden. Diese Beobachtung verdeutlicht einmal mehr, dass der Nachfolgeprozess von informellen und subjektiven Determinanten gelenkt sein kann, die in einem professionellen und bewussten Nachfolgemanagement zu berücksichtigen und zu systematisieren sind. Führungskräfte und Nachfolger müssen den familiären Werten, die sich in der Unternehmenskultur zeigen, entsprechen. So ergeben sich bestimmte Muster und Varianten der Gesellschafternachfolge:

- Es gibt nur einen „Thronfolger“: Alle Anteile des Unternehmens werden bei der Übergabe an nur einen Nachfahren weitergegeben, der in der Regel auch Geschäftsführer ist. Diese Lösung bietet durch das Zusammenfallen von Eigentum und Verfügungsgewalt den Vorteil der Komplexitätsreduktion. Aufwendige Steuerungs- und Kontrollmechanismen im Sinne der Prinzipal- Agent-Theorie sind vordergründig nicht.

- Alle Nachkommen werden berücksichtigt: Bei dieser Variante werden die Gesellschaftsanteile gleichmäßig aufgeteilt und an alle Nachfahren weitervererbt. Dieses Gerechtigkeitsmodell führt automatisch in der Generationenfolge zu einer Zunahme der Gesellschafteranzahl, die „gemanagt“ werden muss. Denn: Bei zunehmender Gesellschafteranzahl folgt eine Zersplitterung der Anteile, wobei in der Folge beispielsweise die Blockierung von Gesellschafterentscheidungen, der Zerfall in Individualinteressen oder der Verlust des Familiensinns drohen können.

- Ausgewählte Nachfolger werden berücksichtigt: Diese Variante steht zwischen den beiden anderen Extrempositionen und kann ganz unterschiedlich ausgestaltet sein (vgl. Kolbeck/Bauer 2011, S. 95)

Hinsichtlich der familieninternen Gesellschafternachfolge scheint das traditionelle Thronfolger-Modell zunehmend an Bedeutung zu verlieren. Nur knapp ein Fünftel der befragten Unternehmen verfolgen diese Variante noch. Mittlerweile gelten vielmehr andere Konstellationen durchaus als denk- und gangbare Wege. Der Gesellschafterstatus ist nicht automatisch mit Geschäftsführertätigkeiten verbunden. Die Nachkommen können beispielsweise auch die Rolle der nicht aktiven Gesellschafter einnehmen.

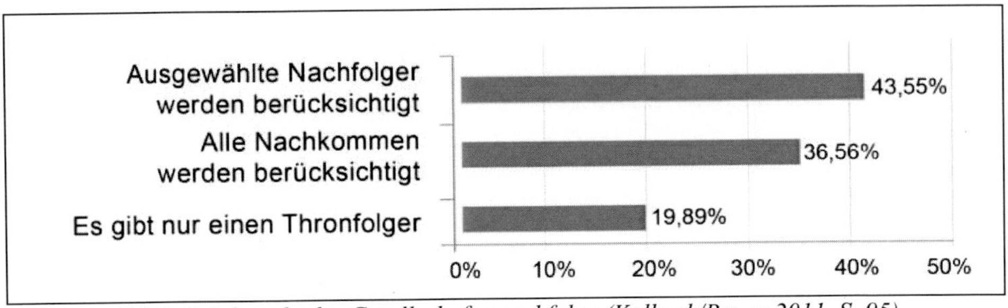

Abb.3: Spielregeln der Gesellschafternachfolge (Kolbeck/Bauer 2011, S. 95)

Die Mehrzahl der befragten Unternehmen achtet sehr genau darauf, dass vor allem leibliche Nachkommen des Unternehmensgründers Gesellschafter werden (96 %). Aber auch Ehepartner werden in 32 % der Fälle als Gesellschafter berücksichtigt. Hier zeigt sich einmal mehr, der Wunsch nach dem langfristigen Erhalt des Unternehmens in Familienbesitz, wobei ein sehr eng verstandener Familienbegriff zum Tragen kommt. Je kleiner das Unternehmen ist, desto eher werden nur leibliche Nachkommen als Gesellschafter in das Unternehmen aufgenommen (vgl. Kolbeck/Bauer 2011, S. 96).

Auf Basis dieser aktuellen Erkenntnisse zum großen Einfluss der Family Governance und zur Ausbildung von Nachfolgebewusstsein bedarf es nun der Entwicklung von Lösungsansätzen für die Aufgabe der Entwicklung von Nachfolgekompetenzen unter Berücksichtigung der Besonderheiten des Personalmanagement ist kleinen und mittleren, familiengeführten Unternehmen

3 Schaffung von Nachfolgebewusstsein und Ausbildung von Nachfolgekompetenzen

Aufgrund der offensichtlichen Analogien zwischen den strategischen Perspektiven des Managements von kleinen und mittleren Familienunternehmen, ihrem Personalmanagement und der Herausforderung Unternehmensnachfolge kann einmal mehr das Konzept der strategic awareness in seinem Transfer auf die Nachfolgesituation einen Erklärungsbeitrag und Systematisierungsansatz leisten. Grundsätzlich bezeichnet strategic awareness das Bewusstsein des Unternehmers hinsichtlich strategischer Entscheidungen (vgl. Gibb/Scott 1985). Ein erstes Element bezieht sich auf die für strategische Planung überhaupt zur Verfügung stehende Zeit (management time), die ja im KMU-Management typischerweise als kritische Ressource und limitierender Faktor zu berücksichtigen ist. Das zweite Element bezeichnet die Wahrnehmung der Umwelt (environmental awareness) als Voraussetzung, Veränderungen in den unternehmerischen Rahmenbedingungen aufzunehmen und zu interpretieren. Die weiteren zwei Elemente des Konzepts beziehen sich unmittelbar auf die Kompetenzen des Unternehmers, nämlich zum Einen auf seine Fähigkeit zur Erkenntnis der Notwendigkeit strategischer Planung (strategic necessity), zum Anderen auf seine Fähigkeit, Instrumente und Methoden strategischer Planung anzuwenden bzw. zu nutzen (strategic ability) (vgl. Bartussek/Rabbe 2008, S. 39f., Rabbe/Schulz 2007, S. 18).

Transferiert auf den Kontext Nachfolge bedarf es ebenso der Ausbildung eines Nachfolgebewusstseins („succession awareness"). Auch für das Nachfolgebewusstsein ist die Dimension Zeit ein wichtiger Bestimmungsfaktor, denn neben dem Zeitpunkt der Nachfolge ist auch der Zeitraum für die Vorbereitung der Unternehmensübergabe und damit auch die Zeit für die Ausprägung des Nachfolgebewusstseins maßgeblich. Allzu oft wird der Übergabeprozess nicht rechtzeitig geplant und der damit verbundene Zeitaufwand unterschätzt (vgl Schlömer 2008). Gelingt es weiterhin rechtzeitig, einen Übergabeprozess zu initiieren und den Seniorunternehmer sowie seinen potenziellen Nachfolger einzubinden, bietet sich die Möglichkeit für beide, in ihre neue Aufgabe hineinzuwachsen: Denn für beide vollzieht sich bei der Gestaltung der Nachfolge eine langsame Veränderung ihrer Rolle, die geprägt ist von einem Transfer von Führungsverantwortung, Autorität und Entscheidungsgewalt (vgl. Pezoldt/Sattler 2008, S. 96; Handler 1990).

Das Nachfolgebewusstsein wird desgleichen geprägt durch die Wahrnehmung der Rahmenbedingungen des Generationswechsels, z. B. seiner unternehmensinternen und -externen Gründe, der Entwicklung des Unternehmens, rechtlicher oder steuerlicher Veränderungen oder der gesamtwirtschaftlichen Situation, etc.

Schließlich bestimmen auch die Erkenntnis der Notwendigkeit zur systematischen Auseinandersetzung mit dem bevorstehenden Übergabeprozess als auch die Fähigkeit, diesen ziel- und ergebnisorientiert zu durchlaufen die Ausprägung des Nachfolgebewusstseins. Insbesondere die Determinanten der Zufriedenheit in der Übergabesituation, nämlich die Akzeptanz der individuellen Rolle im Nachfolgeprozess, die Bereitschaft des Seniors zur Übergabe, die Bereitschaft des Nachfolgers zur Übernahme, das Ausmaß der Nachfolgeplanung und die grundsätzliche Einigkeit über die Fortführung des Unternehmens (vgl. Pezoldt/Sattler 2008S. 98) – können sich bei Berücksichtigung in der Kompetenzentwicklung als Erfolgsfaktoren auswirken. An dieser Stelle kann das Personalmanagement, aufmerksam geachtet seiner Besonderheiten in kleinen und mittleren Familienunternehmen, im Rahmen der Kompetenzentwicklung für Senior, Nachfolger und weitere Akteure einen wichtigen Beitrag zu einem erfolgreichen Übergabeprozess leisten. Pezoldt/Sattler (2008) sehen in diesem Zusammenhang einen zielgerichteten Kompetenztransfer als eine vielfach ungenutzte Chance für die erfolgreiche Sicherung des Fortbestandes des Familienunternehmens (Pezoldt/Sattler 2008, S. 95). Zu differenzieren ist bei der Gestaltung des Kompetenztransfers in Personalentwicklungsmaßnahmen aber nach dem Adressaten der jeweiligen Aktivität.

Neben der Frage nach den individuellen Kompetenzen des Seniorunternehmers und seinen Möglichkeiten, diese weiterzugeben stellt sich die Herausforderung Unternehmensübernahme für einen Nachfolger mit seinen Kompetenzdefiziten nahezu ebenso kompliziert und herausfordernd dar wie eine Unternehmensneugründung (Petzoldt/Sattler 2008, S. 95, S. 107). Überdies ist zu berücksichtigen, inwiefern auch das Umfeld von Senior und Nachfolger sowie die klassischen Ratgeber ein besonderes Nachfolgebewusstsein und gegebenenfalls eine ganzheitliche Perspektive der Nachfolgesituation ausbilden müssen. Die Ausbildung von Nachfolgekompetenzen auf Seiten des Seniors wird geprägt durch seinen Erwerb von Erfahrungswissen und Expertise aus den Situationen im Laufe seiner Tätigkeiten in der Unternehmensführung (Petzoldt/Sattler 2008, S. 98). Auch wenn kleinen und mittleren Unternehmen eine ausgeprägte Planungslücke unterstellt wird (zu Gründen und Konsequenzen siehe Rabbe/Schulz 2007, S. 17f.) so zeichnen sich viele Unternehmerpersönlichkeiten doch durch eine intensive Ausprägung strategischen Denkens und Handelns sowie von Fach- und Methodenkenntnissen aus (vgl. Bartussek/Rabbe 2008, S. 40; Rabbe/Schulz 2007, S. 22). Insbesondere sollten strategische Fähigkeiten hinsichtlich der Reflektion objektiver Entscheidungskriterien für einen potenziellen Nachfolger entwickelt werden, um so Anforderungen zu identifizieren und eine Orientierung für die Auswahl des Nachfolgers zu schaffen; zudem bieten klare Auswahlkriterien auch sinnvolle Ziele der Weiterentwicklung möglicher Nachfolger.

Im emotional-sozialen Bereich steigen Informationsverhalten und Kommunikationsfähigkeit sowie das Durchsetzungsverhalten und die Konfliktlösungsfähigkeit. Damit einher gehen weiterhin die Zunahme des Sicherheitsbewusstseins und gleichzeitige Abnahme der Risikobereitschaft (vgl. Petzoldt/Sattler 2008, S. 107). Dieses Kompetenzprofil des Seniors birgt nun die Handlungsfelder für Aktivitäten zur Entwicklung eines Nachfolgebewusstseins.

Problematischer in der Übernahmesituation gestaltet sich demgegenüber die Wahrnehmung der Qualifikation des Nachfolgers. Hier ist die Klärung seiner Übernahmefähigkeit von großer Relevanz und bestimmt seine Perspektive des Nachfolgebewusstseins. Da die Übernahme eines Unternehmens mit hohem zeitlichen und persönlichen Einsatz verbunden ist, bedarf es eines ausgeprägten Übernahmewillens des Nachfolger, die Führung des Unternehmens ausüben zu wollen. Insbesondere Nachfolger mit ausgeprägtem unternehmerischem Selbstbewusstsein (vgl. Sardeshmukh/Corbett 2011, S. 112) zeichnen sich durch ein spezifisches Kompetenzprofil aus. Dieses umfasst seine Qualifikationen und Erfahrungen und kann durch die Entwicklung bestimmter Kompetenzen in Einklang mit den Anforderungen des Seniors an seinen Nachfolger gebracht werden.

Erfahrungen sammelt der Nachfolger in seinen Tätigkeiten innerhalb und außerhalb des Unternehmens, in Führungssituationen oder bei Auslandsaufenthalten. Die Fachkompetenz des Nachfolgers lässt sich durch seine Ausbildung nachweisen und bezieht sich auf die speziellen Kenntnisse zur Übernahme und Führung sowie die in KMU typischerweise besonders bedeutsamen Branchen-, Markt- und Kundenkenntnisse. Die Methodenkompetenz, also diejenigen Fähigkeiten des Nachfolgers durch analytische, systematische und ganzheitliche Denkweisen und den Einsatz der zielführenden Managementinstrumente und -methoden auftretende Probleme zu lösen, bestimmen einen großen Anteil seiner entwickelbaren Handlungskompetenz. Seine Persönlichkeitskompetenz setzt sich aus den individuellen Fähigkeiten zu Selbstständigkeit, -einschätzung, -verantwortung und -verwirklichung zusammen. Seiner Sozialkompetenz – der Fähigkeit zur Interaktion mit anderen sowie Persönlichkeitsmerkmale, Interessen und Werte – kommt eine besondere Relevanz zu, da der Nachfolger sich in ein bestehendes Beziehungsgeflecht einfinden und dieses erhalten bzw. modifizieren muss. Insbesondere familiären Nachfolgern wird oftmals ein Defizit in Führungskompetenzen unterstellt (Petzoldt/Sattler 2008, S. 98), das in den Ausführungen zu den Besonderheiten der Personalentwicklung in familiengeführten Unternehmen begründet liegt.

Vergleichbare Kompetenzprofile ließen sich an dieser Stelle auch für den weiteren in den Übergabeprozess involvierten Akteurskreis (z. B. weitere Familienmitglieder, Rechts- und Steuerberater etc.) identifizieren, stellen allerdings im Rahmen einer systematischen Entwicklung von Nachfolgekompetenzen die sekundären Handlungsfelder dar, ohne den Einfluss und die Relevanz dieser Akteursgruppen zu negieren. Für den Fortgang der Argumentation dieses Beitrags und unter Berücksichtigung der spezifischen Schwächen eines professionellen und strategischen Personalmanagements in kleinen und mittleren familiengeführten Unternehmen möge diese Dimension an dieser Stelle in den Hintergrund treten.

Das Modell des Nachfolgebewusstseins und die Systematisierung der Kompetenzen von Senior und potenziellem Nachfolger erlauben nun, die Handlungsfelder für die Entwicklung von Nachfolgekompetenzen bzw. Übergabe- und Übernahmefähigkeiten derart abzugrenzen, dass sie als Aufgaben der Personalentwicklung in konkrete Aktivitäten übersetzt werden können, auch wenn ein systematisches Personalmanagement bzw. eine explizite Personalentwicklung in einer Vielzahl der kleinen und kleinsten Familienunternehmen nicht vorzufinden ist. Vor diesem Hintergrund erhöht sich der Anspruch an die Praktikabilität der im folgenden herzuleitenden Implikationen zur Ausschöpfung des Erfolgspotenzials des Nachfolgebewusstseins für einen gelungenen Nachfolgeprozess.

4 Implikationen

Im Rahmen eines systematischen Prozess der Unternehmensnachfolge mit den Phasen der individuellen Analyse der Voraussetzungen eines systematischen Nachfolgemanagements, der Nachfolgeplanung, der Nachfolgerealisierung sowie der Erfolgskontrolle (vgl. auch Stock-Homburg 2008, S. 100) kann sich das Personalmanagement in kleinen und mittleren Familienunternehmen bzw. geachtet seiner Defizite an klar definierten Aufgaben orientieren, die es für einen erfolgreichen Übergabeprozess zu bewältigen gilt. In der ersten Phase sind die internen und externen Herausforderungen der Übergabesituation zu identifizieren und zu analysieren. Dazu können als konkrete Aktivitäten die Abbildung des internen Beziehungsgeflechts und die Beschreibung und Interpretation der externen Rahmenbedingungen vorgenommen werden.

Umfangreicher gestalten sich die Schritte der Nachfolgeplanung, die sich an den Bausteinen des Nachfolgebewusstseins orientieren. Beginnend mit der Entwicklung eines realistischen Timings und der Berücksichtigung der notwendigen Zeit für eine zufriedenstellende Übergabesituation sind die anzuwendenden Maßnahmen dann auf die Auswahl des Nachfolgers und die Entwicklung von Nachfolgekompetenzen von Senior, Nachfolger und weiteren involvierten Akteuren zu fokussieren. Die Erstellung des Kompetenzprofils des Seniors und die Zusammenstellung eines Katalogs mit Entscheidungskriterien und Anforderungen an den potenziellen Nachfolger erleichtern sowohl dessen Auswahl als auch die nachfolgende Entwicklung seiner Kompetenzen. An dieser Stelle ist z. B. auf Instrumente der Personalgewinnung und Personalentwicklung (z. B. Trainings, Workshops, Fort- und Weiterbildungen) zurückzugreifen, die individuell auf die Bedürfnisse des Unternehmens, des Seniors und des Nachfolgers anzupassen sind. Sind diese Maßnahmen erfolgreich initiiert, können sie evaluiert werden und auf diese Weise Informationen für den Zeitpunkt der Nachfolgerealisierung geben. Ist die Übergabe erfolgt sind Nachfolger und scheidender Senior weiterhin zu begleiten und nach wesentlichen Entscheidungen oder klar definierten Zeitspannen im Rahmen von Gesprächen oder Interviews – auch mit den Ratgebern – ihre Einschätzung des Erfolges des Übergabeprozesses abzufragen.

Diese plausible Logik und der Versuch einer Komplexitätsreduktion des Nachfolgemanagements durch den Erklärungsbeitrag des Modells des Nachfolgebewusstseins können nunmehr einen Beitrag zur Erhöhung der Erfolgswahrscheinlichkeit von Übergabeprozesses leisten. In diesem Kontext bietet sich nun einerseits die Erforschung und Entwicklung geeigneter Organisationsstrukturen für das Personalmanagement in kleinen und mittleren Familienunternehmen an, insbesondere mit den weiteren Schwerpunkten der Personalgewinnung und -entwicklung, um neben der Problematik fehlender Fach- und Führungskräfte auch die häufig kritische Situation keiner oder ungeeigneter Nachfolger zu entschärfen. Für kleine und mittlere Familienunternehmen, die bereits ein relativ professionelles Personalmanagement implementiert haben, bedarf es nunmehr andererseits sowohl der Sensibilisierung für die Nachfolgesituation als auch der Erforschung und Entwicklung von tauglichen Instrumenten und Angeboten zur Umsetzung eines kompetenzbezogenen Nachfolgemanagements.

Literatur

- Ackermann, K.-F., Blumenstock, H. (1993): Personalmanagement in mittelständischen Unternehmen – Neubewertung und Weiterentwicklungsmöglichkeiten im Lichte neuerer Forschungsergebnisse, in: Ackermann, K.F., Blumenstock, H. (Hrsg.) (1993): Personalmanagement in mittelständischen Unternehmen, Stuttgart 1993, S.3-69.
- Bartussek, S., Rabbe, S. (2008): Eine innovative Erweiterung der klassischen Unternehmertypologien kleiner und mittlerer Unternehmen – Die modernen Managementkompetenzen des „Nachhaltigkeitsstrategen“, in: Meyer, J.-A. (Hrsg.) (2008): Management-Kompetenz in kleinen und mittleren Unternehmen. Jahrbuch der KMU-Forschung und -Praxis 2008 in der Edition „Kleine und mittlere Unternehmen“, Lohmar/Köln, S.37-53.
- Cardieux, L. (2007): Succession in Small and Medium-Sized Family Businesses: Toward a Typology of Predecessor Roles During and After Instatement of the Successor, in: Family Business Review, Vol. 20, No. 2, June 2007.
- Davis, P.S., Harveston, P.D. (2001): The Phenomenon of Substantive Conflict in the Family Firm: A Cross-Generational Study, in: Journal of Small Business Management, 39. Jg., Nr. 1, S.14-30.
- De Souza, D. (2000): Das Personalmanagement schweizerischer Klein- und Mittelunternehmungen (KMU) bei Fusionen und Akquisitionen, Bern 2000.
- Domayer, E. (1997): Personalmanagement in Familienunternehmen, Hernstein Thema 1/1997, Wien 1997, S.139-142
- Gibb, A., Scott, M. (1985): Strategic Awareness, Personal Commitment and the Process of Planning in Small Business, in: Journal of Management Studies, Vol. 22, No. 6, November 1985, S.597-634.
- Gottschalk, S., Höwer, D., Licht, G., Niefert, M., Hauer, A., Keese, D., Woywode, M. in Zusammenarbeit mit dem Verband der Vereine Creditreform e.V. (2010): Generationswechsel im Mittelstand, Herausforderungen und Erfolgsfaktoren aus der Perspektive der Nachfolger, Stuttgart 2010.
- Habitzl, G. (2006): Personalmanagement in kleinen und mittleren Unternehmen, in: A-SoK 10/2006, Wien 2006, S.387-391.

- Handler, W. (1990): Succession in Family Firms: A Mutual Role Adjustment between Entrepreneur and Next-Generation Family Members, in: Entrepreneurship Theory and Practise, 15. Jg., Nr. 1, S.37-51.
- Hauser, H.-E., Kay, R., Boerger, S. (2010): Unternehmensnachfolgen in Deutschland 2010 bis 2014 – Schätzung mit weiterentwickeltem Verfahren, IfM-Materialien Nr. 198, Bonn 2010.
- Kolbeck, C., Bauer. T (2011): Family Governance in deutschen Familienunternehmen: Führung durch Tradition und klare Spielregeln, EQUA-Stiftung (Hrsg.): Gesellschafterkompetenz – Die Verantwortung der Eigentümer von Familienunternehmen, EQUA-Schriftenreihe Band 10/2011, Bonn 2011, S.90-101.
- Niedersächsisches Ministerium für Wirtschaft, Arbeit und Verkehr (2011): Nachfolgemoderatorinnen und -moderatoren für Niedersachsen, unter: http://www.unternehmens-nachfolge.niedersachsen.de/portal/live.php (25.10.2011).
- Pezoldt, K., Sattler, B. (2008): Kompetenztransfer beim Generationenwechsel in Familienunternehmen – Potenziale von Seniorunternehmern aus neurophysiologischer Sicht, in: Meyer, J.-A. (Hrsg.) (2008): Jahrbuch der KMU-Forschung und Praxis 2008: Management-Kompetenz in kleinen und mittleren Unternehmen, Lohmar/Köln 2008, S.95-112.
- Rabbe, S., Schulz, A. (2007): Strategisches Management in kleinen und mittleren Unternehmen – Unternehmer zwischen „Planungslücke“ und „strategic awareness“, in: Meyer, J.-A.(Hrsg.)(2007): Planung in kleinen und mittleren Unternehmen. Jahrbuch der KMU-Forschung und -Praxis 2007 in der Edition „Kleine und mittlere Unternehmen“, Lohmar/Köln, S.13-31.
- Sardeshmukh, S.R/Corbett, A.C. (2011): The Duality of Internal and External Development of Successors: Opportunity Recognition in Family Firms, in: Family Business Review, Vol. 24, No. 2, S.111-125.
- Schlömer, N. (2008): Unternehmensnachfolge – Probleme, Herausforderungen, Erfolgsfaktoren, IfM Bonn 2008.
- Steier, L. (2001): Next-Generation Entrepreneurs and Succession: An Exploratory Study of Modes and Means of Managing Social capital, in: Family Business Review, Vol. 14, No. 3, 2001, S.259-276.
- Stock-Homburg, R. (2008): Personalmanagement. Theorien – Konzepte – Instrumente, Wiesbaden 2008.
- Urnik, S., Steiner, R. (2011): Entscheidungsdimensionen und Determinanten erfolgreicher Unternehmensnachfolge, in: Urnik, S. (Hrsg.) (2011): Unternehmensnachfolge – Betriebswirtschaftliche, rechtliche und psychologische Erfolgsfaktoren, Wien 2011, S.15-55.
- Zaugg, Robert, J. (1996): Integrierte Personalbedarfsdeckung – Ausgewählte Gestaltungsempfehlungen zur Gewinnung ganzheitlicher Personalpotentiale, Bern et al. 1996.

Kennzahlengestütztes Benchmarking für das Personalmanagement in KMU

Michael Schlese und Florian Schramm

1 Zur Problemstellung

Kleine und mittlere Unternehmen (KMU) stellen aus der Perspektive des Arbeitsmarktes wichtige Akteure dar, auch wenn KMU im Gegensatz zu großen Unternehmen weit weniger „prominent“ sind. Hinsichtlich der Professionalisierung des Personalmanagements (PM) in KMU bestehen zweifelsohne noch Reserven, die nur erschlossen werden können, wenn sich die personalwirtschaftlichen Instrumente an den finanziellen und organisatorischen Möglichkeiten der KMU orientieren. Die Vernetzung von KMU kann unseres Erachtens Beschränkungen ausgleichen, die aus der geringeren Größe von KMU resultieren. Die Anwendung von modernen personalwirtschaftlichen Konzepten (Diversity Management, Work Life Balance, Lebenslanges Lernen...), mit denen die Unternehmen auf Herausforderungen des Demografischen Wandels, der Internationalisierung und der Entwicklung von Wissenschaft und Technik reagieren, müssen sich an der Sozialstruktur von KMU, an den Kompetenzen der Beschäftigten und an den (möglicherweise) besonderen Motivlagen der Betroffenen orientieren. Das setzt deren Kenntnis voraus. Die personalwirtschaftliche Bedeutung wird deutlich, wenn einschlägige Informationen zwischen verschiedenen Unternehmen verglichen werden, wobei die Erfassung, Auswertung und Interpretation der Daten selbst ein sozialer Prozess ist, der Spuren in der Organisation hinterlässt.

In unserem Beitrag geht es um den Einsatz von Methoden des kennzahlengestützten Benchmarking in KMU, insbesondere für das Personalmanagement (PM). Ein Benchmarking, das sich auf Kennzahlen des PM stützt, trifft in KMU auf Schwierigkeiten bei der Datenbeschaffung, bei der Güte der Daten, bei der Auswertung sowie beim dem Ableiten von Konsequenzen für das PM. Oftmals ist das PM nicht in der Weise institutionalisiert, dass es ein Benchmarking allein durchführen kann. Dann bedarf es entweder unterstützender Akteure, oder das Instrumentarium ist so robust gestaltet, dass es von der Geschäftsführung kleiner Unternehmen adäquat eingesetzt werden kann. Zudem ist es schwierig, die notwendigen Daten für das Benchmarking zu beschaffen. Hier setzen wir auf die – durch vorhandene Personaldaten validierte – Befragung von betrieblichen Akteuren (Mitarbeiter/innen und Personalverantwortliche) sowie auf das „Nachnutzen“ von Daten, die im Unternehmen ohnehin erfasst werden müssen, z. B. im Qualitätsmanagement. Die Daten sollen – was wir für einen wichtigen Punkt halten - verschiedene Bereiche des betrieblichen Leistungsprozesses aus der Perspektive des Personals *und* des PM abdecken. Hierzu gehören unter anderem soziale Strukturen im Betrieb, Kompetenzen und Motivationen sowie Verhaltensweisen der Mitarbeiter/innen, individuelle und betriebliche Erfolge einschließlich der Effektivität und Effizienz des PM selbst.

2 Kennzahlen und deren Aussagekraft

2.1 Struktur und Funktion von Kennzahlen

KMU werden hinsichtlich des PM durch den demografischen Wandel und die damit im Zusammenhang stehenden sozial-kulturellen Wandlungsprozesse besonders stark betroffen sein. Ob Employer Branding oder strategische Personalentwicklung, ohne fundiertes Wissen über den Zustand des Personals und des PM im Vergleich mit anderen Unternehmen lassen sich keine professionellen Strategien für den Umgang mit zukünftigen Problemen für das PM finden. Das Erzeugen dieses Wissens – z. B. durch Kennzahlen und Benchmarking – muss ebenso effektiv, d. h. wirksam und sachlich angemessen, wie effizient sein; Aufwand und Nutzen müssen für KMU in einem vertretbaren Verhältnis stehen. Hierzu wollen wir mit unserem Benchmarking-Konzept für PM in KMU einen Beitrag leisten.

Erstens bietet sich dabei – orientiert am Qualitätsmanagement – die Betrachtung von personalwirtschaftlichen Strukturen, Prozessen und Ergebnissen an. Zweitens sind diese Größen einerseits für das Personal insgesamt, andererseits für die Personalarbeit selbst zu untersuchen. Drittens ist zur Ermittlung aussagefähiger Daten eine Zusammenstellung von Informationen nötig, die eine Befragung der Beschäftigten einschließt. Viertens ist es aufgrund der Spezifika von KMU erforderlich, gleichberechtigt neben der systematischen Erhebung und Auswertung von Daten deren Interpretation und Erörterung durch die beteiligten Akteure zu stellen.

Kennzahlen dienen dazu, bestimmte quantitative oder qualitative Phänomene zu messen. Sie haben die Funktion, die Entscheidung, Kontrolle, Koordination und Verhaltenssteuerung in Unternehmen zu unterstützen. Durch sie können komplexe Strukturen und Prozesse relativ einfach dargestellt werden. Im Falle von personalwirtschaftlichen Kennzahlen handelt es sich in der Regel um Ordnungssysteme, die – je nach Fragestellung – eher assoziativ zusammengefügt werden. Hierbei handelt es sich entweder um Absolutzahlen (z. B. Cash Flow, Deckungsbeitrag, EBIT, um Beispiele aus dem „klassischen" Controlling zu nennen) oder um Relativzahlen (Beziehungskennzahlen, Indexkennzahlen, Gliederungskennzahlen). Kennzahlen ermöglichen Urteile über wichtige Sachverhalte und Zusammenhänge im Unternehmen. In der einschlägigen Literatur werden folgende Merkmale von Kennzahlen genannt: Sie dienen der Information, es handelt sich um Maßgrößen, die Sachverhalte numerisch verdichten, und sie weisen einen betriebswirtschaftlichen Bezug auf (vgl. Töpfer 2005, S.1111).

Kennzahlen stehen in einem engen Zusammenhang zu den betrieblichen Entscheidungs- und Informationsprozessen; sie stellen also „zweckorientiertes Wissen" dar. Kennzahlen sollen quantifizierbar und als Maßgrößen darstellbar sein. Sie sollen es ermöglichen, Sachverhalte in numerischen Werten auszudrücken. Als darüber hinaus gehendes Kriterium wird der Bezug zu monetären Größen genannt: Maßgrößen können – müssen jedoch nicht – in-/direkt in Geldeinheiten ausgedrückt oder auf diese zurückgeführt und so gemessen werden. Als ein weiteres Merkmal einer Kennzahl gilt die Bereitstellung fokussierter und aggregierter Aussagen: demnach findet eine Verdichtung von Informationen dann statt, wenn aus einer Vielzahl von Daten durch Aggregationsprozesse konzentrierte Größen gewonnen werden. Abschließend bezeichnet eine Reihe von Autoren den Gegenstandsbereich einer Kennzahl als „betriebswirtschaftlich": demnach sollen Kennzahlen prägnant über zahlenmäßig erfassbare betriebswirtschaftliche Sachverhalte bzw. über ein ökonomisches Aufgabenfeld informieren (vgl. Küpper/Weber 1997).

In der Literatur sind Differenzierungen zur Charakterisierung einzelner Kennzahlentypen üblich. Dabei erfolgt eine Einordnung der Kennzahlentypen anhand mehrerer Merkmalsdimensionen und -kategorien. Das soll ermöglichen, die betriebswirtschaftlichen Kennzahlen in eine (sinnvolle) Ordnung zu bringen (wobei sie weitgehend gleichberechtigt nebeneinander stehen, also keinerlei Wertung vorgenommen wird). Die Einordnung von Kennzahlen in einzelne Merkmalskategorien kann anhand verschiedener Dimensionen vorgenommen werden (vgl. Weber/Schäffer 2006, S.167ff.). Hierzu gehören Inhalt (z. B. monetäre vs. nicht-monetäre Größen), statistische Form (absolute vs. relative Zahlen), Zeitbezug (Zeiträume vs. Zeitpunkte; statische vs. dynamische Kennzahlen) und -horizont (kurz- vs. langfristige Ausrichtung), Datenherkunft bzw. Messmethode (Bilanz- vs. Befragungskennzahlen), Zielorientierung (s. Funktion/Aufgabe bzw. Grundausrichtung), Relevanz (Primär- od. Sekundär-/Hilfs-kennzahlen), organisationale Funktionsbereiche (z. B. Personal- od. Finanzwesen).

In Praxis und Wissenschaft besteht ein verstärktes Interesse an der Ausprägung „weicher Kennzahlen“, die sich auf „menschliche Einstellungen oder Verhaltensweisen“ beziehen (vgl. Karlshaus 2005). In der allgemeinen Kennzahlenliteratur werden „harte“ Kennzahlen oftmals mit finanziellen Größen und „weiche“ Kennzahlen mit nicht-finanziellen Größen gleichgesetzt. Bei weichen Kennzahlen handelt es sich um „subjektive“ Kennzahlen, welche „nicht direkt beobachtbar“ und erfassbar, sondern mittels Operationalisierung zu messen sind (etwa per Mitarbeiterbefragung). Weiche Kennzahlen beziehen sich bspw. auf Kenntnisse und Fähigkeiten der Mitarbeiter, auf die Zufriedenheit ex-/interner Kunden oder auf die Organisationskultur. Aufgrund des zunehmenden Bewusstseins für die Human-Ressourcen, werden auch in der Unternehmenspraxis neben den „harten Fakten“ vermehrt „weiche Kennzahlen“ berücksichtigt. Dabei widerspricht der Terminus „weich“ den inhaltlichen Grundvoraussetzungen einer Kennzahl (numerisch, aggregiert, informativ und betriebswirtschaftlich) nicht (vgl. Karlshaus 2005).

In der Literatur wird zudem eine große Anzahl von Funktionen von Kennzahlen diskutiert, die jedoch häufig unsystematisch aufgelistet sind und sich inhaltlich stark überschneiden. Um das zu vermeiden, ist es sinnvoll sich an organisationalen Prozessschritten zu orientieren und nach entsprechenden Anwendungsbereichen zu differenzieren. Demnach können Kennzahlen Analyse-, Planungs-, Steuerungs- oder Kontrollzwecken dienen (Jung 2007, S.558). Außerdem lassen sich eine normative („vorgebende“) und deskriptive („beschreibende“) Funktion unterscheiden. Während die normativen Kennzahlen maßgeblich durch einen Zielgrößen- und Entscheidungscharakter gekennzeichnet sind („Orientierung an den Vorgaben“) und somit der „Verhaltenssteuerung von Personen“ dienen, haben die deskriptiven Kennzahlen die konzeptionelle Kernaufgabe, zu informieren und einen Überblick zu geben (Schneyder 2007, S.24).

In unserem Falle handelt es sich um deskriptive Kennzahlen, welche sowohl „harte“ Merkmale (z. B. die betriebliche Sozialstruktur, Krankenstand oder Prozesszeiten) als auch „weiche“ Merkmale (z. B. Kompetenzen und Motivationen) enthalten sollen, welche verschiedenen Merkmalsdimensionen (siehe oben) entsprechen. Zum Zweck der Kennzahlen gehört deren Einsatz in betrieblichen und überbetrieblichen Diskursen als ein „Medium“ der Reflexion der betrieblichen Personalarbeit. Es geht darum, Strukturen aufzudecken, Chancen und Risiken zu erkennen sowie die Grundlage für eine längerfristige Planung zu schaffen. Oft sind die dafür notwendigen Informationen in den Köpfen verschiedener Verantwortungsträger verteilt vorhanden, diese Informationen werden aber nicht explizit zusammengetragen, kommuniziert und diskutiert.

Wir folgen mit diesem Ansatz einem aktuellen Trend: Kennzahlen wird immer mehr die Funktion eines sog. Frühwarn-Instrumentes zugeschrieben. Die Kennzahlenforschung und -anwendung orientiert sich zunehmend unternehmensintern (die Kennzahl entwickelt sich vermehrt von einem Instrument der externen Analyse zu einem solchen der internen); die rein bilanzanalytische Kennzahlenauffassung wandelt sich zugunsten eines erweiterten Begriffsverständnisses, mit dem betriebswirtschaftliche Sachverhalte neben denen des internen und externen Rechnungswesens abgebildet werden können.

Kennzahlen müssen bestimmte Qualitätskriterien erfüllen, wie z. B. die Validität (die Güte der Abbildung) und die Reliabilität (die Zuverlässigkeit). Sie müssen auch verhaltensorientierend wirken können; sie müssen im Ergebnis effektiv und effizient sein, so dass Aufwand und Nutzen von Kennzahlen bzw. einem Benchmarking in einem angemessenen Verhältnis stehen (Effizienz). Unser Gegenstand, der durch Kennzahlen abgebildet werden soll, ist in erster Linie das Personalmanagement (PM). Hierbei hat der personalwirtschaftliche Bezug der Kennzahlen eine doppelte Bedeutung: Es geht zum einen um die Darstellung von Eigenschaften des Personals, zum anderen geht es um die Qualität und Wirksamkeit des PM.

Dabei suchen wir Kennzahlen für das PM in KMU, d. h. in Unternehmen mit fünf bis unter 200 bzw. 250 oder 500 Beschäftigten. Das von uns unten verwendete Sozioökonomische Panel (SOEP) gestattet eine Abgrenzung bei <200 Beschäftigten, dies entspricht etwa der Grenze der EU (<250 Beschäftigte), welche zunehmend auch in der Mittelstandforschung angewendet wird und sich von der Grenze des Institut für Mittelstandsforschung Bonn (IfM) mit <500 Beschäftigten unterscheidet. Mit Hilfe von Kennzahlen soll ein Benchmarking zwischen den KMU möglich sein. Ein kennzahlenbasiertes Benchmarking für den personalwirtschaftlichen Aspekt von KMU hat mit besonderen Schwierigkeiten umzugehen, zumal das PM bei kleineren Unternehmen kaum institutionalisiert ist und über begrenzte Ressourcen verfügt.

Der betriebliche Leistungsprozess hängt personalseitig von verschiedenen „Strukturmerkmalen" (Alter, Betriebszugehörigkeit, Geschlecht, Herkunft etc.) sowie von den Kompetenzen und Motivationen ab, mit deren Hilfe Kompetenzen in Leistung (Performanz) übersetzt werden. Die zu messende Leistung des PM bezieht sich auf die unterschiedlichen Phasen des „Kreislaufs der Personalwirtschaft" (Beschaffung, Personaleinsatz und -verwaltung, Personalentwicklung und Freisetzung). Die Ordnung der Kennzahlen muss beiden Aspekten (Personal und PM) Rechnung tragen. Die Strukturierung der Kennzahlen sollte angelehnt an das Qualitätsmanagement nach Struktur, Prozess und Ergebnis erfolgen. Die Datenerhebung stellt häufig eine besondere Herausforderung dar. So sind die Daten teils nur schwer zu beschaffen bzw. auf verschiedene Quellen verteilt. Auch können mit der Auswertung massive rechtliche Probleme verbunden sein, da sich die verschiedenen Daten nicht ohne einen expliziten Bezug auf die einzelnen Personen zusammenfassen lassen.

2.2 Verdichtung von Kennzahlen zu Kennzahlensystemen

Kennzahlen lassen sich zu Kennzahlensystemen zusammenfügen. Als „Kennzahlensystem“ wird die systematische Zusammenstellung von Kennzahlen bezeichnet, die in einer sachlich sinnvollen Beziehung zueinander stehen, sich ergänzen und insgesamt auf ein übergeordnetes Gesamtziel ausgerichtet sind (vgl. Reichmann 1985, S.18). Derartige Kennzahlensysteme basieren im betriebswirtschaftlichen Bereich oftmals auf Daten des Finanz- und Rechnungswesens, sie können jedoch auch realwirtschaftliche Strukturen und Prozesse – z. B. in der Logistik – abbilden. Meist handelt es sich um quantitativ bestimmbare Größen wie Kosten und Zeit; das Zahlenmaterial existiert häufig bereits. Da diese Daten oftmals einen beschränkten Aussagewert haben, werden sie evtl. um qualitative Kriterien ergänzt.

Im Allgemeinen werden zwei Arten von Kennzahlensystemen unterschieden. Das sind zunächst die Rechensysteme, diese beruhen auf der rechnerischen Zerlegung der Kennzahlen und weisen die Struktur einer Pyramide auf. Eine Kennzahl steht an der Spitze der Pyramide. Stufenweise erfolgt die Auflösung der Kennzahlen in Absolut- und Relativkennzahlen. So werden quantitative Beziehungen zwischen vor- und nachgelagerten Kennzahlen deutlich. Möglich ist eine relativ einfache Analyse von Ursache-Wirkungsketten. Neben wichtigen Kennzahlen ist die Bildung von Hilfskennzahlen notwendig. Dabei sind leicht Fehlinterpretationen möglich, wenn Kennzahlen eine falsche Bedeutung beigemessen wird.

Hinzu kommt eine gewisse Unübersichtlichkeit bei vielen Hilfskennzahlen. Von den Rechensystemen sind sog. Ordnungssysteme zu unterscheiden, die Kennzahlen, die für eine bestimmte Fragestellung relevant sind und in einem sachlogischen Zusammenhang stehen, miteinander verknüpfen. Die Zusammenhänge sind nicht unbedingt quantifizierbar, es bestehen aber Beziehungen nach Art und Wirkungsrichtung aus betriebswirtschaftlicher Perspektive. Ordnungssysteme haben gegenüber Rechensystemen eine höhere Flexibilität und sind ausgewogen gestaltbar, auch wenn die dargestellten Zusammenhänge nicht immer belegbar sind, was zuweilen die Analyse der Ursache-Wirkungsketten erschwert.

Kennzahlensysteme können deduktiv abgeleitet oder induktiv geprägt sein. Ein bewährtes Konzept zur Dokumentation von Aktivitäten im Unternehmen stellt die sog. Balanced Scorecard (BSC) dar. Die BSC soll einen umfassenden Überblick über die Leistungsfähigkeit und Effektivität der Organisationen liefern. Dabei fokussiert man sich nicht nur auf die finanziellen, sondern auch auf die menschlichen Aspekte, die die „Treiber“ für die Ergebnisse sind. So beinhaltet die BSC neben Finanzperspektive (1) auch die Potential- bzw. Mitarbeiterperspektive (2), sowie die Kunden-(3) und die Prozessperspektive (4). Während es sich bei der Balanced Scorecard um eine Ursache-Wirkungs-Analyse handelt im Sinne eines Ordnungssystems, stellt das DuPont-Schema ein klassisch monetäres Kennzahlensystem als Rechensystem dar, das sich an rein finanziellen Größen orientiert. Der Vorteil des DuPont-Systems ist, dass die verwendeten Kennzahlen überwiegend aus dem betrieblichen Rechnungswesen bezogen werden und damit auch mit denen anderer Unternehmen vergleichbar sind. Ein wesentlicher Nachteil liegt in der ausschließlich rückblickenden Betrachtung monetärer Größen. Die Kennzahlen für das PM (in KMU) werden in der Regel als Teil eines Ordnungssystems verstanden (vgl. Hafner/Polanski 2009; Schulte 1989).

Als Voraussetzungen für die Nutzung eines Kennzahlensystems gelten die fundierte Operationalisierung zweckmäßiger Messgrößen, die exakte Bestimmung der Inputparameter sowie das Vorhandensein einer Systematik von Kriterien zur Beurteilung der Kennzahlen (vgl. Haffner/Polanski 2008, S.32). Für die Nutzung eines Kennzahlensystems ist es wichtig, die – aufgrund der ermittelten Kennzahlen – richtigen Gestaltungsempfehlungen abzuleiten und angemessen Folgemaßnahmen zu initiieren. Der Erfolg des Einsatzes von Kennzahlensystemen kann von zahlreichen Faktoren beeinflusst werden. Das sind zum einen, die Kennzahl bzw. das System an sich betreffende Merkmale; zum anderen können sich externe als auch interne Faktoren auf die Nutzung von Kennzahlen auswirken.

Ein Kennzahlensystem ist unternehmensweit zu etablieren, falls damit unternehmensumfassende Ziele verfolgt werden. Entsprechende Kennzahlenordnungen existieren für die einzelnen Funktionsbereiche des Unternehmens und – durch den Verdichtungscharakter der Kennzahlen angezeigt – auf der Ebene bestimmter Tätigkeiten oder für einzelne Organisationseinheiten. Der klassische Bereich der Kennzahlen ist der Finanzbereich, für den ursprünglich entsprechende Maßgrößen erhoben wurden. Mittlerweile haben sich Kennzahlen für die verschiedensten Funktionsbereiche etabliert. Im Sinne eines HR-Controllings werden seit einiger Zeit umfangreiche Kennzahlensysteme im strategischen PM genutzt (vgl. Schulte 1997). Das betrifft vor allem größere Unternehmen mit einer ausgebauten Personalabteilung und einem etablierten PM.

Für KMU muss fallweise und – nach unseren Vorstellungen – idealerweise in Netzwerken entschieden werden, welche Kennzahlen zielführend sind oder nicht. Das gilt besonders für das PM. Kontrastierende Ergebnisse, die für die Auswertung einen Informationswert haben (z. B. Auffälligkeiten in der betrieblichen Sozialstruktur, unterschiedliche Zeiten für vergleichbare Prozesse, Besonderheiten bei den Fehlzeiten, bei Kompetenzen oder Motivationen) werden erst durch den Vergleich verschiedener KMU deutlich. In größeren Unternehmen liefert die komplexe innere Struktur den Ansatzpunkt für Vergleiche, in KMU geht das naturgemäß nicht. Betriebliche „Vergleichsringe" können sich an Regionen oder Branchen orientieren. Auch bereits vorhandene Netzwerke, wie z. B. Zulieferbeziehungen, Angebots- und Nachfragekartelle oder der Zugriff auf gemeinsame Ressourcen (Zeitarbeitsfirmen, Bildungsträger etc.) können Ansatzpunkte für die Zusammenarbeit beim PM bieten. Zudem besteht die Möglichkeit, ausgewählte Daten der Unternehmen auch gezielt mit Datenbeständen zu vergleichen, die von Forschungsinstituten oder Verbänden zur Verfügung gestellt werden.

2.3 Zur Güte von Kennzahlen und Kennzahlensystemen

Kennzahlen oder ein auf Kennzahlen basierendes Benchmarking sind darauf angewiesen, dass die zugrunde liegenden Informationen von hoher Güte sind. Zugespitzt formuliert: Ein Benchmarking oder eine Analyse von Kennzahlen können nicht besser als die zugrunde liegenden Daten sein. Dabei geht es um eine angemessene Qualität, deren Kriterien im Folgenden dargestellt werden. Qualitätsbeurteilungen von bzw. Anforderungen an Kennzahlen sind in der einschlägigen Literatur ausführlich thematisiert (vgl. Hafner/Polanski 2009, Jung 2007). Neben Qualitätskriterien von Einzelkennzahlen werden in diesem Zusammenhang insbesondere Qualitätskriterien von Kennzahlensystemen behandelt. Jede einzelne Kennzahl ist demnach danach zu beurteilen, ob sie zur Qualitätssicherung des gesamten Systems beiträgt.

In Bezug auf die Qualität von Kennzahlen und Kennzahlensystemen werden in der Literatur z. B. folgende Kritikpunkte genannt: Kennzahlen sind zu operativ und oftmals nicht mit der Unternehmensstrategie verbunden. Oder sie betrachten zu sehr die Vergangenheit und bergen keine Information für die Zukunft. Aufgrund ihrer methodischen Ausrichtung vernachlässigen sie wichtige, jedoch nicht so gut quantifizierte Sachverhalte. Problematisch ist die in der Praxis v.a. aus Gründen der Praktikabilität oftmals vorzufindende Konzentration auf „das Messbare", sowie die unkritische Übernahme von Berechnungs- und Messmodellen aus dem Rechnungswesen auf andere Bereiche.

Zudem werden sie evtl. einseitig für das Management der Kosten (d. h. Kostensenkung), weniger jedoch für die Seite von Leistungen und Qualität genutzt. Schließlich mag es sein, dass in den Kennzahlensystemen eher Symptome, nicht jedoch Ursachen sichtbar werden. Des Weiteren wird bemängelt, dass ein zunehmender (interner/externer) Druck sich als Organisationseinheit (bspw. im Rahmen eines Benchmarking) rechtfertigen zu müssen, in vielen Fällen zu einer unkritischen Messung der Prozesse/Leistungen führt. Das kann auch zu der Entwicklung von teilweise „unsinnigen" bzw. nur oberflächlich konzipierten Kennzahlen führen, deren nutzbringende und (erfolgreiche) Umsetzung in Managementsystemen fraglich ist. Das befürchten wir für KMU eher weniger. Probleme ergeben sich vielmehr aus der Vergleichbarkeit der Daten bei unterschiedlichen Partnern und aus der Bereitschaft der Netzwerkpartner, auch tatsächlich an den Vergleichsringen mitzuwirken.

Zudem werden in der Literatur (1) inhaltliche, (2) methodische und (3) theoretische Hinweise gegeben (vgl. Schneyder 2007, S.171). Eine inhärente Schwäche von Kennzahlen ist das mit der Informationsreduktion verbundene Risiko eines Informationsverlustes. Dies stellt ein immanentes Fehlerpotenzial jeder Kennzahlenanwendung dar. Mit dem Informationsverlust geht die Gefahr von Fehldeutungen der gewonnenen Kennzahlen einher. Während des Generierungsprozesses einer Kennzahl kann es zu Erhebungs- und Messfehlern kommen, die zu falschen Grundannahmen und infolgedessen zu Fehldeutungen führen können. Zur Ableitung von Aussagen aus Kennzahlen muss das Datenmaterial aufbereitet werden; die Verfahren dafür bergen ebenfalls Fehlerquellen in sich.

Die Qualität von Kennzahlen hängt von einer umfassenden Berücksichtigung des jeweiligen Kontextes ab. Aus der Tatsache, dass diese Zusammenhänge niemals bis in kleinste Detail berücksichtigt werden können, resultiert ein für jede Kennzahl inhärentes Fehlerpotenzial. Darüber hinaus ergibt sich ein Fehler- bzw. Fehldeutungspotenzial aus der Notwendigkeit der Betrachtung der Kennzahlen als Teil eines größeren Systems. Damit ist die Qualität von Kennzahlen von vielen Parametern und teilweise sehr aufwändigen Anforderungen an die Systemumgebung abhängig, wie z. B. von der Güte von Controlling-Systemen, Führungs- oder Steuerungssystemen, Strategien etc. Durch die gezielte Auswahl geeigneter Kennzahlen im Benchmarking, den Einbezug „harter" und „weicher" Merkmale, und durch das Einbetten des Benchmarking in inner- und zwischenbetriebliche Diskurse können unseres Erachtens die genannten Probleme weitgehend entschärft werden.

Das Bewusstmachen der Qualitätskriterien einerseits und der Probleme/Herausforderungen andererseits stellt eine Grundlage für den erfolgreichen Einsatz und nachhaltigen Nutzen von Kennzahlen/-systemen dar. Im Rahmen der theoretischen Auseinandersetzung mit relevanten Qualitätskriterien zur Beurteilung einer Kennzahl wird zwischen anwendungs- und sachbezogenen Kriterien unterschieden. Dabei beziehen sich anwendungsbezogene Faktoren v.a. auf den (methodischen) Erstellungsprozess einer Kennzahl, während die sachbezogenen Kriterien mehr inhaltlicher Natur sind (so werden etwa eine hohe Steuerungsrelevanz, die Zweckmäßigkeit, eine angemessene Kosten-Nutzen-Relation und eine ausgewogene Auswahl von Kennzahlen gefordert) (vgl. Hafner/Polanski 2009, S.29ff.). Nach einer weiteren Klassifikation von Qualitätskriterien werden objektive Faktoren (z. B. Aktualität, Zweckorientierung, Wirtschaftlichkeit, Praktikabilität einer Kennzahl) sowie subjektiven Faktoren (z. B. Akzeptanz, Kompetenz) unterschieden (vgl. Greiling 2009, S.504).

Angesichts dieser zahlreichen Fassetten und potenziellen Schwächen von Kennzahlen und darauf basierenden Systemen ist eine Systematisierung der Güte der Variablen notwendig. Gemäß der klassischen Testtheorie sind als zentrale Gütekriterien die Validität, die Reliabilität und die Objektivität zu nennen (vgl. Schneyder 2007, S.18). Diese werden dann um Nebengütekriterien, die einen ökonomischen oder sozialen Charakter haben mögen, ergänzt. So ist zu prüfen, ob diese Kriterien für die betrachteten Kennzahlen in einem ausreichenden Maße vorliegen. Bei der Objektivität ist zu prüfen, ob die Erhebung, Verarbeitung und Interpretation der Daten unabhängig von den beteiligten Akteuren zu den gleichen Ergebnissen führt. Als Assoziation sei an die sogenannten Doppelblindversuche beim experimentellen Design verwiesen, bei denen versucht wird, diese Objektivität zu wahren, indem bspw. weder Patienten noch das medizinische Personal wissen, wer sich in Versuchs- und Kontrollgruppe befindet. Bei der Reliabilität stellt sich die Frage, ob eine gleiche Situation bei wiederholter oder vergleichbarer Messung zu gleichen Resultaten führt.

Wie zuverlässig ist das Instrument? Als Assoziation sei an eine Personenwaage erinnert, die nach Möglichkeit nur in einem engen Rahmen unterschiedliche Angaben machen sollte, wenn das tatsächliche Gewicht der betreffenden Person sich nicht verändert. Bei der Validität schließlich ist zu prüfen, ob tatsächlich das gemessen wird, was gemessen werden soll. Diese Validität kann durch eine inhaltliche Auseinandersetzung geprüft werden (Inhaltsvalidität). Darüber hinaus lassen sich außen stehende Kriterien hinzuziehen, die eine Möglichkeit der Überprüfung der Validität erlauben (Kriteriumsvalidität). Und schließlich besteht in manchen Situationen die Möglichkeit der Prüfung der Konstruktvalidität, was bei der Analyse von Kennzahlen und Kennzahlensystemen nicht weiter verfolgt werden soll.

Diese drei wissenschaftlichen Kriterien sind um – keineswegs nebensächliche – Nebengütekriterien zu ergänzen: Hier sind insbesondere die Kosten bzw. der mit dem Einsatz von Kennzahlen komparative Vorteil zu nennen. Die Aktualität und der Zeitaufwand sind weitere Größen. Schließlich ist bei der Ermittlung von Kennzahlen in einem sozialen System auch zu berücksichtigen, wie die Ermittlung innerbetrieblich wirkt. Abschließend sei als Gütekriterium die Transparenz genannt: Inwiefern ist das Instrument und dessen Einsatz nachvollziehbar?

2.4 Messfehler bei Kennzahlen

Die Frage, ob ein Messinstrument das misst, was es messen soll (Validität), ist von der Frage, wie zuverlässig die Messergebnisse im Falle von Wiederholungen sind (Reliabilität), unterscheiden. Beginnen wir mit der Wiederholbarkeit von Messungen. Deren Güte hängt unter anderem davon ab, wie groß die Stichprobe ist. Anhand der Angaben zur Arbeitszufriedenheit aus dem Sozioökonomischen Panel (SOEP) des Deutschen Instituts für Wirtschaftsforschung (DIW) lässt sich die Rolle der Stichprobengröße respektive der Betriebsgröße gut illustrieren. Die folgende Tabelle zeigt Ergebnisse am Beispiel der Arbeitszufriedenheit:

Messung	Mittelwert	Mittelwert	Mittelwert	Mittelwert
Erhebung	**100,00%**	**1,00%**	**0,10%**	**0,01%**
1	**7,02**	**7,06**	**7,18**	**6,92**
2	**7,02**	**7,04**	**6,82**	**7,25**
3	**7,02**	**6,98**	**7,17**	**7,75**
4	**7,02**	**7,08**	**6,95**	**6,48**
5	**7,02**	**6,98**	**6,87**	**6,83**
6	**7,02**	**7,00**	**7,01**	**7,63**
7	**7,02**	**6,99**	**6,78**	**6,90**
8	**7,02**	**6,93**	**7,02**	**6,81**
9	**7,02**	**6,99**	**6,79**	**6,92**
10	**7,02**	**7,02**	**7,09**	**7,23**
Mittelwert	**7,02**	**7,01**	**6,97**	**7,07**
Standardabweichung		**0,043**	**0,151**	**0,393**

Tab. 1: Arbeitszufriedenheit in Abhängigkeit von der Stichprobengröße

Daten: Mittelwerte der Arbeitszufriedenheit, die von 0 für „ganz und gar unzufrieden" bis 10 für „ganz und gar zufrieden" reicht. Zur Berechnung wurden die für den Zeitraum von 1984 bis 2010 gepoolten Daten des SOEP herangezogen. Erfasst wurden 260.969 Fälle. Die 0.01%-Stichprobe repräsentiert 26 Beschäftigte.

Zunächst wurde in einer Grundgesamtheit gemessen, danach in einer Stichprobe von ca. 1%, 0,1% und 0,01%. Die Messungen wurden jeweils 10-mal wiederholt. Erwartungsgemäß unterscheiden sich die Mittelwerte der einzelnen Messungen voneinander, die Standardabweichung wächst mit schrumpfender Stichprobengröße. Das Instrument wird also unzuverlässig im Sinne von „instabil". Das hat Konsequenzen für die Erhebung von Daten für eine vergleichsweise kleine Gruppe von Beschäftigten bspw. in KMU oder falls sich in größeren Unternehmen nur ein Teil der Belegschaft sich an der Erfassung beteiligt.

Mit diesem statistischen Problem (Reliabilität) ist die inhaltliche Frage, ob wir überhaupt messen, was wir messen wollen (Validität), noch nicht berührt. Hierzu ein weiteres Beispiel: Oftmals gehen Praktiker/innen aufgrund ihrer Erfahrungen davon aus, dass der Krankenstand im engen Zusammenhang mit der Motivation und der Zufriedenheit der Beschäftigten steht. So wird von einem hohen Krankenstand auf die Motivation und Zufriedenheit der Beschäftigten geschlossen, was Ansatzpunkte für Maßnahmen z. B. im Rahmen des Rückkehrmanagements liefert. Wie sieht nun die Empirie aus? Im SOEP werden sowohl die Fehlzeiten als auch die Arbeitszufriedenheit gemessen, so dass der tatsächliche Zusammenhang (von der beschränkten Aussagekraft der Indikatoren selbst abgesehen) ermittelt werden kann.

Zufriedenheit Arbeit	Mittelwert	Anzahl
0 Zufrieden: Skala 0-Niedrig bis 10-Hoch	22,22	1.797
1 Zufrieden: Skala 0-Niedrig bis 10-Hoch	18,21	1.372
2 Zufrieden: Skala 0-Niedrig bis 10-Hoch	14,85	3.641
3 Zufrieden: Skala 0-Niedrig bis 10-Hoch	13,17	6.698
4 Zufrieden: Skala 0-Niedrig bis 10-Hoch	12,25	8.101
5 Zufrieden: Skala 0-Niedrig bis 10-Hoch	11,28	21.890
6 Zufrieden: Skala 0-Niedrig bis 10-Hoch	9,74	20.577
7 Zufrieden: Skala 0-Niedrig bis 10-Hoch	8,36	37.131
8 Zufrieden: Skala 0-Niedrig bis 10-Hoch	7,54	55.466
9 Zufrieden: Skala 0-Niedrig bis 10-Hoch	6,64	27.862
10 Zufrieden: Skala 0-Niedrig bis 10-Hoch	7,30	19.910
Insgesamt	8,87	204.445

Tab. 2: Mittlere Anzahl der Fehltage wegen Krankheit (im Vorjahr) und Zufriedenheit mit der Arbeit

Daten: Mittelwerte der Fehltage aufgrund von Krankheit im Jahr vor der Befragung und Ausprägung der Arbeitszufriedenheit, die von 0 für „ganz und gar unzufrieden" bis 10 für „ganz und gar zufrieden" reicht. Zur Berechnung wurden die für den Zeitraum von 1984 bis 2010 gepoolten Daten des SOEP herangezogen.

Die mittlere Anzahl der Fehltage liegt bei ca. 9 Tagen im Jahr (für den gesamten beobachteten Zeitraum von 1983 bis 2009). Falls jemand angab, gar nicht im Vorjahr gefehlt zu haben, wurde die Anzahl der Fehltage auf „0" gesetzt. Die Tabelle 2 suggeriert einen Zusammenhang zwischen der Arbeitszufriedenheit und den Fehltagen. Hierbei ist zu beachten, dass der Erhebungszeitpunkt der Arbeitszufriedenheit und der Zeitraum, auf den sich die Krankentage beziehen (Vorjahr), nicht identisch sind.

Das schränkt die Aussage einer solchen Analyse ein. Eine statistische Analyse auf Basis der Einzelfälle zeigt nun, dass der Zusammenhang zwischen Arbeitszufriedenheit und Fehlzeiten auf Grund von Krankheit, der auf der Ebene der aggregierten Daten – auf der Makroebene – scheinbar klar und deutlich hervortritt, auf der Mikroebene der Daten über Zufriedenheit und Fehlzeiten der einzelnen Beschäftigten schwach ausgeprägt ist und mit der Stichprobengröße schwankt, wie die nächste Tabelle belegt.

		Fehltage _krank	**Fehltage _krank**	**Fehltage _krank**	**Fehltage _krank**
Erhebung		100%	1%	0,10%	0,01%
Zufriedenheit Arbeit	**Korrelation nach Pearson**	**-0,101****	**-0,102****	**0,045**	**0,153**
	Signifikanz (2-seitig)	0	0	0,529	0,474
	N	204.445	1.997	200	24

Tab. 3: Korrelation von Arbeitszufriedenheit und Fehlzeiten nach Stichprobengröße

Daten: Fehltage aufgrund von Krankheit im Jahr vor der Befragung und Arbeitszufriedenheit, die von 0 für „ganz und gar unzufrieden" bis 10 für „ganz und gar zufrieden" reicht. Zur Berechnung wurden die für den Zeitraum von 1984 bis 2010 gepoolten Daten des SOEP herangezogen. Erfasst wurden 204.445 Fälle. Die einmalig gezogene 0.01%-Stichprobe repräsentiert 24 Beschäftigte.

Wie wir sehen, beträgt bei der Vollerhebung die Korrelation zwischen Arbeitszufriedenheit und der Anzahl der Fehltage im Vorjahr r=-0,101. Die erklärte Varianz beträgt 1%. Würde also ein/e Praktiker/in von einer Gleichsetzung von Fehlzeiten und Arbeitszufriedenheit ausgehen, so dürften sie oder er zu 99% in die Irre geführt werden. Weder die Ausprägungen der Arbeitszufriedenheit noch die Anzahl der Fehltage sind normalverteilt. Ein statistisch versierter Beobachter könnte einwenden, dass der Zusammenhang der beiden Größen „in Wirklichkeit" doch größer ist, was der Augenschein nahelegt. Korreliert man die Skalenwerte der Arbeitszufriedenheit 0 bis 10 mit den Mittelwerten der Fehltage (Tabelle 2), so erhält man einen beeindruckenden Korrelationskoeffizienten von r=-0,949. Der auf der Makroebene gemessene Zusammenhang ist also viel größer als der auf der Mikroebene gemessene.

Doch noch ein weiteres Problem tut sich auf: Im Vergleich mit der Auswertung aller uns zur Verfügung stehenden Daten (Erhebung 100%) schwankt die Korrelation mit der Größe der Stichproben zwischen – 0,102 und 0,153. Bei einer geringen Anzahl von Befragten würde man zu einem dem obigen Eindruck entgegengesetzten Bild gelangen, wonach einer niedrigen Arbeitszufriedenheit ein niedriger Krankenstand entspräche – die erklärte Varianz ist auch hier sehr niedrig und die Ergebnisse sind nicht signifikant.

Die Botschaft ist klar: Das Urteil über den Zusammenhang zweier Größen, wie Krankenstand und Arbeitszufriedenheit, hängt von der gewählten Perspektive und Methode ab, sowie von der Anzahl der zur Verfügung stehenden Auskunftspersonen. Erst eine große Zahl von Befragten liefert brauchbare Ergebnisse, die von einem schwachen Zusammengang zwischen Krankenstand und Arbeitszufriedenheit zeugen, was die Frage aufwirft, ob die Alltagsperspektive trügt oder die statistische Methode ungeeignet ist. Wir erkennen wie beschrieben in den Daten einen Diskrepanz zwischen dem Makroeffekt, der durch die Tabelle 2 repräsentiert wird (und einen starken Zusammenhang suggeriert), und den mit den Korrelationen gemessenen Mikroeffekten (Tabelle 3). Würden wir bspw. in einem größeren Betrieb zeigen können, dass die Gruppe derjenigen, die mit der Arbeit unzufrieden sind, einen höheren Krankenstand aufweist, als eine andere Gruppe mit höherer Zufriedenheit, so gibt uns das im Einzelfall noch nicht die Gewähr dafür, dass einzelne Mitarbeiter/innen zufrieden und gesund bzw. weniger abwesend oder unzufrieden und öfters oder länger krank bzw. mehr abwesend ist. Der instrumentelle Nutzen unserer Einsicht wäre also gering.

Beim Einsatz und bei der Interpretation von Kennzahlen ist also mit gebotener Vorsicht zu agieren. Sowohl die Frage, was eigentlich gemessen wird (Validität), als auch die Frage, wie stabil und wiederholbar die Messungen erfolgen (Reliabilität), sind im Auge zu behalten, ebenso wie die Differenz zwischen der Makro- und der Mikroebene der Betrachtung. Deshalb ist es wichtig, die Kennzahlen nicht als „wohlfeile Wahrheiten" zu verstehen. Hinzu kommt wie erwähnt, dass nicht alle erkannten Zusammenhänge instrumentell benutzbar sind. Manche Information hat eher den Wert einer Irritation und ist nicht unmittelbar zu verwerten. Zum Teil können wir den genannten Problemen durch die vorgeschlagenen Vergleichsringe für Kennzahlen, die Validierung derselben an betrieblichen Statistiken, gesamtwirtschaftlichen Informationen (wie bspw. aus dem schon erwähnten Sozioökonomischen Panel) oder mit Hilfe von Experteninterviews sowie durch den innerbetrieblichen und zwischenbetrieblichen Diskurs entgegenwirken.

3 Das Benchmarking

3.1 Zur Begrifflichkeit

Nach Schmidt/Brücken (1996) lässt sich Benchmarking – welches mehr oder weniger auf einem Kennzahlensystem aufbauen muss – als „kontinuierlicher, systematischer Prozess zum Vergleichen der Operationen von Organisationen, die als leistungsstark anerkannt sind, zum Zweck der Organisationsverbesserung“ (vgl. Spendolini 1992, S.10) bezeichnen. „Ziel einer Benchmarking-Studie muss [...] sein, die hinter den Ergebnissen stehenden Fähigkeiten und Kompetenzen zu identifizieren und im eigenen Unternehmen aufzubauen“ (Fleschhut 1997, S.150). Erfahrungsgemäß nehmen an einem Benchmarking idealerweise 6-8 Partner teil (oftmals lässt sich auch ein Initiator identifizieren), die ihre Erfahrungen austauschen und ggf. auch gegenseitige Besuche vornehmen. So gilt Benchmarking als eine herausragende Gelegenheit für eine Organisation, von Erfahrungen anderer zu lernen (vgl. Siebert 2002, S.15), worauf auch Fleschhut (1997, S.151) hinweist: „Benchmarking ist darauf ausgerichtet, die zur Leistungssteigerung erforderlichen Maßnahmen [...] zu erarbeiten und umzusetzen und dadurch eine Verhaltensänderung zu bewirken.“

Gegenstände des Benchmarking können zum einen die Strukturen und zum anderen die Prozesse in einer Organisation sein. Darüber hinaus können auch die Ergebnisse bzw. Produkte einer Organisation einem Benchmarking unterzogen werden. In all diesen Fällen sind die zeitliche Dimension (eher operativ vs. eher strategisch) und der Grad der Differenzierung (eher bereichsübergreifend vs. eher spezifisch) zu bestimmen (vgl. Bauer/Stokburger 2006, S.237ff.). Für Fleschhut (1997, S.150) bezeichnet Benchmarking eine systematische Vorgehensweise zur objektiven, vergleichenden Bewertung von Strategien, Produkten, Funktionen, Prozessen und Verhaltensweisen. In Anlehnung daran definiert Siebert wie folgt: „Benchmarking ist der methodische Vergleich von Prozessen und Produkten mittels Benchmarks mit denen von als besser identifizierten Vergleichspartnern. Die Vergleichspartner werden anhand von Ähnlichkeiten in der eigenen oder in anderen Organisationen gefunden. Ziel des Benchmarking ist es, die eigenen Prozesse und Produkte durch das Vorbild des Vergleichspartners entscheidend zu verbessern.“ (Siebert 2002, S. 15f.)

Benchmarking impliziert eine Orientierung an den besten Organisationen bzw. Einheiten; Vergleichsmessungen werden mit der Vorgabe durchgeführt, „von den Besten lernen“ zu wollen. Die Kennzahlensystematik ermöglicht den betriebsinternen Vergleich ähnlicher Bereiche oder auch ein unternehmensübergreifendes Benchmarking. Drei Faktoren bestimmen die Qualität von Benchmarking-Ergebnissen beim Kennzahlenvergleich:

1. Ein sinnvoll und präzise abgegrenztes Betrachtungsfeld, um die Vergleichbarkeit der erhobenen Daten zu gewährleisten.
2. Die Untersuchung valider Output-Größen, die sich mit vertretbarem Aufwand erheben lassen und eine zuverlässige Positionierung zulassen.
3. Die Analyse relevanter Einflussfaktoren, die auf den jeweiligen Prozess einwirken – um Hypothesen zu den Gründen des Erfolgs entwickeln zu können.

Sind die Input- und Output-Größen nicht für ein abgegrenztes Betrachtungsfeld zuverlässig vorhanden, so leidet die Aussagefähigkeit des Benchmarking. Darüber hinaus sind auch nicht intendierte Nachteile denkbar. So könnte die Innovationsbereitschaft sogar gemindert werden, wenn das Benchmarking blind als Vorgabe interpretiert wird, was ein tiefgreifendes Missverständnis wäre. Darüber hinaus ist Benchmarking im Sinne eines Monitoring zu verstehen, so dass der regelmäßige Einsatz anzustreben ist. Auch im traditionellen Einsatz (eher Großbetriebe, kein personalwirtschaftlicher Bezug) werden Informationen aus Kennzahlensystemen und Benchmarking rückgekoppelt und erörtert.

In unserem Anwendungsfeld jedoch haben wir es mit vergleichsweise unstabilen, unscharfen und der Interpretation bedürftigen Kennzahlen zu tun (siehe oben). So ist es notwendig, ein Benchmarking auf zwei gleichberechtigte Standbeine zu stellen. Neben der Datenbasis ist der soziale Prozess in der Organisation gleichberechtigt zu sehen; die Kennzahlen bieten eine notwendige aber nicht hinreichende Grundlage zur Reflexion und Verbesserung von Struktur, Prozess und Qualität, die Vermittlung und Interpretation dieser Daten bedarf der Absicherung innerhalb der Organisation. Das soll durch das diskursive Verfahren sichergestellt werden. Eine Diskussion der Ergebnisse eines Kennzahlenvergleichs – als Teil des Erkenntnisgewinns durch Benchmarking – kann sowohl innerhalb der Unternehmen als auch zwischen den Unternehmen erfolgen. Gegebenenfalls ist das durch gegenseitige Besuche, gemeinsame Dokumente und Präsentationen zu ergänzen.

Das Benchmarking für KMU ist dann besonders aussagekräftig, wenn detaillierte Informationen vorliegen. Voraussetzungen für eine Erhebung und Auswertung sind eine geeignete Vertrauenskultur, die rechtliche Regelung der Datenerfassung, die Offenheit gegenüber solchen Instrumenten bei den Beschäftigten und den Führungskräften sowie die technische und organisatorische Infrastruktur. Im Falle von KMU ist u.U. eine externe Begleitung beim Entwurf des Kennzahlensystems und bei der Auswertung inklusive moderierte Diskussion sinnvoll. Zusätzlich kann es eines intermediären Akteurs bedürfen, um den Einsatz der Instrumente zu organisieren und die Beteiligten entsprechend zu schulen und anzuleiten, sowie mit diesen zusammen – im Lichte der Ergebnisse in den KMU – die Instrumente (Mitarbeiterbefragung, Leitfaden für Interviews mit Führungskräften, Interpretationsrahmen für die Kennzahlen und das Benchmarking, Konzept für die Diskussionsveranstaltungen etc.) weiterzuentwickeln.

Bei einem solchen Intermediär können nicht nur die Konzepte und Dokumente verwaltet werden, sondern auch die (anonymisierten) Daten für zukünftige Benchmarks. Eine wissenschaftliche Begleitung des Prozesses und die Evaluierung der Instrumente bzw. Unterstützung bei der Auswertung der Ergebnisse ist im Sinne der Qualitätssicherung sinnvoll. Hierdurch könnte zudem Anschlussfähigkeit zu branchenbezogenen Datenbeständen hergestellt werden.

Zu den gängigen Eigenschaften des Benchmarking im Anwendungsfeld der KMU und der inhaltlichen Ausrichtung auf die Personalarbeit sind zwei wesentliche Akzente zu berücksichtigen, welche besondere Herausforderungen darstellen: Erstens unterscheiden sich KMU von größeren Betrieben in einer ganzen Reihe von Eigenschaften, die beim Benchmarking eine Rolle spielen können. Allein die geringere Wahrscheinlichkeit der Stabilisierung von gegenläufigen Tendenzen innerhalb eines kleinen Betriebs im Vergleich zu einem größeren Betrieb führt zu stärkeren Schwankungen von Kennzahlen im Zeit- oder Betriebsvergleich. Zweitens ist ein rein quantifizierender Zugang zum personalwirtschaftlichen Bereich besonders schwierig: Wie lassen sich komplexere aber wichtige Sachverhalte wie Einstellungen, Motivationen, Kompetenzen etc. in einem vergleichbar einfachen Benchmarking-Modell abbilden?

In einem zentralen personalwirtschaftlichen Handlungsfeld – der Personalentwicklung (PE) – erzeugt das Benchmarking besondere Herausforderungen. Denn gerade bei der PE stehen oftmals qualitative Aspekte im Vordergrund, die sich durch Kennzahlenschemata nicht leicht abbilden lassen. Im Vergleich hierzu sind bspw. die Personalkosten leicht zu erfassen. Durch die Probleme bei der Messbarkeit erhöht sich die Gefahr, dass wichtige Punkte tendenziell übersehen werden oder dass auch Fehleinschätzungen vorgenommen werden. Dies kann darin gipfeln, dass in der Welt der PE manchmal eine große Skepsis hinsichtlich ökonomischer Überlegungen besteht. „Menschen sind doch keine Recheneinheit“ ist eine Aussage, die gelegentlich in der PE zu hören ist.

Das Verhältnis von PE und Kennzahlen ist deshalb gespannt, weil mit dem Controlling oftmals Kostensenkungen angestrebt werden. Hier erweisen sich die Personalkosten als messbar und gegenwärtig drückend, während die Erfolge der Personalarbeit schwer nachzuweisen und zukünftig sind. So besteht die Gefahr, dass das Benchmarking eher als Bedrohung erlebt wird. In diesem Kontext sei der ergänzende Hinweis erlaubt, dass PE das personalwirtschaftliche Handlungsfeld ist, welches am häufigsten ausgelagert wird.

Der „Training services“ ist die „No. 1“, was die Häufigkeit expliziter Entscheidungen für die Nutzung externer HR-Dienstleistungen angeht (vgl. Alewell et al. 2009, S.1608). Zudem ist die PE in den vergangenen Jahren etwa bei konjunkturellen Schwankungen immer wieder in die Defensive geraten, gerade weil sie nicht mit Daten von ihrer Werthaltigkeit zu überzeugen vermochte. Somit besteht in der PE durchaus ein Bedarf, aussagefähige Kennzahlen zu liefern, die ihre Arbeit legitimieren können. Darüber hinaus ist neben diesen unternehmenspolitischen Aspekten für die PE selbst eine Kennzahlensystem von hohem Wert, wenn es z. B. bei der Identifizierung von Chancen und Risiken im Personalbestand, bei einer Bildungsbedarfsprognose, der Qualitätssicherung u.a. hilfreich ist.

Der spezifische Charakter des Benchmarking im Bereich der PE wird auch daran ersichtlich, dass zwei recht unterschiedliche Leitbilder mit ihren Oberbegriffen relevant sind: Hier ist zum einen das Personalcontrolling zu nennen, welches auch in der PE nach den Grundprinzipen des Controllings vorgeht. Die Stärken und Schwächen dieser Vorgehensweise sind bereits erörtert. Zum anderen ist das Gebiet der Evaluation zu nennen, welches wie auch das Personalcontrolling versucht, eine Qualitätseinschätzung vorzunehmen. Die Evaluation mit all ihren Fassetten ist jedoch im Vergleich zum Personalcontrolling „qualitativer“ gehalten, was es erschwert, sie in ein Benchmarking zu integrieren.

Wozu kann dann ein Benchmarking speziell in der PE dienen? Erstens hilft das Benchmarking den Verantwortlichen der PE generell die Qualität ihrer Strukturen, ihrer Prozesse und ihrer Ergebnisse durch den Vergleich zu bestimmen, zu sichern und zu verbessern. Zweitens ermöglicht ein Benchmarking auch, die Effektivität des PM zu prüfen, die regelmäßig ein Schwachpunkt oder zumindest eine unbekannte Größe darstellt. Drittens ist die unternehmenspolitische Bedeutung zu nennen. Eine Quantifizierung eines vormals nur qualitativ betrachteten Bereichs mag – muss jedoch nicht – hilfreich im Kampf um Ressourcen sein. Viertens lebt die PE von den Akteuren, bei denen ein Benchmarking ebenfalls – hoffentlich positive – Anreize erzeugt. Weitere Informationen und Empfehlungen zum Thema „Benchmarking bei PE" sind Gibrig/Meifert (2008) zu entnehmen.

Benchmarking kann also Teil einer PE sein, indem es z. B. die notwendigen Basisdaten liefert und die Prozesse abbildet. Es kann aber auch den Erfolg der PE messen, insofern bspw. Strukturdaten Ergebnis des PM in der Vergangenheit (und nicht nur Ausdruck der Voraussetzungen dafür) sind. Hierbei muss jedoch PE Bestandteil des PM sein; und das PM darf nicht nur als Personalverwaltung verstanden werden, welche neben den alltäglichen Prozessen im Unternehmen stattfindet und in erster Linie Kosten verwaltet und verursacht. Gerade in KMU ist es schwierig, PM als ausdifferenzierten Prozess zu finden, der auch PE einschließt. Das heißt nicht, dass die Verantwortlichen kein Interesse an ihren Mitarbeiter/innen, deren Wohlergehen und deren Entwicklung haben.

Das Problem ist vielmehr, dass die organisatorischen und personellen Ressourcen fehlen, um HRM bzw. PM, PE, Kennzahlensysteme und Benchmarking zu implementieren. Die Personalpolitik wird dann zum einen von der Personalverwaltung dominiert, zum anderen ist es stark von den persönlichen Kompetenzen und Interessen einiger weniger Führungskräfte abhängig. Sind im Rahmen von PM Kennzahlen und Benchmarking z. B. im Interesse einer PE in KMU zu implementieren, müssen die Instrumente und Prozesse entsprechend angepasst werden.

3.2 Das Personal in KMU – ausgewählte Hintergrundinformationen

Welche Größen können Gegenstand der vergleichenden Betrachtung von Merkmalen der Beschäftigten sein? Zunächst sind hier sozialstrukturelle Merkmal wie Alter, Geschlecht, Herkunft und Qualifikation zu nennen. Angaben zu den Qualifikationen lassen sich zu Informationen über die Kompetenzen der Beschäftigten erweitern, die sich nicht allein in formalen Qualifikationsmerkmalen ausdrücken lassen. Hinzu kommen Merkmale, die Einfluss auf die Motivation und damit auf die Performanz haben, wie z. B. berufliche Erwartungen, Überzeugungen und Präferenzen. Hierzu gehören auch Angaben zur Zufriedenheit (z. B. Arbeitszufriedenheit) und zum Befinden der Beschäftigten. Schließlich sind Merkmale des Beschäftigungsverhältnisses zu nennen, wie Beschäftigungsumfang und Arbeitszeit, am Arbeitsplatz erforderliche Ausbildung, die Position in der Organisation, das Einkommen etc. Weiterhin können sonstige Merkmale, wie das Verhältnis zwischen vorhandener und abgeforderter Qualifikation, die wahrgenommene Autonomie am Arbeitsplatz, Daten zum Krankenstand etc. genannt werden. Darüber hinaus sind Informationen über die Effektivität und Effizienz des PM zu nennen. Hierzu gehören Daten zum Einstellungsverhalten oder zur PE wie z. B. zur betrieblichen Fort- und Weiterbildung.

Die Erfassung und Auswertung der genannten Daten entfaltet bei KMU erst im Vergleich von Unternehmen untereinander oder mit Durchschnittswerten einer Branche bzw. Region, aber natürlich auch mit Werten besonders erfolgreicher Unternehmen ihre Aussagekraft. Die uns zur Verfügung stehenden Daten aus geeigneten Befragungsinstrumenten gestatten uns einen Einblick in mögliche Besonderheiten der Personalstruktur in KMU. Zur Illustration greifen wir erneut auf Daten des SOEP im Zeitvergleich (1984 bis 2010 bzw. für die Jahre 2009 und 2010) zurück.

Traditionell ist die Mehrheit der Beschäftigten außerhalb des öffentlichen Dienstes in Deutschland in KMU beschäftigt. Der Anteil der Beschäftigten in KMU (bis unter 200 Beschäftigte, ohne Selbständige und nur in der Privatwirtschaft) ist zwar im Zeitverlauf seit 1984 geringfügig gesunken (auf 53% in 1990), entspricht aber 2010 mit 64% der Beschäftigten etwa dem Wert von 1984 (62%). Die KMU sind als Arbeitgeber nach wie vor sehr bedeutend.

Die Sozialstruktur der Beschäftigten von KMU unterscheidet sich in einigen Aspekten von der Struktur der Übrigen. Der Anteil der Teilzeitbeschäftigten ist mit 19% und der geringfügig Beschäftigten mit 13% in KMU höher als bei den übrigen Beschäftigten (14% bzw. 4%). Der Anteil der Auszubildenden ist bei Beschäftigten in KMU mit 5% geringfügig höher als bei den Übrigen (4%). Der Anteil der mit Arbeitsvertrag unbefristet Beschäftigten ist bei KMU mit 70% deutlich geringer als bei den übrigen Beschäftigten in größeren Unternehmen (87%). Der Anteil der Leiharbeitnehmer/innen ist mit 3,1% (KMU) und 3,4% (Übrige) etwa vergleichbar. Der Frauenanteil ist mit 49% in KMU größer als bei den übrigen Beschäftigten (42%).

Bei der Altersstruktur gibt es nur geringfügige Unterschiede bei den Jungen (17-29 Jahre). Diese machen bei den Beschäftigten in KMU 20% aus, bei den Übrigen 17%. Der Anteil der Beschäftigten mit Migrationshintergrund ist bei den Beschäftigten in KMU mit 19% vergleichbar dem Anteil bei den übrigen Beschäftigten in größeren Unternehmen (18%). Der Anteil der hoch qualifizierten Beschäftigten ist niedriger, der Anteil der Beschäftigten mit Einweisung höher als bei den übrigen Beschäftigten. 57% der Beschäftigten in KMU benötigen eine Berufsausbildung, bei den Übrigen sind es 56%. 14% der Beschäftigten in KMU benötigen eine Fachhochschul- oder Hochschulausbildung bei den übrigen sind es 21%. 18% der Beschäftigten in KMU benötigen eine Einweisung als „erforderliche Ausbildung im Beruf", bei den Übrigen sind es 12%. Der Anteil derjenigen Beschäftigten in KMU, die nicht im erlernten Beruf arbeiten ist mit 34% niedriger als bei den Übrigen (40%).

Die wahrgenommene Autonomie am Arbeitsplatz ist in KMU geringer als für die übrigen Beschäftigten. 48% der Beschäftigten in KMU geben auf einer 5er Skala eine niedrige Autonomie (Stufe 1 und 2) an, bei den übrigen Beschäftigten sind es 40%. Die Einkommen sind für Beschäftigte in KMU in der Regel geringer als für Beschäftigte in größeren Unternehmen. Die Zufriedenheit mit der Arbeit ist mit einem mittleren Wert von 6,8 (auf einer Skala von 0 bis 10) bei Beschäftigten in KMU vergleichbar mit den übrigen Beschäftigten (6,82). Die mittlere Dauer der Betriebszugehörigkeit ist bei Beschäftigten in KMU (trotz vergleichbarere Altersstruktur) mit 9 Jahren niedriger als bei den Übrigen (12 Jahre). Die von uns errechneten Entgelte je Stunde unterscheiden sich deutlich zwischen den Beschäftigten in KMU (13 EUR) und den Übrigen (18 EUR). Das gilt für nahezu alle Qualifikationen. Hierzu haben wir die von den Befragten angegebenen Bruttomonatseinkommen durch die ebenfalls angegebene tatsächliche Wochenarbeitszeit mit 4,2 Wochen je Monat geteilt. Sonderzahlungen sind in dem Wert in der Regel nicht enthalten. Eine Abrechnung der Arbeitszeit über Arbeitszeitkonten wurde ebenfalls nicht berücksichtigt. Die Unterschiede zeigen sich auch, wenn die erforderlichen Qualifikationen am Arbeitsplatz berücksichtigt werden. Mit Ausnahme der Beschäftigten ohne Ausbildung verdienen Beschäftigte in KMU bei vergleichbaren Qualifikationen weniger als Beschäftigte in größeren Unternehmen der Privatwirtschaft. Das gilt für Beschäftigte, deren Tätigkeit eine Berufsausbildung verlangt mit 13 EUR zu 17 EUR je Stunde ebenso wie für Fachhochschulabsolventen (23 EUR zu 27 EUR) und Hochschulabsolventen (25 EUR zu 28 EUR). Und es gilt auch für Beschäftigte mit Einweisung (8 EUR zu 11 EUR), Einarbeitung (10 EUR zu 13 EUR) und für die Ausübung der Tätigkeit notwendigen Kursen (11 EUR zu 14 EUR je Stunde).

Auch die beruflichen Erwartungen der Beschäftigten in KMU unterscheiden sich 2009 in einigen Aspekten von denen der übrigen Beschäftigten. So wird die Wahrscheinlichkeit, in den nächsten zwei Jahren von sich aus eine neue Stelle zu suchen, bei den Beschäftigten in KMU mit 30% höher angegeben als bei den Übrigen (26%). Ein ähnlicher Unterschied findet sich auch bei der Erwartung sich selbständig zu machen (10% zu 7%) bzw. den Beruf zu wechseln (17% zu 14%). Interessanterweise gilt das nicht für die Wahrscheinlichkeit den Arbeitsplatz zu verlieren, die Beschäftigte in KMU mit 27% etwa so hoch angeben wie die Übrigen (28%). Dagegen wird der betriebliche Aufstieg in KMU mit einer mittleren Wahrscheinlichkeit von 18% weniger stark erwartet als bei den übrigen Beschäftigten (24%); der berufliche Abstieg wird in KMU ebenfalls weniger stark erwartet (11%) als bei den Übrigen (14%).

Fassen wir zusammen: In vielen Aspekten ähneln sich die Beschäftigungsbedingungen und deren Wahrnehmung in KMU und Großbetrieben. Es gibt aber bemerkenswerte Ausnahmen. Diese betreffen den Anteil von Frauen bei den Beschäftigten und in diesem Zusammenhang den Anteil von Teilzeitbeschäftigung und Geringfügigkeit. Hinzu kommen die deutlichen Unterschiede in den Einkommen auch unter Berücksichtigung der erforderlichen Qualifikation und der tatsächlichen Arbeitszeit. Außerdem finden sich kleinere Unterschiede in den beruflichen Erwartungen und bei der Mobilität der Beschäftigten. Insofern wir Unterschiede in der Sozialstruktur der Beschäftigten, den Beschäftigungsbedingungen, den innerbetrieblichen Entwicklungs- und Einkommenschancen erkennen können, stellt sich natürlich die Frage, ob und wie diese bei dem PM in KMU berücksichtigt werden können. Eine Bindung der Beschäftigten über hierarchiebezogene Karriere und damit verbundene Einkommenssteigerungen ist vergleichsweise schwierig.

Auch die Autonomie am Arbeitsplatz oder eine höhere Arbeitsplatzsicherheit bzw. geringere Wahrscheinlichkeit der (freiwilligen) Fluktuation stellen kaum spezifische Ressourcen der Mitarbeiterbindung und Personalentwicklung in KMU dar. Denkbar sind Strategien, die auf Expertenkarrieren zielen (wobei ein Unternehmenswechsel mitgedacht werden muss). Ebenso denkbar sind standortbezogene Anreize wie regionale Bindung der Beschäftigten und ihrer Familien, die relativ ungünstige Beschäftigungsbedingungen ausgleichen. KMU müssen spezifische Ressourcen aktivieren, um im Demografischen Wandel zu bestehen und bspw. eigene Arbeitgebermarken zu entwickeln. Sie müssen ihre Stärken entwickeln, wie Betriebsverbundenheit, überschaubare Strukturen und regionaler Bezug. Es gilt Schwächen zu kompensieren (Nachteile bei den Einkommens- und Karrierechancen) oder diesen aktiv entgegenwirken (empfundene Autonomie am Arbeitsplatz). KMU können aber auch strukturelle Besonderheiten wie teilzeitbeschäftigte Frauen als Ressource nutzen. Eine differenzierte Untersuchung der Strukturen und Prozesse im Zusammenhang mit dem PM ist dem ohne Zweifel förderlich.

3.3 Benchmarking beim Personalmanagement von KMU

In der Personalwirtschaft werden die entsprechenden Kennzahlensysteme weniger aus einer personalwirtschaftlichen Theorie abgeleitet als vielmehr – je nach Fragestellung – assoziativ zusammengefügt. So überrascht es nicht, dass es kein »Standardset« von Benchmarking-Kennzahlen für das PM gibt, wobei das Benchmarking sich nicht auf quantitative Werte beschränken muss. Einige Kennzahlen wie etwa Fluktuation oder Fehlzeiten genießen traditionell große Aufmerksamkeit. Bereits diese Größen illustrieren die Problematik personalwirtschaftlicher Kennzahlen und eines entsprechenden Benchmarking: Die (scheinbare) Präzision verlangt nach einer genauen und einheitlichen Messvorschrift, wenn diese Daten eine befriedigende Güte aufweisen sollen. Beim personalwirtschaftlichen Benchmarking können verschiedene Aspekte betrachtet werden:

So lassen sich Modelle konstruieren, die vorrangig personalwirtschaftliche Vorgänge wie etwa die Personalauswahl und -einstellung und deren Dauer, Kosten, Qualität etc. erfassen. Oder es wird die Personalabteilung und deren Wirksamkeit untersucht. In einem weiteren Verständnis würde das Verhalten des Personals, welches durch die Personalarbeit gesteuert werden soll, für das Benchmarking herangezogen werden.

Welche Vorteile werden mit einem personalwirtschaftlichen Benchmarking verbunden? Erstens kann sich eine erhöhte Transparenz der Personalarbeit qualitätssteigernd und/oder kostenmindernd auswirken. Zweitens können entsprechende Anreize für die Mitarbeiter der Personalabteilung durch ein Benchmarking gesetzt werden. Drittens erfüllt ein personalwirtschaftliches Benchmarking eine Frühwarnfunktion, indem Handlungsbedarfe im Rahmen des PM identifiziert werden. Anlässe für ein Benchmarking sind „traditionell" Fusionen (HR Due Diligence), die Reorganisation des Personalwesens, Kostensenkungs- und Personalabbaupläne oder interne Qualitätsmaßnahmen. Heute kommen Probleme wie der demografische Wandel oder die Versorgung mit Fachkräften hinzu.

Das ist für KMU von besonderem Interesse. Für ein erfolgreiches Verfahren ist es wichtig, dass die Unternehmensleitung involviert ist. Evtl. findet eine Betreuung durch Drittunternehmen (externe Berater) statt, die dann die Qualität des Prozesses gewährleisten. Von der Konzeption bis zur Umsetzung benötigt das Benchmarking in der Regel mehrere Monate. Eine detaillierte Planung und ein systematisches Vorgehen, sowie die klare Definition der Zielgrößen, so dass relevante Kennzahlen konsistent zur Unternehmens- und Personalstrategie abgeleitet werden können, sind dabei Voraussetzung. Außerdem ist ein intensiver und regelmäßiger Dialog der Teilnehmer nötig. Die Benchmarking-Partner sind passend (Region, Branche, Umsatz, Mitarbeiter-Anzahl, Geschäftsfelder etc.) auszusuchen, und die Vergleichbarkeit der Kennzahlen ist zu gewährleisten. Schließlich erfordert eine belastbare Betrachtung Kenntnis der Rahmenbedingungen und Prämissen bei den Benchmarking-Partnern. Diese Anforderungen lassen sich unseres Erachtens in Netzwerken von KMU besonders gut erfüllen.

Ein kennzahlenbasiertes Benchmarking für KMU hat mit verschiedenen Schwierigkeiten umzugehen. Die Besonderheiten von KMU sind zu berücksichtigen, sowohl hinsichtlich des Personals als auch hinsichtlich des PM, welches insbesondere bei den kleineren Unternehmen kaum institutionalisiert ist und über begrenzte Ressourcen verfügt. Ein funktionierendes und gehaltvolles Kennzahlensystem kann eine große Anzahl von Messgrößen umfassen. Es muss eine Auswahl getroffen werden, die es ermöglicht, die Kennzahlen mit einem vernünftigen Aufwand zu gewinnen. Die Auswahl beinhaltet die Gefahr, dass wichtige Informationen verloren gehen. Der betriebliche Leistungsprozess hängt personalseitig von verschiedenen „Strukturmerkmalen" ab, wie Alter, Betriebszugehörigkeit, Geschlecht, Herkunft etc., sowie den Kompetenzen oder Motivationen, mit deren Hilfe Kompetenzen in Leistung (Performanz) übersetzt werden. Zum anderen bezieht sich die zu messende Leistung des PM auf die unterschiedlichen Phasen des zuvor erwähnten „Kreislaufs der Personalwirtschaft" (Beschaffung, Personaleinsatz und -verwaltung, Personalentwicklung und Freisetzung). Die Ordnung der Kennzahlen muss daher beiden Aspekten Rechnung tragen. Die Systematisierung der Kennzahlen sollte angelehnt an das Qualitätsmanagement nach Struktur, Prozess und Ergebnis erfolgen.

Die Datenerhebung stellt ein besonderes Problem dar, wenn die Daten nur schwer zu beschaffen bzw. auf verschiedene Quellen verteilt sind. Bei bereits vorhandenen Daten ist die Auswertung ein massives rechtliches Problem, da sich die verschiedenen Daten nicht ohne einen expliziten Bezug auf die einzelnen Personen zusammenfassen lassen. Durch eine anonyme Befragung der Beschäftigten kann dem Rechnung getragen werden.

Das traditionelle Benchmarking entstammt dem Rechnungswesen und der Finanzwirtschaft. Dementsprechend bestehen auch Vorstellungen bezüglich der Präzision und Aussagekraft der Daten einerseits und dem Umgang mit diesen Daten andererseits. Im Ergebnis werden die Daten für aussagekräftig gehalten und klare Ableitungen vorgenommen. Eine ungünstige Kennzahlenstruktur erlaubt dann bereits eine tiefgehende Analyse am „grünen Tisch". Natürlich werden bei dieser Verfahrensweise – vornehmlich in Großbetrieben und nicht im personalwirtschaftlichen Bereich – diese Informationen rückgekoppelt und erörtert. Anders stellt sich dies in unserem Anwendungsfeld dar, in dem wir es mit vergleichsweise unstabilen, unscharfen und der Interpretation bedürftigen Kennzahlen zu tun haben. Dementsprechend ist es notwendig, ein Benchmarking auf zwei gleichberechtigte Standbeine zu stellen. Neben der Datenbasis ist der soziale Prozess in der Organisation zu sehen. Die Kennzahlen bieten eine notwendige aber nicht hinreichende Grundlage zur Reflexion und Verbesserung von Struktur, Prozess und Qualität. Die Vermittlung und Interpretation dieser Daten bedarf der Absicherung innerhalb der Organisation.

3.4 Die Erfassung „harter" und „weicher" Merkmale des Personals

Neben Daten zur betrieblichen Sozialstruktur und zu Maßnahmen des PM (z. B. Prozesszeiten, kurzfristige und langfristige Wirkungen der personalwirtschaftlichen Prozesse), sowie zu Kosten und Leistungen, die mit dem Personal verbunden sind, halten wir die Erfassung ausgewählter Kompetenzen und Motivationen für notwendig. Kompetenzen in Organisationen haben drei Aspekte: „Wissen, Können und Dürfen". Mit „Wissen" sind die durch Aus-, Fort- und Weiterbildung erworbenen Kompetenzen gemeint, die in der einen oder anderen Form zertifiziert sind. Mit „Können“ meinen wir anwendungsbereites Wissen (das nicht mit dem zertifizierten Wissen identisch sein muss) und die in der Erwerbstätigkeit, aber unter Umständen auch in anderen Zusammenhängen, erworbenen Fähigkeiten und Fertigkeiten. Mit „Dürfen“ sind die Rechte und Pflichten sowie die organisatorischen Rahmenbedingungen gemeint, welche auf die Transformation von Kompetenzen in Performanz einwirken. Die Performanz stellt wiederum eine Voraussetzung für den betrieblichen und beruflichen Erfolg dar, welcher auf die Motivationen und die Rahmenbedingungen zurückwirkt. Aus dieser Perspektive betrachtet ist die Kompetenzpflege eine für den Wertschöpfungsprozess elementare Kernaufgabe des PM.

In der Literatur außerhalb der Organisationswissenschaften werden Kompetenzen als Handlungsdispositionen verstanden, die Personen zugeschrieben werden (in unserem Verständnis das Können und das dafür notwendige Wissen). Im Kompetenzatlas von Heyse und Erpenbeck (2004) bspw. werden vier Kompetenzbereiche unterschieden:

- Die personale Kompetenz (1) bezeichnet die Dispositionen einer Person, reflexiv zu handeln, d. h. sich selbst einzuschätzen, Einstellungen, Werthaltungen, Motive und Selbstbilder zu entwickeln, eigene Begabungen, Motivationen, Leistungsvorsätze zu entfalten und sich im Rahmen der Arbeit und außerhalb zu entwickeln.

- Die Aktivitäts- und Handlungskompetenz (2) umfasst die Dispositionen einer Person, aktiv zu handeln und dieses Handeln auf die Umsetzung von Absichten, Vorhaben und Plänen zu richten – entweder für sich selbst oder für andere und mit anderen. Diese Dispositionen erfassen damit das Vermögen, die eigenen Emotionen, Motivationen, Fähigkeiten und Erfahrungen und alle anderen Kompetenzen – personale, fachlich-methodische und sozialkommunikative – in Willensantriebe zu integrieren und Handlungen erfolgreich zu realisieren.

- Die sozial-kommunikative Kompetenz (3) betrifft Dispositionen, kommunikativ und kooperativ zu handeln, d. h. sich mit anderen auseinander- und zusammenzusetzen, sich gruppen- und beziehungsorientiert zu verhalten und Pläne, Aufgaben und Ziele zu entwickeln.

- Die Fach- und Methodenkompetenz (4) beschreibt die Dispositionen einer Person, bei der Lösung von sachlich-gegenständlichen Problemen zu handeln, d. h. mit fachlichen und instrumentellen Kenntnissen, Fertigkeiten und Fähigkeiten Probleme zu lösen, Wissen einzuordnen und zu bewerten. Das schließt Dispositionen ein, Tätigkeiten, Aufgaben und Lösungen zu gestalten, sowie Methoden weiterzuentwickeln.

Kompetenzen beziehen sich auf bestimmte Handlungsfelder oder -bereiche wie bspw. der allgemeine Tätigkeitsbereich (z. B. als Mechatroniker), das Handlungsfeld innerhalb des Tätigkeitsbereiches (z. B. Herstellen mechanischer Teilsysteme), die Prozessphase, auf die sich die Handlung bezieht (z. B. Analysieren). Die Kompetenzdimension, die hinsichtlich Handlungsfeld und Prozessphase zu bestimmen ist (bspw. die Fachkompetenz), das Kompetenzniveau in Bezug auf die Kompetenzdimension und das Kompetenzniveau insgesamt, welches als Mittel der einzelnen Kompetenzniveaus bestimmt werden kann. Unternehmensspezifische Kompetenzmodelle finden sich in nahezu allen großen Unternehmen. North (2003) bspw. arbeitet die für die Organisation relevanten Bereiche Kommunikation & Akquisition, Führung, Projekt- und Qualitätsmanagement, Organisation sowie Sozial- und Persönlichkeitskompetenzen heraus. Es ist offensichtlich, dass die Kompetenzen nur zum Teil durch Selbsteinschätzung gemessen werden können. Hier müssen die Beurteilungen durch Vorgesetzte und Kollegen, eine Analyse der Zeugnisse / Zertifikate, die dem PM vorliegen, sowie Stellenbeschreibungen der Betroffenen herangezogen werden. Ein Teil der geschilderten Merkmale kann durch Befragung erhoben werden; zumindest ermitteln wir so die Selbstbilder der Betroffenen, die im Kontrast zueinander (nach Funktionsgruppen, Unternehmensbereichen oder Unternehmen etc. unterschieden) über die von den Beschäftigten selbst wahrgenommenen Fähigkeiten und Fertigkeiten informieren, soweit nicht vorliegende Abschlüsse und Zusatzqualifikationen erfasst werden.

Kompetenzen im Verständnis der PE sind also Handlungsdispositionen („Wissen und Können“), die sich in einem organisatorischen Rahmen („Dürfen“) verwirklichen, wobei in der Transformation von der Kompetenz zur Performanz die Motivation („Wollen“) hinzutreten muss. Die Motivation in diesem Sinne umfasst sowohl die Motive als auch die konkreten Absichten und den notwendigen Willen, diese umzusetzen. Nicht alle Aspekte der Motivation lassen sich durch Befragungen von Beschäftigten abbilden. Es besteht aber die Möglichkeit, sich ein Bild von den Überzeugungen und Selbstkonzepten, den Präferenzen (Wichtigkeiten) und Erwartungen sowie von den Befindlichkeiten bzw. Zufriedenheiten der Betroffenen zu machen, insofern diese bereit und in der Lage sind, ihre Selbstwahrnehmungen in einer standardisierten Befragung zum Ausdruck zu bringen. Insbesondere berufliche Erwartungen und Zufriedenheiten geben Aufschluss über die Motivlage der Beschäftigten. Hier wären auch Informationen über das Organisationsklima, das Verhältnis zu Kollegen und Vorgesetzten zu nennen, wie sie bspw. bei einer Arbeitsanalyse erhoben werden.

Neben den Kompetenzen und Motivationen kann so die subjektive Wahrnehmung der Arbeits- und Beschäftigungsbedingungen erfasst werden. Dies kann bspw. durch eine standardisierte Befragung im Sinne einer subjektiven Arbeitsanalyse geschehen (vgl. Udris/Rimann 1999). So werden Informationen über die jeweiligen Empfindungen am Arbeitsplatz ermittelt. Wenn man diese Informationen kontrastierend im Vergleich verschiedener Abteilungen, Teilbetriebe oder Betriebe darstellt, können sie Hinweise zu organisatorischen oder qualifikatorischen Defiziten geben, welche dann wieder ein Ansatzpunkt für Personal- oder Organisationsentwicklung sind. Hierbei werden verschiedene Variablenbereiche unterschieden wie z. B. Anforderungen und Belastungen, organisationale Ressourcen und soziale Ressourcen bei der Arbeit.

Was die Zusammenstellung der Fragebögen betrifft, so lassen sich Anregungen sowohl aus der Literatur zum Personalcontrolling (z. B. Hafner/Polanski, 2009) gewinnen als auch aus Instrumenten der Sozialberichterstattung und Sozioökonomie der Arbeit (wie das SOEP), ergänzt durch Instrumente, wie sie in Handbüchern zur Kompetenzmessung beschrieben sind (vgl. Rosenstiel et al. 2004) oder im Rahmen der subjektiven Arbeitsanalyse eingesetzt werden. Art und Umfang der Befragung hängt von der konkreten Fragestellung in den KMU und den Möglichkeiten der oben schon erwähnten „Vergleichsringe“ für Kennzahlen ab. In den einzelnen KMU können unterschiedlich umfangreiche Erfassungen realisiert werden, insofern es einen Kern von Kennzahlen gibt, der einen Vergleich entlang der Dimensionen: Sozialstruktur, Prozesse und Wirkungen des PM, Kosten und Leistungen, Kompetenzen und Motivationen sowie Wahrnehmung der Arbeits- und Beschäftigungsbedingungen gestatten.

Die „harten" Merkmale (z. B. Kosten, Leistungen und Prozesse sowie betriebliche Sozialstruktur) sollen also durch „weiche" Merkmale (z. B. Kompetenzen und Motivationen) ergänzt werden. Eine Bewertung der Ergebnisse der (standardisierten) Befragung der Beschäftigten kann durch die Befragung von Führungskräften zu ausgewählten Aspekten derselben ergänzt werden. Die Führungskräfte werden gebeten, ihre Einschätzungen z. B. zur Bedeutung bestimmter auffälliger Strukturmerkmale, zur Motivationslage der Beschäftigten, zu wichtigen Kernkompetenzen oder zur Zufriedenheit mit dem PM abzugeben. Neben den in den Unternehmen verfügbaren Strukturdaten stellen diese Informationen eine Quelle der Beurteilung der inhaltlichen Güte der Daten und deren Interpretation dar. Naturgemäß sind die Interviews mit den Führungskräften offener gehalten als die Befragungen der Beschäftigten.

3.5 Benchmarking für die Personalarbeit in KMU – ein Konzept

Unser Konzept setzt nicht auf eine Auswahl geeigneter Kennzahlen, die unabhängig vom Anwendungsbereich sind. Stattdessen zielt unser Vorschlag darauf:

1. typische und notwendige Kennzahlenbereiche zu identifizieren: Personal, PM und Personalabteilung, Kennzahlen zur Struktur, zum Prozess und zum Ergebnis etc.
2. die Auswahl, Erhebung und Auswertung der Kennzahlen in ein Benchmarking einzubetten, in eine zwischenbetriebliche Kooperation (in Netzwerken bzw. Vergleichsringen), die durch Externe unterstützt wird und die Diskussion über die Ergebnisse der Datenanalyse als wesentlichen Teil des Benchmarking enthält.

Die Auswahl geeigneter Kennzahlen folgt im Prozess des Benchmarking selbst und unter Einbeziehung der betrieblichen Partner. Das Benchmarking hat Projektcharakter; es kann aber auch institutionalisiert sein. Bei der Vielzahl von Ansätzen und Varianten zeigt sich, dass die Kennzahlen unterschiedlichen inhaltlichen Bereichen zugeordnet werden können. Hier sind zum einen Daten zu nennen, die sich auf das Personal (1-4) an und für sich beziehen. Diese sind um Daten zu ergänzen, die sich mit der Personalarbeit selbst (5-6) befassen. Folgende Komponenten sind zu nennen:

1. Personalbestand / Sozialstruktur (quantitativ und qualitativ),
2. Kosten und Leistungen (Performanz) bzw. Ergebnisse (Outcomes) des PM,
3. Kompetenzen, Potenziale etc. des Personal(s),
4. Subjektive Merkmale des Personals wie Erwartungen, Zufriedenheiten, Verhaltensabsichten, Motivationen,
5. Tätigkeit der Personalabteilung wie Dauer und Qualität der Prozesse etc.,
6. Struktur der Personalabteilung als herausgehobene Organisationseinheit, für die sich wieder die Merkmale (1) bis (5) untersuchen lassen.

Diese Informationen sind zum Teil nicht eindeutig der Unterscheidung von Personal (objektive und subjektive Strukturmerkmale, Wahrnehmungen, Einstellungen und Erwartungen) und PM (Prozesse und Strukturen) zuzuordnen. Sind die Kompetenzen und Motivationen des Personals nur eine Eigenschaft des Personals – ein subjektives Strukturmerkmal – selbst, oder wird bei diesen nicht auch der Erfolg der PE sichtbar? Ist die Alters-, Geschlechts- und Qualifikationsstruktur nur ein objektives Strukturmerkmal, welches eine Rahmenbedingung für das PM bildet, oder auch (und vor allem) das Resultat einer langfristig wirkenden Personalpolitik, auch wenn diese als solche nicht immer bewusst als PM betrieben wurde? Sind die Prozesszeiten für Maßnahmen des PM (z. B. bei der Personalbeschaffung, in der PE, bei Rückkehrgesprächen oder bei der Personalfreisetzung) nur der Ausdruck der Effektivität der Personalarbeit, oder sind diese den Gegebenheiten des Arbeitsmarktes geschuldet, die vom PM nicht zu beeinflussen sind, oder Wirkzusammenhängen in der Motivationsstruktur von Beschäftigten, die zwar erkannt aber nicht instrumentell verwertet werden können?

Ein pragmatisches Benchmarking muss die Unschärfe bei der Gewinnung und Interpretation der Daten hinnehmen und die Daten aus dem Horizont der Zwecksetzung deuten, was nicht ausschließt, die geschilderten methodischen Schwierigkeiten im Blick zu behalten. Wie schon mehrfach betont halten wir das diskursive Verwenden bzw. besser: Praktizieren des Benchmarking für ein wirksames „Gegengift“ gegen übereilte und fehlerhafte Deutungen und kurzschlüssigen Aktionismus.

Die Informationen gewinnen durch den Vergleich zwischen Betrieben, Teilbetrieben, Abteilungen, Beschäftigtengruppen, Teams etc. bzw. im kurzfristigen (unterjährigen) oder langfristigen (mehrjährigen) Zeitvergleich an Aussagekraft. In manchen Fällen bestehen Sollwerte, an denen die realen Größen gemessen werden können. Hierbei ist zu unterscheiden zwischen echten Normwerten, die ausdrücklich bestimmt wurden, und den wie eine Norm wirkenden statistischen Aussagen für Branchen, Regionen, Betriebstypen oder Berufsgruppen, die eine Referenz für die Interpretation der Daten bilden. Wir sollten nicht vergessen, dass auch Strukturen „in progress“ sind, sich im Zeitverlauf verändern, womit sich die Referenzwerte für die Interpretation betrieblicher Daten ändern, wobei diese Referenzwerte uns nicht sagen, welche Strukturen die gewünschten sind.

Nicht jede der oben genannten Größen ist für KMU zweckmäßig zu erheben. Besonders betrifft das (a) Angaben über eine funktional differenzierte Personalabteilung und (b) Merkmale der Kompetenzen, die spezielle Anforderungen zum Ausdruck bringen. Hier ist es notwendig, sich mit allgemeinen Merkmalen zu begnügen. Die Datenerhebung sollte zudem unabhängig sein vom Entwicklungsstand des betrieblichen Berichtswesens. Der Befragungsansatz macht die Qualität der Daten vom Niveau des vorhandenen PM in den KMU unabhängig. Dort vorliegende Strukturdaten dienen in erster Line der Validierung der Befragungen; sie können auch direkt zum Benchmarking herangezogen werden. Die Befragungsergebnisse bei den Führungskräften führen zu qualitativen Aussagen und haben Fallstudiencharakter. Sie unterstützen das Benchmarking zwischen den Unternehmen. Im Idealfall sollten die Ergebnisse der Datenerhebungen zunächst in den Unternehmen vorgestellt, diskutiert und bewertet werden, dann erfolgt die vergleichende Diskussion zwischen den Unternehmen, die durch einen Benchmarking-Bericht von Externen unterstützt werden kann. Die Ergebnisse dieser Diskussion werden dann wieder in den einzelnen Unternehmen vorgestellt und bewertet. Die Ergebnisse dieser Phase bilden den Ausgangspunkt für einen Bericht, der allen Beteiligten zur Verfügung steht. So greifen Datenerhebung, -interpretation, -vergleich und -bewertung ineinander. Hierbei kommt es gar nicht so sehr auf die einzelne Kennzahl an, sondern auf die Identifizierung von Differenzen und den diskursiven Umgang damit.

Das Benchmarking für KMU benötigt als Datenbasis detaillierte Informationen. Konkret heißt dies, dass ein Betrieb für möglichst jeden Beschäftigten die relevanten Variablen erfasst. Das Ergebnis ist eine Tabelle, die so viele Zeilen enthält wie der Betrieb über Beschäftigte verfügt. In den Spalten sind für jeden Beschäftigten die einzelnen Informationen enthalten. Hierzu werden die Daten aus der Personalverwaltung, Daten aus einer Mitarbeiterbefragung und Daten aus Angaben von Personalverantwortlichen zusammengeführt. Die Daten lassen sich nach verschiedenen Kriterien ähnlich auswerten, wie wir das von wissenschaftlichen Erhebungen gewohnt sind. Eine Alternative wäre ein anonymisierter Auszug aus einem Personalinformationssystem (PIS). Damit lassen sich Daten über das Personal, aber nicht solche über die Arbeit des PM direkt erfassen. Voraussetzungen für eine PIS-Auswertung sind eine geeignete Vertrauenskultur, die rechtliche Regelung der Datenerfassung, die Offenheit gegenüber solchen Instrumenten, sowohl bei den Beschäftigten als auch bei den Führungskräften, und die technische und organisatorische Infrastruktur. In vielen Fällen wird es aber zweckmäßig und notwendig sein, von einer anonymen Befragung des Personals auszugehen und diese durch Interviews mit Personalverantwortlichen zu ergänzen, sowie – wo möglich – betriebliche Strukturdaten zur Validierung der Befragung heranzuziehen.

Der Schlüssel für Erkenntnisse, die Kennzahlen vermitteln, ist die Differenz in deren Ausprägung. Erst Unterschiede machen den Informationsgehalt einer Kennzahl deutlich. Oft kommt es nicht auf den absoluten Wert an (z. B. bei Einstellungen oder der subjektiven Wahrscheinlichkeit einer beruflichen Erwartung), sondern auf Unterschiede der Bewertungen in verschiedenen Bereichen. Wie erwähnt soll die Strukturierung der Kennzahlen angelehnt an das Qualitätsmanagement (nach Struktur, Prozess und Ergebnis) erfolgen. Das ist die erste Dimension der Erhebung und Darstellung. Die zweite Dimension ergibt sich aus dem Gegenstand von Kennzahlen im PM: Es geht – wie schon beschrieben – um die Arbeit der Personalabteilung bzw. um das PM, aber auch um das Personal hinsichtlich seiner Strukturen, Einstellungen und seines Verhaltens. Eine (mögliche) dritte Dimension wäre der Charakter der Kennzahlen bzw. das Messniveau. Zu unterscheiden sind hierbei metrische Werte, z. B. Kostengrößen, ordinale Größen, z. B. Arbeitszufriedenheit, oder nominale Variablen, wie z. B. die unterschiedlichen Beschäftigtengruppen als Ordnungskriterium.

Die bei den Beschäftigten erhobenen Strukturdaten (Alter, Geschlecht, Qualifikation, Betriebszugehörigkeit) liefern zum einen Informationen über die betriebliche Sozialstruktur, zum anderen dienen sie der Bewertung der Daten hinsichtlich ihrer Vergleichbarkeit mit anderen Datensätzen ähnlicher Struktur, und gegebenenfalls lassen sich so – mit der gebotenen Vorsicht natürlich - bestimmte Ergebnisse auch gewichten. Daten über personalwirtschaftliche Prozesse können zum Teil bei den Beschäftigten erfragt werden, zum Teil sind sie den Einschätzungen der Führungskräfte oder der Auswertung betrieblicher Datenbanken zu entnehmen, möglicherweise ist es auch sinnvoll Personalakten gezielt auszuwerten. Die Daten zu den subjektbezogenen Strukturen (z. B. Kompetenzen) sind teils zu erfragen, teils aus Unterlagen zu ermitteln. Daten zu Wahrnehmungen, Erwartungen, Einstellungen und Zufriedenheiten sind der originäre Gegenstand einer Beschäftigtenbefragung; sinnvoll ist eine komplementäre Betrachtung aus Sicht der Führungskräfte. Ergänzt werden die genannten Informationen durch Daten aus der Kosten- und Leistungsrechnung, soweit diese vorliegen. Die Ergebnisse der Datenerhebung werden in einer moderierten Diskussion bewertet. Erst in dieser Diskussion kann sich der Aussagewert der Kennzahlen entfalten. Die Ergebnisse werden dokumentiert und zusammen mit den eigentlichen Kennzahlen dem Benchmarking zur Verfügung gestellt; in einer zweiten „Runde“ wird dann das Benchmarking selbst diskursiv durchgeführt.

Am Qualitätsmanagement angelehnte Unterscheidung	**Erläuterung des Gegenstandes**	**Beispiele für Merkmale, die auf das Personal bezogen sind**	**Beispiele für Merkmale, die auf das Personalmanagement bezogen sind**
Strukturen	Organisatorische Ressourcen	Alter, Geschlecht, notwendige berufliche Qualifikationen, Arbeitszeitvolumen etc.	Existenz und Größe der Personalabteilung etc.
	Personelle Ressourcen	Kompetenzen („Können“) und Motivationen („Wollen“) der Beschäftigten, wahrgenommenes Organisationsklima etc.	Kompetenzen der für das PM verantwortlichen Personen und Führungskräfte
Prozesse	Maßnahmen und Abläufe, die das Personal und / oder das PM betreffen	Merkmale der konkreten Tätigkeiten, die durch eine subjektive Arbeitsanalyse gemessen werden können	Existenz und Ausbaustufe einer Personalplanung, der PE etc.
Ergebnisse	Messbare, eher objektive Wirkungen des PM im Erfassungszeitraum	Dauer der Einstellungsprozesse, Fehlzeiten, Austritte (Fluktuation) nach Gründen	Grad der Informiertheit des PM und der Führungskräfte über personalwirtschaftlich relevante Strukturen und Prozesse
	Messbare, eher subjektive Wirkungen des PM im Erfassungszeitraum	Erwartungen und Zufriedenheiten der Beschäftigten, wahrgenommene Autonomie am Arbeitsplatz etc.	Einschätzung der Arbeit des PM durch Beschäftigte und Führungskräfte
	Langfristige Wirkungen auf die subjektiven und objektiven Strukturen	Veränderung der Sozialstruktur und Veränderung der Wollens- und Könnens-Struktur im Zeitverlauf	Durch das PM beeinflussbare Merkmale des Personals, die sowohl „harte“ als auch „weiche“ Merkmale betreffen, z. B. Alters- oder Qualifikationsstruktur bzw. Qualifikationsbereitschaft oder Zufriedenheit mit der Arbeit etc.

Tab. 5: Beispiel einer Kennzahlensystematik

Die obige Tabelle kann nur die Themen umreißen, die am Beginn des Benchmarking zu besprechen sind. Kosten können sowohl den Strukturen als auch den Ergebnissen, Leistungen im Sinne der Kosten- und Leistungsrechnung den Prozessen und den Ergebnissen zugerechnet werden. Zu den Ergebnissen lässt sich zudem der unternehmerische Erfolg - gemessen an den klassischen Kennzahlen wie Umsatz, Gewinn und Wertentwicklung des Unternehmens - zählen. Aus den Schwerpunktsetzungen – orientiert am Informationsbedürfnis der einzelnen Unternehmen und des Netzwerkes – ergeben sich die auszuwählenden Größen, deren Gewinnung den genannten Quellen (Befragung der Beschäftigten, Interviews mit Führungskräften, Analyse betrieblicher Dokumente) zuzuordnen sind. Nun sind für die Befragung geeignete Fragen nach vorliegendem Muster auszuwählen. Hier ist auf die Anschlussfähigkeit zu anderen Auswertungen (siehe oben) zu achten.

Bei der Auswahl und Zusammenstellung der Fragen können, wie auch bei der Auswertung und dem Moderieren des Benchmarking externe Partner (Berater/innen und Wissenschaftler/innen) hinzugezogen werden. Hochschulen und Forschungsinstitute haben oft ein großes Interesse, sich z. B. im Rahmen der Lehrforschung oder aus eigenen Forschungsinteressen heraus daran zu beteiligen. Beratungseinrichtungen können wertvolle Informationen für die Angebotsgestaltung gewinnen, bspw. bei der Fort- und Weiterbildung oder für Coaching-Angebote. Wichtig ist aus unserer Sicht, dass sowohl bei der Entwicklung des Benchmarking-Instrumentes als auch bei der Erhebung und Auswertung der Daten möglichst alle Netzwerkpartner beteiligt sind. Für die Durchführung eines solchen Konzeptes sind fünf zentrale Dokumente zu erstellen:

1. Fragebogen für die Mitarbeiter/innen,
2. Befragungsleitfaden für die Interviews mit den Führungskräften,
3. Katalog mit Daten, die aus den betrieblichen Datenbeständen gewonnen werden sollten,
4. ein Auswertungskonzept mit der Definition der Kennzahlen und Hinweisen zur Interpretation der Daten und zum Benchmarking,
5. Entwürfe für Anschreiben der relevanten Akteure mit einem Merkblatt zur Datenerhebung.

Liegen die Daten vor, so ist wie oben beschrieben zu verfahren. Die Ergebnisse sind so aufzuarbeiten, dass sowohl innerbetriebliche als auch zwischenbetriebliche Vergleiche möglich sind. Gegebenenfalls sind spezielle Daten, die nur ein Unternehmen interessieren, für eine parallele Auswertung abzutrennen. Wenn möglich sollte der Vergleich mit externen Quellen angestrebt werden, um Referenzen für den Diskurs im Benchmarking zu gewinnen. Wie beschrieben: Der Informationswert vieler Daten liegt in der Differenz sowohl in sachlicher als auch in zeitlicher Hinsicht. Um letzteren Punkt zu erfüllen ist es notwendig, die Erhebung turnusmäßig durchzuführen z. B. dreimal im Abstand von jeweils zwei Jahren. Spätestens hier ist die Ernsthaftigkeit im Bemühen um ein brauchbares Benchmarking gefordert.

4 Fazit

In diesem Beitrag wurde – von einigen Begriffsklärungen ausgehend – erörtert, welche Herausforderungen ein personalwirtschaftliches Benchmarking in KMU bewältigen muss. Gerade bei den oftmals „weichen" Kennzahlen zum Personal oder zum PM halten wir zwei Dinge für wichtig: Erstens muss die Güte der Daten in doppelter Hinsicht aufmerksam beobachtet werden. Gravierende Auswirkungen können die Messfehler bei den verhältnismäßig kleinen Fallzahlen der Datenerfassung für das Benchmarking haben. Außerdem sind personalwirtschaftliche Kennziffern oftmals mit *erheblichen* Defiziten hinsichtlich Validität und Reliabilität versehen. Zweitens: Angesichts dieser Schwierigkeiten besteht der Wert eines personalwirtschaftlichen Benchmarking in KMU darin, dass es sich um ein Instrument der Organisationsentwicklung handelt, das seine Wirkung nur im inner- oder zwischenbetrieblichen Diskurs entfalten kann. Kennzahlen sind weniger Messinstrumente als vielmehr Medien der Kommunikation über betriebliche Prozesse und damit – der Natur organisationsinterner Diskurse folgend – Medien ihrer Veränderung durch das kollektive Bewusstmachen von betrieblichen Problemlagen, Stärken und Schwächen, Chancen und Risiken.

Das Benchmarking soll sich unseres Erachtens einerseits auf das Personal, andererseits auf das PM beziehen. Das Instrument muss so einfach und robust gehalten werden, dass es unaufwändig in KMU eingesetzt werden kann. Hierfür bietet sich als Grundlage eine anonyme Mitarbeiterbefragung an. Ergänzt werden diese Daten durch eine Befragung von Führungskräften, die Personalverantwortung tragen. Hinzu kommt die Verwendung vorhandener Strukturdaten zur Ergänzung und Validierung der Ergebnisse der Befragung von Beschäftigten und Führungskräften. Diese Daten werden in einer moderierten Diskussion bewertet. Erst in dieser Diskussion erweist sich der Aussagewert der Kennzahlen. Die Ergebnisse werden dokumentiert und dem überbetrieblichen Benchmarking zur Verfügung gestellt. Dort erfolgt die Diskussion derselben und gegebenenfalls auch die Verabredung eines längerfristigen Prozesses der Datenerhebung und -auswertung in einem zwischenbetrieblichen Vergleichsring für Kennzahlen, die Aufschluss über personalwirtschaftliche Strukturen und Prozesse geben und ihre Wirkung dann voll entfalten können, wenn mehrere KMU daran beteiligt sind.

Die hier vorgeschlagene Vorgehensweise verabschiedet sich von der Vision einer anzustrebenden und erreichbaren Präzision und Gewissheit, ohne sich dabei in Relativismus zu verlieren. So pragmatisch dieser Ansatz ist, so verlangt er doch von den Personalverantwortlichen in KMU einen souveränen Umgang mit unscharfen Informationen. Wir sahen oben zwei Kernprobleme eines Benchmarking für das PM in KMU: die Güte der Daten und die Bereitschaft der KMU, sich an dem notwendigen Kennzahlensystem zu beteiligen. Leicht kann das System an mangelnder Akzeptanz und unternehmerischen Egoismen scheitern, oder die Akteure empfinden einfach den Aufwand als unangemessen hoch.

Die Güte der Daten, die – wie wir zeigten – naturgemäß kritisch zu beurteilen ist, wird zum großen Teil durch die Einbettung in ein diskursives Benchmarking gewährleistet. Zumindest gilt das dann, wenn das Wissen aus den Kennzahlen als zweckorientiertes Wissen verstanden wird, bei dem aus mehreren verfügbaren Quellen geschöpft wird. Das ist nicht untypisch für ein Ordnungssystem der Kennzahlen, wie wir es oben geschildert haben. Die Bereitschaft der KMU dabei mitzumachen und sich zu „vernetzen" ist unseres Erachtens schwieriger zu erreichen: Zum einen muss diese von der Einsicht getragen sein, dass es an und für sich sinnvoll ist, Beschäftigte besser zu kennen und im Vergleich zu anderen einschätzen zu können. Zum anderen verlangt der Aufbau eines Benchmarking ein gewisses Maß an „Gesinnungstäterschaft", da es in unserem Falle (für KMU) wenig erfolgreiche Referenzfälle geben dürfte und der volle Erfolg sich erst nach mehreren Jahren einstellt. Solange müssen die Unternehmen am Ball bleiben auch wenn die Einsichten zunächst begrenzt sind. Unserer Erfahrung nach besteht auch und gerade bei Personalverantwortlichen in KMU ein großes Interesse an der Entwicklung des Personals (auch wenn das vielleicht begrifflich nicht immer so nach außen erscheint).

Das Problem ist die Einsicht in die Sinnfälligkeit der geschilderten Techniken wie Kennzahlen, Kennzahlensysteme, Benchmarking, daraus resultierender Personalstrategien, Personalplanung und PE etc. Oft wird der Aufwand gescheut. Eine professionelle externe Unterstützung kann diesen Aufwand minimieren helfen. Wir glauben zudem, dass die Herausforderungen an KMU, die bspw. aus dem demografischen Wandel resultieren, dazu beitragen werden, dass die betroffenen Unternehmen einer Professionalisierung des PM positiver gegenüberstehen. Nicht zu unterschätzen ist auch der Wandel in den Qualifikationen und Einstellungen der Personalverantwortlichen selbst, die bereits in ihrer Ausbildung mit Methoden des PM in Berührung kamen.

Literatur

- Aldering, C. (1997): Benchmarking von Management- bzw. Führungsqualitäten, in: Kienbaum, J. (Hrsg.): Benchmarking Personal – Von den Besten lernen, S.183-190, Stuttgart.
- Alewell, D., Hauff, S., Thommes, K., Weiland, K. (2009): Triggers of HR ousourcing decisions – an empirical analysis of German firms; in: The International Journal of Human Resource Management, Vol. 20, No. 7, July 2009, pp. 1599–1617
- Bak, B. (1999): Benchmarking: Funktion und Wirkung von Kennzahlen, in: Verwaltung, Organisation, Personal – die Fachzeitschrift für erfolgreiches Verwaltungsmanagement, Jg.1999, Hf.4, S.21-24.
- Bauer, H., Stokburger, G. (2006): Marketing Performance: Messen, Analysieren, Optimieren, Wiesbaden.
- Bejan, A., Franke, M. (2000): Optimierungsverfahren HR-Benchmarking – von der Datenanalyse zur Prozessoptimierung, in: Personal: Zeitschrift für Human Resource Management, Bd.52/2000, Hf.8, S.370-382.
- Bejan, A., Wagner, D. (2000): Internationale Studien – Internationales HR-Benchmarking, in: Personal: Zeitschrift für Human Resource Management, Bd.52/2000, Hf.9, S.486-489.
- Biele, G. (2000): Benchmarking im Personalmanagement, in: Personal: Zeitschrift für Human Resource Management, Bd.52/2000, Hf.4, S.174-175.
- Bouabba, R. (2009): Prozesse der Personalabrechnung optimieren – HR-Benchmarking der DGFP mbH, in: Personalführung, 12/2009, S.72-73.

- Böttcher, A. (2002): Mit Benchmarking zum prozessorientierten Personalmanagement, in: Personal: Zeitschrift für Human Resource Management, Bd.54/2002, Hf.2, S.54-59.
- Buedel, O. (1998): Benchmarking – auch für die Personal(entwicklungs)arbeit, in: Finanzierung, Leasing, Factoring, Bd.45/1998, Hf.6, S.245-253.
- Deutsche Gesellschaft für Personalführung (Hrsg.) (1996): Steigerung der Wettbewerbsfähigkeit durch das Personalmanagement: Benchmarking – Outsourcing – Sozial Lernen, Düsseldorf.
- Drumm, H.J. (2000): Personalwirtschaft, 4.A., Berlin.
- Eggert, O. (2009): Der HPI ist in guter Verfassung, sein Name allerdings unglücklich, in: Personalwirtschaft – Magazin für Human Resources, 08/2009, S.8-9.
- Faltin, T. (2008): Vom Messen zum Managen, in: Personal: Zeitschrift für Human Resource Management, Bd.60/2008, Hf.7-8, S.14-17.
- Fischer, H. (1997): Benchmarking Personal im internationalen Rahmen: Die Quadratur des Kreises?, in: Kienbaum, J. (Hrsg.): Benchmarking Personal – Von den Besten lernen, S.249-259, Stuttgart.
- Fleschhut, P. (1997): Beschleunigung von Unternehmensprozessen: Mit Benchmarking die notwendigen Organisations- und Personalfähigkeiten entwickeln, in: Kienbaum, J. (Hrsg.): Benchmarking Personal – Von den Besten lernen, S.147-158, Stuttgart.
- Girbig, R., Meifert, M. (2008): Was vergleichen? Zum Sinn von PE-Benchmarks, in: Meifert, M. (Hrsg.): Strategische Personalentwicklung – Ein Programm in acht Etappen, S.389-396, Berlin.
- Görmer, M., Kohl, H.(2009): Benchmarking für kleine und mittlere Unternehmen, in: Mertins, K., Kohl, H. (Hrgs.): Benchmarking – Leitfaden für den Vergleich mit den Besten, S.137-168, 2.A., Düsseldorf.
- Greiling, D.(2009): Performance-Measurement in Nonprofit-Organisationen, Wiesbaden.
- Hafner, R., Polanski, A.(2009): Kennzahlen-Handbuch für das Personalwesen, Zürich.
- Hagenmeyer, U., Schwaiger, S., Metz, F. (1998): Benchmarking Führungskräfteentwicklung – Teil 2: Ergebnisse der Einzelfallstudien, in: Personal: Zeitschrift für Human Resource Management, Bd.50/1998, Hf.10, S.504-510.
- Hannsen, J. (1996): Internationales Benchmarking und HRM – dargestellt am Beispiel der TRW Fahrwerksysteme, in: Personal: Zeitschrift für Human Resource Management, Bd.48/1996, Hf.12, S.628-631.
- Henning, M. (Hrsg.) (2010): HR-Benchmarking-Report: Organisation und Strategie der Personalabteilung im Fokus von Qualität und Effizienz, Düsseldorf.
- Heyse, V., Erpenbeck, J. (2004): Kompetenztraining, Stuttgart.

- Hohmann, R. (1997): ABB Kraftwerke AG – Benchmarking für eine neue Personalpolitik, in: Kienbaum, J. (Hrsg.): Benchmarking Personal – Von den Besten lernen, S.263-290, Stuttgart.
- Jochmann, W. (1997): Optimierung von Geschäftsprozessen im Personalbereich, in: Kienbaum, J. (Hrsg.): Benchmarking Personal – Von den Besten lernen, S.129-146, Stuttgart.
- Jung, H. (2007): Controlling, München.
- Karlshaus, A. (2005): Weiche HR-Kennzahlen im strategischen Personalmanagement, Lohmar.
- Kienbaum, J. (Hrsg.) (1997): Benchmarking Personal – Von den Besten lernen, Stuttgart.
- Kienbaum, J., Schröder, A. (1997): Benchmarking in der Praxis, in: Kienbaum, J. (Hrsg.): Benchmarking Personal – Von den Besten lernen, S.3-16, Stuttgart.
- Kienbaum, J. (1997): Benchmarking – welche Möglichkeiten gibt es für die Personalverantwortlichen, in: Personalführung, 05/1997, S.394.
- Knyphausen-Aufseß, D. zu / Meck, A. (2004): Auf dem Prüfstand – Ein Benchmarking-Konzept hilft Personalabteilungen, in: Personal: Zeitschrift für Human Resource Management, Bd.56/2004, Hf.7-8, S.40-43.
- Küpper, H.-U., Weber, J. (1997): Taschenlexikon Controlling, Stuttgart.
- Köppel, P. (2010): Diversity Management in Deutschland: Ein Benchmark unter den DAX 30-Unternehmen, Parsdorf.
- Krumbach, P., Hübbe, E. (1997): Trends im Markt – Folgen für Personalentwicklungsinstrumente, in: Kienbaum, J. (Hrsg.): Benchmarking Personal – Von den Besten lernen, S.191-203, Stuttgart 1997.
- Lampen, W., Zesch, W. (1996): Erfolg durch Benchmarking und Reengineering der Personalprozesse – Ein Erfahrungsbericht, in: Personalführung, 07/1996, S.584-591.
- Leibfried, K., McNair, C. (1992): Benchmarking – Von der Konkurrenz lernen, die Konkurrenz überholen, Freiburg.
- Littmann, W. (1997): Benchmarking im Personalwesen: Wie kann man von den Besten lernen, in: Kienbaum, J. (Hrsg.): Benchmarking Personal – Von den Besten lernen, S.291-308, Stuttgart.
- Marr, R., Schloderer, F. (2004): Human-Capital-Management mit Personalindikatorensystemen – eine Standortbestimmung, in: Dürndorfer, M., Friederichs, P. (Hrsg.): Human Capital Leadership – Wettbewerbsvorteile für den Erfolg von morgen, S.162-178, Hamburg.
- Martina, D., Trautmann, M. (2004): Zahlen mit Signalwirkung – Eine Benchmarking-Studie der DAX 30-Unternehmen, in: Personal: Zeitschrift für Human Resource Management, Bd.56/2004, Hf.10, S.22-25.

- Martina, D., Koch, S.: Benchmarking (2003): Personalkennzahlen DAX 30-Unternehmen, in: Personal: Zeitschrift für Human Resource Management, Bd.55/2003, Hf.9, S.44-46.
- Mertins, K., Kohl, H. (Hrsg.) (2009): Benchmarking – Leitfaden für den Vergleich mit den Besten, 2.A., Düsseldorf.
- Metz, F., Knauth, P. (1998): Benchmarking Führungskräfteentwicklung – Teil 1: Theoretische Grundlagen des Vergleichs, in: Personal: Zeitschrift für Human Resource Management, Bd.50/1998, Hf.9, S.436-443.
- Müller, C., Sander, G. (2008): Innovative führen mit Diversity-Kompetenz – Vielfalt als Chance, Bern 2008.
- North, K. (2005): Wissensorientierte Unternehmensführung, Wiesbaden.
- Opitz, J., Wucknitz, U. (2000): Benchmarking – Erfolgsfaktoren des Benchmarking im Human Resource Management, in: Personal: Zeitschrift für Human Resource Management, Bd.52/2000, Hf.4, S.170-173.
- Pichert, P.-H. (1997): Voraussetzungen für wirksames Benchmarking, in: Kienbaum, J. (Hrsg.): Benchmarking Personal – Von den Besten lernen, S.17-40, Stuttgart.
- Reichmann, T. (1985): Controlling mit Kennzahlen. Grundlagen einer systemgestützten Controlling-Konzeption, München.
- Rosenstiel, L.v./Pieler, D./Glas, P. (Hg.) (2004): Strategisches Kompetenzmanagement. Von der Strategie zur Kompetenzentwicklung in der Praxis, Wiesbaden.
- Sander, G., Müller, C. (2008): Kennzahlenvergleich 2008. Benchmarking-Bericht zum Gender- und Diversity-Management, Verein Gleichstellungs-Controlling (Hrsg.), St.Gallen.
- Sattelberger, T. (1997): Tiefgreifende Veränderungsprozesse in Unternehmen – Beiträge des Human Resources Management im Benchmarking, in: Kienbaum, J. (Hrsg.): Benchmarking Personal – Von den Besten lernen, S.43-75, Stuttgart.
- Sattelberger, T., Scholz, C. (2009): Der HPI ist ein trojanisches Pferd, in: Personalwirtschaft – Magazin für Human Resources, 07/2009, S.10-11.
- Schärer, M. (2005): Kennzahlen im Wissensmanagement. Theoretische Grundlagen – Experteninterviews, Bern.
- Schmitdt-Brücken, B. (1996): Benchmarking & Personal: Prozessoptimierung als Voraussetzung für Qualitätssteigerung in der betrieblichen Weiterbildung, Hamburg.
- Schneyder, W. von (2007): Kennzahlen für die Personalentwicklung – Referenzmodell-basiertes System zur Quantifizierung erzeugter Wirkungen, Wiesbaden.
- Schneyder, W. von / Jahnke, B. (2006): Kennzahlen für die Personalentwicklung: Eine Bibliographie, Aachen.

- Schubert, A., Brüggen, T. vor der / Haferburg, M. (2009): Sicherung der Zukunfts- und Wettbewerbsfähigkeit von Unternehmen durch Verbesserung qualitativer humanressourcen-orientierter Kriterien, in: Bundesanstalt für Arbeitsschutz und Arbeitsmedizin (Hrsg.): Abschlussbericht zum Projekt „Sicherung der Zukunfts- und Wettbewerbsfähigkeit von Unternehmen durch Verbesserung qualitativer humanressourcenorientierter Kriterien", Berlin.
- Schulte, C. (1989): Personal-Controlling mit Kennzahlen, München.
- Seelig, D. (1995): Benchmarking in der Personalwirtschaft – Eine Herausforderung zur Überprüfung überkommener Arbeitsstrukturen, in: Personalführung, 01/1995, S.52-59.
- Shapiro, J. (2010): Benchmarking the Benchmarks, in: HR Magazine, 04/2010, S.43-44.
- Siebert, G. (2002): Performance-Management. Leistungssteigerung mittels Benchmarking, Balanced Scorecard und Business-Excellence-Modell, Stuttgart.
- Siebert, G., Kempf, S. (1998): Benchmarking – Leitfaden für die Praxis, München.
- Siebert, G. (1998): Prozeß-Benchmarking. Methode zum branchenunabhängigen Vergleich von Prozessen, Berlin.
- Steiner, R. (2008): Grundlagen und kritische Erfolgsfaktoren von Benchmarking im öffentlichen Sektor – dargestellt am Beispiel der Schweiz, Bern.
- Svensson, H., Zähringer, H. (2004): HR-Prozesse durch internes Benchmarking optimieren, in: Personalführung, 03/2004, S.58-62.
- Töpfer, A. (2005): Betriebswirtschaftslehre – Anwendungs- und prozessorientierte Grundlagen, Berlin.
- Udris, I., Rimann, M. (1999): SAA und SALSA. Zwei Fragebogen zur subjektiven Arbeitsanalyse, in: H. Dunckel (Hg.): Handbuch psychologischer Arbeitsanalyseverfahren. Ein praxisorientierter Überblick, S. 397–419, Zürich.
- Weber, J., Schäffer, U. (2006): Einführung in das Controlling, Stuttgart.
- Weber, J. (2005): Das Advanced-Controlling-Handbuch – Alle entscheidenden Konzepte, Steuerungssysteme und Instrumente, Weinheim.
- Wittwer, W. (2005): Was hat er, was ich nicht habe, in: Personalwirtschaft – Magazin für Human Resources, 07/2005, S.51-52.

Onlinequellen

- Baumgartner & Partner GmbH: „HR Benchmarking Online – Kennzahlensysteme im Personalwesen", www.baumgartner.de / www.hr-bench.de (29.03.2011)
- Baumgartner & Partner GmbH: „Transparenz und Best Practices in der Personalarbeit – HR Benchmarking Public", www.baumgartner.de (29.03.2011)

- Bildungswerk der ostwestfälisch-lippischen Wirtschaft BOW e.V.: „Benchmarking in der Personalentwicklung“, www.praktische-personalentwicklung.de/arbeitskreis-personalentwicklung (23.03.2011)
- Deutsches Benchmarking Zentrum e.V. am Institut für Prozessoptimierung und Informationstechnologien GmbH: „aktuelle Projekte und Studien“ sowie „Grundlagenwissen zur Managementmethode Benchmarking: Definitionen, Arten, Vorgehensweisen“, www.benchmarkingforum.de (23.03.2011)
- Diversity Consulting Company: „Diversity Benchmark Tool“, www.diversityconsulting company.com (23.03.2011)
- Human-Capital-Club e.V.: „Was kann der Human-Potential-Index (HPI) leisten?”, www.humancapitalclub.de (29.03.2011)
- Institut für Managementkompetenz: zur Studie „BestPersAward – Beste Personalarbeit und Beste Arbeitgeber im Mittelstand“, www.bestpersaward.de (29.03.2011)
- Institut für Personalmanagement GmbH: zur Studie „IP Personalmanagement Index - Aufgaben, Schwerpunkte und Trends im Personalmanagement der Region Berlin-Brandenburg“, www.ip-institut.de (28.03.2011)
- Verein Gleichstellungs-Controlling: zum „Gender/Diversity Benchmarking“ sowie „Kennzahlenvergleich 2008 – Benchmarking-Bericht zum Gender- und Diversity-Management“, www.gleichstellungs-controlling.org (23.03.2011)
- Vereinigung der Unternehmensverbände in Berlin und Brandenburg e.V.: zur „Arbeitsgemeinschaft der Personalleiter – Information, Erfahrungsaustausch, Beratung“, www.uvb-online.de (28.03.2011)
- YouGovPsychonomics: „Human Potenzial Index: Rating des Humankapitals von Unternehmen“, www.psychonomics.de (29.03.2011)

Teil 6:
Bibliothek zum Personalmanagement in KMU

Personalmanagement in kleinen und mittleren Unternehmen – Ein Literaturüberblick

Anja Schulz

An dieser Stelle soll ein Überblick über wissenschaftliche Literatur gegeben werden, die sich im Kern mit Personalmanagement – bzw. Human Resource Management als englischsprachiger Terminus – in kleinen und mittleren Unternehmen (KMU) befasst. Die einschlägige Literatur findet sich in der untenstehenden Aufstellung. Sie bedarf jedoch einer einführenden Kommentierung.

Das Thema findet in nahezu jeder grundsätzlichen Abhandlung zur Betriebswirtschaft der kleinen und mittleren Unternehmen Beachtung. Personalmanagement in KMU wird i. d. R. einführend in Grundlagenwerken (Lehrbücher wie Sammelbände) als eigenständige Disziplin, zumeist in eigenen Kapiteln behandelt (u. a. bei Studer 2012, Scarborough 2012, Longenecker et al. 2011, Reinemann 2011, Hatten 2011, Schauf 2009, Pfohl 2006, Mugler 2008, Martin 2006, Pichler/Pleitner/Schmidt 2000). Dabei werden im Wesentlichen die Besonderheiten des Personalmanagements unter den Bedingungen kleiner und mittlere Unternehmen im Vergleich zu großen Unternehmen abgehandelt (siehe z. B. Hamel 2006). Derartige Beiträge in umfangreicheren Werken werden von wenigen, grundsätzlichen Abhandlungen zum mittelstandsspezifischen Personalmanagement in Monographien oder Periodika ergänzt, so z. Cooper/Burke (2011), Jochims (2010), Fleischer (2009), Claaßen (2008), von Schindler (1996), Domayer (1997), Schindler/Brunn (2002), Habitzl (2006). Diese Grundsatzbeiträge werden von ebenso umfassenden, z. T. auch bereits in den 80er und 90er Jahren konzeptionell-vorausschauende Abhandlungen zu ausgewählten Teildisziplinen des Personalmanagements in KMU ergänzt, so z. B. von Behrends/Martin (2006) zu Personalarbeit in KMU, Feldmann (1984) und Stiefel (1991) zu Personalentwicklung oder von Eckardstein (1988), Berther/Touet (1997) und Stiefel (1991) sowie in vergleichbaren Beiträgen in Sammelbänden von z. B. Kay (2007), Behrends/Jochims (2006), Ackermann/Blumenstock (1993), Stelzer-Rothe (2002).

Neben diesen lehrbuchgleichen, grundsätzlichen Abhandlungen zum Personalmanagement auf der einen, finden sich thematisch recht verstreute, z. T. sehr isolierte Einzelbeiträge in Sammelbänden und Journals. Dabei steht einer nicht mehr überschaubar großen Zahl von populärwissenschaftlichen Beiträgen sowie von Praktikerliteratur und -Ratgebern eine im Vergleich zu anderen Themenfeldern innerhalb der KMU-Forschung geringe Zahl wissenschaftlicher Beiträge mit dem Schwerpunkt Personalmanagement und den Teilaufgaben Personalbeschaffung, -betreuung/-entgeltung, -entwicklung und -freisetzung gegenüber. Beiträge zu Einzelfragen des Personalmanagements in KMU nicht in der wissenschaftlichen Literatur nicht so zahlreich, wie z. B. zum Innovations- oder Finanzierungsfragen in der mittelständischen Wirtschaft, auch international.

So ließen sich bei einer Recherche in internationalen und gerankten Journals nur etwa 30 wissenschaftliche Beiträge finden, die sich eindeutig dem engeren Themenfeld hier zuordnen lassen, was etwa 3% der in den betrachteten Journals publizierten Beiträge entspricht. Zwar kann anhand der absoluten Zahl der Publikationen wie auch ihr Anteil an allen Beiträge die Aktualität und Bedeutung des Forschungsgebietes nicht abschließend bemessen werden, da die hinter den Beiträgen liegende Forschungsleistung und -qualität sowie deren Innovativität unbeachtet bleibt. Gleichwohl mag die Zahl ein grober Indikator für die obige Erkenntnis sein.

Die geringe Zahl der Einzelthemenbeiträge mag darin begründet sein, dass sich Erkenntnisse zum Personalmanagement vielfach aus dem herausstehenden Forschungsthemenfeld „Führung in KMU" ableiten lassen und somit „im Schatten" und nicht im Mittelpunkt der Forschung stehen. Ein weiterer Grund mag in dem aktuell größeren Forschungsinteresse an denjenigen Themen liegen, die als Schnittstellen nur mittelbar Befunde zum Personalmanagement ergeben, so z. B. zur Mitbestimmung, Mindestlohn, Mitarbeiterkompetenz, Betriebliches Gesundheitsmanagement und Mitarbeiterbeteiligung in KMU (hierzu u. a. aus dem deutschsprachigen Raum: Meyer 2005, 2008a, 2008b, 2009, Meyer/Tirpitz 2008). Sie stehen zwar – im Lichte des aktuell viel diskutierten Fachkräftemangels – im engen Zusammenhang mit Konsequenzen für das Personalmanagement in KMU, gehören aber nicht zu dem hier gewählten Literaturfokus.

Allerdings wirken sich die derzeit in Deutschland öffentlich viel diskutierten Themen demographischer Wandel und Fachkräftemangel offensichtlich auf die Forschung zu Personalmanagement in KMU aus: Neben den vielen Beiträgen in der medialen Diskussion (z. B. zur Kritik an den Schätzungen zum Fachkräftemangel, vgl. u. a. Bremke 2010, Bosbach/Korff 2011, Endres 2011) finden sich viele makroökonomische Abhandlungen und insbesondere Studien (u. a. BDI/BDA 2009, BA 2010, McKinsey 2011) mit ersten mikroökonomischen Implikationen. Sie legen Forschung zu den Konsequenzen im (Personal-) Management in KMU nahe. Und so haben die Diskussionen und Studien einige wissenschaftliche Beiträge für KMU und das Personalmanagement hervorgebracht, frühzeitig z. B. Deller et al. (2008), die jährlichen CHRIST Recruiting-Studien (zuletzt durchgeführt in 2011, publiziert 2012) und zum Employer Branding (Böttger 2012, Dietz 2011, Stritzke 2010, Schumacher/Geschwill 2009, Stotz/Wedel 2009) sowie Silver Worker (generell dazu bereits frühzeitig Menges 2000). Viele Beiträge im vorliegenden Jahrbuch der KMU-Forschung und -Praxis sind in gleicher Weise von demographischem Wandel und Fachkräftemangel initiiert.

Die internationale Literatur scheint von den Diskussionen zum demographischem Wandel und Fachkräftemangel noch eher unbeeinflusst, dabei handelt es sich hierbei primär nicht um ein rein deutschlandspezifisches Phänomen. Die einschlägigen Beiträge aus internationalen, wissenschaftlichen Journals sind hingegen in der Mehrheit von Spezifika des Personalmanagements in den KMU ausgewählter Länder geprägt, begleitet von Befunden zur Erfolgswirkung neuer Personalmanagementsysteme.

Die wichtigsten Beiträge zum Kernthema auch der internationalen Literatur finden sich in der Literaturliste anbei. Die große Streuung und Vielfalt der Einzelthemen der wissenschaftlichen Abhandlungen sowie die häufige Überschneidung mit anderen, in den Beiträgen dominierenden Themenfeldern lässt eine vollständige Erfassung aller weltweiten (auch deutschsprachigen) wissenschaftlichen Beiträge zum Thema nicht zu, so dass die untenstehende Literaturtabelle nur die einschlägigen und eindeutig dem Kernthema zugehörigen Quellen aufführt.

Literatur

Monographien, Lehrbücher, Sammelbände

- Ackermann, K.-F., Blumenstock, H. (Hrsg.) (1993), Personalmanagement in mittelständischen Unternehmen, Stuttgart.
- Albach, H., Letmathe, P. (2007), Empirische Studien zum Management in mittelständischen Unternehmen, ZfB Special Issue 6/2007.
- Berthel, J. (Hrsg.) (1988), Mittelständische Unternehmen – Herausforderungen und Chancen für die 90er Jahre, Berlin u. a.
- Böttger, E. (2012), Employer Branding – Verhaltenstheoretische Analysen als Grundlage für die identitätsorientierte Führung von Arbeitgebermarken, Wiesbaden.
- Claaßen, N. (2008), Handbuch des Personalmanagements in kleinen und mittleren Unternehmen, Bremen.
- Cooper, C. L., Burke, J. (2011), Human Resource Management in Small Business, Cheltenham/Northhamption.
- Dahleke, C. (2008), Demographischer Wandel in der Arbeitswelt. Herausforderungen und Handlungsansätze für Klein- und mittelständische Unternehmen, Saarbrücken.
- Fleischer, C. (2009), HR for Small Business, Naperville.
- Hagen, A., Kramer, J. (2011), Personalmarketing: Rekrutierung von Nachwuchskräften in deutschen Unternehmen, Bremen.
- Hatten, T.S. (2011), Small Business Management, Entrepreneurship and Beyond, Mason.
- Hug, M. (2008), Fachkräftemangel im Mittelstand. Status quo, Ursachen und Strategien, Freiburg.
- Jochims, T. (2010), Personalpolitik in mittelständischen Unternehmen – Personalpolitische Konfigurationen und organisationale Dissonanz, München und Mering
- Kotthoff, H., Reindl, J. (1990), Die soziale Welt kleiner Betriebe, Göttingen.
- Longenecker, J.G., Petty, W.J., Palich, L.E, Hoy, F. (2001), Small Business Management, Mason.
- Mariotti, S., Glackin, C. (2012): Entrepreneurship and Small Business Management, Prentice Hall.
- Martin, A. (2006): Managementstrategien von kleinen und mittleren Unternehmen, München und Mering.

- Mesaros, L., Vanselow, A., Weinkopf, C. (2009), Fachkräftemangel in KMU. Ausmaß, Ursachen und Gegenstrategien, Bonn.
- Mugler, J. (2008), Grundlagen der BWL der Klein- und Mittelbetriebe, 2. Auflage, Wien.
- Pfohl, H.-C. (Hrsg.) (2006), Betriebswirtschaftslehre der kleinen und mittleren Unternehmen, 4. Auflage, Berlin.
- Pichler, H. J., Pleitner, H. J., Schmidt, K.H. (Hrsg.) (2000), Management in KMU. Die Führung von Klein- und Mittelunternehmen, Bern.
- Reinemann, H. (2011): Mittelstandsmanagement, Stuttgart.
- Scarborough, N.M. (2012), Effective Small Business Management, 10th edition, Prentice Hall.
- Schauf, M. (Hrsg.) (2009), Unternehmensführung im Mittelstand, 2. Auflage, München/Mering.
- Schumacher, F., Geschwill, R. (2009), Employer Branding. Human Resources Management für die Unternehmensführung, Wiesbaden.
- Stähle, W., Conrad, P., Sydow, J. (2012), Management – eine verhaltenswissenschaftliche Perspektive, 9. Auflage, München.
- Stelzer-Rothe, T. (Hrsg.) (2002), Personal-Management für den Mittelstand, Heidelberg.
- Stotz, W., Wedel, A. (2009), Employer Branding. Mit Strategie zum bevorzugten Arbeitgeber, München.
- Stritzke, C. (2010), Marktorientiertes Personalmanagement durch Employer Branding, Wiesbaden.
- Studer, J. (2012), Personalmanagement für den Mittelstand – Ein Leitfaden für KMU, 4. Auflage, Mur-Bern.

Beiträge in Sammelbänden

- Behrends, T., Jochims, T. (2006), Personalstrategien von KMU, in: Martin, A. (Hrsg.): Managementstrategien von kleinen und mittleren Unternehmen, München und Mering, S. 145-175.
- Eckerland, J.; Borchert, M. (2008), Personalentwicklung in kleinen und mittleren Logistikunternehmen, in: Borchert, M., Heinen, E., Zühlke-Robinet, K. (Hrsg.), Kompetenzentwicklung in kleinen und mittleren Unternehmen, Ingolstadt, S. 51-77.
- Fuchs-Frohnhofen, P., Hoppe, J. (2007), Personalauswahl und -Entwicklung in KMU. Brachland mit hohem Innovationspotenzial, in: Vomberg, E. (Hrsg.), Chancen „bunter Lebensläufe“ für KMU und soziale Einrichtungen, Bielefeld, S. 107-148.
- Hamel, W. (2006), Personalwirtschaft, in: Pfohl, H.-C. (Hrsg.), Betriebswirtschaftslehre der kleinen und mittleren Unternehmen, 4. Auflage, Berlin, S.233-260.

- Kay, R. (2007), Führungskräfterekrutierung im Mittelstand: Beschaffungswege, Auswahlverfahren und Entscheidungsprozesse, in: Lethmate, P. et al. (Hrsg.)(2007), Management kleiner und mittlerer Unternehmen – Stand und Perspektiven der KMU-Forschung, Wiesbaden, S.41-258.

- Kottmann, M., Schwering, M., Striewe, F. (2010), Strategien gegen den Fach- und Führungskräftemangel – Chancen des dualen Studiums für kleine und mittlere Unternehmen, in: Meyer, J.-A. (Hrsg.) (2010), Jahrbuch der KMU-Forschung und –Praxis 2010: Strategien von kleinen und mittleren Unternehmen, Lohmar, Köln, S. 313-331.

- Krämer, W. (2009), Personalführung und Organisation im Wandel, in: Schauf, M. (Hrsg.), Unternehmensführung im Mittelstand. München, 2. Aufl., S. 195-237.

- Kühlmann, T. H. (1999), Internationale Personalarbeit im Mittelstand, in: Schwuchow, K., Gutmann, J. (Hrsg.), Jahrbuch Personalentwicklung und Weiterbildung, Neuwied, Kriftel, S. 51-55.

- Küpper, H.-U., Zoch, B. (2010), Reaktionsstrategien auf den Demographischen Wandel bei kleinen und mittleren Handwerksbetrieben, in: Meyer, J.-A. (Hrsg.), Strategien von kleinen und mittleren Unternehmen, Lohmar, S. 333-353.

- Martin, A., Behrends, T. (2005): Betriebsgrößenbedingte Unterschiede in der Personalarbeit von Unternehmen. In: Schulte, R. (Hrsg.): Ergebnisse der MittelstandsForschung, S. 151-183

- Trost, A. (2009): Employer Branding, in: Trost, A. (Hg.), Employer Branding: Arbeitgeber positionieren und präsentieren, Köln, S.13–77.

- von Eckardstein, D. (1988), Neue Akzente in der künftigen Personalpolitik mittelständischer Unternehmen, in: Berthel, J. (Hrsg.), Mittelständische Unternehmen – Herausforderungen und Chancen für die 90er Jahre, Berlin u. a., S. 58-67.

Beiträge in wissenschaftlichen Journals

- Aït Razouk, A. (2011), High-performance work systems and performance of French small- and medium-sized enterprises: examining causal order, in: International Journal of Human Resource Management, Vol. 22, Nr. 2, pp. 311-330.

- Aït Razouk, A., Bayad, M. (2009), Investigating the use of strategic human resource management in French small and medium-sized enterprises: Longitudinal study, in: Human Systems Management, Vol. 28, No. 1, pp. 47-56.

- Behrends, T. (2007): Anreizstrukturen im Mittelstand - ein empirischer Vergleich zwischen KMU und Großunternehmen, in: Albach, H., Letmathe, P. (2007), Empirische Studien zum Management in mittelständischen Unternehmen, ZfB Special Issue 6/2007, S. 21-52.

- Behrends, T., Martin, A. (2006), Personalarbeit in klein- und Mittelbetrieben – Empirische Befunde und Ansatzpunkte zu ihrer theoretischen Erklärung, in: Zeitschrift für KMU und Entrepreneurship (ZfKE), 54. Jg., Heft 1 (2006), S. 25-49.

- Berthel, J., Touet, M. (1997), Mittelstand verzichtet vielfach auf Personalplanung und Listungsbeurteilung, in: Personalwirtschaft 30. Jg., S. 27-29.
- Bonet, F. P., Armengot, C. R., Martín, M. Á. G. (2011), Entrepreneurial success and human resources, in: International Journal of Manpower, Vol. 32, No. 1, pp. 68-80.
- Castrogiovanni, G. J., Urbano, D., Loras, J. (2011), Linking corporate entrepreneurship and human resource management in SMEs, in: International Journal of Manpower, Vol. 32, No. 1, pp. 34-47.
- Çetinela, F., Yolala, M., Emeksiza, M. (2009), Human Resources Management in Small- and Medium-Sized Hotels in Turkey, in: Journal of Human Resources in Hospitality, Tourism, Vol. 8, No. 1, pp. 43-63.
- Challis, D., Samson, D., Lawson, B. (2005), Impact of Technological, Organizational and Human Resource Investments in Employee and Manufacturing Performance: Australian and New Zealand Evidence, in: International Journal of Production Research, Vol. 43, No. 1, pp. 81-107.
- Cunningham, L. X., Rowley, C. (2007). Human resource management in Chinese small and medium enterprises, in: Personnel Review, Vol. 36, No. 3, pp. 415-439.
- Cunningham, L. X., Rowley, C. (2010), Small and medium-sized enterprises in China: a literature review, human resource management and suggestions for further research, in: Asia Pacific Business Review, Vol. 16, No. 3, pp. 319-337.
- Dalton, K., Kennedy, L. (2010), People Management in a Transitional Society: The Case of Romania, in: Journal of East-West Business, Vol. 16, No. 3, pp. 253-282.
- Drummond, I., Stone, I. (2007). Exploring the potential of high performance work systems in SMEs, in: Employee Relations, Vol. 29, No. 2, 192-207.
- Elorza, U., Aritzeta, A., Ayestaran, S. (2011), Exploring the black box in Spanish firms: the effect of the actual and perceived system on employees' commitment and organizational performance, in: International Journal of Human Resource Management, Vol. 22, No. 7, pp. 1401-1422.
- Fabi, B., Lacoursière, R., Raymond, L., St-Pierre, J. (2010), HRM capabilities as a determinant and enabler of productivity for manufacturing SMEs, in: Human Systems Management, Vol. 29, No. 3, pp. 115-125.
- Fabi, B., Raymond, L., Lacoursière, R. (2007), HRM Practice Clusters in Relation to Size and Performance: An Empirical Investigation in Canadian Manufacturing SMEs, in: Journal of Small Business, Entrepreneurship, Vol. 20, No. 1, pp. 25-39.
- Fazzari, A. J., Mosca, J. B. (2009), Partners in perfection: Human resources facilitating creation and ongoing implementation of self-managed manufacturing teams in a small medium enterprise, in: Human Resource Development Quarterly, Vol. 20, No. 3, pp. 353-376.
- Feldmann, M. (1984), Personalentwicklung – Eine unternehmerische Aufgabe für den mittelständischen Betrieb, in: Personalführung 17. Jg., S.278-281.

- Furtner, M. R. (2010), Transformationales (Self-)Leadership: Self-Leadership und Transformationale Führung, in: ZfKE – Zeitschrift für KMU und Entrepreneurship, Jg. 58, Nr. 4, S. 289-306.
- Giauque, D., Resenterra, F., Siggen, M. (2010). The relationship between HRM practices and organizational commitment of knowledge workers. Facts obtained from Swiss SMEs, in: Human Resource Development International, Vol. 13, No. 2, pp. 185-205.
- Helfen, M., Schuessler, E. S. (2009), Uncovering Divergence: Management Attitudes towards HRM Practices and Works Council Presence in German SMEs, in: Economic, Industrial Democracy, Vol. 30, No. 2, pp. 207-240.
- Jung, Y., Takeuchi, N. (2010), Performance implications for the relationships among top management leadership, organizational culture, and appraisal practice: testing two theory-based models of organizational learning theory in Japan, in: International Journal of Human Resource Management, Vol. 21, No. 11, pp. 1931-1950.
- Kim, G.-M., Won, H. J. (2007), HR BPO service models for small and medium enterprises, in: Business Process Management Journal, Vol. 13, No. 5, pp. 694-706.
- Mistlberger, B. (2009), Employer Branding: Die Marke Arbeitgeber in KMU, in: personal manager, H. 4, S. 34–35.
- Ongori, H., Temtime, Z. (2009), Recruitment and Selection Practices in SMEs: Empirical Evidence from a Developing Country Perspective, in: Advances in Management, Vol. 3, No. 2, pp. 52-58.
- Patel, P. C., Cardon, M. S. (2010,. Adopting HRM practices and their effectiveness in small firms facing product-market competition, in: Human Resource Management, Vol. 49, No. 2, pp. 265-290.
- Psychogios, A. G., Wood, G. (2010), Human resource management in Greece in comparative perspective: alternative institutionalist perspectives and empirical realities, in: International Journal of Human Resource Management, Vol. 21, No. 14, pp. 2614-2630.
- Quader, M. S. (2007), Human Resource Management issues as Growth Barriers in Professional Service Firm SMEs, in: Journal of Service Research, Vol. 7, No. 2, pp. 115-161.
- Richbell, S., Szerb, L., Vitai, Z. (2010), HRM in the Hungarian SME sector, in: Employee Relations, Vol. 32, No. 3, pp. 262-280.
- Rodrigues, R. G., Raposo, M. (2011), Entrepreneurial Orientation, Human Resources Information Management, and Firm Performance in SMEs, in: Canadian Journal of Administrative Sciences, Vol. 28, No. 2, pp. 143-153.
- Saini, D. S., Budhwar, P. S. (2008), Managing the human resource in Indian SMEs: The role of indigenous realities, in: Journal of World Business, Vol. 43, No. 4, pp. 417-434.
- Schindler, U. (1996), Ganzheitliches Personalmanagement in mittelständischen Unternehmen, in: Personalführung, 29. Jg., S. 806-813.

- Schmelter, R., Mauer, R., Börsch, C., Brettel, M. (2010), Boosting corporate entrepreneurship through HRM practices: Evidence from German SMEs, in: Human Resource Management, Vol. 49, No. 4, pp. 715-741.
- Stiefel, R. T. (1991), Personalentwicklung im Klein- und Mittelbetrieb, in: IO Management, 60. Jg., S.76-78.
- Teng, H. S. S., Bhatia, G. S., Anwar, S. (2011), A success versus failure prediction model for small businesses in Singapore, in: American Journal of Business, Vol. 26, No. 1, pp. 50-64.
- Teo, S. T. T., Le Clerc, M., Galang, M. C. (2011), Human capital enhancing HRM systems and frontline employees in Australian manufacturing SMEs, in: International Journal of Human Resource Management, Vol. 22, No. 12, pp. 2522-2538.
- Tocher, N., Rutherford, M. W. (2009), Perceived Acute Human Resource Management Problems in Small and Medium Firms: An Empirical Examination, in: Entrepreneurship: Theory, Practice, Vol. 33, No. 2, pp. 455-479.
- van de Woestyne, M., Dewettinck, K., van Bruystegem, K. (2010), Human resource challenges for small growing companies in Flanders, in: Global Business, Organizational Excellence, Vol. 29, No. 4, pp. 40-52.
- Zheng, C., O'Neill, G., Morrison, M. (2009), Enhancing Chinese SME performance through innovative HR practices, in: Personnel Review, Vol. 38, No. 2, pp. 175-194.

Studienpapiere, Workingpapers

- BA – Bundesagentur für Arbeit (Hrsg.) (2011), Perspektive 2025: Fachkräfte für Deutschland, Nürnberg.
- Bartscher, T. (2006): Chancen für den Mittelstand. Studie Personalmanagement 2006. Haufe Akademie
- BDI/BDA – Bundesverband der Deutschen Industrie und Bundesverband der Deutschen Arbeitgeberverbände (2009), Pressemitteilung vom 20. Juli 2009, Berlin.
- Brenke, K. (2010), Fachkräftemangel kurzfristig noch nicht in Sicht, Wochenbericht des DIW, Nr. 46, S. 2ff.
- CHRIST – Center of Human Resource Information Systems (Hrsg.) (2011), Recruting-Trends im Mittelstand 2012, Bamberg, Frankfurt.
- Domayer, E. (1997), Personalmanagement in Familienunternehmen, in: Hernstein Thema, Nr. 1, S. 133-142.
- Kirchgeorg, M., Günther, E. (2006), Employer Brands zur Unternehmensprofilierung im Personalmarkt, HHL-Arbeitspapier Nr. 74, Leipzig.
- McKinsey (Hrsg.) (2011), Wettbewerbsfaktor Fachkräfte – Strategien für Deutschlands Unternehmen, Berlin.

- Schindler, U., Brunn, S. (2002), Personalmanagement in KMU, Studienbrief 2-089-0008, Brandenburg/Merseburg.

Zitierte wissenschaftliche Literatur im Umfeld um das Kernthema

- Deller, J., Kern, S., Hausmann, E., Diederichs, Y. (2008), Personalmanagement im demografischen Wandel, Heidelberg.
- Kirsch, W., Seidl, D., van Aaken, D. (2009), Unternehmensführung, Stuttgart.
- Macharzina, K./Wolf, J. (2010), Unternehmensführung, 7. Aufl., Wiesbaden.
- Menges, U. (2000), Ältere Mitarbeiter als betriebliches Erfolgspotential, Köln.
- Meyer, J.-A. (2008a), Managementkompetenz in kleinen und mittleren Unternehmen - Jahrbuch der KMU-Forschung und -Praxis 2008, Lohmar.
- Meyer, J.-A. (2008b), Mindestlohn in kleinen und mittleren Unternehmen – Eine betriebswirtschaftliche Analyse, Lohmar.
- Meyer, J.-A. (Hrsg.) (2005), Wissens- und Informationsmanagement in KMU – Jahrbuch der KMU-Forschung und -Praxis 2005, Lohmar.
- Meyer, J.-A., (2009), Mitarbeiterbeteiligung in KMU – State of the Art, Meinungen und Bewertung, Lohmar.
- Meyer, J.-A., Tirpitz, A. (2008), Betriebliches Gesundheitsmanagement in KMU – Widerstände und deren Überwindung, Lohmar.

Sonstige, zitierte Quellen…

- Bosbach, G., Korff, J. J. (2011), Wer hat Angst vor der Killerstatistik?, Spiegel Online vom 12. Oktober 2011.
- Dietz, M. (2011), Fachkräfte händeringend gesucht: Finanzierbares Employer Branding für den Mittelstand, in: wissensmanagement, 8,11, S. 24-26.
- Endres, A. (2011), Die missverständliche Zahl der 6,5 Millionen, Die Zeit vom 18. Mai 2011, Hamburg.

Teil 7:
Zusammenfassungen und Abstracts

Die Unternehmensgröße als Determinante des Person-Organization-Fit – Eine empirische Analyse

Thomas Behrends

Zusammenfassung

Die arbeitnehmerseitige Beurteilung betrieblicher Anreize ist stets davon abhängig, wie diese von den Beschäftigten (vor dem Hintergrund ihrer individuellen Ansprüche und Bedürfnisse) subjektiv bewertet werden, ist grundsätzlich auch von einer (größenspezifischen) Selektionskraft betrieblicher Anreizportfolios auszugehen: Auf der Grundlage der theoretischen Argumentationsfigur des „Person-Organization Fit" geht der vorliegende Beitrag der Frage nach, inwieweit sich tatsächlich strukturelle Unterschiede in der Bedürfnis- und Präferenzstruktur von Arbeitnehmern aus KMU und Großunternehmen beobachten lassen.

Abstract

Employee's judgments on rewards and incentives are usually rendered in comparison to their respective job-related preferences and expectations. As a consequence, (size-dependent) differences in corporate rewards structures may to a certain degree attract different types of employees. Referring to the concept of „Person-Organization Fit", we will present major findings of an exploratory study of individual job preferences among employees of SMEs and large organizations.

Auswirkungen der Arbeitsbeziehung auf das Personalmanagement in KMU – Eine empirische Analyse

Thorsten Jochims

Zusammenfassung

Der vorliegende Beitrag beschäftigt sich mit den Ergebnissen einer empirischen Untersuchung von über 300 mittelständischen Unternehmen in Norddeutschland. Neben aktuellen und zukünftigen Entwicklungslinien der Personalarbeit wurde die Art der Arbeitsbeziehung in den Unternehmen abgefragt. Aus der Studie ergibt sich, dass sowohl ökonomische Faktoren aber vor allem auch die soziale Beziehung in den Unternehmen das Personalmanagement beeinflussen. Der vorliegende Beitrag liefert empirisch und theoretisch neue Ansatzpunkte für weitere Forschung

Abstract

The present paper shows results of an empirical study realized in more than 300 medium-sized companies. The study focuses on actual und future patterns of human resource activities as well as general personnel policies of the companies. The main findings are that the human resource management in medium sized companies is influenced by economic and particularly by social reasons. The article gives helpful suggestions for future research.

„Die Letzten machen geschlossen das Licht aus...“ – Ostdeutsche KMU in der demografischen Falle?

Susan Espig und Silke Geithner

Zusammenfassung

Der Beitrag untersucht die Ursachen und Folgen der demografischen Entwicklung für klein- und mittelständische Unternehmen in den Neuen Bundesländern. Durch den Einbruch der Geburtenraten in der Nachwendezeit sowie der Abwanderung qualifizierter Fachkräfte sinkt das Erwerbspersonenpotenzial, was zu einem erheblichen Fachkräftemangel führt. Darüber hinaus weisen die KMU in Ostdeutschland aufgrund ihrer personalpolitischen Entscheidungen nach der Wende (Verrentungskampagnen, Reduzierung des Ausbildungsengagements) strukturelle Merkmale, wie z.B. ein gering ausgeprägtes strategisches Personalmanagement sowie fehlende Methoden und Instrumente der Personalarbeit, auf, die es wahrscheinlich machen, dass sie in die „demografische Falle“ geraten. Anhand einer qualitativen Untersuchung in der sächsischen Automobilzulieferindustrie zeigen wir, wie die Unternehmen die demografische Entwicklung wahrnehmen und ob bzw. wie sie darauf reagieren. Darüber hinaus wird ein Rahmenkonzept eines strategischen demografieadäquaten Personalmanagements entwickelt und Ansatzpunkte zur Bewältigung der demografischen Entwicklung skizziert.

Abstract

The article analyzes the causes and the consequences of the demographic change for small and medium-size enterprises (SME) in the newly-formed German states. The drop of the birth rate and the emigration of skilled labour during the time of the German reunification caused a considerable lack of specialized workforce. Moreover, the SME in East Germany are characterized by structural features as a result of the HR policy decisions (superannuation campaigns, reduction of the apprenticeship engagement) that were made after the reunification (e.g. deficiencies in the strategic human resources management as well missing methods and instruments of the personnel work), which makes it likely that they get in the ‘demographic trap’. By means of a qualitative research conducted throughout the Saxon automotive supply industry we show how the enterprises perceive the demographic situation and whether or how they react to it. Furthermore we design a conceptual framework of strategic human resources management adequate to demography and outline approaches regarding the completion of the demographic change.

Entwicklung von Personalstrategien für eine verlängerte Lebensarbeitszeit in KMU zur Kompensation der Auswirkungen des demografischen Wandels

Victoria Büsch, Michael Brusch und Nils Britze

Zusammenfassung

In Zeiten des demografischen Wandels und den damit verbunden Herausforderungen für die Fachkräfterekrutierung gewinnt eine Verlängerung der Lebensarbeitszeit zunehmend an Bedeutung. Vor diesem Hintergrund untersucht der Beitrag den Einfluss von individuellen sowie arbeits- und organisationsbezogenen Faktoren auf den Weiterbeschäftigungswunsch älterer Arbeitnehmer. Von besonderem Interesse sind die Konsequenzen für kleine und mittlere Unternehmen, für die entsprechende Handlungsempfehlungen abgeleitet werden. Als Datenbasis dient eine 2008 durchgeführte Erhebung, in der 1500 Beschäftigte im Alter von 55-64 Jahren befragt wurden. Es zeigt sich, dass neben der Unternehmensgröße das Geschlecht und die berufliche Stellung einen signifikanten Einfluss auf den Weiterbeschäftungswunsch haben.

Abstract

Nowadays, extending work life is a dominant measure to cope with the challenges of demographic change in developed countries. In addition, it is expected that the recruitment process of small and medium enterprises (SME) will become more difficult due to the diminishing workforce. Therefore, the article investigates the impact of individual attributes and job-related psychological variables on the willingness of employees to work over pension age. A special focus of the article is on SME and their strategies to avoid a shortage of skilled labor. The data comes from a survey in 2008 in which 1500 people between the ages of 55 and 64 participated. The article shows that the company size, employee gender, and occupational group have a significant effect on workers willingness to work over pension age.

Strategisches Personalmanagement in strukturschwachen Regionen: Unternehmenskooperation als Instrument für mittelständische Unternehmence

Christina Stadler und Torsten M. Kühlmann

Zusammenfassung

Der demographische Wandel spiegelt sich in der Überalterung der Bevölkerung bei gleichzeitig zahlenmäßigem Bevölkerungsrückgang wider. Die Folgen dieser Entwicklung spüren die Unternehmen in Form eines Fachkräftemangels. Unternehmen aus strukturschwachen Regionen leiden zusätzlich unter der Abwanderung von Fachkräften. Um die betroffenen Standorte zu stärken, sollte ein besonderes Augenmerk auf die Gestaltung der Personalarbeit gelegt werden. Allerdings sind KMU bei ihrer Personalgewinnung und -bindung oftmals weniger erfolgreich als Großunternehmen. Daher erscheint es für mittelständische Unternehmen in Fragen des Personalmanagements sinnvoll, mit anderen zu kooperieren. Vor diesem Hintergrund werden die Ergebnisse einer empirischen Erhebung sowie einer Fallstudie zu Unternehmenskooperationen von mittelständischen Unternehmen auf der Ebene des Personalmanagements vorgestellt.

Abstract

An aging population paralleled by a population decrease reflects a demographic change. As a result of this, development companies face a lack of specialized workforce. Companies located in economically underdeveloped areas are further affected by movement of labor. Hence, the design of human resources should be highly emphasized to strengthen affected locations. However, small and medium-sized enterprises are usually less successful in recruiting and retaining employees than big companies. As a result, it appeals that small and medium-sized companies could benefit from cooperating with other companies in human resource management. Therefore, the results from an empirical study as well as a case study with regard to cooperation of small and medium-sized companies within human resource management are illustrated.

Personalbeschaffung im deutschen Mittelstand – Eine empirische Analyse des Status quo

Tim Weitzel, Andreas Eckhardt, Sven Laumer und Alexander von Stetten

Zusammenfassung

Der Beitrag bietet einen Überblick über den Status quo der Gestaltung der Personalbeschaffung im deutschen Mittelstand. Basierend auf den Ergebnissen einer empirischen Untersuchung wird veranschaulicht, dass mittelständische Unternehmen vornehmlich die eigene Unternehmens-Webseite, Printmedien und Internet-Stellenbörsen zur Ausschreibung von Vakanzen nutzen, und dass die meisten Einstellungen über das Internet generiert werden. Für den Bewerbungseingang geben die Unternehmen an, dass aktuell noch mehr papierbasierte Bewerbungsmappen als elektronische Bewerbungen bei den Unternehmen eingehen. Der Beitrag zeigt auf, dass E-Recruiting den Personalbeschaffungsprozess im Mittelstand verbessert hat und eine weitere zunehmende Nutzung von IT-basierten Rekrutierungsmethoden auch für den Mittelstand sinnvoll ist.

Abstract

Using an empirical analysis this article provides an overview of the status quo on the design of recruiting processes in small- and medium-sized enterprises in Germany. It can be shown that these enterprises mainly publish job advertisements on their corporate career website, in printed media, and on internet jobboards. The majority of successful hires are made based on job advertisements on the internet. Regarding incoming applications the study provides evidence that small- and medium-sized enterprises receive more paper-based than online applications. In general, the article illustrates that e-recruiting provides several benefits for the recruiting process of small- and medium-sized enterprises and concludes that an increasing usage of IT-based recruiting measures is reasonable.

Die Arbeitsplatzwahl von Saisonarbeitskräften – Implikationen für das Personalmanagement in KMU

Henriette von der Leyen, Janina Müller und Ludwig Theuvsen

Zusammenfassung

Im Mai 2011 stellte Deutschland als einer der letzten EU-Staaten die Arbeitnehmerfreizügigkeit für Bürger der acht neuen EU-Mitgliedstaaten her. Nach Aufhebung der Arbeitserlaubnispflicht wird ein zunehmender Wettbewerb zwischen KMU aus unterschiedlichen Branchen um geeignete Arbeitskräfte aus diesen Ländern erwartet. Für KMU in Branchen wie der Landwirtschaft, die bislang schon Saisonarbeitskräfte aus Osteuropa einsetzen konnten, wie auch für KMU, die erstmals Saisonarbeitskräfte aus dem östlichen Europa einsetzen können, ergeben sich damit neue Herausforderungen im Bereich des Personalmanagements. Vor diesem Hintergrund analysiert diese Studie, welche Faktoren Saisonarbeitskräfte bei der Arbeitsplatzwahl beeinflussen, welche Anforderungen die Arbeitskräfte an die Saisonarbeit stellen und welche Implikationen für das Personalmanagement von KMU sich daraus ableiten lassen.

Abstract

In May 2011 Germany finally opened its labour market for workers from eight new Eastern European EU member states. As a consequence it is expected that there will be an increased competition for workers from these countries between small and medium-sized companies from various industries. This creates new challenges for human resource management both in companies that were already allowed to employ workers from Eastern Europe before May 2011 and companies which now have the opportunity to employ seasonal workers from Eastern Europe for the first time. Against this background the study analyzes the determinants of seasonal workers' employer choice, these workers' expectations concerning seasonal work in Germany and the implications for human resource management in small and medium-sized companies.

Strategien der Gewinnung von Auszubildenden zum Verbleib in KMU angesichts des demografischen Wandels – Erkenntnisse auf Basis Basis einer empirischen Erhebung im Handwerk

Robert Wagner, Maximilian Wolf und Thomas Zwick

Zusammenfassung

Unterschiedliche Rekrutierungsstrategien von Auszubildenden und ihre anschließende Bindung am Ende der Ausbildung stellen für eine Vielzahl von Handwerksunternehmen bzw. KMU eine wichtige Reaktion auf den demografischen Wandel und den Fachkräftemangel dar. Der Beitrag untersucht deshalb, welche Rekrutierungsstrategien von Handwerksunternehmen einen signifikanten Einfluss auf die Intention von Auszubildenden haben, nach Ende der Ausbildung in ihrem Ausbildungsunternehmen zu verbleiben. Die Grundlage für die Untersuchung ist eine Primärdatenerhebung unter 1.232 Auszubildenden im bayerischen Handwerk aus dem Jahr 2009. Die Analyse zeigt, dass Auszubildende, die durch Betriebspraktika und Informationsveranstaltungen von Betrieben zu ihrem Ausbildungsbetrieb gekommen sind, nach Abschluss der Ausbildung dort langfristig arbeiten möchten. Auf Basis der Erkenntnisse leitet der Beitrag abschließend Ansatzpunkte für demografieorientierte Rekrutierungsstrategien von KMU ab.

Abstract

As a reaction to the demographic change and skilled employee gap, different recruiting strategies for apprentices and their long-term retention after the end of training are an essential strategy for a great variety of craft firms respectively of SME. As a consequence, the article explores which recruiting strategies of craft firms have a significant effect on the intention of apprentices to stay with their training firm after the end of training. The data were collected in 2009 via questionnaires among 1.232 craft apprentices in Bavaria. The analysis shows that apprentices who entered their training firms via internships and information meetings organized by firms intend to stay with them after the end of training. Based on the findings, the article finally provides starting points for recruiting strategies of SME oriented towards demographic changes.

Regionale Personalstrategien für kleine und mittlere Unternehmen gegen den Fachkräftemangel – Empirische Befunde zur Berufs- und Studienwahl von Schülern der Sekundarstufe II

Frank Striewe, Markus G. Schwering und Alexander Knickmeier

Zusammenfassung

Die Verfügbarkeit gut ausgebildeter Fachkräfte ist für die Entwicklung von Unternehmen zentral. Vor dem Hintergrund eines sich abzeichnenden demografischen Wandels schwindet das Kompetenzreservoir. Insbesondere im Bereich der Ingenieurberufe droht ein quantitativer und qualitativer Engpass zu eskalieren. Aktuelle Lösungsvorschläge diskutieren das Problem noch immer zu häufig im Hinblick auf Rekrutierungsstrategien, die für kleine und mittlere Unternehmen (KMU) in der Regel zu aufwändig und zu kostspielig sind. Ein Instrument, das auch unter KMU dagegen zunehmend Verbreitung findet, ist das der dualen Ingenieurausbildung. Auf Basis einer empirischen Untersuchung (N=342) zu Kenntnisstand, Informationswegen und Attraktivität des Studienmodells von Bochumer Schülern der Sekundarstufe II werden in diesem Beitrag Schlüsselfaktoren bei der Einführung und erfolgreichen Umsetzung der dualen Ingenieurausbildung in kleinen und mittleren Unternehmen entwickelt.

Abstract

The availability of well-trained specialists forms the central basis for the development of companies. However, due to an emerging demographic change, this availableness is increasingly threatened. In particular the engineering professions are menaced by a quantitative and qualitative shortage. Current approaches debate on this issue by focusing too much on recruitment strategies, which are far too complex and costly for small and medium-sized enterprises (SME). An instrument, which is increasingly disseminated among SME, is the dual engineering training. In this article an empirical study on the level of awareness, the lines of communication and the attraction towards this study model of high school students in Bochum will be presented. Based on this study, key factors will be developed, being decisive for the implementation and successful realization of the dual engineering training in SME.

Employer Branding in Schweizer KMU – Ergebnisse einer empirischen Untersuchung zu wahrgenommener Bedeutung und Grundverständnis

Rudolf Ergenzinger, Cornelia Caprano und Anja Huber

Zusammenfassung

Angesichts der sich kontinuierlich verschärfenden Wettbewerbsbedingungen auf dem Schweizer Arbeitgebermarkt sowie der ständig wachsenden Bedrohung, im Rennen um die „right potentials“ gegenüber Großunternehmen in den Rückstand zu geraten, steigt der Bedarf an strategischen Handlungsalternativen im Personalmanagement von KMU in besonderer Weise. In diesem Zusammenhang zeigt der vorliegende Beitrag zunächst auf, wie sich im Rahmen einer sog. „Employer Branding“-Strategie Erfolgspotenziale im Arbeitsmarkt durch den Aufbau und die Steuerung einer Arbeitgebermarke realisieren lassen. Darüber hinaus wird in einer empirischen Untersuchung bei Personalverantwortlichen und Führungskräften Schweizer KMU die wahrgenommene Relevanz sowie das vorherrschende Grundverständnis von Employer Branding ermittelt.

Abstract

Prompted by increasingly intense competition in the Swiss employer market and an ever increasing threat of being lagged behind the large companies in the race for the „right potentials“, there is a growing need of strategic operation options for SME's human resources management. In this context, this article presents the concept of „employer branding“ as a strategic tool for SME to develop success potential on the labor market through building and managing an employer brand. Furthermore, this paper presents an empirical study of the perceived relevance and the fundamental understanding of the employer branding concept among 344 human resources and general managers in Swiss SME.

Mitarbeiterbindung in mittleren Unternehmen mit und ohne Familieneinfluss

Jan-Klaus Tänzler, Detlef Keese und Annegret Hauer

Zusammenfassung

Die Studie untersucht Instrumente der Mitarbeiterbindung in Unternehmen zwischen 100 und 499 Mitarbeitern, die einen unterschiedlich starken Familieneinfluss aufweisen. Hierzu wurden Mitglieder der Geschäftsführung in 588 Unternehmen dieser Größenordnung in Deutschland telefonisch befragt. Ziel ist es, den Zusammenhang zwischen dem Einfluss der Familie und dem Einsatz der unterschiedlichen Bindungsmaßnahmen zu untersuchen. Weiterhin werden die Motivationen für die einzelnen Maßnahmen hinterfragt. Im Ergebnis kann festgehalten werden, dass der Familieneinfluss bei den von uns betrachteten Maßnahmen zur Mitarbeiterbindung durchaus eine Rolle spielt, allerdings in geringerem Maße, als von uns erwartet wurde.

Abstract

The study examines instruments of employee retention in enterprises between 100 and 499 employees with a differently strong family influence. Hence, members of the management were interviewed by telephone in 588 german enterprises of this scale. Our objective was to examine the connection between the influence of the family and the application of the different commitment measures. Furthermore, the motivations for the single measures were analysed. We found out, that the family influence plays a certain role for the commitment, indeed, not that much as we expected it.

Talent Management in KMU und Großunternehmen im Vergleich: Ergebnisse einer empirischen Untersuchung

Denise Ewerlin und Stefan Süß

Zusammenfassung

Die Relevanz des Themas Talent Managements hat in den letzten Jahren deutlich zugenommen. Der (drohende) Fach- und Führungskräftemangel zwingt Unternehmen – größenunabhängig – den Fokus der Personalarbeit langfristig auf die Gewinnung und Bindung von Talenten zu legen. Dem Kampf um Talente begegnen KMU und Großunternehmen jedoch mit unterschiedlichen Voraussetzungen. Bislang ist allerdings nicht empirisch erforscht, inwieweit diese Voraussetzungen auch zu einer differenzierten Anwendung und Ausgestaltung des Talent Managements führen. Der Aufsatz reduziert dieses Forschungsdefizit, indem mittels einer explorativen empirischen Studie die Anwendung des Talent Managements in KMU und Großunternehmen untersucht und die wesentlichen Unterschiede herausgestellt werden.

Abstract

The relevance of talent management has increased considerably in recent years. Due to the (imminent) shortage in talent, companies, regardless of their size, are forced to focus their human resource management efforts on attracting and retaining talents. However, small- and medium-sized enterprises and large companies have different requirements in their war for talents. So far, there is a lack of empirical research on the extent to which these requirements lead to differences in the constitution of talent management. Our article reduces this research gap by presenting and analyzing the results of an exploratory study on the implementation of talent management in small- and medium-sized enterprises and large companies and high-lighting the key differences between these two types of companies.

Die Rolle der sozialen Unterstützung bei der Weiterbildung des akademischen Personals in KMU

Sandra Wolf

Zusammenfassung

Aufgrund des steigenden Fachkräftemangels sollten kleine und mittelständische Unternehmen (KMU) ihre hochqualifizierten Mitarbeiter dazu anregen, an akademischen Weiterbildungsprogrammen teilzunehmen. Dieser Beitrag widmet sich der Untersuchung der wahrgenommenen sozialen Unterstützung als einer Einflussgröße der Teilnahmeintention, indem die Ergebnisse einer empirischen Untersuchung unter 468 erwerbstätigen Hochschulabsolventen ausgewertet werden. Soziale Unterstützung kann sich dabei sowohl auf Familie und Freunde als auch auf Kollegen und Vorgesetzte beziehen.

Abstract

Due to the increasing lack of experts small and medium-sized enterprises (SME) should encourage their high potentials to participate in higher education programs. This article investigates the perceived social support as an antecedent of intention to participate in such programs by analyzing the results of an empirical survey among 468 employed university graduates. Social support relates both to family and friends and to work colleagues and supervisors.

Ausbildung und Fachkräftesicherung in Migrantenunternehmen

René Leicht und Lena Werner

Zusammenfassung

Die Fachkräfteentwicklung hängt davon ab, wie viele und welche Unternehmen sich an der betrieblichen Ausbildung beteiligen. Der Beitrag befasst sich daher mit der Ausbildungsbeteiligung von Migrantenunternehmen, deren Zahl weit überproportional gestiegen ist. Auf Grundlage breit angelegter Erhebungen wird gezeigt, dass in Betrieben von Migranten der Bedarf an qualifizierten Beschäftigten zunehmend auch durch eigene Ausbildungstätigkeiten gedeckt wird. Dabei bilden sie im Vergleich zu deutschen Betriebsinhabern häufiger benachteiligte Jugendliche aus. Die insgesamt noch geringere Ausbildungsbeteiligung von Migranten ist dabei weniger auf kulturelle oder ethnische Erklärungsfaktoren zurückzuführen, sondern vor allem auf betriebliche Charakteristika der von ihnen geführten Unternehmen.

Abstract

The development of skilled labour depends on how many and which companies participate on infirm vocational training. Therefore this paper deals with the commitment of ethnic entrepreneurs to vocational training. The number of immigrant businesses increased disproportionately. Based on large-scale surveys we demonstrate that even in companies of immigrants the demand for qualified staff is increasingly covered by their own training activities. In addition, compared to German business owners they train more often disadvantaged adolescents. The overall lower engagement in vocational training of migrant entrepreneurs cannot be explained by cultural or ethnic differences but rather by differences on the firm level.

Personalentwicklungscontrolling in mittelständischen Unternehmen

Peter C. Lorson, Friedemann W. Nerdinger und Manuela Schneider

Zusammenfassung

Personal ist ein kritischer Erfolgsfaktor bei mittelständischen Unternehmen in Deutschland. Notwendig sind also eine systematische Personalentwicklung sowie eine erfolgsorientierte Überwachung der multiplen Wirkungen mittels Personalentwicklungscontrolling. Der Forschungsfrage nach der Ausgestaltung desPersonalentwicklungcontrollings bei mittelständischen Unternehmen wurde an der Universität Rostock über den Jahreswechsel 2006/2007 empirisch nachgegangen. Der Beitrag präsentiert Eckpunkte und Elemente einer Theorie des Personalentwicklungscontrollings und die Ergebnisse einerexplorativen empirischen Untersuchung: Die Theorie scheint empirischen Gehalt zu haben. Es besteht aber noch Forschungsbedarf, insbesondere Bedarf an qualitativer Forschung.

Abstract

Human Resources(HR) area critical success factor for small and medium-sized entities (SMEs) in Germany.Therefore there exists a necessity for a systematic development of HR and its multiple consequences by means of Management Accounting and Control (MAaC).The research question how to design a HR MAaC-concept for SMEs is in the center of an empirical survey executed over the turn of the years 2006/07. The paper presents cornerstones and elements of a theory which is adequate for SMEs as well as evidence for this HRMAaC-theory resulting from an explorative study. The theory seems to have empirical substance. The authors conclude that further research is needed – primarily based on qualitative methods to complete the theoretical concept.

Einsatz von Informationsmärkten zum Monitoring der Mitarbeiterzufriedenheit in kleinen und mittelständischen Unternehmen

Regina W. Schröder

Zusammenfassung

In Anbetracht des aktuellen demografischen Wandels, gewinnt die Belegschaft eines Unternehmens zunehmende Beachtung. Jedes Unternehmen, auch KMU, muss die Zufriedenheit seiner Angestellten, welche zugleich Einflussfaktor wie auch Ergebnis des Personalmanagements ist, erheben und verfolgen. Wie ein Review von Untersuchungen zur Mitarbeiterzufriedenheit belegt, wurde der Grad der Zufriedenheit bislang nicht empirisch analysiert. Annehmend, dass diese Forschungslücke auf eine fehlende hier einzusetzende Forschungsmethode zurückzuführen ist, präsentiert der Beitrag eine noch nicht eingesetzte Methodik, nämlich Informationsmärkte, deren Nutzung insbesondere für KMU Vorteile bietet.

Abstract

Due to recent demographic changes the corporate workforce increasingly gains attention. Any company, even SMEs, has to analyze its employees' job satisfaction, which represents not only an influencing factor of the personnel management process, but may also be considered as one of its results. As a review of various analyses of the employee's satisfaction reveals, the amount of this satisfaction has not been researched yet. Assuming this research gap arises because of the lack of an applicable method, a new research approach, i.e. information markets, is proposed and elucidated. This method has considerable advantages in particular for a SME

Vorstandsvergütung in börsennotierten KMU

Matija D. Mayer-Fiedrich und Olaf Schnier

Zusammenfassung

Der vorliegende Beitrag befasst sich mit der Vergütungspraxis von Vorständen und den damit verbundenen Agency-Konflikten in kleinen und mittelständischen Unternehmen (KMU), die im Entry Standard gelistet sind. Auf Basis der Agency-Theorien und einer empirischen Analyse zeigt diese Studie, dass die Organbezüge in KMU ähnlichen Mustern folgen wie in Großunternehmen. Insbesondere die Unternehmensgröße treibt die Vergütung, wohingegen es nur leichte Anzeichen von Zusammenhängen zu Performance-Größen gibt. Sowohl der Aktienbesitz von Vorständen sowie die Höhe des Streubesitzes haben ebenfalls einen Einfluss. Somit haben auch KMU einen Bedarf an einer Pay Governance, welche die Angemessenheit und Performance-Sensitivität verbessert. Diese kann zu einem gestiegenen Unternehmenswert und der Selektion besser motivierter Vorstände führen.

Abstract

This contribution assesses the practice of executive compensation and related agency conflicts in small and medium sized enterprises (sme) listed in the Entry Standard at the Frankfurt Stock Exchange. Theoretical background is provided by the Principal Agent, Managerial Power and Stewardship Theory. On basis of an empirical analysis, this study finds evidence that principles of executive remuneration in sme are comparable to those in large corporations. Especially company size drives compensation, whereas there is only a slight connection to performance measures. The study shows that executive stock holdings and the extent of free float have an impact, too. These results imply that sme also have a need for a pay governance that improves adequacy and performance-sensitivity. This might lead to an increasing company value and the attraction of higher motivated executives.

Personal- und Risikomanagement in KMU – Ein Ansatz zur Integration

Andreas Oehler, Henrik Schalkowski und Stefan Wendt

Zusammenfassung

Personalrisiken, hervorgerufen einerseits durch exogene Umweltentwicklungen, wie zum Beispiel den zunehmenden Fachkräftemangel sowie demographische Entwicklungen, und andererseits durch unternehmensendogene Ursachen, stellen eine erhebliche Gefahr für unternehmerische Aktivitäten in KMU dar. Sofern ein Personalrisikomanagement bei KMU überhaupt vorhanden ist, erfolgt dies in der Regel ohne Berücksichtigung der Wechselwirkungen zwischen Personalrisiken und weiteren Risiken (finanzwirtschaftliche Risiken, operationelle Risiken). Der vorliegende Beitrag erörtert ausgehend von diesen Wechselwirkungen Möglichkeiten der Integration von Personal- und Risikomanagement in KMU und gibt Hinweise für eine mögliche Implementierung.

Abstract

Human resource risks are caused by internal and external developments, such as an increasing lack of specialized workforce or demographic changes, and they represent one of the main risk categories of SMEs. However, most SMEs either do not adequately manage human resource risks or these risks are managed without recognition of potential interdependencies with other risks (financial risks, operational risks). We present an approach to integrate human resource management and risk management processes in order to cover these interdependencies and we show how such integration can implemented in SMEs.

Das Erfolgspotenzial von Nachfolgebewusstsein im Personalmanagement von Familienunternehmen – Implikationen für zukunftsfähige Nachfolgestrategien

Stephanie Rabbe und Christoph Kolbeck

Zusammenfassung

Zwischen 2010 bis 2014 sehen sich deutschlandweit etwa 110.000 Familienunternehmen mit den Herausforderungen der Unternehmensnachfolge konfrontiert. Die Komplexität der Unternehmensnachfolge stellt das Personalmanagement in kleinen und mittleren Familienunternehmen vor besonders anspruchsvolle Handlungsaufträge im Rahmen der strategischen Planung, der Analyse interner Entscheidungskriterien und externer Rahmenbedingungen, im Umgang mit organisatorischen Strukturen sowie in der Kompetenzentwicklung. Zur Lösung dieser sensiblen und gleichermaßen existenziellen Aufgaben bedarf es einer systematischen Vorgehensweise in den Phasen der Zielplanung, der Analyse und Bewertung der Entscheidungssituation des Seniors einerseits und der Auswahl und Entwicklung potentieller Nachfolger andererseits sowie der expliziten Berücksichtigung der informellen Strukturen, die in den empirischen Studien zum Vorschein kamen. Der vorliegende Beitrag deckt den Bedarf auf, präsentiert die Machbarkeit zukunftsfähiger Nachfolgestrategien und wird fundierte Implikationen für einen erfolgreichen Umgang mit der Herausforderung Nachfolge für das Personalmanagement kleiner und mittlerer Familienunternehmen aussprechen.

Abstract

About 110.000 family-owned enterprises have to meet the challenge of succession for the coming four years. The complexity of succession faces up the human resource management in small- and medium-sized family businesses to ambitious activities in strategic planning, in analyzing internal decision criteria and external general conditions, in handling with business organization as well as in competency development. Empirical studies illustrate that a systematic approach in the phase of strategic planning, the analysis and evaluation of the senior's decision situations on the one hand and the selection and development of potential successors on the other hand as well as the explicit consideration of the informal structures is required for the solution of these sensitive and existential tasks. The article identifies the needs, presents the feasibility of sustainable succession strategies and expresses implications based on facts for successful handling the challenge succession by the human resource management in small- and medium sized family-owned enterprises.

Kennzahlengestütztes Benchmarking für das Personalmanagement in KMU

Michael Schlese und Florian Schramm

Zusammenfassung

KMU werden trotz ihrer großen gesamtwirtschaftlichen Bedeutung mit charakteristischen Beschränkungen ihres Personalmanagements konfrontiert. Dennoch steigt der Bedarf an einem einschlägigen System an personalwirtschaftlichen Kennzahlen, welches personalstrategische Überlegungen stützt. In diesem Beitrag entwickeln wir ein Konzept eines HR-Benchmarking für KMU, wobei wir kurz auf spezifische Erhebungsprobleme eingehen. Unsere Lösung ist ein einfaches Kennzahlensystem, welches teilweise über eine Befragung der Beschäftigten erhoben wird und dessen Wert von einer offenen Diskussion seiner Ergebnisse abhängt.

Abstract

Despite the importance of SME for the economy SME´s HRM has to cope with its characteristic constraints in the sense of limited resources. Nevertheless there is an increasing need for a system of HR ratios in order to support strategic considerations of HR in SME. In this article we develop an appropiate concept for HR Benchmarking including a brief discussion of measurement errors in HR especially in SME. Our key concept is a simple system of HR ratios which is based on an employees´ survey partly and on social validation of measurements by a type of benchmarking which needs and supports the open discussion of results and their implications.

Autorenverzeichnis

• Behrends, Professor Dr. Thomas	Universität Flensburg, Internationales Institut für Management (ABWL, insb. Personal und Organisation)
• Britze, Nils	SRH Hochschule Berlin
• Brusch, Dr. Christina	Universität Bayreuth, Betriebswirtschaftliche Forschungszentrum für Fragen der mittelständischen Wirtschaft
• Brusch, Prof. Dr. Michael	SRH Hochschule Berlin
• Büsch, Prof. Dr. Victoria	SRH Hochschule Berlin
• Caprano, Cornelia	Universität Zürich, Institut für Betriebswirtschaftslehre
• Denise Ewerlin	Heinrich-Heine-Universität Düsseldorf, Lehrstuhl für BWL, insb. Organisation und Personal
• Eckhardt, Dr. Andreas	Goethe-Universität Frankfurt am Main, Institut für Wirtschaftsinformatik
• Ergenzinger, Prof. Dr. Rudolf	Fachhochschule Nordwestschweiz, Institut für Unternehmensführung und Universität Zürich, Institut für Betriebswirtschaftslehre
• Espig, Susan	Technische Universität Chemnitz, Institut für Pädagogik und Philosophie
• Geithner, Silke	Technische Universität Dresden, Fakultät für Wirtschaftswissenschaften, Professur für BWL - insb. Organisation
• Hauer, Annegret	Universität Mannheim, Institut für Mittelstandsforschung (Ifm)
• Huber, Anja	Universität Zürich, Institut für Betriebswirtschaftslehre
• Jochims, Dr. Thorsten	Leuphana-Universität Lüneburg, Institut für Mittelstandsforschung

• Keese, Dr. Detlef	Universität Mannheim, Institut für Mittelstandsforschung (Ifm)
• Knickmeier, Alexander	Institut für angewandte Innovationsforschung (IAI)
• Kolbeck, Prof. Dr. Christoph	Hochschule für angewandte Wissenschaft und Kunst (HAWK) Hildesheim/Holzminden/Göttingen, Centre for Entrepreneurship (IIW)
• Kühlmann, Professor Dr. Torsten	Universität Bayreuth, Lehrstuhl für Personalwesen & Führungslehre
• Laumer, Sven	Otto-Friedrich-Universität Bamberg, Lehrstuhl für Wirtschaftsinformatik
• Leicht, Dr. René	Universität Mannheim, Institut für Mittelstandsforschung (Ifm)
• Lorson, Prof. Dr. Peter C.	Universität Rostock, Professur für Allgemeine Betriebswirtschaftslehre: Unternehmensrechnung und Controlling
• Maximilian, Prof. Dr. Thomas	Ludwig-Maximilians-Universität München, Institut für Wirtschafts-pädagogik und Zentrum für Europäische Wirtschaftsforschung (ZEW)
• Mayer-Fiedrich, Prof. Dr. Matija D.	Helmut-Schmidt-Universität der Bundeswehr, Hamburg, Lehrstuhl für ABWL und Internationale Finanzierung
• Meyer, Professor Dr. Jörn-Axel	Deutsches Institut für kleine und mittlere Unternehmen (DIKMU), Berlin
• Müller, Janina	Georg-August-Universität Göttingen, Department für Agrarökonomie und Rurale Entwicklung
• Nerdinger, Prof. Dr. Friedemann W.	Universität Rostock, Professur für Allgemeine Betriebswirtschaftslehre: Wirtschafts- und Organisationspsychologie
• Oehler, Professor Dr. Andreas	Otto-Friedrich-Universität Bamberg, Lehrstuhl für Betriebswirtschaftslehre, insbes. Finanzwirtschaft
• Rabbe, Dr. Stephanie	Hochschule für angewandte Wissenschaft und Kunst (HAWK) Hildesheim/Holzminden/Göttingen, Centre for Entrepreneurship (IIW)

• Schalkowski, Henrik	Otto-Friedrich-Universität Bamberg, Lehrstuhl für Betriebswirtschaftslehre, insbes. Finanzwirtschaft
• Schlese, Prof. Dr. Michael	AMD Akademie Mode & Design Berlin
• Schneider, Dr. Manuela	Ernst & Young GmbH Wirtschaftsprüfungsgesellschaft München, Advisory Services
• Schnier, Olaf	Helmut-Schmidt-Universität der Bundeswehr, Hamburg, Lehrstuhl für ABWL und Internationale Finanzierung
• Schramm, Prof. Dr. Florian	Universität Hamburg, Department Wirtschaft und Politik der wirtschafts- und sozialwissenschaftlichen Fakultä
• Schröder, Dr. Regina Wencke	Freie Universität Bozen, Assistant Professor (RTD), School of Economics and Management
• Schröder, Thorben	Universität Kassel, Fachgebiet Nachhaltige Unternehmensführung
• Schulz, PD Dr. Anja	Wilo SE, Dortmund
• Schwering, Prof. Dr. Markus G.	Fachhochschule Münster und Ruhr-Universität Bochum, Institut für angewandte Innovationsforschung (IAI)
• Striewe, Prof. Dr. Frank	Fachhochschule Münster und Ruhr-Universität Bochum, Institut für angewandte Innovationsforschung (IAI)
• Süß, Prof. Dr. Stefan	Heinrich-Heine-Universität Düsseldorf, Lehrstuhl für BWL, insb. Organisation und Personal
• Tänzler, Jan-Klaus	Universität Mannheim, Institut für Mittelstandsforschung (Ifm), Mannheim
• Theuvsen, Ludwig	Georg-August-Universität Göttingen, Department für Agrarökonomie und Rurale Entwicklung
• von der Leyen, Henriette	Georg-August-Universität Göttingen, Department für Agrarökonomie und Rurale Entwicklung
• von Stetten, Alexander	Otto-Friedrich-Universität Bamberg, Lehrstuhl für Wirtschaftsinformatik
• Wagner, Robert	Ludwig-Maximilians-Universität München,

	Institut für Wirtschaftspädagogik
• Weitzel, Prof. Dr. Tim	Universität Bamberg, Lehrstuhl für Wirtschaftsinformatik
• Wendt, Dr. Stefan	Otto-Friedrich-Universität Bamberg, Lehrstuhl für Betriebswirtschaftslehre, insbes. Finanzwirtschaft
• Werner, Lena	Universität Mannheim, Institut für Mittelstandsforschung (Ifm)
• Wolf, Dr. Sandra	Fachhochschule Schmalkalden
• Wolf, Maximilian	Ludwig-Maximilians-Universität München, Institut für Produktionswirtschaft und Controlling/Ludwig-Fröhler-Institut

EDITION KMU

Jörn-Axel Meyer (Hrsg.)
Kleine und mittlere Unternehmen in neuen Märkten – Aufbruch und Wachstum – Jahrbuch der KMU-Forschung und -Praxis 2006
Lohmar – Köln 2006 ◆ 482 S. ◆ € 65,- (D) ◆ ISBN 3-89936-479-1

Jörn-Axel Meyer (Hrsg.)
Planung in kleinen und mittleren Unternehmen – Jahrbuch der KMU-Forschung und -Praxis 2007
Lohmar – Köln 2007 ◆ 554 S. ◆ € 69,- (D) ◆ ISBN 978-3-89936-578-8

Jörn-Axel Meyer (Hrsg.)
Management-Kompetenz in kleinen und mittleren Unternehmen – Jahrbuch der KMU-Forschung und -Praxis 2008
Lohmar – Köln 2008 ◆ 382 S. ◆ € 69,- (D) ◆ ISBN 978-3-89936-680-8

Jörn-Axel Meyer (Hrsg.)
Management-Instrumente in kleinen und mittleren Unternehmen – Jahrbuch der KMU-Forschung und -Praxis 2009
Lohmar – Köln 2009 ◆ 484 S. ◆ € 74,- (D) ◆ ISBN 978-3-89936-793-5

Jörn-Axel Meyer (Hrsg.)
Strategien von kleinen und mittleren Unternehmen – Jahrbuch der KMU-Forschung und -Praxis 2010
Lohmar – Köln 2010 ◆ 648 S. ◆ € 83,- (D) ◆ ISBN 978-3-89936-911-3

Jörn-Axel Meyer (Hrsg.)
Nachhaltigkeit in kleinen und mittleren Unternehmen – Jahrbuch der KMU-Forschung und -Praxis 2011
Lohmar – Köln 2011 ◆ 464 S. ◆ € 72,- (D) ◆ ISBN 978-3-8441-0042-6

Jörn-Axel Meyer (Hrsg.)
Personalmanagement in kleinen und mittleren Unternehmen – Jahrbuch der KMU-Forschung und -Praxis 2012
Lohmar – Köln 2012 ◆ 520 S. ◆ € 74,- (D) ◆ ISBN 978-3-8441-0146-1